GAOYA JIAKONG SHUDIAN XIANLU
YUNXING YU JIANXIU

高压架空输电线路
运行与检修

主　编　陈长金
副主编　丁立坤　刘　哲

中国电力出版社
CHINA ELECTRIC POWER PRESS

内容提要

本书为国网河北省电力有限公司培训中心组织编写并审定的《高压架空输电线路运行与检修》。根据高压架空输电线路专业生产实际及理论需求，对涉及的相关理论知识和技能操作项目进行系统阐述。全书共分八章，主要包括架空输电线路基础知识、架空线路运行故障分析与防治、架空线路运行中的巡视及管理、架空线路停电检修、架空线路带电作业、线路状态巡视及检修、特高压输电线路运行与检修、输电线路新技术等内容。

本书可用于输电线路专业技术技能人员进行理论知识学习和岗位技能训练，也可用于指导一线作业人员开展实际检修项目。

图书在版编目（CIP）数据

高压架空输电线路运行与检修 / 陈长金主编 . —北京：中国电力出版社，2021.8
ISBN 978-7-5198-5456-0

Ⅰ. ①高… Ⅱ. ①陈… Ⅲ. ①高压输电线路—架空线路—电力系统运行 ②高压输电线路—架空线路—检修 Ⅳ. ① TM726.1

中国版本图书馆 CIP 数据核字（2021）第 043380 号

出版发行：中国电力出版社
地　　址：北京市东城区北京站西街 19 号（邮政编码 100005）
网　　址：http://www.cepp.sgcc.com.cn
责任编辑：孙建英（010-63412369）　贾丹丹
责任校对：黄　蓓　郝军燕　李　楠
装帧设计：赵丽媛
责任印制：吴　迪

印　　刷：三河市万龙印装有限公司
版　　次：2021 年 8 月第一版
印　　次：2021 年 8 月北京第一次印刷
开　　本：787 毫米 ×1092 毫米　16 开本
印　　张：29.25
字　　数：649 千字
印　　数：0001—2000 册
定　　价：128.00 元

编　审　组

主　　编　陈长金

副 主 编　丁立坤　刘　哲

编写人员　王英军　张志猛　魏力强　李　宁　赵建辉　赵志刚　李吉林　徐洪福　田江波　程　旭　刘晨晨　张　昊　刘　杰　崔延平　闫佳文　郭小燕　吴　强　蒋春悦　邹　园　刘兆威

主　　审　丁立坤

前　言

随着国民经济的高速发展，用电需求量越来越大。作为国民经济先行者的电力系统近几年来发展迅速，特高压、超高压等各电压等级输电线路如雨后春笋，不断在全国各地建设完成并投入使用。国网河北省电力有限公司培训中心在总结多年来高压架空输电线路运检经验和教育培训的基础上组织编写了《高压架空输电线路运行与检修》，以满足高压架空输电线路专业发展所需的队伍建设、岗位培训和技能鉴定的培训需要。

本书内容包括架空输电线路基础知识、架空线路运行故障分析与防治、架空线路运行中的巡视及管理、架空线路停电检修、架空线路带电作业、线路状态巡视及检修、特高压输电线路运行与检修、输电线路新技术等内容。

本书由陈长金同志任主编，负责全书的统稿。丁立坤同志任主审，负责全书的审定。其中第一章架空输电线路基础知识，由陈长金负责编写；第二章架空线路运行故障分析与防治，由张志猛、赵建辉、刘杰、闫佳文、刘哲负责编写；第三章架空线路运行中的巡视及管理，由王英军、丁立坤负责编写；第四章架空线路停电检修，由李宁、李吉林、魏力强、刘兆威负责编写；第五章架空线路带电作业，由赵志刚、程旭、吴强负责编写；第六章线路状态巡视及检修，由田江波、张昊、崔延平负责编写；第七章特高压输电线路运行与检修，由李吉林、赵志刚、郭小燕负责编写；第八章输电线路新技术，由徐洪福、刘晨晨、蒋春悦、邹园负责编写；附录 A～附录 F 由陈长金负责编写。

本书在编写过程中参考了大量文献书籍，在此对原作者表示深深的谢意。

本书如能对读者和培训工作有所帮助，我们将感到十分欣慰。由于编写时间仓促，本教材难免存在不足之处，希望各位专家和读者提出宝贵意见，使之不断完善。

编者

2021 年 3 月

目　录

前言

第一章　架空输电线路基础知识 …… 1

第一节　架空输电线路概述 …… 1

第二节　架空输电线路导线受力分析与计算 …… 26

第三节　架空输电线路杆塔定位与校验 …… 36

第四节　常用工器具及使用要求 …… 51

第五节　常用绳结 …… 63

第六节　输电线路工作票 …… 72

本章小结 …… 82

第二章　架空线路运行故障分析与防治 …… 83

第一节　输电线路风偏与防治 …… 83

第二节　线路雷击跳闸及防治 …… 99

第三节　输电线路覆冰分析与防治 …… 154

第四节　OPGW 雷击断股分析及防治 …… 167

第五节　输电线路污闪与防治 …… 174

第六节　输电线路鸟害分析与防治 …… 191

第七节　接地装置运维与改造 …… 199

第八节　输电线路外破分析与防治 …… 203

本章小结 …… 214

第三章　架空线路运行中的巡视及管理 …… 215

第一节　架空线路巡视概述 …… 215

第二节　架空线路巡视内容 …… 219

第三节　架空线路运行管理 …… 232

第四节　架空线路检测项目及周期 …… 237

第五节　输电线路检测 …… 239

本章小结 …… 252

第四章　架空线路停电检修 …… 253

第一节　停电检修概述 …… 253

第二节　110～220kV 停电检修作业项目 ······ 256
第三节　500kV 输电线路停电检修项目 ······ 260
本章小结 ······ 270
第五章　架空线路带电作业 ······ 271
第一节　带电作业基础知识 ······ 271
第二节　110～500kV 带电作业项目 ······ 292
本章小结 ······ 317
第六章　线路状态巡视及检修 ······ 318
第一节　线路状态巡视运行、检修基础知识 ······ 318
第二节　状态巡视 ······ 325
第三节　设备状态检测的项目、周期及绝缘子状态监测 ······ 331
第四节　污区等级的划分及附盐密测量 ······ 340
本章小结 ······ 346
第七章　特高压输电线路运行与检修 ······ 347
第一节　特高压输电线路概述 ······ 347
第二节　特高压输电线路运行与检修 ······ 349
第三节　特高压输电线路带电作业 ······ 369
本章小结 ······ 395
第八章　输电线路新技术 ······ 396
第一节　输电线路在线监测技术 ······ 396
第二节　输电线路机巡技术（直升机、无人机） ······ 417
第三节　输电线路遥感遥测技术 ······ 430
第四节　雷电定位系统在输电线路中的应用 ······ 444
本章小结 ······ 446
附录 A　电力线路第一种工作票格式 ······ 447
附录 B　电力电缆第一种工作票格式 ······ 450
附录 C　电力线路第二种工作票格式 ······ 454
附录 D　电力电缆第二种工作票格式 ······ 455
附录 E　电力线路带电作业工作票格式 ······ 457
附录 F　电力线路事故应急抢修单格式 ······ 459
参考文献 ······ 460

第一章

架空输电线路基础知识

第一节 架空输电线路概述

输电线路是电网不可缺少的组成部分，担负着电网电能输送的任务。输电线路具有线路长、数量多、运行环境复杂、受各种外力和人为因素的影响较大等特点。电力网是电力系统中发电厂与电力用户之间的输送电能与分配电能的组成部分，是输电网与配电网的总称。输电网与配电网，有时也分别称为输电系统与配电系统。电力网再加上发电厂和用电设备，总称为电力系统。

输电网是从发电厂或发电厂群向供电区输送大量电力的主干通道或不同电网之间互送大量电力的联网网架。输电设施包括输电线路、变电站、开关站、换流站等。若干输电工程设施组成网络结构，形成输电网。输电主干线及其送端与受端的同一电压等级的电网，包括途中连接的同级电压电网，均属于输电网范围。输电网中由发电厂向负荷中心输送电能和不同电网之间的联络线称为输电线路。

一、输电线路的分类与构成

（一）输电线路的分类

输电线路分类方法很多，按输送电流的种类可分为交流输电线路和直流输电线路，按线路架设材料不同，可分为架空输电线路和电缆输电线路。一般主要按电压等级和回路数分类。

1. 按线路电压等级分类

输电线路按电压等级分为35、110、220、330、500、750、1000kV输电线路。其中，330、500、750kV称为超高压输电线路，1000kV称为特高压输电线路。

2. 按杆塔上的回路数目分类

（1）单回路线路杆塔上只有三相导线及架空地线的输电线路，称为单回路线路。

（2）双回路线路杆塔上有两回三相导线及架空地线的输电线路，称为双回路线路。另外，也有双回路分杆（塔）并行的输电线路。

（3）多回路线路杆塔上有三回及以上的三相导线和架空地线的输电线路，称为多回路线路。

3. 按杆塔材料分类

（1）铁塔线路是整条输电线路以角钢或钢管组合的铁塔作支持物。这类线路耗用的钢材比较多，使用土地面积少，整齐美观，使用年限较长。

(2) 混凝土杆线路是整条输电线路以钢筋混凝土电杆作支持物，一般有分段焊接式和整根拔梢式的钢筋混凝土电杆两种。混凝土电杆可以节约大量钢材，但拉线杆占地多，且施工运输不便。

(3) 钢管杆输电线路是指输电线路以分段连接的锥形钢管单杆作支持物。它占地少、美观，便于在市区内架设。

(4) 混合式杆塔输电线路是指电力线路的支持物包括铁塔、混凝土杆或钢杆等组成的线路。

(二) 架空输电线路的构成

架空输电线路构成的主要元件有导线、架空地线、金具、绝缘子、杆塔、拉线和杆塔基础等，具体如图 1-1 所示。

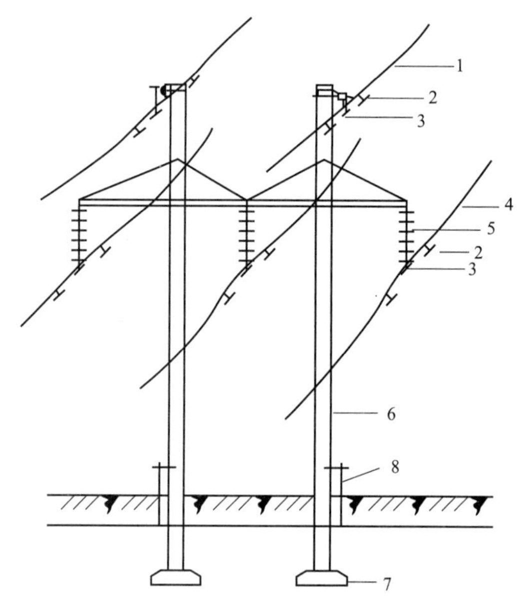

图 1-1　架空输电线路的构成

1—架空地线；2—防振锤；3—线夹；4—导线；5—绝缘子；6—杆塔；7—底盘；8—接地装置

它们的作用分述如下：

(1) 导线用来传导电流，输送电能。

(2) 架空地线是当雷击线路时把雷电流引入大地，以保护线路绝缘免遭大气过电压的破坏。

(3) 杆塔用来支撑导线和地线，并使导线和导线之间、导线和地线之间、导线和杆塔之间以及导线和大地、公路、铁轨、水面、通信线路等被跨越物之间，保持一定的安全距离。

(4) 绝缘子是用来固定导线，并使导线与杆塔之间保持绝缘状态。

(5) 金具在架空输电线路中主要起固定、连接、接续、调节及保护作用。

（6）拉线是用来加强杆塔的强度，承担外部荷载的作用力，以减少杆塔的材料消耗量，降低杆塔的造价。

（7）杆塔基础是将杆塔固定于地下，以保证杆塔不发生倾斜、下沉、上拔及倒塌。

（8）接地装置的主要作用是能迅速将雷电流在大地中扩散泄导，以保证线路具有一定的耐雷水平。

二、导、地线

（一）导线的特性

架空电力线路的导线应具备以下特性：

（1）导电率高，以减少线路的电能损耗和电压降。

（2）耐热性能高，以提高输送容量。

（3）具有良好的耐振性能。

（4）机械强度高，弹性系数大，有一定柔软性，容易弯曲，以便于加工制造。

（5）耐腐蚀性强，能够适应自然环境条件和一定的污秽环境，使用寿命长。

（6）质量轻、性能稳定、耐磨、价格低廉。

常用的导线材料有铜、铝、铝镁合金和钢，这些材料的物理性能见表 1-1。

表 1-1　导线材料的物理性能

材料	20℃时的电阻率（$\Omega \cdot mm^2/m$）	密度（g/cm^3）	抗拉强度（MPa）	腐蚀性能及其他
铜	0.0182	8.9	390	表面易形成氧化膜，抗腐蚀能力强
铝	0.029	2.7	160	表面氧化膜可防继续氧化，但易受酸碱盐的腐蚀
钢	0.103	7.85	1200	在空气中易锈蚀，须镀锌防锈
铝镁合金	0.033	2.7	300	抗腐蚀性能好，受震动时易损坏

（二）常用导线种类

1. 钢芯铝绞线

钢芯铝绞线 LGJ 内层（或叫芯线）为单股或多股镀锌钢绞线，主要承受张力。外层为单层或多层硬铝绞线，为导电部分，这是目前架空输电线路普遍选用的导线。钢芯铝绞线在 GB/T 1179—2017《圆线同心绞架空导线》中，可分为普通型 LGJ、轻型 LGJQ 和加强型 LGJJ 三种，其型号后的数字为标称截面积，如 LGJ-240/30 表示铝标称截面积为 $240mm^2$。

2. 防腐型钢芯铝绞线（LGJF 型）

防腐型钢芯铝绞线（LGJF 型）的结构形式及机械性能、电气性能与普通钢芯铝绞线相同，它可分为轻防腐型（仅在钢芯上涂防腐剂）、中防腐型（仅在钢芯及内层铝线上涂防腐剂）和重防腐型（在钢芯和内外层铝线均涂防腐剂）三种。这种导线用于沿海及有腐蚀性气体的地区。

3. 钢芯稀土铝绞线（LGJX 型）

钢芯稀土铝绞线（LGJX 型）的产品规格与 GB/T 1179—2017《圆线同心绞架空导线》

相同，其特点是在工业纯铝中加入少量稀土金属，在一定工艺条件下制成铝线。其导电性能好，机械强度高（比普通导线高10%以上），韧性好（比普通导线延伸率高20%），耐磨，特别是防腐蚀性能明显提高。其价格与普通钢芯铝绞线基本持平。

4. 铝合金绞线（HLJ 型）和钢芯铝合金绞线（HLGJ 型）

铝合金绞线（HLJ 型）和钢芯铝合金绞线（HLGJ 型）先以铝、镁、硅合金拉制成圆单线，再将这种多股的单线绕着内层钢芯绞制而成。抗拉强度比普通钢芯铝绞线高40%左右，铝合金的电导率及质量接近铝线，适用于线路的大跨越地区。

5. 铝包钢绞线（GLJ 型）

铝包钢绞线（GLJ 型）是以单股钢线为芯，外面包以铝层，做成单股或多股绞线。这种导线价格较高，电导率较差，适合于线路的大跨越及架空地线高频通信使用。

6. 镀锌钢绞线（GJ 型）

镀锌钢绞线（GJ 型）机械强度高，一般只用作架空避雷线及杆塔拉线。

（三）架空地线的构成及其架设要求

架空地线一般多采用钢绞线，但近年来，在超高压输电线路上有采用良导体作架空地线的趋势。架空地线一般都通过杆塔接地，但也有采用所谓的“绝缘地线”的。绝缘地线即采用带有放电间隙的绝缘子把地线和杆塔绝缘起来，雷击时利用放电间隙引雷电流入地。这样做对防雷作用毫无影响，而且还能利用架空地线作载流线，用于架空地线融冰，作为载波通信的通道。在线路检修时，可作为电动机的电源，此外还可对小功率用户供电等。绝缘地线还可减小地线中由感应电流引起的附加电能损耗。

对于超高压和特高压输电线路，为了减小其对邻近的通信线路的危险影响和干扰影响，以及降低超高压线路的潜供电流，常用铝包钢绞线或其他有色金属线作绝缘地线。

目前，对于双地线架空线路，大多采用一根钢绞线，另一根复合光缆。复合光缆的外层铝合金绞线起到防雷保护，芯部的光导纤维起通信作用。

各电压等级的输电线路，架设架空地线的要求有如下规定：

（1）500～750kV 输电线路应沿全线架设双地线。

（2）220～330kV 输电线路应沿全线架设地线，年平均雷暴日数不超过 15 天的地区或运行经验证明雷电活动轻微的地区，可架设单地线，山区宜架设双地线。

（3）110kV 输电线路宜沿全线架设地线，在年平均雷暴日数不超过 15 天或运行经验证明雷电活动轻微的地区，可不架设地线。

（4）66kV 线路，年平均雷暴日数为 30 天以上的地区，宜沿全线架设架空地线。

（5）35kV 线路及不沿全线架设架空地线的线路，宜在变电站或发电厂的进线段架设1～2km架空地线，以防护导线及变电站或发电厂的设备免遭直接雷击。

三、导线的排列与换位

（一）导线在杆塔上的排列方式

架空输电线路分为单回路、双回路并架或多回路并架输电线路。由于线路回路数的不同，导线在杆塔上的排列方式也是多种多样的。对于一般单回路输电线路，导线排列方式有三角形、上字形、水平形三种方式。对于双回路并架或多回路并架的输电线路，导线排列方式有伞形、倒伞形、干字形、六角形（又称鼓形）四种方式。图 1-2 所示为导线在杆塔上的七种排列方式。

图 1-2　导线在杆塔上排列方式示意图

(a) 三角形；(b) 上字形；(c) 水平形；(d) 伞形；(e) 倒伞形；(f) 干字形；(g) 六角形

（二）导线排列方式的选择

选择导线的排列方式时，主要看其对线路运行可靠性的要求，对施工安装、维护检修是否方便，能否简化杆塔结构，减小杆塔头部尺寸。运行经验表明，三角形排列的可靠性比水平排列差，特别是在重冰区、多雷区和电晕严重地区，这是因为下层导线因故向上跃起时，易发生相间闪络和上下层导线碰线故障，且水平排列的杆塔高度较低，可减少雷击的机会。但水平排列的杆塔结构上比三角形排列复杂，使杆塔投资增大。

因此，一般说来，对于重冰区、多雷区的单回线路，导线应采用水平排列。对于其余地区可结合线路的具体情况采用水平形或三角形排列。从经济观点出发，电压在 220kV 以下，导线截面积不特别大的单回线路，宜采用三角形排列。对双回线路的杆塔，倒伞形排列的优点是便于施工和检修，但它的缺点是防雷差，故目前多采用六角形排列。

双回路同杆架设的两个回路，通常采用互逆的相序排列。

（三）导线分裂形式

输电线路导线在 220kV 及以上电压等级线路上，为了远距离输电，并减少线路电抗和电晕，通常采用 2～4 根以上分裂导线形式，以增加导线截面积。

220kV 输电线路常采用二分裂导线，一般多呈垂直排列，但也有呈水平排列的。330、500kV 输电线路导线采用三分裂导线时呈三角形排列，采用四分裂导线时呈正方形排列。为了保证分裂导线线间距离保持不变，以满足电气性能，降低表面电位梯度的要求，同时为了在短路情况时，导线线束间不致产生电磁力，造成相互吸引碰撞，或者虽有吸引碰撞，但事故消除后即能恢复正常状态，常在档距中间相隔一定的距离安装间隔棒，这样对次档距的振荡和微风振动，可起到一定的抑制作用。

每相分裂导线需用间隔棒保持规定的形状和相互距离，如图 1-3 所示，但两根子导线垂直排列时可不用间隔棒。

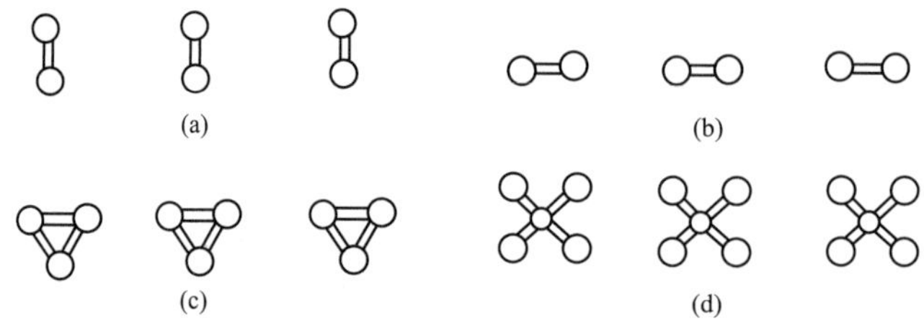

图 1-3　分裂导线排列形式

（a）垂直分裂导线；（b）水平分裂导线；（c）三分裂导线；（d）四分裂导线

（四）导线换位的原因及其要求

导线的各种排列方式（包括等边三角形）均不能保证三相导线的线间距离或导线对地距离相等，因此，三相导线的电感、电容及三相阻抗均不相等，这会造成三相电流的不平衡，这种不平衡对发电机、电动机和电力系统的运行以及对输电线路附近的弱电线路均会带来一系列的不良影响。为了避免这些影响，各相导线应在空间轮流地改换位置，以平衡三相阻抗。三相导线的换位顺序如图 1-4 所示，图 1-4 中 l 为线路长度。

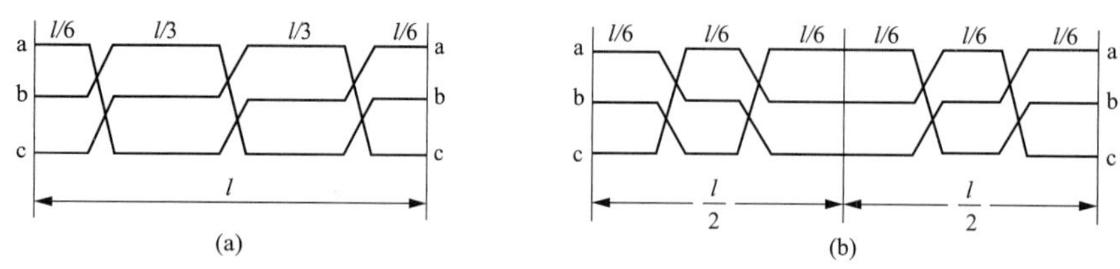

图 1-4　三相导线的换位顺序

（a）单循环换位；（b）双循环换位

线路换位的作用是为了减小电力系统正常运行时电流和电压的不对称，并限制输电线路对通信线路的影响。当三相导线的排列不对称时，每相的感抗及线间、线对地的电容不相等，即三相导线的电抗和电纳不相等，造成三相电流不平衡，电压不对称，引起负序和零序电流。过大的负序电流，会引起系统内电机过热；零序电流超过一定数值，会引起中性点不接地系统中接地继电器的误动作；由电力系统不平衡产生不同程度的杂散电流，有可能对输电线路附近（200m 以内）的其他弱电线路带来不良影响。但换位本身又是整个线路绝缘的薄弱环节，过多的换位也不合适。

在中性点直接接地的电网中，长度超过 100km 的线路均应换位。换位长度不宜超过 200km。如一个变电站某级电压的每回出线虽小于 100km，但其总长度超过 200km，可采用变换各回线路的相序排列或换位，以平衡不对称电流。中性点非直接接地的电力网，为降低中性点长期运行中的电位，可用换位或可变换线路相序排列的方法来平衡不对称电容电流。

经过完全换位的线路，其各相在空间每个位置的各段总长度之和相等。进行一次完全换位的线路称为完成了一个换位循环。

常见的换位方式有直线杆塔换位（又称滚式换位）、耐张杆塔换位和悬空换位。直线杆塔换位利用三角形排列的直线杆塔实现，在换位处导线有交叉，故易发生短路现象，因此直线杆塔换位广泛用于冰厚不超过 10mm 的轻冰区。为减小换位处由于排列方式的改变引起悬垂绝缘子串的偏斜，换位杆塔的中心应偏离线路中心线。耐张杆塔换位需要特殊的耐张换位塔，造价较高，但导线间距比较稳定，运行可靠性高，这种换位方式适宜在重冰区的线路上使用。悬空换位不需要特殊设计的耐张塔，仅在每相导线上再单独串接一组绝缘子串，通过交叉跳接，实现导线换位。单独串接的绝缘子串承受的是线电压，其绝缘强度一般应比对地绝缘高 30%～50%。悬空换位在欧洲一些国家采用较多，我国辽宁地区 154kV 升压为 220kV 线路和山西的一些 110kV 线路也采用过，但因施工检修不便未能普遍使用。输电线路换位方式如图 1-5 所示。

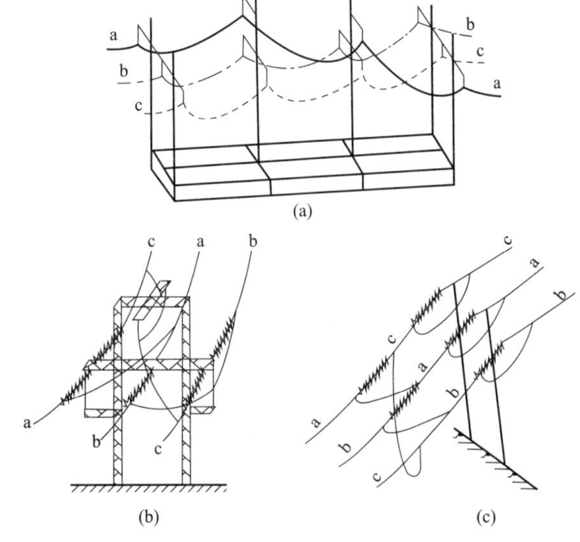

图 1-5 输电线路换位示意图

（a）滚式换位；（b）耐张换位；（c）悬空换位

四、杆塔的类型

（一）按用途分类

架空线路的杆塔，按其在线路上的用途可分为悬垂型杆塔、耐张直线杆塔、耐张转角杆塔、耐张终端杆塔、跨越杆塔和换位杆塔等。

悬垂型杆塔（又称中间杆塔），一般位于线路的直线段，在架空线路中的数量最多，约占杆塔总数的 80%，如图 1-6 所示中 6、7、8 号杆塔均为悬垂型杆塔。在线路正常运行的情况下，悬垂型杆塔不承受顺线路方向的张力，而仅承受导线、地线、绝缘子和金具等的质量和风压，所以，其绝缘子串是垂直悬挂的，称作悬垂串（见图 1-6 中的悬垂直线杆 6、7、8 号的绝缘子串），只有在杆塔两侧档距相差悬殊或一侧发生断线时，悬垂型杆塔才承受相邻两档导线的不平衡张力，悬垂型杆塔一般不承受角度力，因此悬垂型杆塔对机械强度要求较低，造价也较低廉。

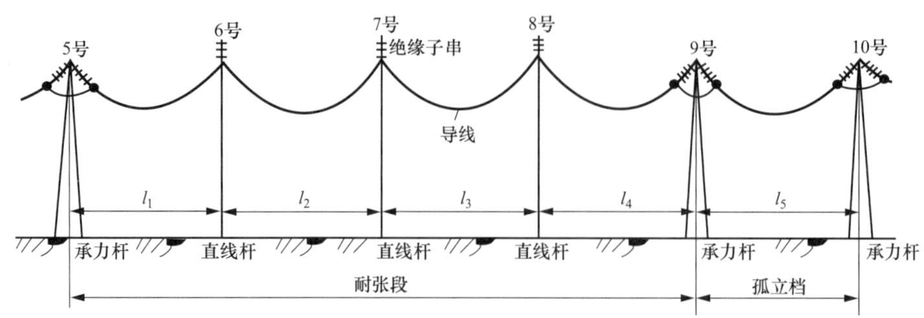

图 1-6　输电线路的耐张段和孤立档

耐张直线杆塔（又称承力杆塔），一般也位于线路的直线段，有时兼作 5°以下的小转角。在线路正常运行和断线事故情况下，均承受较大的顺线路方向的张力，因此，这种杆塔称耐张直线杆塔。在耐张直线杆塔上是用耐张绝缘子串和耐张线夹来固定导线的。如图 1-6 所示中 5、9、10 号杆塔均为耐张直线杆塔。

两基相邻耐张杆塔间的一段线路称为一个耐张段；两基相邻耐张杆塔间各档距的和称为耐张段的长度。当线路发生断线故障时，不平衡张力很大，这时悬垂型杆塔因顺线路方向的强度较差而可能逐个被拉倒。耐张杆塔强度大，可将倒杆事故限制在一个耐张段内。所以，耐张杆塔也被称作“锚型杆塔”或“断连杆塔”。

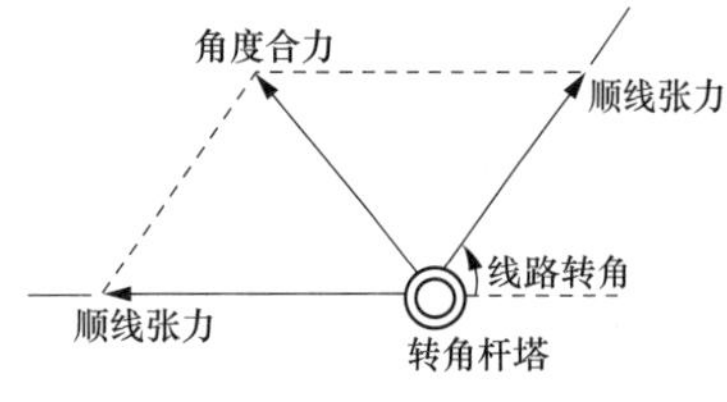

图 1-7　耐张转角杆塔的受力图

耐张转角杆塔位于线路转角处，线路转向内角的补角称作“线路转角”（见图 1-7）。耐张转角杆塔两侧导线的张力不在一条直线上，因而须承受角度合力。耐张转角杆塔除应承受垂直荷载和风压荷载以外，还应能承受较大的导线张力角度合力；角度合力决定于转角的大小和导地线水平张力。

跨越杆塔位于线路与河流、山谷、铁路等交叉跨越的地方。跨越杆塔也分悬垂型和耐张型两种。当跨越档距很大时，就得采用特殊设计的耐张型跨越杆塔，其高度也比一般杆塔高得多。

耐张终端杆塔位于线路的首、末端，即变电站进线、出线的第一基杆塔。耐张终端杆塔是一种承受单侧张力的耐张杆塔。

换位杆塔是用来进行导线换位的。一般超过 100km 以上的输电线路要用换位杆塔进行导线换位。

（二）按材料分类

杆塔按使用的材料可分为钢筋混凝土杆、钢管杆、角钢塔和钢管塔。

钢筋混凝土杆的混凝土和钢筋黏结牢固严如一体，且二者具有几乎相等的温度膨胀系数，不致因膨胀不等产生温度应力而破坏，混凝土又是钢筋的防锈保护层。所以，钢筋混凝土是制造电杆的好材料。

钢筋混凝土杆的优点如下：

（1）经久耐用，一般可用 50～100 年之久；

（2）维护简单，运行费用低；

（3）比铁塔节约钢材40%～60%；

（4）比铁塔造价低，施工期短。

其缺点主要是笨重，运输困难，因此对较高的水泥杆均采用分段制造，现场进行组装，这样可将每段电杆质量限制在500～1000kg。

混凝土的受拉强度比受压强度低得多，当电杆柱体受力弯曲时，杆柱截面一侧受压，另一侧受拉，虽然拉力主要由钢筋承受，但混凝土与钢筋一起伸长，这时混凝土的外层即受一拉应力而产生裂缝。裂缝较宽时就会使钢筋锈蚀，缩短寿命。防止产生裂缝的最好方法，就是在电杆浇铸时将钢筋施行预拉，使混凝土在承载前就受到一个预压应力。这样，当电杆承载时，受拉区的混凝土所受的拉应力与此预压应力部分抵消而不致产生裂缝，这种电杆叫作预应力钢筋混凝土电杆。

预应力钢筋混凝土杆能充分发挥高强度钢材的作用，比普通钢筋混凝土杆可节约钢材40%左右，同时具有水泥用量减少、电杆质量减轻的优点。由于它的抗裂性能好，所以延长了电杆的使用寿命。目前生产的钢筋混凝土电杆（或预应力、部分预应力钢筋混凝土电杆），有等径环形截面和拔梢环形截面两种。等径电杆的直径分别为ϕ300、ϕ400、ϕ500、ϕ550mm，杆段长度有3.0、4.5、6.0、9.0m四种。拔梢电杆的锥度为1/75，杆段规格系列较多，常用的拔梢电杆杆段规格见表1-2。根据工程需要，可以用上述杆段连接而成。所需要的杆高，一般可采用表1-3所列的组装杆段长度。

表1-2　　常用拔梢电杆杆段规格

杆段梢径（mm）	杆段长度（m）	杆段梢径（mm）	杆段长度（m）
ϕ190	6、7、8、9、10、11、12、15	ϕ390	6、9
ϕ230	6、9、12	ϕ430	6
ϕ270	6、9	ϕ470	6
ϕ283	6	ϕ510	6、9
ϕ310	6、9	ϕ550	6
ϕ350	6、9	—	—

表1-3　　常用拔梢电杆组装杆段长度

杆长（m）	杆段组装种类			
	1	2	3	4
13	ϕ190mm×7m+ϕ283mm×6m	—	—	—
15	ϕ190mm×9m+ϕ310mm×6m	—	—	—
18	ϕ190mm×9m+ϕ310mm×9m	ϕ190mm×12m+ϕ350mm×6m	ϕ230mm×12m+ϕ390mm×6m	ϕ230mm×6m+ϕ310mm×6m+ϕ390mm×6m
21	ϕ190mm×12m+ϕ350mm×9m	ϕ230mm×12m+ϕ390mm×9m	—	—
24	ϕ230mm×12m+ϕ390mm×6m+ϕ470mm×6m	ϕ230mm×9m+ϕ350mm×9m+ϕ470mm×6m	ϕ270mm×9m+ϕ390mm×9m+ϕ510mm×6m	—

角钢塔是用角钢焊接或螺栓连接的（个别有铆的）钢架，钢管塔是由钢管螺栓连接的钢架。它们的优点是坚固、可靠，使用期限长，但钢材消耗量大，造价高，施工工艺较复杂，维护工作量大。因此，铁塔多用于交通不便和地形复杂的山区，或一般地区的荷载较大的耐张终端、耐张直线、耐张转角、大跨越等杆塔。近年来，城区线路广泛采用钢管杆。钢管杆占地面积小，大大减轻了占用城市空间的压力。

五、绝缘子种类及规格型号

（一）绝缘子的分类

架空线路的绝缘子是用来支持导线并使之与杆塔绝缘的。它应具有足够的绝缘强度和机械强度，同时对化学杂质的侵蚀具有足够的抗御能力，并能适应周围大气条件的变化，如温度和湿度变化对它本身的影响等。

架空输电线路上所用的绝缘子有悬式、棒式和硅橡胶合成绝缘子等数种。

悬式绝缘子形状多为圆盘形，故又称盘形绝缘子，绝缘子以往都是陶瓷的，所以又叫作瓷瓶。现在我国也有使用钢化玻璃悬式绝缘子，这种绝缘子尺寸小、机械强度高、电气性能好、寿命长、不易老化、维护方便（当绝缘子有缺陷时，由于冷热剧变或机械过载，即自行破碎，巡线人员很容易用望远镜检查出来）。盘形悬式绝缘子有普通型［见图 1-8（a)]、耐污型［见图 1-8（b)］两种。悬式绝缘子广泛用于 35kV 及以上的线路上。在沿海地区和化工厂附近的线路，使用防污型悬式绝缘子［见图 1-8（c)]。

棒形悬式绝缘子的形状如图 1-8（f）所示，它是一个瓷质整体，可以代替悬垂绝缘子串。它的优点是质量轻、长度短、省钢材，且降低了杆塔的高度。但棒形悬式绝缘子制造工艺较复杂，成本较高，且运行中易于因振动而断裂。

复合绝缘子是棒形悬式复合绝缘子的简称，由伞套、芯棒组成，并带有金属附件，如图 1-8（g）所示。伞套由硅橡胶为基体的高分子聚合物制成，具有良好的憎水性，抗污能力强，用来提供必要的爬电距离，并保护芯棒不受气候影响。芯棒通常由玻璃纤维浸渍树脂后制成，具有很高的抗拉强度和良好的减振性、抗蠕变性以及抗疲劳断裂性。根据需要，

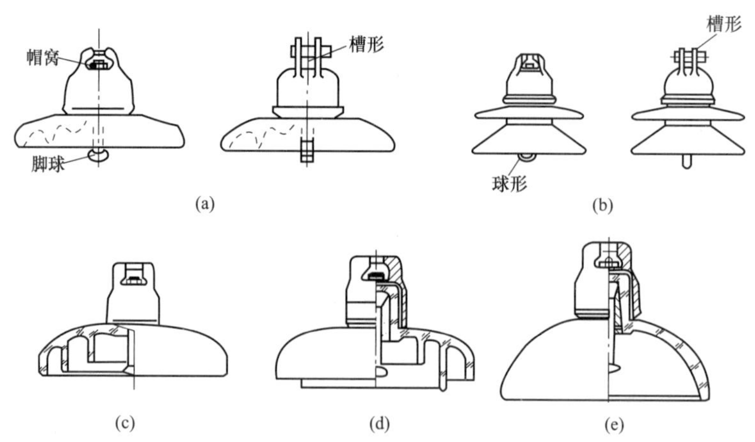

图 1-8　绝缘子（一）

（a）悬式绝缘子；（b）耐污悬式绝缘子；（c）钟罩防污型悬式绝缘子；（d）直流悬式绝缘子；（e）球面悬式绝缘子

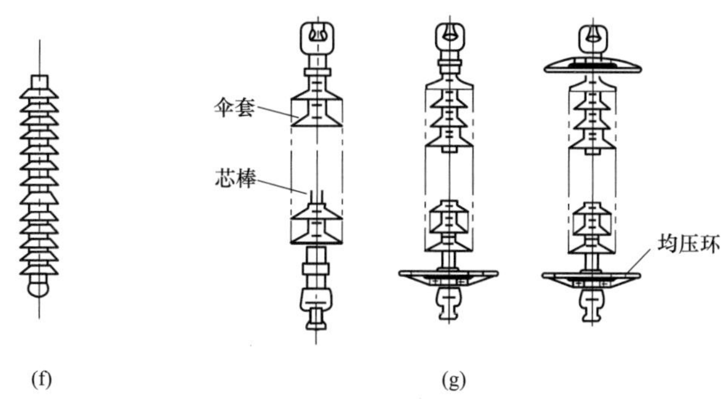

图 1-8　绝缘子（二）

（f）棒形悬式绝缘子；（g）棒形复合绝缘子

复合绝缘子的一端或者两端可以加装均压环。复合绝缘子适用于海拔 1000m 以下地区，尤其用于污秽地区，能有效地防止污闪的发生。

（二）绝缘子的型号及其组装方式

输电线路大都采用悬式绝缘子。目前线路悬式绝缘子现行标准为 GB/T 7253—2019《标称电压高于 1000V 的架空线路绝缘子交流系统用瓷或玻璃绝缘子元件盘形悬式绝缘子元件的特性》，但现有线路中，还有大量在现行标准实施前投入运行的盘形悬式绝缘子在使用。

由于 GB/T 7253—2019 与旧标准中绝缘子的型号编制方法差异较大，为了便于标准的实施使用，将 GB/T 7253—2019 与旧标准中机械和尺寸特性类同的绝缘子列于表 1-4中，供型号转换时参考。

表 1-4　　新、旧标准典型盘形悬式绝缘子串元件参数及型号对照

型号	旧标准	机电或机械破坏负荷（kN）	绝缘件最大公称或公称直径（mm）	公称结构高度（mm）	最小公称爬电距离（mm）
U70BS	XP-70	70	255	127	295
U70BL	XP1-70	70	255	146	295
	LXP1-70				
U70BL	XWP2-70	70	255	146	400
U70BEL	XWP1-70	70	255	160	400
	XHP1-70				
U70BELP	XWP3-70	70	280	160	450
U100BL	XP-100	100	255	146	295
	LXP-100				
U100BEL	XWP1-100	100	255	160	400
U100BELP	XWP2-100		280		450
U100BEL	XHP1-100		270		400
U120B	XP-120	120	255	146	295
	LXP-120				
U160BS	XP2-160	160	280	146	330

续表

型号	旧标准	机电或机械破坏负荷（kN）	绝缘件最大公称或公称直径（mm）	公称结构高度（mm）	最小公称爬电距离（mm）
U160BM	XP-160	160	255	155	305
	LXP-160		280		330
U160BM	XWP1-160	160	280	160	400
	XWP6-160				
	XHP1-160				
	XAP1-160		300		

盘形悬式瓷质绝缘子的优缺点如下：

（1）优点：瓷质绝缘子使用历史悠久，介质的机械性能、电气性能良好，产品种类齐全，使用范围广，盘形悬式瓷质绝缘子是输电线路最早使用的一种绝缘子。

（2）缺点：在污秽潮湿条件下，绝缘子在工频电压作用时绝缘性能急剧下降，常产生局部电弧，严重时会发生闪络；绝缘子串或单个绝缘子的分布电压不均匀，在电场集中的部位常发生电晕，产生无线电干扰，并容易导致瓷体老化。

盘形悬式玻璃钢绝缘子的优缺点如下：

（1）优点：成串电压分布均匀，玻璃的介电常数为7～8，比瓷的介电常数（5～6）大一些，因而玻璃绝缘子具有较大的主电容。自洁能力好，积污容易清扫，耐污性能好，耐电弧性能好，机械强度高，钢化玻璃的机械强度可达到80～120MPa，是陶瓷的2～3倍，长期运行后机械性能稳定。由于玻璃的透明性，外形检查时容易发现细小裂纹和内部损伤等缺陷。玻璃钢绝缘子零值或低值时会发生自爆，无需进行人工检测。耐弧性能好，老化过程缓慢。

（2）缺点：早期产品运行初期自爆率高，现在的产品已基本克服这一缺点。自爆后的残锤必须尽快更换，否则会因残锤内部玻璃受潮而烧熔，发生断串掉线事故。

悬式绝缘子在直线型杆塔上组成悬垂串。悬垂串在正常运行时仅承受导线自重、冰重和风力，在断线时，还要承受断线张力。大跨越档距或重冰区导线的荷载很大，超过悬垂串的允许荷载时，可采用双联悬垂串（见图1-9）和多联悬垂串。为了减小悬垂串的风偏摇摆角，以达到减小杆塔头部尺寸的目的，可采用“V”形、“人”形及“Y”形组合悬垂串（见图1-9）。

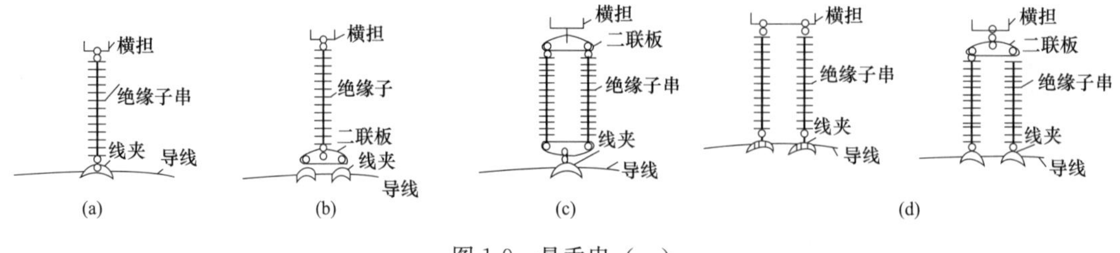

图1-9　悬垂串（一）

（a）单线夹单联悬垂串；（b）双线夹单联悬垂串；（c）单线夹双联悬垂串；（d）双线夹双联悬垂串

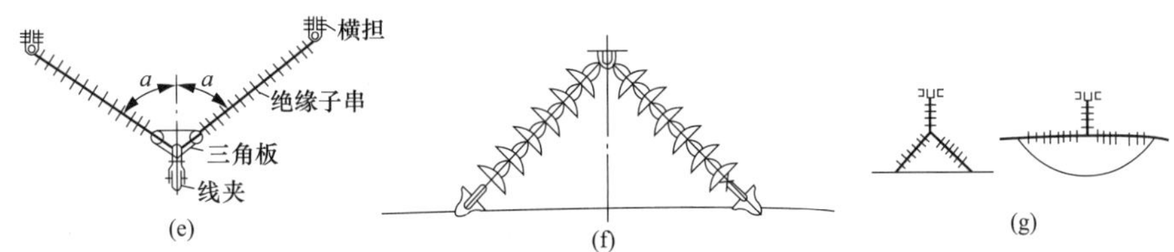

图 1-9　悬垂串（二）

（e）“V”形悬垂串；（f）人字形悬垂串；（g）“Y”形组合悬垂串

悬式绝缘子在耐张杆塔上组成耐张串，耐张串除承受导线自重、冰重和风力外，还要承受正常情况和断线情况下顺线路方向导线的张力。当大跨越档距中的导线张力很大时，可采用双联或多联耐张串（其结构见图 1-10）。耐张串两侧的导线通过跳线（又称引流线）连接，如图 1-11 所示。

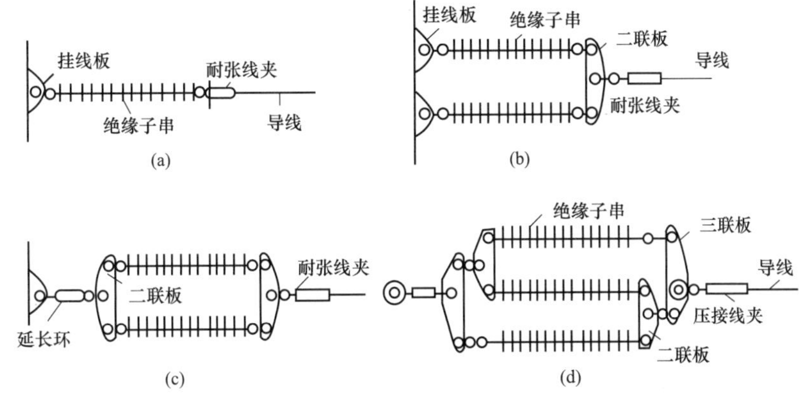

图 1-10　耐张串

（a）单联耐张串；（b）双联耐张串之一；（c）双联耐张串之二；（d）三联耐张串

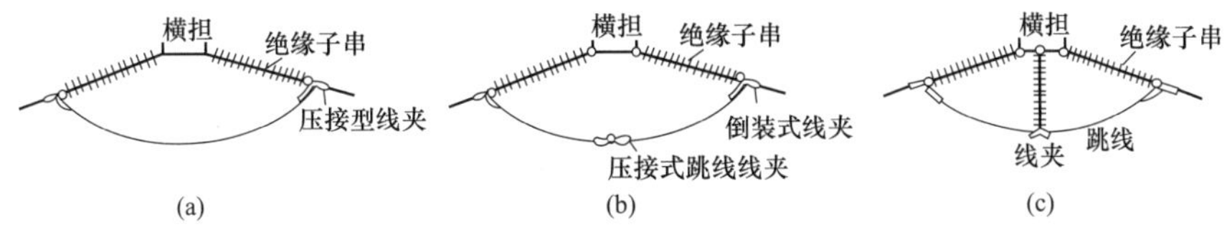

图 1-11　跳线与耐张串的连接

（a）用压接型线夹与耐张串连接；（b）用倒装式线夹与耐张串连接；（c）跳线中央用悬垂串限制摇摆

（三）绝缘子的安全系数及绝缘子串串数选择

绝缘子机械强度的安全系数应符合表 1-5 的规定。

表 1-5　　绝缘子机械强度的安全系数

情况	最大使用荷载		常年荷载	验算	断线	断联
	盘形绝缘子	棒形绝缘子				
安全系数	2.7	3.0	4.0	1.5	1.8	1.5

双联及多联绝缘子串应验算断一联后的机械强度，其荷载及安全系数按断联情况考虑。

绝缘子机械强度的安全系数 K_I 应按下式计算：

$$K_I = \frac{T_R}{T} \tag{1-1}$$

式中 T_R——绝缘子的额定机械破坏负荷，kN；

T——分别取绝缘子承受的最大使用荷载、断线、断联、验算荷载或常年荷载，kN。

绝缘子机械强度的安全系数计算时，常年荷载是指年平均气温条件下绝缘子所承受的荷载。验算荷载是验算条件下绝缘子所承受的荷载。断线的气象条件是无风、有冰、−5℃，断联的气象条件是无风、无冰、−5℃。设计悬垂串时导、地线张力可按设计规范的规定取值。

（四）绝缘子串的片数选择

每一悬垂串上绝缘子的个数，是根据线路的额定电压等级按绝缘配合条件选定的，即应使线路能在工频电压、操作过电压及雷电过电压等条件下安全可靠运行。在海拔 1000m 以下地区，操作过电压及雷电过电压的要求的悬垂绝缘子串的绝缘子片数，应不少于表 1-6 中的规定数。

表 1-6　　直线杆塔上悬垂串绝缘子的最少用量表

标称电压（kV）	35	66	110	220	330	500	750
单片绝缘子的高度（mm）	146	146	146	146	146	155	170
绝缘子片数（片）	3	5	7	13	17	25	32

绝缘子串的片数应以审定的污区分布图为基础，结合线路附近的污秽和发展情况，综合考虑环境污秽变化因素，选择合适的绝缘子型式和片数，并适当留有裕度。

绝缘子串的片数计算可采用爬电比距法，也可采用污耐压法选择合适的绝缘子型式和片数。当采用爬电比距法时，每一悬垂串绝缘子片数应按下式计算：

$$n \geqslant \frac{\lambda U}{K_e L_{o1}} \tag{1-2}$$

式中 n——海拔 1000m 时每串绝缘子所需片数；

λ——爬电比距，cm/kV；

U——系统标称电压，kV；

L_{o1}——单片悬式绝缘子的几何爬电距离，cm；

K_e——绝缘子爬电距离的有效系数，主要由各种绝缘子几何爬电距离在试验和运行中污秽耐压的有效性来确定，并以 XP-70、XP-160 型绝缘子为基础，其 K_e 值取为 1。

几种常见绝缘子爬电距离有效系数 K_e 见表 1-7。

由于耐张绝缘子串在正常运行中经常承受较大的导线张力，绝缘子容易劣化以及耐张绝缘子串可靠性要求高的缘故，对 110～330kV 输电线路每串耐张串的绝缘子片数应比每串悬垂串同型号绝缘子的片数多 1 片，500kV 输电线路增加 2 片，对 750kV 输电线路不需增加片数。

表 1-7　　　　几种常见绝缘子爬电距离有效系数 K_e

绝缘子型式	盐密			
	0.05（mg/cm²）	0.10（mg/cm²）	0.20（mg/cm²）	0.40（mg/cm²）
浅钟罩形绝缘子	0.90	0.90	0.80	0.80
双绝缘子（XWP2-160）	1.0			
长棒形瓷绝缘子	1.0			
三绝缘子	1.0			
玻璃绝缘子（普通型 LXH-160）	1.0			
深钟罩玻璃绝缘子	0.8			
复合绝缘子	≤2.5cm/kV		2.5cm/kV	
	1.0		1.3	

为保持高杆塔的耐雷性能，全高超过 40m 有地线的杆塔，高度每增加 10m，应增加一片同型绝缘子，全高超过 100m 的杆塔，绝缘子的片数应根据运行经验综合计算确定。由于高杆塔而增加绝缘子片数时，雷电过电压最小间隙也应相应增大；750kV 杆塔全高超过 40m 时，可根据实际情况进行验算，确定是否需要增加绝缘子片数和间隙。

对于架设在空气中含有工业污秽地带或接近海岸、盐场、盐湖和盐碱地区的线路，应根据运行经验和可能污染的程度，增加绝缘子的泄漏距离，这时宜采用防污型绝缘子或增加普通绝缘子的片数。

在轻、中污区复合绝缘子的爬电距离不宜小于盘形绝缘子；在重污区其爬电距离不应小于盘形绝缘子最小要求值的 3/4 且不小于 2.8cm/kV；用于 220kV 及以上输电线路复合绝缘子两端都应加均压环，其有效绝缘长度需满足雷电过电压的要求。

高海拔地区悬垂绝缘子串的片数，宜按下式计算：

$$n_H = n e^{0.1215 m_1 (H-1)} \tag{1-3}$$

式中　n_H——高海拔地区每串绝缘子所需片数；

n——海拔低于 1km 地区每串绝缘子所需片数；

H——海拔，km；

m_1——特征指数，它反映气压对于污闪电压的影响程度，由试验确定，各种绝缘子 m_1 可按表 1-8 取值。

表 1-8　　　　各种绝缘子的 m_1 参考值

材料	盘径（mm）	结构高度（mm）	爬电距离（cm）	表面积（cm²）	机械强度（kN）	m_1值		
						盐密 0.05mg/cm²	盐密 0.2mg/cm²	平均值
瓷	280	170	33.2	1730.27	210	0.66	0.64	0.65
	300	170	45.9	2784.86	210	0.42	0.34	0.38
	320	195	45.9	3025.98	300	0.28	0.35	0.32
	340	170	53.0	3627.04	210	0.22	0.40	0.31
玻璃	280	170	40.6	2283.39	210	0.54	0.37	0.45
	320	195	49.2	3087.64	300	0.36	0.36	0.36
	320	195	49.3	3147.4	300	0.45	0.59	0.52
	380	145	36.5	2476.67	120	0.30	0.19	0.25
复合	—	—	—	—	—	0.18	0.42	0.30

六、金具种类及规格型号

（一）金具的种类

架空输电线路的金具是用于导线、架空地线、拉线、绝缘子串并与杆塔连接的零件。线路金具按性能和用途大致可划分为悬垂线夹、耐张线夹、连接金具、接续金具、保护金具和拉线金具 6 大类。

1. 悬垂线夹

用于将导线固定在直线杆塔及悬垂绝缘子串上，或将架空地线悬挂在直线杆塔的架空地线支架上。悬垂式线夹常用定型产品，目前只保留了 U 型螺栓式固定型悬垂一种，如图 1-12 所示。

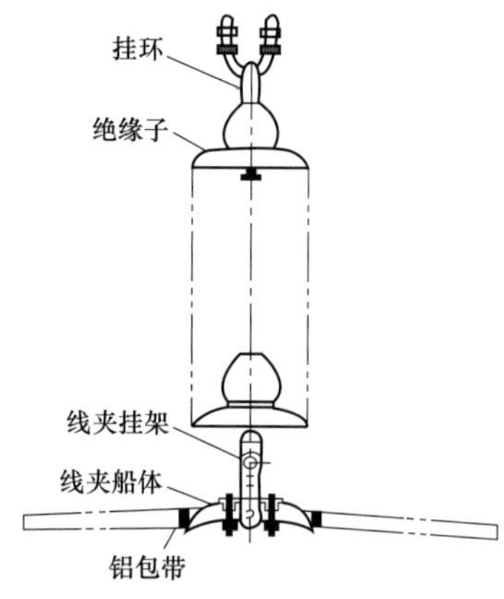

图 1-12　固定型悬垂线夹

根据导线型号、杆塔型式的不同采用不同的型号，220kV 线路由于导线截面积较大，悬垂线夹主要采用 XGU-5B、XGU-5A 两种，架空地线悬垂线夹采用 XGU-2。

XGU-5B-悬垂线夹，固定式 U 型螺丝式加 U 型挂板（用于水泥杆较多）。

XGU-5A-悬垂线夹，固定式 U 型螺丝式加碗头挂板（用于铁塔、钢管塔较多）。

XGU-2-悬垂线夹，固定式 U 型螺丝式 U 型螺丝式（用于架空地线）。

2. 耐张线夹

导线用耐张线夹一般分为两类。第一类用螺栓将导线压紧固定，线夹只承受导线全部张力，而不导通电流，这类耐张线夹称螺栓型耐张线夹。第二类称为压缩型耐张线夹，采用液压机或爆炸压接方法将导线的铝股、钢芯与线夹锚压在一起。线夹本身除承受导线的全部拉力外，还是导电体，这类线夹适用于安装大截面导线。架空地线用耐张线夹按其结构可分为楔型和压缩型两种。楔型耐张线夹可用于架空地线的终端，也可以用于固定杆塔的拉线，如图 1-13 所示。

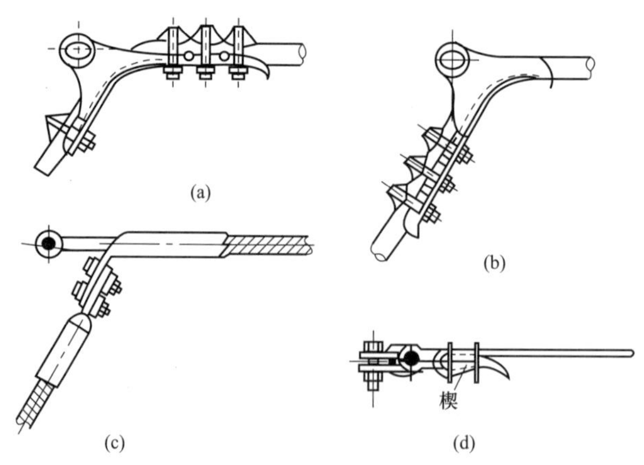

图 1-13　耐张线夹（一）

（a）正装螺栓型；（b）倒装螺栓型；（c）压缩型；（d）楔型（地线用）

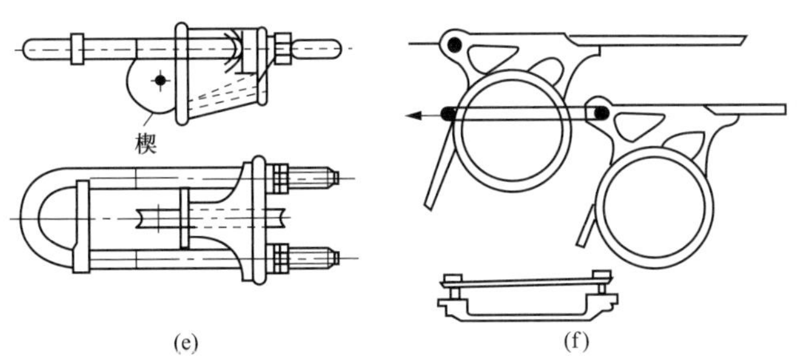

图 1-13　耐张线夹（二）

（e）楔型（拉线用）；（f）螺旋型

3. 连接金具

连接金具分为专用连接金具和通用连接金具两类。专用连接金具是直接用来连接绝缘子的，故其连接部位的结构尺寸和绝缘子相配合，如球头挂环、碗头挂板、球头环和碗头双联等，如图 1-14 所示。

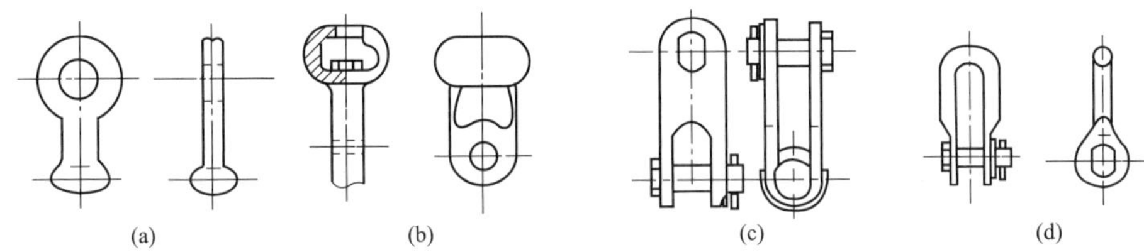

图 1-14　连接金具

（a）球头挂环；（b）碗头挂板；（c）挂板；（d）U 型挂环

通用连接金具将绝缘子组成两串、三串或更多串，并将绝缘子与杆塔横担或与线夹之间连接，也用来将架空地线紧固或悬挂在杆塔上，或将拉线固定在杆塔上等。根据用途不同，连接金具有 U 型挂环、U 型螺栓、U 型挂板、U 型拉板、直角挂板、平行挂板、延长环、环板、调整板和联板等。

4. 接续金具

接续金具用于接续导线及架空地线，接续非直线杆塔的跳线及修补损伤的导线及架空地线。

常用的线路接续金具有接续管、补修管及并沟线夹等。其中圆形接续管用于大截面导线接续及架空地线的接续，椭圆形接续管用于中、小截面导线的接续，补修管用于导线、架空地线的补修，并沟线夹用于导线及架空地线作为跳线时的接续。

5. 保护金具

保护金具用于保护导线、架空地线、绝缘子，使之不受损伤和正常运行。常用的保护金具有防振锤、预绞丝护线条、预绞丝补修条、重锤和间隔棒等。其中防振锤起抑制导线、架空地线振动作用；预绞丝护线条用于保护导线；预绞丝补修条用于导线损伤的修补；重锤起抑制悬垂绝缘子串及跳线绝缘子串摇摆度过大及直线杆塔上导线、架空地线上拔的作用；间隔棒用于固定分裂导线排列的几何形状。

6. 拉线金具

拉线金具主要用于固定拉线杆塔，包括从杆塔顶端引至地面拉线棒之间的所有零件。

根据使用条件，拉线金具可分为紧线、调节及连接三类。紧线零件用于紧固拉线端部，与拉线直接接触，必须有足够的握紧力；调节零件用于调节拉线的松紧；连接零件用于拉线的组装。常用的拉线金具有 UT 型线夹、楔型线夹、拉线二联板等。

（二）金具产品的规格型号

1. 金具产品型号命名一般要求

金具产品型号标记一般由汉语拼音字母（简称字母）和阿拉伯数字（简称数字）组成，不应使用罗马数字或其他数字。

标记中使用的字母应采用大写汉语拼音字母，I 和 O 不应使用，字母不应加角标。标记中使用的符号应采用乘号（*）、左斜杠（/）、短划（-）、小数点（.）。

2. 型号标记的组成

电力金具的型号标记如图 1-15 所示。

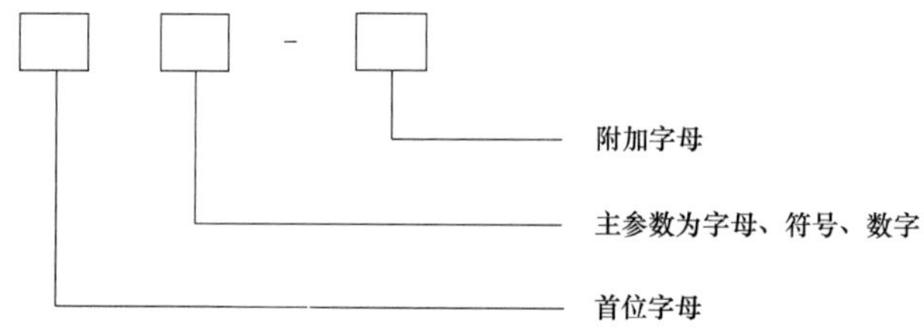

图 1-15 电力金具的型号标记

型号标记首位字母的代表含义包括：①分类类别；②连接金具的产品系列名称。

首位字母用金具类别或名称的第一个汉字的汉语拼音的第一个字母表示。

当首位字母出现重复时，或需使用字母 I 和 O 时，可选用金具类别或名称的第二个汉字的汉语拼音的第一个字母表示，也可选用其他字母表示，或用附加字母来区分。

表 1-9 给出了首位字母的含义。

表 1-9 首位字母的含义

字母	表示类别	表示连接金具产品的名称
D		调整板
E		EB 挂板
F	防护金具	
G		GD 挂板
J	接续金具	
L		联板
M	母线金具	
N	耐张线夹	
P		平行
Q		球头
S	设备线夹	
T	T 形线夹	

续表

字母	表示类别	表示连接金具产品的名称
U		U 型
V		V 型挂板
W		碗头
X	悬垂线夹	
Y		延长
Z		直角

附加字母是对首位字母的补充表示，以区别不同的形式、结构、特性和用途，同一字母允许表示不同的含义。一般附加字母代表的含义见表 1-10（但不限于表 1-10）。

表 1-10　　一般附加字母代表的含义

字母	代表含义
B	板、爆压、并（沟）、变（电）、避（雷）、包
C	槽（形）、垂（直）
D	倒（装）、单（板、联、线）、导（线）、搭（接）、镀锌、跑（道）
F	方（形）、封（头）、防（晕、盗、振、滑）、覆（铜）
G	固（定）、过（渡）、管（形）、沟、钢、间隔垫
H	护（线）、环、弧、合（金）
J	均（压）、矩（形）、间（隔）、支（架）、加（强）、（预）绞、绝
K	卡（子）、（上）扛、扩（径）
L	螺（栓）、立（放）、拉（杆）、菱（形）、轮（形）、铝
N	耐（热、张）、（户）内
P	平（行、面、放）、屏（蔽）
Q	球（绞）、轻（型）、牵（引）
R	软（线）
S	双（线、联）、三（腿）、伸（缩）、设（备）
T	T（形）、椭（圆）、跳（线）、（可）调
U	U（形）
V	V（形）
W	（户）外
X	楔（形）、悬（垂）、悬（挂）、下（垂）、修（补）
Y	液压、圆（形）、（牵）引
Z	组（合）、终（端）、重（锤）、自（阻尼）

3. 金具产品型号命名细则

（1）悬垂线夹。

悬垂线夹的型号标记如下：

××× − ×/××
1 2 3　4　5 6

其中：

1——悬垂线夹的握力类型，其中 G 表示固定型，H 表示滑动型，W 表示有限握力型；

2——回转轴中心与导线轴线间的相对位置，默认表示下垂式，K 表示上扛式，Z 表示中心回转式；

3——表征悬垂线夹防晕性能，其中 A 表示普级，B 表示中级，C 表示高级，D 表示特级；

4——悬垂线夹标称破坏载荷，与表征数字的对应关系见表 1-11；

5——悬垂线夹线槽直径，mm；

6——表征悬垂线夹船体材质，默认表示铝合金，K 表示可锻铸铁（马铁），Q 表示球铁，G 表示铸钢。

表 1-11　　表征数字与标称破坏载荷的对应关系

表征的数字	4	6	8	10	12	15	20	25	30	35
标称破坏载荷（kN）	40	60	80	100	120	150	200	250	300	350

悬垂线夹的命名示例见表 1-12。

表 1-12　　悬垂线夹的命名示例

名称	握力类型	防晕性能	标称破坏载荷（kN）	线槽直径（mm）	转动方式	船体材质
XGA-6/14K	固定型	普级	60	14	下垂式	可锻铸铁
XWZC-20/46	有限握力型	高级	200	46	中心回转式	铝合金

（2）耐张线夹。

耐张线夹的型号标记如下：

N×-×-××
1 2 3 4

其中：

1——安装方式，其中 B 表示爆压型，L 表示螺栓型，T 表示钳压型，X 表示楔形，Y 表示液压型，J 表示预绞式；

2——导线的型号，默认表示钢芯铝绞线，其他型号见 GB/T 1179—2017《圆线同心绞架空导线》；

3——导线的标称截面积，其表示方法参照 GB/T 1179—2017；

4——引流线夹角度，其中 A 表示 0°，B 表示 30°。

耐张线夹的命名示例见表 1-13。

表 1-13　　耐张线夹的命名示例

名　　称	安装方式	导线型式	导线标称截面积（mm^2）	引流线夹角度（°）
NY-400/35A	液压型	钢芯铝绞线	400/35	0
NY-JLHA1/LB1A-450/60B	液压型	铝包钢芯铝合金绞线	450/60	30
NL-4G1A-85	螺栓型	钢绞线	85	

（3）接续金具。

接续金具的型号标记如下：

J××-×-×

1 2 3 4

其中：

1——安装方式，其中B表示爆压型，G表示并沟线夹，L表示螺栓型，T表示钳压型，X表示修补条，Y表示液压型，J表示预绞式。

2——钢芯接续方式，默认表示对接，D表示搭接。

3——导线的型号，默认表示钢芯铝绞线，其他型号见表1-15。

4——导线的标称截面积，其表示方法参照GB/T 1179—2017。

接续金具的命名示例见表1-14。

表1-14　　接续金具的命名示例

名称	类型	安装方式	钢芯接续方式	导线型式	导线标称截面积（mm^2）
JY-400/35	接续管	液压型	对接	钢芯铝绞线	400/35
JYD-JLHA1/LB1A-450/60	接续管	液压型	搭接	铝包钢芯铝合金绞线	450/60
JX-JL/LB1A-300/50	补修条	—	—	铝包钢芯铝绞线	300/50
JG-JL-95	并沟线夹	—	—	铝绞线	95

表1-15　　导线的型号

型号	名称
JL	铝绞线
JLHA2、JLHA1	铝合金绞线
JL/G1A、JL/G1B、JL/G2A、JL/G2B、JL/G3A	钢芯铝绞线
JL/G1AF、JL/G2AF、JL/G3AF	防腐性钢芯铝绞线
JLHA2/G1A、JLHA2/G1B、JLHA2/G3A	钢芯铝合金绞线
JLHA1/G1A、JLHA1/G1B、JLHA1/G3A	钢芯铝合金绞线
JL/LHA2、JL/LHA1	铝合金芯铝绞线
JL/LB1A	铝包钢芯铝绞线
JLHA2/LB1A、JLHA1/LB1A	铝包钢芯铝合金绞线
JG1A、JG1B、JG2A、JG3A	钢绞线
JLB1A、JLB1B、JLB2	铝包钢绞线

（4）连接金具。

连接金具的型号标记如下：

×××-×/×/×

1 2 3 4 5 6

连接金具各字母表征的含义见表1-16。

表 1-16　　连接金具各字母表征的含义

<table>
<tr><td>1</td><td>2</td><td>3</td><td>4</td><td>5</td><td>6</td></tr>
<tr><td>U—
U 型挂环（板）</td><td>默认表示普通型，B—UB挂板，L—加长型</td><td>—</td><td>标称破坏载荷（t）</td><td>—</td><td>—</td></tr>
<tr><td>Q—
球头挂环</td><td>默认表示环体截面为圆，P—环体截面为半圆形和方形的组合，H—具有延长功能，环体截面为圆形</td><td>—</td><td>标称破坏载荷（t）</td><td>—</td><td>—</td></tr>
<tr><td>W—
碗头挂扳</td><td>默认表示单板型，S—双板型</td><td>J—安装均压环</td><td>标称破坏载荷（t）</td><td>—</td><td>—</td></tr>
<tr><td>Y—延长环或延长拉杆</td><td>H—延长环，
Z—直角延长拉杆，
P—平行延长拉杆</td><td>—</td><td>标称破坏载荷（t）</td><td>连接长度（cm）</td><td>—</td></tr>
<tr><td colspan="2">GD—GD 挂板</td><td></td><td>标称破坏载荷（t）</td><td>—</td><td>—</td></tr>
<tr><td colspan="2">EB—EB 挂板</td><td></td><td>标称破坏载荷（t）</td><td>—</td><td>—</td></tr>
<tr><td colspan="2">V—V 形挂板</td><td></td><td>标称破坏载荷（t）</td><td>—</td><td>—</td></tr>
<tr><td>Z—直角挂板</td><td>默认表示双板，D—单板</td><td>—</td><td>—</td><td>—</td><td>—</td></tr>
<tr><td>P—平行
挂板</td><td>默认表示双板，D—单板，S—板间距不同，T—可调长组合平行挂板</td><td>—</td><td>标称破坏载荷（t）</td><td>连接长度（mm）</td><td>—</td></tr>
<tr><td>D—调整板</td><td>B—可调
长单板</td><td>—</td><td>标称破坏载荷（t）</td><td>最小连接长度（mm）</td><td>最大连接长度（mm）</td></tr>
<tr><td colspan="2">PQ—牵引板</td><td>—</td><td>—</td><td>—</td><td>—</td></tr>
<tr><td rowspan="3">L—联板</td><td>默认表示普通对称三角形联板，
P—不对称三角联板，
F—方形联板</td><td>—</td><td>标称破坏载荷（t）</td><td>—</td><td>底部相距最远的两孔距离（cm）</td></tr>
<tr><td>X—悬垂联板，适用于中心回转式悬垂线夹或下垂式悬垂线夹</td><td rowspan="2">默认表示适用于I形悬垂串，V—适用于V形悬垂串</td><td rowspan="2">标称破坏载荷（对V形悬垂串为单肢标称载荷）（t）</td><td rowspan="2">导线分裂数</td><td rowspan="2">导线分裂间距（cm）</td></tr>
<tr><td>K—悬垂联板，适用于上扛式悬垂线夹</td></tr>
</table>

（5）防护金具。

1）间隔棒的型号标记如下：

FJ××-××/××

1 2 3 4　5 6

其中：

1——间隔棒的结构形式，其中 G 表示刚性间隔棒，R 表示柔性间隔棒，Z 表示阻尼间隔棒；

2——框架形状，默认表示正多边形，S 表示十字形，J 表示矩形，T 表示梯形，Y 表示圆环形；

3——分裂数，用数字表示；

4——分裂间距，cm；

5——适用的导线外径，mm；

6——表征间隔棒防晕性能，其中A表示普级，B表示中级，C表示高级，D表示特级。

间隔棒的命名示例见表1-17。

表1-17　　间隔棒的命名示例

名　称	间隔棒结构形式	框架形状	分裂数	分裂间距	适用导线外径	防晕性能
FJZ-840/35C	阻尼间隔棒	正八边形	8	40	35	高级
FJZY-640/30D	阻尼间隔棒	圆环形	6	40	30	特级

2）防振锤的型号标记如下：

F×××-×××
1 2 3　4 5 6

其中：

1——防振锤的结构形式，其中D表示对称型防振锤，R表示非对称型防振锤；

2——锤头的结构形式，其中G表示扭转式（狗骨头形），T表示筒式，Y表示音叉式，Z表示钟罩式；

3——防振锤的线夹形式，默认表示螺栓型线夹，J表示预绞式线夹；

4——适用的导线外径，用组合号表示；

5——导线的型号，钢绞线用G表示，默认表示其他类型导线；

6——表征防振锤防晕性能，默认表示不防晕，A表示普级，B表示中级，C表示高级，D表示特级。

防振锤的命名示例见表1-18。

表1-18　　防振锤的命名示例

名称	防振锤结构形式	锤头结构形式	线夹结构形式	适用导线外径（mm）	绞线类型	防晕性能
FDZ-6C	对称型防振锤	钟罩式	螺栓型	30～35	导线	高级
FRYJ-5B	非对称扭转式防振锤	音叉式	预绞式线夹	22.5～30.0	导线	中级
FDT-3G	对称型防振锤	筒式	螺栓型	12～14.5	钢绞线	不防晕

3）均压环型号标记如下：

FJ-××××-××
1 2 3 4　5 6

其中：

1——电压等级，其中10表示1000kV，8表示±800kV，7表示750kV，6表示±660kV，5表示500kV/±500kV，3表示330kV；

2——绝缘子串型，其中X表示Ⅰ型悬垂串，V表示V型悬垂串，N表示耐张串；

3——绝缘子联数，包括1，2，3，…；

4——绝缘子类型，默认表示盘式，H表示合成绝缘子；

5——绝缘子联间距，单位为 mm，默认表示单联；

6——附加字母，其中 D 表示用于绝缘子串倒装，T 表示十字形悬垂联板，B 表示变电。

4）屏蔽环型号标记如下：

FP-××-××
1 2 3 4

其中：

1——电压等级，其中 10 表示 1000kV，8 表示 ±800kV，7 表示 750kV，6 表示 ±660kV，5 表示 500kV/±500kV，3 表示 330kV；

2——默认表示悬垂串，N 表示用于耐张串；

3——默认表示用于线路，B 表示用于变电；

4——用字母 J 表示安装在间隔棒上，其他默认。

5）均压屏蔽环型号标记如下：

FJP-××-××
1 2 3 4

其中：

1——电压等级，其中 10 表示 1000kV，8 表示 ±800kV，7 表示 750kV，6 表示 ±660kV，5 表示 500kV/±500kV，3 表示 330kV；

2——默认表示用于悬垂串，N 表示用于耐张串；

3——默认表示子导线间距和联间距一致，导线间距/联间距为 450mm/500mm 时用数字“1”表示，子导线间距/联间距为 500mm/600mm 时用数字“2”表示；

4——绝缘子方向，默认表示正装，倒装用 D 表示。

均压环、屏蔽环和均压屏蔽环的命名示例见表 1-19。

表 1-19　　均压环、屏蔽环和均压屏蔽环的命名示例

名称	环的类型	说明
FJ-5X2-450T	均压环	用于Ⅰ型双联十字连板悬垂串，电压等级为 500kV/±500kV 线路，绝缘子联间距为 450mm 的均压环
FP-10N-J	屏蔽环	用于 1000kV 耐张串的屏蔽环，安装在间隔棒上
FJP-5N-D	均压屏蔽环	用于 500kV/±500kV 线路，倒装式耐张串均压屏蔽环

七、架空线路基础及接地装置

（一）杆塔基础作用及分类

杆塔基础是指架空输电线路杆塔地面以下部分的设施。其作用是保证杆塔稳定，防止杆塔因承受导线、冰、风、断线张力等的垂直荷重、水平荷重和其他外力作用而产生的上拔、下压或倾覆。

杆塔基础一般分为混凝土电杆基础和铁塔基础。

1. 混凝土电杆基础

混凝土电杆基础一般采用底盘、卡盘、拉盘（俗称三盘）基础，通常是事先预制好的钢筋混凝土盘，使用时运到施工现场组装，较为方便。底盘是埋（垫）在电杆底部的方（圆）形盘，承受电杆的下压力并将其传递到地基上，以防电杆下沉。卡盘是紧贴杆身埋入地面以下的长形横盘，其中采用圆钢或圆钢与扁钢焊成U型抱箍与电杆卡接，以承受电杆的横向力，增加电杆的抗倾覆力，防止电杆倾斜。拉盘是埋置于土中的钢筋混凝土长方形盘，在盘的中部设置U型吊环和长形孔，与拉线棒及金具相连接，以承受拉线的上拔力，稳住电杆，是拉线的锚固基础。常用三盘外形如图1-16所示。

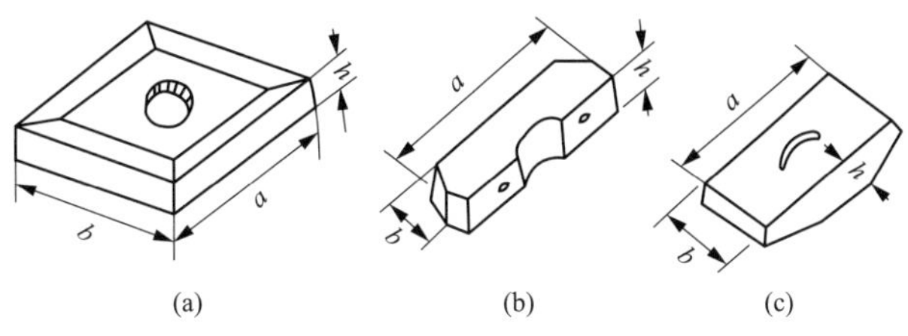

图1-16　常用三盘外形图

（a）底盘；（b）卡盘；（c）拉线盘

a—长度；b—宽度；h—厚度

在线路设计施工基础时，应根据当地土壤特性和运行经验，决定是否需用底盘、卡盘、拉线盘。若钢筋混凝土杆立在岩石或土质坚硬地区，可以直接埋入基坑而不设底盘或卡盘，也可用条石代替卡盘和拉线盘，用块石砌筑底盘以及垒石稳固杆基。

2. 铁塔基础

铁塔基础形式一般根据铁塔类型、塔位地形、地质及施工条件等实际情况确定。根据铁塔根开大小不同，大体可分为宽基和窄基两种。宽基是将铁塔的每根主材（每条腿）分别安置在一个独立基础上，这种基础稳定性较好，但占地面积较大，常被用在郊区和旷野地区。窄基塔是将铁塔的四根主材（四条腿）均安置在一个共用基础上。这种基础出土占地面积较小，但为了满足抗倾覆能力要求，基础在地下部分较深、较大，常被用在市区输配电线路上或地形较窄地段。图1-17是常用的铁塔基础类型。

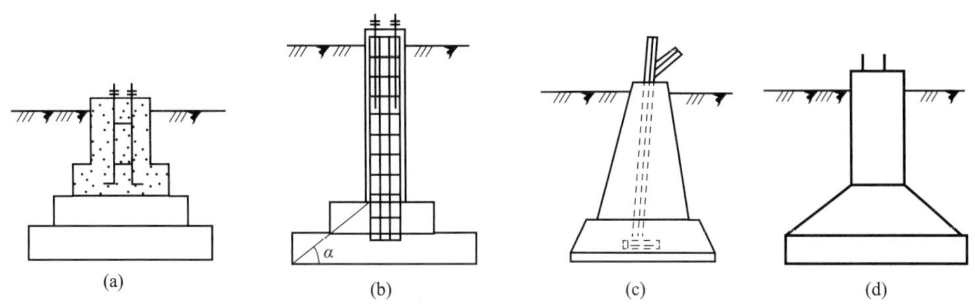

图1-17　常用铁塔基础图（一）

（a）大块混凝土基础；（b）钢筋混凝土基础；（c）主角钢插入式基础；（d）掏挖式基础

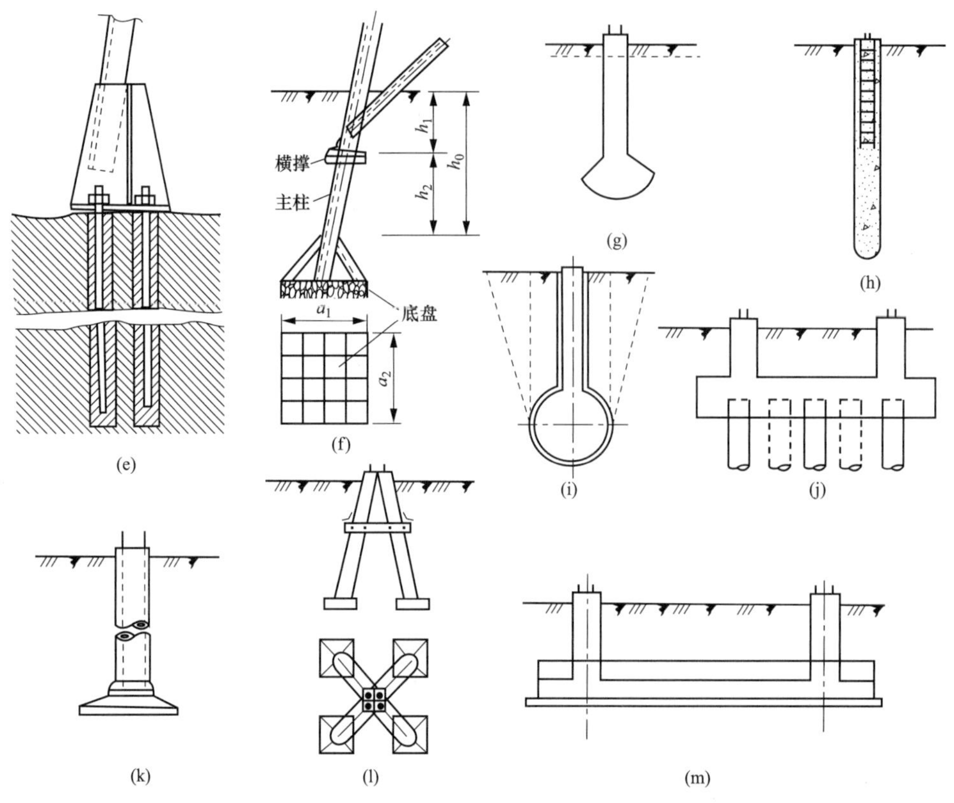

图 1-17 常用铁塔基础图（二）

（e）岩石基础；（f）金属基础；（g）机扩基础；（h）灌注桩基础；（i）爆扩桩基础；（j）联合桩基础；（k）圆柱固结式基础；（l）人字形基础；（m）联合基础

α—塔腿与基础外沿的夹角；a_1—基础长度；a_2—基础宽度；h_0—独立塔腿在地下的高度；h_1—横撑到地面的独立塔腿高度；h_2—独立横撑到踏脚的独立塔腿高度

（二）接地装置

接地装置是用来将雷电流在大地中扩散泄导的一种装置，包括接地引下线和接地体。接地体一般是用几根导体组成辐射形状或环状，具体型式可根据土壤电阻率进行设计。接地体埋在土壤中，应和土壤紧密接触。

接地体通常使用圆钢或带钢，接地体埋设于基础周围，接地引下线沿杆塔敷设，用以连接接地体和架空地线。铁塔一般利用塔体引流，不另设引下线，仅用接地连接线将架空地线和接地体分别连在地线支架和塔腿上。有些地区电杆也不用引下线而利用电杆中的钢筋代替，这种电杆在顶端及根端预埋有接地螺母，用以连接架空地线及接地体。

第二节 架空输电线路导线受力分析与计算

一、架空输电线路设计气象条件

架空线路的设计用气象条件，广义的是指那些与架空线路的电气强度和机械强度有关的气象参数，如风速、覆冰情况、气温、湿度、雷电参数等。但机械计算的气象参数主要指风速、覆冰厚度和气温，称为设计用气象条件三要素。

（一）气象条件三要素对线路的影响

1. 风速

风对架空线路的影响主要有三方面：第一，风吹在导线、杆塔及其附件上，增加了作用在导线和杆塔上的荷载。第二，导线在由风引起的垂直线路方向的荷载作用下，将偏离无风时的铅垂面，从而改变了带电导线与横担、杆塔等接地部件的距离。第三，导线在稳定微风（0.5～8m/s）的作用下将引起振动；在稳定的中速风（8～15m/s）的作用下将引起舞动；导线的振动和舞动都将危及线路的安全运行。为此，必须充分考虑风的影响。

输电线路设计中所采用的基本风速，应按当地气象台、站 10min 时距平均的年最大风速为样本，并宜采用极值Ⅰ型分布作为概率模型。统计风速应取以下高度，见表 1-20。

表 1-20　　输电线路设计中所采用的基本风速

输电线路类型	统计高度
110～750kV 输电线路	离地面 10m
各级电压大跨越	离历年大风季节平均最低水位 10m

山区输电线路宜采用统计分析和对比观测等方法，由邻近地区气象台、站的气象资料推算山区的最大基本风速，并结合实际运行经验确定。如无可靠资料，宜将附近平原地区的统计值提高 10%选用。

110～330kV 输电线路的基本风速不宜低于 23.5m/s；500～750kV 输电线路的基本风速不宜低于 27m/s。必要时还宜按稀有风速条件进行验算。

基本风速的重现期：110～330kV 输电线路及其大跨越取 30 年；500、750kV 输电线路及其大跨越取 50 年。在线路设计时和运行过程中均需广泛搜集、积累沿线风速资料。但应注意，目前气象台、站的风仪高度及测记方法不一定符合输电线路采用的要求，如风仪高为 8m，测记方法为一天四次定时 2min 平均风速，此时就需经过一定方法，将其换算到输电线路的设计风速。另外，在离地不同的高度其风速大小是不同的，当导线高度较高，如跨越江河等地段，其风速还应考虑高度影响。

在运行中可根据地面物的现象，按表 1-21 估计风速大小。

表 1-21　　风　级　表

风力等级	名称	地面物的特征	相当风速（m/s）
0	无风	静，烟直上	0～0.2
1	软风	烟能表示风向，但风向标不能转动	0.3～1.5
2	轻风	树叶及微枝摇动不息，旌旗展开	1.6～3.3
3	微风	人面感觉有风，树叶微响，风向标能转	3.4～5.4
4	和风	能吹起地面灰尘和纸张，小树枝摇动	5.5～7.9

续表

风力等级	名称	地面物的特征	相当风速（m/s）
5	清劲风	有叶的小树摇摆，内湖的水有波	8.0～10.7
6	强风	大树枝动摇，电线呼呼有声，举伞困难	10.8～13.8
7	疾风	全树动摇，迎风步行感觉不便	13.9～17.1
8	大风	微枝折断，人向前感觉阻力甚大	17.2～20.7
9	烈风	烟囱顶部及屋瓦被吹掉	20.8～24.4
10	狂风	内陆很少出现，可掀起树木或建筑物	24.5～28.4
11	暴风	陆上很少，有大的破坏	28.5～32.6
12	飓风	陆上绝少，很大规模的破坏	大于 32.6

2. 覆冰厚度

导线覆冰对线路安全运行的威胁主要有以下几方面：一是由于导线覆冰，荷载增大，引起断线、连接金具破坏，甚至倒杆倒塔等事故；二是由于覆冰严重，使导线弧垂显著增大，造成导线与被跨越物或对地距离过小，引起放电闪络事故等；三是由于脱冰时间不同使导线跳跃，易引起导线间以及导线与地线间闪络，烧伤导线或地线。发生冰害事故时，往往正值气候恶劣、冰雪封山、通信中断、交通受阻、检修十分困难之时，从而造成电力系统长时间停电。

导线上的冰层是空气中的“过冷却”水滴降落时碰到低于0℃的导线后形成的。由于输电线路经过地区的气象条件和地理条件不同，覆冰大致分为雾凇冰和雨凇冰两类。雾凇冰密度较小（为 0.1～0.4g/cm^3），呈针状或羽毛状结晶，冻结不密集。雨凇冰密度较大（为 0.5～0.9g/cm^3），冻成浑然一体的透明状冰壳，附着力很强。输电线路导线覆冰指的是雨凇冰。

覆冰形成的气候条件一般是周围空气温度为－10～－2℃，空气相对湿度为 90%左右，风速在 5～15m/s 范围内。覆冰的形成还与地形、地势条件及导线离地高度有关。如平原的突出高地、暴露的丘陵顶峰和高海拔地区迎风山坡，特别是坡向朝河流、湖泊及水库等地区，其覆冰情况均相对较严重。在同一地点，导线悬挂点距地面越高覆冰也越严重。覆冰的形成，空气湿度是必要条件，在我国北方，虽然气温较低，但由于空气相对较干燥，覆冰反而不如南方有些地区严重。南方有些地区导线积雪有时可达直径十多厘米，这种现象在北方是极少的。

输电线路设计时覆冰按等厚中空圆形考虑，其密度一般取 0.9g/cm^3，并结合 110～330kV 输电线路及其大跨越 30 年一遇的最大值与 500、750kV 输电线路及其大跨越取 50 年一遇的最大值进行修正。

3. 气温

气温的变化引起导线热胀冷缩，从而影响导线的弧垂和应力。显然，输电线路经过地区的历年来最高气温和最低气温是特别关心的。因为，气温越高，导线由于热胀引起的伸长量越大，弧垂增加越多，所以需考虑导线对被交叉跨越物和对地距离应满足的要求；反之，气温越低，线长缩短越多，应力增加越多，所以需考虑导线机械强度是否满足要求。另外，年平均气温、最大风速时的气温也必须适当选择。

（二）气象条件的组合和典型气象区

气象条件的组合是把可能同时出现的气象组合在一起。设计气象条件由风速、气温和覆冰组合而成，这种组合除在一定程度上反映自然界的气象规律外，还应考虑输电线路结构和技术经济的合理性。因此，对气象资料，应进行合理的组合，不能把所有严重的情况都组合在一起。例如考虑最大风速的气象条件组合时，由于空气对流、冷热交换，不会出现最低温度，而且最大风速时也不会出现覆冰现象。所以不能把最大风速、最低温度和覆冰作为一种气象条件组合在一起而应把可能同时出现的气象组合在一起。

为了设计、制造上的标准化和统一性，根据我国不同地区的气象情况和多年的运行经验，列出了全国典型气象区的气象条件，见表 1-22。当设计的线路实际气象数据与典型气象区的其中一种气象数据接近时，最好采用典型气象区的数值进行设计。

表 1-22　　全国典型气象区的气象参数

气象区		Ⅰ	Ⅱ	Ⅲ	Ⅳ	Ⅴ	Ⅵ	Ⅶ	Ⅷ	Ⅸ
大气温度（℃）	最高	+40								
	最低	−5	−10	−10	−20	−10	−20	−40	−20	−20
	覆冰	−5								
	基本风速	+10	+10	−5	−5	+10	−5	−5	−5	−5
	安装	0	0	−5	−10	−5	−10	−15	−10	−10
	雷电过电压	+15								
	操作过电压、年平均气温	+20	+15	+15	+10	+15	+10	−5	+10	+10
风速（m/s）	基本风速	31.5	27	23.5	23.5	27	23.5	27	27	27
	覆冰	10①							15	
	安装	10								
	雷电过电压	15	10							
	操作过电压	0.5×基本风速折算至导线平均高度处的风速（不低于 15m/s）								
覆冰厚度（mm）		0	5	5	5	10	10	10	15	20
冰的密度（g/cm³）		0.9								

① 一般情况下覆冰同时风速 10m/s，当有可靠资料表明需加大风速时可取为 15m/s。

二、导线的机械物理特性及比载

（一）导线的机械物理特性

导线的机械物理特性，一般是指瞬时破坏应力、弹性系数、温度热膨胀系数及比重。

1. 导线的瞬时破坏应力

对导线做拉伸试验，将测得的瞬时拉断力除以导线的截面积，就得到瞬时破坏应力，即

$$\sigma_p = \frac{T_p}{A} \tag{1-4}$$

式中 T_p——导线的瞬时拉断力，N，取计算拉断力 T_j 的 95%；

A——导线截面积，mm^2；

σ_p——导线瞬时破坏应力，MPa。

2. 导线弹性系数

导线的弹性系数，是指在弹性限度内，导线受拉力作用时，其应力与相对变形的比例系数，可表示为

$$E=\frac{\sigma}{\varepsilon}=\frac{Tl}{A\Delta l} \tag{1-5}$$

式中 T——导线拉力，N；

l、Δl——导线的原长和伸长，m；

σ——导线的应力，MPa；

ε——导线的相对变形；

E——导线的弹性系数，MPa。

在导线的力学计算中，常常采用弹性系数的倒数，称为导线的弹性伸长系数，可表示为

$$\beta=\frac{1}{E}=\frac{\varepsilon}{\sigma} \tag{1-6}$$

式中 β——导线的弹性伸长系数。

其他符号与式（1-5）相同。

从式（1-6）可见，导线的弹性伸长系数在数值上就是由单位应力引起的相对变形，它表示导线受拉力后易于伸长的程度。

铝绞线、钢芯铝绞线的弹性系数见表 1-23 和表 1-24，镀锌钢绞线的弹性系数为 181400MPa。

表 1-23　铝绞线的弹性系数和线膨胀系数

单根导线	最终弹性系数（实际值，MPa）	热膨胀系数（$℃^{-1}$）
7	59000	23.0×10^{-6}
19	56000	23.0×10^{-6}
37	56000	23.0×10^{-6}
61	54000	23.0×10^{-6}

表 1-24　钢芯铝绞线的弹性系数和线膨胀系数

结构		铝钢截面积比	最终弹性系数（实际值，MPa）	热膨胀系数（$℃^{-1}$）
铝	钢			
6	1	6.00	79000	19.1×10^{-6}
7	7	5.06	76000	18.5×10^{-6}
12	7	1.71	105000	15.3×10^{-6}
18	1	18.00	66000	21.2×10^{-6}
24	7	7.71	73000	19.6×10^{-6}
26	7	6.13	76000	18.9×10^{-6}
30	7	4.29	80000	17.8×10^{-6}
30	19	4.37	78000	18.0×10^{-6}

续表

结构		铝钢截面积比	最终弹性系数（实际值，MPa）	热膨胀系数（℃$^{-1}$）
铝	钢			
42	7	19.44	61000	21.4×10^{-6}
45	7	14.46	63000	20.9×10^{-6}
48	7	11.34	65000	20.5×10^{-6}
54	7	7.71	69000	19.3×10^{-6}
54	19	7.90	67000	19.4×10^{-6}

3. 导线的温度热膨胀系数及比重

导线温度变化 1℃所引起的相对变形，称为导线的温度热膨胀系数，可表示为

$$\alpha=\frac{\varepsilon}{\Delta t} \tag{1-7}$$

式中　ε——温度变化引起的导线相对变形；

Δt——温度变化量，℃；

α——导线的温度热膨胀系数，℃$^{-1}$。

铝绞线、钢芯铝绞线的热膨胀系数见表 1-23 和表 1-24，镀锌钢绞线的热膨胀系数为 11.5×10^{-6}℃$^{-1}$。

导线是由单质材料构成的多股绞线，其密度就是原材料的密度。钢芯铝绞线，由于钢部、铝部截面积之比不同，其导线密度不定，故一般不列出密度。

架空输电线路的导线和地线的机械物理特性，应根据国家标准或试验求得。对我国生产的标准导线和镀锌钢绞线的机械物理特性，当无试验数据时，可查找导线出厂资料。

（二）导线的比载计算

在进行导线受力计算时，为了便于计算，总是用比载来计算导线所受的风、冰及自重荷载。

导线单位长度、单位截面积的荷载称为比载。在线路的设计中，常用的比载共有七种。

1. 自重比载

导线自重引起的比载称为自重比载，按下式计算：

$$g_1=\frac{9.807G_1}{A}\times10^{-3} \tag{1-8}$$

式中　G_1——导线自重，kg/km；

A——导线截面积，mm^2；

g_1——导线的自重比载，N/(m・mm^2)。

2. 冰重比载

导线覆冰时，一般假定沿导线表面的覆冰厚度是均匀的而且呈圆柱形，如图 1-18 所示。则一米长导线上覆冰的体积和重力分别为

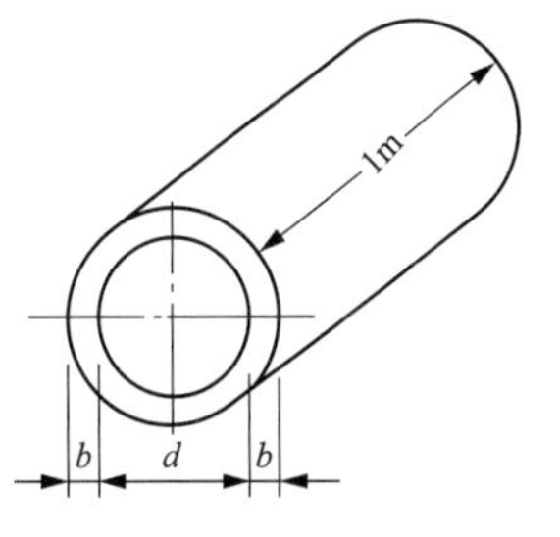

图 1-18　覆冰的圆柱体

b—覆冰厚度；d—导线直径

$$V=\frac{\pi}{4}[(d+2b)^2-d^2]=\pi b\ (d+b)\ (\text{cm}^3/\text{m})$$

$$G_2=9.807V\gamma\,10^{-3}=9.807\pi b\,(d+b)\,\gamma\times10^{-3}\ (\text{N/m})$$

当冰的密度为 $\gamma=0.9\text{g/cm}^3$ 时，冰的重力为

$$G_2=27.728b\,(d+b)\times10^{-3}\ (\text{N/m})$$

一般将一米长导线的覆冰重力折算到每平方毫米导线截面上的荷载数值称为冰重比载，可按下式计算：

$$g_2=\frac{G_2}{A}=\frac{27.728b(d+b)}{A}\times10^{-3}$$

以上式中 g_2——冰重比载，$\text{N/(m}\cdot\text{mm}^2)$；

V——1m 长导线上覆冰的体积，cm^3；

G_2——1m 长导线上覆冰的重力，N；

b——覆冰厚度，mm；

d——导线直径，mm；

γ——冰的密度，g/cm^3；

A——导线截面积，mm^2。

3. 垂直总比载

导线覆冰时的垂直总比载可按下式计算：

$$g_3=g_1+g_2 \tag{1-9}$$

式中 g_3——导线自重和冰重总比载，$\text{N/(m}\cdot\text{mm}^2)$。

4. 无冰时导线风压比载

无冰时导线每米长每平方毫米截面上的风压荷载称为无冰时导线风压比载，可按下式计算：

$$g_4=0.613\alpha Cd\,\frac{v^2}{A}\times10^{-3} \tag{1-10}$$

式中 g_4——无冰时导线风压比载，$\text{N/(m}\cdot\text{mm}^2)$；

C——风载体型系数，当导线直径小于 17mm 时 $C=1.2$；当导线直径不小于 17mm 时 $C=1.1$；

d——导线、架空地线或覆冰的计算外径，mm；

v——设计风速，m/s；

A——导线截面积，mm^2；

α——风速不均匀系数，采用表 1-25 所列数值。

表 1-25　风速不均匀系数 α 值

风速 v(m/s)	≤20	20≤v<27	27≤v<31.5	≥31.5
计算杆塔荷载	1.00	0.85	0.75	0.70
设计杆塔（风偏计算用）	1.00	0.75	0.61	0.61

注　对跳线等档距较小者的计算，α 宜取 1.0。

5. 覆冰时的风压比载

覆冰导线每米长每平方毫米截面上的风压荷载，可按下式计算：

$$g_5 = 0.613\alpha C(d+2b)\frac{v^2}{A}\times 10^{-3} \tag{1-11}$$

式中　g_5——覆冰风压比载，N/(m·mm²)。

C——体型系数，在此取 $C=1.2$。

其他符号同前。

6. 无冰有风时的综合比载

无冰有风时，导线上作用着垂直方向的比载 g_1 和水平方向的比载 g_4，按向量合成可得综合比载 g_6，如图 1-19 所示。g_6 称为无冰有风时的综合比载，可按下式计算：

$$g_6 = \sqrt{g_1^2 + g_4^2} \tag{1-12}$$

式中　g_6——无冰有风时的综合比载，N/(m·mm²)。

7. 有冰有风时的综合比载

导线覆冰有风时，覆冰导线上作用着覆冰的风压，故导线上作用有垂直比载 g_3 和水平风压比载 g_5，故有冰有风时的综合比载 g_7（见图 1-20），可按下式计算：

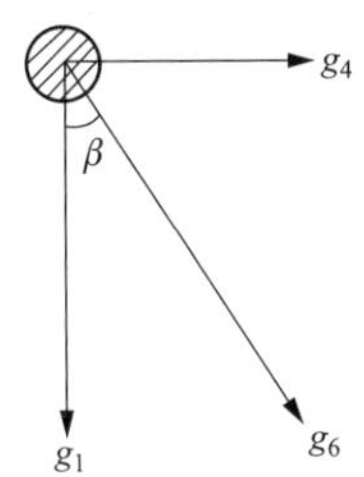

图 1-19　无冰有风综合比载

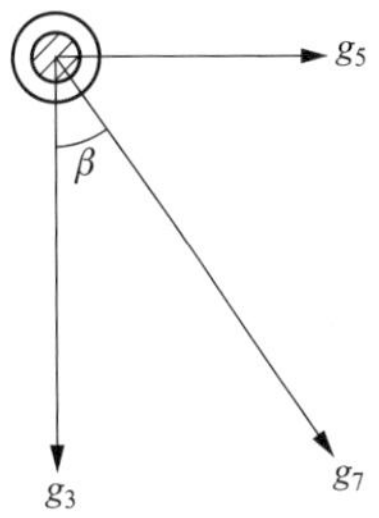

图 1-20　覆冰有风综合比载

$$g_7 = \sqrt{g_3^2 + g_5^2} \tag{1-13}$$

式中　g_7——有冰有风时的综合比载，N/(m·mm²)。

三、导线弧垂、应力及线长计算

线路工程中，通常将相邻两杆塔中心线之间的水平距离称为档距。

弧垂是指档距中央导线两悬挂点连线至导线之间的铅直距离。任意点的弧垂是指导线悬挂曲线在任意点处导线两悬挂点连线至导线之间的铅直距离。工程上所说的弧垂，除了特别指明外，均指中点弧垂。如图 1-21所示，f_x 为任意点 x 处的弧垂，f 为中点 1/2 处弧垂，简称为弧垂。

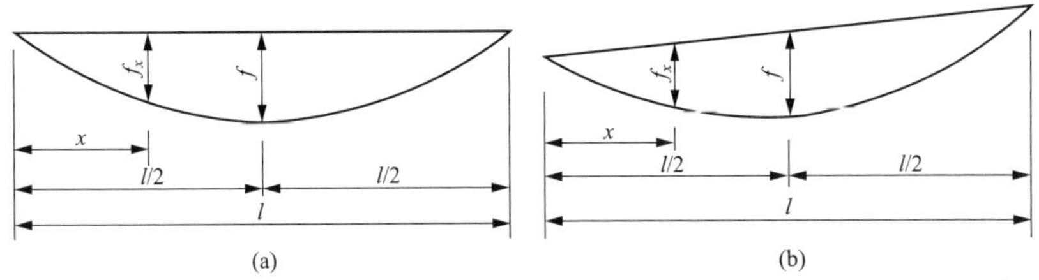

图 1-21　导线的弧垂

(a) 水平弧垂；(b) 斜弧垂

弧垂有水平弧垂和斜弧垂之分，如果两悬挂点的连线是水平的，如图 1-21（a）所示，其相应各点的弧垂称水平弧垂；如果两悬点的连线是倾斜的，如图 1-21（b）所示，则相应的弧垂称斜弧垂。显然水平弧垂只是斜弧垂在悬点等高时的一种特殊情况，计算证明，水平弧垂和斜弧垂是相等的。因此，所谓弧垂均可泛指为斜弧垂。

如图 1-22 所示，导线悬挂点不等高时，设档距为 l、悬点高差为 Δh、在某种气象条件下导线比载为 g、最低点 O 的应力为 σ_0。这时导线最低点不在档距中央，而是偏向悬点 B 侧，偏离的水平距离为

$$m=\frac{\sigma_0\Delta h}{gl}$$

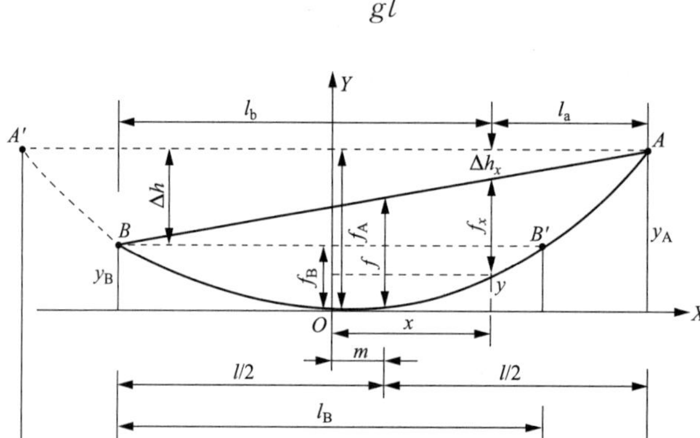

图 1-22　悬点不等高的导线

利用悬链曲线关于最低点两侧对称的特性，在曲线上取一点 A' 与 A 对称，取一点 B' 与 B 对称，则 AA' 之间的悬挂曲线称为悬点 A 的等效悬挂曲线，其相应的档距 l_A 称为悬点 A 的等效档距，中点弧垂 f_A 称为悬点 A 的水平弧垂。同理，BB' 的导线悬挂曲线称为 B 点的等效悬挂曲线，l_B 称为悬点 B 的等效档距，f_B 称为悬点 B 的水平弧垂。这里 l_A、l_B 的中点就是等效档距的导线最低点。

（一）导线的弧垂计算

1. 中点弧垂计算

如图 1-22 所示其中点弧垂 f 的计算式如下：

$$f=\frac{gl^2}{8\sigma_0} \tag{1-14}$$

式中　f——档距中央导线的弧垂，m；

σ_0——导线最低点的应力，MPa；

g——导线比载，N/(m・mm²)；

l——档距，m。

2. 任意一点弧垂的计算

如图 1-22 所示，任意一点的弧垂 f_x 计算式如下：

$$f=\frac{g}{2\sigma_0}l_a l_b \tag{1-15}$$

式中　f——任意一点的弧垂，m；

σ_0——导线最低点的应力，MPa；

g——导线比载，N/(m·mm²)；

l_a——该点到高悬点的水平距离，m；

l_b——该点到低悬点的水平距离，m。

3. 任意一点弧垂与中点弧垂的关系

实际工程中，在进行交叉跨越垂距测量时，一般只能测量档距中点弧垂，但进行交叉跨越限距验算时，需要根据中点弧垂计算出交叉点的弧垂才能进行交叉垂距验算。

设某交叉跨越档距为 l，且已测量出该档距中点弧垂为 f，该档距中交叉跨越点距某一杆塔为 x。根据式（1-15），设 $l_a=x$，则 $l_b=(1-x)$，交叉点的弧垂为

$$f_x=\frac{g}{2\sigma_0}l_a l_b=\frac{g}{2\sigma_0}\times x\times(l-x)=4f\left(\frac{x}{l}-\frac{x^2}{l^2}\right) \tag{1-16}$$

（二）导线悬点应力及允许档距计算

1. 悬点应力计算

（1）悬点等高时。

如图 1-23 所示，导线悬挂点等高时，两悬点应力相等，其计算如下：

$$\sigma_A=\sigma_B=\sigma_0+\frac{g^2l^2}{8\sigma_0} \tag{1-17}$$

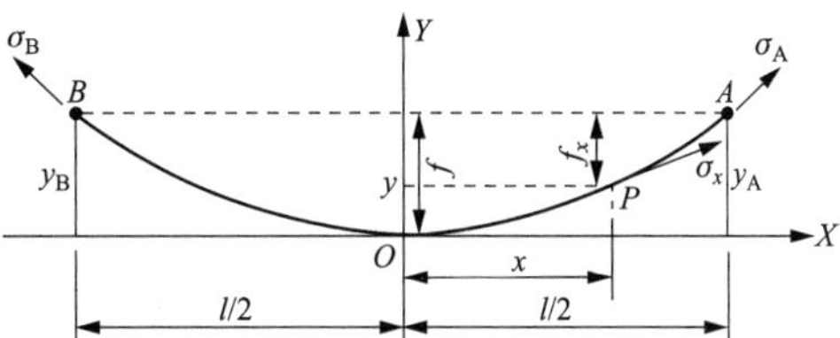

图 1-23　悬点等高时的应力

式中　σ_A、σ_B——分别为悬点 A、B 的导线应力，MPa。

其他符号意义同前。

（2）悬点不等高时。

高悬点的应力为

$$\sigma_A=\sigma_0+\frac{g^2l_A^2}{8\sigma_0} \tag{1-18}$$

其中，$l_A=l+2m=l+\frac{2\sigma_0\Delta h}{gl}$，称为悬点 A 的等效档距。

低悬点的应力为

$$\sigma_B=\sigma_0+\frac{g^2l_B^2}{8\sigma_0} \tag{1-19}$$

其中，$l_B=l-2m=l-\frac{2\sigma_0\Delta h}{gl}$，称为悬点 B 的等效档距。

2. 允许档距计算

（1）导线的许用应力。在工程力学中，导线的强度许用应力按下式计算：

$$[\sigma]=\frac{\sigma_p}{K} \tag{1-20}$$

式中　σ_p——导线的瞬时破坏应力，MPa，对于各类钢芯铝线，是指综合瞬时破坏应力，可按式（1-4）计算；

K——导线的安全系数。

GB 50545—2010《110kV～750kV 架空输电线路设计规范》规定，输电线路导线的设计安全系数不应小于 2.5；架线安装时不应小于 2.0。同杆塔架设的地线安全系数宜大于导线的安全系数。

（2）允许档距。一般导线最低点应力不得大于导线的许用应力（即导线最低点安全系数 K 不得小于 2.5），则导线最低点的应力为

$$\sigma_0 = \frac{\sigma_p}{K} \leqslant \frac{\sigma_p}{2.5} \tag{1-21}$$

式中 σ_p——导线瞬时破坏应力，MPa；

σ_0——导线最低点的应力，MPa；

K——实际取用的导线安全系数。

由式（1-19）可见，导线悬点应力总是大于最低点的应力 σ_0，而且档距越大，悬点应力越大。

根据设计规程的规定，导线悬点应力可比最低点的应力大 10%。根据这一规定，可以求出一个档距限值，此档距称为导线的允许档距。其近似计算如下：

悬点等高时

$$l_m = 0.9\frac{\sigma_0}{g}（安全系数 K = 2.5 时） \tag{1-22}$$

悬点不等高时

$$l_m = 0.45\frac{\sigma_0}{g} + \sqrt{0.2\left(\frac{\sigma_0}{g}\right)^2 - 2\Delta h\left(\frac{\sigma_0}{g}\right)}（安全系数 K = 2.5 时） \tag{1-23}$$

式中 l_m——导线允许的最大档距，m；

σ_0——出现最大使用应力气象条件下导线最低点的应力，MPa；

g——出现最大使用应力气象条件下的导线比载，N/(m·mm^2)。

（三）导线长度计算

悬点等高时，两悬点间导线长度 L 的近似计算式：

$$L = l + \frac{g^2 l^3}{24\sigma_0^2} = l + \frac{8f^2}{3l} \tag{1-24}$$

第三节　架空输电线路杆塔定位与校验

一、架空输电线路的路径选择

路径选择的目的，就是要在线路起讫点间选出一条全面符合国家建设的各项方针政策的线路路径，因此，选线人员在选择线路路径时，应遵照各项方针政策，对运行安全、经济合理、施工方便等因素进行全面考虑，综合比较。

（一）路径选择的一般原则

（1）力求路径短、转角少、跨越少、高差小，以降低工程造价并简化杆型。

（2）施工与运行应该方便，主要要求沿线交通运输方便，尽量避免翻大山、跨深谷，以降低施工与维修费用。

（3）合乎国家的方针政策，以及有关单位的特殊要求。如少占良田，少拆迁民房，不影响附近的通信线路以及不穿越矿区、禁区与机场，避开不良地质、地段，如塌方、滑坡、溶洞、森林与果林等，并避开重冰区与风口等。

（二）路径选择的一般方法与步骤

选线工作，一般按设计阶段分两步进行，即初勘选线和终勘选线。

1. 初勘选线

（1）图上选线。图上选线是进行大方案的比较，从若干个路径方案中，经比较后选出较好的线路路径方案。图上选线的方法步骤如下：

1）图上选线前应充分了解工程概况及系统规划，明确线路起讫点及中途必经点的位置、线路输送容量、电压等级、回路数与导线型号等设计条件。

2）图上选线所用的地形图比例以五万分之一或十万分之一为宜。先在图上标出线路起讫点及中间必经点位置，以及预先了解到的有关城市规划、军事设施、工厂、矿山发展规划，地下埋藏资源开采范围，水利设施规划，林区及经济作物区，已有及拟建的电力线、通信线或其他重要管线等的位置、范围。然后按照线路起讫点间距离最短的原则，尽量避开上述影响范围，考虑地形、交通条件等因素，绘出若干个图上选线方案（一般经反复比较后保留1～2个方案），作为搜集资料及初勘方案。

3）对已选定的路径方案，根据与通信线的相对位置，远景系统规划的短路电流及该地区大地电导率，计算对铁路、军事、电信等主要通信线的干扰及危险影响。根据计算结果，便可对已选定的路径方案进行修正或提出具体措施。

（2）搜集资料及初勘。

1）搜集资料。搜集资料的主要目的是要取得线路通过地区对路径有影响的地上、地下障碍物的有关资料及所属单位对路径方案的意见。由所属单位以书面文件或在路径图上签署意见的形式提供资料，作为设计依据。若同一地区涉及单位较多又相互关联时，可邀请有关单位共同协商并形成会议纪要。如果最终的路径方案满足对方的要求，可不再办理手续。但当路径靠近障碍物的边沿或厂、矿区内通过时，应在线路施工图设计后以“回文”（或兼附图）的形式说明路径通过位置及要求，以防对方将来发展有可能影响线路的建设与安全运行。

2）初勘。初勘是按图上选线选定的线路路径到现场进行实地勘察，以验证它是否符合客观实际并决定各方案的取舍。

a. 初勘方法包括沿线了解、重点勘察或仪器初测，按实际需要确定定线、平断面图草测及地质水文勘察；在某些协议区及复杂地段，需要将线路路径或具体塔位，用仪器测量落实或测绘有关平断面图。

b. 由搜集资料、协议人员到沿线的县、乡及有关厂、矿补充搜集沿线有影响的障碍、设施资料并办理初步协议，同时搜集沿线交通、污秽等资料。

c. 重点踏勘可能影响路径方案的复杂地段及仅凭图纸资料难以落实路径位置的地段。通常包括重要或特殊跨越，进出线走廊、城镇拥挤地段，穿越个别靠近有影响的障碍物协议区，不良地质、恶劣气象地段，交通困难、地形复杂地段及可能出现多方案地段。

d. 初勘时各有关专业组应做好拆迁、砍树、修桥补路、所需建筑材料产地、材料站设置及运输距离的调查。

初勘结束后，根据初勘中获得的新资料修正图上选线路径方案，并组织各专业进行方案比较，包括线路亘长、交通运输条件、施工、运行条件、地形、地质条件、大跨越等技术比较，线路投资、年运行费、拆迁赔偿和材料消耗量等经济比较。按比较结果提出初步设计的推荐路径方案，编写路径部分说明并整理有关协议文件，同时办理最终协议文件。

2. 终勘选线

终勘选线是将批准的初步设计路径在现场具体落实，按实际地形情况修正图上选线，确定线路的最终走向，设立临时标准。终勘选线工作对线路的经济、技术指标和施工、运输条件起着重要作用。因此，要正确处理各因素的关系，选出一条既在经济技术上合理，又方便施工、运行的线路路径。

终勘选线一般应在定线工作前一段时间进行，也可以与定线工作合并进行，需视线路的复杂程度而定。在选线时应做到“以线为主、线中有位”，即在选线中要兼顾杆塔位的技术经济合理性和关键塔位成立的可能性（如转角点、大档距和必须设立杆塔的特殊地点等），个别特殊地点应反复选线比较，必要时草测断面进行定位比较后优选。

终勘选线根据其目的可知，必须将全线通道打通，并埋设转角桩及线路前后通视用的方向桩和标志。因此，根据地形、地物及交叉跨越等情况，常用的选线方法有如下几种，当然在实际工程中往往是交叉使用的。

（1）越角选线法。

在选线人员确定了某一转角点位置后，线路前进方向地势较高，下一转角点位置选择余地较大，此时可在已选定的转角点设立标志，然后到线路前进方向选一线路路径上的制高点架设仪器。用经纬仪后视转角点，同时观察该段路径的地形、地物、交叉跨越及线路与建筑物的接近距离等情况。随后倒转望远镜，又可观察线路前进方向的路径情况，如前后无特殊障碍，结合已掌握的地形资料即可确定这段路径。如遇有障碍物，则可移动仪器重新选定路径，直到前后均无障碍达到满意为止。

（2）角度修正法。

如图 1-24 所示，从转角点 Y 测到 A 处碰到房屋建筑等障碍物，此时可修正转角点 Y 的转角度数，取新的路径方案。如图 1-24 所示，在现场取一点 B，使新路径 YB 能避开障碍物。然后垂直原路径 YA 量取 BA 的长度，并从地形图上量取 YA 的长度，则可用下式计算出修正角 σ 的数值为

$$\sigma = \frac{BA}{YA}\rho \tag{1-25}$$

式中　σ——线路转修正值，（$'$）；

ρ——取 3438′。

在具体修正线路转角时，应视具体情况在原转角度数上加上或减去修正值。

（3）交角法。

当线路通过山区、房屋建筑或架空线路拥挤地段、大跨越或其他限制条件较多的复杂地段，如选线人员对前面一段路径走向没有把握，或者为避开大批建筑物，选线人员可先到前面踏勘，然后从前面复杂的地段向回测定直线，再与已选定的路径交会出转角点 J，如图 1-25 所示，这种选线方法就称交角法。采用交角法选线时注意转角点应选在平原开阔地带，这样可使交会点有足够的活动余地，同时便于施工组立杆塔。

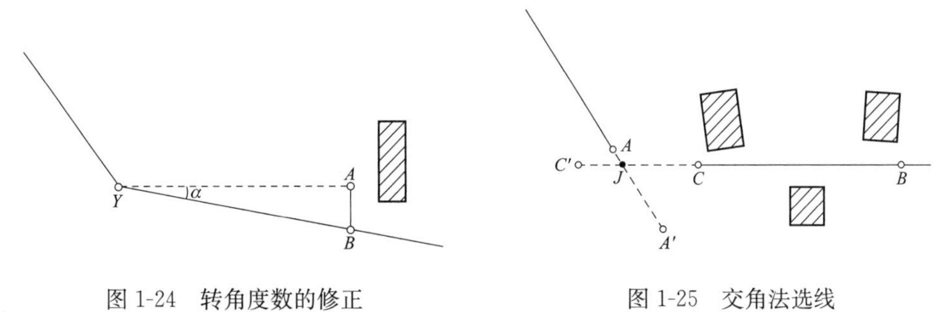

图 1-24　转角度数的修正　　　　图 1-25　交角法选线

（4）趋近法。

当线路在山区通过，如图 1-26 所示，若 A、B 两控制点相距较远又互不通视。此时可在 AB 之间地势较高处试选一点 C_1，尽量使其接近在 AB 直线上，且与 A、B 又能通视。这时，安置经纬仪于 C_1 点，对准后视 A，固定水平度盘后倒转望远镜看前视目标 B。如果目标 B 不与望远镜中的中丝重合，说明 C_1 不在 AB 直线，需移动经纬仪重新选择一点 C_2，再对准后视 A，倒转望远镜看前视目标 B，如图 1-26 所示则表示移得太多，需将经纬仪往回移。如此反复，直至经纬仪移到 AB 直线上，即可在经纬仪旁指挥打桩，以标定路径方向。

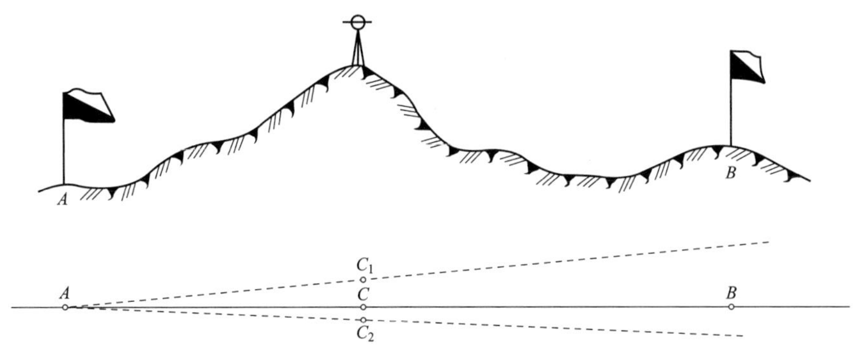

图 1-26　趋近法选线

采用这种方法是一种逐步趋近的过程，要注意当目标 B 已在望远镜镜筒内后，因望远镜内所见是一倒像，所以经纬仪移动方向恰与镜筒中所见相反。比如从望远镜中所见目标在中丝左侧，则经纬仪应向右移，反之则向左移。当中丝已接近目标后，可松开经纬仪底座螺栓，在仪架上移动经纬仪以精确对准目标。

（三）路径选择的技术要求

1. 山区路径选择

（1）线路经过山区时，应避免通过陡坡、悬崖峭壁、滑坡、崩塌区、不稳定岩石堆、泥石流、溶洞等不良地质地带。当线路与山脊交叉时，应尽量从平缓处通过。

（2）在山区选线往往发生交通运输、地势高低与线路长短之间的矛盾。为此，应从技术经济与施工运行条件上做好方案比较。努力做到既合理的缩短路径长度、降低线路投资，又保证线路安全可靠、运行方便。

（3）山区河流多为间歇性河流，其特点是流速大，冲刷力强。因此，线路应避免沿山间干河沟通过，如必须通过时，塔位应设在最高水位以上不受冲刷的地方，处理好“线位”关系。

2. 跨河段路径选择

（1）线路跨越河流（包括季节性河流）时，尽量选在河道狭窄、河床平直、河岸稳定、两岸尽可能不被洪水淹没的地段。

（2）选线时应调查了解洪水淹没范围及冲刷等情况，预估跨河塔位并草测跨越档距，尽量避免出现特殊塔的设计。

（3）应避免与一条河流多次交叉。

（4）避免在支流入口处及河道弯曲处跨越河流，应尽量避开旧河道或排洪道和在洪水期容易改为主河道的地方。

（5）不要在码头和泊船地区跨越河流。

（6）跨河塔位的地质条件：

1）河岸地层稳定，无严重的河岸冲刷现象（如蛇曲、塌岸等）。

2）两岸地质均匀良好，无软弱地层（如淤泥或淤泥质上）及易产生液化的饱和砂土。

3）地下水埋藏较深。

3. 转角点选择

（1）转角点不宜选在山顶、深沟、河岸、悬崖边缘、坡度较大的山坡，以及淹没、冲刷和低洼积水之处，并应尽量与其他设置耐张杆塔的技术要求结合起来考虑。

（2）线路转角点应设置在平地或山麓缓坡上，并应考虑有足够的施工场地和便于施工机械的到达。

（3）选择转角点时应照顾前后两基杆塔位的状况，避免档距过大或过小，避免采用特殊的加高杆塔或不必要的增加杆塔数量。

4. 线路接近炸药库附近时的路径选择

应避开炸药库事故爆炸的影响范围。各种爆破及爆破器材仓库意外爆炸时，爆炸源与人员或其他保护对象之间的安全距离，应按各种爆破效应（地震、冲击波、个别飞行物等）分别核定并取最大值。

5. 通过特殊地带的路径选择

(1) 线路通过矿区应避开爆炸开采的爆炸影响范围、未稳定的塌陷区及可能塌陷的地区。

(2) 线路经过大孔性黄土地区时，应避开冲沟特别发育的地段，要特别注意立塔条件，选线时要考虑排塔位情况，做到“线中有位”。

(3) 线路应避开采石场，一般情况下应离开采石场 200m 以上。

(4) 线路应尽量避开沼泽地、水草地、已大量积水或易积水及严重的盐碱地带。

(5) 线路与喷水池、冷却塔及生产过程中能排出腐蚀性气体或液体的工厂接近时，要查明其危害范围，分析其危害程度，并尽量使线路与这些工厂保持必要的距离，最好在上风向通过，以减少或避开其影响。

6. 通过严重覆冰地区的路径选择

(1) 在严重覆冰地区选线时，应着重调查该地区线路附近的已有电力线路、通信线路、植物等的覆冰情况、覆冰厚度，调查突变范围、覆冰时季节风向、覆冰类型、雪崩地带等。

(2) 应特别注意地形对覆冰的影响，避免在覆冰严重地段通过，如必须通过时，应调查了解易覆冰的地形特征，选择较为有利的地形通过（如线路宜在地势低下的背风坡通过）。

(3) 在开阔地区尽量避免靠近湖泊，且避免在结冰季节的下风向侧通过，以免由于湿度大，大量过冷却水滴吹向导线，造成严重覆冰。

(4) 应尽量避免出现过大档距。

(5) 应特别注意交通运输情况，尽量创造维护抢修的方便条件。

7. 利用航测照片配合地形图选线

由于航测照片的比例较大（一万分之一至二万分之一），村庄、房屋、河道、冲沟等地面物体以及山势大小，树林疏密程度等显示清晰。借助立体镜可以看出立体形象。即使是小型障碍物也能辨认清楚。因此，利用航测照片配合地形图选择路径，能更好地保证选线质量。特别是在高山大岭、人烟稀少、工作生活条件困难的地方或路径受地形、地物控制的地方，利用航测照片选线其优越性更加突出，既方便又可提高选线精度，加快选线进度，可选出理想的输电线路路径，避免一些不必要的返工。

二、架空输电线路的平断面图

输电线路的路径选定后，即进行详细的勘测工作，一般称为终勘测量，其工作的内容主要为线路纵断面和平面测量。

纵断面测量主要是沿线路中心线测量各断面点的高程和平距并绘制成线路纵断面图；平面测量是测量沿线路中心线左右各 20～50m 的带状区域的地物地貌并绘制成线路平面图。同一条线路的平面图和纵断面图以相同的横向比例尺画在同一张图纸上，即称为输电线路的平断面图，如图 1-27 所示。图中杆型代号、杆位、档距、耐张段长度、代表档距等是由设计人员在线路平断面图上确定的，其他各种数据均由现场测量工作中完成。平断面图是杆塔定位的主要依据，也是日后施工、运行工作中的重要技术资料。

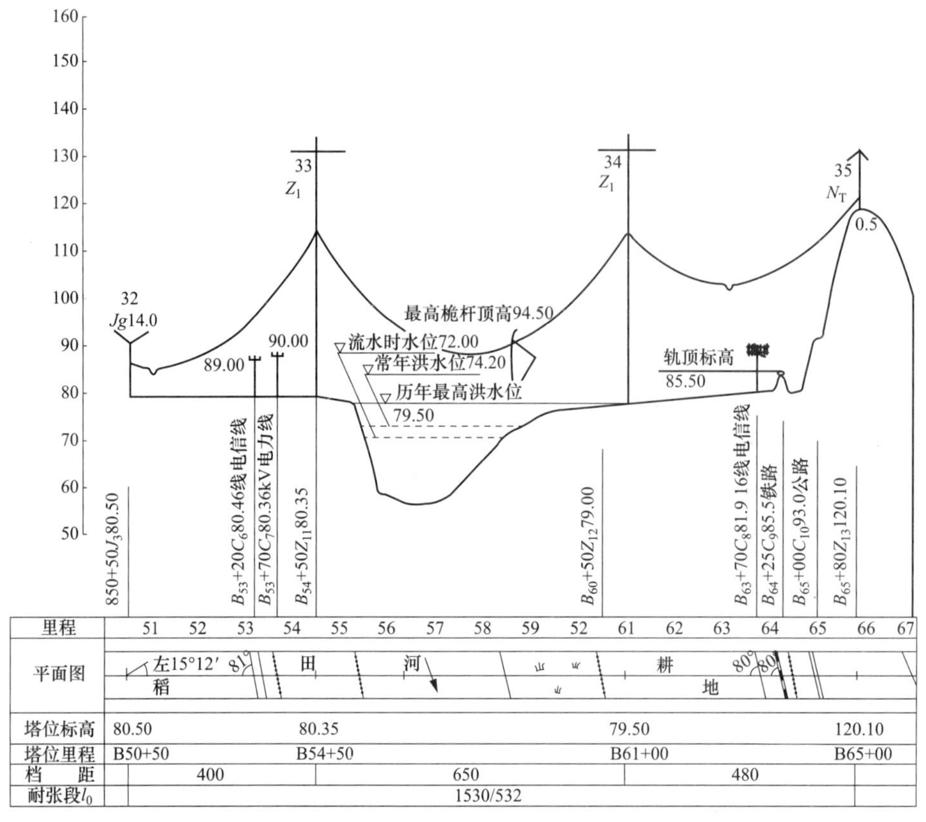

图 1-27　输电线路的平断面图

（一）定线测量

定线测量的主要工作是按现场选线所选定的路径，将线路走向以每隔一定距离在地上标定一个方向桩的形式精确地予以确定，同时测出各方向桩间的水平距离和各方向桩的高程，以及转角点的转角度数。线路的路径到这时才真正确定，所以称之为“定线”。

定线测量所得数据将作为平断面测量的控制数据，因此对定线测量要求有较高的精度。测量时常用如下方法和措施以保证精度。

1. 定直线

如果相邻两转角点 A 和 B 已定且互相通视，可用插入法定出直线桩，如图 1-28 所示，经纬仪置于 A，前视对准 B，然后指挥测量人员定出直线桩 1 和 2。采用这种方法时，前视目标 B 必须为花杆等能精确对准的标志，且在每确定一个直线桩前都应重新校核望远镜是否偏离目标。

在一般情况下，延伸直线均采用中分法，如图 1-29 所示，AT 为已定直线，将经纬仪架于 T 点，对中调整水平后，正镜后视 A 点，倒转望远镜定出 B 点；转动照准部，倒镜后视 A 点，再倒转望远镜定出 C 点。如果两次观测的 AT 直线的延伸线不重合，如图 1-29 中 TB、TC 所示。此时若两次观测点位误差 BC 满足每百米视距不超过 0.06m 的要求，则取 BC 的中点 D 作为方向点，TD 即为 AT 的延伸线，否则应重新测定。定钉标桩后，必须重观测一次，以防标桩打偏。

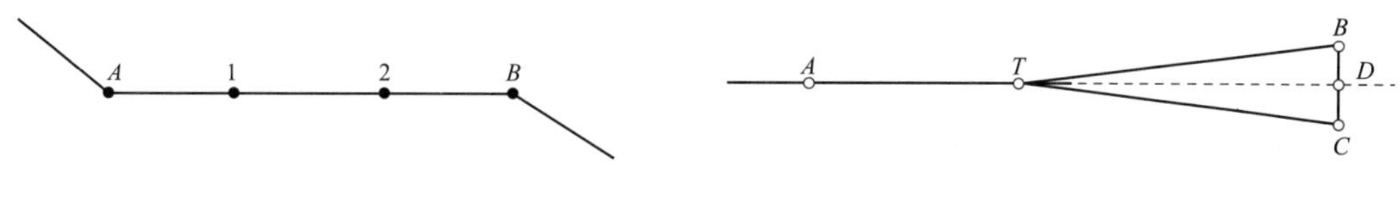

图 1-28　插入法　　　图 1-29　中分法

当遇有房屋等障碍物不通视时，则用平行四边形法或三角形法间接定出直线方向（图 1-30 为平行四边形绕障法）。采用这种方法定直线时，为了保持直线不偏，折点的角度应采用“方向法一测回”测角法施测，要求 $BC=DE$，并用钢皮尺来回两次丈量其长度，两次丈量相对误差应不大于 1/2000。CD 边长可用视距测量。各转角点的水平角应保持$\angle ABC=\angle BCD=\angle CDE=\angle DEF=90°$，用方向法施测一测回。半测回之差不得大于$\pm 1.5'$。

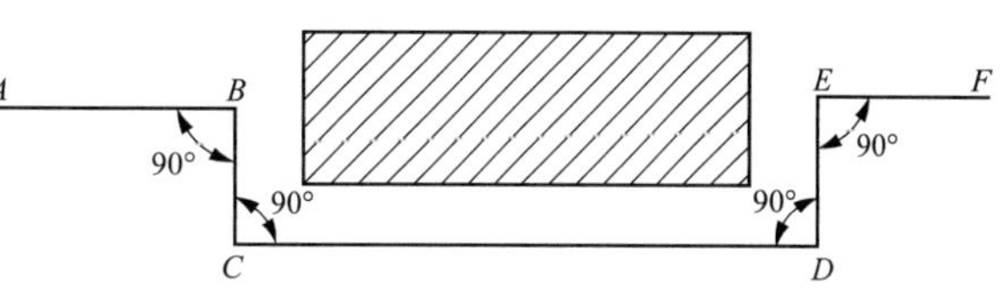

图 1-30　平行四边形绕障法

2. 数据测量

输电线路转角点、直线点的水平角测量，一般采用方向法一测回施测其线路前进方向的右角，半测回之差不得大于$\pm 1'$。

平距和高程测量一般采用经纬仪视距法。仪器采用同向正倒镜两次观测，两次测距较差小于 1/200、两次高差之差小于表 1-26 所列数值时，取其两次测量的平均值以消除经纬仪误差。为保证测量结果的准确性，应采用对向观测进行校验。

表 1-26　　两次高差之差（每百米平距）

垂直角（°）	2	4	6	8	10	12	14	16	18	20
高差之差（cm）	2	4	6	8	10	12	14	16	18	20

（二）平断面测量

线路平断面图，是线路设计排定杆位的主要依据。在线路终勘中，凡对排定杆位有影响的地形地貌均需进行测量，并反映到平断面图中。平断面测量的主要内容包括线路纵断面测量、横断面测量、交叉跨越测量、塔基断面测量、平面测量。

1. 线路纵断面测量

线路纵断面的测量，是沿线路路径中心线，测量地形起伏变化点的高程和平距，并据此绘制线路纵断面图。

一般边线地面如高出中线地面 0.5m 时，就应施测边线断面，施测边线断面应与中线断面同时进行。一般测量方法，是在测定中线断面之后，司尺员从该点向与线路垂直方向线量出一个线间距离，再立尺测量其高差。

纵断面测量采用视距法测定平距和高程。断面点的取舍应因地制宜，以能够控制主要地形变化为原则。对交叉的通信线、电力线、水渠、冲沟以及旱田、水田、果园、树林、沼泽和墓地的边界，都应施测断面点。丘陵地段地形虽有起伏，但一般都能立杆塔，故断面点不宜过少，洼地、岗地的变坡都应施测断面点。

断面点宜就近桩位施测，不得越站观测。测量视距长度一般不应超过 300m，如超过时应采用正倒镜两次观测或增加测站施测。正倒镜两次观测时，其平距两次测量相对误差不应大于 1/200，垂直角较差不应大于$\pm 1'$，结果取中值。

2. 横断面测量

当线路沿着大于 1∶4 的斜坡通过时，应测量与线路垂直的地形横断面。横断面的测量是将仪器架在横断面与线路中线的交点上，后视线路方向转 90°，测出较中线高的一侧横断面，测量的方法与要求和纵断面测量一样。

在一般情况下，横断面施测长度为 30～40m，并用 1∶500 纵横相同的比例尺，绘制横断面图，表示在相应的线路纵断面点上。

当线路接近房屋建筑、特殊管道、防护林带、高大树木等障碍物时，应测量平行接近的长度、障碍物的高度及接近距离，以便考虑导线风偏后与障碍物的接近距离。

3. 交叉跨越测量

当输电线路与河流、电力线、电信线、铁路、公路及其他地下、地上建筑物交叉时，必须进行交叉跨越测量。当线路跨越河流时，除测量断面外，还应测量河岸、滩地、航道等位置，以便确定跨河塔所立的范围。

当输电线路与河流交叉时，除测量河流的宽度外，还要调查正常水位、最高通航水位、最高洪水位及船桅高度，以便考虑各种水位时导线与水面及船桅顶的安全距离。

当线路与电力线路交叉时，应测量交叉点的地线或最高导线的高度，并测量交叉角，同时记录测量的气温和草测被交叉左右杆塔的距离。

当线路与通信线交叉时，除测量交叉点的通信线高度外，对 1、2 级通信线还应测量其交叉角，对附近的通信杆位置草测绘于图上。

当线路与铁路、公路交叉时，应测量其轨顶或路面标高，并注明铁路或公路被交叉点的里程，还应测出与输电线路的交叉角。

4. 塔基断面测量

立杆塔位置的地面有坡度时，应测量塔基断面，以便确定施工基面。施工基面是计算杆塔基础埋深及杆塔定位高度的起始基面。施工基面应按以下原则确定。

（1）在基础上部应保证有足够的土壤体积，以满足基础受上拔力或受倾覆力作用时的稳定要求。

（2）如图 1-31（a）所示，受上拔力作用的基础，基础边缘沿土壤计算上拔角 α 方向与天然地面相交于 b 点，过 b 点的水平面即称该基础的施工基面。

（3）对于受倾覆力作用的基础，则应取土壤的计算抗剪角 β 代替上拔角 α，并用上述受上拔力作用的基础确定施工基面的方法，确定该基础的施工基面，如图 1-31（b）所示。

施工基面与杆塔中线桩之间的高差 h，称为施工基面值。施工基面值应根据不同的杆塔型式实测确定。当施工基面值过大，为了减少施工铲土量，可采用不等长塔腿。

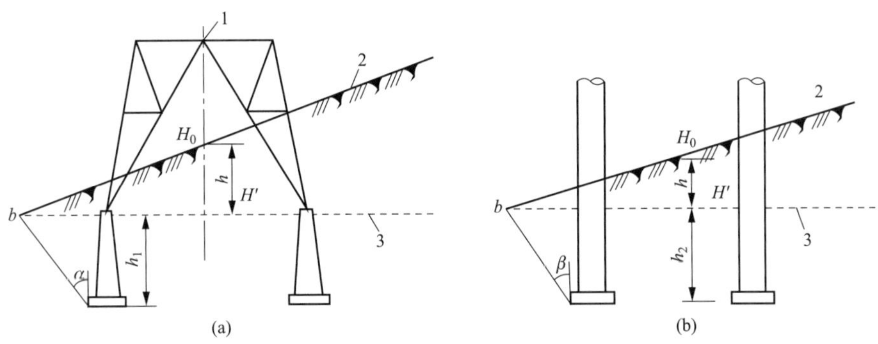

图 1-31　有坡度时基础的施工基面

(a) 受上拔力作用的基础；(b) 受倾覆力作用的基础

1—杆塔中心；2—天然地面（bH_0方向）；3—施工基面（bH'方向）；h—施工基面降低值；

h_1—受上拔力施工基面到塔脚基面的距离；h_2—受倾覆力施工基面到塔脚基面的距离

当矩形铁塔所处地面只有横线路方向存在坡度，或门形钢筋混凝土杆的两根杆位地面有坡度时，可以只测横线路方向的塔基断面，按上述原则如图 1-31 所示确定施工基面。当矩形铁塔的四个独立基础所处地形有不同坡度时，应沿对角线施测塔基断面，杆塔施工基面受位于山下侧坡度最大一侧的那只塔脚基础控制。

杆塔的定位高度和基础的埋深均应从施工基面起算。

5. 平面测量

线路中心线两侧各 50m 范围内的地形、地物应绘于平面图上。对于 110、220kV 输电线路，应绘制实测中心线两侧各 25m 以内地物；330、500kV 输电线路，应绘制实测中心线两侧各 30m 以内地物；其余范围可用目测。其测量方法可用测绘法直接绘于平面图上，或用测记法在室内绘于平面图上。

对于线路中心线两侧 50m 内的河流、电力线、通信线、铁路、公路、房屋、围墙及旱田、水田、果园、树林、墓地和不良地质、地段的边界以及其他构筑物、建筑物进行平面测量。

对影响范围内通信线的平面位置，应到有关单位搜集资料并现场目测核对，草绘到线路经过图上。对与线路平行距离在 30m 以内，平行长度较长，影响严重的主要通信线应以视距法测量其平面位置。

三、杆塔的定位和校验

在输电线路平断面图上，结合现场实际地形，用定位模板确定杆塔的位置并选定杆塔的型式称杆塔的定位。杆塔位置选择是否适当，直接影响线路建设的经济合理性和安全可靠性。

（一）定位模板的制作

定位模板又叫弧垂模板。它是将实际的弧垂曲线按照和平断面图相同的纵、横比例尺，刻画在透明的有机玻璃板上。为了保证在最大弧垂时的限距满足要求，故弧垂模板均采用最大弧垂时的模板。

（1）判定导线最大弧垂的气象条件。

导线出现最大弧垂的气象条件有两种可能，即最大弧垂可能发生在最高气温时或发生在最大垂直比载（无风、覆冰）时。

判别导线出现最大弧垂的气象条件可采用最大弧垂比较法。

即最高气温时的导线弧垂

$$f_1=\frac{g_1 l^2}{8\sigma_1} \tag{1-26}$$

覆冰无风时的导线弧垂

$$f_3=\frac{g_3 l^2}{8\sigma_3} \tag{1-27}$$

式中 g_1、g_3——导线最高气温时的比载及覆冰时的垂直比载，$N/(m \cdot mm^2)$；

σ_1、σ_3——导线最高气温时的应力及覆冰时的应力，MPa。

对于某一档距为 l 的弧垂计算，$\frac{l^2}{8}$是常数，与气象条件无关，则弧垂 f 的大小仅与$\frac{g}{\sigma}$有关。当$\frac{g_3}{\sigma_3}>\frac{g_1}{\sigma_1}$时，$f_3>f_1$，即导线最大弧垂发生在覆冰无风时；反之，导线最大弧垂则发生在最高气温时。

（2）根据设计给定的代表档距 l_0，从机械特性曲线中查取最大弧垂气象条件时的应力 σ_0，并计算出对应气象条件时的垂直比载 g。

（3）由式 $f_{max}=y=\frac{g}{2\sigma_0}x^2=Kx^2$，可求得不同的 x 所对应的 y 值。式中 K 为模板常数。

然后，按与线路平断面图相同的比例尺，在绘图纸上建立直角坐标系，绘出导线悬挂曲线即为定位模板曲线，如图 1-32 中的曲线。

（4）将定位模板曲线刻制在有机玻璃板上，并刻上纵、横丝，最低点，纵横比例，K 值，即得定位模板。为节省材料和便于携带，一般一块模板的上下刻制两条（或多条）不同 K 值的曲线。模板形式如图 1-33 所示。

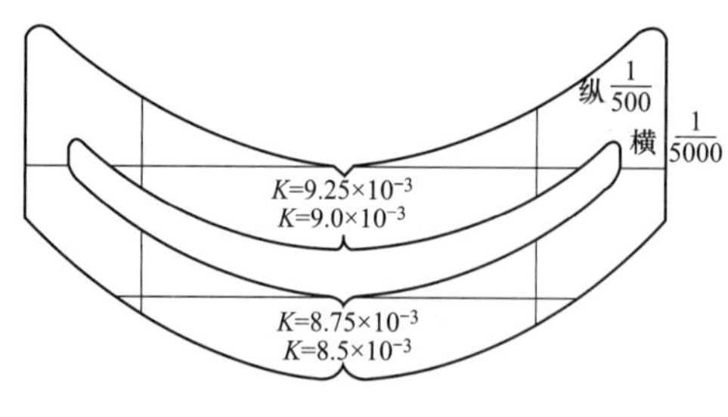

图 1-32 通用定位模板

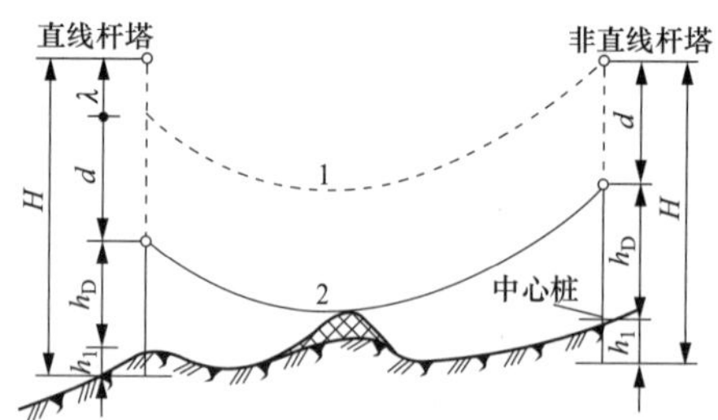

图 1-33 杆塔的定位高度

h_D—杆塔的定位高度；H—杆塔呼称高；d—对地安全距离；h_1—杆塔施工基面值

实际工程中，一方面在定位之前杆塔的位置和档距尚未确定，因此还不知道每一个耐张段的代表档距，制作定位模板的 K 值也就不能确定；另一方面，杆塔的定位必须应用定位模板。为解决这一矛盾，总是事先制作多个不同 K 值的定位模板带到现场以供不同耐张段不同代表档距选用。对钢芯铝绞线 K 值一般在 $15\sim50\times10^{-5}\mathrm{m}^{-1}$ 之间，可每隔 $0.25\times10^{-5}\mathrm{m}^{-1}$ 作一条曲线，以供选用。

（二）杆塔的定位高度确定

杆塔定位的主要要求，是使导线上任意一点在任何正常运行情况下都满足对地和其他被交叉跨越物的安全距离。设某档距及两侧杆塔高度已定，画出最下层导线在最大弧垂时的悬挂曲线如图 1-33 中曲线 1 所示，此时要检查导线对地距离是否满足安全距离要求，就需逐点检查，既麻烦又容易漏检。为此，假想将导线两端悬挂点在杆塔上下移一段对地安全距离 d 后，画出下层导线的最大弧垂时的悬挂曲线 2，此时只要曲线 2 不切地面，则实际导线悬挂曲线处处满足对地安全距离的要求。于是，称曲线 2 为导线的对地安全线，导线悬挂点下移后与杆塔施工基面间的高差值称为杆塔的定位高度（简称定位高），用 h_D 表示。定位高度 h_D 按下述方法确定：

非直线杆塔
$$h_D = H - d - \Delta h - h_1 \tag{1-28}$$

直线杆塔
$$h_D = H - d - \lambda - \Delta h - h_1 \tag{1-29}$$

式中　h_D——杆塔的定位高度，m；

H——杆塔呼称高，m；

d——对地安全距离，m；

λ——悬垂绝缘子串长，m；

h_1——杆塔施工基面值，m；

Δh——考虑各种误差而采取的裕度，m。

（三）杆塔定位方法

杆塔定位就是排定杆塔位置，选定所需杆型。具体步骤如下：

（1）首先，在平断面图上分析耐张段的地形，将必须设立杆塔的地点，如山头地形较高的地点、交叉跨越附近、转角点等初步标在图上，然后在这些杆位点之间，根据使用杆塔可能施放的档距并考虑档距分布，初步选定杆塔位并标在图上。如图 1-34 所示，A 点为已排定的 1 号转角塔，F 点为待定杆型的转角点，A、F 之间为一耐张段。根据地形首先确定 D、E 两点必须设立直线杆塔，然后 A 与 D 之间则根据所使用杆塔可能施放的档距且考虑档距合理分布，初定 B、C 两点设立两基直线杆塔。再对各杆位点初步确定所需杆型，并将各杆塔的定位高度 h_{D1}、h_{D2}、h_{D3}、……画在断面图上。

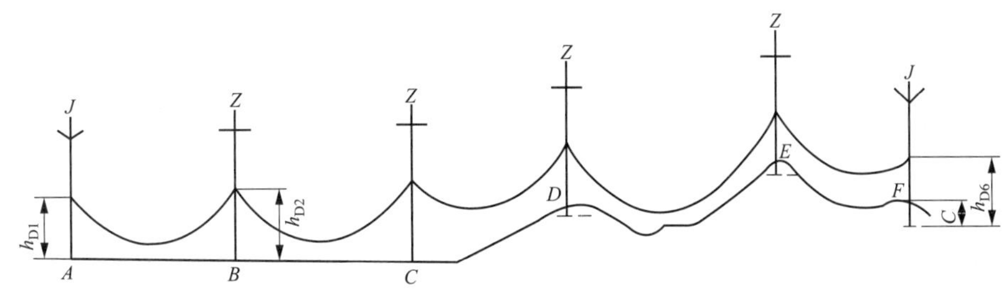

图 1-34　排杆定位

（2）根据初步选定的杆塔位，初算代表档距 l_0 和所需模板 K 值，初选定位模板。

（3）自转角杆位 A 开始，将定位模板平放在断面图上，使所选的模板曲线经过相邻两杆塔的定位高度 a 和 b 点，且让模板上的纵横丝分别与断面图上的纵横轴平行，若此时模板曲线与地面最接近点的裕度合适（裕度值见表 1-27），则认为所定之杆位点及杆型基本满足要求，如图 1-35 所示。若导线对地距离裕度不合适（太大或太小）或不满足对地距离要求时（即模板曲线与地面线相割），则需调整杆位、杆高或改换杆型至满足要求为止。以此类推，逐档确定其他杆塔位和杆塔型，直至定完整个耐张段以至全线。

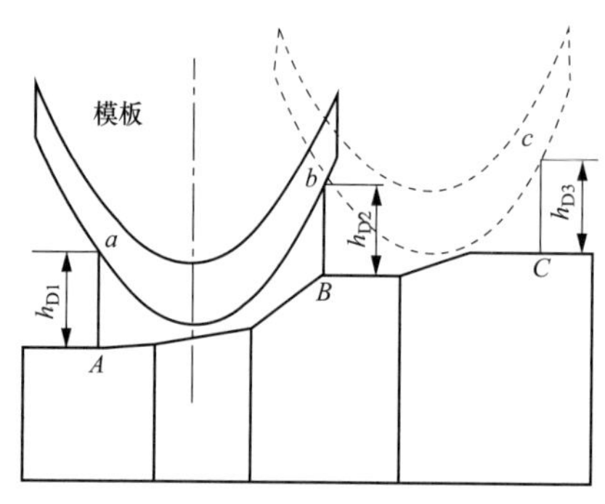

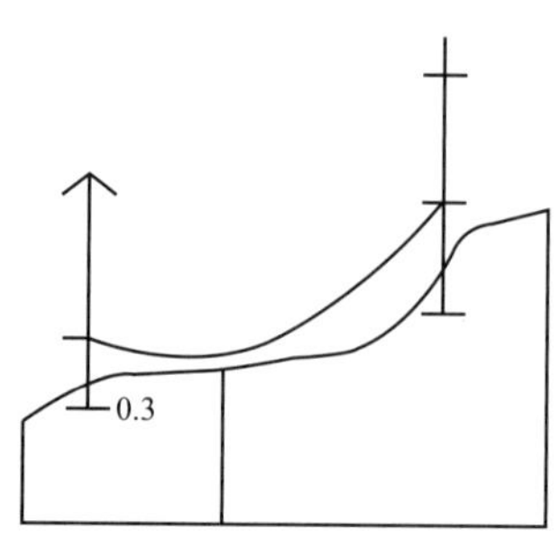

图 1-35　模板定位操作

表 1-27　　**导线对地距离的裕度**　　（m）

档　距	＜200	200～350	350～600	600～800	800～1000
裕　度	0.3～0.5	0.5～0.7	0.7～0.9	0.9～1.2	1.2～1.4

（4）根据确定的杆塔位求出该耐张段的代表档距 l_0 确定 K 值，并与使用模板的 K 值相比较，如果两者相近（$-0.2\times10^{-5}\leqslant\Delta K\leqslant0.8\times10^{-5}$），则认为该耐张段所定杆位合适，否则应更换与该耐张段所需 K 值相接近的定位模板，重新校验导线对地距离是否满足要求。这样，反复定位就可基本确定一个耐张段的杆位和杆型。

（5）一个耐张段的杆位、杆型的最终确定，还需通过必要的电气和机械强度方面的校验。比如，一种杆型设计所允许承受的荷载及导线所允许施放的最大档距，所以当一基杆塔前后两侧档距确定后，应马上进行杆塔使用档距的校验，若其中任一个实际值超过允许值，都需以调整杆塔位或改选杆塔型式的方法使其满足要求。只有通过校验，导线、地线、绝缘子串、杆塔的电气和机械强度均符合要求后，一个耐张段的杆位和杆型才完全确定。

杆塔位或杆塔型式选定后，在断面图杆塔头部标注杆塔号、杆型代号和杆高（铁塔一般标呼称高），在断面图下部说明栏的相应栏目中填写塔位标高、塔位里程、档距、耐张段长度和代表档距。

（四）导线的风偏校验

在应用定位模板进行排杆定位的过程中，保证了导线对地垂直距离的要求，当线路通过山坡或接近房屋建筑时，还应检查在导线风偏时是否满足最小接近距离的要求，即需进行风偏限距校验。

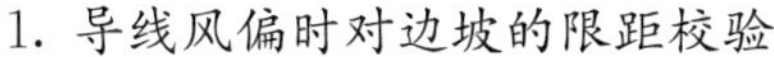

1. 导线风偏时对边坡的限距校验

当线路从山坡或陡崖、高坎附近经过，导线风偏后可能引起对地距离不能满足要求。此时首先需在现场结合杆塔位确定危险点，并测量危险点风偏校验横断面，然后以作图方法进行校验，其步骤如下：

（1）确定校验档导线两端悬点高程 H_A 和 H_B。

（2）确定校验点导线假想悬点 P 的高程 H_P 和弧垂 f_P，如图 1-35（a）所示。

$$H_P = H_A - \frac{H_A - H_B}{l} l_C + \lambda \tag{1-30}$$

$$f_P = \frac{g}{2\sigma} l_C (l - l_C) \tag{1-31}$$

式中 λ——悬垂绝缘子串长，m；

l——档距；

l_C——导线假想悬点 P 到悬点 A 的水平距离；

σ——最大风偏时导线应力，MPa；

g——最大风偏时导线比载，N/(m·mm^2)。

其他符号意义如图 1-36（a）所示。

作图校验方法如图 1-36（b）所示。在风偏校验横断面图的纵轴上作出点 P，$P_C = H_P - H_C$；过 P 点画一横担线，标出危险侧边导线位置 P_1。以 P_1 为圆心，$r = \lambda + f_P + d$ 为半径画弧，只要弧线不与横断面相交，则表示风偏时对地距离满足要求。如弧线与地面相割，则表示对地安全距离不够，应调整杆位、杆高，或把相割部分土方挖掉，如图 1-36（b）中阴影部分。

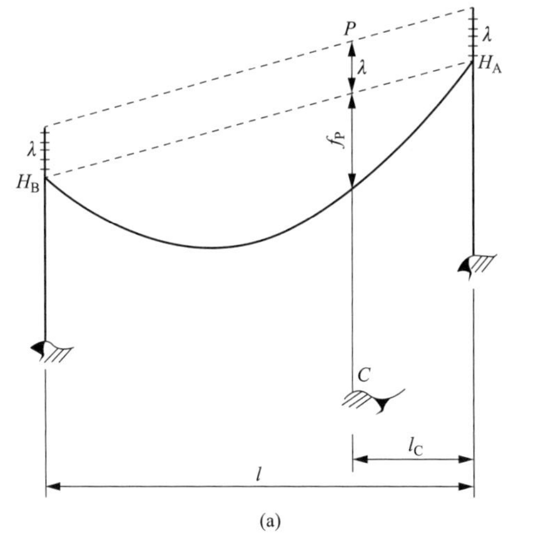

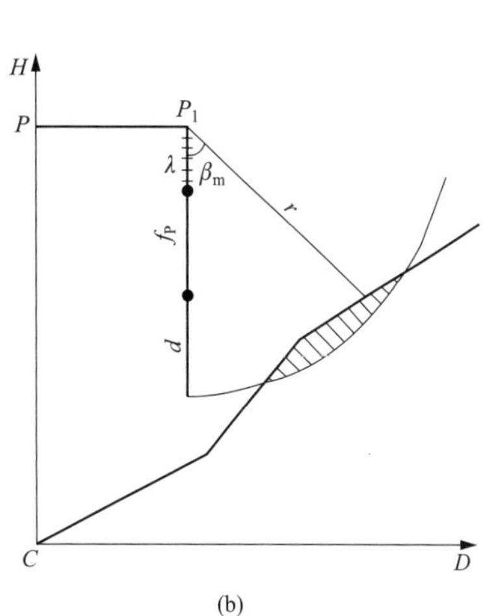

图 1-36 导线风偏后对地距离校验

（a）计算图；（b）校验图

在 r 计算式中，d 分步行可达和不可达两种情况，其值见表 1-28。图 1-36（b）中 β_m 按下式计算

$$\beta_m = \tan^{-1}\frac{g_4}{g_1} \tag{1-32}$$

式中 β_m——导线最大风偏角，(°)；

g_4——最大计算风偏时导线风压比载，N/(m・mm²)；

g_1——导线自重比载，N/(m・mm²)。

表 1-28　　导线与山坡、峭壁、岩石的最小净空距离 d

线路经过地区的性质	线路额定电压（kV）		
	35～110	154	220
步行可到达的山坡（m）	5	5.5	5.5
步行不可到达的山坡，险峻的峭壁（m）	3	3.5	4

2. 导线风偏后对房屋建筑限距校验

导线与房屋建筑间的限距分三种情况，如图 1-37 所示。

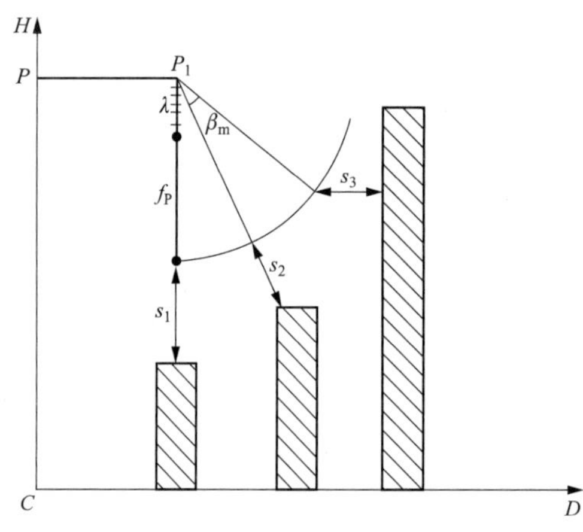

图 1-37　导线风偏后对房屋建筑的距离

导线与被跨越建筑物在最大垂直弧垂时的间距 S_1 必须满足最小垂直距离的要求，其值见表 1-29。

表 1-29　　导线与被交叉跨越物之间的最小垂直距离

最小垂直距离（m）		线路电压（kV）		
		35～110	154～220	330
铁路	至轨顶	7.5	8.5	9.5
	至承力索或接触线	3.0	4.0	5.0
电车道	至路面	10.0	11.0	12.0
	至承力索或接触线	3.0	4.0	5.0
公路	至路面	7.0	8.0	9.0
通航河流	至五年一遇洪水位	6.0	7.0	8.0
	至最高航行水位最高船桅顶	2.0	3.0	4.0

续表

<table>
<tr><td colspan="2" rowspan="2">最小垂直距离（m）</td><td colspan="4">线路电压（kV）</td></tr>
<tr><td colspan="2">35～110</td><td>154～220</td><td>330</td></tr>
<tr><td rowspan="2">不通航河流</td><td>至百年一遇洪水位</td><td colspan="2">3.0</td><td>4.0</td><td>5.0</td></tr>
<tr><td>冬季至冰面</td><td colspan="2">6.0</td><td>6.5</td><td>7.5</td></tr>
<tr><td>弱电线路</td><td>至被跨越线</td><td colspan="2">3.0</td><td>4.0</td><td>5.0</td></tr>
<tr><td>电力线路</td><td>至被跨越线</td><td colspan="2">3.0</td><td>4.0</td><td>5.0</td></tr>
<tr><td>特殊管道</td><td>至管道任何部分</td><td colspan="2">4.0</td><td>5.0</td><td>6.0</td></tr>
<tr><td>索道</td><td>至索道任何部分</td><td colspan="2">3.0</td><td>4.0</td><td>5.0</td></tr>
<tr><td rowspan="2">建筑物</td><td rowspan="2">至建筑物任何部分</td><td>35kV</td><td>60～110kV</td><td rowspan="2">6.0</td><td rowspan="2">7.0</td></tr>
<tr><td>4.0</td><td>5.0</td></tr>
</table>

与接近线路的低层建筑物在最大计算风偏情况下的净空距离 S_2，要满足最小净空距离的要求；与接近线路的高层建筑或规划建筑在最大计算风偏情况下的水平距离 S_3，要满足最小水平距离的要求，边导线与建筑物之间的最小距离的数值见表 1-30。

表 1-30　　边导线与建筑物之间的最小距离

线路电压（kV）	35	60～110	154～220	330
最小距离（m）	3.0	4.0	5.0	6.0

导线风偏对房屋建筑限距校验的作图方法与风偏对边坡的限距校验相同。

（五）定位注意事项

（1）档距布置应尽量均匀，并最大限度地利用杆塔高度。

（2）因孤立档，易使杆塔的受力情况变坏，且施工安装困难、检修不便，应尽量避免。

（3）杆位应尽可能避开洼地、泥塘、水库、冲沟、断层等水文地质条件不良的处所；带拉线的杆塔应注意拉线的位置，保证拉线基础的稳固；山地还应避免因顺坡而使拉线过长。

（4）当杆塔立于山坡时，应注意边坡对施工基面的影响。立于山坡上的单柱直线杆塔也有施工基面降低的问题，只是降低值比双杆小一些而已。施工基面在断面图上以一横线表示，并注明降低值。

（5）当杆塔立于陡坡时，应注意基础受冲刷情况，必要时应采取防护措施。

（6）在平原地区，杆塔位应尽量靠近道路、田埂，以便运行检修人员登杆作业。

（7）非直线杆塔位应结合紧线施工中锚塔和操作塔布置考虑，以便施工机具的运输、场地布置和导线的施放。

（8）杆塔位的确定，须考虑排杆、焊接、立杆、临时拉线施工等有足够的位置。在平原地区，杆塔位要与地下电力电缆、电信电缆、管道等保持一定的安全距离。

第四节　常用工器具及使用要求

一、摇表

（一）绝缘电阻表的定义及组成

绝缘电阻表也称兆欧表或摇表，主要用于测量电气设备的绝缘电阻。它是由交流发电机倍压整流电路、表头等部件组成。绝缘电阻表摇动时，产生直流电压。当绝缘材料加上一定电压后，绝缘材料中就会流过极其微弱的电流，这个电流由电容电流、吸收电流和泄漏电流三部分组成。绝缘电阻表产生的直流电压与泄漏电流之比为绝缘电阻，用绝缘电阻表检查绝缘材料是否合格的试验叫绝缘电阻试验，它能发现绝缘材料是否受潮、损伤、老化，从而发现设备缺陷。

（二）绝缘电阻表的分类

目前的绝缘电阻表主要包括手摇式绝缘电阻表和电动式绝缘电阻表，如图 1-38 和图 1-39 所示。绝缘电阻表的额定电压有 500、1000、2500V 等。

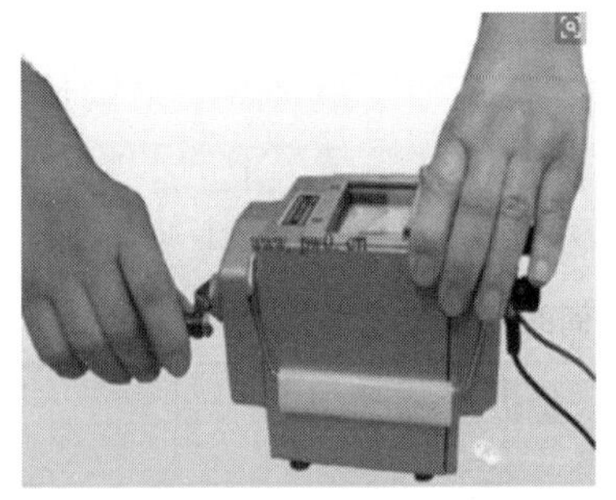

图 1-38　手摇式绝缘电阻表

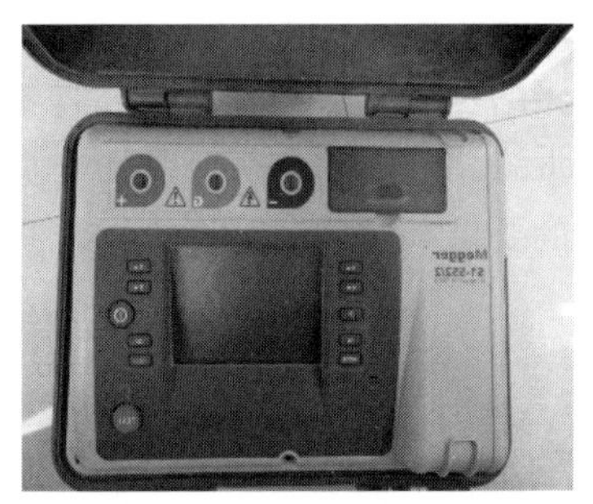

图 1-39　电动式绝缘电阻表

（三）绝缘电阻表的主要特点

（1）绝缘电阻表内的发电机可发出较高的电压，一般分为 100、250、500、1000、2500V 等。测量范围有 500、1000、2000MΩ 等。即使被测量的电阻相当高时，也可通过足够大的电流驱动指示仪表偏转。它的量限可达几千兆欧，适于测量各种物质的绝缘电阻。

（2）绝缘电阻表的指示值只与两线圈中的电流值有关，也就是只与被测电阻 R 值有关。发电机发出的电压高低对测量结果影响较小。

（3）当发电机无电压输出时，绝缘电阻表指针在任意位置上都不会受到转动力矩。因而绝缘电阻表的指针平时可能停在任意一点上，无固定位置。这是与一般指示仪表不同的地方。

（4）由于绝缘电阻表加于被测对象上的电压较高，所以在测量绝缘电阻的同时，也测出了被测对象的最低耐压值。

（四）绝缘电阻表的使用和注意事项

1. 绝缘电阻表的使用

（1）绝缘电阻表的选择。绝缘电阻表的测量电压，应根据被测电气设备的额定电压来选择。500V 以下的设备，选用 500V 或 1000V 的绝缘电阻表。额定电压在 500V 以上的设备，应选用 1000V 或 2500V 的绝缘电阻表。

（2）使用前的检查。绝缘电阻表使用时，要放置平稳，同时要检查偏转情况：先将绝缘电阻表端钮开路，摇动手柄达到发电机的额定转速，观察指针是否指到“∞”处；然后将“地”和“线”端钮短接，缓缓摇动手柄（注意：不可过快，以免损坏测量机构），观察指针是否指“0”。如指针指示不对，则需调修后再使用。

（3）绝缘电阻表使用的表线必须是绝缘线，且不宜采用双股绞合绝缘线，其表线的端部应有绝缘护套；绝缘电阻表的线路端子“L”应接设备的被测相，接地端子“E”应接设备外壳及设备的非被测相，屏蔽端子“G”应接到保护环或电缆绝缘护层上，以减小绝缘表面泄漏电流对测量造成的误差。

（4）测量时，摇动绝缘电阻表手柄的速度要均匀，以 120r/min 为宜；保持稳定转速 1min 后，取读数，以便躲开吸收电流的影响。

（5）记录数据，对比判断测试线路或电气设备的绝缘状况。

绝缘电阻表的开路试验如图 1-40 所示，绝缘电阻表的短路试验如图 1-41 所示。

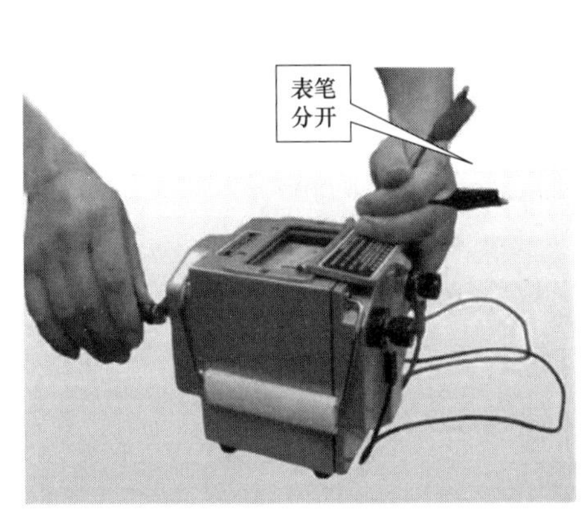

图 1-40　绝缘电阻表的开路试验

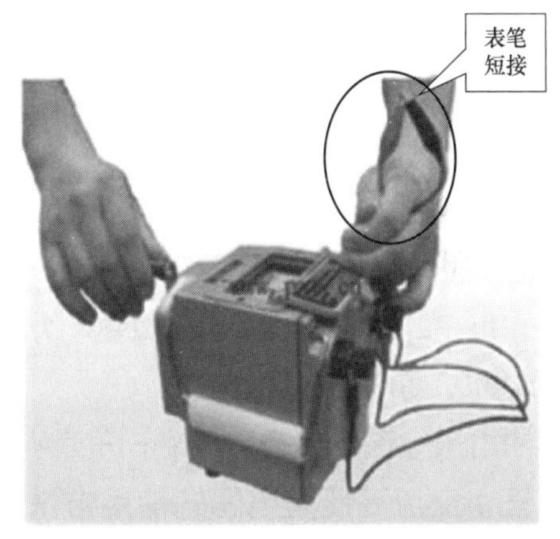

图 1-41　绝缘电阻表的短路试验

2. 注意事项

（1）为了保证安全，不可在设备带电的情况下，测量其绝缘电阻。对具有电容的高压设备在停电后，还必须充分放电，然后才可测量。测量后，也要及时地加以放电。

（2）用绝缘电阻表测试高压设备的绝缘时，应由两人进行。

（3）测量前必须将被测线路或电气设备的电源全部断开，即不允许带电测绝缘电阻，并且要查明线路或电气设备上无人工作后方可进行。

（4）测试过程中两手不得同时接触两根线。

（5）测试完毕应先拆线，后停止摇动绝缘电阻表，以防止电气设备向绝缘电阻表反充电导致绝缘电阻表损坏。

（6）雷电时，严禁测试线路绝缘。

二、高压验电器

（一）高压验电器概述

高压验电器（high-pressure electroscope）是由电子集成电路制成的声光报警装置性能稳定、可靠的设备，具有全电路自检功能和抗干扰性强等特点。高压验电器适用于 6、10、35、110、220、500kV 等电压等级交流输配电线路和设备的验电，无论是白天或夜晚、室内变电站或室外架空线上，都应当正确、可靠地使用，是电力系统电气部门必备的安全工具。

（二）高压验电器技术参数

1. 6kV 高压验电器

有效绝缘长度为 840mm；手柄长度为 120mm；节数为 5；护环直径为 55mm；接触电极长度为 40mm。

2. 10kV 高压验电器

有效绝缘长度为 840mm；手柄长度为 120mm；节数为 5；护环直径为 55mm；接触电极长度为 40mm。

3. 35kV 高压验电器

有效绝缘长度为 1870mm；手柄长度为 120mm；节数为 5；护环直径为 57mm；接触电极长度为 50mm。

4. 110kV 高压验电器

适用电压等级为 110kV；固态长度为 60cm；伸态长度为 200cm。

5. 220kV 高压验电器

适用电压等级为 220kV；固态长度为 80cm；伸态长度为 300cm。

6. 500kV 高压验电器

适用电压等级为 500kV；固态长度为 160cm；伸态长度为 720cm。

（三）交流高压验电器的使用方法及注意事项

（1）用高压验电器进行测试时，必须戴上符合要求的绝缘手套；不可一个人单独测试，身旁必须有人监护；测试时，要防止发生相间或对地短路事故；人体与带电体应保持足够的安全距离，10kV 高压的安全距离为 0.7m 以上。室外使用时，天气必须良好，雨、雪、雾及湿度较大的天气中不宜使用普通绝缘杆的类型，以防发生危险。

（2）使用前，要按所测设备（线路）的电压等级将绝缘棒拉伸至规定长度，选用合适型号的指示器和绝缘棒，并对指示器进行检查，投入使用的高压验电器必须是经电气试验合格的。

（3）对回转式高压验电器，使用前应把检验过的指示器旋接在绝缘棒上固定，并用绸布将其表面擦拭干净，然后转动至所需角度，以便使用时观察方便。

（4）对电容式高压验电器，绝缘棒上标有红线，红线以上部分表示内有电容元件，且属带电部分，该部分要按 Q/GDW 1799.2—2013《国家电网公司电力安全工作规程　线路部分》（简称《安规》）的要求与邻近导体或接地体保持必要的安全距离。

（5）使用时，应特别注意手握部位不得超过护环。

（6）用回转式高压验电器时，指示器的金属触头应逐渐靠近被测设备（或导线），一旦指示器叶片开始正常回转，则说明该设备有电，应随即离开被测设备。叶片不能长期回转，以保证验电器的使用寿命。当电缆或电容上存在残余电荷电压时，指示器叶片会短时缓慢转几圈，而后自行停转，因此它可以准确鉴别设备是否停电。

（7）对线路的验电应逐相进行，对联络用的断路器或隔离开关或其他检修设备验电时，应在其进出线两侧各相分别验电。对同杆塔架设的多层电力线路进行验电时，先验低压、后验高压，先验下层、后验上层。

（8）在电容器组上验电应待其放电完毕后再进行。

（9）每次使用完毕，在收缩绝缘棒及取下回转指示器放入包装袋之前，应将表面尘埃擦拭干净，并存放在干燥通风的地方，以免受潮。回转指示器应妥善保管，不得强烈振动或冲击，也不准擅自调整拆装。

（10）为保证使用安全，验电器应每半年进行一次预防性电气试验。

常见验电器如图 1-42 所示。验电器正确使用方式如图 1-43 所示。

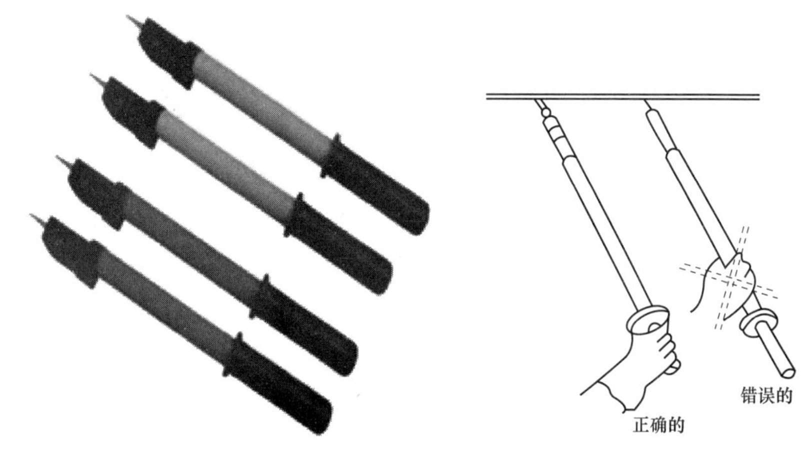

图 1-42　常见验电器　　图 1-43　验电器正确使用方式

（四）高压验电器使用和维护

（1）在使用前必须进行自检，方法是用手指按动自检按钮。指示灯应有间断闪光，它散发出间断报警声，说明该仪器正常。

（2）进行 10kV 以上验电作业时，必须执行《安规》的规定，工作人员戴绝缘手套、穿绝缘鞋并保证对带电设备的安全距离。

（3）工作人员在使用时，要手握绝缘杆最下边部分，以确保绝缘杆的有效长度，并根据《安规》的规定，先在有电设施上进行检验，验证验电器确实性能完好，方能使用。

（4）验电器应定期做绝缘耐压试验、启动试验。潮湿地方三个月，干燥地方半年。如发现该产品不可靠应停止使用。

（5）雨天、雾天不得使用。

（6）验电器应存放在干燥、通风无腐蚀气体的场所。

三、起重葫芦

（一）起重葫芦定义

起重葫芦（见图 1-44）是有制动装置的、手动省力的起重工具，包括手扳葫芦、手拉葫芦、手摇葫芦等。图 1-45 为手摇葫芦实物图。

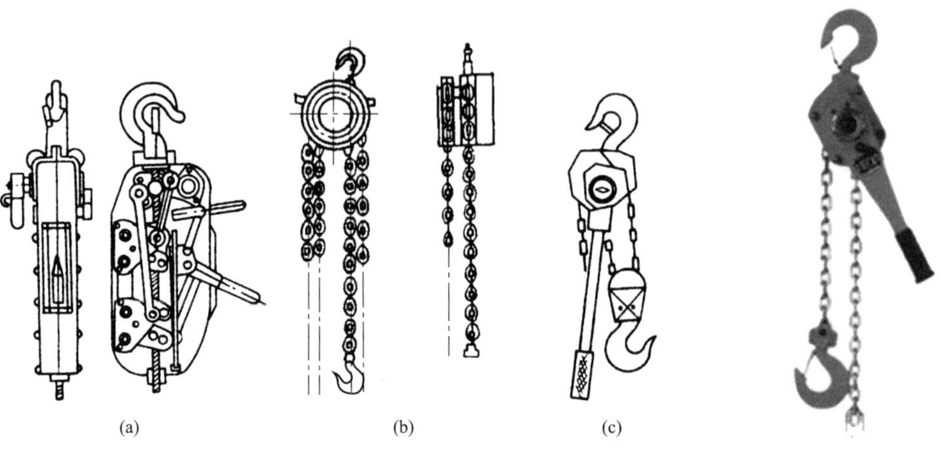

图 1-44　起重葫芦

（a）手扳葫芦；（b）手拉葫芦；（c）手摇葫芦

图 1-45　手摇葫芦

（二）作用

起重葫芦是线路检修主要的起重设备，它是一种高效、安全、耐用的起重工具，具有起重、牵引、张紧三大功能，整机结构设计合理，安全系数高，使用寿命长。特别适用于野外无动力源状况下使用。

（三）使用注意事项

（1）使用前应检查吊钩、链条、转动装置及刹车装置，吊钩、链轮或倒卡变化以及链条磨损达直径的15%者严禁使用。刹车片严禁沾染油脂。

（2）使用起重葫芦时，起重量不准超过允许荷载，要按照标记的起重量使用。使用时不能任意的加长手柄，加长手柄会造成手扳葫芦的超载使用，致使部件损坏。

（3）操作时，手拉链或扳手的拉动方向应与链轮槽方向一致，不得斜拉硬扳。操作人员不得站在葫芦正下方。葫芦的起重链不得打扭，并不得拆成单股使用。使用中如发生卡链，应将受力部位封固后方可进行检修。

（4）葫芦带负荷停留较长时间或过夜时，将扳手绑扎在起重链上，并采取保险措施。

（5）要经常检查钢丝绳或链条有无磨损和扭结、断丝、断股，凡不符合安全使用的一定要更换。

（6）因为手扳葫芦的工作原理是利用夹钳交替夹紧钢丝绳的，所以要求使用钢芯的钢丝绳而不能用麻芯钢丝绳，因麻芯绳柔软而富有弹性，在夹钳夹紧后有易松动的现象，是不安全的。

（7）起重葫芦使用前要做全面的检查与测验，使用后要维护保养。

四、钢丝绳

（一）钢丝绳作用

钢丝绳是线路施工中最常用的绳索。它柔性好、强度高，而且耐磨损，常作为固定、牵引、制动系统中的主要受力绳索，如图 1-46 所示。

图 1-46　钢丝绳

（二）钢丝绳的分类

1. 按制造过程中绕捻次数不同分类

按制造过程中绕捻次数不同可分为单绕捻钢丝绳（螺旋绕捻）、双重绕捻（索式绕捻）钢丝绳、三重绕捻（缆式绕捻）钢丝绳。

2. 按钢丝直径螺距分类

普通结构钢绳，即每根钢丝单丝直径相同，而相邻各层钢丝螺距不同。

复式结构钢丝绳，相邻各层钢绳直径不同而螺距相同的钢丝绳。

所谓螺距（捻距）是指每一层股在钢丝绳上环绕一周的轴向距离。输电线路施工一般用普通结构钢绳。

3. 按绕捻方向分类

（1）顺绕钢丝绳，即钢丝绕成股和股绕成绳方向一致的钢绳。这种钢绳捻性好，表面平滑一致，磨损少，耐用，但易扭转、松散，悬吊重物时易旋转，适用于拉线、制动绳。

（2）交绕钢丝绳，钢丝绕成股和股绕成绳方向相反的钢绳。这种钢绳耐用程度差些，但不易自行松散和扭转，使用较方便，应用最多。

（3）混绕钢丝绳，相邻层股的钢丝绕捻方向是相反的，这种钢绳受力产生的扭转变形在方向上具有相抵消的作用，兼有前两种钢绳的优点。

（三）钢丝绳的选用

钢丝绳会承受荷重和绕过滑轮或卷筒时，同时受拉伸、弯曲、挤压和扭转多种应力，其中主要是拉伸应力和弯曲应力。通常按容许应力计算选择钢绳时，仅按拉伸力计算，而对于因弯曲引起的弯曲应力影响及材料疲劳影响时，则以耐久性的要求检验选用。

（1）按容许拉力计算：

$$[T]=\frac{T_{\mathrm{b}}}{KK_1K_2}=\frac{T_{\mathrm{b}}}{K_{\Sigma}} \tag{1-33}$$

式中　$[T]$——钢丝绳的容许拉力，N；

T_{b}——钢丝绳有效破断力，N；

K_1——动荷系数；

K_2——不平衡系数；

K_Σ——综合安全系数；

K——钢丝绳安全系数。

(2) 起重钢丝绳的安全系数应符合下列条件：

1) 用于固定起重设备为3.5；

2) 用于人力起重为4.5；

3) 用于机动起重为5～6；

4) 用于绑扎起重物为10；

5) 用于供人升降用为14。

(四) 钢丝绳的使用和维护

(1) 钢丝绳使用中不许扭结，不许抛掷。

(2) 钢丝绳使用中如绳股间有大量的油挤出来，表明钢丝绳的荷载已很大，必须停止加荷检查。

(3) 钢丝绳端头应编插连接，或用低熔点金属焊牢。钢丝绳末端与其他物件永久连接时，应采用套环或鸡心环来保护其弯曲最严重的部分。

(4) 为了减少钢丝绳的腐蚀和磨损，应该定期加润滑油（四个月加一次）在加油前，先用煤油或柴油洗去油污，用钢丝刷去铁锈，然后用棉纱团把润滑油均匀地涂在钢丝绳上。新钢丝绳最好用热油浸，使油浸达麻心，再擦去多余油脂。

(5) 存放仓库中的钢丝绳应成卷排列，避免重叠堆置，库中应保持干燥，防止生锈。

(6) 钢丝绳应定期浸油，遇有下列情况之一者应予报废：

1) 钢丝绳的钢丝磨损或腐蚀达到原来钢丝直径的40%及以上，或钢丝绳受过严重退火或局部电弧烧伤者；

2) 绳芯损坏或绳股挤出；

3) 笼状畸形、严重扭结或弯折；

4) 钢丝绳压扁变形及表面起毛刺严重者；

5) 钢丝绳断丝数量不多，但断丝增加很快者。

五、起重滑车

起重滑车也称滑轮，是利用杠杆原理制成的一种简单机械，它能借起重绳索的作用而产生旋转运动，以改变作用力的方向或省力。仅仅能改变力的方向的滑车，称为定滑车（或称导向滑车）；能起省力作用的滑车，称为动滑车，动滑车本身随荷重的升降而升降。在实际应用中，为了扩大滑车的效用，往往把一定数量的动滑车和一定数量的定滑车组合起来，这便是滑车组，滑车组也有省力滑车组和省时滑车组之分，在起重机械和起重工作中采用的主要是省力滑车组。输电线路在组立杆塔、架线以及其他工序中，往往都要用到它。图1-47为几种常见的滑车。

图 1-47　常见滑车

（一）滑轮组牵引力的计算

1. 牵引端从定滑车绕出

滑车组牵引钢绳从定滑车绕出，如图 1-48 所示，如果不考虑摩擦力，则拉力 F 为

$$F=\frac{Q}{n} \tag{1-34}$$

式中　F——拉力；

Q——荷重；

n——滑车组的滑车数。

如果考虑摩擦力，则拉力 F 计算很复杂。为简化计算，可按无摩擦阻力计算，如用钢丝绳再增加荷重 Q 的 10%，如用麻绳再增加荷重的 15%。

2. 牵引端从动滑车绕出

滑车组牵引钢绳从动滑车绕出，如图 1-49 所示。如不考虑摩擦力，则拉力 F 为

$$F=\frac{Q}{n+1} \tag{1-35}$$

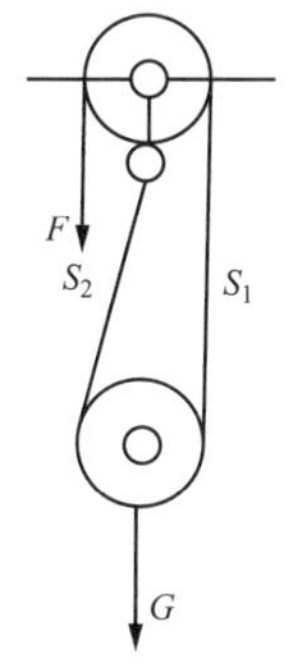

图 1-48　牵引绳从定滑车绕出滑车组

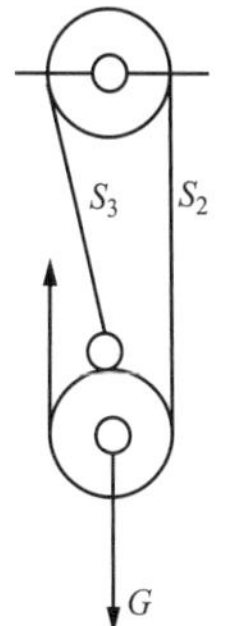

图 1-49　牵引绳从动滑车绕出滑车组

如果考虑摩擦力，则拉力 F 可按无摩擦阻力计算再增加荷重 Q 的 10%。

（二）滑车使用和保养注意事项

（1）使用前首先应检查滑车的铭牌所标起吊质量是否与所需相符，其大小应根据其标定的容许载荷量使用。

(2) 使用前应检查滑车轮槽、轮轴、护夹板和吊钩等各部分有无裂纹、损伤和转动不灵活等现象，有存在以上现象者不准使用。

(3) 滑车穿好后，先要慢慢地加力，待各绳受力均匀后，再检查各部分是否良好，有无卡绳之处。如有不妥，应立即调整好之后才能牵引。

(4) 滑车吊钩中心与重物重心应在一条直线上，以免重物吊起后发生倾斜和扭转现象。

(5) 滑轮和轮轴要经常保持清洁，使用前后要刷洗干净，并要经常加油润滑。

六、地锚

在输电线路施工中，用来固定牵引绞磨，固定牵引复滑车、转向滑车以及固定各种临时拉线等都会应用临时地锚。输电线路施工中常用的临时地锚有深埋式地锚、板桩式地锚和钻式地锚（地钻）。

（一）深埋式地锚

地锚受力达到极限平衡状态时，在受力方向上，沿土壤抗拔角方向形成剪裂面，地锚的极限抗拔计算中，土壤是按匀质体考虑的，即认为设置地锚过程中扰动土经过回填夯实后，其特性已恢复到与附近的未扰动土接近一致。实际在输配电施工中所用的深埋式地锚很难满足上述条件，因此将地锚的极限抗拔力除以安全系数 2～2.5 之后作为地锚的允许抗拔力。

按受力方向来分，深埋式地锚有垂直受力地锚和斜向受力地锚，如图 1-50 和图 1-51 所示。

（二）板桩式地锚

板桩式地锚一般简称桩锚。桩锚是以圆木、圆钢、钢管、角钢垂直或斜向（向受力反方向倾斜打入土中），依靠土壤对桩体嵌固和稳定作用，承受一定拉力。板桩式地锚承载力比深埋式地锚小，但设置简便，省力省时，所以在输配电线路施工，尤其是配电线路施工中得到广泛使用。

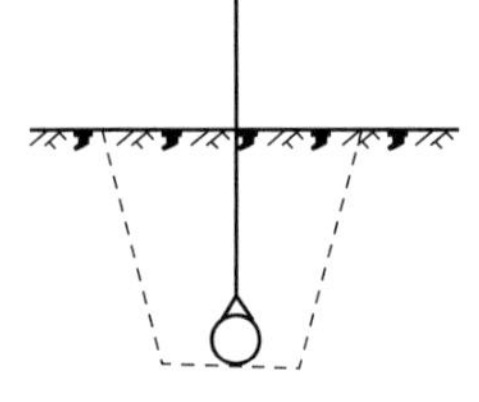

图 1-50　地锚垂直受力图

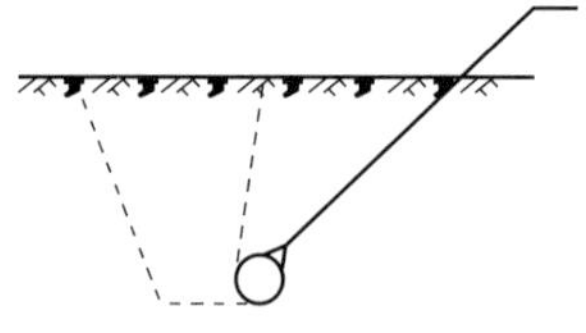

图 1-51　地锚斜向受力图

送电线路上用得最多是圆木和圆钢桩锚。圆木桩锚一般选用强度好，有韧性杂木、檀木作桩体，直径为 10～12cm，长为 1.1～1.5m，桩体上端加套铁箍，以防桩体在打击下开裂，用于土质较软处。圆钢桩直径为 4～6cm，长为 1.1～1.5m，用于土质较硬处。

桩锚可垂直或斜向打入土中，无论哪种型式，其受力方向最好与锚桩垂直，且拉力的作用点最好靠近地面，这样受力较好。如在桩锚前适当位置加横木，抗拔力将更好。

桩锚可单个布置，也可采用两个或多个桩锚联用，但须注意，桩与桩之间距离不应小于 0.8m，桩与桩间用白棕绳或钢绳联牢，使桩锚受力时各桩锚能同时受力，桩的入土深度不小于全长的 4/5。

（三）钻式地锚

地钻一般由钻杆、螺旋片、拉环三部分组成，如图 1-52所示。根据需要可做成不同规格的地钻，较常见地钻长为 1.5～1.8m，螺旋片直径为 250～300mm，拉力有 1t、3t、5t 等。

地钻使用方便简单，只需在拉环内穿入木杠，推动旋转即可将地钻钻入地层内，且不破坏原状土。使用地钻时，须在受力侧加放横木，避免地钻受力后弯曲。当采用多个地钻组成地钻群使用时，地钻与地钻的连接应使用钢丝绳、圆钢拉棒或双钩，尽可能使地钻群中每个地钻的受力均匀，且地钻间应保持一定距离。

地钻适用于软土地带，对过硬土质和地下有较大粒径卵石时不宜使用。

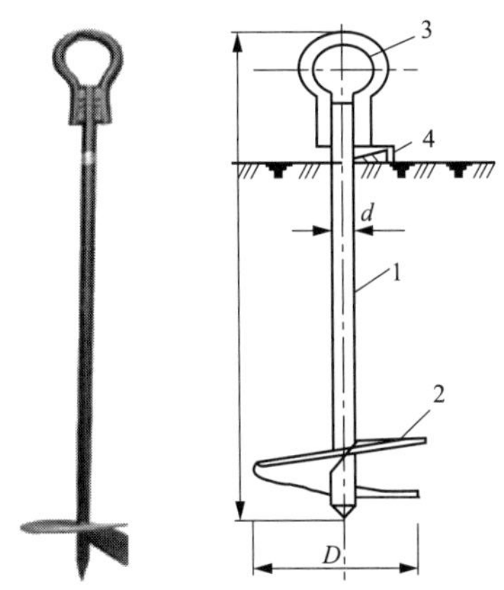

图 1-52　钻式地锚

1—钻杆；2—螺旋片；3—拉环；4—垫木；d—钻杆直径；D—地锚钻孔直径

七、卡线器（紧线器）

卡线器是将钢丝绳和导线连接的工具，具有越拉越紧的特点。其结构如图 1-53 所示。

卡线器使用时注意与导地线型号相配合：将导线或钢绞线置于钳口内，钢丝绳系于后部 U 形环，受拉力后，由于杠杆作用卡紧。卡线器受力部件都用高强度钢制成。用于导线的钳口槽内镶有刻成斜纹的铝条；用于钢绞线的钳口槽上直接刻有斜纹。

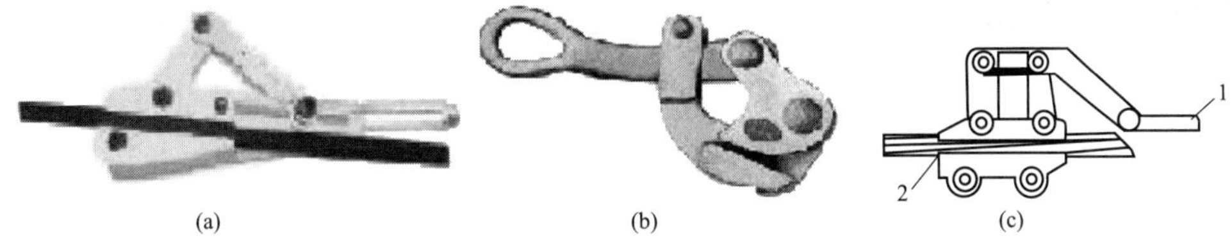

图 1-53　卡线器

（a）导线卡线器；（b）钢绞线卡线器；（c）卡线器结构图

1—拉环；2—钳口

八、断线钳

断线钳是切割导线、圆钢的最佳工具。广泛用于电力施工、电力检修等方面，常用的有机械断线钳、液压断线钳、电动断线钳等，如图 1-54 所示。

（一）使用方法

使用方法如下：

（1）将钳口开到最大。

（2）将被剪物体，放入剪口。

（3）采用人力或动力闭合钳口，达到一定力度可剪断。

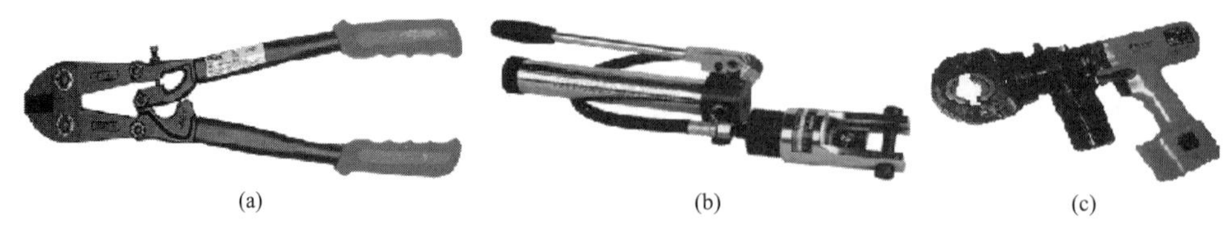

(a)　(b)　(c)

图 1-54　断线钳

(a) 机械断线钳；(b) 液压断线钳；(c) 电动断线钳

（二）注意事项

注意事项如下：

(1) 请勿超范围使用。操作前应检查各部螺栓是否松动。

(2) 该工具在使用、运输、保管中，应避免撞击、重压，以免影响使用效果。

(3) 使用后应擦拭干净，置于干燥、清洁处。

九、安全带

安全带是高空作业人员安全保证的必要工具，《安规》规定，在杆塔高空作业时，应使用有后备绳的双保险安全带，如图 1-55 所示。图 1-56为高空作业人员穿戴全方位安全带的示意图。

图 1-55　全方位安全带

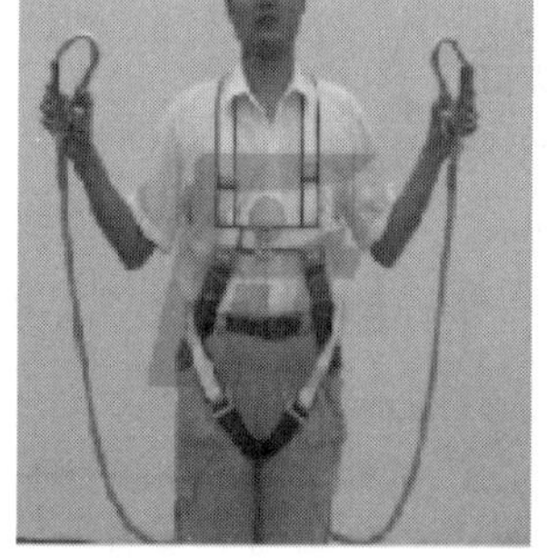

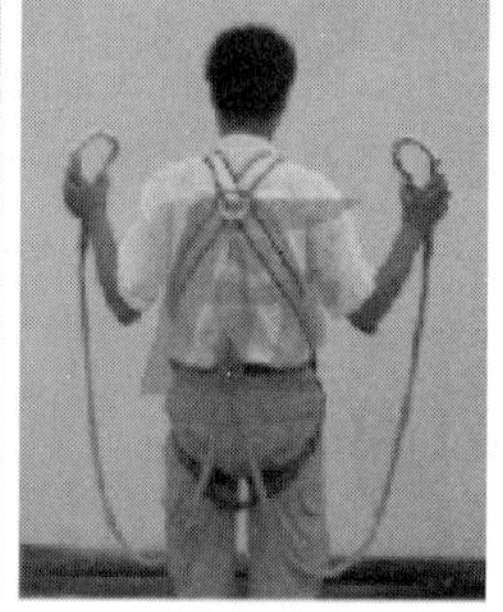

图 1-56　高空作业人员穿戴全方位安全带的示意图

安全带使用注意事项如下：

(1) 在采购和使用安全带时，应检查安全带的部件是否完整，有无损伤。

(2) 使用围杆安全带时，围杆绳上有保护套，不允许在地面上随意拖着绳走，以免损伤绳套影响主绳。

(3) 悬挂安全带不得低挂高用。

(4) 使用超过 3m 长的绳时，应加上缓冲器、自锁器或速差坠落器等。

(5) 高处作业时，安全带（绳）应挂在牢固的构架上或专为挂安全带用的钢架或钢丝绳上，并不得低挂高用，禁止系挂在移动或不牢固的物件上［如避雷器、断路器（开关）、隔离开关（刀闸）、互感器等支持不牢固的物件］。系安全带后应检查扣环是否扣牢。

(6) 在杆塔高空作业时，有后备绳的双保险安全带和保护绳应分别挂在杆塔不同部位的牢固构架上，应防止安全带从杆顶脱出或被锋利物损坏。人员在转位时，手扶的构架应牢固，且不得失去后备绳的保护。

(7) 安全带静负荷试验周期为一年。安全带的使用年限为 3～5 年，发现异常应提前报废。

第五节 常 用 绳 结

在输电线路架设、运维以及重物起吊、物件传递、脚手架搭设等过程中，常常需要使用各类绳具，绳扣在输电线路各项作业中具有重要作用。本节内容主要介绍输电线路作业中各种常用的绳结用途及打结手法。

一、平结

平结又称接绳扣，用于连接两根粗细相同的麻绳。结绳方法如下：

第一步，将两根麻绳的绳头互相交叉在一起，如图 1-57（a）所示（A 绳头在 B 绳头的下方，也可以互相对调位置）。

第二步，将 A 绳头在 B 绳头上绕一圈，如图 1-57（b）所示。

第三步，将 A、B 两根绳头互相折拢并交叉，A 绳头仍在 B 绳头的下方，如图 1-57（c）所示。

第四步，将 A 绳头在 B 绳头上绕一圈，即将 A 绳头绕过 B 绳头从绳圈中穿入，与 A 绳并在一起（也可以将 B 绳头按 A 绳头的穿绕方法穿绕），将绳头拉紧即成平结，如图 1-57（d)所示。

在进行第三步时，A、B 两个绳头不能交叉错，如果 A 绳头放在 B 绳头的上方［见图 1-57（e)］，则 A 绳头在 B 绳头上方绕过后，A 绳头就不会与 A 绳并在一起，而打成的绳结如图 1-57（f）所示。此绳结的牢固程度不如平结，外表不如平结美观。

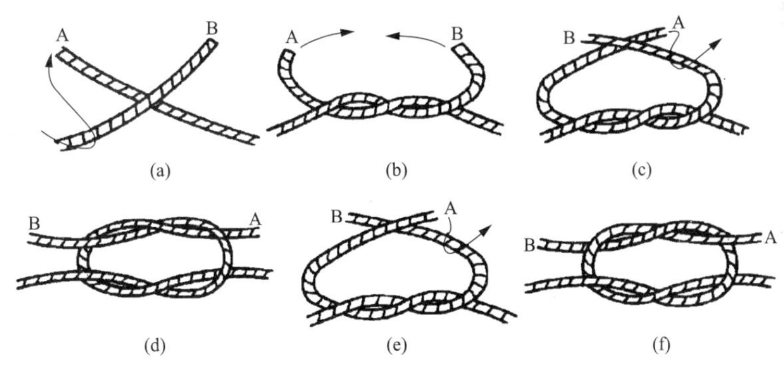

图 1-57 平结

二、活结

活结的打结方法基本上与平结相同，只是在第一步将绳头交叉时，把两个绳头中的任一根绳头（A 或 B）留得稍长一些；在第四步中，不要把绳头 A（或绳头 B）全部穿入绳圈，而将其绳端的圈外留下一段，然后把绳结拉紧，如图 1-58

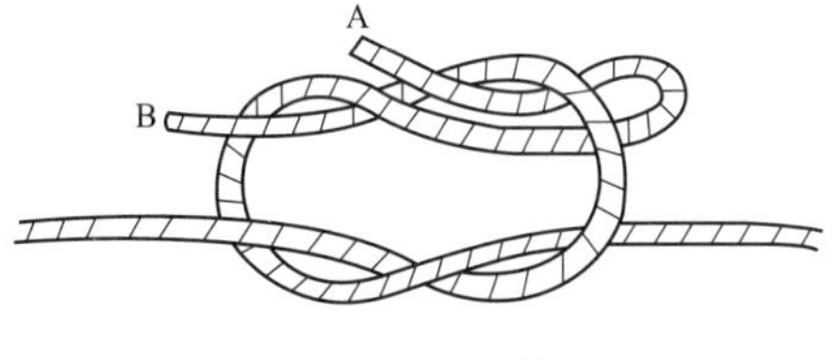

图 1-58 活结

所示。活结的特点是当需要把绳结拆开时，只需把留在圈外的绳头 A（或绳头 B）用力拉出，绳结即被拆开，拆开方便而迅速。

三、死结

死结大多数用在重物的捆绑吊装，其绳结的结法简单，可以在绳结中间打结。捆绑时必须将绳与重物扣紧，不允许留有间隙，以免重物在绳结中滑动。死结的结绳方法有两种。

（一）第一种方法

将麻绳对折后打成绳结，然后把重物从绳结穿过，把绳结拉紧后即成死结，如图 1-59 所示。以下为打结步骤：

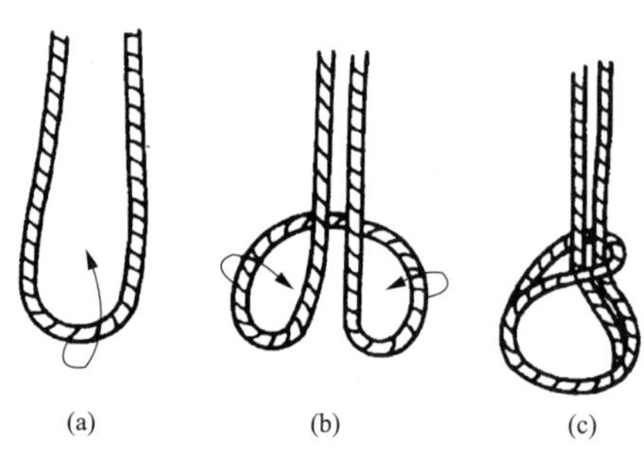

图 1-59　死结

（a）步骤一；（b）步骤二；（c）步骤三

第一步，将麻绳在中间部位（或其他适当部位）对折，如图 1-59（a）所示。

第二步，将对折后的绳套折向后方（或前方），形成如图 1-59（b）所示的两个绳圈。

第三步，将两个绳圈向前方（或后方）对折，即成为如图 1-59（c）所示的死结。

（二）第二种方法

先结成绳结，然后将物件从绳结中穿过再扣紧绳结，故当物件很长时，利用第一种方法很困难，可采用第二种方法。其步骤如下：

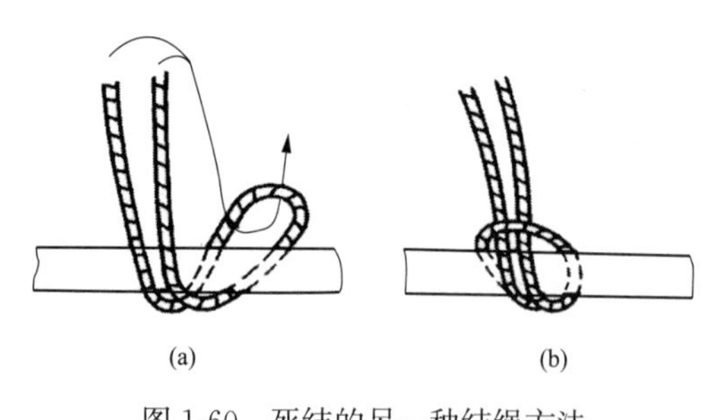

图 1-60　死结的另一种结绳方法

（a）步骤一；（b）步骤二

第一步，将麻绳在中间对折并绕在物件（如电杆木）上，如图 1-60（a）所示。

第二步，将绳头从绳套中穿过，如图 1-60（b）所示，然后将绳结扣紧，即可进行吊运工作。

四、水手结（滑子扣、单环结）

水手结在起重作业中使用较多，主要用于拖拉设备和系挂滑车等。此绳结牢固、易解，拉紧后不会出现死结。其绳结的两种打法如下：

（一）第一种打结方法

第一步，在麻绳头部适当的长度上打一个圈，如图 1-61（a）所示。

第二步，将绳头从圈中穿出，如图 1-61（b）所示。

第三步，将已穿出的绳头从麻绳的下方绕过后再穿入圈中，便成为如图 1-61（c）所示的水手结。绳结结成后，必须将绳头的绳结拉紧［如图 1-61（a）所示的圈］，否则在受力后，图 1-61（c）中的 A 部分会翻转，使绳结不紧。翻转后的绳结如图 1-61（d）、（e）所示。

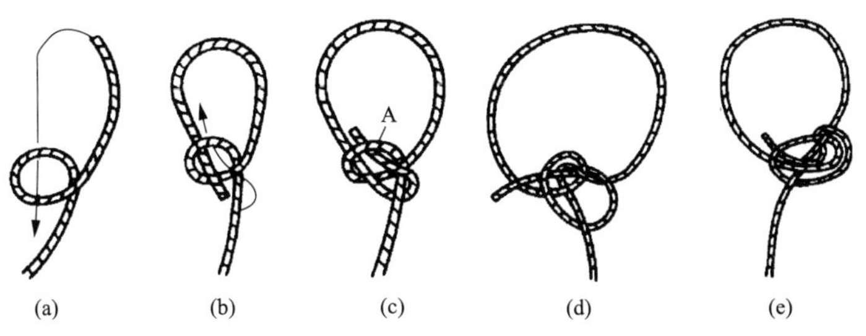

图 1-61　水手结

（a）、（b）、（c）打绳结的步骤；（d）、（e）不正确的绳结

（二）第二种打结方法

第一步，将麻绳结成一个圈，如图 1-62（a）所示。

第二步，将绳头按图 1-62（a）中箭头所示方向向左折，即形成如图 1-62（b）所示的绳圈。

第三步，将图 1-62（c）中的绳头在绳的下方绕过后再穿入绳圈中便形成如图 1-62（d）所示形状的水手结。绳结形成后，同样要把绳结拉紧后才能使用。

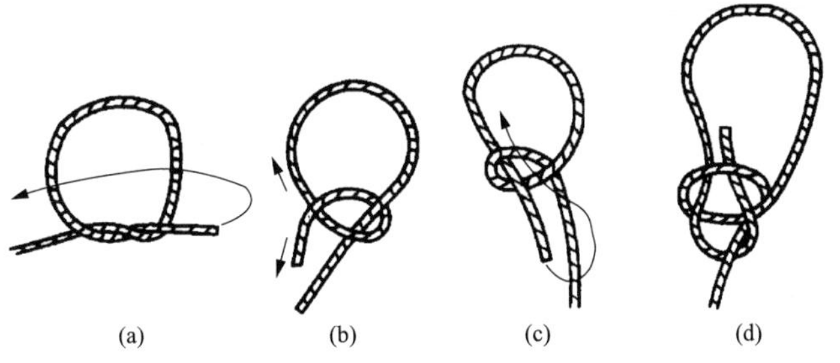

图 1-62　水手结的第二种结绳方法

（a）步骤一；（b）步骤二；（c）、（d）步骤三

五、双环扣（双环套、双绕索结）

双环扣的作用与水手结基本相同，它可在绳的中间打结。由于其绳结同时有两个绳环，因此在捆绑重物时更安全。绳结的打法有两种。

（一）第一种打结方法

第一步，把绳对折后，将绳头压在绳环上形成如图 1-63（a）所示的绳环 A、B。

第二步，将绳头从绳环 A 的上方绕到下方，从绳环 B 中穿出后再穿入绳环 A 中即成为如图 1-63（b）所示的双环扣。

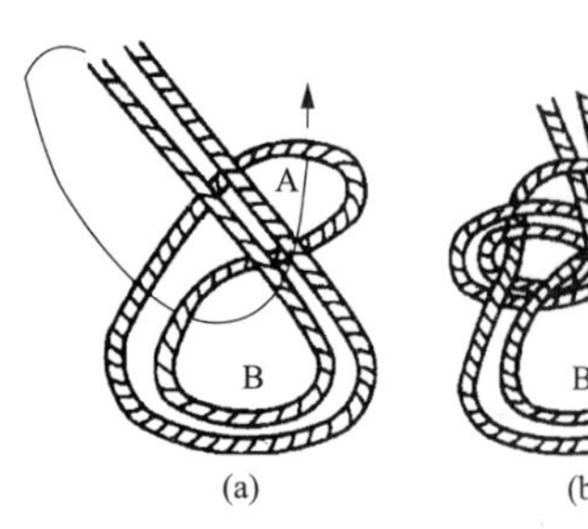

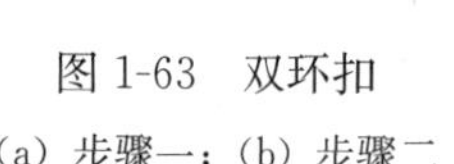
图 1-63　双环扣

（a）步骤一；（b）步骤二

（二）第二种打结方法

第一步，将绳对折后圈成一个绳环 B，如图 1-64（a）所示。

第二步，将绳环 A 从绳环 B 的上方穿入，成为如图 1-64（b）所示的形状。

第三步，将绳环 A 向前面翻过来，并套在绳环 C 的下方，形成如图 1-64（c）所示的形状。

第四步，绳环 A 继续向上翻，直至靠在两根绳头上，然后将绳拉紧，即成为如图 1-64（d）所示的双环扣。

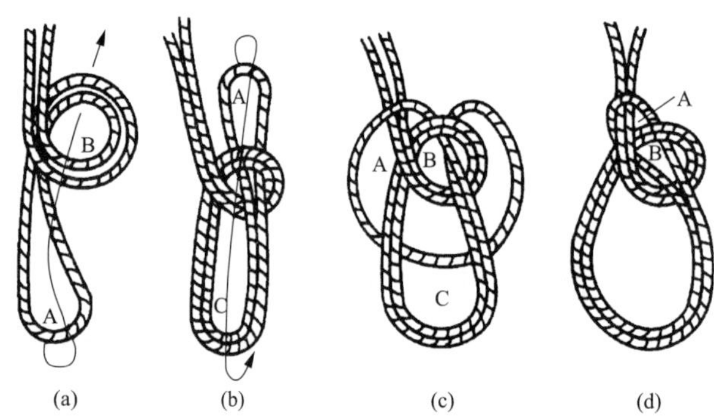

图 1-64　双环扣的第二种打结方法

（a）步骤一；（b）步骤二；（c）步骤三；（d）步骤四

六、单帆索结

单帆索结用于两根麻绳的连接。以下为其结法：

第一步，将两根绳头互相叉叠在一起，如图 1-65（a）所示。A 绳头被压在 B 绳头的下方。

第二步，将 A 绳头在 B 绳头上方绕一圈，A 绳头仍在 B 绳头的下方，如图 1-65（b）所示。

第三步，将 A、B 绳头互相靠拢并交叉在一起，B 绳头仍压在 A 绳头的上方，如图 1-65（c)所示。

第四步，将 B 绳头从 A 绳头的下方穿出，并压在 B 绳头的上方，将绳结拉紧，即成为如图 1-65（d）所示的单帆索结。

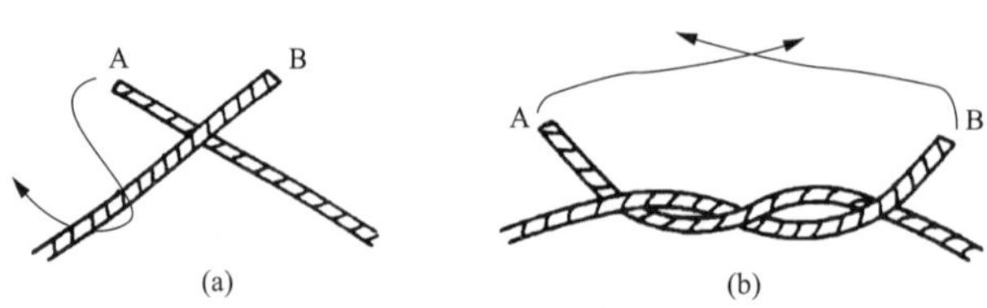

图 1-65　单帆索结（一）

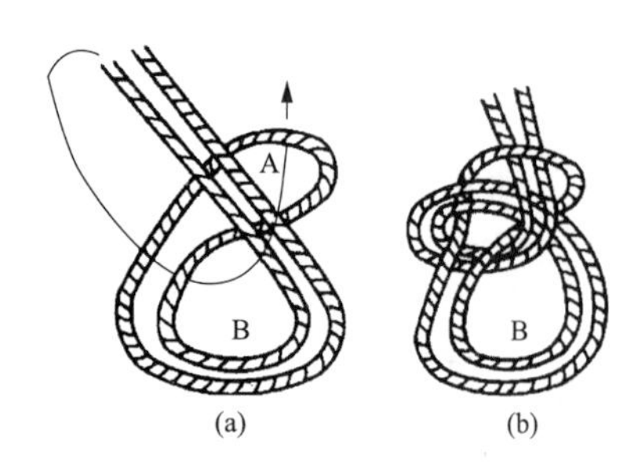

（a）步骤一；（b）步骤二

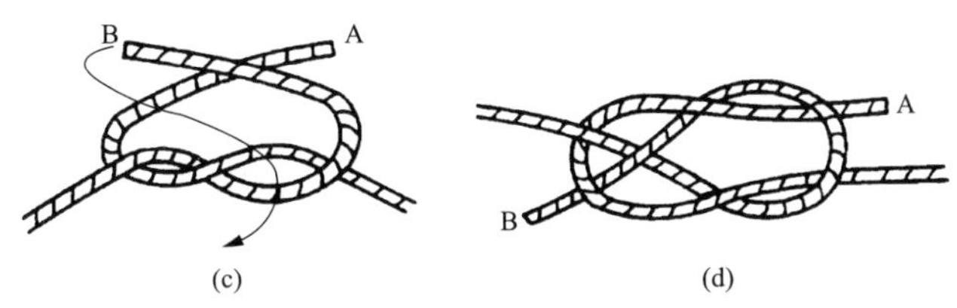

图 1-65　单帆索结（二）

（c）步骤三；（d）步骤四

七、双帆索结

双帆索结用于两根麻绳绳头的相互连接，绳结牢固，结绳方便，绳结不易松散。以下为其绳结的打法：

第一、第二、第三步的结法与图 1-65 单帆索结方法相同，如图 1-66（a）、（b）、（c）所示。

第四步的结法是将绳头 B 按图 1-66（c）中箭头所示，在 A 绳头上绕第一步，将绳绕成一个绳圈，如图 1-66（d）所示。

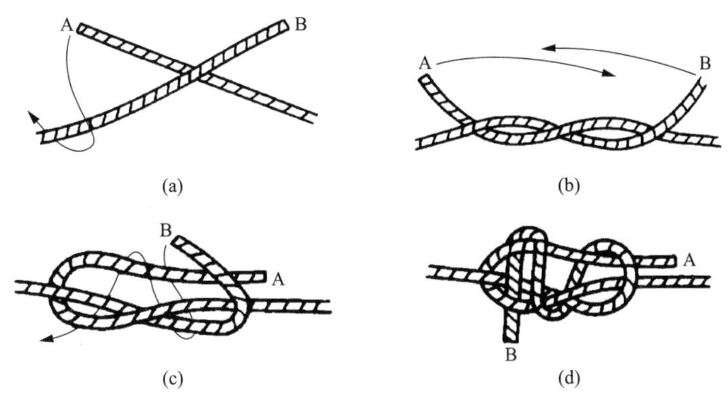

图 1-66　双帆索结

（a）步骤一；（b）步骤二；（c）步骤三；（d）步骤四

八、“8”字结（梯形结、猪蹄扣）

“8”字结主要用于捆绑物件或绑扎桅杆，其打结方法简单，而且可以在绳的中间打结，绳结脱开时不会打结，其打结方法有两种。

（一）第一种打结方法

第一步，将绳绕成一个绳圈，如图 1-67（a）所示。

第二步，紧挨第一个绳圈再绕成一个绳圈，如图 1-67（b）所示。

第三步，将两个绳圈 C、D 互相靠拢，且 C 圈压在 D 圈的上方，如图 1-67（c）所示。

第四步，将两个绳圈 C、D 互相重叠在一起，即成为如图 1-67（d）所示的“8”字结。将绳结套在物件上以后须把绳结拉紧，重物才不致从绳结中脱落。

（二）第二种打结方法

由于第一种结绳法要先结成绳结，然后把物件穿在绳结中，这种方法只能用于较短的杆件；当杆件较长，鞭杆件穿入有困难时，就必须用第二种打结方法。以下为其步骤：

第一步，将绳从杆件的后方绕向前方，绳头 B 压在绳头 A 的上方，如图 1-67（e）所示。

第二步，将 B 绳头继续从杆件的后方绕向前方，A 绳头压在 B 绳头的上方，如图 1-67（f）所示。

第三步，将 B 绳头从绳圈 E 中穿出，将绳头拉紧，即成为如图 1-67（g）所示的“8”字结。

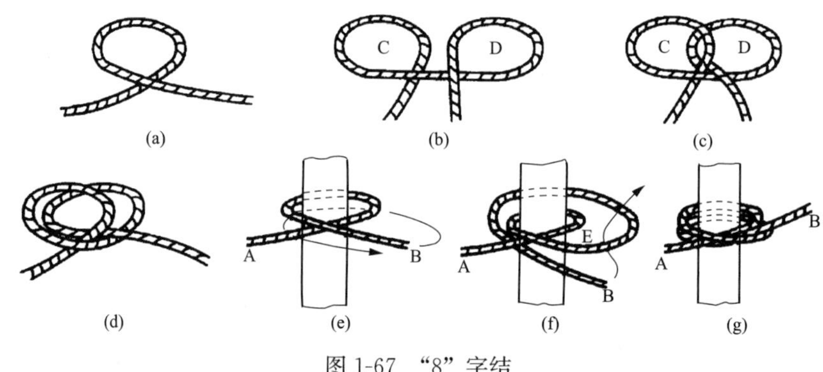

图 1-67 “8”字结

九、双“8”字结（双梯形结、双猪蹄扣）

双“8”字结的用途与“8”字结基本相同，双“8”字绳结比“8”字结更加牢固。以下是双“8”字结的打结方法及步骤：

第一步，先打一个“8”字结，紧靠“8”字结再绕一个圈 C，如图 1-68（a）所示。

第二步，将绕成的绳圈 C 压在已打成的“8”字结的下方，并重叠在一起。然后将绳结套在杆件上，将绳头拉紧，即成为如图 1-68（b）所示的双“8”字结。

打结的第一步中，在绕圈 C 时应注意，绳头一定要压在绳上，不能放在绳的下方。如果绳圈绕错时则不能打成双“8”字结。

如果直接在杆件上打双“8”字结，则打第一个“8”字结的方法与“8”字结的第二种方法相同。在杆件上打好一个“8”字结后，将绳头 B 折向杆件后面，再从杆件后面绕到前面，绳头从本次绕绳的下方穿出，如图 1-68（c）所示。

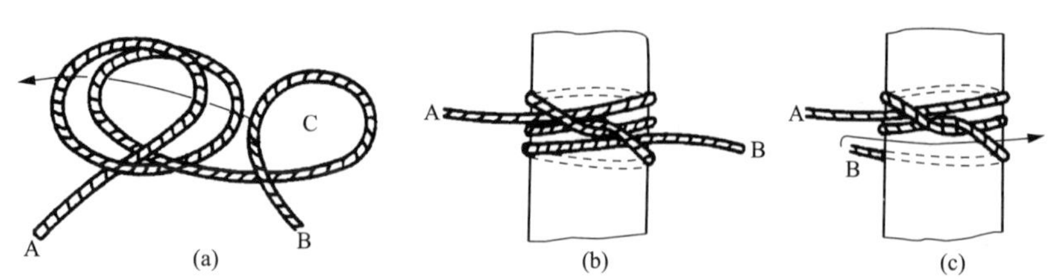

图 1-68 双“8”字结

十、木结（背扣、活套结）

木结用于起吊较重的杆件，如圆木、管子等，其特点是易绑扎、易解开。以下是其打结方法：

第一步，将绳在木杆上绕一圈，如图 1-69（a）所示。

第二步，将绳头从绳的后方绕向前方，如图 1-69（b）所示。

第三步，将绳头穿入绳圈中，并将绳头留出一段，如图 1-69（c）所示。

在解开此木结时，只需将绳头一拉即可。

如果绳头在绳圈上多绕一圈则成为如图 1-69（d）所示的木结。此绳结由于绳头在绳圈上多绕一圈，故绳结比图 1-69（c）所示的木结更牢固，但解结不如图 1-69（c）所示的木结方便。

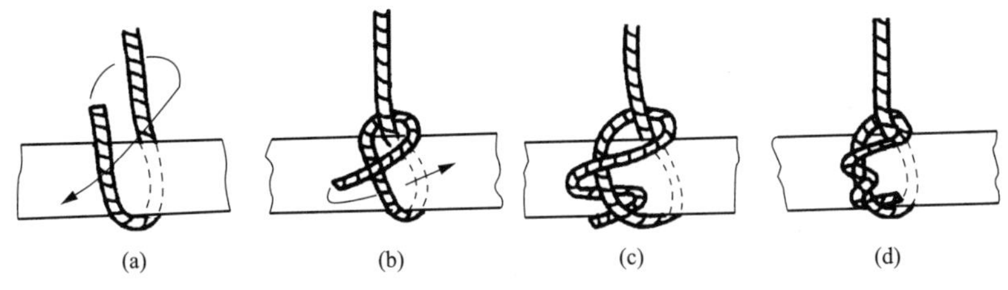

图 1-69　木结

十一、叠结（倒背扣、垂直运扣）

叠结用于垂直方向捆绑起吊质量较轻的杆件或管件。其结绳方法分为三步：

第一步，将绳从木杆的前面绕向后面，再从后面绕向前面，并把绳压在绳头的下方，如图 1-70（a）所示。

第二步，在第一个圈的下部，再将绳头从木杆的前面绕到后面，并继续绕到前面，如图 1-70（b）所示。

第三步，把绳头按图 1-70（b）上箭头所示方向连续绕两圈，把绳头压在绳圈内，即成为如图 1-70（c）所示的叠结。在垂直起吊前，应把绳结拉紧，使绳结与木杆间不留空隙。

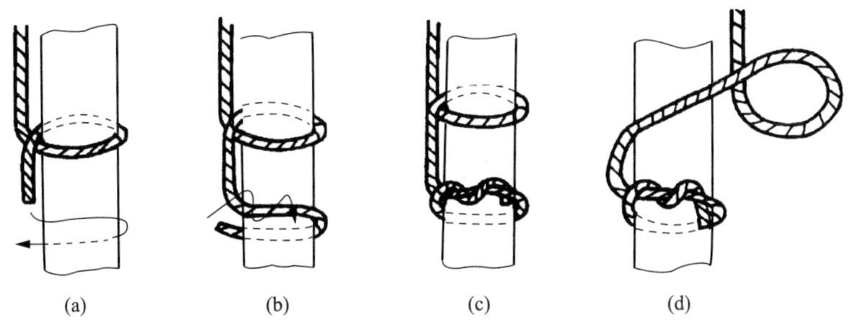

图 1-70　叠结

十二、杠棒结（抬扣）

杠棒结主要用于质量较轻物件的抬运或吊运。在抬起重物时绳结自然收紧，结绳及解绳迅速。其打结方法分为五步：

第一步，将一根绳头结成一个环，如图 1-71（a）所示。

第二步，按图 1-71（b）中箭头所示的方向，将另一根绳头 B 压在已折成的绳环上，如图 1-71（b）所示。

第三步，按图 1-71（b）中箭头所示的方向，把绳头 B 在绳环上绕一圈半，绳头 B 在绳环的下方，如图 1-71（c）所示。

第四步，将绳环 C 从绳环 D 中穿出，如图 1-71（d）所示。

第五步，将图 1-71（d）所示的两个绳环互相靠近直至合在一起时，便成为如图 1-71（e）所示的两个杠棒结。在吊重物时，绳圈 D 便会自然收紧，将两个绳头 A、B 压紧绳结便不会松散。

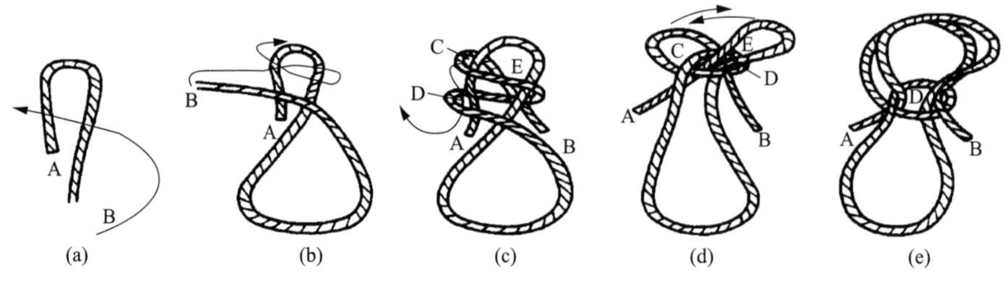

图 1-71　杠棒结

十三、抬缸结

抬缸结用于抬缸或吊运圆形的物件，其打结方法分为三步：

第一步，将绳的中部压在缸的底部，两个绳头分别从缸的两侧向上引出，如图 1-72（a）所示。

第二步，将绳头在缸的上部互相交叉绕一下，如图 1-72（b）所示。

第三步，按图 1-72（b）中箭头所示方向，将绳交叉的部分向缸的两侧分开，并套在缸的中上部［见图 1-72（c）］，然后将绳头拉紧，即成抬缸结。注意在将交叉部分向两侧分开套在缸上时一定要套在缸的中上部，这样由于缸的重心在中部绳套的下方，抬缸时缸就不会倾倒。

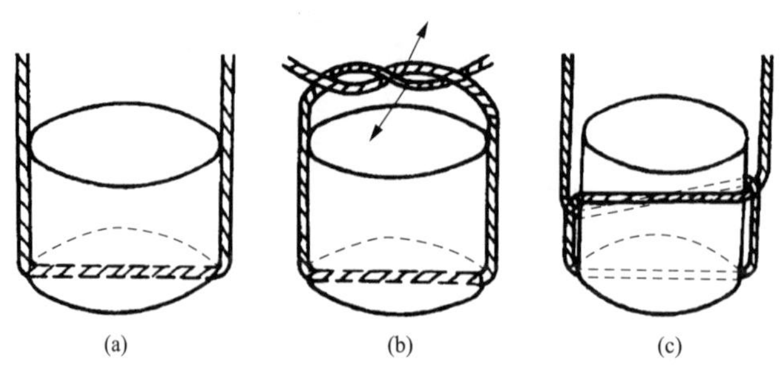

图 1-72　抬缸结

十四、蝴蝶结（板凳扣）

蝴蝶结主要用于吊人升空作业，一般只用于紧急情况或在现场没有其他载人升空机械时使用。如在起重桅杆竖立后，需在高处穿挂滑车等：在作业时，操作者必须在腰部系一根绳，以增加升空的稳定性。蝴蝶结的操作步骤分为五步：

第一步，将绳的中部对折（可在绳的适当部位）形成一个绳环，如图 1-73（a）所示。

第二步，用手拿住绳环的顶部，然后按图 1-73（a）中箭头所示的方向再对折，对折后便形成如图 1-73（b）所示的两个绳环。

第三步，按图 1-73（b）中箭头所示方向，将两个靠在一起的部分绳环互相重叠在一起，形成如图 1-73（c）所示的形状。

第四步，用手捏住两绳环上部的交叉部分，然后向后折，直至与两个绳头重叠在一起，便形成如图 1-73（d）所示的四个绳圈。

第五步，将两个大绳圈分别从与自己相邻的小绳圈由下向上穿出，便形成如图 1-73（e）所示的蝴蝶结。

在使用蝴蝶结时，先将绳结拉紧，使绳与绳之间互相压紧，不使之移动，然后将腿各伸入两个绳圈中。绳头必须在操作者的胸前，操作者用手抓住绳头便可进行升空作业。

十五、挂钩结

挂钩结主要用于吊装千斤绳与起重机械吊钩的连接。绳结的结法方便、牢靠，受力时绳套滑落至钩底不会移动。挂钩结的结法分为两步：

第一步，将绳在吊钩的钩背上连续绕两圈，如图 1-74（a）所示。

第二步，在最后一圈绳头穿出后落在吊钩的另一侧面，如图 1-74（b）所示。

当绳受力后便成为如图 1-74（c）所示的形状。绳与绳之间互相压紧，受力后绳不会移动。

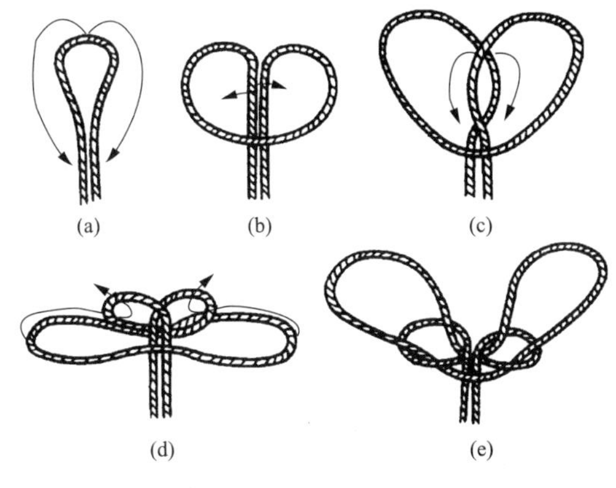

图 1-73　蝴蝶结

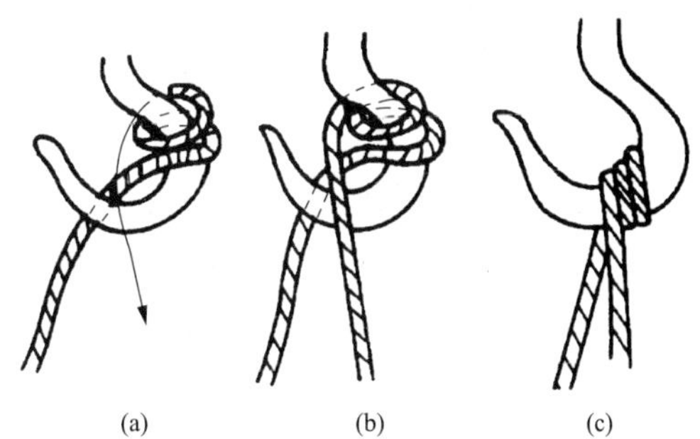

图 1-74　挂钩结

十六、拴柱结

拴柱结主要用于缆风绳的固定或用于溜放绳索时用。用于固定缆风绳时，结绳方便、迅速、易解；当用于溜放绳索时，受力绳索溜放时能缓慢放松，易控制绳索的溜放速度。

用作固定缆风绳时，拴柱结的结法分为三步：

第一步，将缆风绳在锚桩上绕一圈，如图 1-75（a）所示。

第二步，将绳头绕到缆风绳的后方，然后再从后绕到前方，如图 1-75（b）所示。

第三步，将绕到缆风绳前方的绳头从锚桩的前方绕到后方，并将绳头一端与缆风绳并在一起，用细铁丝或细麻绳扎紧，如图 1-75（c）所示。

当此绳结作溜放绳索时，其绳结的结法是将绳索的绳头在锚桩上连续绕上两圈，并将手握紧绳头，将绳索的绳头按图 1-75（d）中箭头所示方向慢慢溜放。

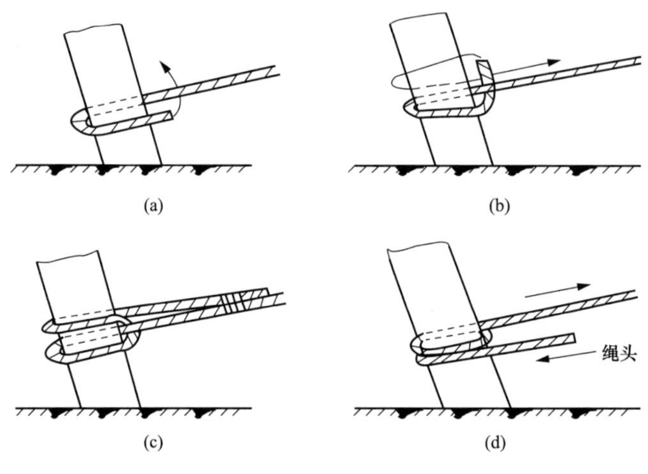

图 1-75 拴柱结

第六节 输电线路工作票

工作票是以特定的工作任务，包括检修、校验、试验、大修、技改等工作任务，使用具有固定格式的书页，以作为进行工作的书面连续，这种书页称为工作票。工作票是批准在电气设备上工作的一种书面命令，也是明确安全责任，向全体工作人员现场交底，办理工作许可、终结手续，实施技术措施、安全措施等各项内容的书面依据。

一、工作票所列人员基本要求

（一）工作票所列人员的基本条件

（1）工作票签发人应由熟悉人员技术水平、熟悉设备情况、具有相关工作经验并掌握《安规》的生产领导人、技术人员或经本单位主管生产领导批准的人员（带电作业工作票的签发人还应具有带电作业实践工作经验）担任。工作票签发人名单应书面公布。

（2）工作负责人（监护人）、工作许可人应由有一定工作经验、掌握《安规》、熟悉工作班成员的工作能力、熟悉工作范围内的设备情况，并经工区（所、公司）生产领导书面批准的人员担任。

带电作业工作负责人应由有一定工作经验、掌握《安规》、熟悉工作班成员的工作能力、熟悉工作范围内设备情况，并具有带电作业实践经验的人员担任。

（3）工作许可人应由有一定工作经验、掌握《安规》、熟悉工作班成员的工作能力、熟悉工作范围内设备情况，并经工区（所、公司）生产领导书面批准的人员担任。

（4）专责监护人应是具有相关工作经验，熟悉设备情况和掌握《安规》的人员。

（5）工作班成员应由熟悉设备情况和掌握《安规》的人员担任。

（二）工作票所列人员的安全职责

1. 工作票签发人

（1）确认工作必要性和安全性。

（2）工作票上所填安全措施是否正确完备。

（3）确认所派工作负责人和工作班人员是否适当和充足。

2. 工作负责人（监护人）

（1）正确安全地组织工作。

（2）负责检查工作票所列安全措施是否正确完备和工作许可人所做的安全措施是否符合现场实际条件，必要时予以补充。

（3）工作前对工作班成员进行危险点告知，交代安全措施和技术措施，并确认每一个工作班成员都已知晓。

（4）严格执行工作票所列安全措施。

（5）督促、监护工作班成员遵守《安规》，正确使用劳动防护用品和执行现场安全措施。

（6）工作班成员精神状态是否良好，变动是否合适。

3. 工作许可人

（1）审票时，确认工作票所列安全措施是够正确完备，对工作票所列内容产生疑问时，应向工作票签发人询问清楚，必要时予以补充。

（2）保证由其负责的停、送电和许可工作的命令是否正确。

（3）确认其负责的安全措施正确实施。

4. 专责监护人

（1）明确被监护人员和监护范围。

（2）工作前，对被监护人交代监护范围内的安全措施，告知危险点和安全注意事项。

（3）监督被监护人遵守《安规》和现场安全措施，及时纠正被监护人员的不安全行为。

5. 工作班成员

（1）熟悉工作内容、工作流程，掌握安全措施，明确工作中的危险点，并履行确认手续。

（2）严格遵守安全规章制度、技术规程和劳动纪律，对自己在工作中的行为负责，互相关心工作安全，并监督《安规》的执行和现场安全措施的实施。

（3）正确使用安全工器具和劳动防护用品。

二、工作票管理

（一）工作票管理工作的职责分工

各供电公司（检修公司）主管生产副经理（总工）为工作票管理的负责人。各供电公司（检修公司）设备管理部门负责工作票制度执行的管理。安全监察部门负责工作票制度的制定、执行的监督、考核工作。

公司所辖各运检室安全员每月应对本部门已执行工作票的100%进行检查，部门负责人每月应对本部门已执行工作票的30%进行抽查，安全监察部门每月至少应对已执行工作票的30%进行抽查，设备管理部门领导每月至少应对已执行工作票的10%进行抽查。对不合格的工作票，应在统计分析记录中予以注明，提出改进意见。

（二）工作票管理规定

（1）工作票签发人、工作负责人、工作许可人每年在春季年度检修工作开始前以文件形式公布。

（2）工作票应统一票面格式：按照公司要求执行。

（3）工作票必须统一顺序编号，一年之内不能有重复编号。

（4）一张工作票中，工作票签发人和工作许可人不得兼任工作负责人。工作票应由工作负责人或工作票签发人根据工作需要填写。填写时应与一次接线图进行核对。填写工作票应用黑色或蓝色笔，不准使用红色笔或铅笔。用计算机生成或打印的工作票应使用统一的票面格式。工作票一式两份，填写内容正确，字迹工整、清楚，不得任意涂改。计划停电时间和断路器、隔离开关、设备编号不得涂改，如涂改则原票作废。填写后的工作票由工作票签发人审核无误，签名后方可执行。

（5）工作票一份应保存在工作地点，由工作负责人收执；另一份由工作许可人收执，按值移交。运行人员应将工作票的编号、工作任务、许可及终结时间等记入运行值班记录。

（6）工作票、事故应急抢修单，一份由换流站（变电站）保存，另一份由工作负责人交回签发单位保存。已终结的工作票、作废（未执行）的工作票均应在“备注”栏正中间加盖“已终结”或“作废”章。对作废的工作票要注明作废原因。对已终结、作废（未执行）的工作票，收存单位均应妥善保管。每月由专人整理、分类统计、装订封面，并应注明存在的问题和改进措施。保存期为一年，不得遗失。

（7）各运检室每年至少开展一次全员性的执行工作票制度的规范化、标准化培训。工作票所列人员每年应至少进行一次工作票手工填写训练，并进行总结分析。

（三）外单位负责的检修工作票管理规定

工作票原则上由施工、检修及基建单位工作负责人填写，设备运行管理单位签发，但也可由经设备运行管理单位审核且经批准的检修及基建单位签发。检修及基建单位的工作票签发人及工作负责人名单应事先送达有关设备运行管理单位备案。

国家电网有限公司系统内的施工单位在换流站（变电站）内工作前应将经安全教育、培训和考试合格的工作负责人和工作班成员名单一式二份上报设备运行管理单位安监部门审核、批准及备案。一份由施工单位工作负责人送交设备运行管理单位作为签发工作票的凭证；一份由施工单位工作负责人执存。

国家电网有限公司系统外施工单位的工作负责人，应指定熟悉作业现场、具有安全施工经验的人员担任，并报设备运行管理单位安监部门。施工单位的工作负责人、工作班组成员须经设备运行管理单位进行安全教育，方能进入施工现场。

线路施工单位在变电站内工作时，由设备管理单位填写、签发工作票，变电站履行许可工作手续。工作负责人原则上由设备管理单位担任，工作班成员可由线路施工单位组成。

三、线路工作票填写

在电气设备上及其相关场所的工作，必须执行工作票制度。

（一）线路工作票种类

在电力线路上工作，应按以下方式进行：①填用电力线路第一种工作票；②填用电力电缆第一种工作票；③填用电力线路第二种工作票；④填用电力电缆第二种工作票；⑤填用电力线路带电作业票；⑥填用电力线路事故应急抢修单；⑦口头或电话命令。

（1）填用线路第一种工作票的工作如下：

1）在停电的线路或同杆（塔）架设多回线路中的部分停电线路上的工作。

2）在全部或部分停电的配电设备上的工作。

所谓全部停电，是指供给该配电设备上的所有电源线路均已全部断开者。

3）高压电力电缆需要停电的工作。

4）在直流线路停电时的工作。

5）在直流接地极线路或接地极上的工作。

（2）填用第二种工作票的工作如下：

1）在带电线路杆塔上工作与带电导线最小安全距离不小于《安规》规定的工作，见表1-31。

表1-31　在带电线路杆塔上工作与带电导线最小安全距离

类型	电压等级（kV）	安全距离（m）	电压等级（kV）	安全距离（m）
交流线路	10及以下	0.70	330	4.00
	20、35	1.00	500	5.00
	66、110	1.50	750	8.0
	220	3.00	1000	9.5
直流线路	±50	1.5	±660	9.0
	±400	7.2	±800	10.1
	±500	6.8		

2）在运行中的配电设备上的工作。

3）电力电缆不需要停电的工作。

4）直流线路上不需要停电的工作。

5）直流接地极线路上不需要停电的工作。

（3）填用带电作业工作票的工作如下：

带电作业时人身与邻近带电设备的安全距离小于表 1-31、大于表 1-32 规定的工作。

表 1-32　　带电作业时人身与邻近带电设备的安全距离

电压等级（kV）	10	35	66	110	220	330	500	750	1000	±400	±500	±660	±800
距离（m）	0.4	0.6	0.7	1.0	1.8① (1.6)	2.6	3.4② (3.2)	5.2 (5.6)③	6.8 (6.0)④	3.8⑤	3.4	4.5⑥	6.8

注　表中数据是根据线路带电作业安全要求提出的。

① 220kV 带电作业安全距离因受设备限制达不到 1.8m 时，经单位分管生产的领导（总工程师）批准，并采取必要的措施后，可采用括号内 1.6m 的数值。

② 海拔 500m 以下，500kV 取 3.2m 值，但不适用于 500kV 紧凑型线路。海拔在 500～1000m 时，500kV 取 3.4m 值。

③ 直线塔边相或中相值。5.2m 为海拔 1000m 以下值，5.6m 为海拔 2000m 以下的距离。

④ 此为单回输电线路数据，括号中数据 6.0m 为边相值，6.8m 为中相值。表中数值不包括人体占位间隙，作业中需考虑人体占位间隙不得小于 0.5m。

⑤ ±400kV 数据是按海拔 3000m 校正的，海拔为 3500、4000、4500、5000、5300m 时最小安全距离依次为 3.90、4.10、4.30、4.40、4.50m。

⑥ ±660kV 数据是按海拔 500～1000m 校正的，海拔 1000～1500、1500～2000m 时最小安全距离依次为 4.7、5.0m。

（4）填用事故应急抢修单的工作如下：

事故应急抢修可不用工作票，但应使用事故应急抢修单。

事故应急抢修工作是指电气设备发生故障被迫紧急停止运行，需短时间内恢复的抢修和排除故障的工作。非连续进行的事故修复工作，应使用工作票。

（5）按口头或电话命令执行的工作如下：

1）测量接地电阻；

2）修剪树枝；

3）杆、塔底部和基础等地面检查、消缺工作；

4）涂写杆塔号、安装标志牌等，工作地点在杆塔最下层导线以下，并能够保持《安规》规定安全距离的工作，见表 1-33；

表 1-33　　邻近或交叉其他电力线工作的安全距离

类型	电压等级（kV）	安全距离（m）	电压等级（kV）	安全距离（m）
交流线路	10 及以下	1.0	330	5.0
	20、35	2.5	500	6.0
	66、110	3.0	750	9.0
	220	4.0	1000	10.5
直流线路	±50	3.0	±660	10.0
	±400	8.2	±800	11.1
	±500	7.8		

5）接户、进户装置上的低压带电工作和单一电源低压分支线的停电工作。

（二）工作票填写

1. 电力线路第一种工作票

(1)“单位”栏：填写输电运检室名称。

如：“×××供电公司输电运检室”。

（2）“编号”栏：填写输电运检室使用工作票的编号。

（3）“工作负责人（监护人）”栏：填写工作现场负责人姓名；两个及以上多班组工作填写总工作负责人姓名。

（4）“班组”栏：填写使用本工作票的所有班组名称。

（5）“工作班人员（不包括工作负责人）”栏：填写工作班成员姓名，工作班成员的总人数。在8人（含8人）以下时，应列全部工作人员姓名，在8人以上时，应列出主要的工作人员姓名；外包工程工作班人员必须是安全协议工作人员名单中所列人员。“共______人”：用阿拉伯数字填写。

（6）“工作任务”栏：

1）“工作地点及设备双重名称”：填写实际工作地点和检修设备双重名称。

2）“工作内容”：填写具体工作内容及设备调度编号（名称）。

（7）“计划工作时间”栏：根据调度批准的计划工作日期及时间填写。

（8）“安全措施”栏：左侧内容，由工作负责人或工作票签发人填写。

“已执行”栏是由工作许可人确认完成左侧相应的安全措施后，在“已执行”栏内划“√”。

1）“应拉开断路器（开关）、隔离开关（刀闸）”栏：只注明必须拉开的断路器、隔离开关（包括填写前已拉开的断路器和隔离开关）的编号，不填写名称。

2）“应装设接地线、应合上接地开关（注明确实地点、名称及接地线编号 * ）”栏：填写应装接地线的具体地点和应推上的接地开关的编号。具体地点应明确设备区域和设备的实际名称、编号。接地线编号由工作许可人填写。

3）“应设遮栏、应挂标示牌及防止二次回路误碰等措施”栏：只填写在工作地点应设的遮栏，填写禁止类的标示牌。对于高压试验工作票，应根据高压设备试验范围，装设遮栏和按规定悬挂标示牌，由试验人员装设、拆除。

4）“工作地点保留带电部分或注意事项（由工作票签发人填写）”栏：应注明与工作人员正常活动范围距离小于安全距离的带电设备。“注意事项”应具体明确，如“保持安全距离不小于5m”等。工作地点如果没有带电部分，填写“工作地点无带电部分”。该栏不能空缺。

5）“补充工作地点保留带电部分和安全措施”：由工作许可人填写，根据现场情况填写对施工人员的特殊安全要求，补充工作地点保留带电部分和需要说明的事项。

6）“工作票签发人签名”：填写工作票签发人姓名、签发日期及时间。

（9）“收到工作票时间”栏：运行值班员接到工作票后根据工作任务、停电范围认真审核工作票上所填写内容是否正确、审查无问题后，立即填入收到工作票日期及时间并签名。如发现问题及时返回，重新填写或补充完善。

（10）“确认本工作票1～6项”栏：工作许可人与工作负责人共同审核工作票无误，且共同到现场检查安全措施正确完善。工作负责人、工作许可人双方确认，并分别签名，工作可以开始，工作许可人填写许可工作的日期及时间。

（11）“确认工作负责人布置的任务和本施工项目安全措施”栏：对于“工作班组人员

签名”栏，工作负责人完成工作许可手续后，应首先进行开工前培训，向工作班成员交底，讲清工作任务、工作地点、设备、安全措施和注意事项后，工作班成员清楚后签名。可以只在由工作负责人收执的工作票上签名。销票时，运行人员留存有工作班成员签名的工作票。如果“每日开工和收工时间”栏不够填写，则现场打印附表填写。

（12）“工作负责人及工作班人员变动情况”栏：对于“工作负责人变动情况”，非特殊情况不得变更工作负责人，如确需变更工作负责人应由工作票签发人同意并通知工作许可人，工作票签发人应在两张工作票上签名。原、现工作负责人应对工作任务和安全措施进行交接。工作负责人只允许变更一次。“工作班成员变动情况”：需要变更工作班成员时，须经工作负责人同意，对新工作人员进行安全交底手续后，方可进行。工作负责人应将变动情况记在两张工作票上。

（13）“工作票延期”栏：工作票延期手续，应由工作负责人在工期尚未结束前由工作负责人向值班负责人提出申请，由运行值班负责人批准（经调度批准的检修工作应按《调度规程》“检修工作延期”规定办理手续）。第一种工作票延期只能延期1次。

（14）“每日开工和收工时间（使用一天的工作票不必填写）”栏：每日收工后，工作班人员应清扫工作现场，开放已封闭的道路，并将工作票交回运行人员。工作负责人应会同运行人员检查施工现场情况，无误后双方签名并填上收工时间方告收工。次日复工重新办理许可手续，双方签名后取回工作票，工作负责人应重新认真检查安全措施是否符合工作票要求，并召开现场班前会后方可工作。若无工作负责人或专责监护人带领，工作人员不得进入工作地点。

（15）“工作终结”栏：全部工作完毕、工作班已清扫整理现场，高压设备所挂临时接地线已拆除（特指需要检修人员配合才能拆除的接地线），工作负责人应先全面检查，待全体工作人员已撤离工作现场后，再向值班人员交代检修项目，发现的问题，试验结果和存在的问题等。并与值班人员共同检查设备状况、有无遗漏物、是否清洁等，然后在工作票上填写工作终结时间，双方签字。并由工作许可人在工作负责人所执工作票“工作票终结”上盖“已终结”章。“已终结”章应盖在“值班负责人签名”与时间之间。

（16）“工作票终结”栏：临时遮栏、标示牌已拆除，常设遮栏已恢复。值班人员根据调度命令拆除工作地点全部接地线、拉开全部接地开关后，工作许可人（值班负责人）在工作票上填写工作票终结时间并签名，并在工作许可人所执工作票“值班负责人签名”与时间之间加盖“已终结”章，方告工作票终结。

（17）“备注”栏：

1）需设专责监护人的工作，由工作票签发人、工作负责人填写，填写监护工作地点及具体工作内容（未指定专责监护人此栏可以不填）。设置专责监护人的工作现场，专责监护人临时离开时，应通知被监护人员停止工作或离开工作现场，待专责监护人返回后方可恢复工作。

2）“其他事项”栏填写工作票中需补充的内容。

2. 电力线路第二种工作票

(1)“单位”栏：填写输电运检室名称。

如：“×××供电公司输电运检室”。

(2)“编号”栏：填写输电运检室使用工作票的编号。

(3)“工作负责人（监护人）”栏：填写工作现场负责人姓名，两个及以上多班组工作填写总工作负责人姓名。

(4)“班组”栏：填写使用本工作票的所有班组名称。

(5)“工作班人员（不包括工作负责人）”栏：填写工作班成员姓名，工作班成员的总人数。在8人（含8人）以下时，应列全部工作人员姓名，在8人以上时，应列出主要的工作人员姓名；外包工程中工作班人员必须是安全协议中工作人员名单中的人员。“共______人”：用阿拉伯数字填写。

(6)“工作任务”栏：

1)“工作地点（地段）及设备双重名称”：填写具体的工作地点（地段）及设备的双重名称。

2)“工作内容”：填写具体工作内容和设备调度编号（名称）。

(7)“计划工作时间”栏：根据调度批准的计划工作日期及时间填写。

(8)“工作条件”栏：填写注明停电或不停电，工作地点邻近四面及上下方保留带电设备名称。如工作过程中不需要停电，则填写“不停电”；如需要停电，则填写“停电，停电设备：______”。

(9)“注意事项（安全措施）”栏：填写因本项工作所做的所有安全措施及注意事项。

签发人签名，并注明日期及时间。

(10)“补充安全措施”栏：由工作许可人根据工作范围内的设备运行情况和作业环境填写需要特殊注明的注意事项及需要补充的安全措施。

(11)“确认本工作票1～7项”栏：由工作负责人会同工作许可人共同审核工作票内容和安全措施无误，双方签名并由工作许可人填写许可工作日期及时间。

(12)“确认工作负责人布置的任务和本施工项目安全措施”栏：工作负责人完成工作许可手续后，应首先进行开工前培训，向工作班成员交底，讲清工作任务、工作地点、设备、安全措施和注意事项后，工作班成员清楚后签名。可只在由工作班负责人收执的工作票上签名。销票时，运行人员留存有工作班成员签名的工作票。

(13)“工作票延期”栏：工作票延期手续，应在工期尚未结束前由工作负责人向值班负责人提出申请，由运行值班负责人批准（经调度批准的检修工作应按《调度规程》“检修工作延期”规定办理手续）。第二种工作票延期只能延期1次。

(14)“工作票终结”栏：全部工作完毕、工作班已清扫整理现场，高压设备所挂临时接地线已拆除（特指需要检修人员配合才能拆除的接地线）。工作负责人应先全面检查，待全体工作人员已撤离工作现场后，再向值班人员交代检修项目、发现的问题、试验结果和存在的问题等。并与值班人员共同检查设备状况、有无遗漏物、是否清洁等，然后在工作票上填写工作终结时间，双方签字。盖“已终结”章。

（15）“备注”栏：由工作负责人、工作许可人填写需补充的工作内容及注意事项等。

3. 电力线路带电作业工作票

（1）“单位”栏：填写输电运检室名称。

如：“×××供电公司输电运检室”。

（2）“编号”栏：填写输电运检室使用工作票的编号。

（3）“工作负责人（监护人）”栏：填写工作负责人姓名。带电工作负责人必须是具有带电作业资质并经管理处书面批准下发的带电作业工作负责人名单中的人员。外包工程带电工作负责人必须是安全协议中工作负责人人员名单中的人员。

（4）“班组”栏：填写实际班组名称。

（5）“工作班成员（不包括工作负责人）”栏：填写工作班成员姓名，工作班成员的总人数。工作班成员必须是具有带电作业资质并经管理处书面批准下发的带电作业工作人员名单中人员。外包工程中工作班人员必须是具有带电作业资质并在安全协议中工作人员名单中的人员。在8人（含8人）以下时，应列全部工作人员姓名，在8人以上时，应列出主要的工作人员姓名；“共______人”：必须用阿拉伯数字填写。

（6）“设备双重名称及工作地点”栏：填写的设备名称必须是双重名称；工作地点必须清楚，应注明工作所在的区域和具体工作地点。

（7）“工作任务”栏：

1）“工作地点或地段”：填写具体的工作地点或地段。

2）“工作内容”：填写具体工作内容。

（8）“计划工作时间”栏：根据调度批准的计划工作日期及时间填写。

（9）“工作条件（等电位、中间电位或地电位作业，或临近带电设备名称）”栏：注明带电作业方式，或临近带电设备。“临近带电设备”是指工作人员正常活动范围与带电设备距离小于《安规》要求的安全距离的带电设备。

（10）“注意事项（安全措施）”栏：填写安全措施和注意事项，应具体明确，杜绝含糊不清。

（11）“工作票签发人”栏：是具有带电作业资质并经管理处批准、书面公布的带电作业工作票签发人员名单中的人员，他人不得代签名。

外包工程中，由承包方出任的工作票签发人：必须是具有带电作业资质并经承包方批准的，并书面报管理处安监部认可的人员担任，由安监部书面通知换流站、工程负责部门。

（12）“确认本工作票1～7项”栏：由工作负责人审核工作票内容和安全措施无误并签名。

（13）“专责监护人”栏：专职监护人应具有带电作业资质和工作经验、熟悉设备情况的人员担任。专职监护人由工作票签发人或工作负责人指定，并确定监护的人数和具体地点。

（14）“补充安全措施（工作许可人填写）”：填写保证检修人员和设备安全的其他安全

措施。

（15）“许可工作时间”栏：根据调度批准的计划工作日期及时间填写。

（16）“工作班组人员签名”栏：工作负责人完成工作许可手续后，应首先进行开工前培训，向工作班成员交底，讲清工作任务、工作地点、设备、安全措施和注意事项后，让工作班成员签名。可以只在由工作班负责人收执的工作票上签名。销票时，运行人员留存有工作班成员签名的工作票。

（17）“工作票终结”栏：全部工作完毕、工作班已清扫整理现场，工作负责人应先全面检查，待全体工作人员已撤离工作现场后，再向值班人员交代检修项目、发现的问题、试验结果和存在的问题等。并与值班人员共同检查设备状况、有无遗漏物、是否清洁等，然后在工作票上填写工作终结时间，双方签字。盖“已终结”章。“已终结”章应盖在“值班负责人签名”与时间之间。

4. 电力电缆第一种工作票

参见电力线路第一种工作票填写规定。

5. 电力电缆第二种工作票

参见电力线路第二种工作票填写规定。

6. 事故应急抢修单

（1）“单位”栏：填写输电运检室名称。

如：“×××供电公司输电运检室”。

（2）“编号”栏：填写输电运检室使用工作票的编号。

（3）“抢修工作负责人（监护人）”栏：填写抢修负责人姓名。抢修工作负责人必须是管理处下发的工作负责人名单中人员。

（4）“班组”栏：填写实际班组名称。

（5）“抢修班成员（不包括抢修工作负责人）”栏：填写工作班成员姓名、工作班成员的总人数。在8人（含8人）以下时，应列全部工作人员姓名，在8人以上时，应列出主要的工作人员姓名。“共______人”：必须用阿拉伯数字填写。

（6）“抢修任务（抢修地点和抢修内容）”栏：填写的设备名称必须是双重名称；工作地点必须清楚，应注明工作所在的区域和具体工作地点，工作内容应力求明确具体，杜绝含糊不清或有遗漏。

（7）“安全措施”栏：参见第一、第二种工作票。

（8）“抢修地点保留带电部分或注意事项”栏：参见第一、第二种工作票。

（9）“上述1～5项由抢修工作负责人______根据抢修任务布置人______的布置填写”栏：抢修工作负责人必须是管理处公布的工作负责人名单中人员；抢修任务布置人应是管理处公布的工作票签发人员名单中的人员。

（10）“经现场勘查需补充下列安全措施”栏：由抢修工作负责人现场勘查后填写。如没有补充安全措施，则填写“无”。

上述安全措施均由抢修工作负责人填写，值班负责人同意后，由工作许可人实施并签名。

（11）“许可抢修时间”栏：根据实际情况填写。

（12）“抢修结束汇报”栏：由抢修工作负责人在两张工作票上填写。

（13）“填写时间______年______月______日______时______分”栏：由工作许可人填写。

（三）工作票使用

工作票，每张只能用于一条线路或同一个电气连接部位的几条供电线路或同（联）杆塔架设且同时停送电的几条线路。第二种工作票，对同一电压等级、同类型工作，可在数条线路上共用一张工作票。带电作业工作票，对同一电压等级、同类型、相同安全措施且依次进行的带电作业，可在数条线路上共用一张工作票。

在工作期间，工作票应始终保留在工作负责人手中。

一个工作负责人不能同时执行多张工作票。若一张工作票下设多个小组工作，每个小组应指定小组负责人（监护人），并使用工作任务单。

工作任务单一式两份，由工作票签发人或工作负责人签发，一份工作负责人留存，另一份交小组负责人执行。工作任务单由工作负责人许可。工作结束后，由小组负责人交回工作任务单，向工作负责人办理工作结束手续。

一回线路检修（施工），其邻近或交叉的其他电力线路需进行配合停电和接地时，应在工作票中列入相应的安全措施。若配合停电线路属于其他单位，应由检修（施工）单位事先书面申请，经配合线路的设备运行管理单位同意并实施停电、接地。

持线路或电缆工作票进入变电站或发电厂升压站进行架空线路、电缆等工作，应增添工作票份数，由变电站或发电厂工作许可人许可，并留存。

上述单位的工作票签发人和工作负责人名单应事先送有关运行单位备案。

工作票的有效期与延期。

第一、第二种工作票和带电作业工作票的有效时间，以批准的检修期为限。

第一种工作票需办理延期手续，应在有效时间尚未结束以前由工作负责人向工作许可人提出申请，经同意后给予办理。

第二种工作票需办理延期手续，应在有效时间尚未结束以前由工作负责人向工作票签发人提出申请，经同意后给予办理。第一、第二种工作票的延期只能办理一次。带电作业工作票不准延期。

本 章 小 结

本章主要介绍了架空输电线路基础知识、导线受力分析与计算、杆塔定位与校验、常用工器具及使用要求、常用绳结、输电线路工作票等内容。

第二章

架空线路运行故障分析与防治

第一节　输电线路风偏与防治

风偏跳闸是指导线在风的作用下发生偏摆后由电气间隙距离不足导致的放电跳闸现象，其重合闸成功率较低，严重影响供电可靠性。若同一通道内多条线路同时发生风偏跳闸，则会破坏系统稳定性，严重时造成电网大面积停电事故，因此防止输电线路风偏，提高输电线路抗风能力，对于保障电网的安全可靠运行具有重要意义。本节从风的分类、输电线路风偏故障分类、风区分级和风偏防范措施等方面进行了详细的阐述。

一、风的种类

风是由空气流动引起的一种自然现象，它是由太阳辐射热引起的。太阳光照射在地球表面上，使地表温度升高，地表的空气受热膨胀变轻而往上升。热空气上升后，低温的冷空气横向流入，上升的空气因逐渐冷却变重而降落，由于地表温度较高又会加热空气使之上升，这种空气的流动就产生了风。由于风速大小、方向、湿度还有地域等的不同，会产生许多类型的风，如阵风、旋风、焚风、台风、龙卷风、飑线风、山谷风、海陆风、冰川风、季风、信风等。对输电线路造成危害的风主要有台风、飑线风、龙卷风、地方性风等。

（一）台风

台风发源于热带海面，温度高，大量的海水被蒸发到了空中，形成一个低气压中心。随着气压的变化和地球自身的运动，流入的空气旋转起来，形成一个逆时针旋转的空气漩涡，即热带气旋。只要气温不下降，热带气旋就会越来越强大，最后形成台风。

我国地处亚欧大陆的东南部、太平洋西岸，属台风多发地区，尤其是东南沿海的广东、福建、浙江、海南、台湾等省区。历史资料统计 1949～2010 年间登陆我国的热带气旋共 561 场、台风 203 场。其中 90％以上的热带气旋和台风于东南部的广东、台湾、海南、福建、浙江、广西六省登陆。

台风来临时空气中夹杂的水汽、雨水所形成的水线也会缩小空气间隙，使闪络电压降低，从而更有利于风偏闪络的发生。此外，台风所产生的虹吸效应也加剧了风偏闪络。当台风作用于送电线路时，台风的旋转风及向上抽吸的虹吸效应将使导线承受强大的水平风向荷载和上拔风荷载，其中水平荷载和上拔荷载均会加剧风偏角。现有设计规范的内陆风计算模型并未考虑台风的这种动态作用效果，而是统一转换为静态计算，并考虑一定的修正系数。台风云图如图 2-1 所示。

图 2-1　台风云图

（二）飑线风

飑线风属于雷暴的一种。如果上升空气中的水蒸气凝结产生了大规模降雨，则雨滴将对其通过的空气施加黏滞曳力，并引起很强的下沉气流。部分降水将在低层大气中蒸发，使那里的大气变冷而下沉。下沉的冷气流在地面上以壁急流（即急流撞击壁面形成的气流）形式扩散，从而形成飑线风。

图 2-2　飑线风效果图

飑线风是由若干雷雨云单体排列形成的一条狭长雷暴雨带。大量分析表明，飑线的水平长度大约为几十千米到几百千米，宽度约为一米到几千米，持续时间约几十分钟到十几小时。通常飑线经过之处，风向急转，风速急剧增大，并伴有雷雨、大风、冰雹、龙卷风等灾害性天气，有突发性强、破坏力大的特点，如图 2-2 所示。

飑线风沿高度方向的分布与普通的近地风不同，前者呈现出中间大、两头小的葫芦状分布。图 2-3 为根据不同的模型得到的一个飑线风风速沿高度的分布情况。可以看出，其风速沿高度的分布明显区别于良态近地风，飑线风风速从地表开始迅速急剧增大，在距离地面大约 60m 高度处达到最大，然后随着高度的增加又迅速减小。由于目前 500kV 输电线路的导地线位于 20～60m 的高处，该高度也是飑线风的风速急剧增加直至达到最大的高度，因此飑线风是对高压输电线路威胁最大的一种强风暴。

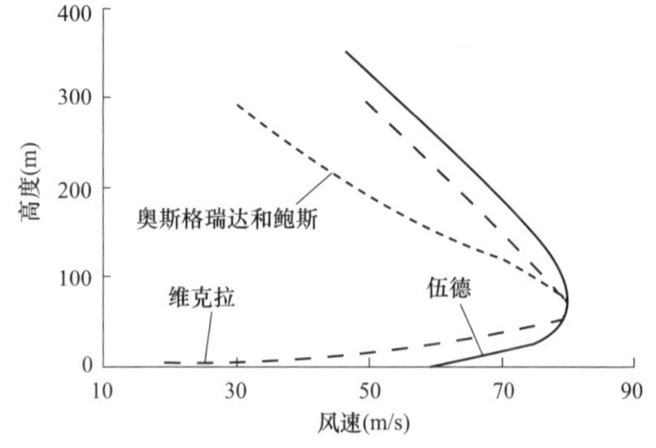

图 2-3　飑线风风速沿高度的分布

飑线风的破坏特点：飑线风是小区域强冷空气从空中高速砸下形成的，气流是向外的，即离开风着地点的方向，就像一个高压水龙头的水垂直喷向地面以后向四周飞溅，这是它与龙卷风的不同之处。龙卷风是向中心方向运动的气流，在其所造成的破坏现象中可以看到非常明显地向一个中心旋转的迹象，例如，树木以及附近植物的倒伏方向呈现明显的旋转。

飑线风对输电线路的威胁和破坏是非常大的。据文献的统计，输电线路的风害绝大多数是由飑线风引起的。虽然飑线风所造成的破坏是在局部出现的，但对于长度几百公里且位于野外的输电线路而言，其遭受袭击的概率还是比较高的。

飑线风破坏输电线路的主要后果是输电塔的风偏跳闸和杆塔损坏。

（三）龙卷风

地面上的水吸热变成水蒸气，上升到天空蒸汽层上层，由于蒸汽层下面温度高，下降过程中吸热，再度上升遇冷，再下降，如此反复气体分子逐渐缩小，最后集中在蒸汽层底层，在底层形成低温区，水蒸气向低温区集中，这就形成云。云团逐渐变大，云内部上下云团上下温差越来越小，水蒸气分子升降程度越来越大，云内部上下对流越来越激烈，云团下面上升的水蒸气直线上升，水蒸气分子在上升过程中受冷体积越缩越小，呈漏斗状。水蒸气分子体积不断缩小，云下气体分子不断补充空间便产生了大风，由于水蒸气受冷体积缩小时，周围补充空间的气体来时不均匀便形成龙卷风。

龙卷风是大气中最强烈的涡旋现象，常发生于夏季的雷雨天气时，尤以下午至傍晚最为多见，影响范围虽小，但破坏力极大。龙卷风的水平范围很小，直径从几米到几百米，平均为250m左右，最大为1km左右。在空中直径可有几千米，最大有10km，龙卷风效果图如图2-4所示。极大风速每小时可达150～450km，龙卷风持续时间，一般仅有几分钟，最长不过几十分钟。

图2-4　龙卷风效果图

龙卷风是一种极强烈而威猛的旋风。有人把发生于陆地的称陆龙卷，发生在海上的称为水龙卷。它与低气压和旋转的风向有关，是最暴烈的气象灾害之一。与飑线风破坏后果相似，龙卷风对输电线路的危害后果是输电塔的倒塌和风偏跳闸。此外，还会影响线路走廊和电网通信等。龙卷风吹起的杂物和线路走廊摇摆的树木较易造成输电线路、变电站母线设备发生放电现象等。

（四）地方性风

地方性风是指因特殊地理位置、地形或地表性质等影响而产生的带有地方性特征的中、小尺度风系，常由地形的动力作用或地表热力作用引起。主要有海（湖）陆风、山谷风（坡风）、冰川风、焚风、布拉风和峡谷风等。造成危害的地方性风主要有山谷风、布拉风、峡谷风等。

我国西北地区受山谷风和峡谷风的危害比较严重，以新疆为例，全新疆主要有阿拉山口、三十里风区、罗布泊、哈密南戈壁、百里风区、北疆东部、准格尔西部、额尔齐斯河西部八大风区，这些风区多为风口、峡谷、河谷，且呈孤岛分布，最大风速超过 12 级。大风以春夏季居多，春季冷暖空气交替频繁，地区间气压梯度加大，常出现强劲的大风；夏季气层不稳定，多阵性大风；冬季大风最多的地方是河谷隘道和高山地带。

地方性风对电网造成的灾害主要以风偏跳闸居多。此外，还造成许多金具磨损断裂、绝缘子伞裙破损等故障，严重影响电网安全。

（五）其他风

对输电线路造成危害的不仅有台风、飑线风等大风，风速稳定的微风也会对输电线路造成危害。当 0.5～10m/s 的稳定风速吹向导线时，会引起导线的微风振动，造成导线和金具的疲劳，严重时引起导地线断股、金具损坏等事故。

二、输电线路风偏故障分类

从放电路径来看，风偏跳闸的主要类型有导线对杆塔构件放电、导地线线间放电和导线对周围物体放电三种类型。其共同特点是导线或导线金具烧伤痕迹明显，绝缘子不被烧伤或仅导线侧 1～2 片绝缘子轻微烧伤，杆塔放电点多由明显电弧烧痕，放电路径清晰。

（一）导线对杆塔构件放电

直线塔导线对杆塔构件放电。早期线路设计标准低，如 220～500kV 线路风压系数一般按 0.61 设计（目前按 0.75 设计），存在直线塔在大风条件下摇摆角不足情况，造成导线对塔身或拉线放电。当直线塔导线对杆塔构件放电时，导线上放电点分布相对比较集中。导线附近塔材上一般可见明显放电点，且多在脚钉、角钢端等突出位置。

直线塔导线对杆塔构件放电包括导线对拉线放电和导线对杆塔放电两种。导线对拉线放电如某 500kV 线路拉线塔在飑线风作用下，中相绝缘子风偏后对拉线放电。中相（B 相）导线悬垂线夹大号侧 1.5m 处 2 号子导线上布满明显的放电痕迹，与导线平行位置双拉线上有明显放电痕迹，拉线与铁塔挂点 U 型挂环上有明显放电痕迹，如图 2-5 和图 2-6 所示。

导线对塔身放电如某 500kV 线路风偏后造成导线与塔身主材之间的空气间隙距离不够放电跳闸，重合不成功。故障塔型为 ZB5 型。故障相位 B 相（边相），B 相子导线和对应的塔身主材放电点明显，如图 2-7 所示。

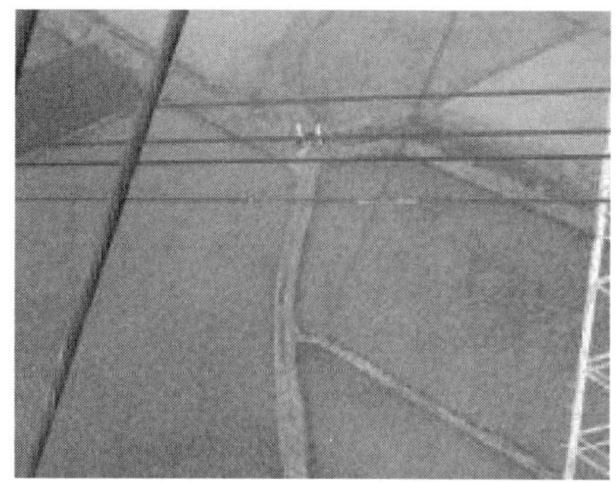

图 2-5　拉线塔导线放电痕迹

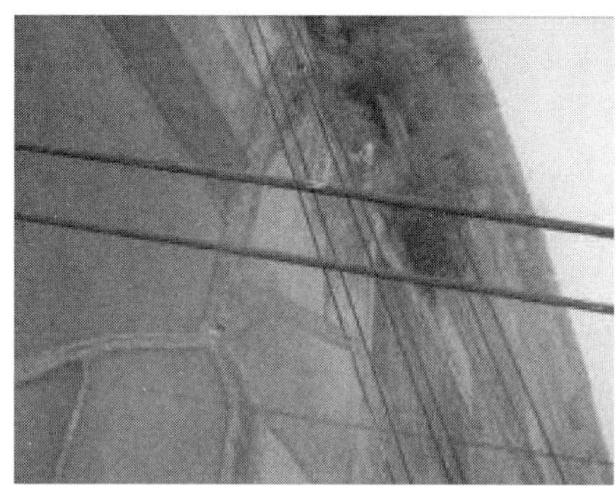
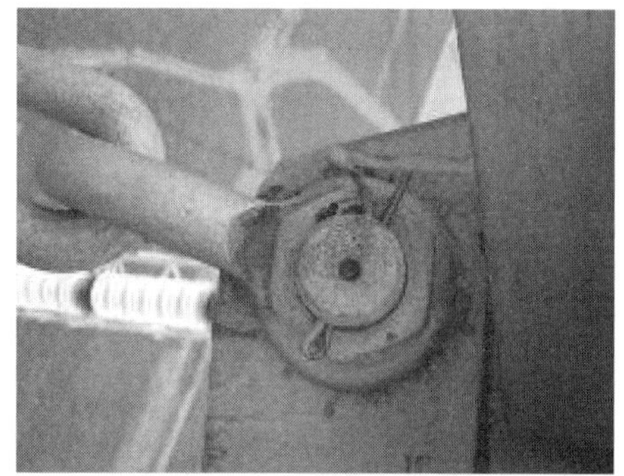

图 2-6　拉线塔拉线和金具放电痕迹

图 2-7　导线和塔身放电痕迹

耐张塔引线对杆塔构件放电。耐张塔跳引线在大风情况下可能对塔身放电或线间放电。如 220kV“干”字塔中相跳线采用单绝缘子串，存在结构性缺陷，在较大风速下，单绝缘子串易大幅摆动，跳线（导线）摆向塔身放电；大转角跳线仅用单绝缘子串固定，施工中一些跳引线过于松弛未能收紧，大风情况下风摆较大，对塔身放电；部分 110kV 线路跳引线存在空气间隙小的现象，易风偏放电。

当耐张塔跳线对杆塔构件放电时，跳线上放电点分布较分散，可在 0.5～1m 长度范围内找到明显放电痕迹，跳线附近塔材上一般可见明显放电点，如图 2-8 和图 2-9 所示。

图 2-8　跳引线松弛引起风偏放电

图 2-9　母线中相跳线上麻点

（二）导地线线间放电

导地线线间放电多发生在档距较大的微地形、微气象区，导线和地线上一般可见多个放电点分散分布且主放电点位置相对应。

大档距同杆双回线间放电：同杆架设双回线的大档距因弧垂较大或两回线路导线型号规格不一，在强风下产生风偏及不同步风摆引起线间导线安全距离不足放电，如图 2-10 所示。

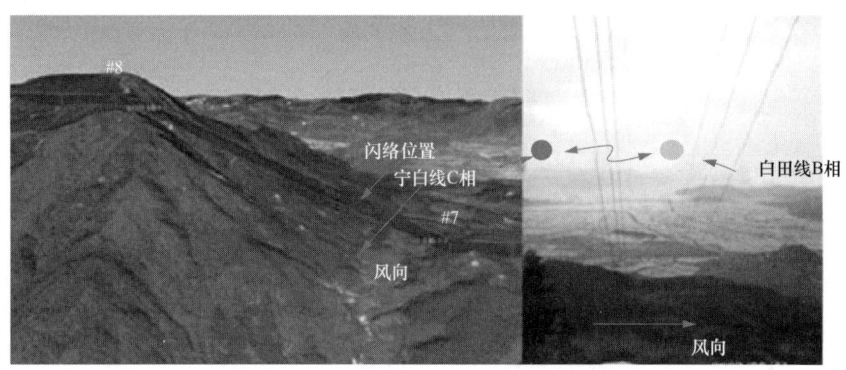

图 2-10　同塔大档距离不同规格导线相间风偏放电

地线或耦合地线对导线放电。导线跨越下方地线和耦合地线风吹上扬放电，主要发生在大档距塔段中，如图 2-11 所示。

图 2-11　220kV 线路耦合地线风吹上扬放电

线路终端塔导线由垂直排列转水平排列引到变电站门型构架上。由于门型构架线路相间空气距离较小，在个别终端塔距离门型构架档距较大、相导线弧垂较松情况下，极易发生风偏引起相间净空距离不足放电，如图 2-12 所示。

图 2-12　500kV 导线垂直转水平至变电站门型构架

（三）导线对周围物体放电

早期线路杆塔较低，线路对地距离普遍比较小，导线和树木、导线和建筑物、导线和边坡安全距离不足等矛盾难于解决，导致导线风偏对树、建筑物、边坡放电，如图 2-13 所示。导线对周围物体放电时，导线上放电痕迹可超过 1m 长，对应的周边物体上也会有明显的放电痕迹。

图 2-13　导线对树木放电

三、风区分级与风区分布图绘制

（一）基本风速

按当地空旷平坦地面上 10m 高度处 10min 时距，平均的年最大风速观测数据，经概率统计得出 100（50、30）年一遇最大值后确定的风速。

（二）风区分级标准

根据输电线路设计要求，综合考虑内陆和沿海区域的大风特点，风速按 23.5、25、27、29、31、33、35、37、39、41、43、45、50m/s 和>50m/s 分为 14 个等级，基本风速小于 23.5m/s 时统一按照 23.5m/s 考虑。

（三）风区分布图绘制要求

（1）对风速数据收集分析，根据掌握的风速数据，结合本地区输电线路风害实际情况，根据 Q/GDW 11005—2013《风区分级标准和风区分布图绘制规则》中的风速统计方法确定不同重现期基本风速，进行风区分级划分，并绘制风区分布图。

（2）风区分布图以省公司为基本绘制单位，绘制须精确到各县；风向频率玫瑰图以地市级行政区域为单位进行绘制。

（3）根据当地基本风速进行绘制，同时标注出当地的典型强风极值风速作为参考。

（4）风区分布图应按照 30、50、100 年重现期分别进行绘制。

（5）风区分布图的制作统一采用国家 2000 坐标系。省公司级电子地图的最小比例尺为 1∶100000。

（6）风向频率玫瑰图一般分全年、夏季、冬季，也可按设计要求而定。风向频率玫瑰图应按 16 个方位累年出现的年平均风速和最大风速值频率绘制。

（7）主导风向应选当地气象参证站累年各风向频率最大者，若最大频率有两个或以上相同时，挑取其中与邻近的两个风向频率之和最大者为主导风向。

（8）绘制风区分布图的同时，还应分别给出风区分布图的编制说明。风区分布图原则上应以地理信息系统中的电子地图为底图绘制。

（9）风区分布图应定期进行更新，更新周期不超过 3 年。同时应及时跟踪相关国家规范，如出现风区分布图调整时，相关区域的电网风区分布图亦应做相应调整。

（10）根据电网工程可行性研究和设计情况，相关区域风区分布图应适时进行调整。

（四）风区分布图绘制

按照风力 30 年重现期、50 年重现期和 100 年重现期的基础风速，再加上历年风害故障点调查实际风速为修正点，绘制完成 30 年重现期、50 年重现期和 100 年重现期基础风速图。

四、风偏防范与治理措施

（一）风偏防范措施

风偏角设计重点考虑参数：影响线路风偏角大小的主要设计参数是最大设计风速、风压不均匀系数、风速高度换算系数等。

确定基本风速时，应按当地气象台站 10min 时距平均的年最大风速为样本，并宜采用极值Ⅰ型分布模型概率统计分析。统计风速样本，应取以下高度：110～1000kV 输电线路，离地面 10m；各级电压大跨越离历年大风季节平均最低水位 10m。

110～330kV 输电线路，基本风速不宜低于 23.5m/s。

500～1000kV 输电线路，基本风速不宜低于 27m/s。

不同电压等级线路设计风速重现期的选择见表 2-1。

表 2-1　不同电压等级线路设计风速重现期的选择

电压等级（kV）	线路种类	Q/GDW 178—2008《1000kV 交流架空输电线路设计暂行技术规定及条文说明》	GB 50545—2010《110kV～750kV 架空输电线路设计规范》	DL/T 5092—1999《110kV～500kV 架空送电线路设计技术规范》
1000	所有线路	100	—	—
750、500	大跨越线路	—	50	50
	一般线路	—	50	30
110～330	大跨越线路	—	30	30
	一般线路	—	30	15

跳线的风压不均匀系数取值为 1.0，沿海台风地区跳线应按设计风压的 1.2 倍进行校核。

风压高度变化系数按式（2-1）计算。

$$\bar{v}(z) = \bar{v_0}\left(\frac{z}{z_0}\right)^a \tag{2-1}$$

式中 a——地面粗糙度指数，不同地形下的取值见表2-2；

z_0——基准高度，我国规范取作10m；

z——任一高度或离地高度，m；

$\bar{v}(z)$——高度处对应的平均风速，m/s；

$\bar{v}_0$——标准参考高度对应的平均风速，m/s。

表2-2　不同地形条件下 a 取值

地形描述	a
近海海面、海岛、海岸、湖岸及沙漠地区（A类）	0.12
田野、乡村、丛林、丘陵以及房屋比较稀疏的乡镇和城市郊区（B类）	0.16
有密集建筑群的城市市区（C类）	0.22
有密集建筑群且房屋较高的城市市区（D类）	0.30

1. 优化设计参数，提高裕度

在线路设计阶段应高度重视微地形气象资料的收集和区域的划分，根据实际的微地形环境条件合理提高局部风偏设计标准。由于750kV及1000kV线路绝缘子串更长，因此在相同的风偏角情况下带来的空气间隙减小的幅度更大。在750kV以及1000kV特高压杆塔设计中更应先做好线路所经地区气象资料的全面收集。

线路设计时，应避免在面向导线侧的杆塔上安装脚钉。对新建线路，设计单位在今后的线路设计中应结合已有的运行经验，风害易发区段的线路空气间隙适当增加裕度，宜采用“V”形串。对于新建的输电线路工程转角塔的跳线，风压不均匀系数不应小于1，同时应特别注意风向与水平面不平行时带来的影响。

2. 采取针对性的设计措施

（1）对处于风口附近及飑线风多发的局部微气象区段杆塔，绝缘子串摇摆角校核时的风压不均匀系数取值应相应提高。

（2）在满足设计的条件下尽量缩短耐张塔引流线长度，绕跳线采用硬跳线或增加跳线串绝缘子并加挂重锤。

（3）500kV及以上架空线路45°及以上转角塔的外角侧跳线串宜使用双串绝缘子并可加装重锤；15°以内的转角内外侧均应加装跳线绝缘子串。

（4）加强沿海地区跳线防风偏设计，跳线应按设计风压的1.2倍校核。对110kV线路转角耐张塔跳线可加装复合支柱绝缘子硬支撑固定。

（5）跨越下方线路时，设计要校核下方避雷线上扬的安全距离，应留有足够裕度。

（6）设计部门应尽可能减少大档距设计，如特殊地段需要大档距设计，要做好导线对本体和周围物体风偏校核。

（7）考虑沿海台风影响区，对于双回路或多回路同塔架设的线路，处于同一层高度的相邻回路应设计采用同一种型号和规格的导线，保证相邻回路的导线质量、弧垂、风压的一致性，避免不同步摆动的因素，同时注意同层导线相位也要采取一致。

（二）风偏治理措施

1. 导线对杆塔构件放电治理措施

（1）导线悬垂串加装重锤。

对于不满足风偏校验条件的直线塔，考虑施工方便，可考虑采用加装重锤的方式以抑制导线风偏，提高间隙裕度。对于一般不满足条件的直线塔，可直接在原单联悬垂串上加挂重锤，配重的选取应经设计院校核，如图 2-14 所示。加挂重锤治理方法施工方便、成本低，但阻止风偏效果较小。

图 2-14　悬垂串加装重锤

（2）单串改双串或 V 串。

对于情况较严重的直线塔，可将原单联悬垂串改为双联悬垂串，并分别在每串上再加挂重锤，效果可以达到单串加挂重锤方案的 2 倍。对于只有一个导线挂点直线塔，可将原导线横担改造成双挂点。对于直线塔绝缘子风偏故障，可以将单串改为 V 型绝缘子串；处于大风区段的输电线路直线塔中相绝缘子，可采取“V+I”串设计，如图 2-15 所示。

图 2-15　750kV 线路铁塔中相“V+I”串设计及风偏情况

（3）加装导线防风拉线。

通过在导线线夹处加装平行挂板，连接绝缘子后用钢绞线侧拉至地面，起到在大风时固定杆塔导线风偏的作用。

针对水泥单杆，在迎风侧中相导线采用对横担侧拉、边相导线采取八字对地侧拉，将拉线下端固定在电杆四方拉线上；对于水泥双杆，在迎风侧中相导线采取横向对电杆侧拉，边相导线采取加长横担侧拉方式；对于直线塔，在中相一般采取侧拉至铁塔横担处，如遇拉 V 塔，则固定至地面；同塔双回直线塔可在设计阶段采取增加底相横担方式固定拉线。

此类控制导线风偏的方法普遍适用于无人大风区，并且安装维护方便简洁，防范措施较好，但是在加装地面导线防风拉线不适用于城镇居民集聚区和车辆行驶较为频繁的区域，还应注意采取防风拉线的防盗、防松措施，如图 2-16～图 2-19 所示。

图 2-16　水泥杆导线防风拉线

图 2-17　单回直线塔导线防风拉线

图 2-18　双回直线塔导线防风拉线

图 2-19　导线防风拉线安装现场

（4）加装支柱式防风偏绝缘子。

支柱式防风偏绝缘子与悬挂的导线绝缘子呈 30°安装，是防风偏线路改造重要措施之一。支柱式防风偏绝缘子虽然能防止风偏、抑制舞动、不会对塔头有影响，但在风力特大的时候会对悬挂导线的绝缘子与防风偏绝缘子连接端产生硬碰硬的损伤，所以需采取在支柱式防风偏绝缘子上端加装反相位缓冲阻尼器。当风力向塔型内侧迎面吹时，反相位缓冲阻尼器弹性阻尼原理会吸收和释放一部分风力。当风力达到高潮时反相位缓冲阻尼器产生反弹力，当风力向塔型外侧迎面吹时，反相位缓冲阻尼器弹性阻尼原理会吸收和释放一部分风力。当风力达到高潮时反相位缓冲阻尼器产生反相位拉力，抑制风摆，消振抑振，吸收和释放能量，能有效防止风偏和舞动现象。所以支柱式防风偏绝缘子与反相位缓冲阻尼器组合应用，能有效地抑制风摆，消振吸振，确保线路安全运行。该产品在福建、浙江、广东等地区运行良好，有效地抑制了风偏和舞动现象，是目前防风偏防舞动重要的措施之一。支柱式防风偏绝缘子实物挂网如图 2-20 所示。

（5）加装斜拉式防风偏绝缘拉索。

斜拉式防风偏绝缘拉索包括绝缘棒体和两端连接金具。棒体包括伞裙和棒芯，棒体表层是绝缘伞裙，伞裙为硅橡胶复合材料。棒芯位于伞裙内，棒芯为环氧树脂玻璃引拔棒。高压端金具用于和塔身连接，连接安装时，只需在塔身上打孔，安装常用配套连接金具即可，操作方便，如图 2-21 所示。

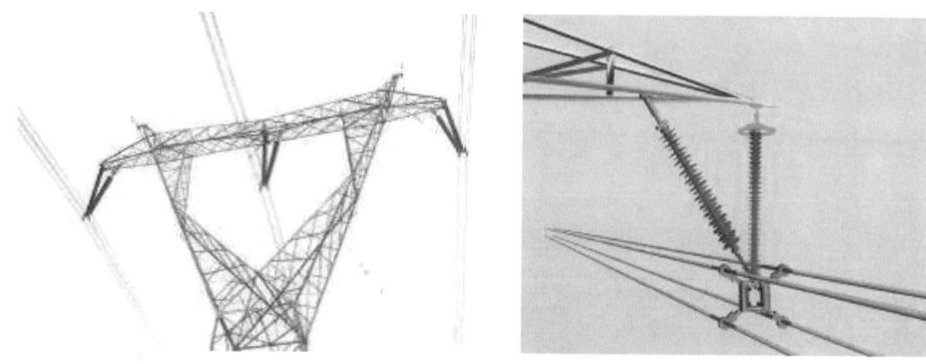

图 2-20　支柱式防风偏绝缘子实物挂网图

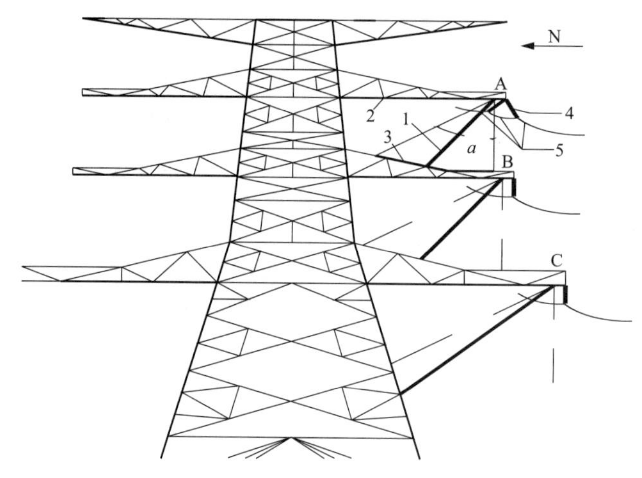

图 2-21　斜拉式防风偏绝缘拉索效果图

N—风向；A，B，C—三相导线；1—绝缘棒体；2—A 相横担；3—B 相横担；4—绝缘子；5—绝缘子摆幅度；a—绝缘棒体与垂直方向的角度

（6）外延横担侧拉导线。

外延横担侧拉导线的技术手段替代传统的侧拉线，主要方法是在电杆上加长迎风侧横担，使导线绝缘子与侧拉绝缘子形成三角形，受力均匀，这种新技术极大地提高了导线防风能力，如图 2-22 所示。

（7）复合横担改造。

本方案将上层的金属横担改造成为复合横担（取消线路绝缘子），并使用悬式绝缘子斜拉复合横担以保证机械强度，如图 2-23 所示。本方案适用于直线塔，优点是可以杜绝导线风偏；技改后横担长度不变，横担材质从金属改为复合，电气性能更优越；以耐张段为单位进行技改，不影响未技改部分；使用时应注意：需要校核塔头结构强度；需要校核避雷线的保护角；与中间相相连的绝缘子较多，需要校核该相的绝缘裕度；改造后需要进行真型塔力学试验。

图 2-22　外延横担侧拉导线设计

2. 耐张塔跳引线风偏治理措施

（1）加装跳线重锤。

重锤适用于直线杆塔悬垂绝缘子和耐张塔跳线的加重，防止悬垂绝缘子串风偏上扬和减小跳线的风偏角，如图 2-24 所示。

（2）跳线串单串改双串。

对于不满足校验条件的耐张塔跳线串，或单回老旧干字型耐张塔单支绝缘子跳线风偏的治理，可将单串改为双Ⅰ串或“八字”串，防止跳线或跳线支撑管风摆后放电，如图 2-25 和图 2-26 所示。

图 2-23　750kV 杆塔复合横担

图 2-24　加装引流线重锤

对于 220kV 单回老旧干字型耐张塔单支绝缘子绕跳风偏，可采用双绝缘子串加装支撑管改造，并检查支撑管两侧跳线松弛度，给以收紧。采用“中相双跳串＋软跳线”或“中相双跳串＋支撑管”的改造措施，如图 2-27 和图 2-28 所示。

图 2-25　单串改双Ⅰ串治理前后

图 2-26　单串改“八字”串

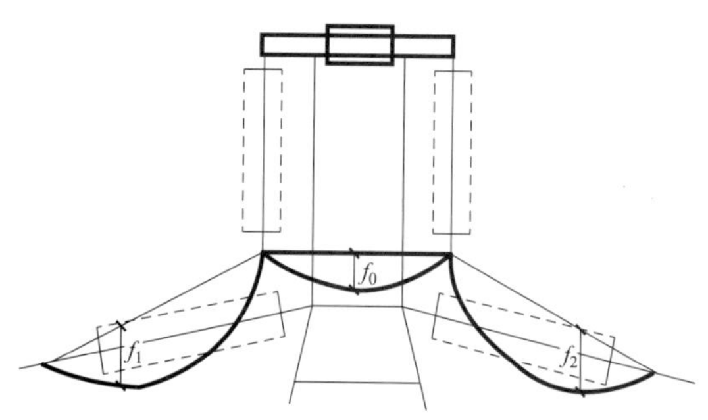

图 2-27　中相双跳串＋软跳线连接示意图

f_0—软跳线弧垂；f_1—左侧弧垂；f_2—右侧弧垂

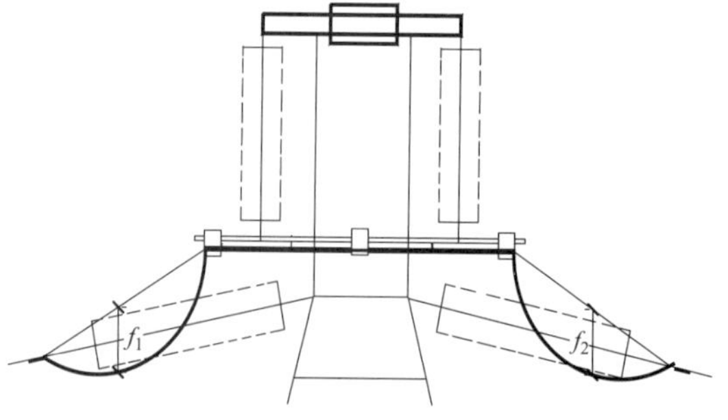

图 2-28　中相双跳串＋支撑管连接示意图

f_1—左侧弧垂；f_2—右侧弧垂

（3）采用“三线分拉式”绝缘子串。

此方案适用于单回路老旧干字型耐张塔单支绝缘子绕跳风偏治理。采用“三线分拉式”治理后的绕跳线串与杆塔、绝缘子、金具、导线各部件的最小距离及对杆塔和对导线的最小组合间隙符合规程要求，且连接情况牢固，可有效解决支撑管与杆塔单点连接受侧向风作用时引起支撑管前后旋转的问题，如图 2-29 和图 2-30 所示。

（4）耐张塔引流线加装防风小“T”接。

通过在引流线两端加装附属引流线，降低原引流线的摆动范围，同时增加了引流线接头的通流能力，防止在线路大负荷运行时接头发热。此外，加装防风小“T”接还能分解耐张塔引流线长期风偏摆动与压接管接口处的受力，解决了引流线与压接管接口处出现的断股情况。耐张塔引流线加装防风小“T”接如图 2-31 所示。

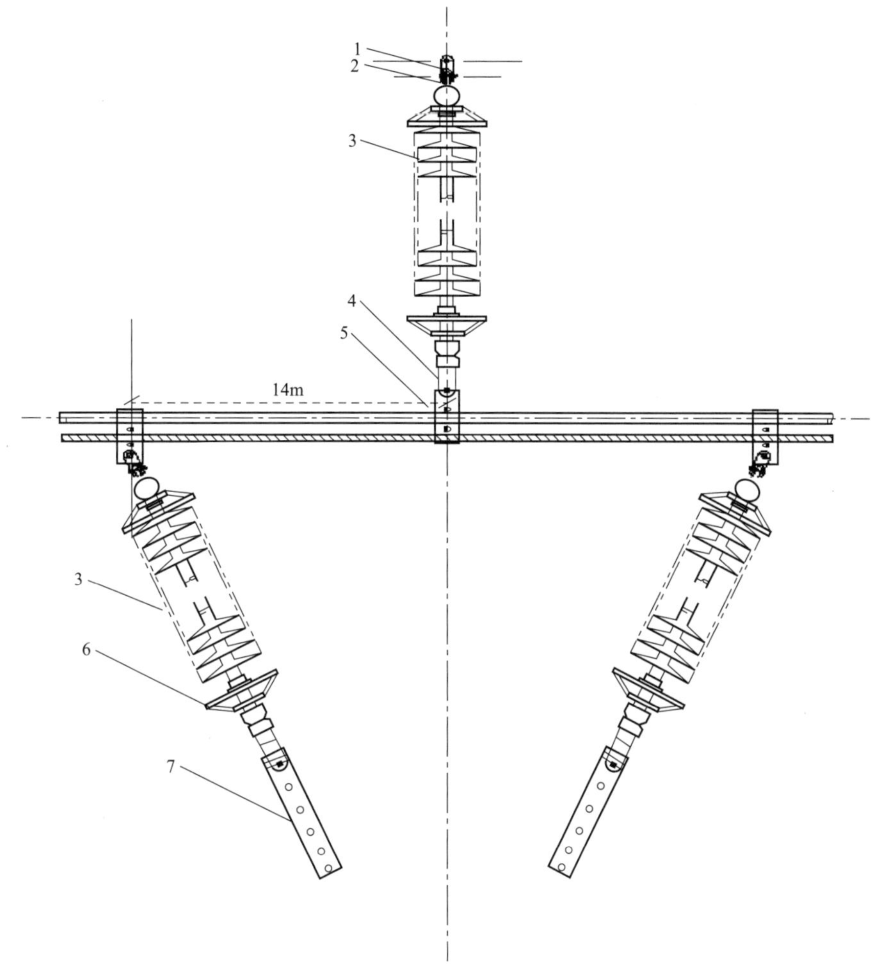

图 2-29　三线分拉式防风偏治理组装图纸

1—直角挂板；2—球头挂环；3—棒形复合绝缘子；4—碗头挂板；5—挂板；6—均压环；7—调节板

图 2-30　采用“三线分拉式”治理后的绕跳线串与杆塔

图 2-31　耐张塔引流线加装防风小“T”接

（5）加装固定式垂直防风偏绝缘子。

防风偏绝缘子适用于高压输电线路耐张塔硬跳线使用，能有效地防止跳线风偏和导线随风舞动，保证了引流线与地电位之间的绝缘距离，有效降低了线路风偏故障率。但是此措施需要线路巡视人员定期对绝缘子连接金具进行检查，防止松动脱落，如图 2-32 和图 2-33 所示。

图 2-32　耐张塔引流加装防风偏绝缘子

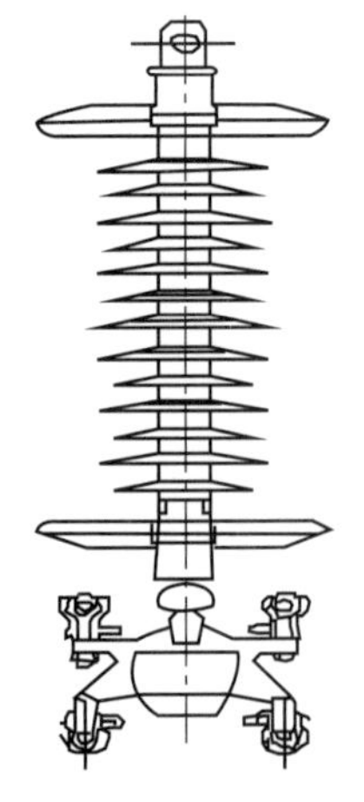

图 2-33　固定式垂直防风偏绝缘子串图

这种新型跳线防风偏复合绝缘子将传统产品的安装方式由“铰链式”改为“悬臂式”，由摆动变为硬支撑，使跳线串由“动”改为“静”，因此有效地限制了跳线的摆动，从而保证了跳线对塔身的电气间隙，有效解决了跳线绝缘子风偏闪络的难题。与常规防风偏绝缘子相比，优化了端部连接金具，增强芯棒强度，连接方便、产品偏转小。但使用时应注意：此防风偏绝缘子应用于 500kV 线路时，由于瓷棒较长，应考虑增加芯棒内径并进行整塔强度核算；必要时可考虑采用导线相间间隔棒辅助此方案。

3. 导地线间放电治理措施

导地线间放电治理措施主要有减小档距、加装相间间隔棒、调整线路弧垂、改造塔头间隙等。

对同杆架设双回线大档距不同风摆整治措施：对同杆架设双回线大档距，进行弧垂实测并校核风偏相间安全距离，对导线型号规格不一的更换成同一导线。

对线路终端塔导线由垂直转水平排列相间安全距离整治措施：对松弛的导线收紧，调整线路弧垂，对垂直转水平交差处相间静空距离进行校核，不满足要求的采取相间安装合成绝缘相间隔棒固定防止风偏，或原双分裂导线更换为单根大截面导线，以增加相间距离。

导线跨越下方地线和耦合地线（防雷设施）防止风吹上扬整治措施：对沿海地区用于防雷的耦合地线进行拆除；对大档距有交跨的档位进行安全距离校核，进行压低改造、减小档距或调整线路弧垂等。

4. 导线对周围物体放电治理措施

对于导线对周围物体放电的治理，应校核导线或跳线的风偏角和对周围物体的间隙距离，不满足校验条件的应对周围物体（树木等）进行清理，保证导线与周围物体的安全距离。

第二节　线路雷击跳闸及防治

一、雷击输电线路机理

（一）雷电形成过程

雷电一般起于对流发展旺盛的雷雨云中，感应起电理论认为，在晴天大气电场下，电场方向自上而下，在垂直电场中下落的降水粒子被电场极化后，上部带负电荷，下部带正电荷。云中的小冰粒或是小水滴在同这些较大的降水粒子相碰撞后，就获得了正电荷，然后会随着上升气流向上走，从而发生了电荷的转移过程，使得小冰粒或者小水滴带正电荷、降水粒子带负电荷。图 2-34 给出了小水滴或小冰粒与极化的降水粒子碰撞获得电荷过程示意图。

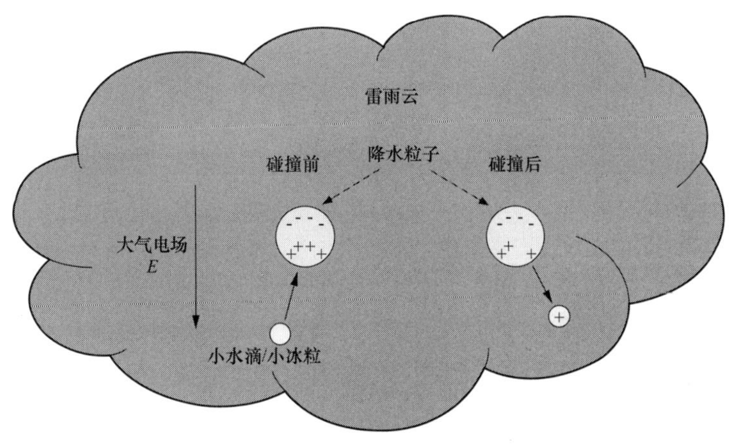

图 2-34　小水滴和小冰粒与极化的降水粒子碰撞获得电荷过程示意图

图 2-35　雷雨云内部和雷雨云与地面物体电场分布示意图

在雷电发生之前，带有不同极性和不同数量电荷的雷雨云之间，或是雷雨云与大地物体之间会形成了强大的电场，如图 2-35 所示。

随着雷雨云的运动和发展，一旦空间电场强度超过大气游离放电的临界电场强度时，就可能在雷雨云内部或者是雷雨云与大地之间发生放电现象，此时的放电电流可达几十千安到数百千安，伴随着强大的电流会产生强烈的发光和发热，空气受热急速膨胀会产生轰隆声，这就是雷电的产生过程。

地闪放电通道发展的高速摄像图片如图 2-36 所示。地闪的放电通道暴露于云体之外易于光学观测。因此，目前对地闪放电过程已经有了相对较系统的研究。

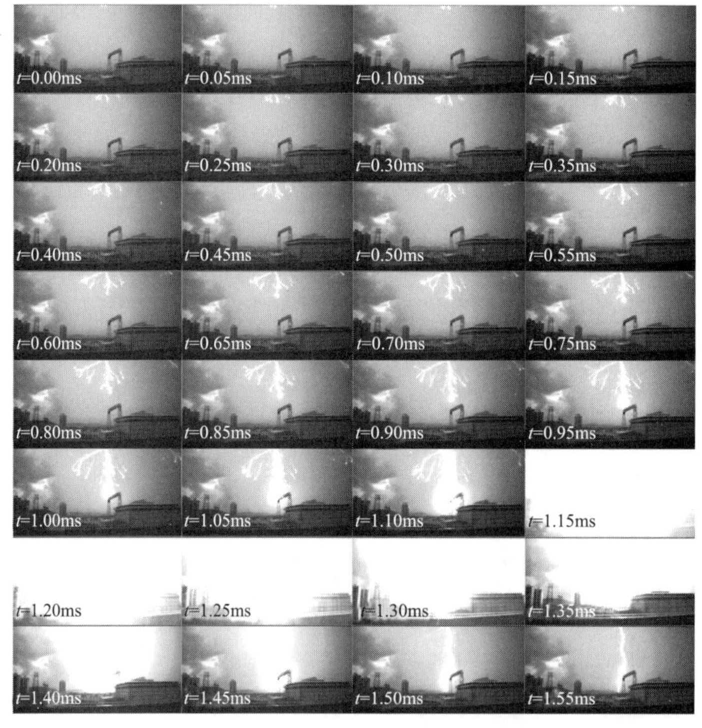

图 2-36　一次地闪放电通道发展的高速摄像图片

（二）雷电危害

在现代生活中，雷电以其巨大的破坏力给人类、社会带来了惨重的灾难。据不完全统计，我国每年因雷击造成的财产损失高达上百亿元。输电线路是地面上最大的人造引雷物体，作为国民经济重要支柱的电力系统，长期以来雷击引起的输电线路跳闸对电网安全稳定运行构成了较大的威胁。

据电网故障分类统计表明，在我国跳闸率较高的地区，高压线路运行的总跳闸次数中，由雷击引起的次数占40%～70%，尤其是在多雷、土壤电阻率高、地形复杂的地区，雷击输电线路引起的故障率更高。雷电流具有高幅值、高频及高瞬时功率等特性，发生时往往伴随着热效应、机械力效应和电气效应的出现。

1. 热效应

在雷电回击阶段，雷云对地放电的峰值电流可达数百千安，瞬间功率可达1012W以上，在这一瞬间，由“热效应”可使放电通道空气温度瞬间升到30000K以上，能够使金属熔化，树木、草堆引燃；当雷电波侵入建筑物内低压供配电线路时，可以将线路熔断。这些由雷电流的巨大能量使被击物体燃烧或金属材料熔化的现象都属于典型的雷电流热效应破坏作用，如果防护不当，就会造成灾害，如图2-37所示。

(a)　(b)

图2-37　雷击的热效应

(a) 某油库被雷击发生大火；(b) 雷击树木导致森林大火

2. 机械效应

雷击输电线路时，导线的屈服点会由于焦耳热而降低，径向自压缩力有可能超过导线的屈服点，从而使钢芯铝绞线发生形变，最终导致原本组合在一起的不同材料发生剥离和分层，降低了导线的机械强度，从而发生断线、断股事故，如图2-38所示。

(a)　(b)

图2-38　雷击的机械效应

(a) 某输电线路被雷击致断线；(b) 某线路被雷击致断线并燃烧

3. 电气效应

输电线路防雷重点在于雷电由于电气效应产生的过电压的防护。雷击过电压超过线路绝缘耐受水平时，将使导线和地（地线或杆塔）发生绝缘击穿闪络，而后工频电压将沿此闪络通道继续放电，发展成为工频电弧，电力系统的保护装置将会动作使线路断路器跳闸影响正常送电。雷击对电网造成的危害，主要有雷击单相短路、相间短路，如图 2-39 所示。

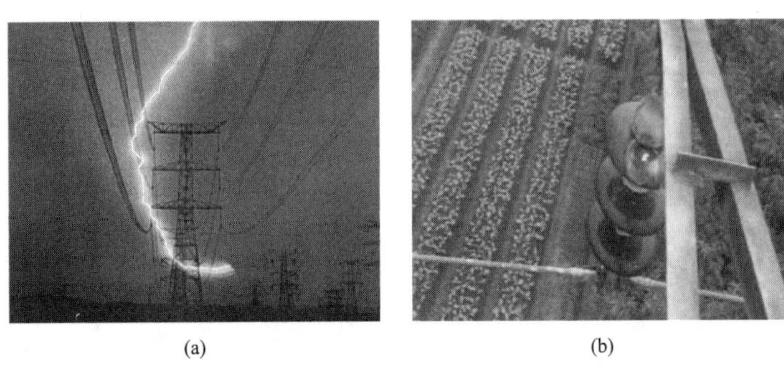

(a) (b)

图 2-39　雷击的电气效应

(a) 某线路遭受雷击瞬间；(b) 被雷击后的输电线路绝缘子串

（三）雷击线路分类

根据形成原因，输电线路雷击过电压可分为感应雷过电压和直击雷过电压。感应雷过电压是雷击线路附近大地由于电磁感应在导线上产生的过电压，而直击雷过电压则是雷电直接击中杆塔、地线或导线引起的线路过电压。从运行经验来看，对于 35kV 及以下电压等级的架空线路，感应过电压可能引起绝缘闪络；而对于 110（66）kV 及以上电压等级线路，由于其绝缘水平较高，一般不会引起绝缘子串闪络。因为对输电线路造成危害的主要雷击过电压为直击雷过电压，所以本书着重讲述直击雷过电压。

1. 输电线路雷击形式

架空输电线路是电力系统的重要组成部分。由于它暴露在自然之中，所经之处大都为旷野或丘陵、高山，且线路距离较长，杆塔高度较高，因此遭受雷击的概率很大。图 2-40 所示为输电线路雷击物理过程。

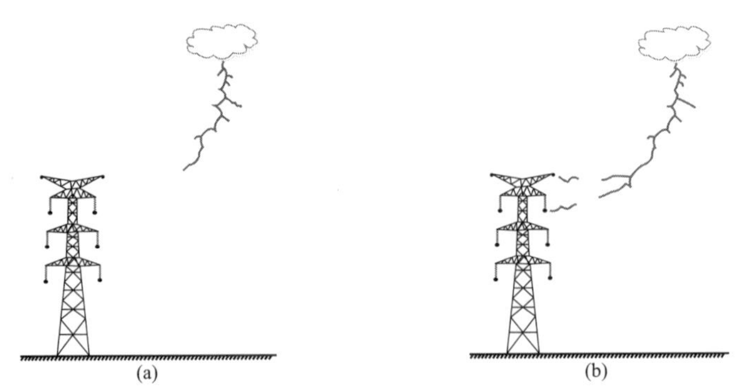

(a) (b)

图 2-40　输电线路雷击物理过程（一）

(a) 雷云下行先导向地面物理发展；(b) 铁塔或地线、导线产生迎面先导

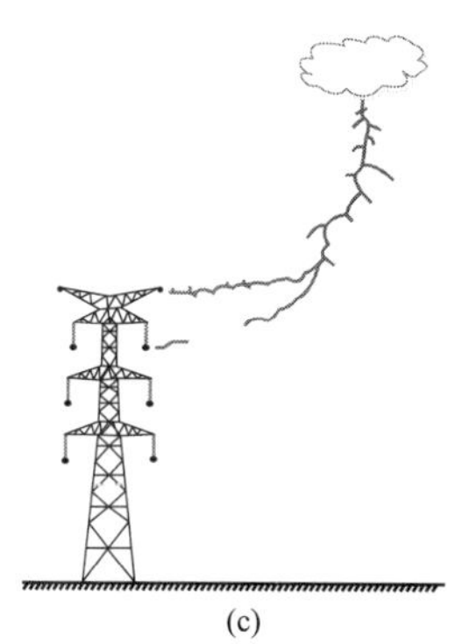
(c)

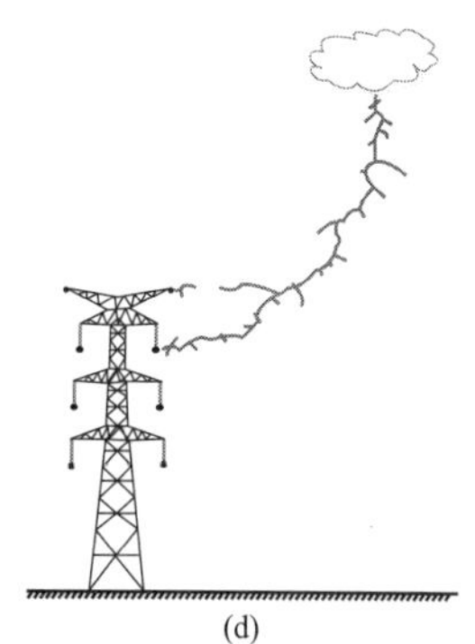
(d)

图 2-40 输电线路雷击物理过程（二）

（c）雷云下行先导击中铁塔或地线；（d）雷云下行先导击中导线

雷云下行先导到达地面一定距离时，输电线路铁塔、地线、导线、地面其他物体都会产生迎面先导，这些迎面先导会竞争和雷云下行先导连接，决定着最终回击路径和雷电击中点。根据这一物理过程，输电线路的雷击形式大致可分为绕击和反击。

（1）绕击。

雷电绕击是指地闪下行先导绕过地线和杆塔的拦截直接击中相导线的放电现象，如图 2-41 所示。雷电绕击相导线后，雷电流波沿导线两侧传播，在绝缘子串两端形成过电压导致闪络。当地面导线表面电场或感应电位还未达到上行先导起始条件时，即上行先导并未进入起始阶段，下行先导会逐步向下发展，直到地面导线上行先导起始条件达到并起始发展，这个阶段为雷击地面物体第一阶段。地面导线上行先导起始后，雷击地面导线过程进入第二个阶段。在该阶段内上下行先导会相对发展，直到上下行先导头部之间的平均电场达到末跃条件，上下行先导桥接并形成完整回击通道从而引起首次回击。雷电绕击的发展过程如图 2-42 所示。

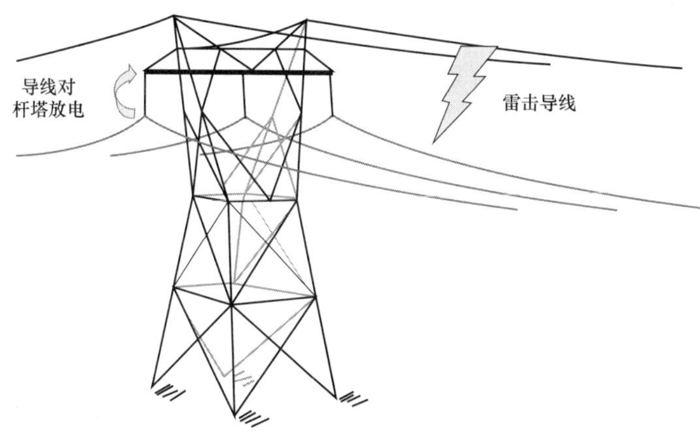

图 2-41 雷电绕击示意图

造成输电线路绕击频发的原因主要有：①自然界中的雷电活动绝大多数为小幅值雷电流，而恰恰是它们能够穿透地线击中导线；②在运的输电线路地线保护角普遍较大，加之山区地段地面倾角较大；③超特高压、同塔多回线路杆塔高度普遍增加，且线路多沿陡峭山区架设，使大档距杆塔增多，这两方面因素均使线路对地高度增加，降低了地面的屏蔽作用。

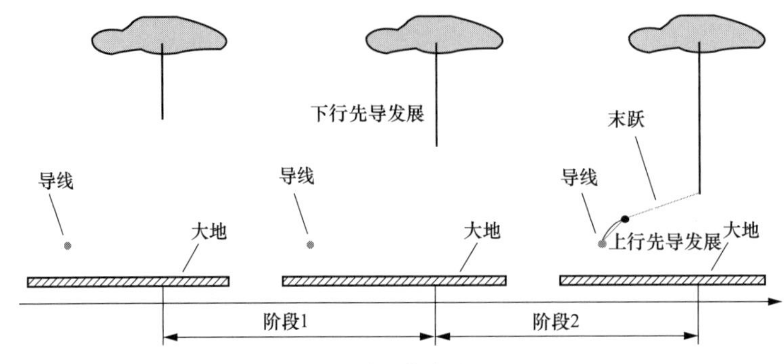

图 2-42　雷电绕击发展过程

（2）反击。

1）常规型输电线路。

对于常规型杆塔，雷击地线或杆塔后，雷电流由地线和杆塔分流，经接地装置注入大地。塔顶和塔身电位升高，在绝缘子两端形成反击过电压，引起绝缘子闪络，如图 2-43 所示。

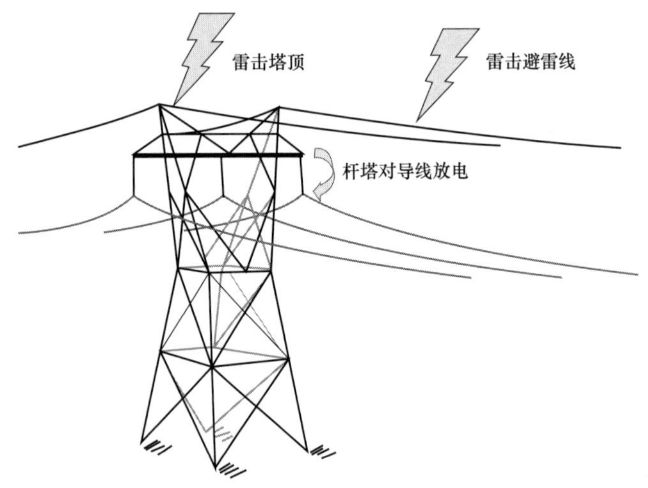

图 2-43　雷电反击示意图

a. 雷击塔顶。

雷击线路杆塔顶部时，由于塔顶电位与导线电位相差很大，可能引起绝缘子串的闪络，即发生反击。雷击杆塔顶部瞬间，负电荷运动产生的负极性雷电流一部分沿杆塔向下传播，还有一部分沿地线向两侧传播，如图 2-44 所示。同时，自塔顶有一正极性雷电流沿主放电通道向上运动，其数值等于三个负雷电流数值之和。线路绝缘上的过电压即由这几个电流波引起。

b. 雷击地线档距中央。

雷击地线档距中央时，虽然也会在雷击点产生很高的过电压，但由于地线的半径较小，会在地线上产生强烈的电晕；又由于雷击点离杆塔较远，当过电压波传播到杆塔时，已不足以使绝缘子串击穿，因此通常只需考虑雷击点地线对导线的反击问题，如图 2-45 所示。

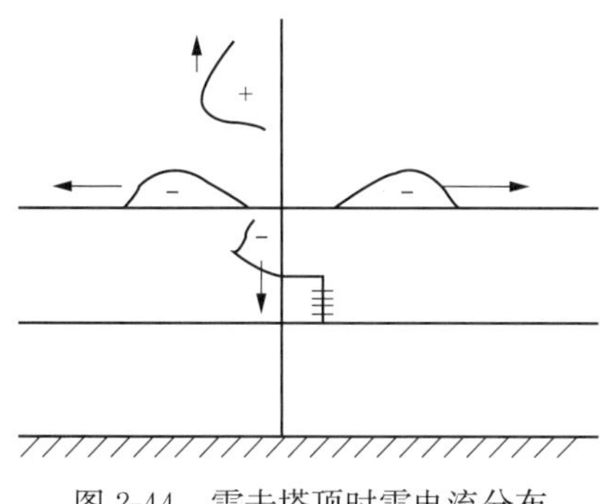

图 2-44　雷击塔顶时雷电流分布

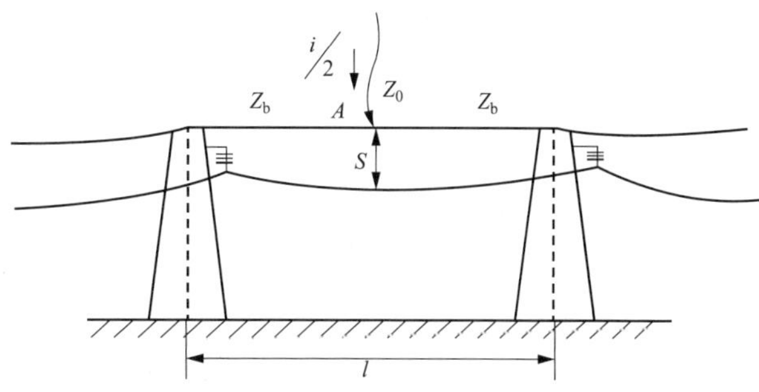

图 2-45　雷击地线档距中央

A—雷击点；l—杆塔之间的距离；S—地线与导线的距离；i—雷电流；Z_0—初始波阻抗；Z_b—杆塔到雷击点的波阻抗

2）紧凑型输电线路。

紧凑型输电技术是指通过缩小相间距离、优化导线排列、增加相分裂子导线根数等改变线路几何结构的方法，压缩线路走廊，增大导线电容，减少线路电抗，大幅提高自然输送功率的新型输电技术，如图 2-46 所示。紧凑型输电线路具有自然输送功率高、电磁环境友好等方面优势，在如今线路走廊日益紧张、环境保护要求逐渐提高的背景下得到了更加广泛的应用。

紧凑型线路由于采用了负保护角，防绕击性能明显优于常规线路，但是，由于紧凑型线路杆塔特殊的塔窗结构和导线布置方式，造成塔头间隙特殊位置雷电冲击放电电压偏低，使得紧凑型线路反击跳闸在总跳闸数中所占的比例要高于常规线路的反击比例。

紧凑型直线塔特殊的塔窗结构，三相导线均位于塔窗内部，其雷击闪络的放电路径与常规线路沿绝缘子串放电的路径有明显差异。我国相关的研究机构曾对紧凑型输电线路杆塔的雷电反击机理进行试验研究。我国第一条 500kV 紧凑型线路昌房线采用的直线塔塔头布置及电气间隙如图 2-47 所示。通过对模拟塔头进行 1.7/50μs 雷电波冲击试验，得到的试验结果见表 2-3。

图 2-46　单回紧凑型线路杆塔

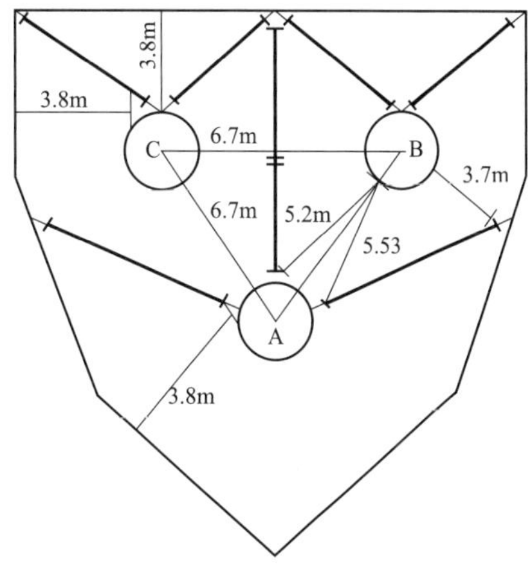

图 2-47　昌房 500kV 紧凑型直线塔塔面布置及其电气距离

表 2-3　　模拟塔头雷电冲击电压试验结果（修正到标准大气条件）

加压相别			50%放电电压（kV）	间隙距离（m）	平均场强（kV/m）
A	B	C			
地	+	地	2200	3.7	594
+	地	地	2350	3.8	618

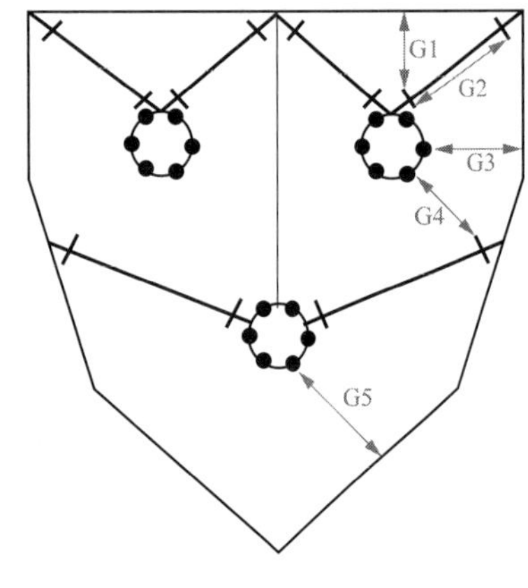

图 2-48　紧凑型杆塔雷击放电路径

从模拟塔头的试验结果可以看出，上相导线与下相导线塔身侧均压环之间的间隙放电电压比下相导线低7%左右，是紧凑型线路雷电冲击绝缘水平中相对薄弱的部分，即图 2-48 中间隙 G4。实际运行经验表明，G3 也是较易发生反击闪络的路径。

从雷击故障的性质来看，华北电网 2003～2010 年间常规型线路发生了 78 次雷击跳闸中仅有 2 次为反击跳闸，占跳闸总数的 2.6%，其余均为绕击跳闸；而在紧凑型线路发生的 17 次雷击跳闸中，除 1 次大电流雷击断线外，12 次为绕击跳闸，4 次为反击跳闸。紧凑型线路反击跳闸在总跳闸数中所占的比例要明显高于常规线路的反击比例。

（3）绕击与反击数据统计。

以 2013 年国家电网有限公司所辖地区 110kV 及以上输电线路雷击故障情况进行统计分析。2013 年，国家电网有限公司所辖地区记录下的雷击跳闸故障共有 533 起，其中查明故障原因及有雷电流幅值记录的共有 443 起，其中绕击 370 起，反击 73 起。

对不同电压等级下绕击和反击故障发生次数进行统计，如图 2-49 所示。

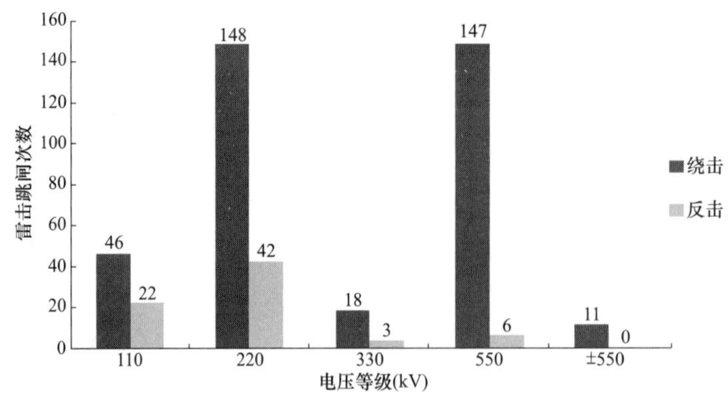

图 2-49　不同电压等级下绕击和反击发生次数

随着电压等级的提高，反击跳闸所占的比例逐渐缩小，从 110kV 到±500kV，分别为 47.8%、28.4%、16.7%、4.1%、0。

2013 年国家电网有限公司所辖区域不同电压等级下绕击和反击雷电流幅值范围所占比例如图 2-50 所示。

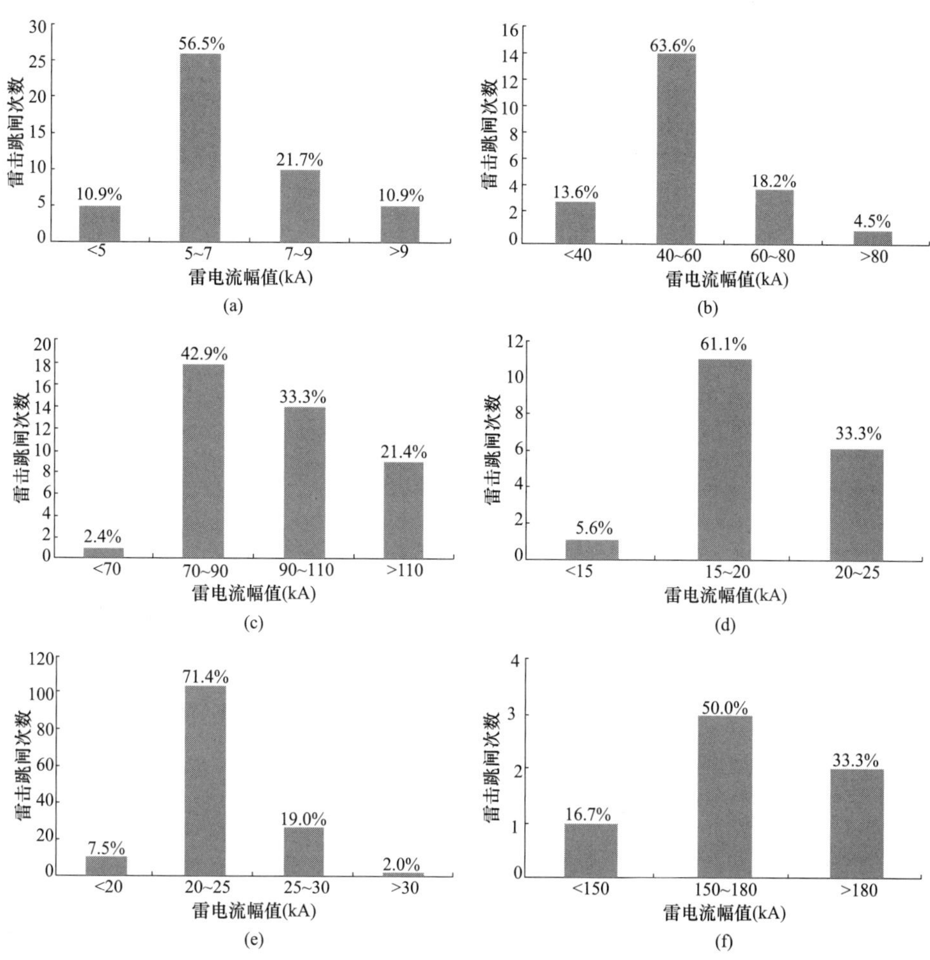

图 2-50　2013 年国家电网有限公司所辖区域不同电压等级下绕击和反击雷电流幅值范围所占比例

（a）110kV 绕击；（b）110kV 反击；（c）220kV 反击；（d）330kV 绕击；（e）500kV 绕击；（f）500kV 反击

2. 耐雷性能影响因素分析

（1）绕击耐雷性能影响因素分析。

绕击耐雷水平和绕击跳闸率是表征架空输电线路绕击特征的主要参数，受地线保护角、地形地貌等因素影响。

1）地线保护角对绕击耐雷性能影响。

对于相同电压等级的交流输电线路，地线保护角越小，线路的绕击跳闸率越低，这是由于保护角减小后，根据电气几何模型（EGM），线路的暴露弧面减小，遭受绕击的概率变小，进而使得绕击跳闸率减小。对某 500kV 输电线路在不同地线保护角下进行绕击耐雷水平和绕击跳闸率仿真计算，结果如图 2-51 所示。

由图 2-51 可以看出，线路绕击耐雷水平随地线保护角变化较小，但线路绕击跳闸率随地线保护角增大而增大，且变化幅度明显。

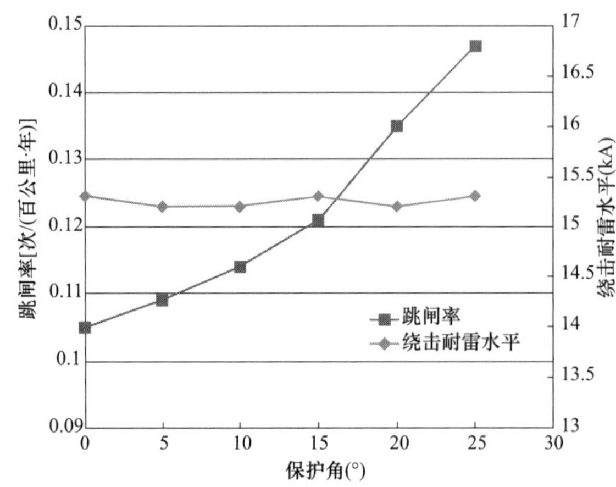

图 2-51　某 500kV 输电线路在不同地线保护角下绕击耐雷性能

2）地形地貌对绕击耐雷性能影响。

从雷击故障地点分布看，地形地貌对线路雷击跳闸影响明显。山区地段由于地形起伏较大，气流活动特殊，导致落地雷密度较平原地区为高。山顶、山坡雷击故障次数高于平原地区。线路绕击故障约 70%出现在山区、丘陵，其中又以山顶和山坡外侧雷击故障为主。如线路大跨越山谷、穿越山体倾斜等，这些地理因素会导致空气气流的风向变化异常，引起雷击形态发生变化，使得常规的防雷设计失去了有效的防护作用，特别是山区线路下边坡的倾斜使导线过分暴露，等效保护角显著增大，明显增加导线绕击率；线路大跨越山谷也会导致导线两侧的暴露面明显增大，容易发生绕击。

地质也是影响地闪活动分布的因素之一，地下埋有金属矿藏的区域地闪活动频繁程度也相对较大。例如，在河北承德南部，有较多的金、铁等矿山，这些区域的地闪密度明显大于承德及其周边其他区域。输电线路跨越这些矿山，由于地闪密度较常规山区更大，使得这些杆塔更容易发生雷击。因此，跨越金属矿区的线路防雷工作更要引起足够的重视。

（2）反击耐雷性能影响因素分析。

反击耐雷水平和反击跳闸率是表征架空输电线路反击特征的主要参数，其主要影响因素为杆塔接地电阻。

对于同一电压等级的架空输电线路，随着杆塔接地电阻阻值的增加，反击耐雷水平显著降低，反击闪络率显著增加，这是由于当杆塔接地电阻增加时，雷击塔顶时塔顶电位升高程度增加，绝缘子承受过电压增加，降低了线路的反击耐雷水平，提高了线路的雷击跳闸率；在杆塔接地电阻阻值相同的情况下，随着电压等级的增加，由于架空输电线路绝缘水平不断提高，其反击耐雷水平也逐渐增加，反击跳闸率逐渐降低。仿真计算某 500kV 输电线路杆塔接地电阻对反击耐雷性能的影响，结果如图 2-52 所示。

GB/T 50064—2014《交流电气装置的过电压保护和绝缘配合设计规范》中规定，对于有地线的线路，其反击耐雷水平不应低于表 2-4 所列数值。

表 2-4 中，反击耐雷水平的较高值和较低值分别对应线路杆塔冲击接地电阻 7Ω 和 15Ω；发电厂、变电站进线、保护段杆塔耐雷水平不宜低于表中的较高数值。

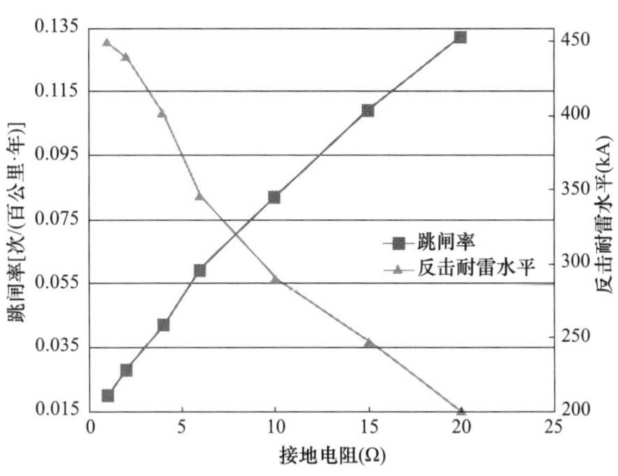

图 2-52　接地电阻对反击耐雷性能的影响

表 2-4　　有地线线路反击耐雷水平　　(kA)

标称电压（kV）	35	66	110	220	330	500	750
单回	24～36	31～47	56～68	87～96	120～151	158～177	208～232
同塔双回	—	—	50～61	79～92	108～137	142～162	192～224

对我国某典型区域近 10 年来雷电流幅值进行统计，结果如图 2-53 所示。

相关工作人员可从 2-53 中找出雷电流幅值集中的范围，然后依据表 2-4 中的标准，对不同电压等级输电线路进行有侧重性的防反击雷措施。

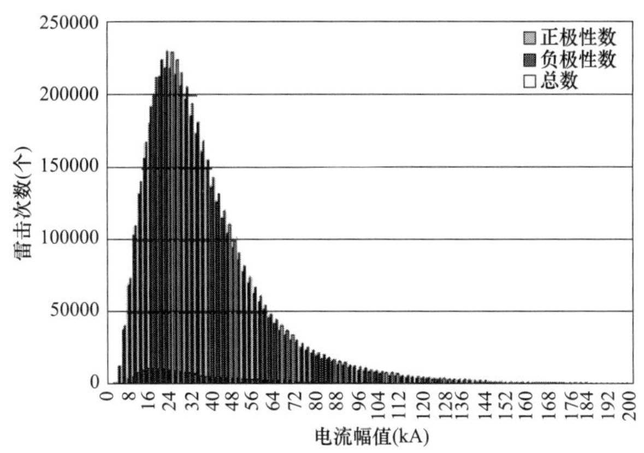

图 2-53　我国某典型区域近 10 年来雷电流幅值分布

（3）耐雷性能综合影响因素分析。

综合影响输电线路耐雷性能的因素主要有杆塔呼高、线路档距等，这些因素对输电线路的绕击和反击耐雷性能均会有一定影响。

1）杆塔呼高对耐雷性能影响。

线路雷击故障和杆塔呼称高度有一定的关联性，杆塔呼高对线路引雷次数有影响，杆塔呼高过高，导致导线离地面高度较高，从而减小了地面对导线的屏蔽性能，有可能导致线路绕击概率增加。仿真计算得到某线路在不同杆塔呼高及不同地形下的绕击跳闸率见表 2-5。

表 2-5　　铁塔呼高对某输电线路绕击耐雷性能影响

杆塔呼高（m）	绕击跳闸率［次/(百公里·年)］		
	平地	丘陵	山区
42	0.035	0.059	0.177
45	0.043	0.067	0.182
48	0.051	0.076	0.187
51	0.060	0.086	0.191
54	0.069	0.095	0.195

杆塔越高，引雷面积增大，落雷次数增加。雷电波沿杆塔传播到接地装置时引起的负反射波返回到塔顶或横担所需的时间增长，致使塔顶或横担电位增高，易造成反击，使雷击跳闸率增加。图 2-54 为仿真计算 ZB329 型杆塔不同杆塔呼称高和 ZGU315 型杆塔不同杆塔呼称高下输电线路的反击耐雷性能。

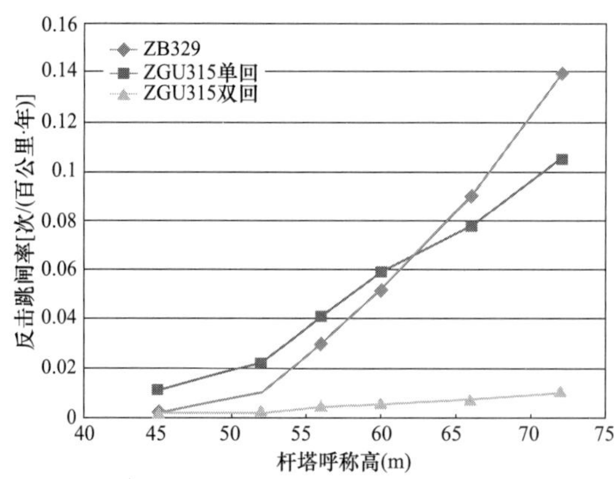

图 2-54　杆塔呼称高与反击跳闸率的关系

2）档距对耐雷性能的影响。

一般情况下，档距越大，分流作用降低（含相邻杆塔的分流、雷击档距中央的分流），线路的雷击闪络率增高。2013 年国家电网有限公司所辖区域记录下的 228 次雷击故障中，杆塔两侧平均档距分布如图 2-55 所示。

（4）地形地貌对雷击闪络的影响。

从雷击故障地点分布看，地形地貌对线路雷击跳闸影响明显。山区地段由于地形起伏较大，容易产生空气对流，导致落雷密度较平原地区高。山顶、山坡雷击故障次数高于平原地区。线路雷击故障约 60%出现在山区、丘陵，其中又以山顶和山坡外侧雷击故障为主。如线路跨越山谷、沿山体倾斜走线等，这些地理因素会导致空气气流的风向变化异常，引起雷击形态发生变化，使得常规的防雷设计失去了有效的防护作用，特别是山区线路下边坡的倾斜使导线过分暴露，等效保护角显著增大，明显增加导线绕击率；线路大跨越山谷也会导致导线两侧的暴露面明显增大，档距中间对地面距离增大，地面的屏蔽作用显著下降，更容易发生绕击。

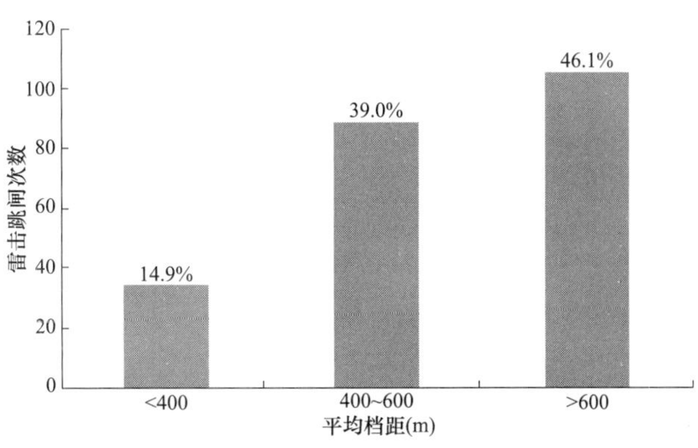

图 2-55　不同档距范围下雷击跳闸次数

（5）杆塔参数对雷击闪络的影响。

1）线路雷击故障与杆塔类型的相关性。

线路雷击故障与杆塔类型有明显的相关性。从耐张和直线塔型上统计，线路雷击跳闸主要以直线塔为主，在统计的 889 次雷击跳闸故障中，直线塔型 667 次，为总跳闸次数的 75.0％，耐张塔型 210 次，为总跳闸次数的 23.6％。其原因是一方面相比直线塔，耐张塔数量相对少；另一方面耐张塔塔高通常较直线塔更低，地面的屏蔽效应增加，其遭受雷击的可能性相对低。因此，从总的统计数据上看，线路雷击跳闸以直线塔为主，耐张塔相对较少。但是，需要说明的是，实际运行线路中耐张塔有部分为转角塔，转角塔由于要使塔头间隙满足绝缘配合的要求，往往将横担往转角的外侧伸长，致使保护角偏大，地线对导线的屏蔽性能减弱，易发生绕击跳闸。

2）线路雷击故障与杆塔呼高的相关性。

线路雷击故障和杆塔呼称高度有一定的关联性，杆塔呼高对线路引雷次数有影响，杆塔呼高过高，导致导线离地面高度较高，从而减小了地面对导线的屏蔽性能，有可能导致线路绕击数量增加；同时随着杆塔呼称高度增加，反击耐雷水平相应降低，线路反击跳闸可能相应增加。对雷击故障杆塔的呼称高度进行统计，雷击故障杆塔平均呼称高度为 25.5m，详细统计结果见表 2-6。

表 2-6　　雷击故障杆塔平均呼称高度统计结果

系统电压等级（kV）	雷击故障杆塔平均呼称高度（m）
66	17.7
110	20.3
220	26.8
330	27.8
500	37.4
750	54.9
1000	—
±400	26

续表

系统电压等级（kV）	雷击故障杆塔平均呼称高度（m）
±500	31.4
±660	—
±800	63

3）线路雷击故障与杆塔地线保护角的相关性。

总的来看，保护角增大，其绕击跳闸数也会增加，但对于超、特高压线路，0°或负保护角也会发生绕击跳闸。

根据我国的运行数据，为保证良好的防雷性能，一般线路在雷区分布为 A～B1 时，110kV 线路单回铁塔的地线保护角不大于 15°，同塔双（多）回铁塔的地线保护角不大于 10°；220～330kV 线路单回铁塔的地线保护角不大于 15°，同塔双（多）回铁塔的地线保护角不大于 0°；500～750kV 线路单回铁塔的地线保护角不大于 10°，同塔双（多）回铁塔的地线保护角不大于 0°；特高压 1000kV 和±800kV 线路采用负保护角。

4）线路回数和电压等级对雷击闪络的影响。

单回线路中雷击故障主要集中在边相，这是因为雷电绕击故障通常发生在边相，反击则发生在中相。对于同塔多回线路，由于架空地线对中相的保护角度较大，使得中相相比下相更易发生雷电绕击。

从单回路塔型和同塔双回（多回）路塔型比较，线路雷击跳闸以单回路塔型为主，在统计的 889 次雷击跳闸中，单回路塔型占 549 次，为总跳闸次数的 61.8%，同塔双回（多回）路塔型占 340 次，为总跳闸次数的 38.2%。其原因包括：一是早期的输电线路以单回路塔型为主，有的省公司线路中单回路塔型约占 90%，且大多位于山区或丘陵地区；二是同塔双回（多回）路塔型是近年因线路走廊紧张才发展起来的一种塔型，虽起步较晚，但起点较高，特别是近些年新建的同塔双回（多回）线路大多采用了加强型绝缘、减小保护角等防雷措施，很好地降低了线路雷击跳闸率。

5）接地电阻对雷击闪络的影响。

杆塔接地电阻会增高杆塔的塔顶电位，降低线路的耐雷水平，使线路易于发生反击。山区输电线路大多地处高位，地形、地貌条件十分不利，线路杆塔普遍处于干旱的土壤或岩石环境。如沿海一带的山区甚至很少有良好的表层土壤，基本上是岩层或夹带少量泥土，电阻率一般达 1000～2000Ω·m 或更高，杆塔接地电阻值大多达 20～30Ω 以上，一般的接地装置很难使其阻值获得明显降低。

6）档距对雷击闪络的影响。

平地一般线路区段的档距受对地距离的限制，不会很大。大档距往往对应的是山区中跨越山谷或高塔跨越河流等情况的线路区段，因其对地距离较大，地面屏蔽作用减弱，更易发生绕击。另外，档距越大，分流作用降低（含相邻杆塔的分流、雷击档距中央的分流），线路的雷击闪络率增高。

3. 同塔多回线路同跳闪络特性

同塔双回线路大量投运后，其有效防雷成为困扰线路运行的难题，特别是多回路线路发生雷击造成同时跳闸所殃及的停电面积较单回路线路大，同时对电网的安全稳定运行影响也较大。雷击地线和雷击塔顶均可导致线路反击过电压造成同跳故障。分别考虑雷击塔顶和雷击地线两种情况，以同塔双回线路为例，在 ATP-EMTP 平台进行建模仿真，对雷击同时跳闸机理进行研究。

（1）雷击塔顶。

由于杆塔结构左右侧对称，左回线路和右回线路参数基本一致，雷击塔顶正中央时其位于同一层横档位置处的左、右回导线绝缘子串两端承受的电压波形近乎一致，因此其先导的发生时间、发展速度及过程也近乎一致，直至同时闪络。

某相导线绝缘子串闪络后，由于工频电弧短接绝缘子串，该相导线电位变为地电位，会在其他未闪络相上叠加耦合负电压分量，从而降低其他相导线绝缘子串两端电压，起到保护作用。上相导线闪络后形成的耦合负电压对其他相导线绝缘子串两端电压的影响如图 2-56所示。某相导线绝缘子串闪络后在未闪络相上形成耦合负电压的大小与该闪络相和未闪络相之间的耦合系数 α 有关，如图 2-57 所示。

雷击塔顶时由于杆塔左右两侧对称，左回线路和右回线路基本对称，雷电过电压波经

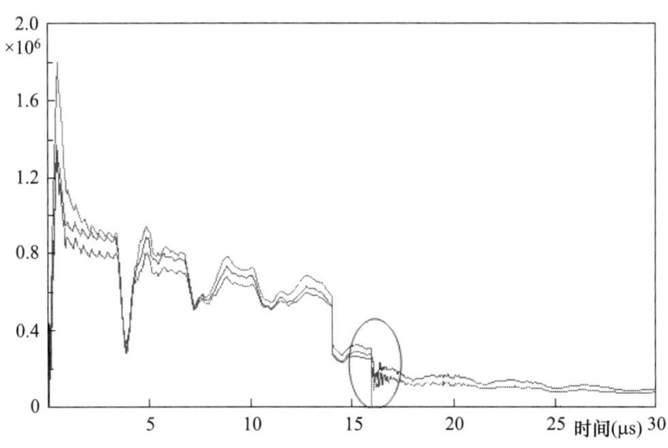

图 2-56　上相闪络后耦合电压对其他相的影响

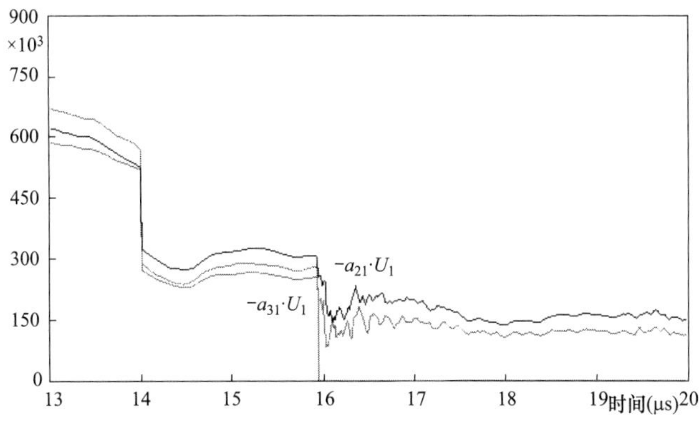

图 2-57　一相闪络后叠加在其他相上的耦合电压

过杆塔、地线和相邻杆塔间的来回折反射，施加在绝缘子串两端，当电压达到空气间隙先导起始电压时，先导发展，直至同时闪络。某相导线闪络后，由于工频电弧短接绝缘子串，其电位变为地电位，会在其他未闪络相上耦合负电压，降低了其他相绝缘子串两端电压，起到保护作用。

（2）雷击地线。

雷击地线时由于雷击点相对杆塔左右两侧不对称，雷电过电压波经过杆塔、地线和相邻杆塔间的来回折反射，施加在绝缘子串两端，同一层横担左右两回线路导线绝缘子串两端承受的电压出现差异，在发生一相闪络后，同一横担左右两回线路导线绝缘子串两端电压的差异便更加显著；各相导线绝缘子串其先导起始发展时间、发展速度和发展位置不同步，先导长度最先达到空气间隙长度的那一相绝缘子串最先发生闪络，其余导线绝缘子串先导继续发展，当雷电流足够大时紧接着达到空气间隙长度的那一相导线绝缘子串也发生闪络从而导致双回同时闪络。雷击地线侧某相导线闪络后，由于工频电弧短接绝缘子串，其电位变为地电位，会在其他尚未发生闪络的导线上耦合负电压，降低了其他未闪络相绝缘子串两端电压，当发生双回闪络时，其余未闪络相导线绝缘子串两端电压进一步降低，对其余未闪络相具有防止闪络的保护作用。雷击地线发生单回闪络时各相导线绝缘子串两端电压波形如图 2-58 所示。雷击地线发生双回同时闪络时各相导线绝缘子串两端电压波形如图 2-59 所示。

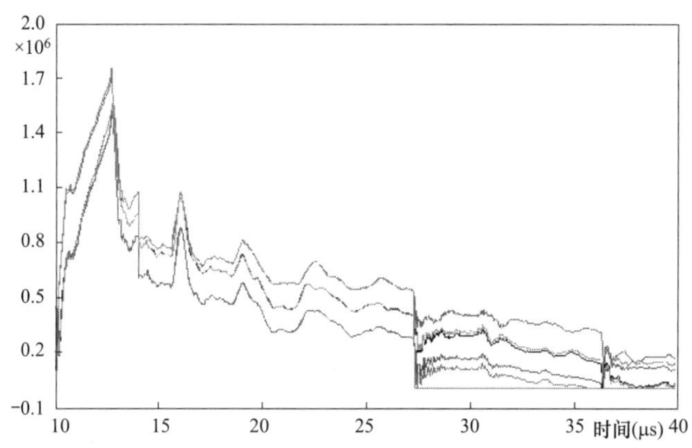

图 2-58　雷击地线发生单回闪络时各相导线绝缘子串两端电压波形

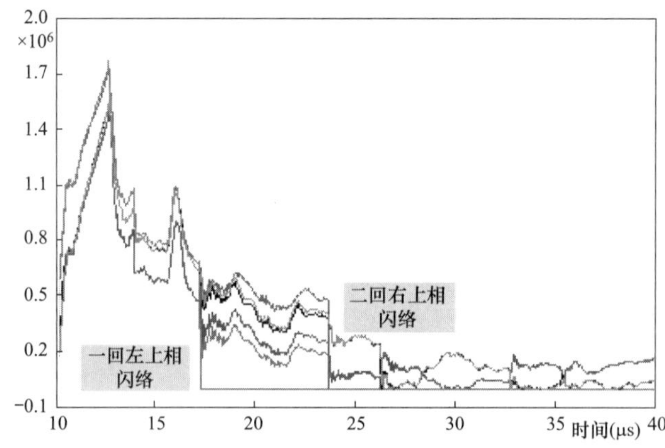

图 2-59　雷击地线发生双回同时闪络时各相导线绝缘子串两端电压波形

二、防雷设备使用原则及运维要求

（一）架空地线

1. 使用原则

（1）重要线路。重要线路应沿全线架设双地线，地线保护角一般按表 2-7 选取。

表 2-7　　重要线路地线保护角选取

雷区分布	电压等级	杆塔形式	地线保护角
A～B2	110kV	单回路铁塔	≤10°
		同塔双（多）回铁塔	≤0°
		钢管杆	≤15°
	220～330kV	单回路铁塔	≤10°
		同塔双（多）回铁塔	≤0°
		钢管杆	≤20°
	500～750kV	单回路	≤5°
		同塔双（多）回	<0°
C1～D2	对应电压等级和杆塔形式可在上述基础上，进一步减小地线保护角		

对于绕击雷害风险处于Ⅳ级区域的线路，地线保护角可进一步减小。两地线间距不应超过导地线间垂直距离的 5 倍，如超过 5 倍，经论证可在两地线间架设第 3 根地线。

（2）一般线路。

除 A 级雷区外，220kV 及以上线路一般应全线架设双地线。110kV 线路应全线架设地线，在山区和 D1、D2 级雷区，宜架设双地线，双地线保护角需按表 2-8 配置。220kV 及以上线路在金属矿区的线段、山区特殊地形线段宜减小保护角，330kV 及以下单地线线路的保护角宜小于 25°。运行线路一般不进行地线保护角的改造。

表 2-8　　一般线路地线保护角选取

雷区分布	电压等级	杆塔形式	地线保护角
A～B2	110kV	单回铁塔	≤15°
		同塔双（多）回铁塔	≤10°
		钢管杆	≤20°
	220～330kV	单回铁塔	≤15°
		同塔双（多）回铁塔	≤0°
		钢管杆	≤15°
	500～750kV	单回	≤10°
		同塔（多）双回	≤0°
C1～D2	对应电压等级和杆塔形式可在上述基础上，进一步减小地线保护角		

2. 运维要求

使用减小地线保护角技术时应注意以下内容：

（1）将地线外移，减小地线和导线之间的水平距离来减小保护角时应注意地线不能外移太多，应保证杆塔上两根地线之间的距离不应超过地线与导线间垂直距离的5倍。由于地线外移，杆件的应力增大，杆塔的重量和基础应力都随之增加，线路的投资成本有所增加。

（2）使用将导线内移的方法来减小保护角，可以避免杆塔重量增加和基础应力增大的问题，还可以建造更紧凑的输电线路，减小输电走廊，造价会更低，但应考虑导线与塔身的间隙距离满足绝缘配合要求。

（3）若用增加绝缘子片数，降低导线挂线点高度来减小保护角，杆塔的重量和应力都随之增加，线路的投资成本增加。

（4）若用增加地线高度来减小保护角，需要增加杆塔投资费用。

（5）在选择改造保护角的方案时要综合考虑减小保护角的防雷效果、运行规范要求和改造费用等因素，并进行机械负荷方面的计算，确定最优的改造方案。

（二）绝缘子

1. 使用原则

线路绝缘子的配置首先应满足一般杆塔的设计要求，即使线路能够在工频持续运行电压、操作过电压及雷电过电压等各种条件下安全可靠地运行，对海拔不超过1000m地区的输电线路，操作过电压及雷电过电压要求的悬垂绝缘子串绝缘子片数不应小于表2-9所列数值。耐张绝缘子串的绝缘子片数应在表2-9的基础上增加，对110、220kV输电线路增加一片，500kV输电线路增加两片。跳线绝缘子串的绝缘水平应比耐张绝缘子串低10%。

表2-9　线路悬垂绝缘子每串最少片数和最小空气间隙

标称电压（kV）	110	220	500
雷电过电压间隙（mm）	1000	1900	3300（3700）
操作过电压间隙（mm）	700	1450	2700
持续运行电压间隙（mm）	250	550	1300
单片绝缘子的高度（mm）	146	146	155
绝缘子片数（片）	7	13	25（28）

注　500kV括号内雷电过电压间隙与括号内绝缘子片数相对应，适用于发电厂、变电站进线保护段杆塔。

90%以上的直击雷为负极性雷，在雷电冲击电压作用下，当雷击塔顶或地线时，相当于在导线上施加正极性雷电冲击电压于绝缘子上，所以，线路绝缘子串应采用正极性雷电冲击击穿电压的数据。根据大量试验资料表明，绝缘子串的雷电冲击闪络电压和绝缘子型式关系不大，而主要决定于绝缘子串长。一般说来，绝缘子串的50%放电电压可用下式求得：

$$U_{50\%} = 533L_x + 132 \qquad (2\text{-}2)$$

式中　$U_{50\%}$——绝缘子串50%冲击放电电压，kV；

L_x——绝缘子串长度，m。

可以通过以下方式提高线路的绝缘水平：

（1）加强绝缘。

加强绝缘配置能直接提高输电线路的耐雷水平，使线路反击耐雷水平得到提高，对绕击耐雷水平也有改善，降低线路总体雷击跳闸率。但是，除经济因素外，加强绝缘还会受杆塔头部绝缘间隙及导线对地（或交叉跨越）安全距离的限制，故只能在有限的范围内适当增加绝缘子片数或复合绝缘子干弧长度来提高绝缘水平。处于C1～C2雷区的线路使用复合绝缘子时，干弧距离宜加长10%～15%，或综合考虑在导线侧加装1～2片悬式绝缘子；处于D1～D2雷区的线路，在满足风偏和导线对地距离要求的前提下，使用复合绝缘子时，干弧距离宜加长20%，或综合考虑在导线侧加装3～4片悬式绝缘子。

（2）使用复合绝缘材料。

相比传统的瓷、玻璃绝缘材料，硅橡胶复合绝缘材料制作的伞群耐受雷击闪络后的工频续流电弧性能更好，电弧灼烧引起局部温度升高不会破坏复合绝缘伞裙，雷击不易造成复合绝缘子掉串掉线、发生永久性接地故障，重合闸成功概率高，而瓷/玻璃伞裙则容易发生应力破碎。线路绝缘复合化有益于线路防雷保护。多雷区若使用复合绝缘子，宜加长10%～15%，并注意均压环不应大幅缩短复合绝缘子的干弧距离。对于电压等级110kV及以下的棒形悬式复合绝缘子，一般未安装均压环，应关注雷击闪络后工频续流电弧烧损绝缘子端部金具、护套和密封胶的问题，可能造成芯棒密封破坏，长期运行后潜在芯棒脆断或端部金具锈蚀抽芯的安全隐患，宜对雷区等级C1及以上地区的复合绝缘线路易击段加装线路避雷器或并联间隙。

（3）设置不平衡绝缘。

1）同塔多回输电线路由于导线多采用垂直排列，杆塔较高，除引雷概率增加外，当雷电流足够大时，可能会发生同塔多回线路的绝缘子相继反击闪络，造成多回同时跳闸故障，对电网产生较大的冲击，影响系统运行的可靠性，严重时甚至可引起系统的解列。因此，为减少多回同时跳闸率，330kV及以上同塔多回线路宜采用平衡高绝缘措施进行雷电防护；220kV及以下同塔多回线路宜采用不平衡高绝缘措施降低线路的多回同时跳闸率；对于220kV及以下同塔双回线路，较高绝缘水平的一回宜比另一回高出15%。需要注意的是，不平衡高绝缘对同塔多回线路单回反击闪络率几乎没有改善。

2）不同电压等级同塔多回线路可以视作是不平衡绝缘方式，低绝缘线路易反击闪络，闪络后增强了耦合作用，提高了绝缘线路的反击耐雷水平。

2. 运维要求

为了维持设定的绝缘水平，应在每年的线路巡检中检查绝缘子的损坏情况，特别是检测零值瓷绝缘子，并对损坏绝缘子及时进行更换。根据DL/T 741—2019《架空输电线路运行规程》，线路绝缘子状况出现以下情况时，应进行处理：①瓷质绝缘子伞裙破损，瓷质有裂纹，瓷釉烧坏；②玻璃绝缘子自爆或表面有闪络痕迹；③合成绝缘子伞裙、护套、破损或龟裂，黏结剂老化；④绝缘子钢帽、绝缘件、钢脚不在同一轴线上，钢脚、钢帽、浇装水泥有裂纹、歪斜、变形或严重锈蚀，钢脚与钢帽槽口间隙超标；⑤盘形绝缘子绝缘电阻小于300MΩ，500kV线路盘形绝缘子电阻小于500MΩ；⑥盘形绝缘子分布电压零值或低值；⑦绝缘子的锁紧销不符合锁紧试验的规范要求；⑧绝缘横担有严重结垢、裂纹，瓷釉烧坏、瓷质损坏、伞裙破损。

（1）巡视。

绝缘子的日常巡视工作异常重要，在巡视工作中，需要检查绝缘子、绝缘横担及金具有无下列缺陷和运行情况的变化：

1）绝缘子与瓷横担脏污，瓷质裂纹、破碎，钢化玻璃绝缘子爆裂，绝缘子铁帽及钢脚锈蚀，钢脚弯曲；

2）合成绝缘子伞裙破裂、烧伤，金具、均压环变形、扭曲、锈蚀等异常情况；

3）绝缘子与绝缘横担有闪络痕迹和局部火花放电留下的痕迹；

4）绝缘子串、绝缘横担偏斜；

5）绝缘横担绑线松动、断股、烧伤；

6）金具锈蚀、变形、磨损、裂纹，开口销及弹簧销缺损或脱出，特别要注意检查金具经常活动、转动的部位和绝缘子串悬挂点的金具；

7）绝缘子槽口、钢脚、锁紧销不配合，锁紧销子退出等。

（2）检测。

检测工作是发现设备隐患、开展预知维修的重要手段。检测方法应正确可靠，数据准确，检测结果要做好记录和统计分析。要做好检测资料的存档保管。检测计划应符合季节性要求。检测项目包括盘形绝缘子绝缘测试、合成绝缘子检查、玻璃绝缘子检查、绝缘子金属附件检查、金具及附件锈蚀检查等。各个检测项目的检测周期及检测注意事项可以参考 DL/T 741—2019《架空输电线路运行规程》中相关内容开展检测工作。

（三）接地装置

1. 使用原则

杆塔接地电阻直接影响线路的反击耐雷水平和跳闸率。当杆塔接地装置不能符合规定电阻值时，针对周围的环境条件、土壤和地质条件，因地制宜，结合局部换土、电解离子接地系统、扩网、引外、利用自然接地体、增加接地网埋深、垂直接地极等降阻方法的机理和特点，进行经济技术比较，选用合适的降阻措施，甚至组合降阻措施，以降低接地电阻。

降低杆塔接地电阻技术是通过降低杆塔的冲击接地电阻来提高输电线路反击耐雷水平的一种输电线路防雷技术，其原理是：当杆塔接地电阻降低时，雷击塔顶时塔顶电位升高程度降低，绝缘子承受过电压减小，提高了线路的反击耐雷水平，降低线路的雷击跳闸率。具体使用原则如下：

（1）对于接地电阻值的要求，分为重要线路和一般线路。

1）重要线路。

新建线路：每基杆塔不连地线的工频接地电阻，在雷季干燥时不宜超过表 2-10 所列数值。

表 2-10 重要线路杆塔新建时的工频接地电阻

土壤电阻率（Ω·m）	≤100	100～500	500～1000	1000～2000	2000
接地电阻（Ω）	10	15	20	25	30

注 如土壤电阻率超过 2000Ω·m，接地电阻很难降到 30Ω 时，可采用 6～8 根总长不超过 500m 的放射形接地体，或采用连续伸长接地体，接地电阻可不受限制。

运行线路：对经常遭受反击的杆塔在进行接地电阻改造时，每基杆塔不连地线的工频接地电阻，在雷季干燥时不宜超过表 2-11 所列数值。

表 2-11 重要线路易击杆塔改造后的工频接地电阻

土壤电阻率（Ω·m）	≤100	100～500	＞500
接地电阻（Ω）	7	10	15

2）一般线路。

新建线路：每基杆塔不连地线的工频接地电阻，在雷季干燥时，不宜超过表 2-12 所列数值。

表 2-12 一般线路杆塔的工频接地电阻

土壤电阻率(Ω·m)	≤100	100～500	500～1000	1000～2000	2000
接地电阻（Ω）	10	15	20	25	30

注 如土壤电阻率超过 2000Ω·m，接地电阻很难降到 30Ω 时，可采用 6～8 根总长不超过 500m 的放射形接地体，或采用连续伸长接地体，接地电阻可不受限制。

运行线路：对经常遭受反击的杆塔在进行接地电阻改造时，每基杆塔不连地线的工频接地电阻，在雷季干燥时应小于表 2-11 所列数值。

（2）重要同塔多回线路杆塔工频接地电阻宜降到 10Ω 以下。

（3）一般同塔多回线路杆塔宜降到 12Ω 以下。

（4）严禁使用化学降阻剂或含化学成分的接地模块进行接地改造。

（5）对未采用明设接地的 110kV 及以上线路的砼杆，宜采用外敷接地引下线的措施进行接地改造。

2. 运维要求

在降低杆塔接地电阻时，应以现有标准和规程为准则，因地制宜，充分利用杆塔周围的各种条件，采用科学合理的方法，将冲击接地电阻控制在安全范围之内并留有一定的安全裕度，具体使用注意事项如下：

（1）根据每基杆塔的实际情况，认真查看地质、地势，测试杆塔周围各个不同深度的土壤电阻率，结合今后的运行维护成本，经过技术经济对比之后采取有效的降阻措施。

（2）选择腐蚀性低和降阻性能较好的物理降阻剂。使用降阻剂涉及环保、技术经济条件等多个因素，因此，在平原地区，采用常规办法基本能使接地电阻达到设计要求值时，应尽量避免使用降阻剂。

（3）在山区等土壤电阻率高的区域，采用物理降阻方法改造接地装置的效果有限时，可适当地采用接地模块来降低杆塔接地电阻，同时综合考虑多种防雷措施，提高其防雷经济性和防雷效果。

（4）降低接地电阻，施工和检验是关键。在冲击接地电阻测量上，应采用科学的冲击接地电阻测量方法和装置，同时对施工后的杆塔冲击接地电阻进行检验。

（四）线路避雷器

1. 分类与选型

线路避雷器通常是指安装于架空输电线路上用以保护线路绝缘子免遭雷击闪络的一种避雷器。线路避雷器运行时与线路绝缘子并联，当线路遭受雷击时，能有效地防止雷电直击和绕击输电线路所引起的故障。

线路避雷器的分类如图 2-60 所示。从间隙特征上讲，线路避雷器大体上分为无间隙和有间隙避雷器两大类，有间隙避雷器又有外串间隙和内间隙之分，由于产品制造和运行方面的综合原因，内间隙避雷器在线路上几乎不用，因此有间隙线路避雷器通常是指外串联间隙避雷器。有间隙线路避雷器作为主流的线路避雷器，又有纯空气间隙避雷器和绝缘子支撑间隙避雷器两种主要形式，如图 2-60 所示。

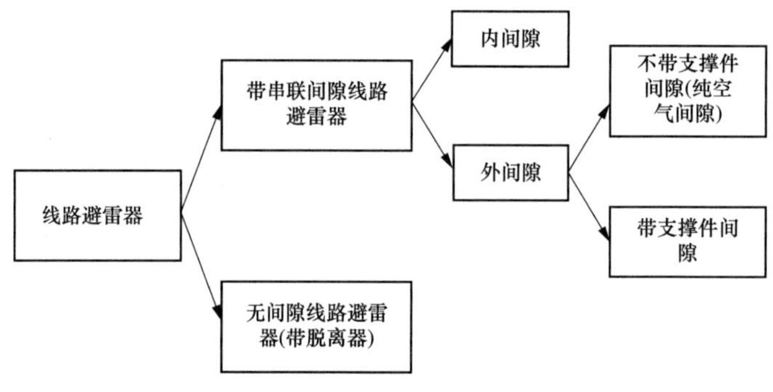

图 2-60　线路避雷器的分类

无间隙线路避雷器主要用于限制雷电过电压及操作过电压；带外串联间隙线路避雷器由复合外套金属氧化物避雷器本体和串联间隙两部分构成，主要用于限制雷电过电压及（或）部分操作过电压。近十几年来，国内外采用带外串联间隙金属氧化物避雷器，大大提高了金属氧化物避雷器承受电网电压的能力，又具有更好的保护水平，因此 EGLA（带外串间隙线路避雷器）是应用最广泛的线路避雷器。

我国在 20 世纪 90 年代开发出了带脱离器的无间隙避雷器，35～500kV 线路型避雷器均有多年应用经验，最长运行时间已有十多年之久，取得了良好的防雷效果。但是鉴于对安装在交通不便的野外特别是山区等，无间隙避雷器的维护是一个普遍的问题。另外，由于目前国内绝大多数脱离器的性能、质量和可靠性不好，屡次发生避雷器还是完好的脱离器却动作了，或者避雷器已损坏了但脱离器仍未动作的现象。鉴于这些原因，近些年的线路避雷器的安装应用普遍集中于有串联间隙避雷器上。EGLA 的基本构成如图 2-61 所示。

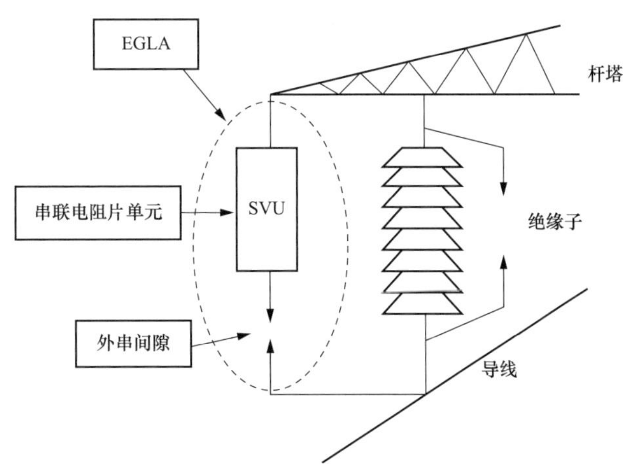

图 2-61　EGLA 的基本构成

相对而言，带串联间隙避雷器的优点比较明显，具体体现在：①通过选择间隙距离，可使线路避雷器的串联间隙只在雷击时才击穿，而在工频过电压和操作过电压下不动作，从而减少避雷器的不必要的动作次数。②串联间隙使避雷器的电阻片几乎不承受工频电压的作用，延长了避雷器的寿命，从而减少避雷器的定期维护工作量。③如避雷器本体发生故障，带串联间隙结构可将有故障的避雷器本体隔离开，不致造成绝缘子短路而引起线路跳闸。

线路避雷器的选择是通过比较结构形式、电气参数、安装方式和应用效果后的一种综合选择结果，最根本的要求是既要保证起到保护作用，又能确保自身长期安全稳定运行。避雷器的选型，主要从以下 5 个角度考虑：

（1）结构形式的选择。

线路避雷器结构形式的选择主要首先考虑其要承担的任务和维护的方便程度等因素。无间隙线路避雷器的电阻片长期承受系统电压，以及在操作过电压下会频繁动作，因此对电阻片的通流容量以及老化特性要求相对要高，而且由于安装在输电杆塔上，与无间隙电站避雷器相比，会长期面临塔头微风振动、导线风摆甚至于是舞动、更高的风压力等更加不利的运行环境和条件，因此对于制造工艺和质量的要求更高，否则极易出现机械结构破坏并进而引起密封出现问题，最终导致避雷器事故。运行条件恶劣且又不易维护，使得无间隙线路避雷器的应用一直存在隐患。不过由于其结构高度与被保护绝缘子串长度相近，安装起来会更加方便。

有间隙线路避雷器由于串联间隙的作用，正常情况下本体部分基本不承担电压，避免了电阻片老化的问题。只要间隙绝缘完好，即使本体失效，一定时期内也基本不会影响到线路正常供电。有间隙避雷器的安装，除了要考虑避雷器及其附属安装支架的机械性能外，其与被保护绝缘子（串）之间的距离也得考虑，应不影响或少影响绝缘子的电位分布和绝缘耐受水平为宜。

在综合考虑各种因素的情况下，线路避雷器倾向于使用有串联间隙结构。

（2）标称放电电流与残压的选择。

1）标称放电电流的选择。通常可以选择避雷器的标称放电电流为 20、10kA 或 5kA。一般情况下，500kV 线路避雷器的标称放电电流宜选为 20kA；220、110kV 线路避雷器的标称放电电流通常选 10kA 即可；330kV 线路由于主要出现在我国西北地区，雷电强度相对较弱，避雷器的标称放电电流选 10kA 即可；有点特殊的是 35kV 线路广布于我国的广大地区，尽管对于感应雷而言通常选择 5kA 即可，但对于特殊的强雷活动区且有可能遭受直击雷的地区，往往建议选择为 10kA。

2）残压的选择。通常 35、110、220、500kV 线路绝缘子串的雷电冲击 50%闪络电压分别不低于 300、600、1000kV 和 2000kV，在标称放电电流下的残压很容易做到远低于其对应值，例如：150、300、600kV 和 1400kV。而且与电站避雷器相比，使用更小直径的电阻片仍可以满足要求。

（3）额定电压及直流参考电压的选择。选取无间隙避雷器额定电压的原则是：避雷器的额定电压必须大于避雷器安装可能出现的最高工频过电压。对于 110kV 线路，额定电压通常取 96～108kV；对于 220kV 线路，额定电压通常取 192～216kV；对于 500kV 线路，额定电压通常取 396～444kV。在实际工程中，具体选择方案还要随工程实际情况和标准化的要求来调整。

对于有间隙避雷器的额定电压而言，35kV 避雷器可以选 42～51kV，110kV 避雷器可以选 84～102kV，220kV 避雷器可以选 168～204kV，500kV 避雷器可以选 372～420kV。

额定电压通常与直流参考电压有密切的对应关系，即直流参考电压等于$\sqrt{2}$倍的额定电压。如此一来，35、110、220kV 和 500kV 线路避雷器本体的直流参考电压大致可以选为分别不低于 60、120、240kV 和 526kV 即可。

（4）避雷器通流容量或电荷处理能力的选择。无间隙线路避雷器在操作过电压作用下动作，其能量吸收可以根据典型的线路参数和典型的避雷器伏安特性曲线，由 EMTP 程序精确确定。

与无间隙避雷器相比，有间隙避雷器由于通常只通过雷电冲击电流，因此其实际的能量吸收要小许多。对于 35、110、220kV 和 500kV 线路避雷器而言，其折合的方波冲击电流一般不超过 200、300、400A 和 600A。但是 35kV 线路避雷器有些特殊，在线路无架空地线的情况下也是会遭受直击雷的，此时的能量吸收基本与 110kV 相似。

（5）间隙距离的选择。目前，我国对带外串间隙线路型避雷器的设计和选择主要基于两点：第一，避雷器应能耐受系统正常的操作过电压，即串联间隙不放电或达到可接受的放电概率。由此而选择避雷器的最小间隙距离。第二，确保当出现一定幅值的雷电冲击过电压时，避雷器间隙能可靠放电。而且正负极性雷电冲击放电电压的差异要尽可能小。为使避雷器放电而绝缘子不闪络（或达到可接受的闪络概率），需使避雷器放电的伏秒特性低于绝缘子闪络的伏秒特性，由此选择避雷器的最大间隙距离。

通常可以认为 35、110、220、330kV 和 500kV 的操作过电压倍数为 4.0、3.0、3.0、2.2、2.0。对应的过电压幅值分别为 132、309、617、652kV 和 898kV，原则上避雷器应

耐受对应电压等级操作过电压。以棒-棒间隙为例，其对应的最小间隙距离分别为120、450、900mm和1650mm。当然，由于实际的间隙结构形式与棒-棒间隙有些出入，因此要根据具体的结构通过试验来精确确定。

研究表明，避雷器雷电冲击50%放电电压至少应比绝缘子雷电冲击50%闪络电压低16.5%。不同的绝缘子形式（瓷绝缘子、玻璃绝缘子、复合绝缘子）以及不同的串长（或片数），其雷电冲击放电电压是不同的。以瓷绝缘子为例，35、110、220kV和500kV一般的最少片数分别为3、7、13片和25片，其正极性的50%雷电冲击放电电压分别为300、600、1100kV和2000kV，因此对应避雷器的最大50%雷电冲击放电电压分别为240、525、900kV和1760kV。以棒-棒间隙为例，其对应的最大间隙距离分别为140、550、950mm和1750mm。当然，由于实际的间隙结构形式与棒-棒间隙有些出入，因此要根据具体的结构通过试验来精确确定。

作为一个参考，35、110、220、330kV和500kV有间隙线路避雷器的间隙尺寸大致为120～140、450～550、900～950、1650～1750mm。

2. 使用原则

安装线路避雷器是防止线路绝缘雷击闪络的有效措施。受制造成本限制，线路避雷器不适合大范围安装使用，应根据技术经济原则因地制宜地制定实施方案。选择使用线路避雷器时应遵循以下原则：

（1）一般线路不推荐使用线路避雷器。在雷害高发的线路区段，当其他防雷措施已实施但效果仍不明显时，经充分论证后方可安装线路避雷器。

（2）应优先选择雷害风险评估结果中风险等级最高或雷区等级最高的杆塔安装线路避雷器。

（3）雷区等级处于C2级以上的山区线路，宜在大档距（600m以上）杆塔、耐张转角塔及其前后直线塔安装线路避雷器。

（4）重要线路雷区等级处于C1级以上且坡度25°以上的杆塔、一般线路雷区等级处于C2级以上且坡度30°以上的杆塔，宜安装线路避雷器。

（5）雷区等级处于C1级以上的山区重要线路、雷区等级处于C2级以上的山区一般线路，若杆塔接地电阻在20～100Ω之间且改善接地电阻困难也不经济的杆塔宜安装线路避雷器。

（6）安装线路避雷器宜根据技术经济原则因地制宜地制定实施方案，线路避雷器安装方式一般如下：

1）330～750kV单回线路优先在外边坡侧边相绝缘子串旁安装，必要时可在两边相绝缘子串旁安装；

2）220kV单回线路必要时宜在三相绝缘子串旁安装；

3）110kV单回线路在三相绝缘子串旁安装；

4）330kV及以上同塔双回线路宜优先在中相绝缘子串旁安装，安装时应以导线绝缘子串干弧距离与导线下方横担的空气间隙距离较小者确定线路避雷器的参数以及安装位置；

5）220kV 及以下同塔双回线路宜在一回路线路三相绝缘子串旁安装。

线路避雷器常用的安装方式主要有上接地安装、下接地安装和侧面接地安装三种。

上接地安装方式基本上均采用一过渡安装支架，其一端固定于杆塔横担上沿线路走向方向伸出，另一端作为避雷器的悬挂端，通常导线、绝缘子串、避雷器处于一个平面内，图 2-62 是这种安装方式的典型代表。但是针对不同的杆塔，过渡安装支架也有沿横担方向往外伸出的，如图 2-63 所示。

(a)

(b)

图 2-62　单回直线塔边相导线上方安装

（a）纯空气间隙；（b）绝缘子支撑间隙

图 2-63　单回直线塔边相导线外侧安装

下接地安装方式对于不同的间隙结构而言略有不同。对于纯空气间隙而言，需要在导线下方塔身的适当高度处另外设计安装一个辅助支架，而避雷器本体以站立的形式安装于辅助支架上，在导线和避雷器上端之间形成串联间隙。这时的避雷器类似于一个支架式安装的电站避雷器，如图 2-64 所示。下接地安装方式对于绝缘子支撑间隙避雷器而言，安装起来要方便得多，避雷器的上挂点通过合适金具直接连接于绝缘子串的下金具上，而避雷器的接地端可以连接于下方的类似辅助支架上，或者用满足强度要求的接地线直接斜拉安装与塔身上，如图 2-65 和图 2-66 所示。

无论用何种方式安装，纯空气间隙避雷器要特别注意的是间隙距离的保证，绝缘子支撑间隙避雷器要特别注意的是连接金具、连接导线和接地端的机械强度，还要有适度的活动范围以使得避雷器能随导线可以自由活动。

3. 运维要求

（1）交流避雷器。为了掌握和了解线路避雷器在运行使用中的工作状况，需要进行巡线查看或进行必要检测。

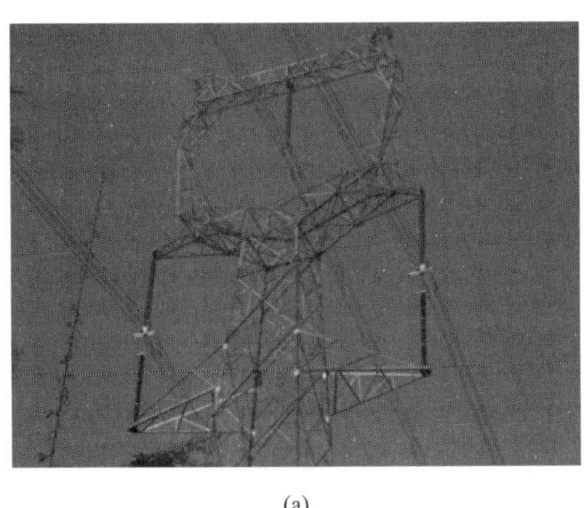
(a)

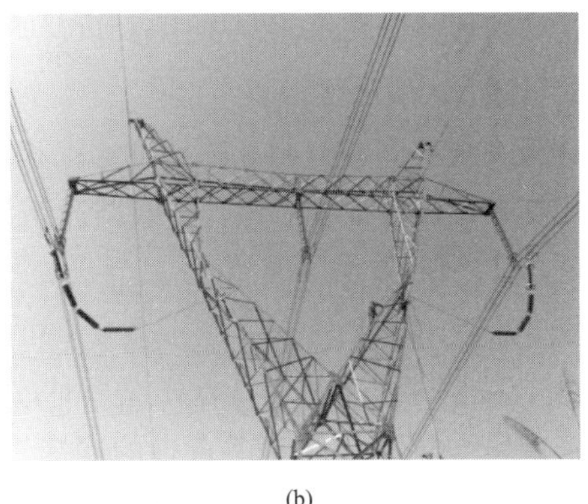
(b)

图 2-64　单回直线塔边相导线下方安装

（a）纯空气间隙；（b）绝缘子间隙

(a)

(b)

图 2-65　单回耐张塔边相导线下方安装

（a）纯空气间隙；（b）绝缘子间隙

1）维护计划。带间隙避雷器只需要定期巡线（通常在每年雷雨季节之前巡视一次即可），目测避雷器的外观是否有损坏情况，并记录计数器的动作数据；无间隙线路避雷器需要做定期检测，检测方法和周期可参照变电站用无间隙避雷器。对于带脱离器的无间隙线路避雷器可采用抽查方式。

图 2-66　同塔双回直线三相导线下方安装

2）线路避雷器运行维护主要内容。避雷器定期巡视可结合线路正常沿线巡检进行。

a. 避雷器的主要部件（本体、间隙的电极、支撑杆）、引流线、接地引下线及附件（如放电计数器、脱离器、在线监测装置）都在安装位置。

b. 无间隙线路避雷器和带间隙线路避雷器的本体外观应完整、无可见形体变形，绝缘外套（含支撑杆）应无破损、无可见明显烧蚀痕迹和异物附着。在杆塔上固定安装时，应无非正常偏斜和摆动。

c. 带间隙线路避雷器间隙的环形电极应无明显移位、偏移和异常摆动、无可见异物附着；环及环管应无明显变形。

d. 记录在线监测装置测量的持续电流和放电计数器记录的动作次数（可地面获取时）。

e. 用红外热像仪检测对运行中线路避雷器本体及电气连接部位，红外热像图显示应无异常温升、温差和/或相对温差。

f. 脱离器有无动作。

3）配合线路停电检修进行登杆巡视时，除上述各项外，还应增加以下检查项目：

a. 避雷器（本体）、间隙等部件的连接与固定应牢靠、无松动，应有的紧固件齐全。

b. 绝缘外套应无损伤和破裂，材质应无粉化和撕裂强度无明显下降感。

c. 检查在线监测设备工作应正常。

d. 纯空气间隙避雷器间隙尺寸测量。

（2）直流避雷器。对于运行中的直流线路避雷器，需要进行定期巡视或必要检测，运行维护的主要内容如下：

1）避雷器的主要部件（本体、间隙的电极）及附件（如放电计数器、引流线）都在安装位置。

2）避雷器的本体外观应完整、无可见形体变形，绝缘外套应无破损、无可见明显烧蚀痕迹和异物附着。在杆塔上固定安装时，应无非正常偏斜和摆动。

3）避雷器间隙的环形电极应无明显移位、偏移和异常摆动、无可见异物附着，环及环管应无明显变形。

4）记录放电计数器记录的动作次数（可地面获取时）。

5）用红外热像仪检测运行中无间隙线路避雷器本体及电气连接部位，红外热像图显示应无异常温升、温差和相对温差。

6）在线路检修和绝缘子（串）更换时，应检查间隙距离。

（五）并联间隙

1. 使用原则

并联间隙在绝缘子上的布置应合理，并联间隙的安装使用应满足以下条件：

（1）对于直线塔的悬垂串，并联间隙电极尽量顺导线布置。

（2）耐张绝缘子串的并联间隙，仅在绝缘子串向上的一侧安装并联间隙电极。

（3）同塔双回线路直线杆塔可优先选择安装并联间隙，并选择绝缘水平较低的一回进行安装；同塔双回耐张塔的导线一般都是垂直排列，上方导线的跳线距下面横担的距离相对较近。若在同塔双回耐张塔的耐张串上安装并联间隙，中相下相发生闪络后，间隙上产生工频电弧的弧腹会向上飘移，若弧腹飘移到上方导线的跳线处就会造成相间短路，故应慎重考虑在同塔双回线路耐张串上安装并联间隙。

（4）在已经运行输电线路（玻璃）绝缘子串上安装并联间隙。为降低输电线路的雷击跳闸率，可在安装并联间隙的同时在绝缘子串上增加 1～2 片绝缘子。但需注意以下因素：

1）若耐张串增加绝缘子片后对档距弧垂、塔头空气间隙影响较大，可不增加绝缘子；对于特殊易击耐张塔，耐张串安装并联间隙且不增加绝缘子会显著影响整条线路的雷击跳闸率，则不安装并联间隙，可考虑安装线路避雷器。

2）增加绝缘子会影响杆塔的塔头空气间隙及交叉跨越距离，特别是猫头塔、酒杯塔的中相，以及线路跨越其他线路、公路的情况。若增加绝缘子使杆塔的塔头空气间隙及交叉跨越距离不满足设计要求时，可不增加绝缘子。对于110kV及以下输电线路，若全线均是猫头塔或酒杯塔，则安装并联间隙时需慎重考虑中相是否增加绝缘子。

（5）中雷区及以上地区或地闪密度较高的地区，可采取安装并联间隙的措施来保护绝缘子，以降低线路运维工作量。500kV核心骨干网架、500kV战略性输电通道和110kV及以上电压等级重要负荷供电线路不宜安装并联间隙。同塔双回线路，可选择雷害风险较高的一回进行安装。500kV同塔双回耐张塔不宜安装并联间隙，110、220kV同塔双回耐张塔宜仅在上相安装。

2. 运维要求

对于挂网运行的并联间隙只需安排定期巡检（每年至少一次，最好在雷雨季节之前），巡检的主要内容包括绝缘子并联间隙电极是否有烧蚀痕迹、并联间隙是否有异常。巡检时若绝缘子并联间隙电极有烧蚀痕迹，则判断为并联间隙闪络，观察绝缘子是否有闪络痕迹，宜拍照记录。巡检时发现并联间隙电极端部因多次烧灼使得间隙距离增加超过5cm时，记录在案，等线路定期检修时予以更换。

（六）其他装置使用原则及注意事项

1. 塔顶避雷针

采用塔顶避雷针技术应注意以下方面：

（1）塔顶避雷针应安装在线路容易遭受雷击的线段或杆塔。这些杆塔均位于风口、边坡、山顶、水边，遭受雷击的概率比一般地形杆塔大很多。

（2）对于安装点的选取还需进一步积累经验，需结合杆塔的形式和地形地貌总结一套行之有效的方法。

（3）220kV及以上线路安装塔顶避雷针的杆塔应严格控制考虑季节系数修正后的杆塔工频接地电阻不大于15Ω。

（4）110kV及以下线路不应安装塔顶避雷针。

2. 侧向避雷针

220kV及以上单回线路宜水平安装在边相导线横担上，且推荐采用伸出横担长度为2.0m以上的侧向避雷针；220kV及以上同塔双回线路宜优先水平安装在中相导线横担上，且推荐采用伸出横担长度为2.0m以上的侧向避雷针。110kV及以下线路不应安装侧向避雷针。安装于杆塔横担的侧向避雷针应注意选择合适的针长以起到较好的屏蔽效果。

在应用侧向避雷针技术时应注意：

（1）侧向避雷针的有效性是在长间隙放电缩比模型试验中得出的，其原理还没有得到充分验证，仍待商榷。

（2）由模型试验得到的试验结果可能与真实情况存在偏差，其实际效果并未得到全面验证。但地线侧针在架空地线上直接安装后，对地线的防微风振动效果的影响是负面的。

（3）我国部分地区曾发生大风环境下侧向避雷针拉断地线的事故，因此禁止使用直接安装于地线上的侧向避雷针。

3. 耦合地线

耦合地线作为一种反击防护措施可用于一般线路，其可增加导线和地线之间的耦合作用，同时具有分流作用。在满足杆塔机械强度和导线对地距离情况下，可根据地形地貌采用架设耦合地线技术。

耦合地线的装设受杆塔结构、强度、弧垂对地距离、地形地貌等诸多因素的影响和限制，应用此项技术时应注意以下事项：

（1）实际应用中，考虑耦合地线被盗严重应慎重选用；对于已架设耦合地线的线路则应加强巡视和维护。

（2）应充分考虑耦合地线与导线的电气距离配合，特别是交叉跨越时的配合。

（3）由于在导线下面增设的耦合地线，增加了杆塔荷载，部分杆塔及挂线点需补强及增设，因此应做好杆塔强度的校核工作。

（4）应按照设计规程要求，在架设耦合地线前，做好耦合地线对地距离的校核工作，以确保人身的安全，同时防止送电线路设施的人为破坏。

（5）风口、大跨越处慎用，防止强对流天气下耦合地线上扬造成故障。

三、雷击故障处置与分析

（一）雷击故障处置

电力系统发生故障后，工作人员要根据故障信息并结合故障发生时的天气状况，初步判断故障类型及故障发生点，然后到现场巡视，进一步确定故障类型和故障地点，随后对故障进行分析，进一步根据故障原因，提出相应的整改措施。

对于雷闪天气时出现的跳闸故障，应重点关注是否为雷击跳闸故障。对于疑似为雷击故障的处理步骤包括查询故障概况、故障点初步判断、故障巡视及处理、雷击故障原因分析、已采取防雷措施效果分析、整改建议措施。

1. 查询故障概况

（1）故障概述。

1）描述故障发生简况，包括时间、线路名称、交流线路故障相别（直流线路故障极性）、故障时运行电压和负荷、重合闸（再启动装置）动作情况等。如同一时间段内发生多次故障，应按时间顺序对故障情况进行逐一描述。

2）描述行波测距和故障录波信息（故障录波图和故障录波分析报告附在附录中）。如无故障定位或故障定位没起作用，也应说明。

3）填写表 2-13。

表 2-13　　　　故障基本情况

电压等级（kV）	线路名称	跳闸发生时间（年/月/日/时/分/秒）	故障相别（或极性）	重合闸情况	雷电监测系统监测情况		备注
					电流值（kA）	定位杆号	

（2）初步判断是否为雷击故障。

查看故障录波信息中的故障测距，大致确定故障杆塔的范围。通过雷电监测系统查看故障杆塔范围及其周围 5km 内落雷情况，若有落雷记录，则可以认定为疑似雷击故障。

雷击为金属性或接近金属性接地（即电弧短路），90%以上为单相接地故障，故障波形在故障录波图上表现为正弦波，故障持续时间短（几十毫秒），保护测距和故障录波测距之间相差不大，且两端测距无交叉和空档，故障测距比较准确，与现场故障点较吻合。此外，绝大部分雷击故障时重合闸能动作成功。若故障满足上述要求，则可以初步判定此故障为雷击故障。

2. 故障点查找

当发生线路故障跳闸时，如果认定为疑似雷击故障，可以访问雷电监测系统查询页面。用户可以在查询页面上提交各种查询条件，如线路名称、线路跳闸时间、线路走廊半径、雷电流幅值范围等，随后系统就会显示出符合查询条件的雷击列表，如图 2-67 所示。

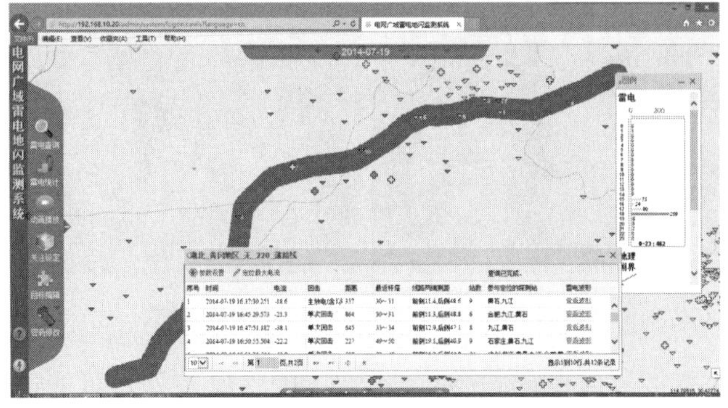

图 2-67　雷击线路查询界面

上述参数通过 ASP 交互提交到服务器，服务程序查询在该时间段线路附近是否有雷电活动，如果有，给出雷电流的具体幅值、可能遭受雷击的杆塔等结果。程序还可以生成一幅以线路为中心在该时间段内的雷电活动情况的图片。用户从网页可以看到图片与雷电的具体参数，判定线路是否由于雷击跳闸，如果是，哪些杆塔应重点巡查。

通过雷电监测系统实现雷击故障点的快速定位和雷雨季节的事故鉴别，是雷电监测系统最基本也是最重要的一项功能，也是推动雷电监测系统在电网迅速发展的主要动力。

除此之外，还应当结合故障录波信息中的故障测距功能来共同确定疑似雷击故障点。

3. 故障巡视及处理

（1）故障巡视。在对线路故障性质进行了初步分析，并初步确定了故障点位置后，就需要合理组织故障巡线人员，安排车辆，以求快速查找到故障点。针对雷击跳闸故障，必须登上杆塔对绝缘子及金具等处的闪络痕迹进行确认。

常见的绝缘子闪络痕迹如图 2-68 和图 2-69 所示。

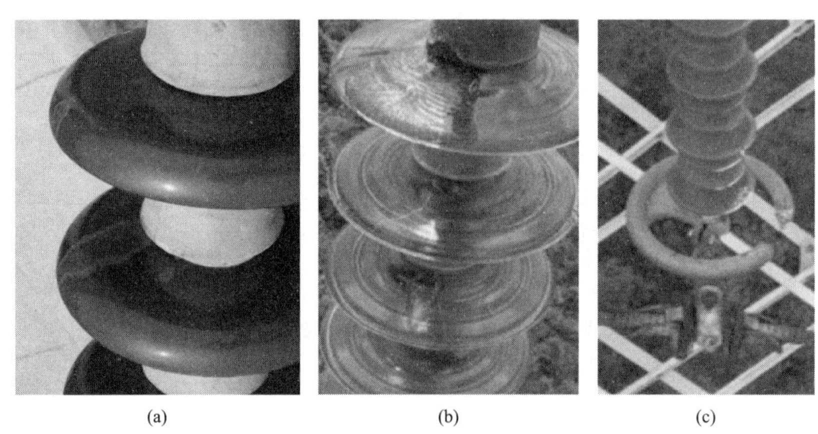

(a) (b) (c)

图 2-68 明显的雷击故障闪络痕迹

（a）瓷质绝缘子；（b）钢化玻璃绝缘子；（c）合成绝缘子

图 2-69 不明显的雷击故障闪络痕迹

绝缘子串瞬间被击穿，除了绝缘子串上会留下闪络痕迹外，可能还会有其他放电通道，在这个放电通道上会留下一些放电痕迹。如导线（跳线）、线夹、均压环、金具、塔身、地线、接地引下线连接点等位置，如图 2-70 所示。

（2）故障处理。对故障巡视记录进行总结概括，包括现场天气情况、现场地形、放电痕迹、周边居民调查情况等信息。现场巡视的各类信息尽量附图说明，特别是放电痕迹需具体说明闪络痕迹位置并附现场照片，包括故障杆塔整体照片［需标注 A、B、C 相别（极性）］、故障设备在杆塔上位置说明照片、放电痕迹的局部清晰照片等。说明现场数据收集情况，现场实测故障杆塔的 A、B、C、D 四个塔腿的接地电阻值，以便校核接地电阻是否符合设计要求和防雷要求。需要注意，现场实测故障杆塔接地电阻时，应当选择晴好天气、土壤干燥时测试。

图 2-70　其他雷击痕迹

(a) 导线；(b) 线夹；(c) 均压环；(d) 金具；(e) 塔身；(f) 接地引下线与塔身连接处；(g) 横担；(h) 架空地线

原则上，对于影响线路安全运行的故障点，应采取带电作业的方式进行消缺；对于因故不能进行带电作业且近期系统安排停电困难的线路，应采取相应的临时措施确保安全；对于线路安全运行影响不大（是指一般缺陷）的故障点，按相应的缺陷处理流程在一个检修周期内进行处理。

4. 雷击故障分析

现场巡视工作完成后，需要对雷击跳闸故障做深层次的剖析，以便下一步有针对性地提出整改措施和建议。雷击故障的分析方法有基本分析方法和深层复现分析方法。基本分析方法只针对雷击特征，参考雷击特征的辨识经验，直接对雷击进行定性分析；深层复现分析方法除了参考相关实际经验，还要采用相关理论，对整个雷击过程进行分析，并校核线路的耐雷性能。对于一般线路，可以采用基本分析方法，对于重要线路，必要时应采用深层复现分析方法。

5. 整改措施建议

通过查询该线路或杆塔历史故障信息，若无经常性故障，则可根据实际情况，按照防雷措施的基本原则进行整改；若为经常性故障，则需要对故障线路进行差异化防雷评估、差异化改造和治理工作，找出此线路的雷害易击段、易击杆塔，在雷害多发期，加强对雷害易击段的雷电监控和防治工作。若是设备存在家族性缺陷，需排查同类型设备的缺陷，加强设备质量入网检测，防止类似事故再次发生。

（二）雷击故障分析方法

根据《架空输电线路差异化防雷工作指导意见》中输电线路雷击故障分析方法的相关内容，雷击故障分析方法分为基本分析方法、深层复现分析方法。

1. 雷击故障基本分析方法

在每次雷击线路跳闸故障之后，均应进行相应故障原因分析，判别雷害性质以及可能造成的原因，提出针对性应对措施建议。雷击故障分析基本步骤如下：

（1）收集整理线路雷击跳闸的详细信息，包括故障线路及杆塔信息及巡线结果。

（2）查询雷电监测系统获得可能引起雷击故障的雷电活动信息，包括雷电流幅值和极性。

（3）根据故障痕迹、故障相别、故障塔数、杆塔地形地貌、接地电阻、防护措施等资料，结合雷电活动特征参数，判断雷击故障性质。高压架空输电线路雷击跳闸原因一般是由雷电反击（雷击杆塔或地线）或雷电绕击（雷击导线）引起。雷电反击跳闸一般雷电流较大，如500kV典型杆塔反击耐雷水平可达125～175kA，220kV典型杆塔为75～110kA，110kV典型杆塔为40～75kA。雷电反击一般有下列特征：

1）多相故障一般是由反击引起的；

2）水平排列的中相或上三角排列的上相故障一般是由雷电反击引起的；

3）档中导地线之间雷击放电（极为罕见的小概率事件）的，一般是由雷电反击引起的；

4）雷电监测系统探测雷电流幅值远超过杆塔反击耐雷水平（具体杆塔的反击耐雷水平实际数值需要计算）的故障可能是由雷电反击引起的；

5）一次跳闸造成连续多杆塔闪络的，有可能是由雷电反击引起的，也有可能是由雷电绕击引起的。雷电绕击导线引起绝缘闪络对应的雷电流幅值较小，如500kV线路绕击耐雷水平为22～24kA，220kV线路为12～14kA，110kV线路为5.5～7kA。

理论分析和国内外实践经验表明超高压线路尤其是山区线路存在明显的绕击现象。雷电绕击故障一般有下列特征：

1）雷电绕击一般只引起单相故障；

2）导线上非线夹部位有烧融痕迹（有斑点或结瘤现象或导线雷击断股）的，一般是由雷电绕击引起的；

3）水平排列的中相或上三角排列的上相导线一般不可能发生雷电绕击跳闸；

4）水平排列的边相或鼓形垂直排列的中相有可能发生雷电绕击；

5）雷电监测系统探测的故障雷击电流一般较小（小于杆塔反击耐雷水平）；

6）雷电绕击电流与导线保护角和杆塔高度有关，当雷电流幅值较大时，绕击的可能性较小。

2. 雷击故障深层复现分析

对于雷击故障、损失及影响较大的跳闸故障，必要时建议采用输电线路雷击故障复现技术对其本质原因进行剖析。

输电线路雷击故障复现技术是针对某次已经发生的雷击事故，通过现场调研、雷电监测系统监测信息、故障杆塔与线路参数信息等资料，利用三维 GIS 扫描提取的故障杆塔前后档距精细地形地貌数据，运用防雷计算分析方法尽可能地复现故障当时的情况，分析雷击跳闸的具体原因，找出主要影响因素，总结故障特点和规律。

输电线路雷击故障的复现分为 4 个部分，如图 2-71 所示。

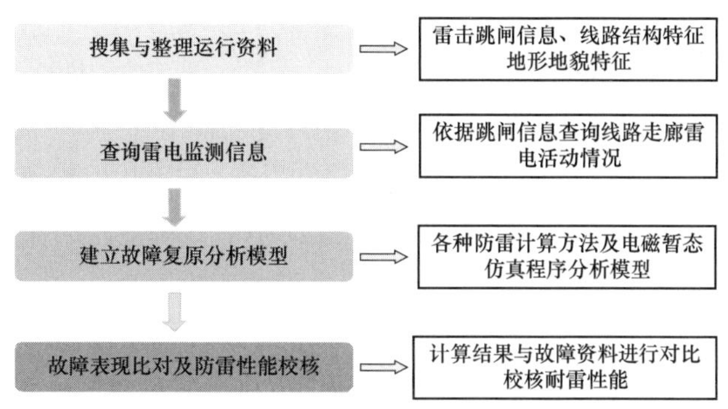

图 2-71 输电线路雷击故障复现分析流程图

（1）搜集并整理由运行单位提供的线路雷击跳闸详细信息和完备巡线资料。

（2）获取该时间段线路走廊内的雷电活动信息。

（3）根据线路走廊雷电活动信息，结合运行单位提供的线路雷击跳闸故障损失及表现以及线路的具体特征，判别线路的雷击故障性质，是反击还是绕击，同时查找最可能造成本次雷击跳闸的雷电。

（4）依据搜集整理的线路雷击跳闸相关杆塔、绝缘、地形资料，提取故障塔及故障塔相邻档距附近的地形地貌特征，结合雷击故障性质初步判别结果，采用 EGM、先导发展模型、EMTP/ATP 等防雷计算方法校验线路的耐雷性能，与雷电监测系统查询雷电信息比对，核算引起线路雷击跳闸可能的雷击入射点范围。

综合以上 4 个部分的内容完成对一次雷击跳闸的事故分析与复现，在经过故障复现分析后，将结果进行统计、比对、分析，总结雷击跳闸与雷击入射点范围、杆塔结构、地形地貌以及接地情况的相关性，对于提出针对性的防雷措施具有重要的支撑。

输电线路雷击故障分析复现的价值在于经过对多次雷击故障的分析复现之后，寻找总结雷击故障中的潜在规律，为防雷措施的实施和线路改造提供针对性的指导意见与建议。

四、案例分析

（一）1000kV 岳定Ⅰ线雷击跳闸案例分析

1. 故障基本情况

（1）故障简况。

1）2019 年 7 月 31 日 19 时 08 分，1000kV 岳定Ⅰ线 B 相故障，重合闸成功。故障前岳定Ⅰ线为正常运行方式，负荷为 796.73MW。

2）分布式故障诊断：故障时刻 2019 年 7 月 31 日 19 时 8 分 21.712 秒，故障杆塔为 260 号杆塔左右一两基杆塔范围内，故障性质绕击。

3）经带电登塔和无人机巡检发现 N259 铁塔 B 相右相绝缘子串塔端第一片钢帽和导线端均压环均有放电痕迹。

故障基本情况见表 2-14。

表 2-14　　故 障 基 本 情 况

电压等级（kV）	线路名称	跳闸发生时间（年/月/日/时/分/秒）	故障相别	重合闸情况	强送电情况		故障时负荷（MW）	备注
1000	岳定Ⅰ线	2019 年 7 月 31 日 19 时 8 分 21 秒	B 相	重合成功	—	—	796.73	

故障时刻为 2019 年 7 月 31 日 19 时 8 分 21.712 秒。故障测距距保定站距离：931 保护测距 113.5km、603 保护测距 111.562km，故障录波器测距 117.646km。

故障点 N259 铁塔距离保定站 115.938km，与 931 保护测距偏差 2.1%、与 603 保护测距偏差 3.7%，与故障录波测距偏差－1.4%。故障发生时刻故障录波图如图 2-72 所示。

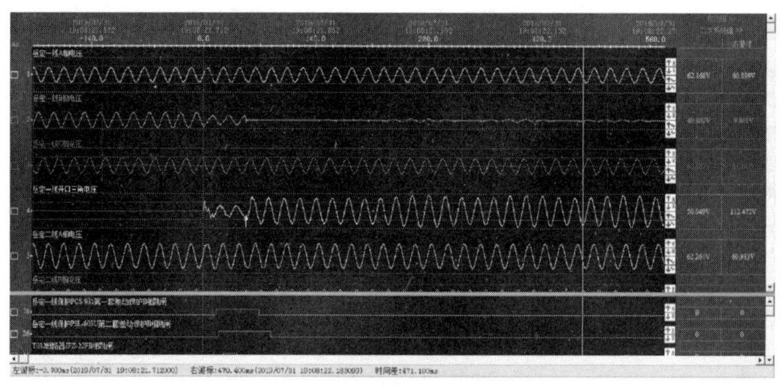

图 2-72　故障录波图

（2）分布式故障诊断装置结论。

故障描述：1000kV 岳定Ⅰ线 B 相于 2019 年 7 月 31 日 19 时 8 分 21 秒发生跳闸故障，故障杆塔为 260 号杆塔，故障性质为绕击，如图 2-73 所示。

图 2-73　雷击故障位置示意图

系统记录：192 号杆塔记录到工频故障电流分闸波形，可判断岳定Ⅰ线 192 号杆塔 2019 年 7 月 31 日 19 时 8 分 21 秒 733 微秒发生故障跳闸，电流波形如图 2-74 所示。312 号杆塔故障电流行波 2019 年 7 月 31 日 19 时 8 分 21 秒 712 微秒如图 2-75 所示。192 号杆塔故障电流行波 2019 年 7 月 31 日 19 时 8 分 21 秒 712 微秒如图 2-76 所示。

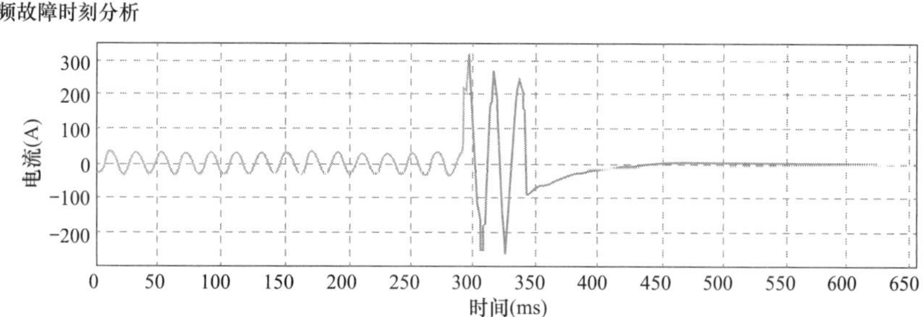

图 2-74　192 号工频故障电流波形 2019 年 7 月 31 日 19 时 8 分 21 秒 733 微秒

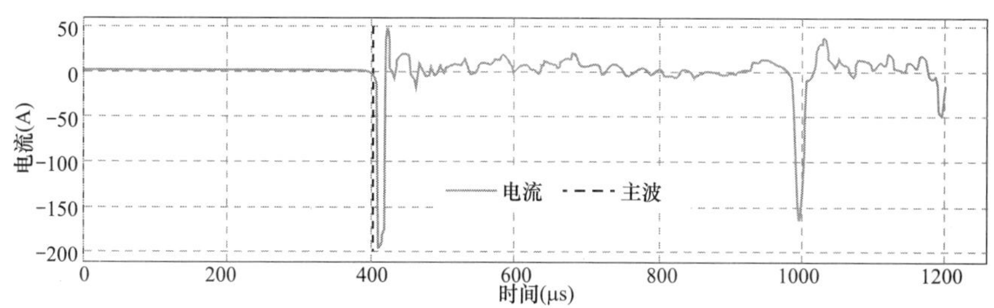

图 2-75　312 号杆塔故障电流行波 2019 年 7 月 31 日 19 时 8 分 21 秒 712 微秒

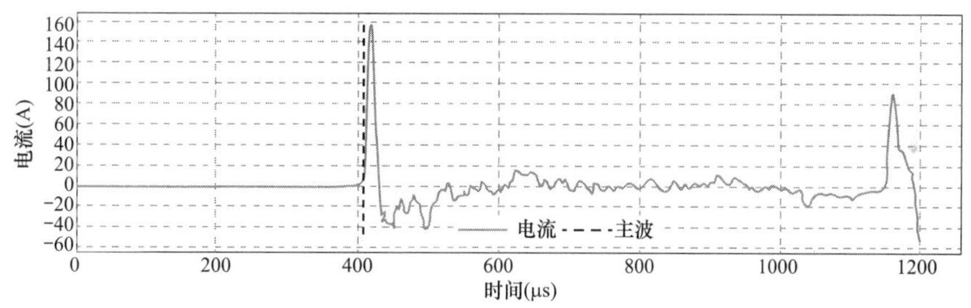

图 2-76　192 号杆塔故障电流行波 2019 年 7 月 31 日 19 时 8 分 21 秒 712 微秒

根据 GPS 精确定位知，故障点距离 192 号杆塔大号方向侧 44520m，故障杆塔为 260 号杆塔左右一两基杆塔范围内。

系统记录：根据记录的电流行波可知行波波尾时间均小于 40μs，符合雷击特征；行波电流起始位置无反极性脉冲，此次故障性质为绕击。

诊断结果：1000kV 岳定Ⅰ线 B 相于 2019 年 7 月 31 日 19 时 8 分 21 秒发生跳闸故障，故障杆塔为 260 号杆塔，故障性质为绕击。根据反射波定位知，故障点距离 192 号杆塔大号方向侧 44520m，故障杆塔为 260 号杆塔左右一两基杆塔范围内。行波波尾时间小于 20μs，行波起始位置无反极性脉冲，故障性质绕击。

（3）故障区段基本情况。

1）故障线路及区段基本情况。

1000kV 岳定Ⅰ线起于 1000kV 北岳变电站，止于 1000kV 保定变电站。国家电网有限公司河北检修公司责任运维区段为N192小号侧耐张线夹出口1m处至1000kV保定变电站架构，运维长度160.183km，铁塔288基，其中双回塔106基（耐张塔33基，直线塔73基）；单回塔182基（耐张塔65基，直线塔117基）。途径河北省保定地区阜平县、涞源县、唐县、顺平县、满城县、易县、徐水县和定兴县等8个行政县、26个乡镇。

本次故障位置N259位于保定涞源县南马庄乡桦木沟村，地处山区。

2）故障区段基本情况。

岳定Ⅰ线N259塔型为JC30103B，高程为1134m，相邻大号侧为耐张塔，档距1135m，小号侧为直线塔，档距为624m，N259与N260间跨越深谷。

N259塔故障相B相耐张串三联绝缘子采用3×49片LXP-550型玻璃绝缘子，挂网时间为2016年11月，厂家为浙江金利华电气股份有限公司，单片爬电距离620mm/结构高度240mm，串长11760mm，干弧距离为11040mm。小号侧N258塔采用FXBW-1000/420绝缘子，爬电距离32000mm/结构高度9000mm；大号侧N260塔采用3×62片LXP-550型玻璃绝缘子，单片爬电距离620mm/结构高度240mm，串长14880m，符合设计污级要求。

故障杆塔右侧为OPGW-170光缆逐基接地，左侧为JLB20A-170铝包钢绞线。铁塔接地型式采用方环加射线，实测接地电阻值为3.12Ω，接地电阻满足设计要求。

故障区段基本情况见表2-15。

表2-15　　故障区段基本情况表

<table>
<tr><td rowspan="2">起始塔号</td><td rowspan="2">终止塔号</td><td rowspan="2">故障区段长度（km）</td><td rowspan="2">故障区段耐张段长度（km）</td><td colspan="4">故障杆塔</td><td rowspan="2">接地电阻设计值（Ω）</td><td rowspan="2">雷害等级</td><td rowspan="2">已采用的防雷措施</td></tr>
<tr><td>经度坐标</td><td>纬度坐标</td><td>编号</td><td>型号</td></tr>
<tr><td>N259</td><td>N260</td><td>1.135</td><td>1.135</td><td>114.4186672</td><td>39.07991169</td><td>N259</td><td>JC30103B</td><td>30</td><td>C1级</td><td>两侧均安装避雷线并逐基接地</td></tr>
<tr><td rowspan="2">地面倾角（°）</td><td rowspan="2">接地形式</td><td rowspan="2">边相导线保护角（°）</td><td rowspan="2">导线对地高度（m）</td><td rowspan="2">导线型号</td><td rowspan="2">地线型号</td><td colspan="5">绝缘子配置</td></tr>
<tr><td>型号及片数</td><td>串型</td><td>并联串数</td><td>串长（mm）</td><td>干弧距离（mm）</td></tr>
<tr><td>70°</td><td>逐塔接地</td><td>−4°</td><td>跨越深谷</td><td>8×LGJ-630/45</td><td>左侧OPGW-170；右侧JLB20A-170</td><td>49片LXP-550型玻璃绝缘子</td><td>三联</td><td>3</td><td>11760</td><td>11040</td></tr>
<tr><td>设计单位</td><td colspan="10">西南电力设计院有限公司</td></tr>
<tr><td>施工单位</td><td colspan="10">华东送变电公司</td></tr>
<tr><td>运维单位</td><td colspan="10">国家电网有限公司河北省电力有限公司检修分公司</td></tr>
<tr><td>资产属性</td><td colspan="10">国家电网有限公司河北省电力有限公司</td></tr>
<tr><td>投运时间</td><td colspan="10">2016年11月24日</td></tr>
</table>

3）设计要求。

本工程杆塔采用双地线防雷设计，地线对边相导线的保护角如下：对于单回线路，在山区按不大于−4°；耐张塔地线对跳线的保护角，山区单回路按不大于0°。

本工程接地装置采用水平浅埋接地圆钢。对于土壤电阻率较高的山区，采用降阻模块进一步降低接地电阻。对于土壤电阻率非常高的山区，采用离子接地极降低接地电阻，对于全线少部分田地以及运行维护困难的山区塔位，采用铜覆钢垂直接地极。为保证本工程的长期安全运行，选用的降阻模块、多效能离子接地极及铜覆钢棒等降阻材料必须有运行经验证明安全可靠。接地装置敷设方式详见《接地施工图》（S04361S-D0301）。

在各种土壤电阻率条件下，根据Q/DG1-A 2010—2008《1000kV交流架空输电线路设计技术导则》，在雷季干燥时，每基杆塔不连地线的工频接地电阻不应大于表2-16所列数值。

表2-16　在雷季干燥时，每基杆塔不连地线的工频接地电阻

土壤电阻率（Ω·m）	≤100	100～500	500～1000	1000～2000	>2000
接地电阻（Ω）	10	15	20	25	30

注　土壤电阻率大于2000Ω·m，接地电阻仍不能降低到30Ω时，可采用6～8根总长不超过500m的水平放射形接地极。

N259塔位于山顶，土壤电阻率大于2000Ω·m，杆塔接地电阻设计值为30Ω。

（4）检修情况。

2018年6月7日至2018年6月16日，1000kV岳定Ⅰ线停电检修主要工作为登塔检查消缺（对N204、N223、N232、N244、N245、N250、N262、N274、N279、N283、N293、N296、N305、N317、N318、N325、N326、N337、N340、N341、N345、N373、N374、N385、N392、N402、N406自爆玻璃绝缘子进行检查更换，共27基52片）、绝缘子喷涂、三跨区段耐张线夹X光探伤检测。

2019年5月24日至5月28日，1000kV岳定Ⅰ线停电检修工作主要工作为登塔检查消缺（对N194、N204、N238、N244、N251、N257、N259、N268、N279、N293、N296、N305、N318、N326、N331、N337、N369、N402自爆玻璃绝缘子进行检查更换，共18基24片）、走线检查、瓷绝缘子零值检测、绝缘子憎水性测试、导地线线夹打开检查。

（5）故障时段天气。

故障时现场天气为雷雨，伴有雷电、微风。

2. 雷电定位系统查询情况

利用国家电网有限公司雷电监测预警中心雷电定位系统，查询得到故障时间点前后10s内，故障区段线路周边范围1km内有5次雷电活动记录，见表2-17。雷电定位系统查询结果如图2-77所示。

大部分雷电位置集中在237～264号之间，其中序号4雷电发生时刻为19时8分21.712秒，与故障录波装置、分布式故障监测装置记录的故障时间完全相同，最近杆塔为259～260号，与故障杆塔吻合，雷电流幅值为130.3kA，包括河北、河南、北京、天津、山西、冀北、山东等省级电力公司共计40个探测站探测到此次雷电。

表 2-17　　故障发生时刻前后 10s、半径 1km 范围内落雷信息

序号	时间	电流（kA）	回击	站数	参与定位的探测站	距离（m）	最近杆塔编号
1	2019-07-31 19：08：11.942	−9.4	后续第 2 次回击	2	沧州、灵丘站	623	250～251
2	2019-07-31 19：08：12.023	−3.1	后续第 3 次回击	2	涞源、阜平	705	252～253
3	2019-07-31 19：08：17.112	−5.6	后续第 1 次回击	3	阜平、保定、石家庄	250	263～264
4	2019-07-31 19：08：21.712	130.3	单次回击	40	沧州、濮阳市区、延庆、蓟县、朔州站、杨庄窠、沂水等	804	259～260
5	2019-07-31 19：08：28.748	−6.9	主放电（含 1 次后续回击）	2	杨庄窠、保定	686	237～238

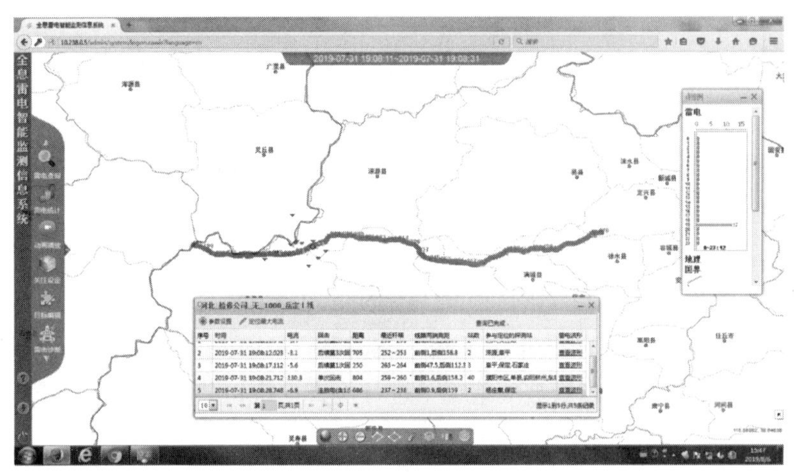

图 2-77　雷电定位系统查询结果

3. 故障巡视及处理

故障发生后，国家电网有限公司河北检修公司立即启动线路跳闸应急预案，组织责任班组 8 名专业人员、无人机班组 2 名人员第一时间赶往现场，到达保定涞源时间为 8 月 1 日 0 时 30 分。岳定Ⅰ线 N259 塔 B 相（右相）绝缘子串塔端第一片钢帽烧伤痕迹和耐张绝缘子闪络痕迹如图 2-78 所示。岳定Ⅰ线 N259 铁塔 B 相导线端均压环放电痕迹如图 2-79 所示。

2019 年 8 月 1 日，故障排查人员 6 时 30 分到达现场，首先对 N256-N262 区段进行登塔检查，同时安排对该区段铁塔进行无人机巡查，10 时无人机巡查发现 N259 号 B 相右相绝缘子串塔端第一片钢帽有明显放电痕迹，后经带电登塔进行确认后，判断该处为故障点。

经对附近村庄走访调查，得知故障时段该地有雷阵雨，并伴随较为频繁的雷电。综合当时天气、雷电定位信息及故障测距情况，判断 N259 塔为故障点。

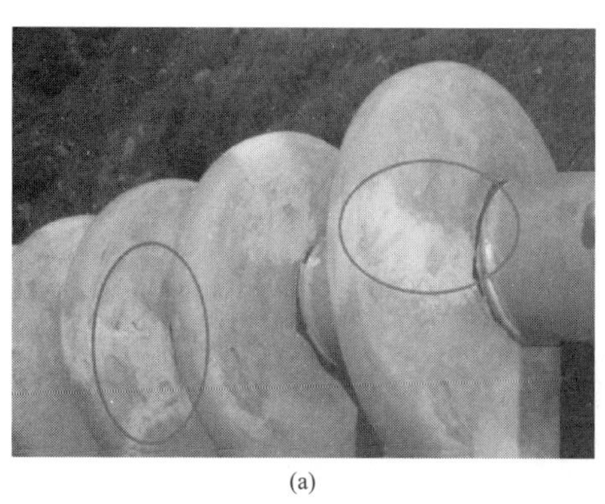
(a)

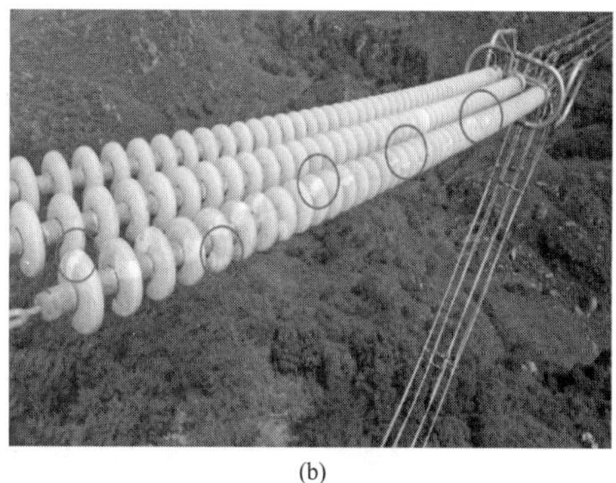
(b)

图 2-78　岳定Ⅰ线 N259 塔 B 相（右相）绝缘子串塔端第一片钢帽烧伤痕迹和耐张绝缘子闪络痕迹
（a）局部图；（b）闪络全图

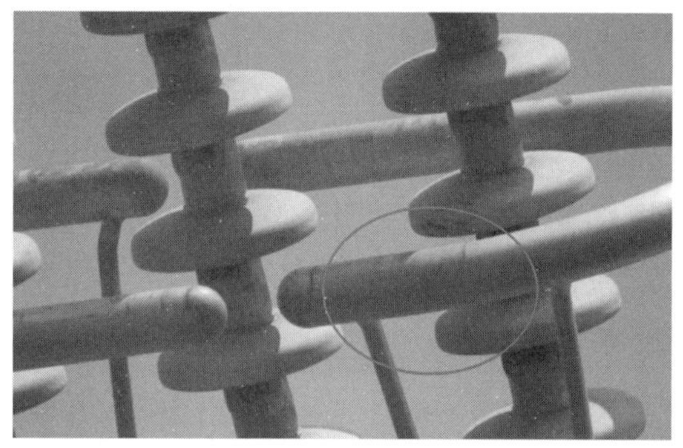

图 2-79　岳定Ⅰ线 N259 铁塔 B 相导线端均压环放电痕迹

对 4 个塔腿分别进行接地电阻测试，最大值为 3.12Ω。由于绝缘子、金具和导线无明显损伤，不影响线路安全运行，现场未进行处理。岳定Ⅰ线 N259 塔号牌如图 2-80 所示。岳定Ⅰ线 N259 小号侧走廊（左侧为岳定Ⅰ线）如图 2-81 所示。岳定Ⅰ线 N259 大号侧走廊（右侧为岳定Ⅰ线，故障相为右边相）如图 2-82 所示。岳定Ⅰ线 N259 全塔（本图视角下，故障相导线位于最下方）如图 2-83 所示。岳定Ⅰ线 N259B 相放电通道示意图如图 2-84 所示。

图 2-80　岳定Ⅰ线 N259 塔号牌

图 2-81　岳定Ⅰ线 N259 小号侧走廊（左侧为岳定Ⅰ线）

图 2-82　岳定Ⅰ线 N259 大号侧走廊（右侧为岳定Ⅰ线，故障相为右边相）

图 2-83　岳定Ⅰ线 N259 全塔（本图视角下，故障相导线位于最下方）

图 2-84　岳定Ⅰ线 N259B 相放电通道示意图

4. 故障原因分析

（1）故障原因排查。

1000kV 岳定Ⅰ线 N259 绝缘子表面和杆塔无鸟粪污染痕迹，周边未发现易漂浮物，走廊通道无高杆树木及施工，无发生鸟粪闪络、外破闪络因素；故障当日现场天气为雷雨天气，未发生雾霾天气，不具备污闪环境及气象特征；故障时微风，排除风偏放电。综合考虑故障的地理特征、天气特征、闪络点痕迹等，排除线路发生鸟闪、污闪、风偏、外破故障的可能性。

（2）已采取防雷击措施效果分析。

已采取防雷击措施：①岳定Ⅰ线为双架空地线，山区地线对导线保护角－4°、转角塔地线对跳线保护角 0°，保护角满足要求；②全线架设 OPGW，杆塔逐基接地；③2019 年 3 月，在雷雨季节前对岳定Ⅰ线杆塔接地电阻进行了测量，均符合设计要求。自投运以来，在本次跳闸前，未发生过雷击故障。

（3）雷电定位系统、分布式故障诊断数据分析。

雷电定位系统情况：2019 年 7 月 31 日 19 时 8 分 21 秒 712 毫秒，距岳定Ⅰ线 N259—N260 档 804m 处有正极性落雷，雷电流 130.3kA。落雷时间与故障时间完全吻合，雷电流幅值未达到 1000kV 线路耐雷水平典型值，初步判定为绕击故障。

分布式故障诊断装置情况：故障电流行波起始时刻 2019 年 7 月 31 日 19 时 8 分 21 秒 712 微秒与落雷时间完全吻合。根据反射波定位知，故障点距离 192 号杆塔大号方向侧 44520m，故障杆塔为 260 号杆塔左右一两基杆塔范围内，故障定位与实际故障点吻合。行波波尾时间小于 20μs，行波起始位置无反极性脉冲，故障性质绕击。

（4）雷击原因分析。

1000kV 岳定Ⅰ线 N259 塔型为 JC30103B，地线对导线保护角不大于－4°，耐张塔处地线对跳线的保护角不大于 0°，杆塔高度为 76m。接地电阻设计值 30Ω，实测值 3.12Ω。

由图 2-81 和图 2-82 可知，故障杆塔与其大号侧与小号侧杆塔均位于山顶，档间均跨越深谷，尤其是落雷位置对应的 N259—N260 档，档距达 1135m，由于导地线弧垂差，档距中央地线对导线防雷屏蔽作用相对减弱。

故障杆塔塔型图如图 2-85（a）所示，利用多波阻抗模型，在 ATP-EMTP 平台中建立的仿真模型如图 2-85（b）所示。

如图 2-75 所示故障录波图中，故障发生时刻（19 时 8 分 21.712 秒），B 相电压的瞬时值为最小值，即正弦曲线的波谷处，B 相电压为负极性的最大值。疑似造成雷击故障跳闸的雷电极性为正极性，故若用正极性雷电进行耐雷水平仿真，则根据雷电绕击与反击机理，此时 B 相绕击耐雷水平达到最大值，反击耐雷水平达到最小值。同时，B 相电压为负极性最大值时，由于线路电压等级高，雷击发生瞬间相导线电压值很高，对正极性雷电具有一定的引雷作用。

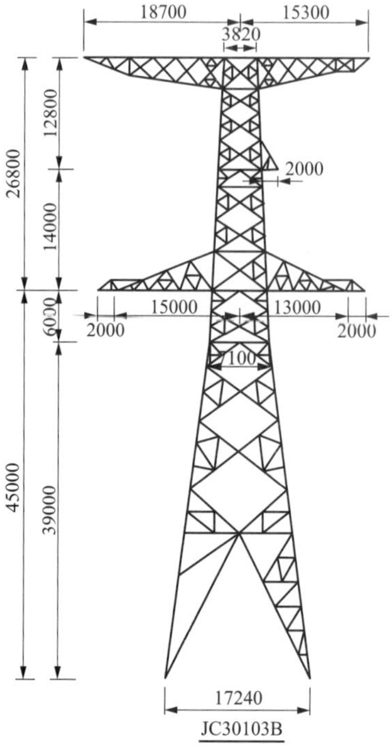

(a)

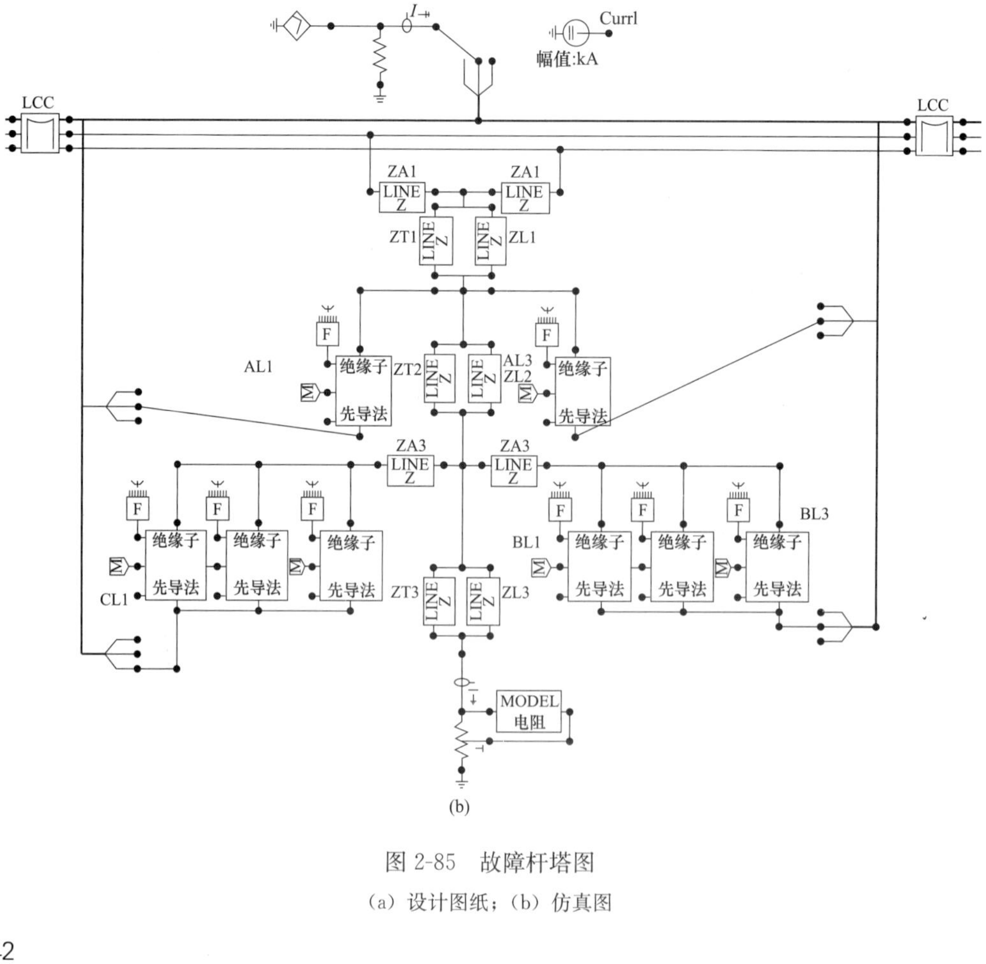

(b)

图 2-85　故障杆塔图

（a）设计图纸；（b）仿真图

1）绕击耐雷性能分析。根据以上分析，仿真 B 相电压为负极性最大值时，B 相的绕击耐雷水平，计算结果为 27.5kA。130.0kA 雷电击中 B 相导线时各相电压波形如图 2-86 所示，此时 B 相发生闪络。

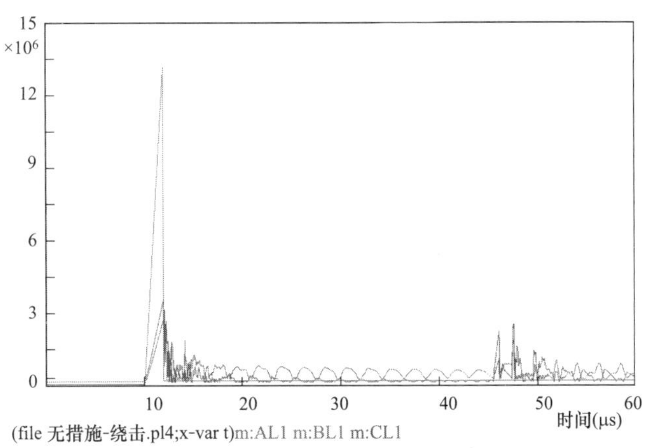

图 2-86 130.3kA 雷电绕击 B 相时各相电压波形

在三维地图软件中查看故障杆塔地形地貌，如图 2-87 所示，可以看出故障杆塔位置沿线路方向两侧均为下山坡地形，且两侧杆塔均为大跨越杆塔，不利于雷电绕击防护。

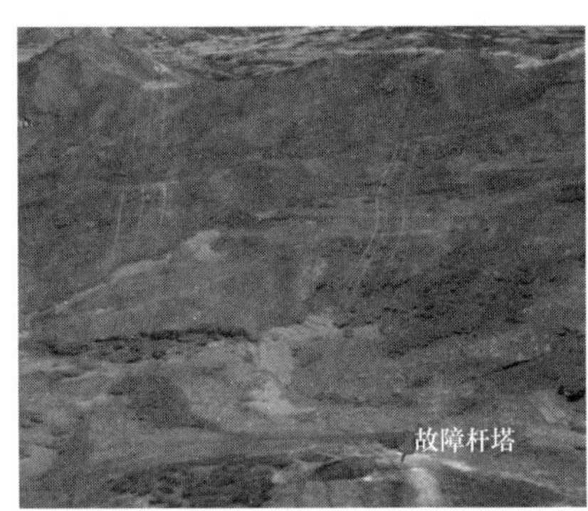

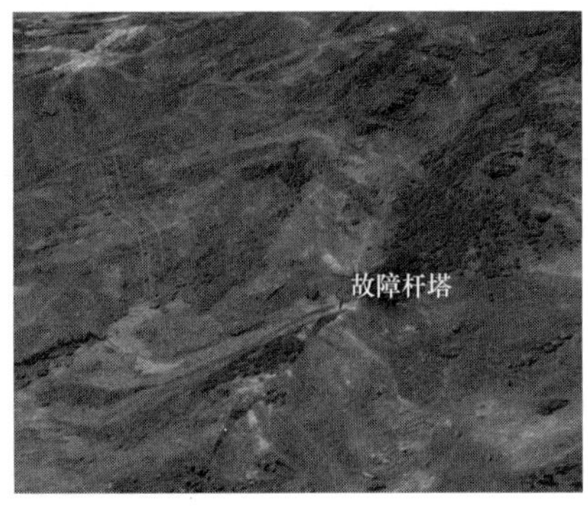

图 2-87 故障杆塔所处地形地貌

电气几何模型使用击距的概念表征导线对雷电的吸引能力，且仅与雷电流幅值相关，认为导、地线击距相等，地面击距是对导线击距的 β 倍。如图 2-88 所示，随着雷电流幅值增大，地线屏蔽弧 C_1 逐渐扩大而导线暴露弧 C_2 将最终消失，C_1 和地面定位面 C_3 相交于 G，此时对应的雷电流即为最大绕击电流。

由图中几何关系，可列出

$$\sqrt{r_{sk}^2 - d^2}\sin\alpha + Y_0 = \beta r_{sk} \tag{2-3}$$

方程可化简为

$$(\beta^2 - \sin^2\alpha) r_{sk}^2 \text{-} 2\beta Y_0 r_{sk} + (Y_0^2 + d^2 \sin^2\alpha) = 0 \tag{2-4}$$

经推导，得方程的解为

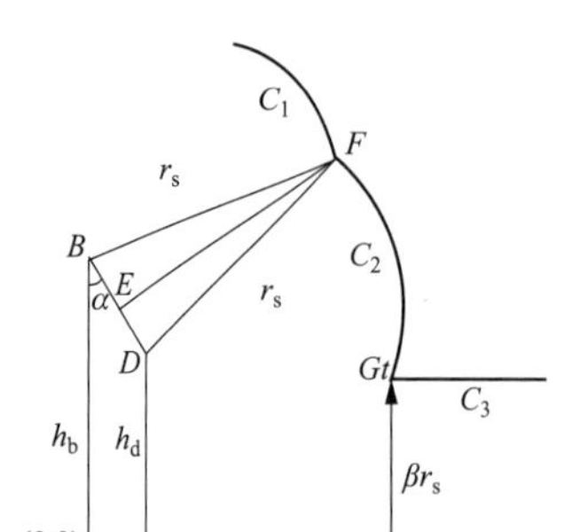

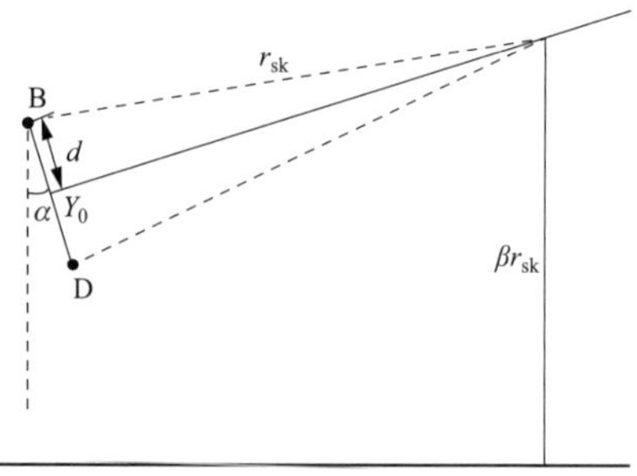

图 2-88 电气几何模型原理示意图

C_1—地线屏蔽弧；C_2—导线暴露弧；C_3—地面定位面；r_s—导线击距；r_{sk}—地面击距；Y_0—边相导线悬挂高度；d—中距；h_b—导线外摆高度；h_d—导线内摆高度；α—摆动角度

$$r_{sk}=\begin{cases}\dfrac{\beta Y_0+\sin\alpha\sqrt{(\sin^2\alpha-\beta^2)d^2+Y_0^2}}{\beta^2-\sin^2\alpha}, & \beta>|\sin\alpha|\\[2ex] \dfrac{\beta Y_0-|\sin\alpha|\sqrt{(\sin^2\alpha-\beta^2)d^2+Y_0^2}}{\beta^2-\sin^2\alpha}, & \beta<|\sin\alpha|\\[2ex] \dfrac{\beta^2d^2+Y_0^2}{2\beta Y_0}, & \beta=|\sin\alpha|\end{cases} \tag{2-5}$$

由导线击距公式 $r=AI^B$，可得

$$I_{sk}=(r_{sk}/A)^{1/B} \tag{2-6}$$

结合故障杆塔所处地形地貌，对故障相最大绕击雷电流进行计算。故障杆塔位于山区，杆塔全高 76.3m，地线悬挂高度为 76.3m、中距为 15.3m，边相导线悬挂高度为 49.5m、中距为 13m。被击相处于下坡侧，代入计算得 $r_{sk}=253.587$m，根据 IEEE 推荐参数 $A=10$、$B=0.65$ 可算得 $I_{sk}=144.61$kA。雷电流幅值 $130.3<I_{sk}$，边相导线存在被绕击可能性。

2）反击耐雷性能分析。

对故障杆塔施加正极性雷电流，仿真 B 相电压为负极性最大值时的耐雷水平，最终得到 B 相的正极性耐雷水平为 286kA。由此可知，130.3kA 的雷电不会造成故障相发生反击跳闸。130.3kA 雷电击中塔顶时各相电压波形如图 2-89 所示，此时各相均未发生闪络。

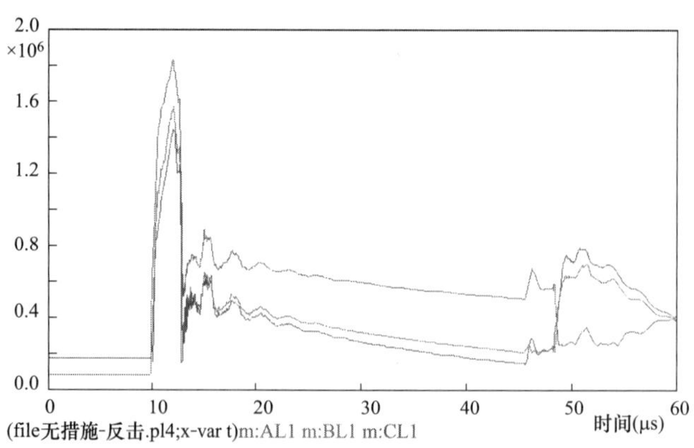

图 2-89 130.3kA 雷电击中塔顶时各相电压波形

3）故障原因分析结论。

综上所述，由于故障杆塔所处地貌为山顶，且故障发生时刻B相电压瞬时值为负极性最大值，对正极性雷电具有一定引雷作用，造成正极性130.3kA雷电绕击至B相，进而发生跳闸。

5. 下一步工作

（1）故障处理情况。

根据现场检查实际情况，绝缘子、均压环及导线烧伤痕迹不影响线路正常运行，暂不做处理。

（2）下一步改进措施。

1）下一次停电检修期间，对电弧灼伤绝缘子串表面防污闪涂层进行检测，必要时复涂。

2）该段线路防雷水平已较高，但是绕击雷对线路的运行仍有一定影响，实际运行时发现，大档距跨越山谷时，由于导地线弧垂差，在档距中间区域易形成雷电绕击区域，需要加强故障形成机理研究，加强线路防绕击雷电水平。

3）与中国电力科学研究院有限公司（简称中国电科院）、武汉南瑞有限责任公司等防雷方面权威机构与企业合作探讨应用新型防雷技术的可行性，在防雷重点区段试应用。

故障点地形如图2-90（c）所示。

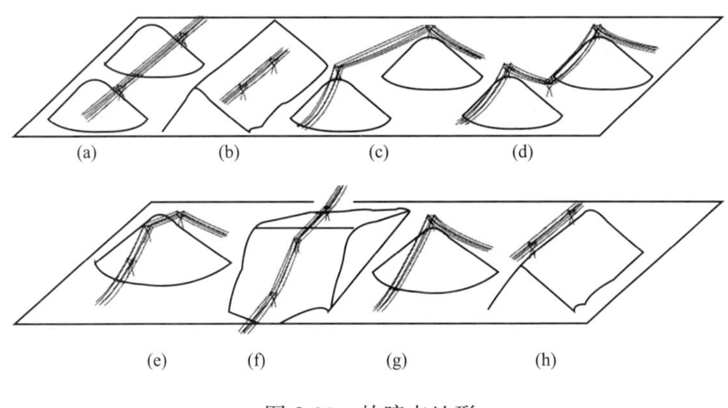

图2-90　故障点地形

（二）500kV大房Ⅲ线雷击故障跳闸案例分析

1. 故障基本情况

（1）故障概述。

2018年6月12日15时23分8秒500kV大房Ⅲ线雷击故障跳闸，C相故障，重合闸动作，重合成功。测距距房山83.31km，线路全长289.234km。

冀北公司500kV大房Ⅲ线343号安装的雷电监测装置显示为距343大号侧50.12km处。经查为455号塔C相合成绝缘子雷击闪络。

故障基本情况见表2-18。

表 2-18　故障基本情况

电压等级(kV)	线路名称	跳闸发生时间(年/月/日/时/分/秒)	故障相别(或极性)	重合闸/再启动保护装置情况	强送电情况		故障时负荷(MW)	备注
					强送时间	强送是否成功		
500	大房Ⅲ线	2018/6/12/15/23/8	C相	重合成功	—	—	—	

(2) 故障区段基本情况。

500kV 大房Ⅲ线起自大同第二火力发电厂，止于 500kV 房山变电站，保定区段全长 121.17km，共计 285 基铁塔，设备运行塔号 344～628 号。投运于 2010 年 1 月 15 日。

导线型号：4×LGJ-630/45 钢芯铝绞线，正方形布置。

地线型号：左侧为 OPGW 光缆，右侧为 GJ-80 镀锌钢绞线。

绝缘配置：悬垂串 FXBW4-500/210，耐张串 2×30×FC400/205；跳串 FXBW4-500/100。

相序：344～375 号上中下 ABC；375～393 号上中下 BAC，394～421 号左中右 ABC，422～471 号上中下 BCA，471～628 号上中下 CAB。

故障区段地处易县南城司乡龙王庙村，外部通道运行环境良好。故障区段基本情况见表 2-19。

表 2-19　故障区段基本情况表

起始塔号	终止塔号	投运时间	线路全长	故障区段长度	故障杆塔号	杆塔型号
455	455	2010/1/15	121.17km	0	455	5G2SZC64/39
呼称高(m)	导线型号(分裂数)	地线型号	绝缘子型号	绝缘子片数或长度	串型	并联串数
39	4×LGJ-630/45	GJ-80	FXBW4-500/210	4450	双串	2
设计单位	北京国电华北电力工程有限公司					
施工单位	北京送变电公司					
运维单位	国家电网有限公司保定供电公司					
资产属性	国家电网有限公司					

故障区段位于易县，平均海拔为 1000m 以上，大部分地形为高山，边相导线保护角小于 0°，故障塔位于山腰。

(3) 故障时段天气。

2018 年 6 月 12 日，保定市涞源县、易县，天气为雷雨天气，风力不小于 6 级，气温 10～18℃。

2. 雷电定位系统查询情况

河北南网新一代雷电定位系统查询显示，500kV 大房Ⅲ线在故障时刻 2018 年 6 月 12 日 15 时 23 分，461～462 雷电流异常，雷电流最高幅值 243.5kA。根据 500kV 耐雷水平，判断为直击跳闸。

3. 故障巡视及处理

2018 年 6 月 12 日 15 时 23 分接调度通知，国家电网有限公司保定供电公司运检部立即组织输电运检室人员开展故障巡视。通过对两套保护动作情况和设备台账的比对分析，初步推断故障点位于 454～469 号杆塔之间。

2018 年 6 月 12 日 17 时 20 分输电运检室专业人员赶到现场，根据现场对当地村民描述 458、459 号导线之间有火球冒出，随即派人员登塔检查 458、459 号塔，但未发现放电痕迹。由于天色已晚，多数杆塔位于山顶，未能对其登塔检查，地面观察未发现故障点。

2018 年 6 月 13 日组织人员对 454～469 区段逐基登塔检查，当天由于再次遭遇雷雨天气，只进行了 460～467 号。

2018 年 6 月 14 日输电运检室调配无人机，结合人工登检对 468、469 区段，458～462 区段再次详查，未发现问题。

2018 年 6 月 15 日对故障区段大、小号侧各扩大 5 基登检及无人机巡视，17 时 56 分，巡视人员发现 455 号中相（C 相）导线、合成绝缘子上、下均压环、球头挂环均有放电灼伤痕迹，导线无断股。经换人登塔核查判定为 455 号 C 相直线悬垂合成绝缘子串雷击闪络故障。

实际故障点距大同 200.37km、距房山 89.429km，测距吻合。河北南网新一代雷电定位系统查询截图如图 2-91 所示，500kV 大房Ⅲ线 455 号 GIS 图位置如图 2-92 所示，导线及下均压环放电痕迹如图 2-93 所示，上均压环及球头挂环放电痕迹如图 2-94 所示。

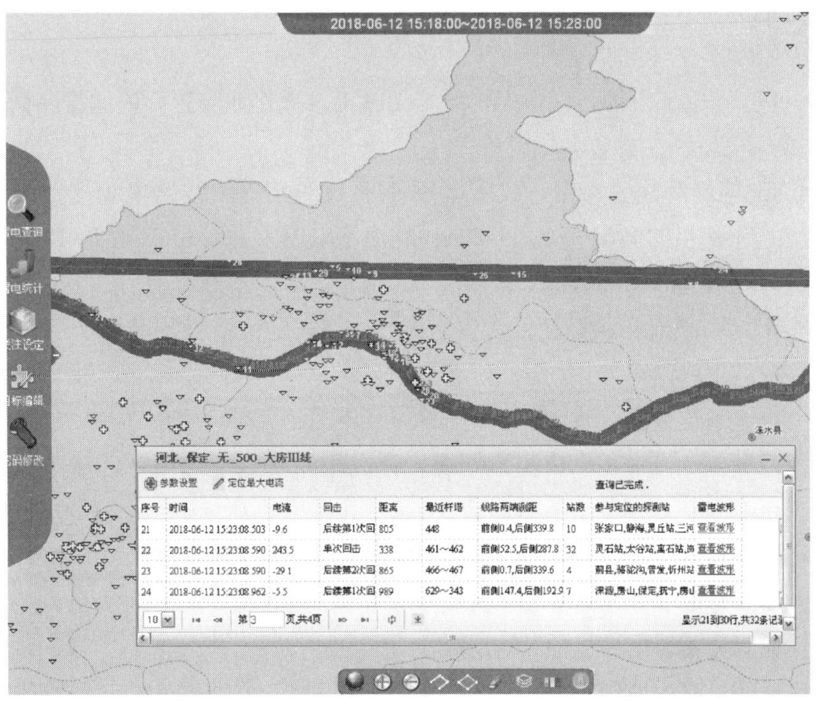

图 2-91　河北南网新一代雷电定位系统查询截图

图 2-92　500kV 大房Ⅲ线 455 号 GIS 图位置

图 2-93　导线及下均压环放电痕迹

图 2-94　上均压环及球头挂环放电痕迹

4. 故障原因分析

（1）故障原因排查与初步分析。

1）454～469 号位于山区，区内无树障、无施工、无作业隐患，因此排除树障、外破引起故障的可能。

2）依据河北南网污区分布图，故障区段处于 D 级污区，线路绝缘配置为悬垂串 FX-BW4-500/210，耐张串 2×30×FC400/205，跳串 FXBW4-500/100，喷涂 PRTV 防污闪涂料，排除线路污闪引起故障的可能。

3）2018 年 6 月 12 日，故障区段为雷雨天气，雷电定位系统显示 454～469 号区段雷电活动较多，存在雷击跳闸可能。

（2）雷电定位系统数据分析。

故障巡视范围 455 号中相（C 相）导线、合成绝缘子上下均压环、球头挂环有放电灼伤痕迹。

河北南网新一代雷电定位系统查询显示，500kV 大房Ⅲ线在故障时刻 2018 年 6 月 12 日 15 时 23 分，461、462 雷电流异常，雷电流最高幅值 243.5kA。根据 500kV 耐雷水平，判断为直击跳闸。

（3）雷击原因分析。

故障区段地处易县南城司乡龙王庙村，455 号塔型为 5G2SZC64/39 耐直线塔，呼称高 39m，塔全高 64m，避雷线对导线的保护角小于 0°，满足防雷要求，接地电阻为 5.2、5.6、

5.4、5.1Ω满足接地要求。

铁塔位于山腰，海拔1000m以上。故障时刻2018年6月12日15时23分，461、462雷电流异常，雷电流最高幅值243.5kA。根据500kV耐雷水平，判断为直击跳闸。

（4）已采取防雷击措施效果分析。

根据河北南网500kV线路绕击风险分布图，如图2-95所示，故障区段位于Ⅲ级区，历史上该段线路发生过雷击跳闸，未安装杆塔防雷侧针和线路避雷器。

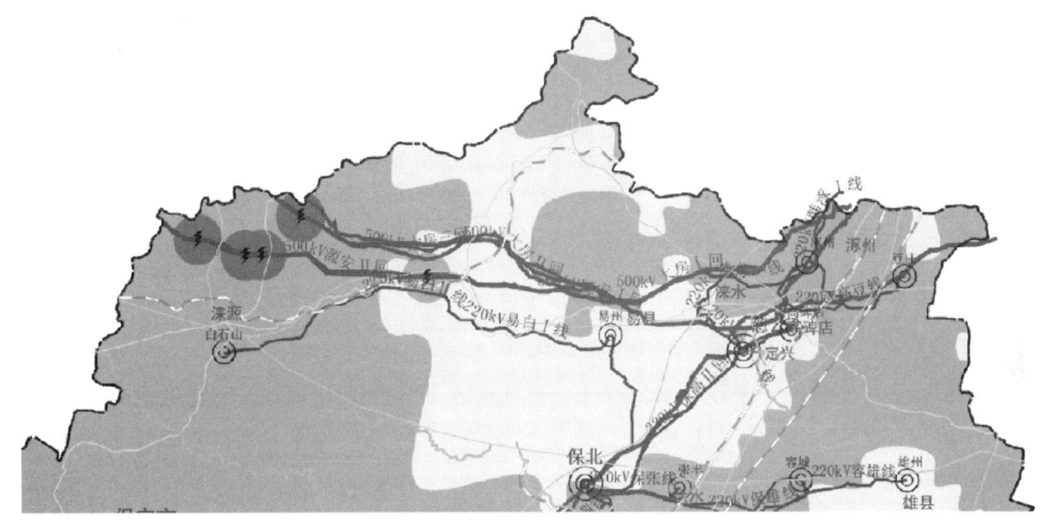

图2-95　河北南网500kV线路绕击风险分布图截图

（5）故障原因分析结论。

综合以上分析结果，本次故障为雷击直击。

5. 下一步工作

根据本次雷击跳闸，公司将根据河北南网雷害分布图，对山区线路进行雷害风险排查，开展接地电阻测试，超过15Ω的进行接地网大修，增加射线长度和接地模块，降低雷击跳闸风险。对Ⅲ级及以上雷害风险杆塔考虑加装线路防雷并联间隙。

现场图片如图2-96、图2-97所示。

图2-96　500kV大房Ⅲ线455号杆号牌

图2-97　大房Ⅲ线455号塔头

（三）220kV易白Ⅱ线雷击故障跳闸案例分析

1. 故障基本情况

（1）故障概况。

2018年6月12日15时47分，220kV易白Ⅱ线244开关保护动作跳闸，C相故障，重合成功，白石山663保护测距99.63km；931保护测距95.6km，录波器测距84.376km。同一时间220kV易白Ⅰ线243开关保护动作跳闸，C相故障，重合成功，白石山602保护测距99.37km，931保护测距95.9km，录波器测距101.49km，当天天气为雷雨天气，且雷密度大。故障基本情况见表2-20。

表2-20　故障基本情况

电压等级（kV）	线路名称	跳闸发生时间（年/月/日/时/分/秒）	故障相别（或极性）	重合闸/再启动保护装置情况	强送电情况		故障时负荷（MW）	备注
					强送时间	强送是否成功		
220	易白Ⅰ线	2018/6/12/15/47	C	重合成功	—	—	—	—
220	易白Ⅱ线	2018/6/12/15/47	C	重合成功	—	—	—	—

（2）故障区段基本情况（见表2-21）。

表2-21　故障区段基本情况

起始塔号	终止塔号	投运时间	线路全长	故障区段长度	故障杆塔号	杆塔型号
041	041	2005/10/10	82.7420km	0	041	GuZ11（15）
呼称高（m）	导线型号（含分裂数）	地线型号	绝缘子型号	绝缘子片数或长度	串型	并联串数
15	2×JL/G1A-240/30	GJ-50	FXBW-220/100	2240	单串	1
设计单位	河北省电力勘测设计院					
施工单位	河北送变电公司					
运维单位	国家电网有限公司保定供电公司					
资产属性	省（直辖市、自治区）公司					

220kV易白双线起于220kV易州变电站，止于220kV白石山变电站。电压等级220kV，线路全长82.742km，全线共有杆塔192基，全线同塔并架，投运于2005年10月10日。

导线：2×JL/G1A-240/30，地线：GJ-70（左侧），OPGW（右侧）。

绝缘设计：悬垂串采用FXBW-220/100（保定电力修造厂，2004-10-10出厂）；耐张串采用LXP-10（自贡塞迪维尔钢化玻璃绝缘子有限公司，2004-10-10出厂）。

防震措施：导线采用FD-5型防振锤，FD-3型防振锤。

换位情况：全线无换位。

防雷和接地：全线采用逐基接地。污区：全线为Ⅳ级污秽区。

气象条件：IV，基准风速26m/s（10m高风速），覆冰厚度5mm。

（3）故障时段天气。

2018 年 6 月 12 日，保定市涞源县、易县，天气为强雷雨天气，风力不小于 6 级，气温 10～18℃。

2. 雷电定位系统查询情况

河北南网新一代雷电定位系统查询显示，220kV 易白双线在故障发生时 031～032 号有雷电活动，雷电流幅值为正极性 77.6kA。河北南网新一代雷电定位系统查询截图如图 2-98 所示。

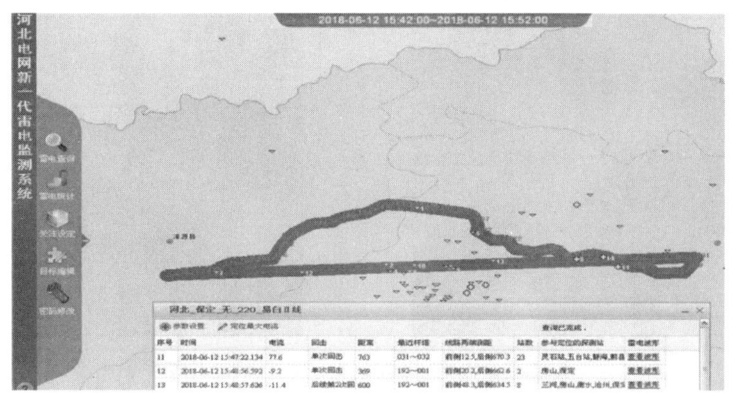

图 2-98 河北南网新一代雷电定位系统查询截图

3. 故障巡视及处理

6 月 12 日，接到调度控制中心故障查线指令后，国家电网有限公司保定供电公司运维检修部立即启动应急预案，通知输电运检室开展故障巡视。由于测距全部超出线路全长，根据雷电流系统和历史故障经验分析，故障大致范围为 031～032、085～105、130～185 区段。故障当日 17 时 30 分到达巡视现场，当地天气雷雨，对 030～033 区段检查未发现故障点。由于全线处于山区，近期雷雨活动频繁，源安双线综合检修等因素影响，对 031～032、085～105、130～185 区段逐步开展地面巡视、登塔检查等，未发现问题。220kV 易白双线 041 号 GIS 图位置如图 2-99 所示。

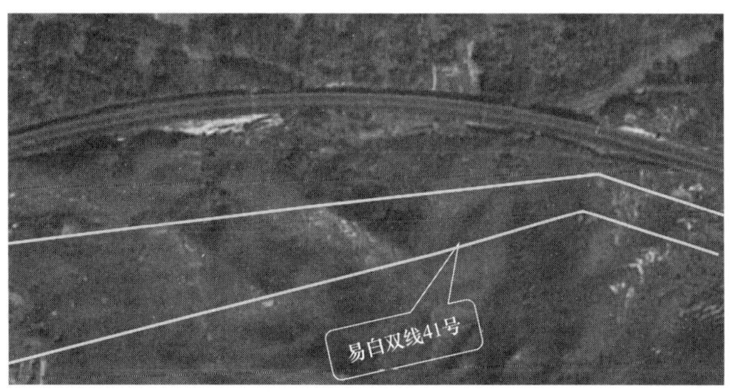

图 2-99 220kV 易白双线 041 号 GIS 图位置

6 月 30 日至 7 月 5 日输电运检室安排无人机介入故障巡视，采用人工登检和无人机相结合从易州站全线逐档逐基检查。7 月 6 日无人机巡视到 041 号时，发现 220kV 易白Ⅰ线中相（C）合成、易白Ⅱ线下相（C）合成有闪络现象，并且上下均压环有明显放电痕迹，横担侧、导线、接地引线处均有放电痕迹，巡视人员随即登塔检查、确认，初步判定故障杆塔为041号，实际故障点距220kV易州站16.849km。220kV易白Ⅱ线041号C相合成绝缘子如图2-100所示，220kV易白Ⅱ线041号C相均压环如图2-101所示，220kV易白Ⅱ线041号C相绝缘子中间局部如图2-102所示，220kV易白Ⅰ线041号C相合成绝缘子如图2-103所示，220kV易白Ⅰ线041号C相均压环如图2-104所示，220kV易白Ⅰ线041号C相均压环如图2-105所示。

图2-100　220kV易白Ⅱ线041号C相合成绝缘子

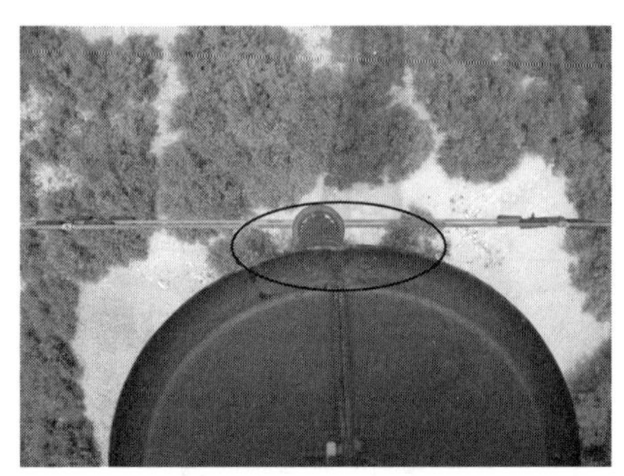

图2-101　220kV易白Ⅱ线041号C相均压环

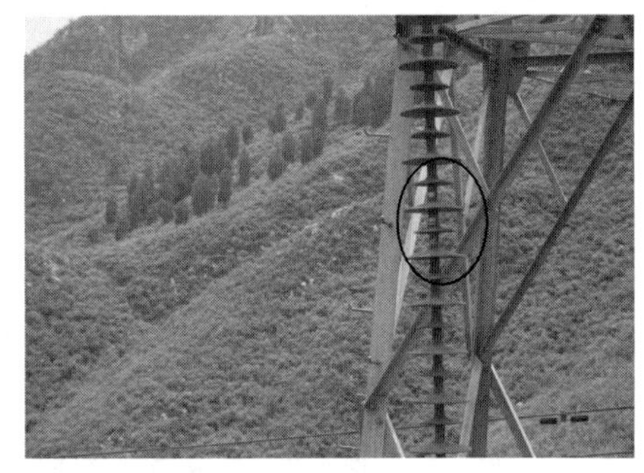

图2-102　220kV易白Ⅱ线041号C相绝缘子中间局部

图2-103　220kV易白Ⅰ线041号C相合成绝缘子

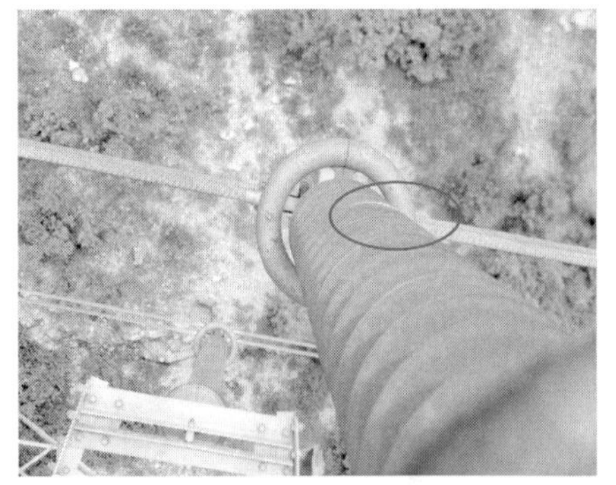

图2-104　220kV易白Ⅰ线041号C相均压环

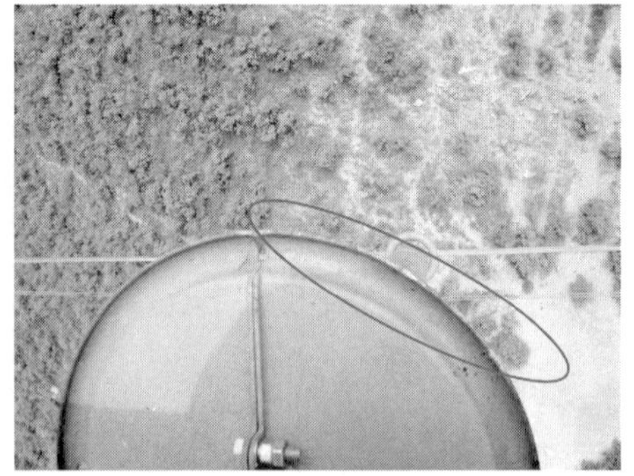

图2-105　220kV易白Ⅰ线041号C相均压环

4. 故障原因分析

(1) 故障原因排查。

故障区段位于保定市易县小龙华乡幕各庄，地处山区，周边为山，无高大树木，无施工作业，通道周边无施工作业现象；各类交叉跨越、对地距离均满足 DL/T 741—2019《架空输电线路运行规程》要求；无一般隐患以上树木；故障时段无超过设计风速的强风；因此排除风偏、污闪、舞动、外破、鸟害故障的可能。

根据以上分析，对雷电流异常区域和历史雷击故障经验区域进行故障排除，结合无人机及登检比对，初步确定是雷击故障。

（2）雷电定位系统数据分析。

根据雷电定位系统的数据，落雷点距 031～032 区段 763m 处，有一正极性雷电活动，幅值为 77.6kA，故障塔 041 号未安装避雷器。220kV 易白双线 041 号塔型为 GuZ11-15，接地电阻分别为 9.6、10.2、9.9、10.3Ω，满足接地要求。041 号位于山顶略高于 040、042 号，通过现场结合当时的天气及周围的环境查看，上下均压环及合成绝缘子有明显放电痕迹，判定为雷击架空地线或铁塔造成瞬时地电位电压增大，与导线形成电压降，并通过两个终端均压环形成放电，使合成绝缘子、上下均压环有明显放电痕迹，判断为直击绕击。

（3）已采取防雷措施效果分析。

2014 年依据大修对 220kV 易白双线安装避雷器 310 支，041 号未安装。

（4）故障原因分析结论。

综合以上分析结果，220kV 易白双线本次发生的故障为雷电反击。

5. 下一步工作

（1）根据本次雷击跳闸，公司将根据河北南网雷害分布图，对山区线路进行雷害风险排查，开展接地电阻测试，超过 15Ω 的进行接地网大修，增加射线长度和接地模块，降低雷击跳闸风险。对Ⅲ级及以上雷害风险杆塔考虑加装线路防雷并联间隙。

（2）针对如 041 号塔附近落雷引起线路故障的杆塔申请大修技改项目加装线路避雷器。

（3）收集易白双线自 2005 年投运以来的雷击故障，雷电流活动区域，周边地形地貌、地质等情况信息，与电科院沟通，从差绝缘、防雷接地、避雷器布置等方面科学分析，查找不足并采取措施。

（4）结合易白双线破口进 220kV 泉裕站改造机会，更换 041 号 C 相避雷器，对避雷器进行抽检试验。

现场图片如图 2-106～图 2-109 所示。

图 2-106　220kV 易白双线 041 号标识牌

图 2-107　220kV 易白双线 041 号大号侧通道

图 2-108　220kV 易白双线 041 号小号侧通道

图 2-109　220kV 易白双线 041 号全塔

第三节　输电线路覆冰分析与防治

严重覆冰会导致导线、杆塔、绝缘子等输电设备电气性能和机械性能急剧下降。自1954年发生电网设备冰害事故以来，我国电网出现各类冰害事故上千次，且随着电网的发展，冰害对电网的影响范围越来越广，影响的电压等级也越来越高，2008年甚至引起波及我国华中、华东、南方等14个省级（含直辖市）电网的大面积冰灾事故，冰害成为输电线路安全稳定运行的严重威胁之一。本节对输电线路覆冰类型及影响因素、覆冰故障类型、覆冰故障风险评估和防范措施进行了详细介绍。

一、覆冰类型及影响因素

（一）覆冰类型

输电线路覆冰是指雨滴在遇到冷空气后凝结在输电线路上，造成导线、杆塔、绝缘子等输电设备被冰包住的一种现象。输电线路覆冰主要发生在 11 月至次年 3 月，尤其在入冬和倒春寒时发生的概率最高。

输电线路覆冰的主要成因为冷暖气流相遇时，容易形成逆温层，云层中的冰晶在下落至中空时，由于中空温度高于 0℃，冰晶融化成液态水滴；将至地面时，地面温度低于 0℃，液态水受冷温度低于 0℃，但由于时间较短，加之水滴与空气摩擦产生的热量，使过冷却水来不及冻结成雪或冰，而成为温度低于 0℃的过冷却水；当过冷却水滴到输电设备上时，由于输电设备温度低于 0℃，过冷却水热量迅速丧失，凝结成固态的冰，并不断累积，造成输电设备覆冰，如图 2-110 和图 2-111 所示。因此发生线路覆冰的主要条件为充足的暖湿空气和弱降水的稳定天气形势、上空存在的逆温层、地面温度为－5～－1℃。

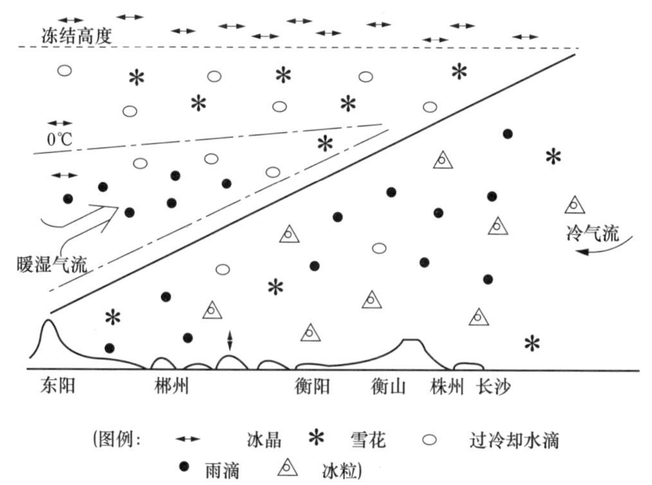

图 2-110　华南“静止锋”示意

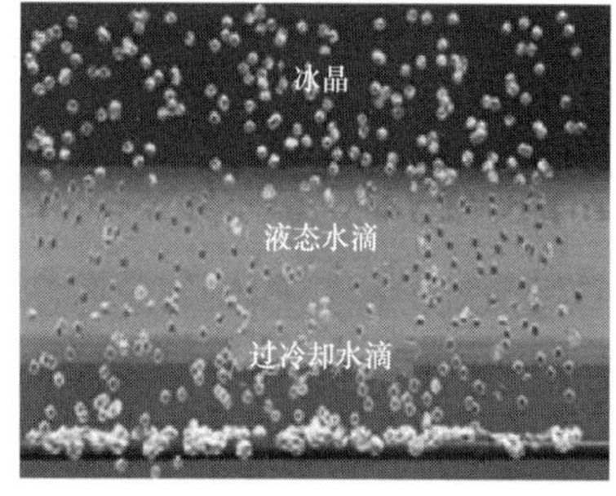

图 2-111　线路覆冰形成机理示意图

根据覆冰表观特性不同，可以将导线覆冰分为雨凇、雾凇、混合凇和湿雪四种，见表 2-22和图 2-112。

表 2-22　导线覆冰分类

导线覆冰分类	形状及特征	形成天气条件
雨凇	又称冰棱、明凇，质坚不易脱落，色泽不透明或半透明，在气温约为0℃时，凝结成透明玻璃装，气温小于－5～－3℃时呈微毛玻璃状的透明体，闪闪发光似珠串	前期久旱，相对高温年份，常发生在立冬、立春、雨水节气前后，有一次较强的冷空气侵袭，出现连续性的毛毛细雨或小雨，降温至－3～－0.2℃，毛毛雨水滴过冷却触及导线等物体，形成雨凇

续表

导线覆冰分类	形状及特征	形成天气条件
雾凇	硬雾凇，晶状雾凇似霜晶体状，呈刺状冰体，质疏松而软，结晶冰体内含空气泡较多，呈现白色	发生在隆冬季节，当暖而湿的空气沿地面层活动，有东南风时，空气中水汽饱和，多在雾天夜晚形成
	软雾凇，粒状雾凇似微米雪粒堆集冻结晶体，形状无定，质地松软，易脱落，迎风面上及突出部位雾凇较多，呈现乳白色	发生在入冬入春季节转换，冷暖空气交替季节，微寒有雾、有风天气条件下形成，有时可转化为轻度雨凇
混合凇	混合冻结冰壳，雾雨凇交替在电线上积聚，体大，气隙较多，呈现乳白色	重度雾凇加轻微毛毛细雨（轻度雨凇）易形成雾雨凇混合冻结体，多在气温不稳定时出现
湿雪	又称冻雪、雪凇、积雪等，呈现乳白色或灰白色，一般质软而松散，易脱落	空中持续降温，降雨过冷却变为米雪，有时仍有一部分雨滴未冻结呈雪花降至地面，在电线上形成雨雪交加的混合冻结体

(a)　(b)　(c)　(d)

图 2-112　输电线路不同类型覆冰典型图片

(a) 雨凇；(b) 雾凇；(c) 混合凇；(d) 湿雪

覆冰类型受以下因素的影响：①水滴（或雾滴）大小；②水滴的过冷却度；③环境温度，即导线表面或冰面温度；④风速风向；⑤空气中的液态水含量。不同条件的组合将在导线上形成不同类型的覆冰。一般水滴直径大，过冷却程度小，周围气温高，以致水滴潜热能散发较慢时，导线容易形成雨凇；反之，水滴直径小，过冷却程度高，周围气温低，以致水滴潜热能迅速散掉时，导线容易形成雾凇。但实际上环境条件是不断变化的，大多数情况下，输电线路覆冰为混合凇。总体来说，白霜是地面湿气凝华产生的一种覆冰；雾凇和混合凇是由雾中或云中过冷却小水滴引起的，统称为云中覆冰；雨凇及湿雪是由冻雨和降雪造成的，总称为降水覆冰。

一般而言，雨凇、雾凇、混合凇对输电线路的危害性较大，但近年来天津沿海发生了多起由湿雪融化引起的绝缘子闪络故障。

（二）导线覆冰影响因素

导线覆冰的区别主要体现在厚度、密度及单位长度覆冰量等差别上。影响导线覆冰的因素很多，主要有气象条件、地形及地理条件、海拔高程、凝结高度、导线悬挂高度、导线直径、导线扭转性能、风速风向、水滴直径、电场强度及负荷电流等。

1. 气象因素

影响输电线路的气象因素主要有空气温度、风速风向、空气中或云中过冷却水滴直径、空气中液态水含量 4 种。这 4 种因素的不同组合确定了导线覆冰类型。但总体而言输电线路覆冰的必要气象条件是：具有可冻结的气温，即 0℃以下；具有较高的湿度，即空气相对湿度一般在 85%以上；具有可使空气中水滴运动的风速，即大于 1m/s。当空气相对湿度小、无风和风速很小时，即使空气温度在 0℃以下，导线上基本不发生覆冰现象。

（1）气温。雨凇覆冰形成时，通常温度较高，一般为－5～0℃，水滴直径大，一般在 10～40μm 之间；而对于雾凇覆冰，其温度较低，在－8℃以下，一般为－10～－1℃，水滴直径为1～20μm；混合凇通常介于雨凇和雾凇之间，混合凇覆冰时的温度范围为－9～－3℃，水滴直径在 5～35μm 之间，观测结果具有分散性；对于雨凇覆冰，平均温度为－2℃，中值体积水滴直径为 10μm 左右；而对于混合凇，平均温度为－7℃，中值体积水滴直径为 15～18μm。混合凇覆冰到雾凇覆冰转变时的温度为－10℃左右。随着空气温度的升高，雾粒直径变大，相应空气中液态水含量增加。例如，在贵州省六盘水地区海拔 2200m 的马落青观冰站观测到的液水含量在有明显雾的情况下为 0.2～0.6g/m^3；无明显雾时，空气中液态水含量最低值为 0.03g/m^3。当气温高、风速大时形成雨凇；当气温低、风速小时形成雾凇；混合凇的形成介于雨凇和雾凇之间。严格来说“雨凇～混合凇”之间以及“混合凇～雾凇”之间并没有严格的界限。

（2）湿度。输电线路导线覆冰主要发生在 11 月至次年 3 月之间，尤其在入冬和倒春寒时覆冰发生的概率最高。长期实际覆冰观测结果表明，1 月和 12 月几乎是所有重覆冰地区平均气温最低的月份，但湿度相对较小，线路覆冰相对于 11 月及 2 月、3 月较轻。因此 11 月、2 月底和 3 月初，由于湿度较高，虽然平均温度相对 1 月和 12 月较高，但导线覆冰较 1 月更为严重。

（3）风速和风向。覆冰过程中风对导线覆冰起着重要的作用，它将大量过冷却水滴源源不断地输向线路，与导线相碰撞，被导线捕获而加速覆冰。现场观测和理论分析结果均表明，导线覆冰增长速度并不与风速完全呈正比，无外界加热的覆冰表面平衡温度是风速的函数，鄂西 35 年导线覆冰的统计资料表面，风速为 3～6m/s 时导线覆冰速率最快；风速小于 3m/s 时，导线覆冰速率与风速成正比，风速大于 6m/s 时，导线覆冰速率则与风速成反比。当具备了形成覆冰的温度和水汽条件后，除了风速的大小对覆冰有影响外，风向也是决定导线覆冰轻重的重要参数之一，当风向与导线之间的角度小于 45°或大于 150°时，覆冰较轻；而当这一角度为45°～135°时，覆冰比较严重。覆冰形成的过程中，风向不是固定不变的，总会与导线有一定的角度，特别是雨凇覆冰过程中，水滴运动的垂直分类与导线总成不定的角度。

2. 地理环境因素

覆冰事故与各地的年平均雨凇日数和年平均雾凇日数有关，年平均雨凇日数的影响较年平均雾凇日数更为严重，一般覆冰主要发生于我国西南、西北及华中地区。其中雨凇多发于海拔较低的湖南、粤北、赣南、湖北、河南及皖南等丘陵地区，雾凇主要集中于云贵高原或海拔高于1000m的高山地区，尤以海拔在2000～3000m的高山地区最多。而对于北方地区，导线覆冰则多以湿雪或雾凇为主，且常见于初冬和晚春。导线覆冰的轻重还取决于山脉走向、坡向与分水岭、台地、风口、江湖水体等因素，在山区，导线覆冰受地形及地理的影响更甚。

（1）山脉走向与坡向。东西走向山脉的迎风坡在冬季覆冰较背风坡严重。如东西走向的秦岭山脉北坡，冬季受寒冷气流袭击，气候寒冷，送电覆冰严重。

（2）山体部位（分水岭、风口等）。分水岭、风口处线路覆冰较其他地形严重，这种现象在四川、湖南、云南和贵州山区很普遍。

（3）江湖水体的影响。覆冰受水汽的影响十分明显，一般离江湖水体越近，水汽越充足，导线覆冰越严重；反之，附近无水源，水汽不足，导线覆冰较轻。

（4）海拔。当其他条件相同时，一般海拔越高越易覆冰，覆冰也越厚，且多为雾凇；海拔较低处，其冰厚虽较小，但多为雨凇或混合凇。气象学上，大气绝热上升时，当水汽达到饱和则凝结成云，这个高度成为凝结高度，即该地区的起始结冰海拔，其随着不同的地面温度和露点而变化。相关研究表明，凝结高度是影响导线覆冰的重要因素之一，在凝结高度以上，随着高程的增加，年平均雨凇、雾凇日数和时数也随之增加，导线覆冰厚度也随之增大。

（5）林带。林带会削弱风速，使过冷却水滴输送率减小，从而减轻导线覆冰，林带的防护效能与林木种类、密度、高度、面积有关。中国电科院历时3年观测林带附近导线的覆冰情况，见表2-23，林带对覆冰具有明显的防护效能。

表2-23　　林带对覆冰的防护效能

覆冰种类	风与林带交角（°）	冰重		防护效能[①]
		开阔地带	防护地段	
雨凇	90	40	20	50%
	60	130	90	31%
	20	17	15	12%
雾凇	90	120	30	75%
	45	100	60	40%
	0	57	55	4%

① 防护效能=(开阔地带冰重－防护地段冰重)/开阔地带冰重。

3. 线路走向及悬挂高度因素

(1) 线路走向。线路覆冰与线路走向有关，东西走向的导线覆冰普遍较南北走向的导线覆冰严重。冬季覆冰天气大多为北风或西北风，线路为南北走向时，风向与导线轴线基本平行，单位时间与单位面积内输送到导地线上的水滴及雾粒较东西走向的导地线少得多。导线为东西走向时，风与导线约成90°的夹角，从而使导线覆冰最为严重。导线覆冰与风向成正弦关系，东西走向的导地线不仅覆冰严重，而且在覆冰后，由于不均匀覆冰的影响，覆冰又可能会诱发舞动事件。

(2) 导地线悬挂高度。导线悬挂高度越高，覆冰越严重，因为风速、空气中液态水含量随高度的增加而升高。风速越大、液态水含量越高，单位时间内向导线输送的水滴就越多，覆冰也越严重。

4. 导线直径因素

在常见的小于或等于8m/s的风速下，对于直径小于或等于4cm的导地线，相对较粗的导线，单位长度覆冰量比相对较细的导线重；对于直径大于4cm的较大导线，单位长度导线覆冰重量比较细的导线轻。在大于8m/s的较大风速时，对于任何直径的导线，导线越粗覆冰越重，但覆冰厚度是随导线直径的增加而减小的。

二、覆冰故障类型

输电线路冰害事故按产生的直接原因可分为过荷载事故、不均匀覆冰或同期脱冰引起的机械和电气方面的事故、闪络事故、不均匀覆冰引起的导线舞动事故4类。

（一）过荷载事故

过荷载是指线路实际覆冰超过设计抗冰厚度，即导线覆冰后，增加所有支持结果和金具的垂直载荷，水平载荷也随导线迎风面面积增加而增加，从而导致导线、地线断裂、杆塔倒塌、金具损坏等。当覆冰积累到一定体积和质量之后，输电导线的质量倍增，弧垂增大，导线对地间隙减小，从而有可能发生闪络事故。弧垂增大的同时，在风的作用下，两根导线或导线与地线之间可能相碰，造成短路跳闸，烧伤甚至烧断导线的事故。如果覆冰的质量进一步增加，则可能超过导线、金具、绝缘子及杆塔的机械强度，使导线从压接管内抽出，或外层铝股全断、钢芯抽出；当导线覆冰超过杆塔的额定荷载一定限度时，可能导致杆塔基础下沉、倾斜或爆裂，杆塔折断甚至倒塌，如图2-113所示。

（二）不均匀覆冰或不同期脱冰引起的机械和电气方面的事故

不均匀覆冰或不同期脱冰引起的机械和电气方面的事故，如图2-114的脱冰跳跃等。由于相邻档不均匀覆冰或不同期脱冰会产生张力差，使导地线在线夹内滑动，严重时可使导线外层铝股在线夹出口处断裂、钢芯抽动，造成线夹另一侧的铝股拥挤在线夹附近，悬垂线夹和耐张线夹都可能发生这种情况。不均匀脱冰时还可能产生脱冰跳跃，使导地线大幅度地摆动，形成机械破坏或对周围接地物体发生闪络。

（三）闪络事故

绝缘子串覆冰过多或被冰凌桥接，如图2-115所示，绝缘子串爬距大大减少，引起绝缘子电气性能降低，发生闪络。一般来说绝缘子冰闪多在气温间歇或持续升高的融冰期发生。在融冰过程中，空气及绝缘子表面污秽中存在的电解质增大了冰水的电导性能，引起绝缘子串电压分布及单片绝缘子表面电压分布不均匀，从而降低覆冰绝缘子串的闪络电压，闪络过程中持续电弧将烧伤绝缘子，造成绝缘子绝缘强度永久下降。

图 2-113　覆冰引起的倒塔

图 2-114　跳跃脱冰

图 2-115　绝缘子被冰凌桥接

（四）不均匀覆冰引起的导线舞动事故

输电线路导线不均匀覆冰时，出现偏心现象，在风的激励下产生一种低频率、大振幅的自激振动现象，即当风吹到因覆冰而变为非圆截面的导线上时，产生一定的空气动力，由此会诱发导线产生一种低频率（为 0.1～3Hz）、大振幅的自激振荡，由于其形态上下翻飞，形如龙舞，被称为舞动。输电线路舞动发生取决于三方面的要素，即导线不均匀覆冰、风激励和线路结构参数。舞动产生的危害是多方面的，轻者会发生闪络、跳闸，重者发生金具及绝缘子损坏，导线断股、断线，杆塔螺栓松动、脱落，甚至倒塔等，如图 2-116 所示。

(a)

(b)

图 2-116　输电线路舞动产生的故障现象（一）

(a) 塔头折断；(b) 线夹断裂

(c)

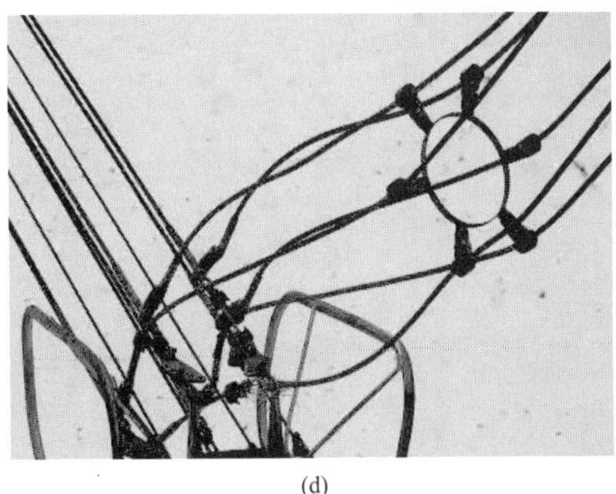

(d)

图 2-116　输电线路舞动产生的故障现象（二）

（c）导线断线；（d）导线扭绞

三、输电线路冰害风险评估

（一）气象监测

气象监测手段主要包括气象部门台站监测和输电线路气象监测站（点）监测。其中输电线路气象监测站（点）主要包括自动观冰站点、人工观冰哨所、冰情在线监测装置等。

气象部门台站监测：与气象部门合作，收集局部地区的气象资料，了解当地的地形和气候特点，重点关注气象站大风日、极大风速、最大风速、风向等数据的收集。其中大风为瞬时风速超过 17.2m/s 或目测估计风力达到 8 级的风；大风日为有大风出现的一天；极大风速为给定时间段内瞬时风速的最大值；最大风速为给定时间段内 10min 平均风速的最大值。

自动观冰站点：自动观冰站点是一种能自动观测和存储覆冰、气象观测数据的设备，如图 2-117 所示。选址时应选择覆冰严重、代表性好的地区，观测场应尽量平坦空旷，一般同一通道的同一区域设置 1 个观冰站点即可。覆冰观测应每日 3 次（8 时、14 时、20 时），观测时应记录观测时间、温度、相对湿度、风向和风速、天气状况、线路走向、覆冰厚度等信息。

图 2-117　江城线红云观冰站

人工观冰哨所：人工观冰是获取线路冰情信息最可靠的途径之一，按观测区段内覆冰严重程度，可划分为固定哨所和流动哨所，如图 2-118 所示。人工观冰哨所选址时应设置在线路覆冰最严重或局部微地形、微气象等线路可能最先需要融除冰的区段，应综合考虑交通便捷程度等因素，同时驻哨人员应经过严格的防冰冻培训，掌握冰情观测方法和汇报流程。

冰情在线监测装置：冰情在线监测装置可自动检测输电线路绝缘子与导线覆冰图像、应力等参数，以及现场温度、湿度、风速、风向、雨量等气象信息，并将数据发送至输变电设备状态监测系统主站，通过分析现场覆冰情况，及时发布监测预警信息，如图 2-119

所示。布置时应主要布置于大跨越、微气象等覆冰故障频发线路区段、传统气象监测盲区等线路区段。

(a)

(b)

图 2-118　人工观冰哨所
(a) 固定哨所；(b) 流动哨所

图 2-119　冰情在线检测装置

(二)冰区图绘制

为更好地指导输电线路的防冰工作，国家电网有限公司出台了 Q/GDW 11004—2013《冰区分级标准和冰区分布图绘制规则》，按照 30、50 年和 100 年重现期，绘制了电网冰区图。绘制时主要参照 DL/T 5440—2020《重覆冰架空输电线路设计技术规程》中关于覆冰区域等级划分原则，见表 2-24。

依据历史冬季气象资料、历史电线积冰资料、数字地形资料、运行经验数据等基础资料，对各区域线路覆冰厚度进行计算和修正，并根据极值Ⅰ型分布得到其 30、50 年和 100 年重现期的冰厚，并以 3 年为期进行滚动修订。

表 2-24　林带对覆冰的防护效能

冰区分类	轻冰区			中冰区			重冰区	
冰厚范围（mm）	0～5	5～10	10～15	15～20	20～30	30～40	40～50	50 以上

(三)舞动图绘制

相比于覆冰断线、倒塔和绝缘子冰闪等冰害故障，舞动不但与线路不均匀覆冰程度有关，而且与风速、风向等有关，为此国家电网有限公司出台了 Q/GDW 11006—2013《舞动区域分级标准和舞动分布图绘制规则》，组织各网省公司绘制电网舞动分布图。舞动分布图的绘制主要依据近年来各区域线路的舞动情况分析结果，采用发生频率法，综合气象、地形、线路结构及参数等，进行线路舞动风险分级和绘制，见表 2-25。

表 2-25 舞动区域划分原则

舞动区域等级	具体划分原则
3 级区（强）	近十年以来发生过 5 次及以上线路舞动的线路区域；综合气象、地理因素极易发生舞动的区域，例如冻雨天气频次高的开阔地带
2 级区（中）	近十年以来发生过 3～4 次线路舞动的线路区域；综合气象、地理因素易发生舞动的区域，例如冻雨天气频次较高的开阔地带
1 级区（弱）	近十年以来发生过 1～2 次线路舞动的线路区域；综合气象、地理因素不易发生舞动的区域
0 级区（非）	近十年以来从未发生过线路舞动的线路区域；综合气象、地理因素不会发生舞动的区域

四、防范措施

（一）导地线冰害防治

为减少输电线路的冰灾事故，我国自 20 世纪 80 年代起就开始研究各种冰害防治措施，可归为除冰和防冰两类技术手段，但大多技术仍处于发展或者概念提出阶段，尚未得到广泛的使用。

1. 除冰技术手段

除冰技术通常用于冰层积累到一定程度的输电线路上使冰层尽可能脱落，这些手段是指在经历冻雨或暴风雪等可能造成线路覆冰的天气后，在局部区域使用特殊的冰层探测系统，了解冰层积累程度后采取的介入措施，主要包括机械方法破冰和热方法融冰两种。

（1）铲刮法。

铲刮法是指在绝缘绳一端系上刮刀、辊轮或其他工具，通过拉动绝缘绳使冰层脱落。但这些方法只能用于在地面上可方便操作绝缘绳的低电压等级的配电线路。随着技术的发展，铲刮除冰的方法已升级为采用机器人作业。加拿大魁北克水电局研究所研制了一种遥控除冰车，将除冰铲刮工具安装在遥控车上，牵引力使其在输电导线上行走的同时进行刮冰，从而达到除冰的效果，并在 315kV 带电导线完成了运行测试，但由于杆塔的阻挡，这种遥控除冰车只能在一个档距内的导线上作业；国内也研发了铲刮除冰装置，采用端面铣刀结合斜面式结构挤压冰块的除冰方式，通过电动机构提供动力，并在钢管上模拟导线覆冰，达到了良好的除冰效果。

（2）机械冲击除冰法。

冲击除冰是利用能量突然释放的方法使得导线或地线的冰层脱落，其利用冰是一种脆性材料并且具有高应变率的原理，当采用机械冲击能量敲击时，冰的塑性变形所带来的能量消散很少，因此可用相对较小的能力将冰破除。最简单的方法是依靠人力采用绝缘杆敲击导线，另一种方法是拉动缠绕在导体上绝缘绳使覆冰脱落，在此基础上的改进方法是绳头上安装气动锤或钩，通过气动活塞注入压缩空气从而驱动气动锤或钩对导线上的冰进行敲击，然而上述方法均为人工操作，并不适合山区或跨越河流的地区。魁北克水电公司开发出一种采用冲击波进行地线除冰的装置，通过由弹药驱动的便携式气缸活塞系统，仿制左轮枪原理，发射空包弹与覆冰导线或地线高速碰撞，从而达到除冰效果，该种方法无须登塔，携带方便、除冰成本低，在我国贵州、四川等地推广应用。

（3）电脉冲除冰法。

电脉冲除冰法出现于第二次世界大战之前，已成功应用于飞机除冰，其基本原理是通过给整流器施加触发脉冲，使电容器通过线圈放电激发电脉冲而除冰。为满足OPGW、分裂导线等不同类型导地线的除冰需求，国内外研究机构对普通电脉冲除冰装置进行了大量的改进，研制了适用于OPGW和二分裂导线的除冰装置，但魁北克水电公司对该装置应用于电力系统后的影响进行了研究，结果表明该方法可用于315kV线路，但也只能在严重冰冻灾害期间的紧急情况下使用，考虑系统稳定性要求，该方法不适合735kV线路。

（4）振动除冰法。

振动除冰是使导线持续振动以达到在低温高湿条件下防水聚集结冰或破冰的目的。普若拖拉公司研发了一种自动除冰控制器，封装在一个直接安装于导线上的坚固保护箱内，控制器永久安装于档距中央，借助于覆冰传感器和高频通信能力，其可以实现完全自动控制，但该装置在230kV线路上的试验并不成功，由于传感器故障导致通信错误，该装置2004～2006年两个冬季从未动作。与前述装置类似的是覆冰脱落装置，这种装置同样附在导线或地线上，通过电动机驱动不平衡锤旋转从而引起设备振动，当设备振动频率与导线一个档距间的固有频率处于同一范围时即可引起导线较大幅度的振动，从而达到除冰的目的，但该方法的除冰能力目前尚不清楚，尤其是对于大厚度、大档距线路的除冰效果仍待试验验证，且导线或地线上的较大震荡可能会导致线路的机械损伤或降低绝缘子的使用寿命。

（5）交流带负荷融冰法。

交流带负荷融冰法是在不停电情况下，在系统正常运行时增加覆冰线路的电流使线路发热，以实现保线融冰的目的。共包括以下5种融冰方法：

1）基于调度的调整潮流融冰。依靠科学调度提前改变电网潮流分配，使线路电流达到临界电流以上防止导线结冰，但是正常运行方式下通过调度转移潮流存在诸多不便，可能会引起系统不稳定，同时潮流转移的程度有限，对于大面积冰灾来袭时仍是杯水车薪。

2）基于增加无功电流的调整潮流融冰。在不改变负荷正常供电的情况下，通过调节电压大小和相位、线路两端加装并联电抗器和电容器、负荷端装设可调电感等方法，降低功率因数，使线路传送更多的无功功率，从而增大线路上的电流，使线路发热，但是无功功率的控制较为困难，特别是对于网状结构的电网无功功率的流向不易控制，同时改变无功对系统稳定影响较大，该方法实用性不高。

3）可调电容串联补偿式交流融冰。在线路上加装可调电容器，当线路过长时，利用电容的容抗抵消输电线路的感抗，当线路较短时，采用过补偿，使输电线路呈容性，最终使输电线路总阻抗保持在一定范围内，进而达到导线的融冰电流范围内，达到融冰的目的。

4）移相变压器法。通过移相变压器，在不改变系统电压幅值的同时，改变其相位，进而改变平行两回路的潮流分布，在双回路中产生一个有功功率循环，进而增加覆冰线路电流，达到融冰目的。

5）分裂导线电流转移融冰。由于超特高压线路较长，全线覆冰严重程度相差较大，往往只有其中一段或几段易覆冰线路段需要进行融冰，采用分裂导线电流转移融冰是一种较理想的方式，其原理是将线路易覆冰的线路段采用绝缘间隔棒进行各子导线绝缘，当出现覆冰时，通过智能开关，将总的负荷电流集中于某根子导线上，融冰后再进行负荷转移，从而达到整条线路融冰。

（6）交流短路融冰法。

交流短路融冰法是在线路上设置短路点，形成短路故障，并将短路电流控制在最大允许电流范围内，使导线发热融冰。该方法不仅可以导线融冰，还可进行地线融冰，目前该方法在国内外都达到了实用化的阶段。根据短路故障类型可分为三相短路融冰、两相短路融冰和线—地单相短路融冰，实际工程中通常采用三相短路方式对导线进行融冰。

（7）直流融冰。

直流融冰技术虽然是目前国内外较为成熟的融冰方法，但由于其电源容量的限制，无法解决500kV及以上电压等级的大截面导线和200km以上长线路覆冰，但其可以弥补交流融冰方法的不足。直流融冰按照融冰线路的性质分为直流电流对交流线路融冰和直流电流对直流线路融冰。

1）基于SVC的交流线路融冰方法。其主要原理是通过整流使输电导线流过很大的直流电流，该电流超过导线正常的工作电流，引起导线发热，从而使附着在导线上的冰、雪、雾凇等融化脱落，当该装置不使用时，可作为SVC起到抑制暂态过电压、电压波动以及改善电能质量等作用。

2）基于直流换流器的直流线路融冰方法。直流输电线路通常采用直流电流进行融冰，一是因为可以方便取得融冰电源，二是直流输电线路导线截面积一般较大，交流方法难以实现，融冰时利用系统中已有的整流设备，通过适当切换整流器接线，改变系统运行方式即可。

2. 防冰技术手段

防冰技术是指为了阻止冰或雪沉淀于导体或者地线上而采用的方法，主要应用于较为脆弱的线路，如极限承冰标准低或者未考虑低概率出现的严重冰雪承受限度的线路。

（1）温控电热带防冰法。

温控电热带由正温度系数电阻特性材料组成，其电阻率随温度的升高在一定的范围内急剧增大。将温控电热带敷设在重覆冰的导线上，在电热带两端部金属纤芯上接入电源，使其发热，进而达到防冰、融冰的目的。但受限于电热带所用材料技术的限制，目前该方法仍未达到使用阶段。

（2）复合导线带负荷自动融冰法。

复合导线是在架空导线内通过绝缘隔离层将导线分割为多个截面，通过开关控制电流流经导线的截面。复合导线带负荷自动融冰法是根据覆冰检测装置的信号控制其开关开合状态，当无冰状态时开关闭合，导线处于正常状态；当导线覆冰导致导线载荷达到预警状态时，开关断开，负荷电流转移至钢芯，利用钢芯的高电阻发热达到融冰目的，冰融化后恢复正常。

（3）铁磁材料防冰法。

铁磁材料防冰法是利用具有低居里温度点的铁磁合金制作成各种满足防冰要求的防冰器并安装在严重覆冰线路的防冰技术。该方法早在 20 世纪 60 年代在英国就开始了工程应用，并达到了一定的防冰效果，美国、加拿大、苏联也大力发展此项技术。但是低居里点铁磁材料成本高，制造工艺复杂且增加线路复杂，从经济和工程实施的角度上讲具有较大的困难，因此除了局部重覆冰线段采用外，未大面积推广应用。

除上述除冰和防冰方法外，在研究导线覆冰机理等的基础上，又提出了平衡锤及阻雪环、激光除冰、高频激励融冰等方法，但大多在理论研究和实验阶段，未进行大范围应用。

（二）绝缘子冰闪防治

1. 优化绝缘子布置方式

绝缘子发生冰闪的主要原因是绝缘子串形成冰桥，爬电距离大大减少，耐压水平显著降低。一般来说冰闪多在气温间歇或持续升温的融冰期发生，此时覆冰中电解质对绝缘水平有降低作用，一旦绝缘子串上形成水帘，泄漏电流就会急剧增加，造成局部电弧，当温度上升或泄漏电流的热效应满足水流形成的自持条件，冰就会不断融化，使得电弧不断向前发展，最终发展为闪络。因此要防止发生冰闪，应当从防止绝缘子上冰形成桥接入手，而绝缘子串布置方式对于绝缘子桥接程度具有显著的影响。

（1）优化双Ⅰ串间距。

2008 年冰灾期间，全国各地 500kV 线路发生的冰闪跳闸事故中，双Ⅰ串绝缘子所含比例较大，原因为冰雪天气条件下，两串绝缘子之间的间隙容易累积冰雪，这将在一定程度上缩短两串之间的净空距离，覆冰严重时，冰雪可能将两串绝缘子之间的空间填满，一旦天气转暖，绝缘子表面冰层融合，极易发生闪络。人工覆冰闪络试验表明，由于并联效应，双Ⅰ串 50％冰闪电压值较相同污秽度和相同覆冰程度的单Ⅰ串绝缘子 50％冰闪电压值有所降低，当双串之间的净空气间隙大于 60cm 时，单双串的放电电压基本一致。因此，在覆冰区采用双Ⅰ串绝缘子时应适当增加联间距离，在重覆冰区不建议采用双Ⅰ串绝缘子。

（2）采用Ⅴ串或倒Ⅴ串。

通过对我国 2005～2008 年线路冰闪事故调研发现，使用Ⅴ型串绝缘子的线路冰闪发生情况较为少见，相关研究表明，同等污秽条件下，Ⅴ型串的耐压水平高于普通悬垂串 20％以上。中国电科院开展交流绝缘子串覆冰闪络试验，Ⅴ型串的冰闪电压约为Ⅰ型串的 1.23 倍，这是由于Ⅴ型串的悬挂方式使得绝缘子串覆冰后冰凌很难桥接伞间的间隙，融冰期间绝缘子串上也不会产生连续的水膜，此外Ⅴ型串绝缘子伞裙表面的污秽物容易被雨水和融冰水冲刷而流失，使得绝缘子表面的融冰水膜电导率低于Ⅰ串。

（3）采用插花串。

在绝缘子覆冰期间，采用不同直径的绝缘子组合成插花串可阻止冰凌跨接大伞间距、延缓整串绝缘子覆冰桥接时间。在融冰期，这种方法可阻止高电导率的融冰水形成“水帘”，防止绝缘子串外表面形成闪络通道，从而达到提高冰闪电压的目的。实践中可以采用不同盘径绝缘子组合，即采用 N 片正常盘径绝缘子和 1 片大盘径绝缘子组合成“$N+1$”的插花串绝缘子。研究和运行经验表明“3＋1”插花方式在轻、中冰区防冰闪效果较好，但在覆冰严重情况下，插花布置的绝缘子串仍发生闪络，而同时对于 500kV 及以上电压等级线路，应适当增加 N 的取值，特别是对于特高压用绝缘子串。

2. 优化复合绝缘子伞形结构

复合绝缘子表面所具有的憎水性并不能阻止覆冰，伞裙在冰凌桥接以后，其冰闪电压与瓷绝缘子相差不大，特别是对于重冰区线路，复合绝缘子由于其表面有有机材料，冰闪前的反复电弧易引起其碳化，反而更易引起覆冰闪络。但为综合考虑线路防污闪需求，部分重冰区仍采用复合绝缘子，此时要从防止冰凌桥接入手，对绝缘子伞裙结构进行优化，以得到具有优良防冰闪效果的防冰复合绝缘子。相关研究表明复合绝缘子防覆冰伞形结构的优化设计应从伞径、伞间距、爬距、机械强度等多方面综合考虑，在大伞强度足够的条件下增大大伞直径可防止冰凌桥接。但是，目前对于复合绝缘子的防覆冰伞形结构优化设计及应用尚未形成统一的认识，需要进一步开展研究。

第四节　OPGW 雷击断股分析及防治

光纤复合架空地线（optical fiber composite overhead ground wires，OPGW）是用于高压输电系统通信线路的新型结构的地线，具有普通架空地线和通信光缆的双重功能。虽然光纤复合架空地线（OPGW）有诸多优点，但运行中的 OPGW 遭雷击的事故时有出现，究其本质，OPGW 和架空地线本身是系统防雷的一个组成部分，但 OPGW 和地线并不是“防雷体”而是“引雷体”。OPGW 中的光纤承载传输着大量重要信息，就此意义而言，OPGW 比架空地线显然要重要得多，由于 OPGW 中含有光纤，一旦发生通信或其他故障，在排除故障、检修方面要比地线困难得多。OPGW 雷击断股涉及的国家有日本、巴西、美国、瑞士、德国等。在我国的湖北、广东、浙江等电网都多次发生雷击断股事故。OPGW 外层遭雷击断股后，股线松绞向下悬垂伸向带电相线，容易造成单相或多相接地短路，严重时会损坏光纤造成通信中断，给电力系统运行带来极大的隐患。河北南网廉沧线投运后在 2004 年 7 月发生了 OPGW 遭雷击断 9 股只剩 2 股承力的严重缺陷。本部分重点对 OPGW 雷击断股进行研究、分析，并提出相应建议。

一、OPGW 雷击断股分析

（一）国内雷击断股案例

OPGW 雷击断股都发生在雷电日 30d 以上的地区，东北、西北地区没有，西南地区目前也没有，浙江、广东、河北 500kV 线路雷击断股比较多。表 2-26 为 2005 年 3 月统计的国内 500kV 线路雷击断股情况。

表 2-26　　500kV 线路 OPGW 雷击断股情况统计

序号	线路名称	结构形式或股线材料	断股			雷电日（d）	事后处理
			发现时间	股数	股径（mm）		
1	三峡斗白	铝合金或铝包钢	2003-05	7 处断股成电流烧结状	2.52	50	从 2.5 改 3.2mm 铝包钢
2	华北绥姜	2 股铝包钢 10 股铝合金	2003-07-18 雷雨天	断 1 股铝包钢、6 股铝合金	2.78	40	—
3	易源	—	2003-07-18	遭雷击中断	—	30～40	—
4	顺安	AA/CS138/5931.0	2004-02-06	1 股铝合金断平直断口	2.50	40	近期无雷电
5	湖北双南	铝中心束管式外层铝合金股线	2000-11-12；2001-02	多处断 4 股及 6 股	2.50	40	—
6	浙江窑瓶	层绞不锈钢管 127/40	2003-08-25	铝合金 13 股断 6 股	3.25	30～60	雷雨天，后来更换
7	天瓶 5405	中心铝管式内层铝包钢 15/2.84	1999-05-28	外层铝合金股线断 1 股	2.84	30～60	绑扎修复
8	天瓶 5405	中心铝管式内层铝包钢 15/2.84	2000-04-06	断 1 股	2.84	30～60	绑扎修复
9	天瓶 5405	中心铝管式内层铝包钢 15/2.84	2001-11-13	断 1 股	2.84	30～60	绑扎修复
10	天瓶 5405	中心铝管式内层铝包钢 15/2.84	2002-09-06	断 10 股	2.84	30～60	更换
11	天瓶 5405	中心铝管式内层铝包钢 15/2.84	2003-03-14	断 1 股	2.84	30～60	绑扎修复
12	秦玉	中心铝管	2002-05	断 3 股	—	30～60	更换
13	秦玉	中心铝管	2002-10-23	断 2 股	—	30～60	绑扎修复
14	河北源安双回	单层中央铝管式铝包钢和铝合金各 4 股共 8 股	2003-07-21	断 6 股，1 股受伤 1 股完好，通下站信号全部中断，24 芯光缆断 1 芯	3.73	30～40	缆径 13.2mm 的断股，缆径 16mm 未断股，型号（AY/ACS44/44）
15	联州沧西	—	2004 年夏天	12 股断 9 股不锈钢管穿洞	—	—	光纤没有损坏
16	联蔺	—	2002 年冬季	12 股断 5 股	—	—	或冬季冷缩而断
17	迁绥	61/49	—	缆径 13.9mm 的发生断股	2.78	—	缆径 16mm，股径 3.2mm 的未断股
18	广东河叉	—	—	13 股断 6 股上有熔斑	—	60～100	有照片
19	惠汕	—	2004-02-12	外层 12 股断 7 股	—	60～100	有照片
20	东惠	—	—	外层断 3 股	—	60～100	有照片多处股线断
21	江茂	—	2005-03	共断股 21 次	2.38	60～100	—
22	重庆南万	7/D3.00	—	1 处断 1 股	—	—	AA+4/D3.00AS
23	上海渡郊	—	2004-07-12	断 7 股 24 芯光纤断 12 芯	—	30～40	更换

从现有的发生断股的案例可以总结出以下几点：

（1）OPGW 雷击时主要是 OPGW 外层股线断股，对光纤通信一般无影响，但严重时也会造成光纤的断芯。

（2）OPGW 断股主要是铝合金线，偶尔也发生铝包钢线断股（国内、国外都有案例报道），说明铝合金线与铝包钢线相比，在耐热性能及抗拉强度方面都有不足。

（3）发生断股的铝合金线的股径从 2.38～3.72mm 都有发生，说明在大能量的雷击情况下，单纯增大铝合金线的股径，耐雷效果并不是太明显。

（4）从同塔架设的两条 OPGW 的情况看，大直径 OPGW 的耐雷性优于小直径 OPGW 的耐雷性。

（5）铝管式、骨架式、不锈钢管式 OPGW 都发生雷击断股现象，说明目前没有证据表明 OPGW 的结构与雷击断股有直接的关联。

（二）雷击断股现象

光纤复合架空地线与普通架空地线雷击后的损坏现象差不多，通过对断股处进行外观检查，发现断口均为不规则的熔断状，有一些微小金属瘤附在断口周边线股上，部分线股上有深浅不一的黑斑点，有的地方出现了两股或多股烧熔连接在一起的现象，表明由于瞬间高温导致地线或者 OPGW 外层铝合金线或钢绞线熔化，在正常张力作用下断股。外层股线被雷电熔化形成熔斑或熔断（断股）。熔斑或断股减小了绞线层的覆盖厚度，降低了绞线外层的热容量，使钢线暴露于大气中，然后被腐蚀形成黄斑（在熔斑内可看到黄色小腐蚀斑点）。

目前发现的断股绝大多数是外层铝合金线，但也有少数（实验室模拟也发现）是铝包钢线被雷击断股的情况，断股光缆位置发现有不同程度的损伤现象，外层线股表面上有深浅不一的黑斑点，在断股周边线股上黏附有一些微小金属瘤状物，少数严重情况内层铝包钢线也出现熔化或损伤点，有些断股位置的股线熔化后黏结在一起的情况，一般股线断股的现象主要包括两种情况：一种情况是股线的断口呈圆球形状，这种情况是在电弧的高温过程中直接发生熔化断股；另外一种情况是不规则的拉断痕迹，这是由于经过电弧高温熔化后的股线机械性能大大下降，在外力的作用下被拉断。OPGW 雷击断股现象如图 2-120、图 2-121 所示。

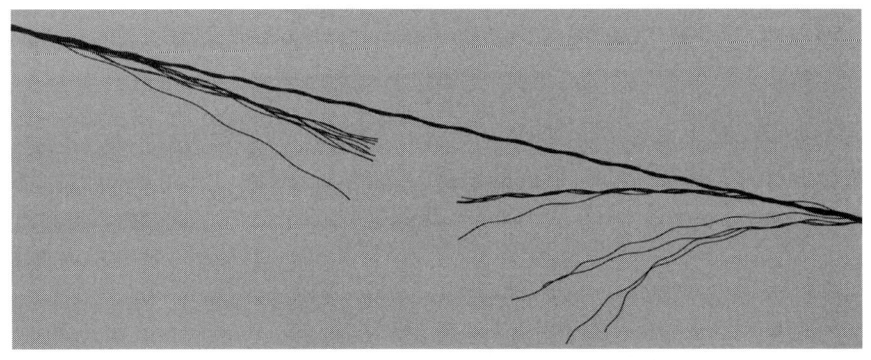

图 2-120 廉沧线 OPGW 雷击断股

图 2-121　雷击断股

二、雷击断股原因分析

（一）雷击 OPGW 的原因

OPGW 是与输电导线同塔架设，处于架空线路的最顶部，作为避雷线和线路发生故障短路时接地线使用，也就是说设计 OPGW 的最初的目的之一就是吸引雷电击向自身，从而避免雷击相线，因此 OPGW 遭受雷击是不可避免的。

（二）雷电流分量对断股的影响

自然界中的雷电放电分为主放电和余光放电两个阶段，对应的雷电电流形式为脉冲冲击电流和长时连续电流。

脉冲冲击电流的特点是：电流峰值大（为几十至几百千安），但持续时间短（为几百微秒）。由于时间短，所以脉冲冲击电流形成的电弧很快就会熄灭。因此脉冲冲击电流通常只会引起金属导线表面熔化，深度为零点几毫米。虽然，在雷电弧的落雷点会达到很高温度，有时温度甚至会超过金属的熔化点，但是，由于金属的热传导性有限，在雷电脉冲冲击电流作用很短的时间内（小于 1ms），热量来不及深入金属材料内部，就不会使内部金属材料熔化，引起的熔化金属的熔斑的面积大（通常宽度为几厘米），但是，熔斑的深度浅（为零点几毫米）。

长时连续电流的特点是：电流幅值低（为几百安），但是作用时间相对较长（0.03～0.15s）。如果云中有多个电荷中心则会沿第一个主通道重复放电，重复放电曾实测到 42 次。重复放电电流也较小，不超过 30kA。在大气间隙中，电位梯度为 30kV/cm 时才会导致电场击穿，但由于电弧是一种自持放电现象，在电弧形成后，很低的电压就能维持电弧稳定燃烧，例如：在稳定大气中每厘米长的电弧的维持电压只有 15～30V。所以长时连续电流可以维持脉冲冲击电流发生时形成的电弧。这样，长时间电弧形成的热量就会深入到金属材料内部，引起深层金属熔化。因此，与脉冲冲击电流引起的金属的熔斑不同，长时连续电流的熔斑的面积小（通常宽度为 1cm），但是，熔斑的深度很深，可能会导致 OPGW 的股线熔化断裂。

总结上述分析认为：余光放电阶段的长时连续电流是引起 OPGW 光缆熔化的主要原因。

为描述余光放电和持续放电的影响，在 IEC 1312-1：1995《雷电电磁脉冲的防护 第 1 部分：一般原则（通则）》和 ENV 61024-1：1995《建筑物避雷 第 1 部分：一般原则》标准中用长时连续电流进行了等效，并对长时连续电流规定了如表 2-27 所列的参数。

表 2-27 长时连续电流参数

参数	Ⅰ级保护	Ⅱ级保护	Ⅲ级保护	允差
电荷 Q（C）	200	150	100	±20%
时间 t（s）	0.5	0.5	0.5	±10%

（三）OPGW 线材对断股的影响

发生断股的主要是铝合金线，而且大部分铝合金线单丝直径都较细。偶尔也发生铝包钢线断股。这是由于铝合金的熔点一般为 660℃左右，钢熔点为 1535℃，铝合金在电弧高温下更易熔融。同样股径下铝合金线断 5～7 股，铝包钢线断 1～2 股，而钢绞线很少断股。铝合金与铝包钢在同样试验条件下的对比，其中一根外层全部为铝合金单线，另外一根全部为铝包钢单线，结果表明铝包钢比铝合金有明显的耐熔性。

此外中国电力科学研究院特种光缆实验室的试验表明铝包钢线导电率（与铝钢比有关）对断股也有影响。相同结构、不同导电率铝包钢材料：外层为低导电率铝包钢线的 OPGW 光缆，耐雷击性能相对较好，需要较大的熔蚀能量才能断股；外层为高导电率铝包钢线的 OPGW 光缆，耐雷击性能相对较差，只需要较小的熔蚀能量就能断股。

（四）OPGW 外径和股径的影响

国内 500kV 线路 OPGW 雷击断股情况统计（见表 2-26）表明：外径在 13.9mm 及以下均发生过雷击断股，一条线路用两种外径的 OPGW 总是较细的那条发生断股。此外，国外单层中心管式 OPGW 雷闪试验中，OPGW 外径均不大于 11.4mm，全为铝包钢股线，股径为 1.79～2.97mm。试品在 100、200C 都有断股。200C 试验后测量的剩余应力强度均小于等于 75%。股径接近 3.0mm 的样品在 100C 时就断 2～3 股。可见，外径小于 12mm 和股径小于 3mm 的 OPGW 不能令人满意，应该尽量地使用更大的外径和股径。

试验表明：外层铝合金绞线的 OPGW 即使其单丝直径 d 达 3.65mm，在雷电续流 $i_1=$ 400A、持续时间 $t_1=$500ms（转移电荷 $Q=$200C）时外层绞线仍会断股，达不到保护级别Ⅰ；而外层铝包钢绞线的 OPGW，当 $d\geqslant$2.80mm 时，即使 $i_1=$400A、$t_1=$500ms（$Q=$200C），外层绞线仍未断股，达到保护级别 I，满足耐雷要求。因此，耐雷型 OPGW 要求：外层绞线为铝包钢材料且其 $d\geqslant$2.85mm。基于此，十八项反措提出，架空地线复合光缆（OPGW）外层线股 110kV 及以下线路应选取单丝直径 2.8mm 及以上的铝包钢线；220kV 及以上线路应选取单丝直径 3.0mm 及以上的铝包钢线，并严格控制施工工艺。500kV 斗白线架设两年来发生 7 次断股，与其并行的 500kV 双白线架设运行 21 年来仅发生 1 次烧熔状断股。斗白线和双白线 OPGW 外层均为铝合金股线，不同的是斗白线外层铝合金单丝直径为 2.5mm，而双白线为 3.22mm。对比表明，OPGW 外层线股材质及线径对防雷性能至关重要，OPGW 外层铝合金股直径偏小容易导致雷击断股。

（五）不同接地方式对雷击概率的影响

武汉高压研究所的试验表明同一线路采用一条 OPGW 地线，一条 GJ 地线时，增加 GJ 线的接地点可略微降低雷击 OPGW 的概率，但雷击 OPGW 的概率仍比 GJ 线略高。适当增加 GJ 线高度后，雷击中 GJ 线次数高于 OPGW，说明这种布置下 GJ 对 OPGW 有一定保护作用，可使 OPGW 雷击概率有一定程度的减少。但总的来说在该 380∶1 小模型试验中地线接地方式对雷击概率的影响不大。

三、目前采取的主要措施

（一）生产制造

（1）采用全铝包钢线绞合。

（2）推荐采用大直径 OPGW，尽可能加大外层绞线股径，可以考虑设计成外径大于内径，如 IEEE 工作组建议外径 14mm 和内径 4mm。

（3）采用新的 OPGW 结构，如有国外厂家采用不锈钢管外套铝管结构、不锈钢管上镀锌层结构等。

（4）在外层和内层股线间设计一定气隙。

（5）选择合适的铝钢比。

（二）设计单位

（1）目前我国还没有专门的 OPGW 设计规程，大多是参照现有的架空地线设计规程进行设计；

（2）为防止短路及雷击时 OPGW 温度超过光纤耐受温度（180℃），OPGW 逐基杆塔均接地，另一根普通钢绞地线仍是两端接地（部分站端有数基接地）。

（三）建设单位

目前已有部分省电力公司对不同厂家、不同规格的 OPGW 委托有关检测机构进行比对试验后再选型选厂。如浙江省公司由浙江电研所负责花费 40 万元试验费对运行中断股地线进行检测；广东省公司花费 80 万元不仅对损坏地线进一步检测，还对拟选厂家不同型号 OPGW 进行检测以确定招标技术条件。

（四）运行单位

加强巡视，发现断股后及时处理。

四、下一步工作

（1）与 OPGW 试验检测单位合作，获取各制造厂产品耐受雷击的能力，以作为招标订货时的参考。

（2）深入研究雷击电流、转移电荷量、铝包钢比等技术参数，作为后期 OPGW 选择依据。

（3）在新建 500kV 线路 OPGW 设计时，应做到：①尽可能加大 OPGW 截面积及单丝直径，降低雷击断股率；②不采用混绞型 OPGW，避免铝包钢线出现断股而导致的 OPGW 综合破断力的急剧下降，同时保证修补处理的可能；③采用分段选型，靠近变电站或电厂附近地区应选择通流容量大的 OPGW，中间段选择以铝包钢线为主的强度较高的 OPGW；④单条 OPGW 时，另一条应选良导体 GJ 线。

（4）在新建或改建 220、110kV 中，考虑到地线较细（一般为 10～14mm），而所受应力却比 500kV 线路地线高 3 倍左右，雷击时更易断股，因此，可架可不架 OPGW 的线路就不架 OPGW，而选用传统的 ADSS 光缆通信。

（5）运行单位发现地线断股时要及时修复以免绞线绽开、抗拉力下降，为避免 OPGW 断股修复停电，建议购置带电修补设备在保证人身安全的前提下进行带电修理。

（6）华北地区虽然雷电日不多，可是发生的雷击断股不少而且损坏严重，表明本地区有高能量雷。应充分发挥已有的雷电信息系统的作用，加强雷电活动情况统计分析，总结高能量雷和多次回击雷的时间和地域分布规律，为河北南网选择 OPGW 时试验检测中雷电放电电荷量的选择提供依据，也为线路设计提供参考，同时指导运行单位重点巡视可能遭受雷击的线路。

（7）由科研单位牵头开展科研攻关，通过计算机计算、模拟和现场试验，研究 OPGW 接地方式对雷击时两条地线分流比例和地线温升及熔蚀程度、运行中不平衡电流在地线上的感应环流损耗等的影响，为优化使用 OPGW 的输电线路的地线接地方式提供依据。

五、案例分析

2004 年 7 月 20 日 12 时 30 分，国家电网有限公司河北检修公司在对 500kV 廉沧线线路进行常规地面月度巡视时，发现 N330 塔小号侧 160m 处左侧架空避雷线（OPGW）外层有 9 股均已断开，仅剩 2 股承力钢丝未断，在支撑着整根光缆运行。当时现场正在下雨，在夏季多变的天气情况下，随时都有可能全部断开垂落到下部导线上，造成通信中断和单相接地停电事故。断股情况如图 2-122 所示，灼烧情况如图 2-123 所示。

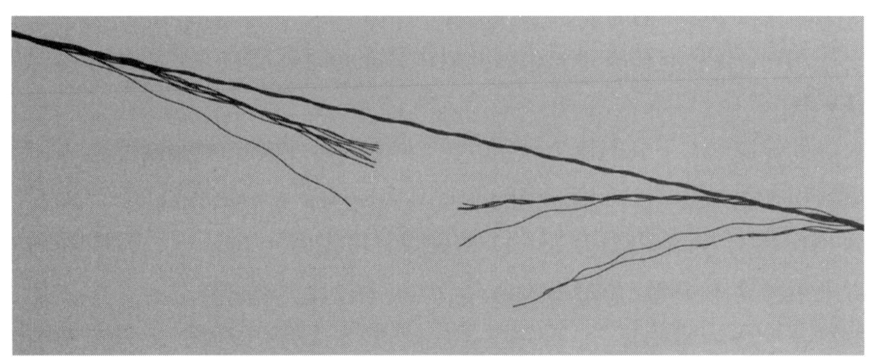

图 2-122　断股情况

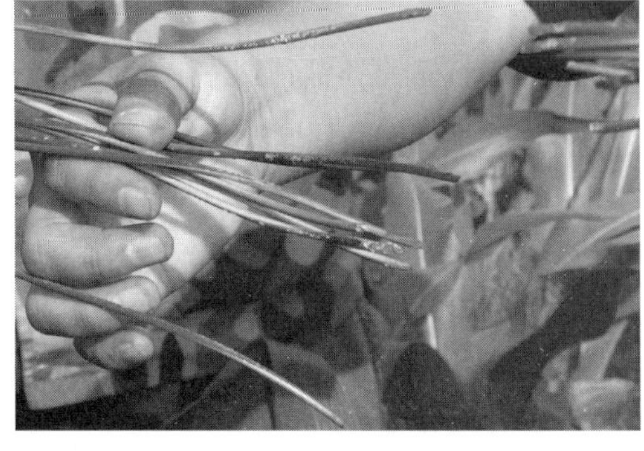

图 2-123　灼烧情况

现场情况已无法带电进行处理。公司紧急研究制定了停电临时抢修方案，并于当天16时50分向中调提出停电申请。20日18时55分廉沧线停电。该公司实施了抢修方案，并于21日15时6分向中调报竣工，完成了抢修工作。

（一）临时抢修步骤

将N329～N330光缆放至地面。用光缆耐张金具将断股两侧用一根长5m的GJ-80钢绞线连接起来并承受全部张力。将散股绞线附在钢绞线下侧（见图2-124）。

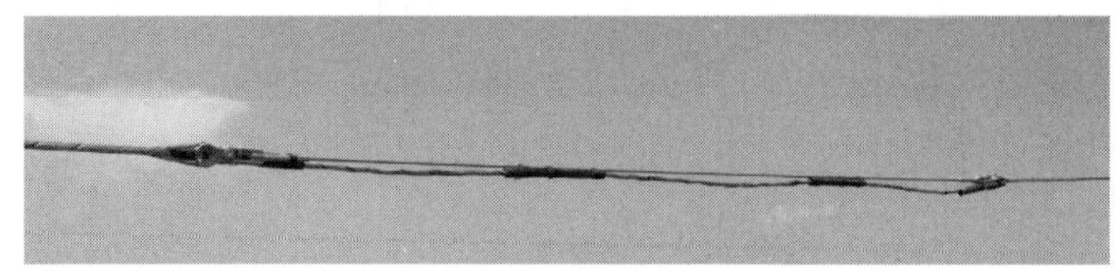

图2-124　抢修升空后情况

（二）缺陷原因及分析

（1）线路简况：断股点在500kV廉沧线线路N329～N330间，距N330塔约160m的左侧避雷线上。

（2）N329为ZBT2-Ⅲ（30）塔，N330为ZBT2-Ⅲ（33）塔，此段线路左侧架空避雷线为OPGW-2型复合型光缆地线（外面仅有7股钢丝和4股铝合金丝混合绞制的单层结构，内层为铝管和光缆，生产厂家为美铝腾沧）。逐塔接地。右侧绝缘架空避雷线为GJ-80镀锌钢绞线，一个耐张段只有一点接地。

（3）现场调查：断股点位于沧州市献县境内，当地百姓反映7月10日左右当地曾发生少见的雷爆天气。

（4）断股外观观察有十分明显的烧伤痕迹，痕迹茬口较新，尚未锈蚀。

（5）现场检查N329、N330塔右侧放电间隙无放电痕迹，两塔接地线完好无损。N329接地电阻为2Ω，N330接地电阻为2.3Ω，均在设计范围内。

根据以上情况分析此缺陷系雷击所至。

第五节　输电线路污闪与防治

污闪是指电气设备的绝缘表面附着固体、液体或气体的导电物质后，遇到雾、露、毛毛雨或融冰（雪）等气象条件时，绝缘子表面污层受潮，导致电导增大、泄漏电流增加，在运行电压下发生局部电弧而发展为沿面闪络的一种放电现象。污闪通常具有多点同时、重合闸不易成功而造成永久性接地事故等特点，因此污闪易引发系统失稳而导致大面积停电事故，据统计，自20世纪80年代开始至21世纪初，我国电网因污闪引起的区域性及大面积停电事故高达29起，占总停电次数的47%，特别是1990～2006年，河北南网先后发生6次大面积污闪事故，造成线路停电上千次，多座变电站全停，引起邯钢停产、京广线电气化铁路中断等事故，因此预防输电线路污闪事故是输电专业的重点工作之一。本节从污秽分类及环境类型、

污闪影响因素、污区分级及外绝缘配置和污闪防范措施进行了详细的描述。

一、污秽分类及环境类型

（一）污秽种类

绝缘子表面的自然污秽物有 A、B 两类。A 类：含有不溶物的固体污秽物附着于绝缘表面，当受潮时表面污层导电。该类污秽附着量可通过测量等值盐密和灰密表征其特性。B 类：液体电解质或化学气体附着于绝缘表面，多含有少量不溶物。该类污秽附着量可通过测量电导率或泄漏电流来表征其特性，也可通过测量等值盐密和灰密表征其特性。

（1）A 类污秽。A 类污秽普遍存在于内陆、沙漠或工业污染区；沿海地区绝缘子表面形成的盐污层，在露、雾或毛毛雨的作用下，也可视为 A 类污秽。A 类污秽含受潮时形成导电层的水溶性污秽物和吸入水分的不溶物。水溶性污秽物分为强电解质水溶性盐（高溶解度的盐）和弱电解质低水溶性盐（低溶解度的盐）。不溶物为不溶于水的污秽物，其主要功能表现为吸附水分，如尘土、水泥粉尘、煤灰、沙、黏土等。

（2）B 类污秽。B 类污秽主要存在于沿海地区，海风携带盐雾直接沉降在绝缘表面上；通常化工企业排放的化学薄雾以及大气严重污染带来的具有高电导率的雾、毛毛雨和雪也可列为此类。内陆地区盐湖、盐场等地方产生的污秽也属于此类。

（二）环境类型

污染环境可分为沙漠型、沿海型、工业型和农业型四类。大气清洁（很轻污秽）区在我国主要存在于远离城镇的草原、森林及常年冰雪覆盖的山地高原。实际上，污秽环境往往是一种及以上污秽环境的组合。

（1）沙漠型环境：广阔的沙土和长期干旱的地区，污秽层通常含有缓慢溶解的盐，不溶物含量高，属 A 类污秽。我国西北地区的沙漠、戈壁以及大片荒芜的盐碱地带是此类污秽环境的典型。风力是绝缘子染污的主要气象因素，而沙尘中的含盐量决定着现场污秽度的等级。此类地区雨季降雨可使其自然清洗，但由于沙漠戈壁降雨量往往很少，效果有限。每当清晨绝缘子表面凝露时，可能引起绝缘子闪络。

（2）沿海型环境：沿海岸波浪激起飞沫、海雾以及台风带来的海水微粒最具代表性，通常气象条件下海岸波浪激起飞沫影响距离不远，海雾影响可远至海岸数公里或 10km 以上，台风影响更可至海岸数十公里。此类污秽层多由溶解度高的可溶盐组成，相对不溶物含量偏低，通常在高电导率雾作用下迅速形成 B 类污秽层。平时沿海盐碱地通过风力作用也可形成对绝缘子表面的 A 类污染，其重污秽度的形成需要较长时期的积污。沿海污秽因可溶盐含量高，故附着力较差，易于雨水自然清洗。

（3）工业型环境：靠近工业污染源，因污染源类型的不同，绝缘子表面污秽层或含有较多的导电微粒如金属粒子，或含有易溶于水的氮氧化物（NO_x）和硫酸类（SO_x）气体形成的高溶解度的无机盐，或水泥、石膏等低溶解度的无机盐。此类污秽多属 A 类，不溶物含量相对较多，雨水自然清洗效果取决于绝缘子的伞型。其中建材类的水泥污秽可在绝缘子表面结垢，即使人工清扫也十分困难。

由于我国工业能耗以燃煤为主，发电、冶金高耗能企业的烟囱高度多在数十米、百米甚至二百米，因此烟气排放距离远，影响范围几十公里。因此，视野不及的区域内仍然可能受到工业污染的影响。

（4）农业型环境：位于远离城市与工业污染的农业耕作区，污秽源以土壤扬尘（A类）及农用喷洒物（B类）为主。绝缘子表面污秽层可能含有高溶解度的盐也可能含有低溶解度的盐（如化肥、农药、鸟粪、土壤中的盐分与可溶性有机物）。通常此类污秽中不溶物含量较多，属A类污秽，其雨水自然清洗效果同样取决于绝缘子伞型。

二、污闪影响因素

（一）污秽种类的影响

1. 盐分的影响

表面等值盐密的影响：绝缘子污闪特性与其表面的污秽度有直接的关系。大量的污闪试验数据表明，绝缘子污闪电压与等值盐密之间存在如下的关系：

$$U_{50\%} = A(\mathrm{ESDD})^{-n} \tag{2-7}$$

式中 $U_{50\%}$——平均每片绝缘子的50%闪络电压，kV/片；

ESDD——等值盐密，mg/cm^2；

A——常数；

n——污秽特征指数，可表征污闪电压随盐密的增加而衰减的规律。

A、n可通过大量污闪试验结果拟和得出。

可溶盐种类的影响：绝缘子表面自然污秽中$CaSO_4 \cdot 2H_2O$的大量存在使其污闪电压显著提高。如日本特高压线路设计时，将沿线污染源分为两类：一类是海洋污染，使用氯化钠模拟；另一类是粉尘污染，使用$CaSO_4 \cdot 2H_2O$或$CaSO_4 \cdot 1/2$（H_2O）模拟。进一步研究发现自然污秽中普遍存在的有机可溶物可不同程度地提高$CaSO_4 \cdot 2H_2O$的溶解度，从而使污闪电压有所降低。

有机可溶物的影响：研究表明，自然污秽物中普遍存在着可溶有机物，其中影响$CaSO_4 \cdot 2H_2O$溶解度的有机物可分为四类：①有机酸（如异构乳清酸、氰基醋酸等）；②有机酸钾盐（如脂酸钾、反丁烯二酸钾、丙酸锌等）；③有机碱盐酸盐加成化合物（如吗啉盐酸盐、可待因盐酸盐、亮氨酰胺盐酸盐、奎宁溴化氢等）；④尿素及其与硝酸盐加成化合物。有机物存在使$CaSO_4 \cdot 2H_2O$溶解度提高，从而降低闪络电压，污闪风险越大。

2. 灰密的影响

在影响绝缘子污秽闪络电压的诸多因素中，盐密作用最大，灰密对绝缘子污闪电压的影响包括其自身吸水性能的强弱和灰密的大小两个方面。一般来说，灰密越大，污闪电压越低，污闪风险越大。

3. 上下表面污秽分布的影响

污秽的不均匀分布包括污秽在绝缘子上下表面的不均匀分布、污秽沿绝缘子串方向的不均匀分布和污秽沿绝缘子周向的不均匀分布。同种污秽度条件下，污秽物越均匀，污闪电压越低，污闪风险越大。

4. 气压的影响

与平原地区相比，高海拔地区的污闪问题更为严重。据运行部门统计，高海拔地区高压输电线路的污闪事故屡有发生，我国高海拔地区的污染绝缘问题比低海拔地区矛盾更为突出。国内外多年对高海拔、低气压条件下的污闪问题的研究表明，随海拔升高或气压降低，绝缘子的污闪电压也要降低，而且降低的幅度还较大。换句话说，与平原地区相比，高海拔地区的输变电设备的外绝缘要选择较高的绝缘水平，海拔越高，绝缘水平越高。

（二）污层湿润的影响

1. 雾

雾是在气温低于露点时生成的。一般浓雾中的大部分水滴的直径为 2～15mm，雾的含水量为 0.03～0.5g/m^3，温度高则含水量大，雾滴数密度为每立方厘米数百个，雾层厚度一般可达 20～50m，雾的持续时间为 1.5h 至数昼夜。在清晨出现的雾称为晨雾，晨雾一般持续数小时，至午即散。在海上出现的雾称为海雾，海雾中可能包含盐分，盐是很好的雾核，浓雾是最危险的污闪因素，不仅因为它的水分能湿润污层而不冲刷污层，还因为它持续时间长，分布范围广。又由于气流的作用，雾能湿润绝缘子下表面，不像毛毛雨仅能湿润绝缘子上表面，一般在相同条件下，由雾湿润的绝缘子污闪电压比由毛毛雨湿润的低 20％～30％。

2. 毛毛雨

雨量达 8～16mm/h，落地回溅高达十余毫米的大雨或雨量达 2.6～8.0mm/h，落地回溅的中雨，均能冲洗绝缘子和提高绝缘子的绝缘性能。雨量小于或等于 2.5mm/h 的小雨，尤其是雨滴直径为 0.2～0.5mm，雨量为 0.5mm/h，雨滴密而强度小的毛毛雨，才是污闪的真正威胁。因为它们能湿润污层，却不能冲洗污层，造成污秽层导电，从而引发污闪。

3. 露

露是贴近地面的空气受地面辐射冷却的影响而降温到露点以下，所含水汽的过饱和部分在地面或地物表面上凝结而成的水珠。露大多在暖季的夜间到清晨的一段时间内形成。露成为影响污闪的因素，是指空气中的水分在温度低于周围空气的绝缘子上出现的冷凝物，即露水。露和雾一样能湿润污层而不冲刷污层，露也能使绝缘子上下表面都湿润。露虽分布很广但持续时间不长。虽然雾、露、毛毛雨并列为污闪的危险因素，但其中雾的危险最严重，在个别地区或条件下，露也有可能成为主要矛盾。如沙漠干旱地区，年降雨量很小，昼夜温差很大，可能由于凝露，污闪也很严重。我国江南水乡多露，由于露引起的污闪也不少，尤其是一些室内污闪，则可能都由凝露引起。又如所谓日出事故（黎明跳闸），一般都是绝缘子表面可以快速溶解的电解质被露水短时浸湿引起闪络所致。

4. 冰（雪）

冰是水的凝固物，本身不导电，对污闪无危险。雪是固态降水物，也对污闪无危险。但雨夹雪或湿雪对污闪是有危险的。当天气转暖时，绝缘子表面的冰、雪开始融化，造成污秽层湿润导电，易导致线路发生污闪故障。

5. 憎水性

复合绝缘子和防污闪涂料表面具有良好的憎水性，其防污闪能力明显高于瓷绝缘子和玻璃绝缘子，其在线路上使用的污闪故障次数远低于发生在瓷和玻璃绝缘子上的污闪故障次数。

三、污区分级及外绝缘配置

（一）污秽监测

1. 污秽测点布置

参照绝缘子的选择：依据标准要求，参照绝缘子选择 U70B/146（XP-70）、U160BP/170H（XP-160）普通盘形悬式绝缘子，或 U70BP/146D（XWP-70）、U160BP/170D（XWP-160）双伞形盘形悬式绝缘子。通常 4～5 片组成一悬垂串用来测量现场污秽度；直流参照绝缘子为直流标准型（钟罩型），其机械强度为 210kN 或 160kN，盘径 320mm，结构高度 170mm，爬电距离 545～560mm，通常 4～5 片组成一悬垂串用来测量现场污秽度；复合绝缘子（大小伞结构）通常使用 1 支来测量现场污秽度，绝缘子结构高度 1200mm、绝缘高度 1000mm、伞间距 80mm±20mm、大伞直径 180mm±40mm。

交流线路布点方案：采用网格法方法，一般按照 10km×10km 网格范围设置 1 个测试点，各地可根据在运及规划输电线路、人口密度、污源特征、气象、地形环境、污秽测试结果等适当调整单位网络大小。此外局部重污染区、重要输电通道、微气象、极端污染气象区等特殊区段应加强监测。原沿输电线路布点的方式应调整为网格化方式。调整布点时，应保留原有测点，用于积累更长年限饱和积污数据。原则上污秽测点应设置在 110（66）～1000kV 线路上，在不满足条件的地区可设置在低电压等级线路上，或悬挂于其他设施上，悬挂高度应与实际运行绝缘子等高度悬挂，一般悬挂在横担上且满足取样时的安全距离要求。

直流线路布点方案：应在直流线路上设置布点，一般 30～50km 设置 1 个测点；局部重污染区、重要输电通道、微气象、极端污染气象区等特殊区段应增加布点；直流测试串应考虑直流电场的影响，一般将测试串置于高电位中（高电位串），测试串挂在直流线路绝缘子与导线联板上（导线下方）。同时直流线路上应布置地电位串，测试串直接悬挂在杆塔横担上（外边侧），安装、取样与高电位串同时进行。

复合绝缘子测量点选择：为掌握复合绝缘子与盘型瓷/玻璃绝缘子积污差异，每个省公司应在瓷/玻璃参照绝缘子同环境条件下选取数量不少于 10 支的参照复合绝缘子，参照复合绝缘子为大小伞结构，宜在运行线路上选取。

2. 测试要求

取样位置：110kV 交流线路应上、中、下部各取 1 片绝缘子或 1 组伞裙，靠近高压端和低压端第一片绝缘子或第一组伞裙不取。取 3 片（组）的平均等值盐密和灰密作为该串的等值盐密和灰密；220kV 及以上电压等级交直流线路：应上、中、下部各取 2 片绝缘子或 2 组伞裙，靠近高压端和低压端第一片绝缘子或第一组伞裙不取。取 6 片（组）的平均等值盐密和灰密作为该串的等值盐密和灰密；不带电绝缘子可取第 2、第 3、第 4 片（垂直悬挂时，最底端为第 1 片），复合绝缘子取上、中、下部各 1 组，共 3 组伞裙，取其平均值作为该串的等值盐密和灰密。

取样时间：原则上在连续3年积污期后进行，积污期更长的情况下可在连续5年甚至更长积污期结束后进行，通常取样时间为雨季来临前的2～4月份。

取样要求：绝缘子表明污秽样品上下表面应分开取样，所用水量按上下表面面积所占比例计算；取样过程中应避免接触绝缘子，减少污秽损失，取样前容器、量筒等应清洗干净，确保无任何污秽，取样时应用清洁的医用手套，污秽擦拭应彻底，确保无水量损失。

污秽度测试：搅拌污水，使污秽充分溶解，然后测量污秽的电导率和温度，得到绝缘子上下表面的盐密，最后得到绝缘子串的等值盐密，灰密则通过滤纸过滤等方式进行。同型式绝缘子带电所测等值盐密/灰密（ESDD/NSDD）值与非带电所测等值盐密/灰密（ESDD/NSDD）值之比为带电系数，一般为1.1～1.5。

（二）污区分级

1. 交流线路的污秽等级划分

污秽等级分类：根据Q/GDW 152—2006《电力系统污区分级与外绝缘选择标准》，从非常轻到非常重定义了下列5个污秽等级来表征现场污秽的严重程度：a表示非常轻；b表示轻；c表示中；d表示重；e表示非常重。

注：该字母等级不直接与有关标准中的数字等级对应。

污秽等级划分的具体方法按Q/GDW 152—2006《电力系统污区分级与外绝缘选择标准》的规定进行。在绘制污区图时不应出现污秽等级跳变。

污秽等级分类方法：污秽等级应根据典型环境和合适的污秽评估方法、运行经验、现场污秽度（SPS）三个因素综合考虑划分，当三者不一致时，按运行经验确定。

现场污秽度的评估可以根据置信度值递减按以下顺序进行：

——邻近线路和变电站绝缘子的运行经验与污秽测量资料；

——现场测量等值盐密和灰密；

——按气候和环境条件模拟计算污秽水平；

——根据典型环境的污湿特征预测现场污秽度。

典型环境污湿特征与相应现场污秽度评估示例见表2-28。

表2-28　典型环境污湿特征与相应现场污秽度评估示例（交流系统）

示例	典型环境的描述	现场污秽度分级	污秽类型
E1	很少有人类活动，植被覆盖好，且距海、沙漠或开阔干地大于50km①； 距上述污染源更短距离内，但污染源不在积污期主导风向上； 位于山地的国家级自然保护区和风景区（除中东部外）	a 非常轻②	A A A
E2	人口密度500～1000人/km²的农业耕作区，且距海、沙漠或开阔干地大于10～50km； 距大中城市15～50km； 重要交通干线沿线1km内； 距上述污染源更短距离内，但污染源不在积污期主导风向上； 工业废气排放强度小于1000万标m^3/km^2； 积污期干旱少雾少凝露的内陆盐碱（含盐量小于0.3%）地区； 中东部位于山地的国家级自然保护区和风景区	b 轻	A A A A A A A

续表

示例	典型环境的描述	现场污秽度分级	污秽类型
E3	人口密度 1000～10000 人/km²的农业耕作区，且距海、沙漠或开阔干地大于 3～10km[③]； 距大中城市 15～20km； 重要交通干线沿线 0.5km 及一般交通线 0.1km 内； 距上述污染源更短距离内，但污染源不在积污期主导风上； 包括地方工业在内工业废气排放强度不大于 1000 万～3000 万标 m³/km²； 退海轻盐碱和内陆中等盐碱（含盐量 0.3%～0.6%）地区	c 中	A A A A A A
E4	距上述 E3 污染源更远（距离在"b 级污区"的范围内），但在长时间（几星期或几月）干旱无雨后，常常发生雾或毛毛雨； 积污期后期可能出现持续大雾或融冰雪的 E3 类地区； 灰密在 5～10 倍的等值盐密以上的地区	c 中	A/B B A
E5	人口密度大于 10000 人/km²的居民区和交通枢纽，距海、沙漠或开阔干地 3km 内； 距独立化工及燃煤工业源 0.5～2km 内； 地方工业密集区及重要交通干线 0.2km； 重盐碱（含盐量 0.6%～1.0%）地区； 采用水冷的燃煤火电厂	d 重	A A/B A/B A/B A
E6	距比 E5 上述污染源更远（与"c 级污区"区对应的距离），但在长时间（几星期或几月）干旱无雨后，常常发生雾或毛毛雨； 积污期后期可能出现持续大雾或融冰雪的 E5 类地区； 灰密在 5～10 倍的等值盐密以上的地区	d 重	A/B B A
E7	沿海 1km 和含盐量大于 1.0%的盐土、沙漠地区； 在化工、燃煤工业源区内及距此类独立工业源 0.5km； 距污染源的距离等同于"d"区，且直接受到海水喷溅或浓盐雾； 同时受到工业排放物，如高电导废气、水泥等污染和水汽湿润	e 非常重	A/B A/B B A/B

① 大风和台风影响可能使 50km 以外的更远距离处测得很高的等值盐密值。
② 在当前大气环境条件下，除草原、山地国家级自然保护区和风景区以及植被覆盖好的山区外的中东部地区电网不宜设 a 级污秽区。
③ 取决于沿海的地形和风力。

图 2-125 给出了普通盘形悬式绝缘子与每一现场污秽度等级相对应的等值盐密/灰密值的范围，该各污秽等级所取值是趋于饱和的连续 3～5 年积污的测量结果，根据现有运行经验和污耐受试验确定的。

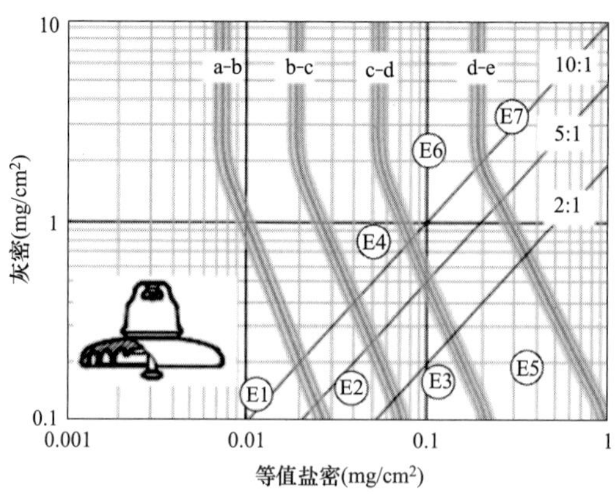

图 2-125　普通盘形绝缘子现场污秽度与等值盐密/灰密的关系

注 1. E1～E7 对应表 2-28 中的 7 种典型污秽示例，a-b、b-c、c-d 和 d-e 为各级污区的分界线。
2. 三条直线分别为灰密/等值盐密比值为 10∶1、5∶1 和 2∶1 的灰盐比线。

图 2-125 中数值是各级污区所用统一爬电比距，并基于我国电网参照绝缘子表面自然积污实测结果和计及自然积污与人工污秽差别的污耐受试验计算而得。现场污秽度从一级变到另一级不发生突变。

2. 直流线路的污秽等级划分

污秽等级分类：根据 Q/GDW 152—2006《电力系统污区分级与外绝缘选择标准》，直流现场污秽度从非常轻到重分为 4 个等级：A 表示非常轻；B 表示轻；C 表示中等；D 表示重。

注：该字母表示的等级与交流系统分级不一一对应，选择绝缘子时，需考虑现场污秽度的具体数值。

现场污秽度评估方法：现场污秽度的评估可以根据置信度值递减按以下顺序进行：

——邻近或环境相似直流系统的运行经验与污秽测量资料；

——直流带电绝缘子的现场等值盐密和灰密测量值（含直流电场中模拟串）；

——根据相邻或环境相近的交流系统的污秽程度信息通过交直流积污比计算得出污秽水平；

——按气候和环境条件模拟计算污秽水平；

——根据典型环境的污湿特征预测现场污秽度。

运行经验主要依据已有直流系统运行绝缘子的污闪跳闸率和事故记录、放电或爬电现象、地理和气象特点、采用的防污闪措施等情况而定。

现场等值盐密和灰密测量，通常在带电悬垂绝缘子串上取样获得；也可在处于直流场中的不带电悬垂绝缘子串上取样获得。测量的准确性取决于测量的频度，更多次数的测量可提高准确性。

直流多年与一年积污比暂取交流测试数据。

利用交流系统的污秽程度信息，根据交流现场污秽度（等值盐密）和直交流积污比确定直流现场污秽度。直交流积污比用污秽物颗粒度和积污期平均风速来描述。

如条件允许，尽可能积累耐张积污数据。

典型环境污湿特征与相应现场污秽度评估示例见表 2-29。

表 2-29　　典型环境污湿特征与相应现场污秽度评估示例（直流系统）

示例	典型环境的描述	现场污秽度分级	污秽类型
E1	常年冰雪覆盖的山地及很少人类活动，植被覆盖好，山区、草原、湿地、农牧业区（重要交通干线 1km 以内除外）。且： 距海岸、沙漠、高耗能企业群山区或开阔干地＞50km； 距上述污染源更短距离内，但污染源不在积污期主导风向上； 位于山地的国家级自然保护区和风景区（除中东部外）	A 非常轻	A A A
E2	人口密度 500～1000 人/km²的农业耕作区，且： 距海、沙漠或开阔干地大于 10～50km； 距大中城市 15～50km； 重要交通干线沿线（含航道）1km 内； 距上述污染源更短距离内，但污染源不在积污期主导风向上； 工业废气排放强度小于 1000 万标 m³/km²，且距独立高耗能企业大于 3～5km（上风向 6～10km）； 积污期干旱少雾少凝露的内陆盐碱（含盐量小于 0.3%）地区； 中东部位于山地的国家级自然保护区和风景区	B 轻	A A A A A A A

续表

示例	典型环境的描述	现场污秽度分级	污秽类型
E3	人口密度 1000～10000 人/km^2的农业耕作区，且： 距海、沙漠或开阔干地大于 3～10km； 距大中城市 15km～20km，距城镇及人口密集区 1～2km 或紧邻村庄； 距独立化工及燃煤工业源、重要交通干线沿线 1km 及一般交通线 0.1km 内； 距上述污染源更短距离内，但污染源不在积污期主导风上； 包括地方工业在内工业废气排放强度不大于 1000 万～3000 万标 m^3/km^2； 退海轻盐碱和内陆中等盐碱（含盐量 0.3%～0.6%）的地区	C 中	 A A A A A A
E4	距上述 E3 污染源更远（距离在“B”的范围内），但在长时间（几星期或几月）干旱无雨后，常常发生雾或毛毛雨； 积污期后期可能出现持续大雾或融冰雪的 E3 类地区； 灰密在 6～10 倍的等值盐密以上的地区	C 中	A/B B A
E5	人口密度大于 10000 人/km^2的居民区和交通枢纽； 距海、沙漠或开阔干地 5km 内； 距独立化工及燃煤工业源 1km 内； 地方工业密集区及重要交通干线 0.2km； 重盐碱（含盐量 0.6%～1.0%）地区； 采用水冷的燃煤火电厂，距比上述污染源更长的距离（与“C”区对应的距离），但在长时间（几星期或几月）干旱无雨后，常常发生雾或毛毛雨； 积污期后期可能出现持续大雾或融冰雪的 E5 类地区； 灰密在 6～10 倍的等值盐密以上的地区	D 重	A A/B A/B A/B A A/B B A

图 2-126 给出了直流盘形悬式绝缘子与每一现场污秽度等级相对应的等值盐密/灰密值的范围，该值是趋于饱和的连续 3～5 年积污的测量结果，根据现有运行经验和直流污耐受试验确定的。图中数值是基于我国电网直流系统外绝缘设计传统分级方法，根据直流参照绝缘子表面自然积污实测结果和计及自然积污与人工污秽差别的直流污耐受试验计算而得。现场污秽度从一级变到另一级不发生突变。

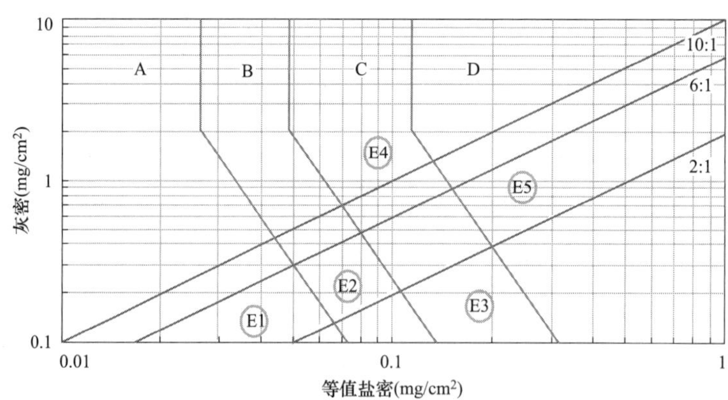

图 2-126 直流盘形悬式绝缘子现场污秽度与等值盐密/灰密的关系

注 1. E1～E5 对应表 2-29 中的 5 种典型污秽示例，A-B、B-C、C-D 为各级污区的分界线。

2. 三条直线分别为灰密/等值盐密比值为 10∶1、6∶1 和 2∶1 的灰盐比线。

（三）污区分布图绘制

1. 资料收集

（1）气象资料：包括本地区近 3～5 年来每年降雾（雾凇）、雪（黏雪）、融冰雪、雨日数、每月的分布规律图、污闪季节逐月降水量、月最大降水量；本地区近 3～5 年来每年污闪季节的连续无降水日、连续雾日、毛毛雨日、逆温层和湿沉降发生的时间段和影响范围；污闪季节的主导风向（也称风向玫瑰图），湿度、日评价温度的变化曲线。

环境污染资料：包括大气中的月平均降尘量、大气悬浮颗粒物浓度、二氧化硫浓度、氮氧化物浓度等；农业、工业、交通、服务业、生活等污染源的相对位置、距离、规模、发展趋势等；工业规划发展、规范变化情况等。

（2）现场污秽度测量数据：包括 3～5 年现场污秽度测量数据统计表；年度等值盐密和灰密需换算到饱和等值盐密和灰密，饱和系数根据各地实际统计值确定，推荐为 1.1～1.5。

（3）运行经验：主要包括运行设备的污闪跳闸率和事故记录、设备在系统中的重要性及其发生污闪事故损失和影响的程度、本地区防污闪措施运行经验、来自现场长期观测和试验研究的积累等，还包括自然与气象条件相同地区的运行经验与科学的预见性，工程设计应给运行管理留有适当的安全运行裕度。

2. 相关要求

（1）一般规定：污区分布图一般每年局部修订一次。当局部污秽环境发生快速变化时，各级污区分布图均应做相应调整。每 3 年全面修订一次。污区分布图以各省公司为基本绘制单位，根据现场污秽度等级绘制本地区电力系统污区分布图。省公司的污区分布图应在各地（市）供电公司已绘制成的污区分布图的基础上综合绘制。国家电网有限公司的污区分布图在各省公司已绘制的污区分布图的基础上综合绘制。

（2）制图范围：污区分布图应覆盖全部区域（包括无人区）；绘制污区分布图的同时，还应分别给出污区分布图的编制说明和实施细则；一般每个污秽测量点所代表的现场污秽度等级可以覆盖半径 2km 的区域；若相邻区域的污染状况与其基本相似，则该范围可以适当扩大；污区分布图原则上应以地理信息系统中的电子地图为底图绘制。

（3）辅助资料：包括编制说明和实施细则两部分。编制说明包括概述所绘制的污区分布图的依据和原则；简要分析本地区环境及大气污染状况、地貌特征、污源特征等；结合气象部门的资料分析本地区近 3～5 年来的气象特点及对线路污闪故障的影响；概述盐密/灰密或 SES 测量情况；已投产输变电设备的运行经验，着重分析绝缘水平、污闪跳闸情况、防污闪措施的执行情况、污区划分概况及说明等。实施细则包括明确污区分布图的适用范围；明确输变电设备在不同污秽等级对应的外绝缘水平；设备外绝缘受各种条件限制不能或未及时调整的，应有明确的防污闪措施及方法；结合本地实际情况，推荐给出相应不同污秽等级的防污措施供设计、运行参考等。

（4）其他要求：在各地（市）供电公司污区分布图绘制过程中，应考虑周边地区大型污染源对本地区的影响；各地（市）供电公司、网省公司污区分布图绘制中应注意保持毗邻地区污区等级的协调性，交界区域不应出现污秽等级跳变；污区分布图应附加版本信息。版本信息统一为“××-20××”。前二位符号为省公司名称拼音的第一个大写字母，后四位阿拉伯数字为该图的年份。示例：北京市 2014 年污区分布图版本信息：BJ-2014。

3．图面格式

图纸规格：纸质污区图一般应采用0号图纸，也可根据实际需要的大小来绘制。

图面和颜色：图面（0号图纸）四周边框预留尺寸如下：上方6cm用于写标题；下方及左右分别为2cm，边框线外空白，图名统一为“×××电力系统污区分布图”，位于全图正上方，比例尺寸及图例等位于图的右下方。并根据划定的范围分别予以着色，所用颜色应鲜艳透明，要求如下：

各污级采用下列对应颜色：

a—非常轻　素色地形底图原色

b—轻　浅蓝（$R=178$、$G=254$、$B=252$）

c—中　柠檬黄（$R=255$、$G=255$、$B=163$）

d—重　浅绿（$R=153$、$G=255$、$B=153$）

e—非常重　玫瑰红（$R=248$、$G=158$、$B=248$）

架空线路、发电厂和变电站：污区分布图中线路及走向和发电厂、变电站或换流站可用下列图形标出。

1000kV线路　……宽度$2B$　（蓝色）（$R=0$、$G=0$、$B=255$）

750kV线路　……宽度$2B$　（绿色）（$R=0$、$G=128$、$B=0$）

500（330）kV线路　……宽度B　（褐色）（$R=153$、$G=51$、$B=0$）

220kV线路　………宽度（2/3）B（紫色）（$R=128$、$G=0$、$B=128$）

110（66）kV线路　……宽度（1/3）B（深绿）（$R=0$、$G=51$、$B=0$）

±800kV（±660kV）线路　宽度$2B$　（橙色）（$R=255$、$G=100$、$B=0$）

±500kV（±400kV）线路　宽度B　（深黄）（$R=128$、$G=128$、$B=0$）

1000kV（750kV）变电站　……◎　三个圆的直径分别为10mm、6mm、3mm，图线宽度分别为$2B$、$1.5B$、$1B$。

±800kV（500kV）换流站……⊳|　内有二极管的正方形，边长为8mm，图线宽度为$2B$（$1B$）。

500kV（330kV）变电站　……◎　三个圆的直径分别为8mm、5mm、2mm，图线宽度分别为B、（2/3）B、（1/3）B。

220kV变电站　……◎　两个圆的直径分别为5mm、2mm，图线宽度分别为（2/3）B、（1/3）B。

110kV变电站　…○　圆的直径为5mm，图线宽度为（1/3）B。

火电厂　⊙　圆的直径为8mm，图线宽度为B。

水电厂（核电厂）…　[～]　矩形为10mm×5mm，图线宽度为B。

图线B的宽度与设计部门的规定相同，一般为1.2mm；如图线宽度和图形大小不能按上述规定划出时可适当缩小，但需区别不同电压等级。

ESDD/NSDD 测量点的表示方法：在 ESDD/NSDD 测量图和各供电公司的污区分布图上，用直径为 6mm、图线宽度为 1.2mm 的圆圈表示，圆圈中用阿拉伯数字注明顺序，并另附资料说明该点情况。

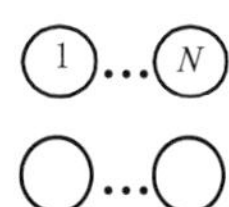

SES 测量点的表示方法：在 SES 测量图和各供电公司的污区分布图上，用边长为 6mm、图线宽度为 1.2mm 的正方形表示，正方形中用阿拉伯数字注明顺序，并另附资料说明该点情况。

1 … N

污闪故障点的表示方法：在 SPS 测量图上注明故障点，并在箭头下方用阿拉伯数字注明顺序（从左到右）；另附该点的污闪情况资料。

1 … N

污源分布点的表示方法：在污源图分布图上，用边长为 6mm、图线宽度为 1.2mm 的正方形表示，正方形内填充横虚线。正方形中用 5 号阿拉伯数字标注各类污染源代码，并另附资料说明该点情况。

52

其他图例：应和测绘部门规定的图例统一。

4. 绘制流程

污区分布图绘制流程如图 2-127 所示。

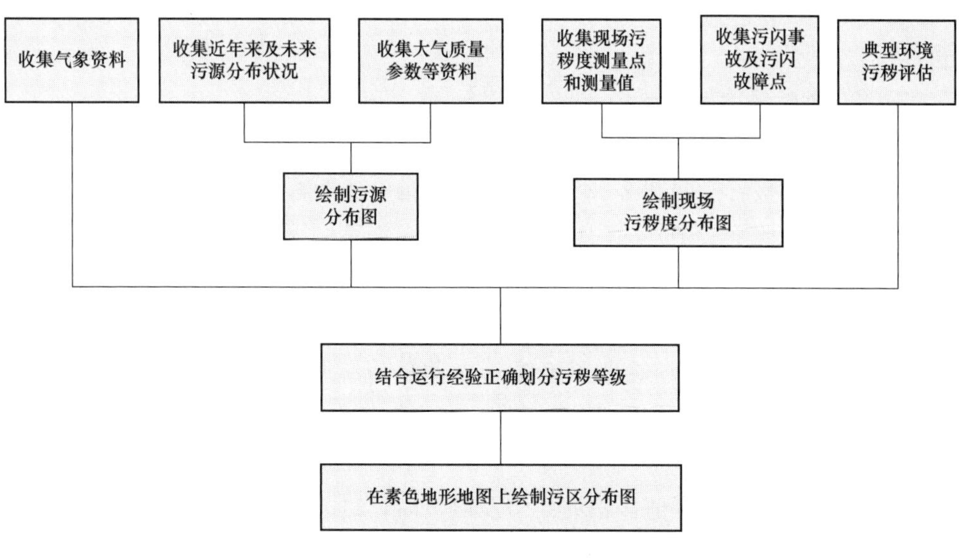

图 2-127　污区分布图绘制流程

（四）外绝缘配置原则

1. 外绝缘配置一般原则

（1）外绝缘配置应符合输电线路所处地区污秽等级的要求，考虑大气环境污染的情况，外绝缘配置到位，并适当留有裕度。

（2）输变电设备外绝缘配置主要取决于绝缘子的耐污闪能力，配置的方法有污耐受电压法和爬电比距法。

（3）线路外绝缘配置一般按照 GB/T 26218—2010《污秽条件下使用的高压绝缘子的选择和尺寸确定》、Q/GDW 152—2006《电力系统污区分级与外绝缘选择标准》、污区分布图实施细则和运行经验确定。

（4）海拔超过 1000m 时，外绝缘应进行海拔修正。重要线路、主力电厂主要出线、电网重要联络线等绝缘配置适当提高。

（5）外绝缘应按绝缘子有效爬距校核，对于各类瓷和玻璃盘形绝缘子的选用，必须充分考虑其爬距有效利用系数（K 值）。考虑到各地区差异，各种典型的绝缘子的 K 值可根据本地具体情况执行。

（6）新、改（扩）建输电线路的外绝缘配置应以污区分布图为基础，综合考虑线路路径附近的环境、污秽发展情况和运行经验等因素确定，c 级及以下污区均提高一级配置；d 级污区按照上限配置；e 级污区按照实际情况配置，适当留有裕度。特高压交直流线路一般另需开展专项沿线污秽调查确定外绝缘配置。

（7）中重污区的外绝缘配置宜采用硅橡胶类防污闪产品，包括复合绝缘子、瓷绝缘子和玻璃绝缘子表面喷涂防污闪涂料等。

（8）中性点不接地系统的设备外绝缘配置至少应比中性点接地系统配置高一级，直至达到 e 级污秽等级的配置要求。

（9）应依据污区分布图，及时校核在运输电线路外绝缘配置，不满足要求的应按轻重缓急进行改造。

2. 交流线路外绝缘配置

首先根据所在地区电网的污区分布图（根据现场污秽度、污湿特征和长期运行经验绘制）确定污秽等级，接着按照图 2-128 给出的统一爬电比距和现场污秽度的相互关系选择普通盘形绝缘子（参照绝缘子）的爬电比距，然后根据不同形状尺寸绝缘子和普通盘形绝缘子之间的有效爬电比距换算关系确定所用绝缘子的爬电比距，该爬电比距通常不等于其几何爬电比距。

不同形状尺寸绝缘子和普通盘形绝缘子之间的有效爬电比距换算关系，可根据各地区的长期运行经验来确定。根据几何爬电比距确定的外绝缘配置常常导致绝缘水平不足。

当绝缘子串表面灰密为等值盐密的 5 倍及以下时，110～1000kV 线路绝缘子悬垂单 I 串片数按表 2-30 和表 2-31 选择。

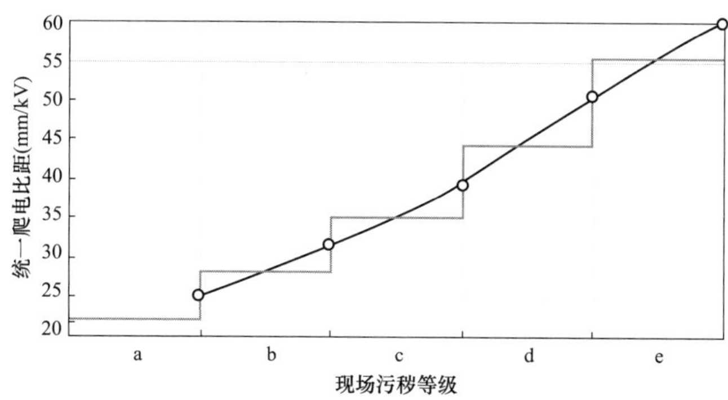

图 2-128　统一爬电比距和现场污秽度的相互关系

表 2-30　　额定电压 110～1000kV 线路绝缘子悬垂串单Ⅰ串片数的选择（供参考）

污秽等级	等值盐密（mg/cm²）	片数（片）					
		110kV	220kV	330kV	500kV	750kV	1000kV
		U70BL	U70BL	U100B/146	U160B	U210B	U300B
a	0.025	7	13	17	25	32	44
b	0.025～0.05	8	16	21	31	39	48
c	0.05～0.1	10	18	23	34	44	54
d	0.1～0.25	复合绝缘子					
e	>0.25	复合绝缘子					

注　1. 普通型绝缘子参数：U70BL 普通绝缘子，结构高度 146mm，爬电距离 295mm，盘径 255mm；U100B/146 普通绝缘子，结构高度 155mm，爬电距离 305mm，盘径 280mm；U160B 普通绝缘子，结构高度 155mm，爬电距离 305mm，盘径 280mm；U210B 普通绝缘子，结构高度 170mm，爬电距离 335mm，盘径 280mm；U300B 普通绝缘子，结构高度 195mm，爬电距离 505mm，盘径 320mm。
2. 表中绝缘子片数以等值盐密的上限计算得到。
3. 当 e 级区等值盐密大于 0.35mg/cm²（与图 2-128 不一致，参考运行经验）时，应根据现场实际污秽条件重新计算绝缘子串片数。
4. 表中值以灰密为等值盐密的 5 倍为计算条件。如大于 5，应进行灰密修正。
5. 表中绝缘配置通过污耐受试验确定；表中数据已考虑操作和雷电冲击，a 级主要由操作或雷电得出，不是来自污耐受法得出。

表 2-31　　输电线路复合绝缘子悬垂串（Ⅰ串）串长的选择（供参考）

污秽等级	等值盐密（mg/cm²）	结构高度（绝缘长度）（m）					
		110kV	220kV	330kV	500kV	750kV	1000kV
a	0.025	干弧距离满足 50%雷电和操作冲击耐受电压要求					
b	0.025～0.05						
c	0.05～0.1						
d	0.1～0.25	1.1～1.3	2.4（1.9）	3.2（2.7）	4.6（4.1）	6.5（5.9）	8.7（8.2）
e	>0.25	1.1～1.3	2.6（2.0）	3.5（2.9）	5.0（4.4）	7.0（6.4）	9.4（8.9）

注　1. 复合绝缘子为大小伞。
2. 复合绝缘子串长设计依据为亲水性绝缘表面的人工污秽试验结果，由污耐受试验确定。
3. 表中绝缘子的绝缘长度以等值盐密的上限，以灰密为等值盐密的 5 倍计算得到；如灰盐比大于 5，应进行灰密修正。
4. 上下表面积污比按 1∶1 考虑。
5. 结构高度按 0.54m 计算，需要结合实际电压等级金具长度进行调整。
6. 当 e 级区等值盐密大于 0.35mg/cm²时，应根据现场实际污秽条件重新计算绝缘子串绝缘长度。

在满足间隙要求条件下，悬垂单 V 串单侧片数一般与悬垂 Ⅰ 串相同，对于重污秽地区可根据积污情况合理减少串长；a 级区和 b 级区的耐张绝缘子串的单串片数应在单 Ⅰ 串的基础上增加 1～2 片；c 级区及以上污区的耐张绝缘子串的单串片数一般不少于悬垂单 Ⅰ 串的片数，对于耐张绝缘子串比悬垂绝缘子串积污明显减少的可适当减少耐张串的片数；多联绝缘子串应考虑联间的影响，必要时应予以修正。

一般情况下，外伞形绝缘子按标准盘形绝缘子串长的 80％考虑。但如具有明确的绝缘子污闪特性曲线，可采用污耐受法直接选择串长。当配置不满足污区要求时，可使用 RTV 涂料，提高输变电设备的防污闪性能；按年度等值盐密设计的串长，涂刷 RTV 涂料后满足外绝缘配置要求；中、重污区的外绝缘配置宜采用硅橡胶类防污闪产品。

3. 直流线路外绝缘配置

首先根据所在地区电网的污区分布图（根据现场污秽度、污湿特征和长期运行经验绘制）确定污秽等级，接着按照图 2-129 给出的统一爬电比距和现场污秽度的相互关系选择直流普通盘形绝缘子（参照绝缘子）的爬电比距，然后根据不同形状尺寸绝缘子和普通盘形绝缘子之间的有效爬电比距换算关系确定所用绝缘子的爬电比距，该爬电比距通常不等于其几何爬电比距。

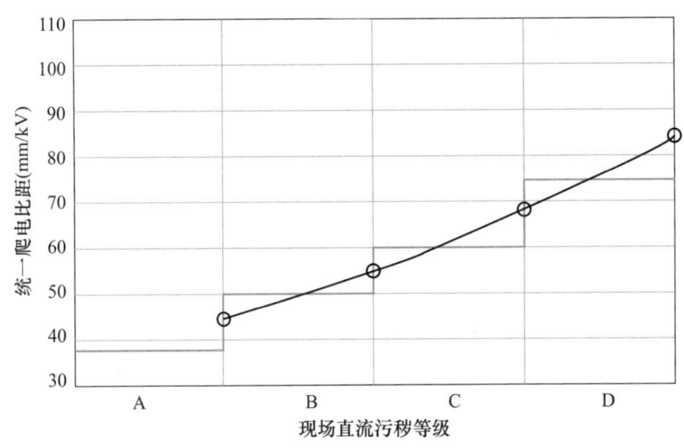

图 2-129　强降雨较多地区统一爬电比距和现场污秽度的相互关系

不同形状尺寸绝缘子和普通盘形绝缘子之间的有效爬电比距换算关系，可根据各地区的长期运行经验来确定。根据几何爬电比距确定的外绝缘配置常常导致绝缘水平不足。

当绝缘子串表面灰密为等值盐密的 6 倍及以下时，±400～±800kV 线路绝缘子悬垂单 Ⅰ 串片数或串长按表 2-32 和表 2-33 选择。

悬垂单 V 串单侧片数一般与悬垂 Ⅰ 串相同，对于重污秽地区可根据积污情况合理减少串长；耐张绝缘子串单串片数一般可按悬垂单 Ⅰ 串串长的 80％～90％考虑；多联绝缘子串应考虑联间的影响，必要时应予以修正。

一般情况下，外伞形绝缘子按标准盘形绝缘子串长的 80％考虑。但如具有明确的绝缘子污闪特性曲线，可采用污耐受法直接选择串长。当配置不满足污区要求时，可使用 RTV

涂料，提高输变电设备的防污闪性能；按年度直流等值盐密设计的串长，涂刷 RTV 涂料后满足外绝缘配置要求；对于新建输电线路，中重污区的外绝缘配置宜采用硅橡胶类防污闪产品。

表 2-32　　直流输电线路盘形悬式绝缘子悬垂串单 I 串片数的选择（供参考）

污秽等级	等值盐密（mg/cm^2）	片数（片）			
		±400kV	±500kV	±660kV	±800kV
		210kN	210kN	300kN	300kN
A	≤0.05	33	41	51	59
B	0.05～0.08	42	52	66	72
C	0.08～0.15	48	60	76	79
D	>0.15	复合绝缘子，见表 2-31			

注　1. 表中值以污秽上限计算，以灰密为等值盐密的 6 倍计算。
2. 绝缘子片数以耐受法为基础，比较工程数据加以调整而得。
3. 表中所列绝缘子为钟罩类绝缘子，210kN 绝缘子型号为 XZP-210，结构高度 170mm，爬电距离 545mm，盘径 320mm；300kN 绝缘子型号为 XZP-300，结构高度为 195mm，爬电距离为 635mm，盘径为 400mm；550kN 绝缘子型号为 XZP-550，结构高度为 240mm，爬电距离为 635mm，盘径为 380mm。
4. 当 D 级区等值盐密大于 0.35mg/cm^{2}时，应根据现场实际污秽条件重新计算绝缘子串片数。
5. 相同伞形不同机械强度暂按积污相同考虑。
6. 对于强降雨情况较少的地区，应根据上下表面积污比的实际情况进行修正。

表 2-33　　直流输电线路复合绝缘子悬垂串串长的选择（供参考）

污秽等级	等值盐密（mg/cm^2）	结构高度（绝缘长度）（m）			
		±400kV	±500kV	±660kV	±800kV
A	≤0.05	干弧距离满足 50%操作冲击耐受电压要求			
B	0.05～0.08	4.9（4.4）	6.0（5.5）	7.8（7.3）	9.3（8.7）
C	0.08～0.15	5.6（5.1）	6.8（6.4）	8.9（8.4）	10.6（10.0）
D	>0.15	6.4（5.9）	7.9（7.3）	10.2（9.7）	12.1（10.6）

注　1. 表中值以污秽上限计算，以灰密为等值盐密的 6 倍计算。
2. 复合绝缘子串长选择是以弱憎水性试验为基础，采用耐受法得到，并比较工程数据加以调整而得。
3. 上下表面积污比都按 1∶1 考虑。
4. D 级区直流等值盐密大于 0.35mg/cm^{2}时，应根据现场实际污秽条件重新计算绝缘子串片数。
5. 表中两端金具总长度以 0.54m 计。

四、污闪防范措施

（一）清扫

停电清扫：对于外绝缘配置未达到污区分布图要求的输变电设备，若调爬后仍不能达到要求，则应按照每年清扫以及“封停必扫、扫必扫好”的原则，严格落实“清扫责任制”和“质量检查制”，及时安排设备清扫、保证清扫质量。现阶段清扫工作主要包括每年污级划分和外绝缘核查情况，一般不单独安排清扫工作。对于根据新的污区等级划分外绝缘配置存在薄弱环节的部分输变电设备，包括污级上升到 C 级以上未复合化的，乘以双串及形状系数后爬距不足的，以及特殊重污染区域（如金属粉尘积污、水泥积污结块情况）的输变电设备，开展清扫工作。但是清扫工作存在局限性，部分发生污闪的线路在污闪前一年均进行了停电清扫，但仍不能阻止污闪的发生。

带电清扫：机械带电清扫是指采用专业工具设备，利用电动式压缩空气作动力，转动毛刷，通过绝缘杆将毛刷伸到绝缘子表面进行清扫。机械带电清扫是不存在污秽闪络的充分必要条件，因此不会发生污秽闪络事故。这种清扫方法效率高，可清扫黏结不牢固的浮尘，操作简便，技术要求低，不需要停电，但缺点是清洗效果不彻底，浮尘搬家，容易造成二次污染。

（二）水清洗

直升机带电水清洗作业：对于减少线路停电时间，防止绝缘子污闪和覆冰闪络事故，提高电网运行的可靠性具有一定的意义。

人工带电水清洗：需要高压水泵、储水罐等相关工具，此外还需要提高水的电阻率，确保作业人员的人身安全及线路的运行安全。

（三）喷涂涂料

防污闪涂料包括常温硫化硅橡胶（RTV）和硅氟橡胶（PRTV）两种，属于有机合成材料，其具有优良的憎水性和憎水迁移性。当绝缘子表面积污后，由于防污闪涂料的憎水迁移性能，污秽表面具有憎水性能，水珠在污秽表面呈孤立水珠状态，而不会形成水膜，进而提高了绝缘子污闪电压。但是由于防污闪涂料产品质量良莠不齐、运行过程中易老化、喷涂质量差等问题，部分防污闪涂料运行寿命较短。

（四）加装伞裙

防污闪辅助伞裙是指采用硅橡胶材料通过模压或剪裁做成硅橡胶伞裙，覆盖在电瓷外绝缘的瓷伞裙上表面或套在瓷伞裙边，同时通过黏合剂将它与瓷伞裙黏合在一起，构成复合绝缘子。防污闪辅助伞裙具有增加绝缘子串爬电距离、阻挡冰桥通道建立等作用，可起到良好的防污闪作用。但是在采用防污闪辅助伞裙时应注意合理的分布间距，对于500kV线路，防污闪辅助伞裙通常每隔3～4片绝缘子粘贴1片。

（五）更换绝缘子

复合绝缘子：将线路原有的瓷质或玻璃绝缘子更换为复合绝缘子是防污闪重要的技术措施之一。由于复合绝缘子具有憎水迁移性能、表面电阻大、伞裙结构不易积污等特点，同样爬距和污秽条件下，复合绝缘子防污闪能力远高于瓷质和玻璃绝缘子。

瓷复合绝缘子：瓷（玻璃）复合绝缘子综合了瓷（玻璃）绝缘子和复合绝缘子的优点，一是端部连接金具与瓷（玻璃）盘具有牢固的结构，保持了原瓷（玻璃）绝缘子稳定可靠的机械拉伸强度；二是瓷（玻璃）盘表面注射模压成型硅橡胶复合外套，又使其具备了憎水、抗老化、耐电蚀等一系列特点，同时解决了复合绝缘子易脆断、不能用于耐张串的问题。

（六）降压运行

降低运行电压的方法在直流线路上有应用。当直流线路所经过区域有发生污闪可能的气象条件时，为防止直流线路发生污闪故障，通常对该直流线路采取降压运行的方式，可有效防止污闪故障的发生。但在交流线路上，一般很少采用该方法，且即使降压运行后，由于调节幅度有限，防污闪效果不显著。

第六节　输电线路鸟害分析与防治

一、输电线路鸟害的类型及危害

近年来，自然环境条件不断改善，鸟类的繁衍数量逐年增多，活动范围日趋扩大，但由于人类活动的影响，致使高大树木日渐匮乏，输电线路的杆塔多位于荒郊野外，且一般是所处地区的最高构筑物，因此线路杆塔也就成了高大树木的最佳替代对象，稳固、高大的输电线路铁塔、水泥杆横担成了鸟类栖息、筑巢的良好选择。由于鸟类在输电线路附近活动引起的线路跳闸或故障停运，称之为鸟害类故障，简称鸟害故障。鸟害故障主要有鸟巢类、鸟粪类、鸟体短接类和鸟啄类四类。

（一）鸟巢类

鸟将巢筑在杆塔横担上，其筑巢材料短接了部分绝缘子串，造成间隙不足放电。鸟巢如图 2-130 所示。

图 2-130　鸟巢

输电线路的杆塔位于露天环境中，较高的位置和横担独特的几何结构成了鸟类筑巢的首选目标，尤其对于鹳类、喜鹊、乌鸦、鹰隼等体形偏大的习惯在高大树木上筑巢的鸟类，更喜欢将巢筑在线路杆塔上，由于这些鸟类的筑巢材料长度一般不会超过 1m，因此鸟巢对于 220kV 及以上线路不会构成较大的威胁，而 110kV 及以下线路的绝缘子长度较小，更容易被筑巢材料短接，因此也更易出现鸟巢材料短路引发的线路故障。

杆塔上鸟巢一般由泥土、软草（或羽毛）以及枝条构成，以体型中等的喜鹊为例，其鸟巢直径往往超过 50cm，枝条用量大、取材广，有时也会利用少量的废弃铁丝、导电包装绳等材料，是鸟巢中引起跳闸的最主要因素。鸟巢搭建或使用过程中，会有个别的枝条跌落或下垂，当鸟巢筑在横担绝缘子上方挂线点附近时，这些枝条就有可能短接绝缘子或空气间隙。如果枝条为金属物，在跌落或下垂过程中就会引起放电，造成线路跳闸。如软草、木质枝条等下挂，在阴雨天气受潮后，短接部分空气间隙而导致线路跳闸。

（二）鸟粪类

鸟类栖息在杆塔横担上排泄粪便，鸟粪如图 2-131 所示。粪便沿绝缘子串或绝缘子串外侧下落，短接了绝缘子串或导线与横担间的空气间隙，引起放电，均为单相接地故障。一是粪便污染了绝缘子，若累积太多，会使绝缘子发生污闪事故，二是鸟粪是具有一定导电性的混合液，当鸟类在绝缘子串的正上方排泄时，鸟粪会沿着绝缘子边沿下落，在靠近绝缘子串边沿处形成一条具有一定导电性的鸟粪通道，当该通道达到一定长度和鸟粪电导率高于一定值时，可引发单相接地故障。运行数据表明，鸟粪闪络的机理可

图 2-131　鸟粪

以认为是鸟粪下落的瞬间畸变了绝缘子周围的电场分布，使鸟粪通道与绝缘子高压端之间发生了空气间隙击穿而导致的闪络，并不是或主要不是以前直观认为的由于鸟粪淌落在绝缘子表面导致的沿面污秽闪络。

鸟粪故障一般发生在傍晚、半夜或凌晨，此时空气潮湿，排泄鸟粪会沿绝缘子串表面或外侧下落，鸟粪的电导率一般为 3000～8000μs/cm，如稀鸟粪达到一定长度并呈连续状态以自由落体的方式下落，形成一段细长的下落体。具有一定导电性的鸟粪通道的介入使绝缘子串周围的电场分布发生严重畸变。鸟粪通道前端与绝缘子串高压端之间的空气间隙的电场强度大大增加。原先绝缘子串承受的大部分电压都加在了这一段空气间隙上。当鸟粪通道的前端与绝缘子高压端之间的空气间隙被击穿，形成局部电弧，就有可能引发鸟粪短接空气间隙闪络跳闸。鸟害故障与鸟类活动的周围环境有关，如鸟害地段是丘陵与农田的交界处，人类活动少，杆塔周围有湿地、水塘、水库或水田等，鸟害闪络前没有任何征兆，闪络时也极少为人所见，只能在事后进行分析判断。

鸟粪闪络可造成导线灼伤或绝缘子灼伤。①导线灼伤。鸟类栖落位置一般在横担上，排泄的稀粪便会做自由落体运动，有时受风的影响，也可能稍微倾斜，但基本方向还是自上而下，因此，鸟粪闪络发生在垂直方向，多数为沿悬垂绝缘子串外侧闪络。悬垂线夹外侧 200～1500mm 范围内，上表面长度为 1000mm 左右处有灼伤痕迹，呈分布散乱的银白色亮点，中间有时会夹杂遗留鸟粪。②绝缘子灼伤。候鸟栖息在绝缘子串挂点处横担上，排泄的稀鸟粪有时会沿绝缘子串下落，部分绝缘子上有散落的鸟粪痕迹。悬垂绝缘子串由于连接金具的存在，通常横担侧第一片绝缘子（或伞裙）对绝缘子串外侧 100～150mm 处的距离小于横担对该处的距离，因此，发生鸟粪闪络后，多数情况下，横担侧第一片绝缘子或伞裙的上表面会有明显灼伤痕迹。有时横担侧第一片绝缘子或伞裙不会被灼伤，而在横担侧的构件上会找到灼伤痕迹。

（三）鸟体短接类

鸟体短接是大型鸟类，如鹳类，体长约 1m，翼展 1.5～2m，在杆塔上栖息、起飞或者在输电线路附近穿越飞行时，由于形体和翼展较大，造成杆塔构件与带电部分绝缘距离或者相间距离不足，通过鸟类身体放电，这种情况多发生在低压配电线路，高压线路比较少见。

（四）鸟啄伞裙

一些鸟类喜好啄复合绝缘子的硅橡胶伞裙护套，使耐老化性能相对较弱的芯棒直接暴露在大气环境中，如未及时发现处理，可能造成芯棒断裂等恶性事故。鸟啄伞裙引起的复合绝缘子伞裙护套损坏发生在新建线路未投运前或在运线路停电期间。

二、鸟害故障特点

（1）据调查，处于河流附近和池塘附近的低洼地带的杆塔的鸟害发生率要明显高于其他地区。

（2）虽然输电线路的鸟害一年四季均有发生，但是其故障高发期仍然是春季，因为春季是鸟类筑巢和活动的重要时期。另外，从气候上看，阴雨和大雾天气的鸟害故障要明显高于晴天。

（3）发生鸟害的故障时间一般在晚上 10 时到次日早上 7 时。每年的 4～7 月为鸟害高峰期。

（4）从鸟害造成故障的电压等级看，鸟类故障多数发生在 110kV 和 220kV 电压等级的线路中，500kV 及以上电压等级的线路鸟害故障相对较少。

（5）鸟害故障几乎都发生在直线杆塔上，而耐张杆塔则不容易发生线路鸟害。

三、鸟害故障及隐患处理

（一）隐患处理

运检单位对发现的防鸟装置缺失、损坏，鸟巢、绝缘子鸟粪污染、鸟啄绝缘子等进行研判，根据现场情况向上级汇报或提出带电作业、线路停电等申请，并根据作业指导书对鸟害隐患进行处置。

（1）防鸟装置缺失。对照鸟害故障风险分布图，逐基排查不满足防鸟措施配置要求的杆塔，并按风险等级高低和线路重要性，逐步加装到位。

（2）防鸟装置损坏。对破损、固定不牢固或安装不规范的防鸟装置进行修复、更换或加固，危及线路安全运行的应立即处理。鸟体触电如图 2-132 所示。

图 2-132　鸟体触电

（3）影响运行的鸟巢（见图 2-133）。对于危及线路安全运行的鸟巢，应将鸟巢拆除或移至离绝缘子较远的安全区内。拆除及移动鸟巢前应检查鸟巢内是否有蛇虫，防止对人身造成伤害，对鸟巢内的鸟蛋应予以保护，清理的鸟巢材料应采用专用收纳工具携带下塔。

（4）鸟粪污染。对鸟粪污染严重的绝缘子实施清扫或更换，视情况加装防鸟刺、防鸟挡板等装置。鸟刺安装不规范如图 2-134 所示。

图 2-133　影响运行的鸟巢

图 2-134　鸟刺安装不规范

（5）鸟啄复合绝缘子（见图 2-135）。对已发现遭受鸟啄的复合绝缘子，应根据复合绝缘子的损坏程度确定是否更换，若护套损坏应立即更换。鸟啄严重区段，必要时更换为玻

图 2-135　鸟啄复合绝缘子

璃或瓷质绝缘子。

（二）鸟害故障处置

（1）检查绝缘子闪络烧伤情况，若瓷质绝缘子的瓷釉烧伤、复合绝缘子伞裙烧伤或金具烧伤严重，应及时进行更换。

（2）对于鸟巢类故障，应清理引发故障的鸟巢材料，修复或加装防鸟盒、防鸟挡板等防鸟装置。

（3）对于鸟粪类故障，应对已遭受鸟粪污染的绝缘子实施清扫或更换，修复或加装防鸟刺、防鸟挡板等防鸟装置。

（三）鸟害故障信息记录

发生鸟害故障跳闸后，应做好鸟害信息的收集整理和分析工作，为鸟害故障风险分布图的绘制及防鸟总结分析提供相关资料。鸟害故障信息记录应主要包含故障基本情况、故障巡视及处理、故障原因分析、暴露出的问题和下一步工作计划等内容并且留取现场照片，现场照片应不少于以下信息：

（1）故障天气照片、故障杆塔周围地形环境照片；

（2）故障杆塔整体照片并标名故障相位置；

（3）引起故障的鸟巢或鸟粪等照片；

（4）闪络或受损的局部照片。

四、防鸟害措施

鸟类在输变电设备上降落、栖息，导致输电线路发生故障，为保证电网安全运行采取的各种防鸟技术措施，统称为输电线路防鸟害技术。

防鸟害装置大体可分为驱鸟技术和留鸟技术。驱鸟技术是采取固定装置或应用对于鸟类来说危险的信号，使得鸟类不能在电力设备上栖息，达到驱赶鸟的目的，主要包括防鸟刺、防鸟封堵箱、风动驱鸟器、电子驱鸟器等。留鸟技术是不影响鸟类正常栖息，通过提高绝缘或应用遮挡装置来保证电力设备安全运行，主要包括绝缘防鸟挡板、横担封堵板、大伞裙、防鸟粪均压环、绝缘防护装置和复合绝缘子保护套等。

在鸟类活动频繁的季节，应积极开展防鸟害工作，以保证线路安全运行。

（一）增加巡线次数，随时拆除鸟巢

将搭在绝缘子串上的、搭在跳引线上方的、搭在导线上方的以及距带电部分过近的鸟巢及时拆除。在拆除鸟巢时，应有可靠的安全措施，线路下方应有专人监护，必要时使用绝缘工具。

（二）常见驱鸟设施

1. 防鸟刺

将钢绞线截 40～80cm，一端散开，针体呈放射状分布，另一端固定在支撑的底座内，防鸟刺用钢绞线制成，利用螺栓固定在绝缘子上方的杆塔横担上，防止鸟停留在绝缘子上方，避免绝缘子串闪络跳闸。缺点是给检修人员带来不便，同时长时间运行后，鸟刺会锈蚀和老化，可能降低驱鸟效果。500kV 的防护范围为以绝缘子串悬挂点为圆心，针对不同电压等级，防鸟刺应具有有效的防护范围，110（66）、220、330、500kV，挂点为圆心，半径分别为 0.25、0.55、0.85、1.2m 的圆。防鸟刺如图 2-136 所示。

图 2-136　防鸟刺

防鸟刺安装在导线挂点金具正上方的横担周围，应根据防鸟刺的长度和安装位置的限制合理调整间距，满足反措要求的保护范围。防鸟刺应方便收放，单根鸟刺直径不小于 2mm，非耐腐蚀性材料应采用热镀锌、电泳双重防腐工艺。弹簧刺弹簧弹性良好，90°弯折后能恢复原状。防鸟刺底座及固定件宜采用不锈钢或铝合金材质，紧固螺丝可采用双螺栓。防鸟刺张角应不小于 190°，防鸟刺的支数应满足防护范围的要求，当横担顺线路方向较宽时，应在顺线路方向增加防鸟刺数量。

对单回路线路中相横担，应在横担上下平面均安装防鸟刺。对于多回线路在导线横担上加装防鸟刺前，应校核防鸟刺与上方导线间的电气距离。

2. 防鸟针板

挂在水平主材上用大小能够覆盖挂点及附近大联板的防鸟针板进行封堵，横担主材上根据主材宽度采用三排刺或双排刺防鸟针板，横担辅材上根据辅材宽度采用双排刺或单排刺防鸟针板。防鸟针板如图 2-137 所示。

3. 风动驱鸟器

风动驱鸟器由支柱轴杆、内齿轮圈、星齿轮、星齿轮轴、壳盖、旋转风碗、旋转风极构成，在旋转风极上设有反光镜片。安装在高压输电线路杆塔上，利用自然风为动力驱动旋转风碗和旋转风板以快慢不同的速度转动进行扰动，风板上的镜片在转动中反射强光，使鸟惧怕，可有效吓阻鸟类在杆塔上降落、筑巢。壳盖、旋转风碗、旋转风板、反光镜片等采用塑料、玻璃材料制成。风动驱鸟器如图 2-138 所示。

图 2-137　防鸟针板

图 2-138　风动驱鸟器

4. 电子驱鸟器

电子驱鸟器以语音驱鸟为主，结合光、色等手段来达到驱鸟的目的。主要原理是将不同鸟类的各种比较敏感恐怖的声音录制在一起，进行周期性地循环播放，鸟一旦听到此类声音，感到恐惧而受到惊吓，远离电子驱鸟器所处位置。电子驱鸟器安装在线路杆塔上，可防止鸟在上面搭巢、筑窝、停留，驱赶鸟类在其周围活动，预防鸟害发生。

5. 超声波驱鸟器

超声波驱鸟器的主要功能是利用单片机技术，随机发出某频率的超声波，使鸟类受到刺激而离开现在的场所。

6. 组合式驱鸟器

组合式驱鸟器将机械、电子、超声波驱鸟等方式多种组合在一起。利用太阳能发电，电池储能，进而阻止鸟在杆塔活动。组合式驱鸟器如图 2-139 所示。

图 2-139　组合式驱鸟器

（三）常见留鸟装置

1. 绝缘防鸟挡板

在绝缘子串悬挂处的横担下方安装绝缘挡板，可防止鸟类在横担上或鸟巢内栖息排泄鸟类引起绝缘子串短路跳闸，绝缘挡板一般由环氧树脂板制成。

防鸟挡板宜选用厚度 2mm 及以上的 PC（聚碳酸酯）板。110（66）、220kV 线路上的防鸟挡板可采用厚度 3mm 及以上的玻璃纤维板。

防鸟挡板的固定可采取 L 形支架、金属压条配装螺丝固定的方式，防止防鸟挡板脱落和位移，支架应满足防腐要求。防鸟挡板如图 2-140 所示。

2. 横担封堵板

采用铝合金按铁塔型号加工的封堵板，在横担头向（横线路方向）外伸出加工鸟踩踏板，可临时在塔上进行插销式安装，鸟类栖息在封堵板上排泄，或离开绝缘子串而不会短路闪络跳闸。若线路检修需在横担上挂滑车或其他人员需要从横担中间下导线时，可随时拆开，平时线路登杆巡查中员工踩在铝合金封堵板上巡查故障时，人员是安全的，但横担头翘出部分严禁踩踏。防鸟封堵如图 2-141 所示。

3. 大伞裙

安装大伞裙的方法有三种，原理基本相同，即鸟粪下落时，起到阻挡作用，减少鸟粪闪络。在绝缘子串中增加一片大盘径绝缘子，直径为 400mm 左右，安装固定在第一片绝缘子上方，直径可做到 700mm，刚度较高，不易变形。加装大硅橡胶伞裙，安装在第一片绝缘子上方，受材质限制，直径一般为 400～600mm。

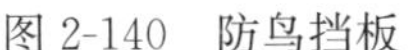

图 2-140　防鸟挡板

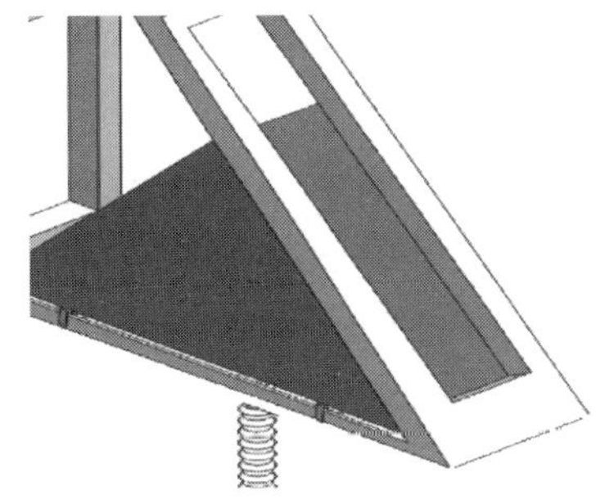

图 2-141　防鸟封堵

4. 防鸟粪均压环

防鸟粪均压环为对接式安装，是两片形状尺寸完全相同，边缘为半圆弧形，用铝铸造而成的圆形整体平面或锥面，能有效防止鸟粪等污染物靠近绝缘子形成串状导致闪络，具有耐腐蚀、均压效果显著的特点。

5. 栖鸟架或人工鸟巢

根据鸟类喜欢落在高处的习性，通过在杆塔上安装栖鸟架或搭设人工鸟巢，使得鸟停留在栖鸟架上或人工鸟巢等对线路无威胁的位置。

6. 防鸟绝缘包覆

绝缘包覆应选用高分子材料，满足长期运行要求，能耐受线路最高运行相电压。绝缘包覆长度及厚度必要时应根据试验及运行经验确定。绝缘包覆应安装牢固。线夹两端导线上安装防鸟绝缘包覆，相应区域绝缘子高压端金具及均压环等也应安装异形绝缘包覆，形成绝缘包覆的封闭保护。

五、典型故障分析

（一）220kV ××线鸟巢类故障

20××年××月××日××时××分，220kV××线跳闸，B 相故障，重合成功。

故障位置如图 2-142 所示，导线放电点如图 2-143 所示。

图 2-142　故障位置

图 2-143　导线放电点

登塔检查发现现场 N25 号杆塔地面有烧焗的树枝，B 相导线、两侧均压环、绝缘子均有放电痕迹。在周边农田进行走访，据村民反映，当时只听见一声放炮响，杆塔周边有喜鹊活动，由于距离 300 多米，没有走到跟前去看具体情况。判断该处为故障点。故障杆塔为 ZL1-21 型直线塔，故障时天气为阴，杆塔所处地貌为平原。通过故障杆塔现场情况分析，故障原因为：天气潮湿，喜鹊在 N25 杆塔 B 相绝缘子上方筑巢时，潮湿的树枝发生掉落，导致线路跳闸，确定本次跳闸原因为筑巢闪络。横担放电位置如图 2-144 所示，放电树枝如图 2-145 所示。

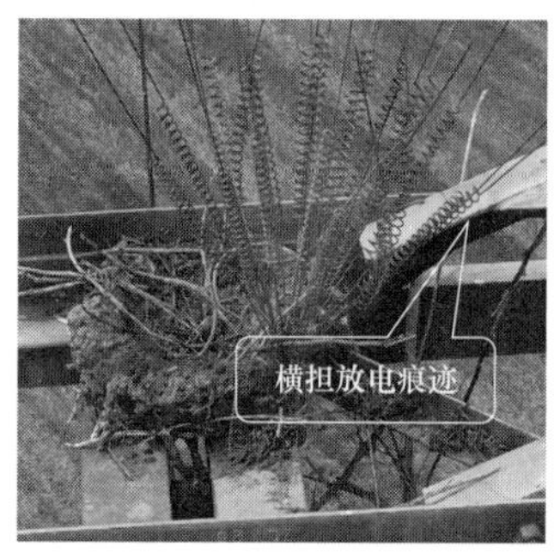

图 2-144 横担放电位置

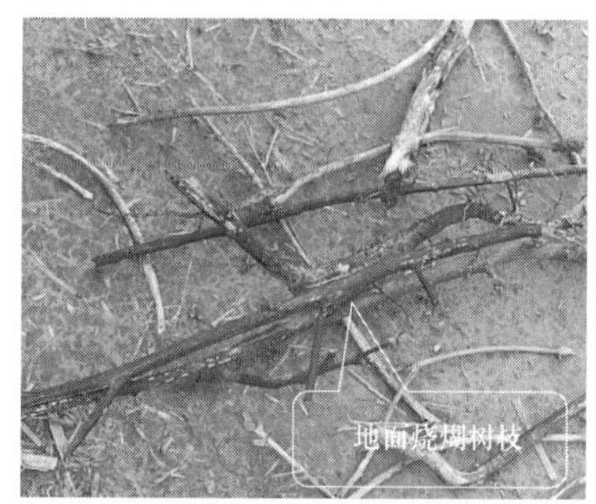

图 2-145 放电树枝

（二）220kV××线鸟粪类故障

20××年××月××日××时××分××秒，220kV××线跳闸，B 相（中相）故障，重合成功。横担位置如图 2-146 所示，上均压环鸟粪如图 2-147 所示，导线及均压环放电位置如图 2-148 所示，地面鸟毛如图 2-149 所示。

图 2-146 横担位置

图 2-147 上均压环鸟粪

航巡到 N84 杆塔时，发现绝缘子及两侧均压环均有放电痕迹。现场发现 N84 杆塔地面有两根烧焗的树枝和两只长 20cm 左右的羽毛，地面农作物有鸟粪，B 相绝缘子均压环上有鸟粪，B 相绝缘子、两侧均压环均有放电痕迹。在线路东南 300m 村落走访，村民反应，故障时段听见了响声。判断该处为故障点。故障杆塔为 ZM2-30 型直线塔，故障时天气为阴，杆塔所处地貌为平原。通过故障杆塔现场情况分析，故障原因为：鸟类排便，导致线路跳闸，确定本次跳闸原因为鸟粪闪络。

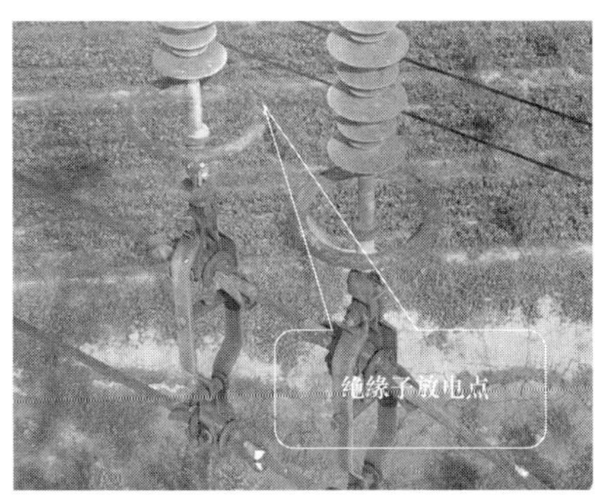

图 2-148　导线及均压环放电位置

图 2-149　地面鸟毛

第七节　接地装置运维与改造

一、接地装置的运维

输电线路接地装置包括接地体和接地引下线。

（一）接地体

接地体又称接地极，是一根或几根金属导体连成的整体，埋在土壤中，和土壤紧密接触，用以向大地泄散电流。在输电线路工程中常用的接地体的埋设形式有垂直型接地体、放射型接地体、环型接地体和环型与放射型组合接地体，如图 2-150～图 2-153 所示。

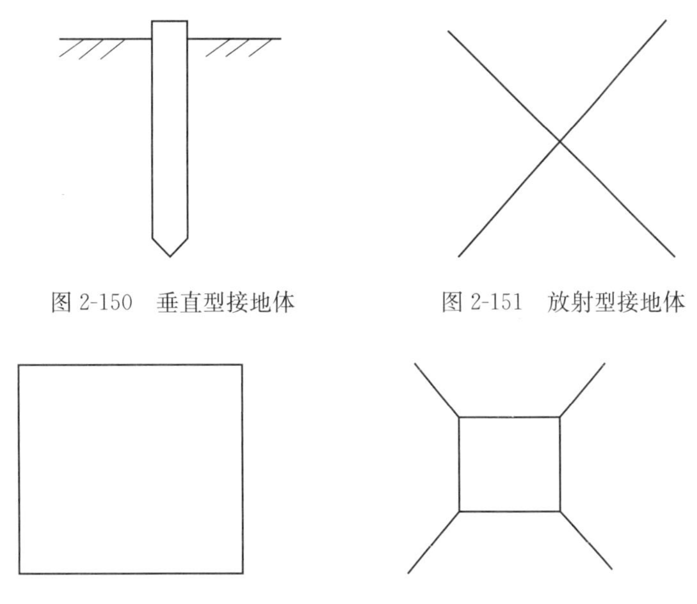

图 2-150　垂直型接地体

图 2-151　放射型接地体

图 2-152　环型接地体

图 2-153　环型与放射型组合接地体

110kV 及以上线路杆塔的接地体形式主要是水平接地，为环型和放射型，埋设在杆塔基础的四周。

接地体所用的材料都是钢材，主要是考虑耐腐蚀和机械强度，而且价格便宜。一般多用圆钢、钢带、钢管及角钢。圆钢直径不小于10mm；钢带截面积不小于100mm²，厚度不小于4mm，如25mm×4mm或40mm×4mm的扁钢。

在杆塔基础坑内，设置环型接地装置，利用基础坑进行深埋，以减去挖接地沟的作业。当环型接地装置无法满足接地电阻的要求时，可根据工程的实际情况，在杆塔基础四周设置放射型接地带，或打入接地极，或接地带与接地极两者联合使用，以满足对接地电阻的要求。

（二）接地引下线

接地引下线是避雷线与接地体相连接的导线，使避雷线上的雷电流经接地引下线流至接地体而泄散到大地中去。

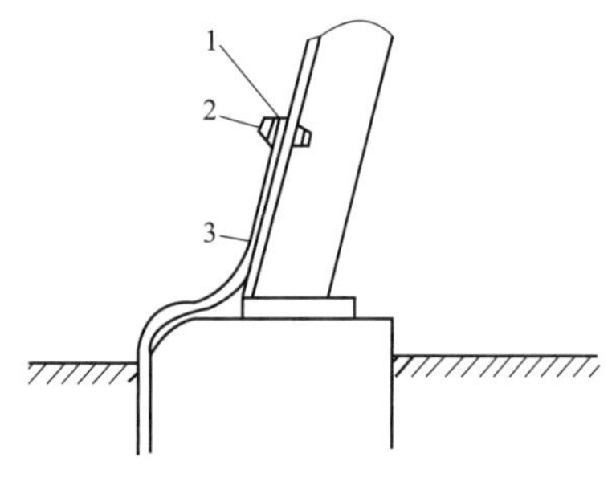

图 2-154　接地引下线与铁塔连接

1—接地螺栓；2—连板；3—接地引下线

接地引下线一般采用的圆钢直径为10～12mm，如用镀锌钢绞线时，其截面积在地上部分应大于35mm²，在地下部分应大于50mm²，如图2-154所示，接地引下线应采用热镀锌导体，下端与接地体焊在一起，上端用连板与杆、塔用螺栓塔身固定。接地引下线直接从架空避雷线引下时，引下线应紧靠杆塔身，并应每隔一定距离与杆塔身固定一次。

通常输电线路不另设引下线，利用塔身和电杆主筋作为引下线。

混凝土电杆在离根端约3m处设有M16的螺栓孔，此孔与主筋相连，用于与接地体连接。采用螺栓连接是便于解开测量接地电阻。

按照DL/T 741—2019《架空输电线路运行规程》规定：检测到的工频接地电阻（已按季节系数换算）不应大于设计规定值，见表2-34。多根接地引下线接地电阻值不应出现明显差别。接地引下线不应断开或与接地体接触不良。接地装置不应出现外露或腐蚀严重，被腐蚀后其导体截面积不应低于原值的80%。

表 2-34　　水平接地体的季节系数

接地射线埋深（m）	季节系数
0.5	1.4～1.8
0.8～1.0	1.25～1.45

注　检测接地装置工频接地电阻时，如土壤较干燥，季节系数取较小值；土壤较潮湿时，季节系数取较大值。

二、接地装置常见问题

架空输电线路杆塔接地装置的主要作用就是防雷，即输电线路的杆塔必须具有可靠的接地，以确保雷电流泄入大地，保护线路绝缘。实践证明：降低杆塔接地电阻是提高杆塔耐雷水平，降低雷击跳闸率的重要途径。但从运行的架空输电线路杆塔看来，输电线路杆

塔的接地装置往往存在以下问题。

（一）杆塔接地电阻超标

架空输电线路杆塔接地电阻超标的原因有以下几个方面：

(1) 土壤电阻率高，地质复杂，尤其是山区的输电线路，大多是岩石地区，多石少土，接地施工不便，土壤电阻率较高，岩石地区的土壤电阻率一般为 3000～5000Ω·m，所以杆塔接地装置的接地电阻也就居高不下。

(2) 由于山区地质复杂，接地装置施工难度高，在接地体施工时不能按设计图纸施工，又缺少必要的监督，致使接地装置先天性地留下陷患。

(3) 接地体的埋深浅，没有用细土回填，接地体与周围土壤的接触电阻大，特别是有些岩石地带，接地体的埋深不足 30cm，大多用碎石回填，有的地段水平接地体干脆裸露在地面，不能与大地可靠接触且又容易发生腐蚀，使接地电阻进一步增大。

（二）杆塔接地引下线和接地体腐蚀严重

接地引下线和接地体的腐蚀是输电线路杆塔接地装置普遍存在的问题，输电线路杆塔接地装置由于其地质条件和环境条件差异很大，容易发生多种腐蚀。但主要还是接地引下线与接地体的连接处，由于腐蚀电位不同最容易发生电化学腐蚀。由于腐蚀使杆塔接地电阻上升，接地线的截面积不能满足短路电流的热稳定，还有一部分杆塔，由于接地线的腐蚀，已发生断裂造成杆塔失去接地的现象。

（三）接触电阻增大

杆塔接地测试接地电阻断开点由螺钉连接的，由于锈蚀使接触电阻变大。在铁塔的接地系统中，有的由于填土，铁塔塔脚往往被埋，通常加装过渡联板，把接地装置接到塔材较高处，此时接地联板处存在较大的接触电阻。当联板处未充分旋紧时，由于雨水顺主材下流，在联板下积累泥土，造成接触不良，特别是进行油漆防锈处的铁塔，油漆渗透积满接地联板处，接触不良尤为明显。水泥杆的接地系统有以下两种情况：

(1) 装有接地引下线，包括装有爬梯时，接地系统中的各个连接点都存在接触电阻。如横担与接地引下线的连接处、爬梯中间的各个螺钉连接处、接地连接处等，特别是爬梯与横担的连接处，因横担多次油漆，存在较大的接触电阻。

(2) 利用混凝土内钢筋兼作接地引下线的混凝土杆，使用时间较长，接地联板连接处锈蚀严重，接触电阻变大。

（四）盗窃破坏

输电线路的杆塔接地引下线还存在着被盗等外力破坏问题，据对某 110kV 架空输电线路的调查发现，该线路的接地引下线有多基杆塔接地极及接地引下线被盗，由于接地引下线和接地极被盗，使多基杆塔失去了接地，极大地影响了线路的安全稳定运行。

三、改造及施工要求

由于输电线路的杆塔接地对输电线路的安全稳定运行影响极大。因此，对输电线路的杆塔接地必须加强维护，发现问题及时整改，对输电线路的杆塔接地装置一般采取如下措施进行维护：定期对杆塔的接地引下线进行巡视检查，看接地引下线有无被盗和断开的现象；检查接地引下线和连接处是否锈蚀，必要时可用回路电阻测试仪测量回路电阻，该测试仪不但可以检测杆塔的接地电阻，而且还可以检测接地回路的连接情况；每年要全面测量杆塔的接地电阻值，如发现接地电阻超标要制定措施进行改造，改造应根据现场情况以及在认真的技术经济分析的基础上进行；采用切实可行的措施把接地电阻降下来；对杆塔的接地装置要每隔一定的周期进行开挖检查，检查接地体锈蚀情况并制定切实可行的防腐措施和改造措施。如发现接地引下线系统的连接处接触电阻过大，应及时处理，比如打磨、加导电膏等。

接地装置的施工比较简单，首先按设计确定的布置形式和埋深开挖地槽（又称接地槽），接地槽的宽度以便于开挖为准，一般取 0.6～0.8m，山地可取 0.4m。接地槽挖通后，将沟内石块、树根等杂物清理干净，并将沟底整平，然后放入接地体回填好土夯实，最后测量接地电阻值，如符合设计规定要求值，则做记录以备验收；如超过设计规定值，应进行处理，使之符合规定。

（1）要按照设计图纸规定的型号、埋深及材料规格进行施工。选择接地体的槽位，应尽量避开道路、地下管道及电缆等，并应防止接地体受到山洪的冲刷。接地槽应根据设计图纸要求及现场地形条件，在杆塔基础四周划出接地槽开挖线。接地槽长度不得小于设计长度。接地槽的深度应符合设计要求，一般为 0.5～0.8m，可耕地应敷设在耕地深度以下，接地槽的宽度以工作方便为原则，一般为 0.3～0.4m。接地槽底面应平整，并应清除槽中一切影响接地体与土壤接触的杂物。

（2）接地体为环型者，仍保持环型。接地体为放射型者，则可不受限制，但应尽量避免放射型接地体弯曲，并保证两接地体间的平行距离不小于 5m。接地体为圆钢或钢带时，应予矫正，不应有明显的弯曲，以减小冲击阻抗。钢带应立放于沟内。

（3）敷设水平接地体时，在倾斜的地形宜沿等高线敷设，防止因接地沟被冲刷而造成接地体外露。应使接地体埋入槽底，避免出现接地槽够深，但接地体不够深的情况。

（4）若设计有接地引下线应沿杆塔引下，应尽可能短而直，以减少冲击阻抗，并用支持件固定在杆塔上，支持体间的距离通常为 1～1.5m。

（5）接地装置的连接应可靠，除设计规定的断开点可用螺栓连接外，应采用焊接或爆压连接，也可采用熔焊法连接，连接前应清除连接部位的铁锈等附着物。若采用搭接焊，其搭接长度：圆钢为其直径的 6 倍，并双面施焊；扁钢为其宽度的 2 倍，并四面施焊。若采用爆炸压接，爆压管的壁厚不得小于 3mm，长度不小于：搭接爆压管为圆钢直径的 10 倍、对接爆压管为圆钢直径的 20 倍，装药结构应缠绕两层。

（6）接地体敷设完后，应回填土，不得掺入石块、杂物等。岩石地区应换好土回填。回填土应每隔 200mm 夯实一次，回填土的夯实程度对接地电阻值有明显的影响。回填土应高出地面 100～300mm，工程移交时回填处不得低于地面。接地体敷设并回填土后，应进行接地电阻测量，如电阻值不合要求，应与技术部门联系，查找原因，一般可采用延长接地体的方法，以降低接地电阻的数值。

四、接地工程验收

（1）接地体的规格、埋深不应小于设计规定。接地装置应按设计图敷设，受地质地形条件限制时可做局部修改，但不论修改与否均应在施工质量验收记录中绘制接地装置敷设简图并标示相对位置和尺寸。

（2）敷设水平接地体宜满足下列规定：遇倾斜地形宜沿等高线敷设；两接地体间的平行距离不应小于5m；接地体铺设应平直；对无法满足上述要求的特殊地形，应与设计协商解决。垂直接地体应垂直打入，并防止晃动。

（3）接地体连接应符合下列规定：连接前应清除连接部位的浮锈；除设计规定的断开点可用螺栓连接外，其余应用焊接或液压、爆压方式连接；接地体间连接必须可靠。

1）当采用搭接焊接时，圆钢的搭接长度应为其直径的 6 倍并应双面施焊；扁钢的搭接长度应为其宽度的 2 倍并应四面施焊。

2）当圆钢采用液压或爆压连接时，接续管的壁厚不得小于 3mm、长度不得小于：搭接时圆钢直径的 10 倍、对接时圆钢直径的 20 倍。

3）接地用圆钢如采用液压、爆压方式连接，其接续管的型号与规格应与所压圆钢匹配。

（4）接地引下线与杆塔的连接应接触良好，并应便于断开测量接地电阻。当引下线直接从架空地线引下时，引下线应紧靠杆身，并应每隔一定距离与杆身固定。

（5）测量接地电阻可采用接地摇表。所测得的接地电阻值不应大于设计规定值。

（6）采用降阻剂时，应采用成熟有效的降阻剂作为降低接地电阻的措施。

第八节　输电线路外破分析与防治

一、输电线路外破的类型及特点

输电线路外力破坏是人们有意或无意造成的线路部件的非正常状态，主要有毁坏线路设备、蓄意制造事故、盗窃线路器材、工作疏忽大意或不清楚电力知识引起的故障，如树木砍伐、建筑施工、采石爆破、车辆冲撞、放风筝引起的故障等。

按造成输电线路外力破坏的现象可分为盗窃破坏、机械破坏、异物短路或燃烧爆破、交跨距离不足四大类。

（一）盗窃破坏

盗窃主要发生在塔材、拉线和导线。盗窃铁塔塔材曾经是输电线路外力破坏案件中最多的一种，近年来随着警企联合打击的力度不断加强，数量逐年减少。拆卸螺栓是盗窃塔材最常见的一种盗窃方式，即使杆塔、拉线防盗设施齐全有效，也有用钢锯切割或氧焊切割盗窃塔材，但这种方式较为少见，一般是团伙作案才采用这种方式。拉线被盗属常见外力破坏形式，全国每年都会发生为数不少的拉线被盗引发的倒杆塔事故。导线被盗多属团体作案，盗窃分子一般选择退役线路、新建线路或停电检修数日线路，前两种线路偷盗不会被立即发现，逃离现场的时间充足。塔材被盗如图 2-155 所示，拉线棒被盗如图 2-156 所示。

图 2-155　塔材被盗

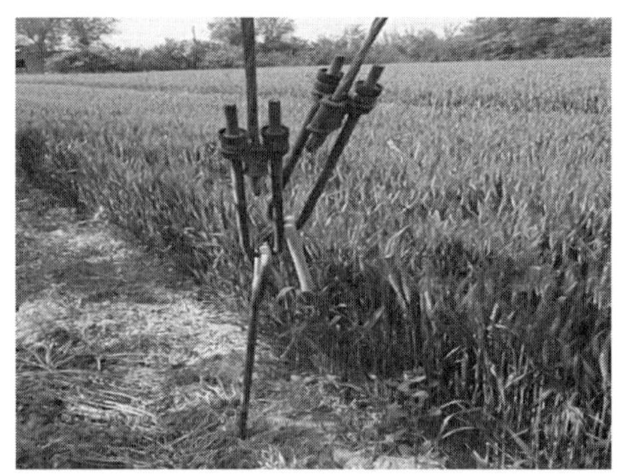

图 2-156　拉线棒被盗

（二）机械破坏

（1）施工机械碰线。施工机械碰线是最常见的外力破坏形式，如有塔吊、吊车、混凝土泵车、打桩机、自卸车等。吊车施工如图 2-157 所示，吊车碰线断股如图 2-158 所示。

图 2-157　吊车施工

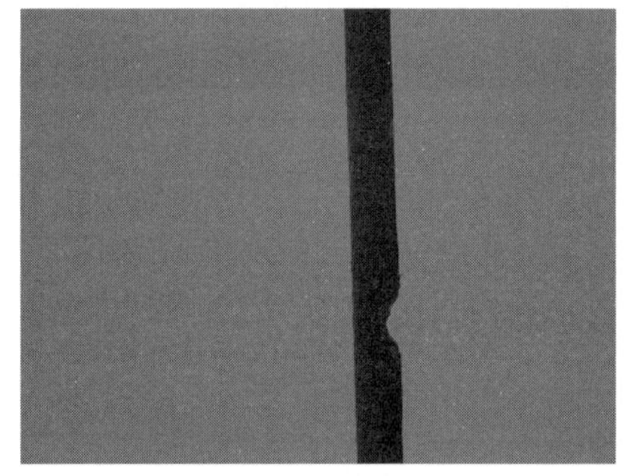

图 2-158　吊车碰线断股

（2）其他管线施工碰线。如其他单位在输电线路临近或穿越其他电力线路进行缆车线路、通信线路等架空管线施工展放、紧线过程中，会出现上下弹跳及左右摇摆造成对输电线路导线距离不足或碰线引发放电事故。

（3）输电线路保护区内垂钓、传递等虽未使用机械但较长的鱼竿（线）、绳索与导线距离不足造成的放电。伸缩型鱼竿长度能达到 6～8m，且多为碳纤维材质，一旦距离不足造成放电，不仅会造成线路故障，往往会危及生命安全。

（4）车辆撞击。位于道路两侧或经常有车辆经过的场地附近的杆塔、拉线易发生车辆碰撞造成线路故障或本体受损，具有固定性、长期性的特点。车辆撞击倒塔如图 2-159 所示，地下电缆挖断如图 2-160 所示。

（三）异物或燃烧爆破

一些易漂浮物如广告布、防尘网、塑料布、风筝线、锡箔纸等缠绕到导地线、杆塔上时，短接了空气间隙，可能引起异物放电。山火或秸秆燃烧等如果发生在保护区内，其烟尘中形成的导电颗粒可能引发线路短路，火势过大时甚至会将杆塔及复合绝缘子烧毁造成倒塔断线事故。爆竹、爆破等可能会损伤导线，造成跳闸。异物短路如图 2-161 所示，爆炸导线损伤如图 2-162 所示。

图 2-159　车辆撞击倒塔

图 2-160　地下电缆挖断

图 2-161　异物短路

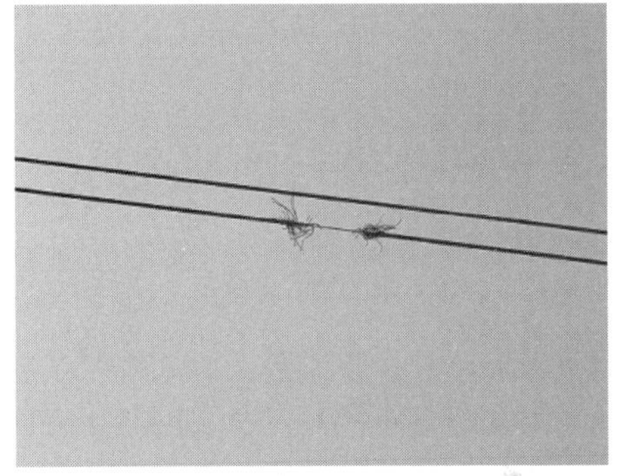

图 2-162　爆炸导线损伤

（四）交跨距离不足

交跨距离不足引起的故障主要体现在导线与树竹距离不足以及与建筑物、构筑物距离不足放电。

（1）树（竹）木距离不足。分为三种情况：一是当气温升高时，导线弛度降低，树木高度增加，二者静态距离不足造成放电；二是线路两侧的树木生长超过导线高度，遇大风时导线或树木左右摇摆，树线距离不足造成放电；三是线路两侧的树木虽然正常情况下与导线距离足够，但在砍伐或者由于风雨等原因倒落时与导线距离不足放电。

（2）建筑物（构筑物）距离不足。气温升高、负荷增大时，导线弛度降低，对跨越的低压线路或路灯杆、指示牌等距离不足发生放电。

树线距离不足如图 2-163 所示，交跨距离不足如图 2-164 所示。

外力破坏引发的线路事故与其他事故相比较，具有以下特点：

1）破坏性大，不仅能引起设备损坏或停电事故，还常伴随着人身伤亡事故的发生。

2）季节性强，如树（竹）碰线一般发生在春季和夏季，垂钓碰线一般发生在夏季或秋季，山火短路事故一般发生在秋季、冬季或者清明等节气时间。

图 2-163　树线距离不足

图 2-164　交跨距离不足

3）区域性强，如盗窃破坏、机械破坏、异物短路破坏一般发生在城乡接合部、开发区附近或厂房附近，爆破事故一般发生在采石场、大型施工场所等区域。

4）防范困难，由于输电线路分布点多、面广，一条线路往往经历不同的区域，呈现出不同的区域特征，而且区域环境变化快速，不易有效掌握，因此，相对于其他线路事故，外力破坏的防范更加困难。

二、输电线路外力破坏事故的处理

（一）现场事故处置

（1）输电线路发生外破故障后，线路运检单位结合输电线路受损严重程度和现场综合情况，确定故障抢修方案及安全组织措施，力争在最短的时间内恢复线路的正常运行方式，最大限度降低系统异常运行方式下的安全风险。

（2）对于重合良好的故障情况，重点检查导地线有无断股，绝缘子和金具有无严重损伤，判断是否能够继续安全运行或是否需要进行补强及更换处理等；对于重合不良和单相永久接地的故障情况，重点检查导地线、金具及绝缘子的损坏程度，以及杆塔、拉线、基础等主要部件的损坏变形程度，确定故障处理方案。

（3）采取相关措施进行故障抢修及缺陷处理。按照确定的抢修方案，线路运检单位准备好抢修工器具和材料，填写事故应急抢修单，向电力调度控制中心申请作业，开展故障抢修及缺陷处理。

（4）当由非法盗窃、车辆（机械）施工、火灾、化学腐蚀等原因引发线路外破故障，造成架空导地线、杆塔、基础、拉线、地下电缆等主要部件严重受损、车辆损毁、人员伤亡等严重后果时，立即上报上级专业管理部门，全力抢救伤员，设法保护现场。

（5）追究责任，落实处理措施。针对肇事的责任单位和个人，由政府输电线路管理部门、安监等相关部门配合开展事件调查，针对事件的严重程度依法采取经济处罚、中止供电、限期整改等处理措施。

（6）运维班组在做好安全防护措施并确保安全的前提下，使用灭火装备开展初发火情的灭火，参与灭火的人员必须经过灭火技能培训并合格，熟练掌握灭火装备的使用，清楚火场危险点和安全注意事项。

（二）报警、报险

（1）报警。架空输电线路及电缆由于外破事件造成部件失窃、受损、车辆损毁、人员伤亡、财产损失时，线路运检单位在第一时间向当地公安机关报案或联系电力警务室立即赶往事故现场，报案时详细说明案件发生时间、地点、现场情况及联系人等，引领公安机关工作人员进行现场取证，并积极配合案件侦破等相关工作。

（2）报险。架空输电线路及电缆由于外破事件导致部件失窃、受损、车辆损坏、财产损失等情况涉及保险公司经济赔偿时，线路运检单位在报警的同时，还应第一时间报险，配合保险公司开展现场工作，并收集和提供相关报险理赔材料。报警和现场出警分别如图 2-165和图 2-166 所示。

图 2-165 报警

图 2-166 现场出警

（3）记录留存。完成报警报险后，线路运检单位按理赔程序及要求，留存公安机关的报案回执和保险公司的出险记录单、受损财产清单等。同时对故障第一现场、出警出险、应急抢修等全过程保留详细全面的影像资料。

（三）现场取证

线路运检单位搜集第一现场证据，保护现场，维护现场秩序，等待后续人员到来。积极配合当地公安机关和电力行政执法部门做好现场的调查、取证等工作。

办公室（法律事务部）协助处理证据保全工作，证据包括：①肇事单位或肇事人所写的事件经过情况陈述、申辩、个人陈述的录音录像笔录资料等。②损坏的输电线路现场实物、图片图像资料、试验报告等。③肇事单位或肇事人损坏输电线路的工具、作业文件。④因损坏输电线路而造成的直接经济损失及其计算依据文件。⑤能提供人证、物证群众的情况及联系方式等。⑥因建设施工引发的外力破坏事故，线路运检单位还应向肇事单位和肇事人索取如下材料：

（1）市、区（县）建委审批的施工许可证，有无经过有关部门对可能危及输电线路安全的施工项目会审的相关证明；

（2）肇事人的身份证和特种作业资格证书原件（复印件）；

（3）建设单位与施工单位的承包合同（协议）；

（4）市、区（县）规划局提供的地下管线规划图；

（5）建设单位或施工单位与供电公司签订的输电线路安全协议；

（6）建设单位与施工单位、施工单位与分包单位工程安全技术交底资料；

（7）建设单位、施工单位、分包单位资质材料；

（8）临时施工用电审批材料等。

（四）信息报送

（1）信息要客观、准确、及时。报送事件内容包括发生时间、地点、输电线路的损坏情况、管辖单位及具体负责单位、对外停电影响和处理情况等。

（2）发生特、重大事件要求 2h 内将有关情况以电话、手机短信或传真等方式第一时间报告上级管理部门；事件发生后 12h 之内将事件初步分析报告以电子邮件或传真形式报送；一般事件纳入电力设施保护工作月报的报送内容。

（3）要做好重大外力破坏事件的媒体记者接待和新闻报道处置工作，引导舆论关注保护输电线路的重要性和破坏输电线路给社会、用户和电力企业带来的危害性。如出现外力破坏事故引发的维稳事件，启动相应专项应急预案。

（五）索赔标准

（1）参照《最高人民法院关于审理破坏电力设备刑事案件具体应用法律若干问题的解释》（法释〔2007〕15 号），外力损坏电力设施事件的直接经济损失包括电量损失费和修复费用。

（2）电量损失费的计算：电量损失费（元）＝损失负荷（kW）×停电时间（h）×当地平均电价（元/kWh）。

（3）修复费用的计算：修复费用＝人工费＋材料费＋机械费＋试验费＋短路电流造成的其他主设备修复损失费＋其他费用＋间接费用。

（4）修复费用的定额标准依据现行全国统一电力工程定额标准和《电网工程建设预算编制与计算标准（2013 年版）》核算。

三、输电线路外力破坏事故防范措施

（一）加强宣传

护电宣传如图 2-167 和图 2-168 所示。

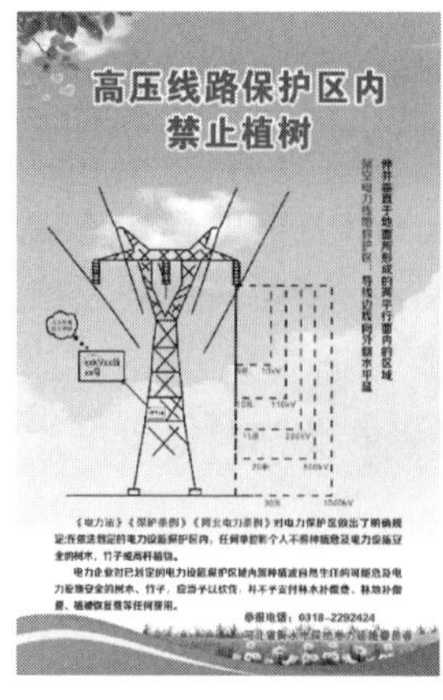

图 2-167　护电宣传（一）

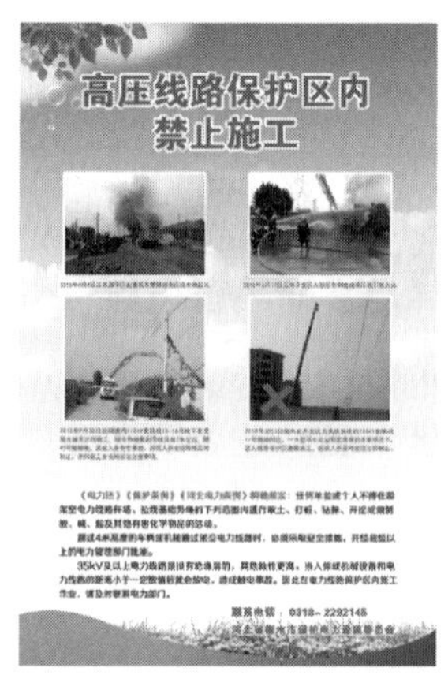

图 2-168　护电宣传（二）

（1）加大电力设施保护力度。电力部门应利用广播、电视、网络、报纸等各种有效手段，积极宣传和普及电力法律、法规知识，增强群众保护电力设施的意识。电力设施安全保卫部门应积极主动地与当地公安机关交流情况，沟通信息，注重防范，建立电力、公安联保体系，通过快速侦破破坏电力设施案件，打击犯罪分子，清理非法收购点，使盗窃电力设施的犯罪分子得到应有的惩罚、盗窃行为无利可图，营造良好的社会保护环境。

（2）建立政企合作的电力设施保护新模式。目前供电部门是企业，原先的《电力设施保护条例》等管理职能已被转移到政府经贸委下，电力设施保护工作是一项综合性的社会系统工程，一些地方政府部门往往存在偏见，认为电力设施保护是电力部门的事，与己无关，一些执法单位对保护电力设施也缺乏积极性，导致电力设施屡遭破坏。为此，应该积极探索建立政企合作的电力设施保护新模式。如某供电公司通过积极努力，电力设施保护工作得到了地方政府的强力支持，在全国首创“政企合作”的输电设备保护新模式，地方政府发文明确规定各地（县）市安监局为当地电力设施保护的执法主体，将输电设备保护责任纳入各级政府绩效考核，从根本上提高了输电设备隐患整治力度，取得了突出的成效。

（3）建立危险点预控体系和特殊区域管理。线路运行部门应按照各输电设备途径的地理环境及特殊地段，根据外力破坏的类型建立不同的特殊区域，并根据季节性、区域性等特点，制定相应有效的预防控制措施，将其纳入各自的危险点数据库，进行滚动管理。如对开发区、大型施工区等开发建设，应根据实际情况及时发放隐患通知书，并缩短巡视周期，待隐患消除后再延长巡视周期；对于毛竹生长季节应根据毛竹速长的特点加强季节性特巡，防患于未然，同时对某些可以采取加高塔顶或升高改造杆塔处，运行单位应积极采取措施，由于竹类的生长高度基本固定，采用升高杆塔措施是一劳永逸地取消该危险点的方法之一。

（4）对于申请临时用电的施工单位，电力部门内部应采取联手协防的措施，由运检、营销部门联合下文，明确下属供电营业所在接纳施工单位的用电申请流程中，增加输电线路运行单位在申请流程表中的审查签发栏，由线路运行单位核查施工现场有无危及线路安全运行的隐患，若建筑施工项目是有规划且批准的合法工程时，虽然是建在线路通道内时，供电单位与施工用电单位应签订防护措施（措施由输电运行单位审核）、责任归属和停电整顿条件和流程，并缴纳责任保证金，从而促使施工单位控制塔吊、钢筋对带电导线的安全距离。

（5）加强设备本体防外力破坏水平。如防止偷盗事故发生的是杆塔、拉线本体，应积极做好防盗措施。如杆塔本体可根据实际情况提高杆塔防盗螺栓的安装高度，甚至可将塔身段全部安装成防盗螺栓；为防范拉线 UT 型线夹被盗，可在 UT 型线夹螺栓上安装防盗装置；为防止树木风偏碰线，可根据需要在档距间增加直线塔顶高或原塔升高改造，从而一次性消除该隐患，减少线路巡视工作量。

（6）加大线路警示牌的安装与维护工作。主要包括两个方面内容：一是必须确保杆塔本体杆号牌、警示牌的规范和完整；二是在线路通道危险点附近应及时安装、更新相应的警示标志，如发现有在杆塔周围取土的隐患时，应及时布置“严禁取土”警示标志，并用安全围栏做好相应的区域管理；在线路交跨鱼塘、水库时，应在线路下方或沿线安装“严禁垂钓”等警示标志，并应在各个路口安装相应的警示标志。通过规范、及时、必要的警示标志，可以大大降低外力故障发生率。同时按民法高危险度行业法律责任的要求，对每个鱼塘业主和村委会，邮寄电力设施隐患通知书，告之高压线路的危害性，如何防范的措施等，以规避企业风险。

（7）积极探索在线监控等新型防外力破坏技术。各线路运行部门应根据实际需求，积极应用输电线路危险点在线实时监控、防盗报警等新技术，建立外力破坏危险点的实时监控平台。某供电公司针对近些年来输电线路走廊内影响输电设备安全运行的各类威胁、隐患日益突出的问题，自 2005 年开始实施输电线路危险点在线实时监控系统的开发和应用，及时发现并迅速处置了塔基被挖等重大隐患，实现了输电线路危险点的实时监控，从而可以全面及时掌控输电设备危险点的风险度，减少了运行维护工作量，降低了生产成本，提高了输电线路供电可靠性。

（8）建立健全群众护线员制度，加强对群众护线员队伍的动态管理，组成一支能深入基层、熟悉乡情的以线路沿线居民为主的护线员队伍。群众护线员是对专职护线工作的一种有力补充，通过工程技术人员定期给义务护线员讲授输电线路维护知识课，利用护线员居住在线路附近、熟悉地理环境、可随时监控线路设备的有利条件，建立奖惩分明的激励机制，充分发挥义务护线员对输电设备巡查、报警的积极性，及时弥补了野外设备大部分时间处于无人看管的现状，可以大幅度提高设备安全稳定运行。

（二）典型防范措施

（1）防止盗窃及蓄意破坏措施如下：

1）建立警企联合打击盗窃的工作机制，积极配合当地公安机关及司法部门严厉打击破坏、盗窃、收购输电线路器材的违法犯罪活动。对重大盗窃、破坏输电线路案件及时组织强有力的警力侦破。

2）会同当地公安、工商部门加强对废旧物资收购站点的巡查和管理，严格监控收购电力设备的收购点，从源头上堵塞销赃渠道。

3）健全和完善护线网络，积极动员输电线路沿线群众参与打击盗窃线路的行动，大力推广通道属地化管理，及时发现和阻止盗窃事件发生。对发现和举报盗窃、破坏输电线路行为的人员进行适当奖励，激发广大群众积极性，营造良好的社会氛围。

4）在重要保电时期及“春节”“国庆”等重要节日，需指定专人在重要线路、重要区段不间断看守，缩短巡视检查频次，防止盗窃及人为蓄意破坏导致严重后果：在一般时段可结合普通线路日常巡视进行，一般每月至少 1 次。

5）重要输电线路对其塔材、拉线（棒）采取安装防盗螺母、防盗割护套、防盗报警装置等防盗措施，可在盗窃易发区（段）安装视频监控系统。

6）结合线路巡视检查，补充完善输电线路特殊区段防盗窃、防蓄意破坏的安全警告标识。

7）线路运检单位发现线路被盗窃或蓄意破坏直接威胁线路安全运行，随时可能发生故障及停运的危急情况时，立即汇报上级并组织应急抢修，同时报警、报险，启动外破事件处理流程，配合公安机关完成案件侦破及保险理赔。

（2）防止施工（机械）破坏措施如下：

1）针对杆塔基础外缘15m内有车辆、机械频繁临近通行的线路段，针对铁塔基础增加连梁补强措施，配套砖砌填沙护墩、消能抗撞桶、橡胶护圈、围墙等减缓冲击的辅助措施。对于易受撞击的拉线，采取防撞措施，并设立醒目的警告标识。

2）针对固定施工场所，如桥梁道路施工、铁路、高速公路等在防护区内施工或有可能危及输电线路安全的施工场所推广使用保护桩、限高架（网）、限位设施、视频监视、激光报警装置，积极试用新型防护装置。

3）针对移动施工场所，如道路树、栽苗绿化、临时吊装、物流、仓储、取土、挖沙、钓鱼等场所可采取在防护区内临时安插警示牌或警示旗、铺警示带、安装警示护栏等安全保护措施。

4）加装限高装置时与交通管理部门协商，在道路与输电线路交叉位置注明限制高度，以后装设限高装置，一般采取门型架结构醒目限高栏，防止超高车辆通行造成碰线；或在固定施工作业点线路各保护区位置装设临时限高装置。

5）有条件时，可以在导线上或吊车等车辆的吊臂顶部安装近电报警装置，提前设定与高压线的安全距离，当吊车等车辆顶部靠近高压线时，立即启动声响和灯光报警，提示操作人员立即停止作业操作。

6）在大型施工场所，流动作业、植树等多发区段可加装在线监控装置，通过人员监视，及时了解线路防护区出现的流动作业或其他影响线路安全运行的行为。同时，在发生外力破坏故障后，可通过查看监视录像查找车辆或责任人员。

7）针对邻近架空电力线路保护区的施工作业，采取增设屏障、遮栏、围栏、防护网等进行防护隔离，并悬挂醒目警示牌。

8）建立输电线路防外力破坏专职护线队，加强线路巡视检查和宣传。一般5～11月为施工密集期，重点区段通道巡视每天不少于1次，护线员每日巡视不少于2次。定期主动与施工单位联系，了解工程进度，必要时进行现场驻守和夜巡。开展采砂企业和采砂船作业人员关于输电线路保护主题培训，有条件的每年开展，提高相关从业人员保护输电线路意识。

9）规范电力法规行政审批制度，建立沟通机制。通过主动与地方政府有关部门联系，走访建设管理部门、召开现场会等，预先了解各类市政、道路建设等工程的规划和建设情况，及早采取预防措施。

10）建立并完善政企联动机制，通过对隐患单位采取安全告知、签订协议、中止供电、经济处罚、联合执法、挂牌督办等有效的手段，对外破隐患进行综合治理。

11）对运行环境差、导线对地（河道）距离不良的线路杆塔，针对性的通过技术改造加高杆塔及更换，提高线路运行标准，消除安全隐患。

（3）防止异物短路及燃烧爆破措施。

1）对电力设施保护区附近的彩钢瓦等临时性建筑物，运行维护单位应要求管理者或所有者进行拆除或加固。可采取加装防风拉线、采用角钢与地面基础连接等加固方式。

2）针对危及输电线路安全运行的垃圾场、废品回收场所，线路运检部门要求隐患责任单位或个人进行整改，对可能形成漂浮物隐患的，如广告布、塑料布、遮阳布（薄膜）、锡箔纸、气球、生活垃圾等采取有效的固定措施，必要时提请政府部门协调处置。

3）架空输电线路保护区内日光温室和塑料大棚顶端与导线之间的垂直距离，在最大计算弧垂情况下，符合有关设计和运行规范的要求，不符合的进行拆除。

4）商请农林部门（镇政府和村委会等）加强温室、大棚、地膜等使用知识宣传，指导农户搭设牢固合格的塑料大棚，敦促农户及时回收清理废旧棚膜，不得随意堆放在线路通道附近的田间地头，不得在线路通道附近焚烧。

5）针对架空输电线路保护区外两侧各100m内的日光温室和塑料大棚，要求物权者或管理人采取加固措施。夏季台风来临之前，线路运检单位敦促大棚所有者或管理者采取可靠加固措施，加强线路巡视，严防薄膜吹起危害输电线路。

6）配合农林部门开展防治地膜污染宣传教育，宣传推广使用液态地膜，提高农民群众对地膜污染危害性的认识。要求农民群众对回收的残膜要及时清理清运，避免塑料薄膜被风吹起，危及输电线路安全运行。

7）根据线路保护区周边垃圾场、种植大棚、彩钢瓦棚、废品回收站等危险源，在线路通道周边设置防止异物短路的相关警示标识，发放防止异物短路的宣传资料，及时提醒做好输电线路保护工作。

8）全面清理线路保护区内堆放的易燃易爆物品，对经常在线路下方堆积草堆、谷物、甘蔗叶等的居民宣传火灾对线路的危害及造成的严重后果，并要求搬迁。

9）在春季大风、夏季高温、“清明”祭祀等特殊季节和特殊时段，针对线路周边的林场、垃圾场、废品收购站、木材厂、村庄等重点部位开展防火特巡，检查防风防火措施的落实情况。冬季干燥季节来临前进行火灾隐患排查治理工作，清除塔杆周围杂草、藤蔓、秸秆等易燃物。对上坟祭祖等鞭炮燃放以及山区爆破多发区域进行重点宣传，防止爆炸或爆破损伤线路。

（4）防止交跨距离不足事故措施。

1）加大对输电线路保护区内树线矛盾隐患治理力度，及时清理、修剪线路防护区内影响线路安全的树障，加强治理保护区外树竹本身高度大于其与线路之间水平距离的树木安全隐患。针对直接影响安全运行的树竹隐患，立即告知树主严重情况及相关责任，要求其立即进行砍伐或剪枝处理并监督处理情况；对于一般隐患，下达隐患告知书明确处理意见限期整改，督促其进行移栽或砍伐，处理前加强巡视。

2）线路运检单位在每年11月底前将树枝修剪工作安排和相关事项要求等书面通知各级园林部门、相应管理部门（如公路管理单位、物业等）和业主，并积极配合做好修剪工作。对未按要求进行树枝修剪的单位和个人及时向政府电力行政管理部门或政府有关部门汇报。

3）建立输电线路保护区涉及的森林、竹区、苗木种植基地、大型绿化域等台账和主要负责人通信记录；依据台账在线路通道周边设置相关防止树竹砍伐放电的安全警示标识。

4）线路运检单位排查建立输电线路保护区外超高树木档案明细，标明树种、树高、距线路水平距离、地点等，落实责任人，加强巡视检查。在此基础上，在每棵树木上装设警示标识，提示树木的管理单位在正常养护树木时控制树高，注意自身与周边线路安全，同时，警示树木砍伐人员，超高树木砍伐易造成线路故障或人员伤亡，使其主动联系供电企业。

5）一般3～5月春季植树造林和7～8月夏季大负荷时期为防树线放电易发时段，制订针对性巡视计划，重点区段通道巡视每周不少于2次，护线员每日巡视不少于1次。3～5月密切注意线下违章植树情况，重点注意保护区附近。

6）对于保护区新增的建筑物、构筑物第一时间核实与导线之间的垂直距离，在最大计算弧垂情况下，须符合有关设计和运行规范的要求，不符合的进行拆除。建立交跨台账，每年高温大负荷期间进行交跨距离实测测量。

四、220kV ××线外力破坏典型故障分析

20××年××月××日××时××分，220kV ××线跳闸，A相故障，重合不成功。调度要求带电查线，负荷118.18MW，电流298.53A，测距距××站5.2km，距220kV ××站25.637km，根据测距在N17～N18之间。输电运检部门立即组织人员对故障区段进行巡视，输电运检室和属地化巡视人员对13～24号线段进行了巡视发现：17～18号杆塔A相导线有放电痕迹，导线断股，现场看有5股需要进行缠绕，线路周围有大片树苗，现场有挖掘机在作业，业主承认在施工过程中挖掘机距离导线太近造成线路跳闸，经分析，原因为施工机械距离不够放电。

肇事车辆如图2-169所示，受损导线如图2-170所示。

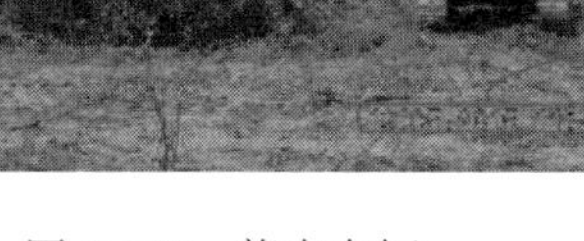

图2-169　肇事车辆

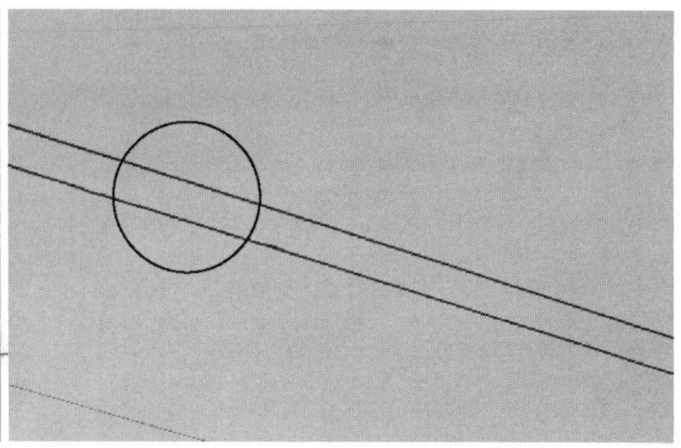

图2-170　受损导线

故障处理流程如下：

（1）及时恢复送电，对损伤导线进行带电修复。

（2）第一时间报警，固定证据，并积极协商索赔工作。

（3）对固定施工段加强特巡，充分发挥各县公司属地优势，必要时进行现场盯守。加强护电宣传，确保进入线路保护区内的施工人员、大型车辆驾驶员了解电力安全常识，作业过程中保证施工车辆、工具与导线的安全距离。

（4）加强与施工方的沟通，及时了解施工进度，掌握施工进展情况，要求施工方使用

大型机械进入保护区作业，提前联系单位负责人，做好安全措施后方可施工。

（5）交叉、穿越输电线路的施工要做好安全措施方可施工。大型车辆驾驶室内放置温馨安全提示卡，高压线路附近施工点设立安全警示牌，大型施工机械在防护区内施工时，其穿越、抬高、伸长、转位、移位时有专人查看、监护和指挥。

本 章 小 结

本章主要介绍了输电线路风偏与防治、雷击跳闸及防治、覆冰分析与防治、OPGW 雷击断股分析及防治、污闪与防治、鸟害分析与防治、接地装置运维与改造、外破分析与防治等内容。

第三章 架空线路运行中的巡视及管理

第一节 架空线路巡视概述

一、巡视的种类和基本要求

（一）巡视的种类

线路巡视是为掌握线路的运行状况，及时发现线路本体、附属设施以及线路保护区内出现的缺陷或隐患，并为线路检修、维护及状态评价（评估）等提供依据，近距离对线路进行观测、检查、记录的工作。根据不同的需要（或目的）线路巡视可分为正常巡视、故障巡视、特殊巡视三种。

1. 正常巡视

线路巡视人员按一定的周期对线路所进行的巡视，包括对线路设备（指线路本体和附属设备）和线路保护区（线路通道）所进行的巡视。

2. 故障巡视

故障巡视是运行单位为查明线路故障点、故障原因及故障情况等所组织的线路巡视。

3. 特殊巡视

在特殊情况下或根据特殊需要，采用特殊巡视方法所进行的线路巡视。特殊巡视包括夜间巡视、交叉巡视、登杆塔检查、防外力破坏巡视以及直升机（或利用其他飞行器）空中巡视。

（二）巡视基本要求

（1）各级运检部门应明确所辖线路的运维管理界限，不得出现空白点。不同运维单位共同维护的线路，其分界点原则上按行政区域划分，由上级运检部门审核批准。

（2）对易发生外力破坏、鸟害的地区和处于洪水冲刷的输电线路，应加强巡视，并采取针对性技术措施。

（3）运行线路的杆塔上必须有线路名称、杆塔编号、相位以及必要的安全、保护等标志，同塔双回、多回线路应有醒目的标志，如有损坏或丢失应及时补装。

（4）加强对防鸟装置、标志牌、警示牌及有关监测装置等附属设施的维护，确保其完好无损。

（5）线路运检单位应建立健全线路巡视岗位责任制，按线路区段明确责任人。对所辖输电线路指定专人巡视，明确责任人巡视的范围和电力设施保护（包括宣传、组织群众护线）等责任。

（6）线路巡视以地面巡视为基本手段，并辅以带电登杆（塔）检查、空中巡视等。在线路巡视周期内，已开展直升机或无人机巡视的线路或区段，巡视内容以通道环境和塔头以下部件为主。

（7）正常巡视包括对线路设备（本体、附属设施）及通道环境的检查，可以按全线或区段进行。巡视周期相对固定，并可动态调整。线路本体与通道环境的巡视可按不同周期分别进行。

（8）故障巡视应在线路发生故障后及时进行，巡视人员由运行单位根据需要确定。巡视范围为发生故障的区段或全线。线路发生故障时，不论开关重合是否成功，均应及时组织故障巡视。巡视中巡视人员应将所分担的巡视区段全部巡完，不得中断或漏巡。发现故障点后应及时报告，遇有重大事故应设法保护现场。对引发事故的物证应妥为保管，并对事故现场进行记录、拍摄，以便为事故分析提供证据或参考。

（9）特殊巡视应在气候剧烈变化、自然灾害、外力影响、异常运行和对电网安全稳定运行有特殊要求时进行。特殊巡视根据需要及时进行，巡视的范围视情况可为全线、特定区段或个别组件。

（10）线路巡视中，如发现危急缺陷或线路遭受外力破坏等情况，应立即采取措施并向上级或有关部门报告，以便尽快予以处理。对巡视中发现的可疑情况或无法认定的缺陷，应及时上报以便组织复查、处理。

二、巡视周期和巡视计划

（一）巡视周期

1. 不同区域线路（区段）巡视周期的一般规定

（1）城市（城镇）及近郊区域的巡视周期一般为 1 个月。

（2）远郊、平原等一般区域的巡视周期一般为 2 个月。

（3）高山大岭、沿海滩涂等车辆人员难以到达的区域巡视周期一般为 3 个月。在大雪封山等特殊情况下，采取空中巡视、在线监测等手段后可适当延长周期，但不应超过 6 个月。

（4）以上应为设备和通道环境的全面巡视，对特殊区段宜增加通道环境的巡视次数。

2. 不同性质的线路（区段）巡视周期

（1）单电源、重要电源、重要负荷、电铁牵引站供电线路、网间联络等线路的巡视周期不应超过 1 个月；

（2）运行状况不佳的老旧线路（区段）、缺陷频发线路（区段）的巡视周期不应超过 1 个月。

3. 特殊情况线路（区段）巡视周期

（1）对通道环境恶劣的区段，如地质灾害区在雨季、洪涝多发期、易受外力破坏区、树竹速长区、偷盗多发区、采动影响区、易建房区等应在相应时段加强巡视，巡视周期一般为半个月。

（2）新建线路和切改区段在投运后3个月内，每月应进行1次全面巡视，之后执行正常的巡视周期。

（3）退运线路应纳入正常运维范围，巡视周期一般为3个月。发现丢失塔材等缺陷应及时进行处理，确保线路完好、稳固。

（4）无人区一般为3个月，在每年空中巡视1次的基础上可延长为6个月。

（5）山火高发区在山火高发时段巡视周期一般为10天。

（6）重大保电、电网特殊方式等特殊时段，应制定专项运维保障方案，依据方案开展线路巡视。

（7）对线路通道内固定施工作业点，每月应至少巡视2次，必要时应安排人员现场值守或进行远程视频监视。

（8）运行维护单位每年应进行巡视周期的修订，必要时应及时调整巡视周期。

4. 带电登杆（塔）检查周期

输电运维班对多雷区、微风振动区、重污区、重冰区、易舞区、大跨越等区段应适当开展带电登杆（塔）检查，重点抽查导线、地线（含OPGW）、金具、绝缘子、防雷设施、在线监测装置等设备的运行情况，原则上1年不少于1次。

对已开展直升机、无人机巡视的线路或区段，可不进行带电登杆（塔）检查。

（二）巡视计划

1. 年度巡视计划

线路运检单位组织输电运维班于每年11月30日前逐线逐段编报次年度巡视计划，经本单位运检部审核并经主管领导批准后下发执行。500（330）kV及以上交直流线路的年度巡视计划应报省公司运检部备案。

2. 巡视计划实施及调整

每月28日前，线路运检单位编制下发状态巡视月度实施计划。输电运维班应根据月度实施计划编制周计划并执行。

输电运维班在巡视中发现线路新增隐患及特殊区段范围发生变化时，应于每月25日汇总上报线路运检单位。线路运检单位应根据设备状况、季节和天气影响以及电网运行要求等，对巡视计划及巡视周期进行调整，并在本单位运检部备案。

三、巡视记录和安全注意事项

（一）巡视记录

输电运维班应逐线收集状态信息，主要内容包括：

（1）线路台账及状态评价信息。

（2）线路故障、缺陷、检测、在线监测、检修、家族缺陷等信息。

（3）线路通道及周边环境，主要包括跨越铁路、公路、河流、电力线、管道设施、建筑物等交跨信息，以及地质灾害、采动影响、树竹生长、施工作业等外部隐患信息。

（4）雷害、污闪、鸟害、舞动、覆冰、风害、山火、外破等易发区段信息。

（5）对电网安全和可靠供电有重要影响的线路信息。

（6）重要保电及电网特殊运行方式等特殊时段信息。

（7）输电运维班巡视中发现的缺陷、隐患应及时录入运检管理系统，最长不超过3 日。

（8）线路发生故障后，不论开关重合是否成功，线路运检单位均应根据气象环境、故障录波、行波测距、雷电定位系统、在线监测、现场巡视情况等信息初步判断故障类型，组织故障巡视。对故障现场应进行详细记录（包括通道环境、杆塔本体、基础等图像或视频资料），引发故障的物证应取回，必要时保护故障现场组织初步分析，并报上级运检部认定。线路故障信息应及时录入运检管理系统。

（二）巡视安全注意事项

（1）单人巡视、夜间巡视时，禁止攀登电杆和铁塔。

（2）夜间巡视应有足够的照明工具（或夜视仪），行进时沿线路外侧进行；大风巡线应沿线路上风侧进行。

（3）偏僻山区必须两人巡视，暑天、大雪天必要时由两人进行。

（4）事故巡视应始终认为线路带电，即使明知该线路已停电，也应认为线路随时有恢复送电的可能，不得检查触摸接地极和杆塔本体。

（5）线路巡视人员发现导线断落地面或悬挂空中时，应设法防止行人靠近断线点 8m 以内，并迅速报告领导和调度等候处理。

（6）野兽活动地带，适当增加巡视人员，避开早晨和夜间，必要时携带防卫器具。在草丛中行走时，要用树棍惊扰蛇，避免被蛇咬伤，随身备带蛇药。防止猎人埋设的铁丝套、陷阱。

（7）如遇障碍，如河水、桥梁破坏、巡线道路冲毁等，应绕行或设法修复后巡视，不应强行通过。

（8）巡视时如遇有雷电，应远离线路或暂停巡视，防止雷电伤人。

（9）根据季节特点及本人病史，带好常用药品。

（10）巡视时，不宜穿凉鞋、裤头、背心；线路巡视时应穿绝缘鞋或专用劳保鞋，防止扎伤；雨、雪天气注意防滑；巡线时应远离深沟、悬崖；不走危险路。过河时不趟深浅不明的水域；不允许冰上行走；翻越障碍物时确认下方无危险时方可翻越。

（11）经过农庄、果园、院落等，可能有狗的地方先喊话，必要时应预备棍棒，防止被狗咬伤。

（12）巡视时应注意蜂窝，不要靠近、惊扰。

（13）巡视时应遵守交通法规。

（14）经过秋收地域时小心划伤、扎伤，沿庄稼地行走时必须穿着长袖工作服。

（15）应有良好的联络工具，巡视出发前与班组（管理人员）做好联系。

（16）超高线路走廊建筑物、构筑物等，防止两边的高空落物伤人；经过开山放炮区域注意观察落石伤人；不得穿越靶场等射击区域。

第二节　架空线路巡视内容

架空线路的巡视内容包括设备巡视和通道环境巡视。

一、设备巡视的要求及内容

（一）设备巡视要求

设备巡视应沿线路逐基逐档进行并实行立体式巡视，不得出现漏点（段），巡视对象包括线路本体和附属设施。设备巡视以地面巡视为主，可以按照一定的比例进行带电登杆（塔）检查，重点对导线、绝缘子、金具、附属设施的完好情况进行全面检查。设备巡视包括线路本体巡视及附属设施巡视。

（二）设备巡视内容

（1）线路本体巡视需要对地基与基面、杆塔基础、杆塔、接地装置、拉线及基础、绝缘子、导线、地线、引流线、屏蔽线、OPGW、线路金具进行检查。

1）地基与基面巡视内容：回填土下沉或缺土、水淹、冻胀、堆积物等。

2）杆塔基础巡视内容：破损、酥裂、裂纹、露筋、基础下沉、保护帽破损、边坡保护不够等。

3）接地装置巡视内容：断裂、严重锈蚀、螺栓松脱、接地带丢失、接地带外露、接地带连接部位有雷电烧痕等。

4）拉线及基础巡视内容：拉线金具等被拆卸、拉线棒严重锈蚀或蚀损、拉线松弛、断股、严重锈蚀、基础回填土下沉或缺土等。

5）绝缘子巡视内容：伞裙破损、严重污秽、有放电痕迹、弹簧销缺损、钢帽裂纹、断裂、钢脚严重锈蚀或蚀损、绝缘子串顺线路方向倾斜角大于7.5°或300mm。

6）导线、地线、引流线、屏蔽线、OPGW巡视内容：散股、断股、损伤、断线、放电烧伤、导线接头部位过热、悬挂漂浮物、弧垂过大或过小、严重锈蚀、有电晕现象、导线缠绕（混线）、覆冰、舞动、风偏过大、对交叉跨越物距离不够等。

7）线路金具的巡视内容：线夹断裂、裂纹、磨损、销钉脱落或严重锈蚀；均压环、屏蔽环烧伤、螺栓松动；防振锤跑位、脱落、严重锈蚀、阻尼线变形、烧伤；间隔棒松脱、变形或离位；各种连板、连接板、调整板损伤、裂纹等。

（2）附属设施巡视需要对防雷装置、防鸟装置、各种监测装置、杆号、警告、防护、指示、相位等标识、航空警示器材、防舞防冰装置、ADSS光缆进行检查。

1）防雷装置巡视内容：避雷器动作异常、计数器失效、破损、变形、引线脱落；放电间隙变化、烧伤等。

2）防鸟装置巡视内容：固定式主要巡视破损、变形、螺栓松脱等；活动式主要巡视动作失灵、褪色、破损等；电子、光波、声响式主要巡视供电装置失效或供能失效、损坏等。

3）各种监测装置主要巡视：缺失、损坏、功能失效等。

4）杆号、警告、防护、指示、相位等标识主要巡视：缺失、损坏、字迹或颜色不清、严重锈蚀等。

5）航空警示器材主要巡视：高塔警示灯、跨江线彩球等缺失、损坏、失灵。

6）防舞防冰装置主要巡视：缺失、损坏等。

7）ADSS 光缆主要巡视：损坏、断裂、弛度变化等。

二、通道环境巡视的要求及内容

（一）通道环境巡视要求

通道环境巡视应对线路通道、周边环境、沿线交跨、施工作业等情况进行检查，及时发现和掌握线路通道环境的动态变化情况。在确保对线路设备巡视到位的基础上宜适当增加通道环境巡视次数，根据线路路径特点安排步行巡视或乘车巡视，对通道环境上各类隐患或危险点安排定点检查。

对交通不便和线路特殊区段可采用空中巡视或安装在线监测装置等。

（二）通道环境巡视检查内容

线路通道环境巡视对象包括建（构）筑物、树木（竹林）、施工作业、火灾、交叉跨越、防洪、排水、基础保护设施、自然灾害、道路、桥梁、污染源、采动影响区及其他。

(1）建（构）筑物巡视内容：有违章建筑，导线与建（构）筑物安全距离不足等。

(2）树木（竹林）巡视内容：树木（竹林）与导线安全距离不足等。

(3）施工作业巡视内容：线路下方或附近有危及线路安全的施工作业等。

(4）火灾巡视内容：线路附近有烟火现象，有易燃、易爆物堆积等。

(5）交叉跨越巡视内容：出现新建或改建电力、通信线路、道路、铁路、索道、管道等。

(6）防洪、排水、基础保护设施巡视内容：坍塌、淤堵、破损等。

(7）自然灾害巡视内容：地震、洪水、泥石流、山体滑坡等引起通道环境的变化。

(8）道路、桥梁巡视内容：巡线道、桥梁损坏等。

(9）污染源巡视内容：出现新的污染源或污染加重等。

(10）采动影响区巡视内容：出现裂缝、坍塌等。

(11）其他巡视内容：线路附近有人放风筝、有危及线路安全的漂浮物、线路跨越鱼塘边无警示牌、采石（开矿）、射击打靶、藤蔓类植物攀附杆塔等。

三、输电线路运行标准

（一）杆塔

杆塔是输电线路的主要部件，用以支持导线和架空地线，且能在各种气象条件下，使导线对地和对其他建筑物、树木植物等有一定的最小允许距离，并使输电线路不间断地向用户供电。对杆塔的要求如下：

(1）杆塔的倾斜、杆（塔）顶挠度、横担的歪斜程度不超过表 3-1 规定的范围。

表 3-1　　杆塔的倾斜、杆（塔）顶挠度、横担的歪斜程度

类别	钢筋混凝土电杆	钢管杆	角钢塔	钢管塔
直线杆塔倾斜度（包括挠度）	1.5%	0.5%（倾斜度）	0.5%（50m 及以上高度铁塔）； 1.0%（50m 以下高度铁塔）	0.5%
直线转角杆最大挠度		0.7%		
转角和终端 66kV 及以下最大挠度		1.5%		
杆塔横担歪斜度	1.0%	2%	1.0%	0.5%

（2）转角、终端杆塔不应向受力侧倾斜，直线杆塔不应向重载侧倾斜，拉线杆塔的拉线点不应向受力侧或重载侧偏移。

（3）不准有缺件、变形（包括爬梯）和严重锈蚀等情况发生。镀锌铁塔一般每 3～5 年要求检查一次锈蚀情况。

（4）铁塔主材相邻结点弯曲度不得超过 0.2%。

（5）铁塔基准面以上两个段号高度塔材连接应采用防卸螺母（铁塔地面 8m 以下必须进行防盗）。

（6）对钢筋混凝土电杆保护层不得腐蚀、脱落、钢筋外露，普通钢筋混凝土杆纵向裂纹的宽度不超过 0.1mm，长度不超过 1m，横向裂纹宽度不得超过 0.2mm，长度不超过圆周的 1/2，每米内不得多于 3 条，预应力钢筋混凝土电杆不应有裂纹。

（7）对钢筋混凝土电杆不得有杆内积水等现象，上端应封堵，放水孔应打通。

（8）如果钢筋混凝土电杆上述缺陷不超过下列范围时可以进行补修。

1）在一个构件上只允许露出一根主筋，深度不得超过主筋直径的 1/3，长度不得超过 300mm。

2）在一个构件上只允许露出一圈钢箍，其长度不得超过 1/3 周长。

3）在一个钢圈或法兰盘附近只允许有一处混凝土脱落和露筋，其深度不得超过主筋直径的 1/3，宽度不得超过 20mm，长度不得超过 100mm（周长）。

4）在一个构件内，表面上的混凝土坍落不得多于两处，其深度不得超过 25mm。

（9）杆塔标志的要求如下：

1）线路的杆塔上必须有线路名称、杆塔编号、相位以及必要的安全、保护等标志，同塔双回、多回线路塔身和各相横担应有醒目的标识，确保其完好无损和防止误入带电侧横担。

2）高杆塔按设计规定装设航行障碍标志。

3）路边或其他易遭受外力破坏地段的杆塔上或周围应加装警示牌。

（二）基础的运行要求

杆塔基础是指建筑在土壤里面的杆塔地下部分，其作用是防止杆塔因受垂直荷载，水平荷载及事故荷载等产生的上拔、下压甚至倾倒。杆塔基础运行要求如下：

（1）基础表面不应有水泥脱落、钢筋外露，装配式、插入式基础锈蚀不应出现锈蚀，

基础周围保护土层不允许流失、凸起、塌陷（下沉）等现象。

（2）基础边坡保护距离应满足 DL/T 5092—1999《110kV～500kV 架空送电线路设计技术规程》的要求。

（3）对杆塔的基础，除根据荷载和地质条件确定其经济、合理的埋深外，还须考虑水流对基础土的冲刷作用和基本的冻胀影响；埋置在土中的基础，其埋深应大于土壤冻结深度，且应不小于 0.6m。

（4）对混凝土杆根部进行检查时，杆根不应出现裂纹、剥落、露筋等缺陷。

（5）杆根回填土一定要夯实，并应培出一个高出地面 300～500mm 的土台。

（6）铁塔基础要求不应有裂开、损伤、酥松等现象。

（7）一般情况，基础面应高出地面 200mm。

（8）处在道路两侧地段的杆塔或拉线基础等应安装有防撞措施和反光漆警示标识。

（9）杆塔、拉线周围保护区不得有挖土失去覆盖土壤层或平整土地掩埋金属件现象。

（10）保护帽的混凝土应与塔脚上部铁板结合紧密，不得有裂纹。

（三）拉线的运行要求

拉线的主要作用是加强杆塔的强度，确保杆塔的稳定性，同时承担外部荷载的作用力。拉线的运行要求如下：

（1）拉线棒锈蚀后直径减少值不应超过 2mm，且直径不应小于 16mm。根据地区不同，每五年对拉线地下部分的锈蚀情况做一次检查和防锈处理。

（2）拉线应采用镀锌钢绞线，钢绞线的截面积不得小于 35mm^2。拉线与杆塔的夹角一般采用 45°，如受地形限制可适当减少，但不应小于 30°。

（3）拉线不得有锈蚀、松劲、断股、张力分配不均等现象。

（4）拉线金具及调整金具不应有变形、裂纹、被拆卸或缺少螺栓和锈蚀。

（5）检查拉线应无下列缺陷情况。

1）镀锌钢绞线拉线断股，镀锌层锈蚀、脱落。

2）利用杆塔拉线作起重牵引地锚，在杆塔拉线上拴牲畜，悬挂物件。

3）拉线基础周围取土、打桩、钻探、开挖或倾倒酸、碱、盐及其他有害化学物品。

4）在杆塔内（不含杆塔与杆塔之间）或杆塔与拉线之间修建车道。

5）拉线的基础变异，周围土壤突起或沉陷等现象。

6）“X”拉线交叉处应有空隙，不得有交叉处两拉线压住或碰撞摩擦现象。

（四）导线与架空地线的运行要求

导线是电力线路上的主要元件之一，它的作用是从发电厂或变电站向各用户输送电能（主要包括汇集和分配电能）。导线不仅通过电流，同时还承受机械荷载。架空地线又称避雷线，它架设在导线的上方，其作用是保护导线不受直接雷击。

（1）导线间的水平距离。对 1000m 及其以下的档距，其水平线间距离不应小于表 3-2 所列的数值。

表 3-2　　　　使用悬垂绝缘子串的杆塔，其水平距离与档距的关系

水平线间距离（m）		3.5	4	4.5	5	5.5	6	6.5	7	7.5	8	8.5	10	11
标称电压（kV）	110	110	300	375	450									
	220					440	525	615	700					
	330									525	600	700		
	500												525	650

（2）导线垂直排列时，其线间距离（垂直距离）除了应考虑过电压绝缘距离外，还应考虑导线积雪和覆冰使导线下垂以及覆冰脱落时使导线跳跃的问题。导线垂直排列垂直距离可采用 $3/4D$。使用悬垂绝缘子串的杆塔，其垂直线间距离不得小于表 3-3 所列的数值。

表 3-3　　　　使用悬垂绝缘子串杆塔的最小垂直线间距离

标准电压（kV）	110	220	330	500
垂直线间距离（m）	3.5	5.5	7.5	10.0

（3）导线三角排列的等效水平线间距离，宜按式（3-1）计算。

$$D_x = \sqrt{D_p^2 + \left(\frac{4}{3}D_z\right)^2} \tag{3-1}$$

式中　D_x——导线三角排列时的等值水平线间距离，m；

D_p——导线水平投影距离，m；

D_z——导线垂直投影距离，m。

覆冰地区上下层相邻导线间或架空地线与相邻导线间的水平偏移，如无运行经验，不宜小于表 3-4 所列数值。设计冰厚 5mm 地区，上下层相邻导线间或架空地线与相邻导线间的水平偏移，可根据运行经验适当减少。在重冰区，导线应采用水平排列。架空地线与相邻导线间的水平偏移数值，宜比表中“设计冰厚 15mm”栏内的数值至少增加 0.5m。

表 3-4　　　　上下层相邻导线间或架空地线与相邻导线间的水平位移

标准电压（kV）	110	220	330	500
设计冰厚 10mm	0.5	1.0	1.5	1.75
设计冰厚 15mm	0.7	1.5	2.0	2.5

（4）导线的弧垂。

1）弧垂计算条件。

导线对地面、建筑物、树木、铁路、道路、河流、管道、索道及各种架空线路的距离，应根据导线运行温度 40℃（若导线按允许温度 80℃设计时，导线运行温度取 50℃）情况或覆冰无风情况求得的最大弧垂计算垂直距离，根据最大风情况或覆冰情况求得的最大风偏进行风偏校验。

计算上述距离，应计及导线架线后塑性伸长的影响和设计、施工的误差。重覆冰区的线路，还应计算导线不均匀覆冰和验算覆冰情况下的弧垂增大。大跨越的导线弧垂应按导线实际能够达到的最高温度计算。输电线路与主干铁路、高速公路交叉，采用独立耐张段。输电线路与标准轨距铁路、高速公路及一级公路交叉时，如交叉档距超过200m，最大弧垂应按导线允许温度计算，导线的允许温度按不同要求取70℃或80℃计算。

2）一般情况下设计弧垂允许偏差。

110kV及以下线路为+6%、-2.5%，220kV及以上线路为+3.0%、-2.5%。

在运行规程中弧垂允许偏差值是以验收规范的标准为基础，负误差没有放宽，正误差适当加大而提出的。对地距离及交叉跨越的标准是根据多年积累的运行经验以及《电力设施保护条例》《电力设施保护条例实施细则》中的规定提出的。

3）一般情况下各相间弧垂允许偏差最大值。

110kV及以下线路为200mm，220kV及以上线路为300mm。

4）相分裂导线同相子导线的弧垂允许偏差值。

垂直排列双分裂导线为+100mm、0，其他排列形式分裂导线：220kV为80mm，330、500kV为50mm。垂直排列两子导线的间距宜不大于600mm。

（5）导线的对地距离及交叉距离的要求。

1）导线对地距离。

为了保证电力线路运行可靠，防止发生危险，因此规定了导线对地面或建筑物之间的距离 h，称为安全距离或限距，在导线最大弧垂时，导线对地面最小允许距离见表3-5。

表3-5　导线对地面的最小允许距离　（m）

地区类别	线路电压（kV）				
	66～110	220	330	500	750
居民区	7.0	7.5	8.5	14.0	19.5
非居民区	6.0	6.5	7.5	11.0（10.5）	15.5（13.7）
交通困难地区	5.0	5.5	6.5	8.5	11.0

注　1. 居民区是指工业企业地区、港口、码头、火车站、城镇、村庄等人口密集地区，以及已有上述设施规划的地区。
2. 非居民区是指除上述居民区以外，虽然时常有人、车辆或农业机械到达，但未建房屋或房屋稀少的地区。
3. 交通困难地区是指车辆、农业机械不能到达的地区。
4. 500kV线路对非居民区11m用于导线水平排列、10.5m用于导线三角排列。750kV线路对非居民区15.5m用于导线水平排列单回路的农业耕作区、13.7m用于导线水平排列单回路的非农业耕作区。

2）导线与房屋建筑物之间的垂直距离。

导线与房屋建筑物之间的垂直距离，在最大弧垂情况下，不应小于表3-6所列数值。

表3-6　导线在最大弧垂情况下和房屋建筑之间的最小垂直距离　（m）

线路电压（kV）	66～110	220	330	500	750
垂直距离	5.0	6.0	7.0	9.0	11.5

3）导线与建筑物之间的水平距离。

在最大风偏时，与房屋建筑的最近凸出部分间的水平距离，不应小于表 3-7 的数值。

表 3-7　　导线在最大风偏时和房屋建筑的最小水平距离　　(m)

线路电压（kV）	66～110	220	330	500	750
水平距离	4.0	5.0	6.0	8.5	11

4）导线与山坡距离。

线路经山区，导线距峭壁、突出斜坡、岩石等的距离不能小于表 3-8 的数值。

表 3-8　　导线与山坡、峭壁、岩石最小净空距离　　(m)

线路经过地区	线路电压（kV）				
	66～110	220	330	500	750
步行可以到达的山坡	5.0	5.5	6.5	8.5	11.0
步行不能到达的山坡、峭壁和岩石	3.0	4.0	5.0	6.5	8.5

5）导线与树木的距离。

线路通过林区及成片树林时应采取高跨设计，未采取高跨设计时，应砍伐出通道，通道内不得再种植树木。通道宽度应满足大于线路两边相导线间的距离和林区主要树种自然生长最终高度的两倍之和。通道附近超过主要树种自然生长最终高度的个别树木，也应砍伐。

对不影响线路安全运行，不妨碍对线路进行巡视、维修的树木或果林、经济作物林或高跨设计的林区树木，可不砍伐，但树木所有者与线路运行单位应签订限高协议，确定双方责任，运行中应对这些特殊地段建立台账并定期测量维护，确保线路导线在最大弧垂或最大风偏后与树木之间的安全距离不小于表 3-9 和表 3-10 所列数值。

表 3-9　　导线在最大弧垂、最大风偏时与树木之间的最小安全距离　　(m)

线路电压（kV）	66～110	220	330	500	750
最大弧垂时垂直距离	4.0	4.5	5.5	7.0	8.5
最大风偏时净空距离	3.5	4.0	5.0	7.0	8.5

表 3-10　　导线与果树、经济作物、城市绿化灌木及街道树之间的最小垂直距离　　(m)

线路电压（kV）	66～110	220	330	500	750
垂直距离	3.0	3.5	4.5	7.0	8.5

对于已运行线路先于架线栽种的防护区内树木，也可采取削顶处理。树木削顶要掌握好季节、时间，果树宜在果农剪枝时进行，在水源充足的湿地或沟渠旁的杨树、柳树及杉树等 7、8 月份生长很快，宜在每年 6 月底前削剪。

6）与弱电线路的交叉。

线路与弱电线路交叉时，对一、二级弱电线路交叉角应分别大于等于45°、30°，对三级弱电线路不限制。

7）防火防爆间距。

线路与甲类火灾危险性的生产厂房，甲类物品库房，易燃、易爆材料堆场以及可燃或易燃、易爆液（气）体罐的防火间距，不应小于杆塔高度加3m，还应满足其他的相关规定。

8）与交通设施、线路、管道间距。

线路与铁路、公路、电车道以及道路、河流、弱电线路、管道、索道及各种电力线路交叉或接近的基本要求，应符合表3-11～表3-14的要求。跨越弱电线路或电力线路，如导线截面按允许载流量选择，还应校验最高允许温度时的交叉距离，其数值不得小于操作过电压间隙，且不得小于0.8m。

表3-11　　输电线路与铁路、公路、电车道交叉或接近的基本要求（一）　　（m）

项目		铁路			公路	电车道（有轨及无轨）	
导线或避雷线在跨越档内接头		不得接头			高速公路，一级公路不得接头	不得接头	
最小垂直距离（m）	线路电压（kV）	至标准轨顶	至电气轨顶	至承力索或接触线	至路面	至路面 至路面	至承力索或接触线
	66～110	7.5	11.5	3.0	7.0	10.0	3.0
	154～220	8.5	12.5	4.0	8.0	11.0	4.0
	330	9.5	13.5	5.0	9.0	12.0	5.0
	500	14.0	16.0	6.0	14.0	16.0	6.5
	750	19.5	21.5	7.0（10）	19.5	21.5	7.0（10）

表3-12　　输电线路与铁路、公路、电车道交叉或接近的基本要求（二）　　（m）

项目		铁路		公路		电车道（有轨及无轨）	
最小水平距离（m）	线路电压（kV）	杆塔外缘至轨道中心	杆塔外缘至路基边缘	杆塔外缘至路基边缘		杆塔外缘至路基边缘	
				开阔地区	路径受限地区	开阔地区	路径受限地区
	66～220	交叉：30m； 平行：最高杆塔高加3m	交叉：8m；10m（750kV）； 平行：最高杆塔高加3m	5.0		交叉：8m；10m（750kV）； 平行：最高杆塔高加3m	5.0
	330			6.0			6.0
	500			8.0（15.0）			8.0
	750			10.0（20.0）			10.0
邻档断线时最小垂直距离（m）	线路电压（kV）	至轨顶	至承力索或接触线	至路面		至承力索或接触线	
	110	7.0	2.0	6.0		2.0	
备注		不宜在铁路出站信号机以内跨越		（1）三、四级公路可不校验邻档断线。 （2）括号内为高速公路数值，高速公路基边缘是指公路下缘的排水沟			

表 3-13 输电线路与河流、弱电线路、电力线路、管道、索道交叉或接近的基本要求 (m)

项目		通航河流		不通航河流		弱电线路	电力线路	管道	索道
导线或避雷线在跨越档距内接头		不得接头		不限制		不限制	110kV 及以上不得接头	不得接头	不得接头
最小垂直距离	线路电压（kV）	至 5 年一遇洪水位	至遇高航行水位最高船桅顶	至 5 年一遇洪水位	冬季至冰面	至被跨越线	至被跨越线	至管道任何部分	至索道任何部分
	66～110	6.0	2.0	3.0	6.0	3.0	3.0	4.0	3.0
	154～220	7.0	3.0	4.0	6.5	4.0	4.0	5.0	4.0
	330	8.0	4.0	5.0	7.5	5.0	5.0	6.0	5.0
	500	9.5	6.0	6.5	11.0（水平） 10.5（三角）	8.5	6（8.5）	7.5	6.5
	750	11.5	8.0	8.0	15.5	12.0	7.0（12）	9.5	11.0（底） 8.5（顶部）

表 3-14 输电线路与河流、弱电线路、电力线路、管道、索道交叉或接近的基本要求 (m)

项目		通航河流	不通航河流	弱电线路		电力线路		管道	索道
最小垂直距离	线路电压（kV）	边导线至斜坡上缘		与边导线间		与边导线间		与导线至管道、索道任何部分	
				开阔地区	路径受限制地区（在最大风偏时）	开阔地区	路径受限制地区（在最大风偏时）	开阔地区	路径受限制地区（在最大风偏时）
	66～110	最高杆塔高度		最高杆塔高度	4.0	最高杆塔高度	5.0	最高杆塔高度	4.0
	154～220				5.0		7.0		5.0
	330				6.0		9.0		6.0
	500				8.0		13.0		7.5
	750				10.0		16.0		9.5（管道） 8.5（顶部） 11（底部）
邻档断线时最小垂直距离	线路电压（kV）	不检验		至被跨越物		不检验		至管道任何部分	不检验
	66～110			1.0				1.0	
	154			2.0				2.0	
附加要求及备注		（1）最高洪水位时，有抗洪抢险船只航行的河流垂直距离应协商确定； （2）不通航河流指不能通航也不能浮运的河流		送电线路应架在上方，三级线可不检验邻档断线		（1）电压较高的线路架在电压等级较低线路的上方； （2）公用线路架在专用线路的上方； （3）不宜在杆塔顶部跨越，500kV 线路跨越杆塔时为 8.5m，跨越档距中央时为 6m		（1）交叉点不应选在管道的检查井（孔）处； （2）与管、索道平行、交叉时索道应接地； （3）管、索道上的附属设施，均应视为管索道的一部分； （4）特殊管道指架设在地面上输送易燃、易爆物品管道	

（6）导线、架空地线的连接。

导线在连接时，容易造成机械强度和电气性能的降低，因而带来某种缺陷。因此在线路施工时，应尽量减少不必要的接头。导线接头的机械强度不应低于原导线机械强度的95%，导线接头处的电阻值或电压降值与等长度导线的电阻值或电压降值之比不得超过1.0倍。

（7）导线、架空地线断股、损伤处理标准。

导线、架空地线断股、损伤造成强度损失或减少截面积的处理见表3-15。

表3-15　导线、架空地线断股、损伤造成强度损失或减少截面积的处理

线别	处理方法			
	金属单丝、预绞式补修条补修	预绞式护线条、普通补修管补修	加长型补修管、预绞式接续条	接续管、预绞丝接续条、接续管补强接续条
钢芯铝绞线 钢芯铝合金绞线	导线在同一处损伤导致强度损失未超过总拉断力的5%且截面积损伤未超过总导电部分截面积的7%	导线在同一处损伤导致强度损失在总拉断力的5%～17%，且截面积损伤在总导电部分截面积的7%～25%	导线损伤范围导致强度损失在总拉断力的17%～50%，且截面积损伤在总导电部分截面积的25%～60%	导线损伤范围导致强度损失在总拉断力的50%以上，且截面积损伤在总导电部分截面积的60%及以上
铝绞线 铝合金绞线	断损伤截面积不超过总面积的7%	断股损伤截面积占总面积的7%～25%断股损伤截面积占总面积的7%～17%	断股损伤截面积占总面积的25%～60%；断股损伤截面积超过总面积的17%切断重接	断股损伤截面积超过总面积的60%及以上
镀锌钢绞线	19股断1股	7股断1股；19股断2股	7股断2股；19股断3股切断重接	7股断2股以上；19股断3股以上
OPGW	断损伤截面积不超过总面积的7%（光纤单元未损伤）	断股损伤截面占面积的7%～17%，光纤单元未损伤（修补管不适用）		

注　1. 钢芯铝绞线导线应未伤及钢芯，计算强度损失或总铝截面损伤时，按铝股的总拉断力和铝总截面积作基数进行计算。
2. 铝绞线、铝合金绞线导线计算损伤截面时，按导线的总截面积作基数进行计算。
3. 良导体架空地线按钢芯铝绞线计算强度损失和铝截面损失。
4. 如断股损伤减少截面虽达到切断重接的数值，但确认采用新型的修补方法能恢复到原来强度及载流能力时，也可采用该补修方法进行处理，而不做切断重接处理。
5. 作为运行线路，导线表面部分损伤较多，主要承力部分钢芯未受损伤时，可以采取补修方法，应避免将未损伤的承力钢芯剪断重接，而且补修后应达到原有导线的强度及导电能力。但当导线钢芯受损或导线铝股或铝合金股损伤严重，整体强度降低较大时应切断重压。

（8）导线、架空地线的锈蚀。

导线、架空地线表面腐蚀、外层脱落或呈疲劳状态时，应取样进行强度试验。若试验值小于原破坏值的80%应换线。

（9）OPGW接地引线不允许出现松动或对地放电。

（五）绝缘子的运行要求

用于导线与杆塔绝缘的绝缘子，在运行中不但要承受工作电压的作用，还要受到过电压的作用，同时还要承受机械力的作用及气温变化和周围环境的影响，所以绝缘子必须有良好的绝缘性能和一定的机械强度。

（1）瓷质绝缘子伞裙不应破损，瓷质不应有裂纹，不应有瓷釉烧坏。

（2）玻璃绝缘子不应自爆或表面裂纹。

（3）棒形及盘形复合绝缘子（伞裙、护套）不应破损或龟裂，断头密封不应开裂、老化。

（4）复合绝缘子憎水性不应降低到 HC5 及以下。

（5）绝缘横担不应有严重结垢、裂纹，瓷釉烧坏、瓷质损坏、伞裙破损。

（6）绝缘子偏斜角。直线杆塔的绝缘子串顺线路方向的偏斜角（除设计要求的预偏外）不大于 7.5°，且其最大偏移值不大于 300mm，绝缘横担端部位移不大于 100mm；双联悬垂串为弥补耐压降低而采取“八字形”挂点除外。

（7）外观质量。绝缘子钢帽、绝缘件、钢脚不在同一轴线上，钢脚、钢帽、浇筑混凝土有裂纹、歪斜、变形或严重锈蚀，钢脚与钢帽槽口间隙超标。

（8）盘型绝缘子绝缘电阻对于 330kV 及以下线路小于 300MΩ，对于 500kV 及以上线路小于 500MΩ；且盘型瓷绝缘子分布电压为零或低值。

（9）锁紧销脱落变形。

（10）地线绝缘子、地线间隙不应出现非雷击放电或烧伤。

（六）金具的运行要求

（1）金具本体不应发生变形、锈蚀、烧伤、裂纹，金具连接处转动不灵活，磨损后的安全系数小于 2.0（即低于原值的 80%）时应予处理或更换。

（2）防振金具。防振锤、阻尼线、间隔棒等防振金具不应发生位移、疲劳、变形。

（3）屏蔽环、均压环不应出现松动、倾斜与变形，均压环不得反装。

（4）OPGW 光缆固定金具不应脱落，接续盒不应松动、漏水。

（5）OPGW 预绞丝线夹不应出现疲劳断脱或滑移。

（6）接续金具不应出现下列任一情况。

1）压接管外观鼓包、裂纹、烧伤、滑移或出口处断股、弯曲度不符合有关规程要求；

2）跳线联板温度高于导线温度 10℃，线夹处温度高于导线温度 10℃；

3）接续金具过热变色或连接螺栓松动；

4）金具内部严重烧伤，断股或压接不实（抽头或位移）现象；

5）跳线引流板或并沟线夹螺栓拧紧力矩值小于相应规格螺栓的标准拧紧力矩值，见表 3-16。

表 3-16　　螺栓型金具钢质热镀锌螺栓拧紧力矩值

螺栓直径（mm）	8	10	12	14	16	18	20
拧紧力矩（N·m）	9～11	18～23	32～40	50	80～100	115～140	105

（七）接地装置

架空线路杆塔接地对电力系统的安全稳定运行至关重要，降低杆塔接地电阻是提高线路耐雷水平，减少线路雷击跳闸率的主要措施。

（1）接地装置的运行要求如下：

1）检测的工频接地电阻值（按季节系数换算，见表 3-17）不大于设计规定值。

表 3-17　　水平接地体的季节系数

接地射线埋深（m）	季节系数	接地射线埋深（m）	季节系数
0.5	1.4～1.8	0.8～1.0	1.25～1.45

注　检测接地装置工频接地电阻时，如土壤较干燥，季节系数取较小值；土壤较潮湿时，季节系数取较大值。

2）多根接地引下线接地电阻值不出现明显差别。

3）接地引下线不应出现断开或与接地体接触不良的现象。

4）接地装置不应有外露或腐蚀严重的情况，即使被腐蚀后其导体截面积不低于原值的80%。

5）接地线埋深必须符合设计要求，接地钢筋周围必须回填泥土并夯实，以降低冲击接地电阻值。

（2）接地装置容易发生腐蚀的部位如下：

1）接地引下线与水平或垂直接地体的连接处，由于腐蚀电位不同极易发生电化学腐蚀，有的甚至会形成电气上的开路。

2）接地线与杆塔的连接螺栓处，由于腐蚀、螺栓生锈，用表计测量，接触电阻非常高，有的甚至会形成电气上的开路。

3）接地引下线本身，由于所处位置比较潮湿，运行条件恶劣，运行中若没有按期进行必要的防腐保护，则腐蚀速度会较快，特别是运行十年以上的接地线，应开挖检测接地钢筋腐蚀和截面损失现象。

4）水平接地体本身，有的埋深不够，特别是一些山区的输电线路杆塔，由于地质基本为石层，或土层薄、埋深有的不足 30cm，回填土又是用碎石回填，土中含氧量高，极容易发生吸氧腐蚀；在酸性土壤中的接地体容易发生吸氧腐蚀；在海边的接地体容易发生化学和电化学腐蚀。

（3）接地装置外力破坏问题。对架空线路的杆塔接地装置需定期巡视和维护，特别要注意以下几方面的巡视检查和维护工作：

1）定期巡视检查杆塔的接地引下线是否完好，如被破坏应及时修复，应定期进行防腐处理。

2）定期检查接地螺栓是否生锈，与接地线的连接是否完好，螺栓是否松动，应保证与接地线有可靠的电气接触。

3）检查接地装置是否遭到外力破坏，是否被雨水冲刷露出地面，并每隔 5 年开挖检查其腐蚀情况。

4）对杆塔接地装置的接地电阻进行周期性测量，检测方法必须符合辅助测量射线与杆塔人工敷设接地线 0.618 系数型式，检测得到的工频接地电阻应与季节系数换算后等同或小于设计值，若超标应及时改造。

（八）附属设施的运行要求

（1）所有杆塔均应标明线路名称、杆塔编号、相位等标识；同塔多回线路杆塔上各相横担应有醒目的标识和线路名称、杆塔编号、相位等。

（2）标志牌和警告牌应清晰、正确，悬挂位置符合要求。

（3）线路的防雷设施（避雷器）试验符合规程要求，架空地线、耦合地线安装牢固，保护角满足要求。

（4）在线监测装置运行良好，能够正常发挥其监测作用。

（5）防舞防冰装置运行可靠。

（6）防盗防松设施齐全、完整，维护、检测符合出厂要求。

（7）防鸟设施安装牢固、可靠，充分发挥防鸟功能。

（8）光缆应无损坏、断裂、弧垂变化等现象。

四、标准化线路的基本要求

（一）基础

基面平整，无沉降、塌方等现象，塔基周围无杂物、无取土和水土流失等情况；基础强度、偏差等符合质量验收评定检查标准，表面无水泥疏松、脱落、钢筋外露、基础腐蚀等现象；保护帽不应被土埋，不得堆积杂物，外观应平整、美观，不准内凹，无水泥脱落、疏松、破损或裂纹。

（二）杆塔

塔材不应变形、丢失或严重锈蚀，辅材、螺栓和节点板无剥壳，铁塔攀爬设施应完整、齐全，应沿同侧安装、铁塔螺栓、脚钉不应松动、缺损或丢失、螺栓防盗措施符合要求，安装高度及数量齐全，无遗漏；拉线松紧度合适、交叉处无磨碰，拉线与拉棒应呈一直线，拉线不应断股，镀锌层不应锈蚀、脱落。

（三）导线、地线

导线、地线接续形式及接头数量符合运行规程要求，无散股、断股、损伤及悬挂漂浮物现象，地线无锈蚀，引流线应顺畅、平滑、无损伤。

（四）绝缘子

复合绝缘子伞裙、护套不应出现破损、龟裂、硬化、脆化、粉化现象，端头密封不应开裂、老化；瓷质绝缘子伞裙不应破损，瓷质不应有裂纹、表面严重结垢，瓷釉不应有烧坏现象；玻璃绝缘子不应自爆或表面有裂纹；钢帽、绝缘件、钢脚应在同一轴线上，钢脚、钢帽、浇装水泥不应有裂纹、歪斜、变形或严重锈蚀，钢脚与钢帽槽口间隙不应超标。

（五）金具

金具无变形、锈蚀、烧伤、裂纹现象；金具连接处转动灵活，不应磨损；开口销和弹簧销无缺损和脱出。线路防振锤、阻尼线、间隔棒等防振金具无脱落、疲劳、位移。线路屏蔽环、均压环无倾斜、松动、变形，均压环不得反装。

（六）接地装置

接地引下线与杆塔连接应可靠，接触良好，并应便于断开测量接地电阻；接地引下线及接地体不得断裂、锈蚀、缺失、接地体外露、连接部位松动或有雷电烧痕等情况。

（七）附属设施

线路标识符合 Q/GDW 434.2—2010《国家电网公司安全设施标准　第 2 部分：电力线

路》，无缺失、损坏、字迹或图文不清、严重锈蚀等，不得出现挂错标识牌及内容差错等现象；色标不应褪色、破损、缺失或同杆多回路无色标标示；所有杆塔均应标明线路名称、代号和杆塔号；所有耐张型杆塔、分支杆塔和换位杆塔及前后各一基杆塔上，均应有明显的相位标志；高杆塔应按航空部门的规定装设航空障碍标志；结合线路运行特点，安装防雷、防鸟、防舞、防撞等防护设施，相关设施应安装牢固、可靠，外观无松动、变形、损坏、缺失等现象，在线监测装置运行正常。

（八）保护区及线路通道

在电力设施保护区内无违章建筑、违法施工现象，不得存放易燃、易爆和化学物品。线路通过林区或成片树林，且未采取高跨设计时，每侧通道宽度不得小于导线在最大风偏时与树木之间的安全距离和林区主要树种自然生长最终高度之和；高塔跨树段线路导线在最大弧垂时与树木之间的安全距离应满足设计及运行规程相关安全距离要求。可能威胁线路安全运行、超过主要树种自然生长最终高度的个别树木应砍伐。

第三节　架空线路运行管理

一、技术资料管理要求

（一）技术资料管理的目的

技术资料管理是安全运行的基础。输电线路安全运行情况好坏，与日常的技术资料管理工作有直接关系；只有加强技术资料管理工作，才能不断地总结经验教训，贯彻“预防为主”的方针，提高设备的安全运行水平。

（二）技术档案资料保管要求

运行单位必须建立、积累与生产运行有关的技术档案（信息资料），并应符合如下要求：

（1）保持完整、准确，并与现场实际相符合。

（2）保持连续性且具有历史追溯性。

（3）保持有专人负责原始资料汇总、同类资料统计、资料储存与检索。

（4）及时搜集大修、技改、新建投产线路的全部资料并及时充实到原始资料中去。

（三）台账资料管理要求

线路运检单位应建立健全线路台账档案。线路台账包括线路基本信息、杆塔基本信息、拉线信息、绝缘子信息、金具信息、杆塔附属设施、导线信息、地线信息、设备图纸资料、线路交叉跨越管理信息、防污监测点台账。

（四）线路运行单位应存有但不限于以下法律、法规、规程、规范及制度资料

（1）《中华人民共和国电力法》；

（2）《电力设施保护条例》；

（3）《电力设施保护条例实施细则》；

（4）《生产安全事故报告和调查处理条例》；

（5）《电力安全事故应急处置和调查处理条例》；

(6) GB 50665—2011《1000kV 架空输电线路设计规范》;

(7) GB 50545—2010《110kV～750kV 架空输电线路设计规范》;

(8) GB 50061—2010《66kV 及以下架空电力线路设计规范》;

(9) GB 50233—2014《110kV～750kV 架空输电线路施工及验收规范》;

(10) GB/T 26218.1—2010《污秽条件下使用的高压绝缘子的选择和尺寸确定　第 1 部分:定义、信息和一般原则》;

(11) GB/T 50064—2014《交流电气装置的过电压保护和绝缘配合设计规范》;

(12) GB/T 50065—2011《交流电气装置的接地设计规范》;

(13) DL/T 626—2015《劣化悬式绝缘子检测规程》;

(14) DL/T 741—2019《架空输电线路运行规程》;

(15) DL/T 887—2004《杆塔工频接地电阻测量》;

(16) DL/T 966—2005《送电线路带电作业技术导则》;

(17)《国家电网公司电力安全工作规程（线路部分)》;

(18)《国家电网公司十八项电网重大反事故措施》;

(19)《跨区输电线路重大反事故措施（试行)》。

(五) 线路运行单位应存有的图表

线路运行单位应存有以下的图表:

(1) 地区电力系统接线图;

(2) 设备一览表;

(3) 设备评级图表;

(4) 事故跳闸统计表;

(5) 反事故措施计划表;

(6) 年度技改、大修计划表;

(7) 周期性检测计划表;

(8) 工器具和仪表、仪表试验以及检测（校验）计划表;

(9) 污区分布图;

(10) 雷区分布图;

(11) 冰区分布图;

(12) 舞动区分布图;

(13) 风区分布图;

(14) 人员培训计划。

(六) 运行单位应保存业主、设计和施工方移交的基础资料

运行单位应保存业主、设计和施工方移交的基础资料，具体内容如下:

(1) 工程建设依据性文件及资料。

1) 国有土地使用证、规划许可证、施工许可证、建设用地许可证、用地批准等;

2) 同规划、土地、林业、环保、建设、通信、军事、民航等单位的来往合同、协议;

3）可行性研究报告和审批文件。

（2）线路设计文件及资料。

1）工程初步设计资料及审查批复文件；

2）工程施工图设计资料及施工图会审意见。

（3）与沿线有关单位、政府、个人签订的合同、协议（包括青苗、林木等赔偿协议，交叉跨越、房屋拆迁协议、各种安全协议等）。

（4）施工、供货文件及资料。

1）符合实际的竣工图；

2）设计变更通知单及有关设计图；

3）原材料和器材产品合格证明、检测试验报告；

4）代用材料清单；

5）工程质量文件及各种施工原始记录、数据；

6）隐蔽工程检查验收记录及签证书；

7）施工缺陷处理明细表及附图；

8）未按原设计施工的各项明细表及附图；

9）未完工程及需改进工程清单；

10）线路杆塔 GPS 坐标记录；

11）导线、避雷线的连接器和补修管位置及数量记录；

12）杆塔偏移及挠度记录；

13）导线风偏校核和测试记录；

14）线路交叉跨越明细及测试记录；

15）绝缘子测试记录；

16）杆塔接地电阻测试记录；

17）导线换位记录；

18）工程试验报告和记录；

19）质量监督报告；

20）工程竣工验收报告；

21）设备材料的供货资料；

22）架线弧垂记录；

23）跳线弧垂及对杆塔头部的电气间隙记录；

24）工程交接资料。

（七）运行单位及输电运维班应保存的送电线路运行技术资料

运行单位及输电运维班应保存以下送电线路运行技术资料：

（1）检测记录。

1）杆塔裂纹、偏移、倾斜和挠度测量记录；

2）杆塔金属部件锈蚀检查记录；

3）导线弧垂、交叉跨越和限距测量记录；

4）绝缘子检测记录；

5）接地装置以及接地电阻检测记录；

6）绝缘子附盐密度、灰密度测量记录；

7）导线、地线覆冰、振动、舞动观测记录；

8）大跨越监测记录；

9）雷电观测记录；

10）红外测温记录；

11）工器具和仪器、仪表试验及检测（校验）记录。

（2）运维记录。

1）线路巡视记录；

2）带电检修记录；

3）带电检测记录；

4）停电检修记录；

5）检修消缺记录；

6）线路跳闸、事故及异常运行记录；

7）运行分析记录；

8）设备评级记录；

9）事故备品、备件记录；

10）对外联系记录（包括电力设施保护条例安全隐患告知书）及安全协议。

（八）专项技术管理记录

运行单位应结合实际工作，开展专项技术工作并形成专项技术管理记录：

（1）设备台账，包括线路技术参数（即线路概况一览表）、线路基本情况（杆塔明细）、线路主要参数变更记录；

（2）防雷管理台账；

（3）线路绝缘配合台账；

（4）防覆冰舞动台账；

（5）线路特殊区段的管理台账；

（6）线路保护区管理台账；

（7）线路缺陷及消除台账；

（8）线路历年故障跳闸台账。

（九）运行单位应开展的工作总结及分析报告

运行单位应开展以下工作总结及分析报告：

（1）线路年度工作计划、总结；

（2）线路月度、季度运行分析报告；

（3）事故、故障、异常情况分析报告；

（4）专项技术分析报告；

（5）线路状态评价报告。

二、缺陷管理

（一）缺陷分类

线路缺陷分为本体缺陷、附属设施缺陷和外部隐患三类。

（1）本体缺陷。

本体缺陷指组成线路本体的全部构件、附件及零部件缺陷，包括基础、杆塔、导线、地线（OPGW）、绝缘子、金具、接地装置、拉线等发生的缺陷。

（2）附属设施缺陷。

附属设施缺陷指附加在线路本体上的线路标识、安全标志牌、各种技术监测或具有特殊用途的设备（如在线监测、防雷、防鸟装置等）发生的缺陷。

（3）外部隐患。

外部隐患指外部环境变化对线路的安全运行已构成某种潜在性威胁的情况，如在线路保护区内违章建房、种植树竹、堆物、取土及各种施工作业等。

（二）缺陷分级

线路的各类缺陷按其严重程度分为危急、严重、一般缺陷。

（1）危急缺陷。

危急缺陷指缺陷情况已危及线路安全运行，随时可能导致线路发生事故，既危险又紧急的缺陷。危急缺陷消除时间不应超过 24h，或临时采取确保线路安全的技术措施进行处理，随后消除。

（2）严重缺陷。

严重缺陷指缺陷情况对线路安全运行已构成严重威胁，短期内线路尚可维持安全运行，情况虽危险，但紧急程度较危急缺陷次之的一类缺陷。此类缺陷的处理一般不超过 1 周，最多不超过 1 个月，消除前须加强监视。

（3）一般缺陷。

一般缺陷指缺陷情况对线路的安全运行威胁较小，在一定期间内不影响线路安全运行的缺陷，此类缺陷一般应在一个检修周期内予以消除，需要停电时列入年度、月度停电检修计划。

（三）缺陷处理

（1）缺陷管理流程。

缺陷应纳入运检管理系统进行全过程闭环管理，主要包括缺陷登录、统计、分析、处理、验收和上报等。输电运维班通过现场巡视、检（监）测等手段收集缺陷，确认、定性缺陷后，在运检管理系统为缺陷建档，纳入缺陷管理流程。

（2）缺陷消除。

线路运检单位应核对缺陷性质，并组织安排缺陷的消除工作，危急缺陷应报上级设备管理部门；上级设备管理部门应协调、监督、指导缺陷的消除工作，缺陷在未消除之前应制定有效的设备风险管控措施；输电运维班对缺陷处理情况进行验收检查。特高压交直流线路危急缺陷应立即上报国家电网有限公司设备管理部门。

线路运检单位应结合线路运行经验、季节特点和通道情况积极开展线路隐患排查治理工作，建立隐患台账，及时消除设备和通道隐患。

三、运行分析与故障分析

（一）运行分析

各级设备管理部门应认真做好月度、季度、年度运行分析和典型故障、缺陷的专题分析工作。地（市）公司、县公司设备管理部门每月组织 1 次运行分析会，输电运维班每月开展 1 次运行分析。

（二）故障分析

各级设备管理部门应及时组织开展故障分析工作，各级评价中心做好技术支撑。省检修（分）公司、地（市）公司设备管理部门应在故障点确认后 2 日内组织完成故障分析，形成故障分析报告并报送省公司设备管理部门。跨区线路故障分析报告应于故障点确认后 3 日内按要求完成，并报国家电网有限公司设备管理部门。各级设备管理部门应适时组织召开典型故障分析会，总结故障经验，提出改进措施。

第四节　架空线路检测项目及周期

一、电力线路检测的基本要求

线路检测是发现设备隐患，开展设备状态评估，为状态检修提供科学依据的重要手段。线路检测所采用的技术应成熟，方法应正确可靠，测试数据应准确。

所有项目的测试都须遵守《安规》和其他相关专业作业规程进行。

应做好检测结果的记录和统计分析，并做好检测资料的存档管理。

二、检测项目与周期规定

线路检测工作主要包括红外检测、接地电阻检测及地网开挖检测、绝缘子低值零值检测、复合绝缘子劣化检测、盐密及灰密测量、紫外检测、导线弧垂、对地距离和交叉跨越距离测量等，检测项目及周期见表 3-18。

表 3-18　　检测项目及周期

项目	检测项目	周期年	备注
杆塔	钢筋混凝土杆裂纹与缺陷检查	必要时	根据巡视发现的问题
	钢筋混凝土杆受冻情况检查： （1）杆内积水； （2）冻土上拔； （3）水泥杆防水孔检查	 1 1 1	根据巡视发现的问题： 在结冻前进行； 在结冰和解冻后进行； 在结冻前进行
	杆塔、铁件锈蚀情况检查	3	对新建线路投运 5 年后，进行一次全面检查，以后结合巡线情况而定；对杆塔进行防腐处理后应做现场检验

续表

项目	检测项目	周期年	备注
杆塔	杆塔倾斜、挠度	必要时	根据实际情况选点测量
	钢管塔	必要时	应满足 DL/T 5130—2001《架空送电线路钢管杆设计技术规定》的要求
	钢管杆	必要时	对新建线路投运 1 年后，应进行一次全面检查，应满足 DL/T 5130—2001《架空送电线路钢管杆设计技术规定》的要求
	钢管杆表面锈蚀情况	1	对新建线路投运 2 年内，每年测量一次，以后根据巡线情况
	钢管杆挠度测量	必要时	
绝缘子	盘型瓷绝缘子绝缘测试	6～10	330kV 及以上：6 年；220kV 及以下：10 年
	绝缘子污秽度测量	1	根据实际情况定点测量，或根据巡视情况选点测量
	绝缘子金属附件检查	2	投运后第 5 年开始抽查
	瓷绝缘子裂纹、钢帽裂纹、胶装水泥及伞裙与钢帽位移	必要时	每次清扫时
	玻璃绝缘子钢帽裂纹、伞裙闪络烧伤	必要时	每次清扫时
	复合绝缘子伞裙、护套、黏结剂老化、破损、裂纹；金具及附件锈蚀	2～3	根据运行需要
	复合绝缘子电气机械抽样检测试验	5	投运 5～8 年后开始抽查，以后至少每 5 年抽查
导线、地线（OPGW）（铝包钢）	导线、地线磨损、断股、破股、严重锈蚀、放电损伤外层铝股、松动等	每次检修时	抽查导、地线线夹必须及时打开检查
	大跨越导线、地线振动测量	2～5	对一般线路应选择有代表性档距进行现场振动测量，测量点应包括悬垂线夹、防振锤及间隔棒线夹处，根据振动情况选点测量
	导线、地线舞动观测		在舞动发生时应及时观测
	导线弧垂、对地距离、交叉跨越距离测量	必要时	线路投入运行 1 年后测量 1 次，以后根据巡视结果决定
金具	导流金具的测试： （1）直线接续金具； （2）不同金属接续金具； （3）并钩线夹、跳线连接板、压接式耐张线夹	必要时	接续管采用望远镜观察或无人机近距离观察接续管口导线是否断股、灯笼泡或最大张力后导线拔出位移现象；每次线路检修测试连接金具螺栓扭矩值应符合标准；红外测试应在线路负荷较大时抽测，根据测温结果确定是否进行测试
	金属锈蚀、磨损、裂纹、变形检查	每次检修时	外观难以看到的部位，应打开螺栓、垫圈检查或用仪器检查。如果开展线路红外测温工作，则每年进行一次测温，根据测温结果确定是否进行测试
	间隔棒（器）检查	每次检修时	投运 1 年后紧固 1 次，以后进行抽查
防雷设施及接地装置	杆塔接地测量	5	根据运行情况可调整时间，每次雷击故障后的杆塔应进行测试
	线路避雷器检测	5	根据运行情况或设备的要求可调整时间
	地线间隙检查； 防雷间隙检查	必要时 1	根据巡视发现的问题进行

续表

项目	检测项目	周期年	备注
基础	铁塔、钢管杆（塔）基础（金属基础、预制基础、现场浇制基础、灌注桩基础）	5	抽查，挖开地面 1m 以下，检查金属件锈蚀、混凝土裂纹、酥松、损伤等变化情况
	拉线（拉棒）装置、接地装置	5	拉棒直径测量；接地电阻测试必要时开挖
	基础沉降测量	必要时	根据实际情况选点测量
特殊区段检测管理	强雷区杆塔接地装置检查和接地电阻检测	1	每年雷雨季节前应对强雷区杆塔进行 1 次接地装置检查和接地电阻检测，对地下水位较高、强酸强碱等腐蚀严重区域应按 30％比例开挖检查
	采空区和大跨越铁塔倾斜检测	1	特殊情况应缩短测试周期
	夏季高温时段和满载、重载时段导地线弧垂测量和红外测温		当环境温度达到 35℃或输送功率超过额定功率 80％时，对线路重点区段和重要跨越地段应及时开展红外测温和弧垂测量，依据检测结果、环境温度和负荷情况跟踪检测
	电晕放电观测		根据线路运行状态，适时开展夜间巡视，及时发现线路电晕放电隐患。对电晕放电较严重的部位，宜进行紫外成像分析，采取相应处理措施
	新投运线路全年检测	投运后 1 个月内	新投运线路投运后 1 个月内，线路运检单位应组织输电运维班开展 1 次全面检测
其他	气象测量	必要时	选点进行
	无线电干扰测量	必要时	根据实际情况选点测量
	地面场强测量	必要时	根据实际情况选点测量

注　1. 检测周期可根据本地区实际情况进行适当调整，但应经本单位总工程师批准。

2. 检测项目的数量及线段可由运行单位根据实际情况选定。

3. 大跨越或易舞区宜选择具有代表性地段杆塔装设在线监测装置。

第五节　输电线路检测

一、导线连接器的检测

输电线路导线连接点（接续管、耐张压接管、跳线引流板和并沟线夹）是导线元件最薄弱处，压接管是工程施工中的重要隐蔽工程，特别是现在施工单位多数采用高空平衡挂线方法，因此耐张压接管的压接尺寸和压接工艺较难控制。针对跳线接点属电流致热型设备，当引流板施工未清理杂质、导电脂未涂、光面、毛面搭接和螺栓紧固未按相应规格螺栓扭矩值紧固等，在运行中会因接触电阻增大等原因引起连接点过热甚至熔断，造成断线事故。因此，新建线路竣工验收和停电检修时应认真检查跳线连接点状况，采用扭矩扳手按相应规格螺栓的标准扭矩值紧固，在线路输送额定荷载 30％以上时，采用红外测温仪器抽测运行检测距离 50m 以内的跳线引流板、并沟线夹，以使跳线连接点发热隐患能及时发现和处理。

（一）检测原则及注意事项

新建输电线路竣工验收和停电检修时，运行单位应杜绝以往那种人均一把活动扳手检查紧固连接螺栓的原始粗糙方法，应落实专人采用扭矩扳手按相应规格螺栓的标准扭矩值检查紧固跳线引流板或并沟线夹，以标准数量值控制此类电流致热型设备发热。

（二）红外检测一般原则

1. 一般检测

（1）被检测的输电线路输送负荷必须在线路额定输送电流30%以上方可开展红外测温工作。

（2）红外检测一般先用红外热像仪对所有应测试部位进行全面扫描，发现热像异常部位，然后对异常部位和重点被检测设备进行详细测温。

（3）应充分利用红外设备的功能达到最佳检测效果，如图像平均、自动跟踪等。

（4）环境温度发生较大变化时，应对仪器重新进行内部温度校准（有自校除外），校准按仪器的说明书进行。

（5）被测线路的跳线连接点高度必须在测温仪器的空间分辨率内（即有效检测距离）。

（6）正确选择被测物体的辐射率（金属导线及金属连接选0.9）。

2. 精确检测

（1）针对不同的检测对象选择不同的环境温度参照体。

（2）测量设备发热点、正常相的对应点及环境温度参照体的温度值时，应使用同一仪器相继测量。

（3）检测时风速必须满足规程要求，超过风速检测的发热温度需要按换算系数进行换算。

（4）不得在晴天检测，阴天检测时被测设备背后不得有附加光源进入检测仪镜头内。

（5）做同类比较时，要注意保持仪器与各对应测点的距离一致，方位一致。

（6）正确键入大气温度、相对湿度、测量距离等补偿参数，并选择适当的测温范围。

（7）应从不同方位进行检测，求出最热点的温度值。

（8）记录异常设备的实际负荷电流和发热相、正常相及环境温度参照体的温度值。

3. 检测周期

（1）一般情况下对正常运行输电线路每年检测一次。若线路输送荷载小于导线额定输送电流30%以下时，检测电流致热型跳线连接金具效果不大。

（2）对重负荷线路、运行环境差线路应适当增加检测次数。

4. 红外检测注意事项

（1）环境温度一般不宜低于5℃、空气湿度一般不大于85%，不应在有雷、雨、雾、雪环境下进行检测，风速超过0.5m/s情况下检测需按有关换算系数换算成实际发热温度。

（2）红外热像仪应图像清晰、稳定，具有较高的温度分辨率和测量精确度，空间分辨率满足实测距离的要求。例DL/T 664—2016《带电设备红外诊断应用规范》要求的红外测温应采用长焦镜头不大于0.7mrad（毫弧度）的规定，则针对LGJ—400/35导线压接管其有效检测距离约为64m，若采用常规镜头则有效检测距离为40m以内。

（3）检测电压致热的设备应在日落之后或阴天进行；检测电流致热的设备最好在设备负荷高峰状态下且环境温度大于30℃时进行，一般不低于额定负荷的50%。

（4）应避免将仪器镜头直接对准强烈高温辐射源（如太阳），以免造成仪器不能正常工作及损伤。

（5）红外测温仪应放置在阴凉干燥，通风无强烈电磁场的环境中，应避免油渍及各种化学物质沾污镜头表面及损伤表面。

5. 红外检测操作要求

（1）红外热像仪在开机后，需进行内部温度校准，在图像稳定后即可开始。

（2）打开镜头盖，对准目标，调整热像仪镜头的焦距并进行自动校正后获得清晰的目标热像。

（3）通过调整仪器位置，将目标物体移至屏幕中十字测温点上，屏幕右上角所显示的温度即为测温点处目标的温度。

（4）当检测到目标物体出现发热应变换位置和角度重新进行复测，并将数据和红外热像记录下来，存入存储装置，以备分析。

（三）红外检测中异常情况及其处理原则

红外检测中发现设备发热异常后应立即进行分析，按照相关规定进行诊断和确认缺陷类型，并在缺陷确认以后立即向本单位运行专责和领导汇报，并在最短时间内提供红外报告和红外热相图谱，以备上级部门组织相关人员进行分析处理。

案例 2019-06-09，某公司输电运检室对 500kV×××线××号塔跳线引流板进行红外测温，检测仪器采用 FLIR 红外热像仪，经检测 A 相、C 相跳线引流板温度无异常，检测中发现 B 相跳线大号侧引流板温度异常，达 86.5℃（环境温度为 19℃，导线表面温度为 20.5℃），如图 3-1 所示。经登塔检查判断为跳线连接部位在长期遭受机械振动、抖动或在风力作用下摆动，导致引流板螺栓松动。采取带电紧固引流板螺栓处理后，经复测发热现象消除。

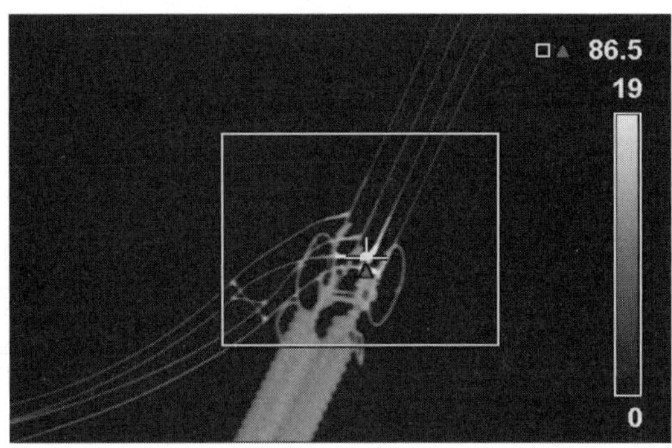

图 3-1　500kV 线路耐张塔引流板红外测温图

（四）红外检测诊断方法

1. 表面温度判断法

根据测得的设备表面温度值，对照温度和温升极限的参考值，结合环境气候条件、负荷大小进行分析判断。

2. 相对温差判断法

两个对应测点之间的温差与其中较热点的温升之比的百分数。对电流致热的设备，采用相对温差可降低小负荷下的缺陷漏判。发热点的温升值小于 10K 时，不宜采用该判断方法。

3. 同类比较判断法

根据同一电气单元电力设备三相间对应部位的温升进行比较分析。如果同一设备三相同时出现异常，可与同回路的同类设备比较。当三相负荷电流不对称时，应考虑负荷电流的影响。

一般情况下，对于电压致热的设备，当同类温差超过允许温升值的 30%时，应定为重大缺陷。当三相电压不对称时应考虑工作电压的影响。

4. 图像特征分析判断法

根据同类设备的正常状态和异常状态的热图像判断设备是否正常，当电气设备其他试验结果合格时，应排除各种干扰对图像的影响。

二、瓷绝缘子低零值测试

瓷质绝缘子经过一段运行时间之后，在机械负荷和温度变化的作用下，逐渐失去了它的绝缘性能，这种现象称为绝缘子的衰老，也称低值或零值绝缘子。如不能及时发现、更换，绝缘子会发生部分收缩或膨胀而产生内力，这种内力会使绝缘子发生爆裂，减弱绝缘子的电气强度，使绝缘子发生击穿，甚至发生掉串。目前对瓷质绝缘子通常采用停电绝缘电阻检测法、带电分布电压法、接地电阻法检测，早期用火花间隙放电听声音法检测劣化瓷绝缘子，由于采用固定的放电间隙去检测分布电压值相差 5 倍以上绝缘子，其技术原理粗糙。

（一）火花间隙放电听声音法检测

火花间隙距离如图 3-2 所示。图中，尖—板间隙（球—球）35kV 0.40mm、110kV 0.50mm、220kV 0.60mm、330kV 0.60mm。调整间隙距离应使用专用塞尺。

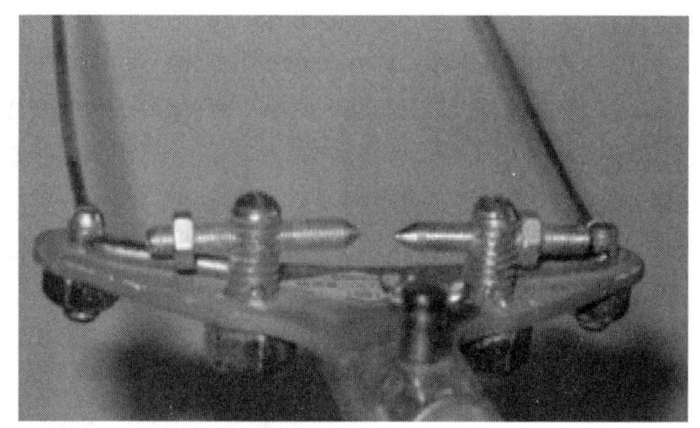

图 3-2　火花间隙距离

实践证明：用火花间隙法检测出的低零值绝缘子多数在绝缘子串中间，而运行线路零值炸裂则基本是导线侧的 1～2 片。

（二）语音式分布电压检测绝缘子一般原则和注意事项

语音式分布电压检测低零值绝缘子测试原理如图 3-3 所示。

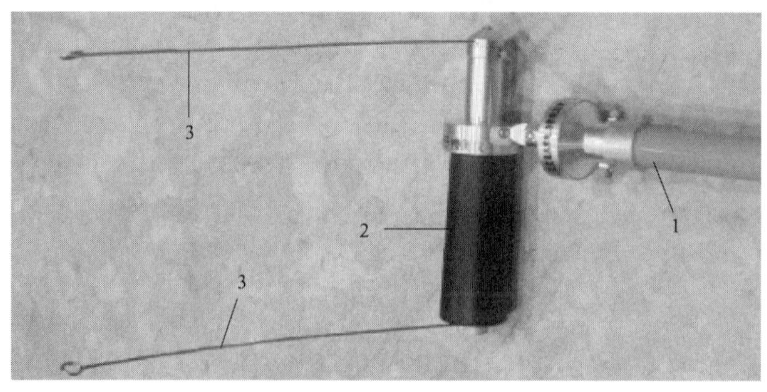

图 3-3　语音式分布电压检测低零值绝缘子测试原理图

1—绝缘操作杆；2—分布电压检测仪；3—金属探针

1. 判定低零值绝缘子一般原则

（1）测量时两金属探针应逐片进行，将探针与钢帽和伞盘下的钢脚钢帽处搭接，语音分布电压检测仪工作，通过光纤从操作杆内传递至后部，发出“××”电压值声。

（2）测量时另一员工记录发出的每片分布电压值，与DL/T 626—2015《劣化悬式绝缘子检测规程》中的相应位置绝缘子标准电压值对比，明显小于标准值属劣化。

2. 语音式分布电压检测注意事项

（1）带电检测应在晴朗、干燥的天气中进行。

（2）检测前，应对语音式检测器进行检查，保证完好。

（3）检测前对绝缘操作杆进行分段绝缘检测，绝缘操作杆的最小有效绝缘长度不准小于《安规》的规定。

（4）作业人员操作绝缘操作杆时应戴清洁、干燥的手套，防止绝缘工具在使用中脏污和受潮。

（5）串中零值绝缘子片数少于《安规》规定的零值绝缘子片数和少于3片绝缘子/串应停止检测。

3. 语音式分布电压值法检测操作要求

（1）测量绝缘子前，检查校核语音分布电压检测仪是否完好。

（2）测量时，把两个端头（金属探针）分别搭在绝缘子串其中一片绝缘子上铁帽和下铁脚上，可听到检测仪播出的该片分布电压值声音，与规程中该电压等级、该位置的绝缘子标准电压值核对，可得出低值或零值的结果。

（3）检测操作时，应从靠近导线的绝缘子开始，逐片向横担侧进行。

（4）检测时如发现有低值或零值绝缘子时应再次核实，另一作业人员做好检测的每片记录。

4. 语音式分布电压值法检测中异常情况及其处理原则

检测操作中如发现同一串的绝缘子中，零值绝缘子片数达到表3-19的规定时，应立即停止检测，并做好记录和上报。

表3-19　一串绝缘子中允许零值绝缘子片数

电压等级(kV)	63（66）	110	220	330	500	750
串中绝缘子片数（片）	5	7	13	19	28	29
串中零值片数（片）	2	3	4	5	6	5

注　若绝缘子串片数超过该表规定时，零值绝缘子片数可相应增加。

（三）绝缘电阻检测仪

绝缘电阻检测仪可停电逐片检测瓷绝缘子是否低零值，也可安装在绝缘操作杆上同语音式分布电压检测方法一样，带电检测时，该检测仪会自动记录每片绝缘子的电阻值，只需记录检测的顺序即可，工作结束后，将检测仪中的数据导入计算机并检查核对。

（四）案例

输电线路带电检测绝缘子作业，某电力公司对110kV线路进行带电检测绝缘子作业，作业人员在对某直线塔 A 相绝缘子串（7 片）由导线侧向横担侧逐片检测时发现有 3 片低于标准电压分布值的瓷绝缘子，作业人员立即停止检测，并向工作监护人汇报和详细做好记录。随后将 A 相绝缘子串带电更换，更换下的劣化绝缘子采用绝缘电阻检测仪进行校核，该 3 片瓷劣化绝缘子的绝缘电阻为 100、220MΩ 和 56MΩ，属低零值绝缘子，继续检测时若串中还有低零值绝缘子，则会进一步降低该绝缘子串的绝缘水平。因此带电测试采用短接绝缘子片的检测作业，发现同一串绝缘子中零值绝缘子片数达到表 3-17 的规定，作业人员应立即停止检测，以最大限度确保输电线路的安全。

三、交叉跨越限距和弧垂的测量

（一）架空线路交叉跨越限距测量

交叉跨越限距是指架空输电线路导线之间及导线对邻近设施（如对地或对交跨物等）的最小距离。架空输电线路在竣工投运验收中，运行单位都对各种限距进行复核且符合设计要求，但线路在运行过程中，随着线路通道周围的生产活动和树竹木的自然生长，各限距的实际值均会发生变化，当限距达不到设计规定值时，将对线路的安全运行构成威胁。因此，运行单位必须对通道内和两侧建筑物、交叉穿越的弱电线路及树竹木等观察或测量与运行线路在各种条件下的限距，使之满足设计要求。

（二）交叉跨越限距测量一般原则和注意事项

1. 限距测量一般原则

（1）测量交叉跨越限距的方法一般有目测法、直接测量法和仪器测量法等方法。

（2）在线路巡视过程中，巡视人员可采用目测的方法，检查导线之间、导线对地和对交叉跨越物的限距。

（3）当目测法怀疑某些限距不符合规定时，必须采用其他方法，如直接测量法和仪器测量法等方法进行测量校验。

2. 限距测量注意事项。

（1）雨雾天气禁止用直接测量法进行测量。

（2）绝缘测量杆（绝缘绳）应保持干燥，并定期做耐压试验。

（3）抛扔测量绳时，应防止测量绳在架空线上互相缠绕而无法取下。

3. 交叉跨越限距测量操作方法

（1）直接测量法。直接测量法就是利用绝缘测量杆或绝缘测量绳直接对限距进行测量。

1）绝缘测量杆测量。测量限距时，可将绝缘测量杆立于被测线路的下方，直接读取数据。

2）绝缘测量绳测量。绝缘测量绳在绳的一端连接一个有一定质量金属测锤，测量绳上以每米为尺度做上标记以便观察测距。测量限距时，利用测锤的质量将测绳抛于被测线路导线上，然后根据测绳上的标记，直接读取数据。

（2）仪器测量法。仪器测量法就是利用经纬仪或全站仪及其他测量仪器，对线路交叉跨越限距进行非接触式测量。以下主要介绍用经纬仪进行导线交叉跨越限距的测量方法。测量导线交叉跨越距离时，可将经纬仪架设在交叉角近似等分线的适当位置上。调整好仪器，并在被测线路交叉点垂直下方立好塔尺。先读取中丝 h 和视距 S，然后沿垂直方向转动望远镜筒，使镜筒内“十”字分划线的横线分别切于导线交叉点的上线和下线，从而得到两个垂直角 θ_1 和 θ_2，如图 3-4 所示。

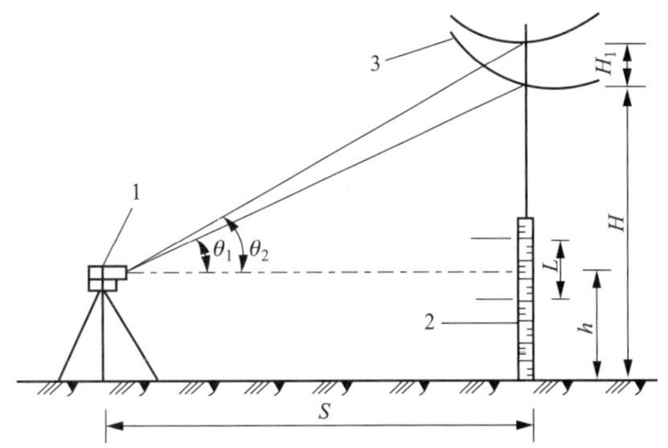

图 3-4　用经纬仪测量交叉跨越距离示意图

1—仪器；2—塔尺；3—交跨导线

经纬仪至交叉点的水平距离

$$S = 100L \tag{3-2}$$

交叉点间的垂直距离

$$H_1 = S(\tan\theta_2 - \tan\theta_1) \tag{3-3}$$

$$H = S\tan\theta_1$$

以上式中　S——经纬仪与被测点的水平距离，m；

100——视距常数；

L——视距丝在塔尺上所切刻度数，m；

H——交跨下导线对地面高度，m；

θ_1、θ_2——导线交叉点上线、下线的垂直角。

4. 架空线弧垂的测量

测量架空线弧垂常用的方法有等长法、异长法、角度法及平视法四种。在实际施工中，为了操作简便、减少观测前的计算工作量及便于掌握弧垂的实际误差范围，通常优先选用等长法、异长法观测架空线的弧垂。当受客观条件限制，不能采用上述两种方法观测弧垂时，则选用角度法观测弧垂。在上述三种弧垂观测方法均不能达到弧垂观测的允许误差范围时，最后才考虑用平视法测定架空线的弧垂。

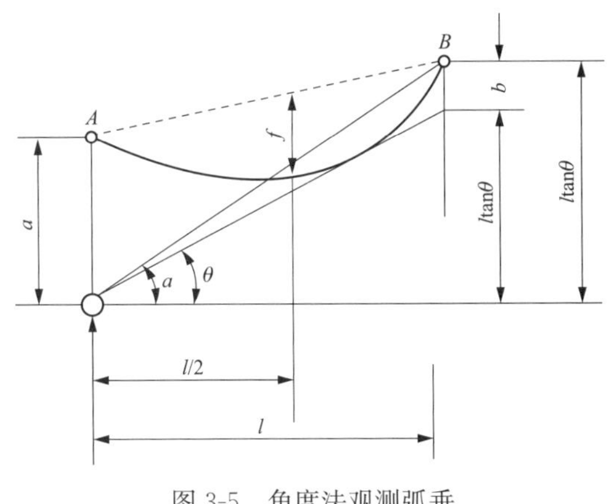

图 3-5　角度法观测弧垂

（1）架空线弧垂测量操作方法。以下就线路运行中弧垂观测最基本的方法，即角度法观测弧垂的操作方法进行介绍。角度法观测弧垂如图 3-5 所示。

其中 A、B 为悬点，A 点为低悬点，A'为 A 在地面的垂直投影；a 为仪器中心至 A 点的垂直距离；θ 为仪器视线与导线相切的垂直角，即为观测角；α 为仪器视线与 B 的垂直角；l 为档距，h 为高差。由下式

$$f = \frac{1}{4}(\sqrt{a} + \sqrt{a - l\tan\theta \pm h})^2 \tag{3-4}$$

计算出观测档的 f 值，当弧垂观测角 θ 为仰角时，式中 h 前取“+”号，θ 角为俯角时，式中 h 前取“−”号。

（2）交叉跨越限距和弧垂换算。架空线路的导线弧垂随温度的变化而变化，测量线路限距和弧垂不一定在最高气温下进行，故所测得的数据一般不是最小限距或最大弧垂。因

此在测量上述数据时，应及时记录测量时的气温和风速，以便对其进行必要的换算。输电线路导线在最大计算弧垂下，对地面的最小距离（限距）不应小于表3-20的规定值。

表3-20　导线对地面最小距离

地区	线路电压				
	110kV	220kV	330kV	500kV	750kV
居民区（m）	7.0	7.5	8.5	14	19.5
非居民区（m）	6.0			11	15.5（13.7）
交通困难地区（m）	5.0	5.5	6.5	9	11

注　括号内距离用于人烟稀少的非农业耕作区。

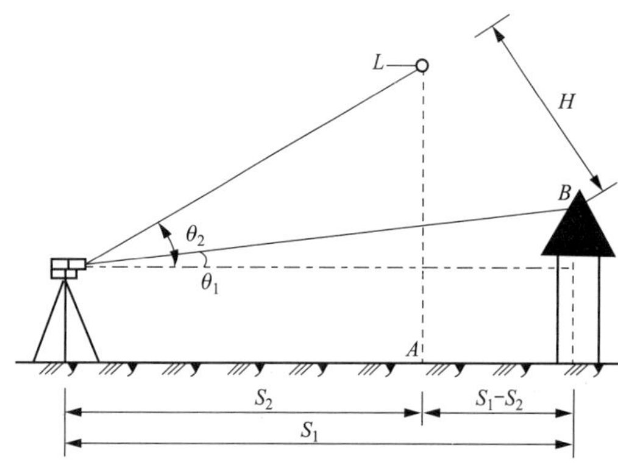

图3-6　用经纬仪测量导线对建筑物的净空距离

（3）案例。

1）架空导线对建筑物净空距离的测量。

如图3-6所示，将经纬仪架设在横线路方向的适当位置。调整好仪器，将塔尺分别立在导线垂直下方的A点和房屋最高点B点的地面上。测量并标出经纬仪至建筑物的水平距离S_1和经纬仪至导线的水平距离S_2，然后在测量建筑物高度角θ_1和导线高度角θ_2。

由式（3-5）

$$H=\sqrt{(S_1-S_2)^2+(S_2\tan\theta_2-S_1\tan\theta_1)^2} \tag{3-5}$$

计算出导线对建筑物的净空距离。

2）架空导线弧垂的测量。

如图3-7所示，将经纬仪架设在A杆塔导线悬挂点垂直下方地面处，调整好仪器，找出水平线后使望远镜筒的十字分划线横线与被测架空导线顺线相切，测得θ_1角，再转动望远镜筒，使望远镜筒的十字分划线横线与B杆塔同一导线的悬挂点相切，测得θ_2角。然后查出或测出A、B两杆塔的水平距离S，可得出

$$b=S(\tan\theta_2-\tan\theta_1) \tag{3-6}$$

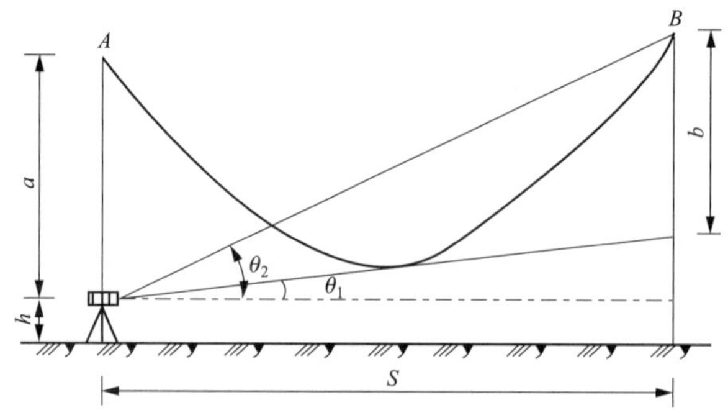

图3-7　用经纬仪测量架空导线的弧垂

量取经纬仪高度 h，根据 A 杆塔组装图计算出 a 值，再将 a、b 值代入式 $f=\frac{1}{4}(\sqrt{a}+\sqrt{b})^2$，便可计算出所测架空导线的弧垂 f 值。

四、复合绝缘子憎水性检测

（一）憎水性检测判断准则

复合绝缘子憎水性现场检测一般采用喷水分级法，即 HC 法，该法将复合绝缘子材料表面的憎水性状态分成六个憎水性等级，分别表示为 HC1～HC6，憎水性分级标准及典型状态详见表 3-21 和如图 3-8 所示。

表 3-21　试品表面水滴状态与憎水性分级标准

HC 值	试品表面水滴状态描述
1	只有分离的水珠，大部分水珠的后退角 $\theta \geqslant 80°$
2	只有分离的水珠，大部分水珠的后退角 $50° < \theta < 80°$
3	只有分离的水珠，水珠一般不再是圆的，大部分水珠的后退角 $20° < \theta < 50°$
4	同时存在分离的水珠与水带，完全湿润的水带面积小于 $2cm^2$，总面积小于试区面积的 90%
5	完全湿润面积大于 90%，仍存在少量干燥区域（点或带）
6	整个被试区域形成连续的水膜

（二）憎水性检测操作方法

（1）喷水装置的喷嘴距试品 25cm，每秒喷水 1 次，每次喷水量为 0.7～1mL，共喷射 25 次，喷射角为 50°～70°，喷水后表面应有水分流下。喷射方向尽量垂直于试品表面。

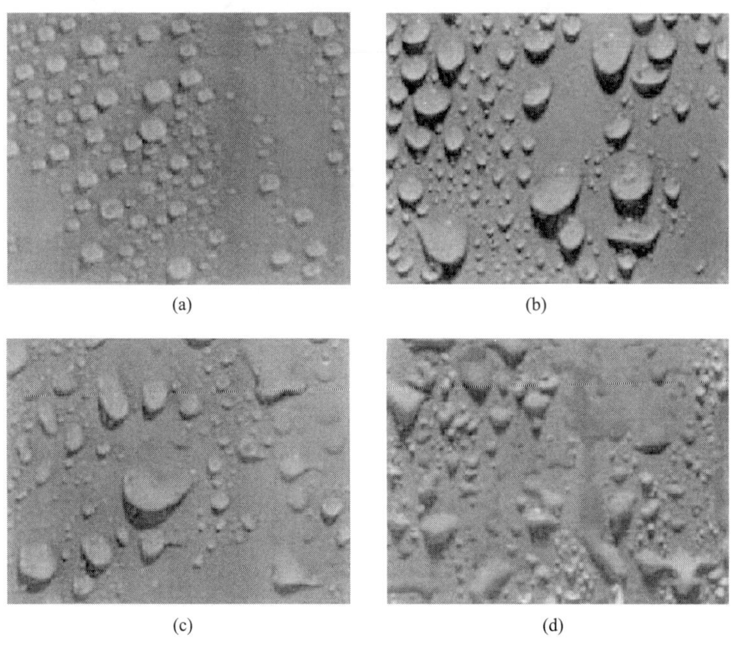

(a)　(b)　(c)　(d)

图 3-8　复合缘子憎水性分级的典型状态（一）

(a) HC1；(b) HC2；(c) HC3；(d) HC4

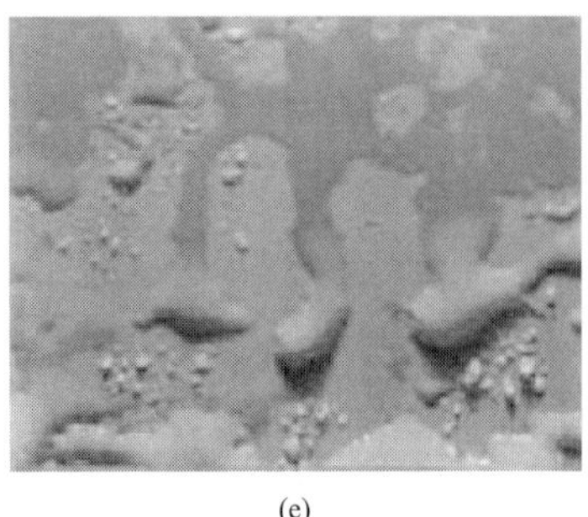
(e)

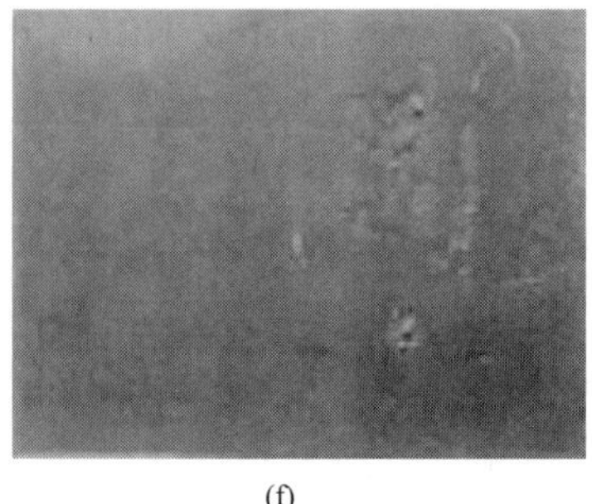
(f)

图 3-8 复合缘子憎水性分级的典型状态（二）
（e）HC5；（f）HC6

（2）绝缘子表面受潮情况应为六个憎水性等级（HC）中的一种，根据憎水性分级示意图和等级判断标准表进行憎水性等级判断，憎水性分级值（HC 值）应在喷水结束后 30s 内完成。

（3）憎水性检测注意事项。

1）检测时试品与水平面呈 20°～30°倾角，复合绝缘子表面测试面积应为 50～100cm²。

2）检测作业需选择晴好天气进行，若遇雨雾天气，应在雨雾停止 4 天后进行。

新复合绝缘子憎水性状态如图 3-9 所示。

图 3-9 新复合绝缘子憎水性状态

五、接地电阻测量

（一）使用 ZC-8 型接地电阻表测量接地电阻

测量杆塔接地装置的接地电阻，采用接地电阻表（属电压电流比率计型）的方法最为普遍，它既不需要外加电源，也不需别的仪器，还减少了接线的麻烦，工作效率高，仪器使用携带均很方便。常用的有国产 ZC-8 型接地电阻表。尽管不同型式仪器的外形和结构有所不同，但其测量原理是一致的。接地绝缘电阻表有 3 个或 4 个接线端钮，3 个接线端钮的只能测量接地电阻，而 4 个接线端钮的既可测量接地电阻，又可测量土壤电阻率。

1. 危险点分析与控制措施

接地电阻测量过程中存在危险点主要是电击及损坏仪表，其控制措施如下：

（1）雷雨天气严禁测量杆塔接地电阻。

（2）测量杆塔接地电阻时，探针连线不应与导线平行。

（3）测量带有绝缘架空地线的杆塔接地电阻时，应先设置临时接地体后，方可拆开接地体。

2. 测量接地电阻的要求

（1）对接地电阻测量仪检查，检查合格后方可使用。对ZC-8型接地电阻测量仪使用前，一是要进行静态检查。检查时，看指针是否指“0”，如果指针偏离“0”位，则调整调零旋钮，使指针指“0”。二是要进行动态测试。动态测试时，可将电压线柱“P”和电流接线柱“C”短接，然后轻轻摇动把手，看指针是否发生偏转，如果指针偏转，说明仪表是好的，如果指针不发生偏转，则仪表损坏。

（2）测量杆塔接地装置的接地电阻时，应将杆塔接地引下线的连接螺栓拆开，除锈，保证测量时接触良好。

（3）测量时应在晴天或气候干燥情况下进行，不得在雨后立即进行测量。

（4）同一接地装置由于季节和气候的不同，土壤干燥与潮湿情况的不同，所测得的接地电阻值也不相同，并非衡量接地装置接地电阻的检验值。必须考虑土壤干燥情况的季节系数，即将所测得的工频接地电阻值乘以季节系数，其数值应符合设计要求。

（5）测量电阻时间在每年雨水到来之前进行，测量应在良好天气进行，一般应在每年1～3月、11～12月时间段进行。遇有雷雨天应禁止测量，禁止雨后测量接地电阻。

3. 接地电阻测量方法

使用ZC-8型接地电阻表测量接地电阻的接线和布置，如图3-10所示。

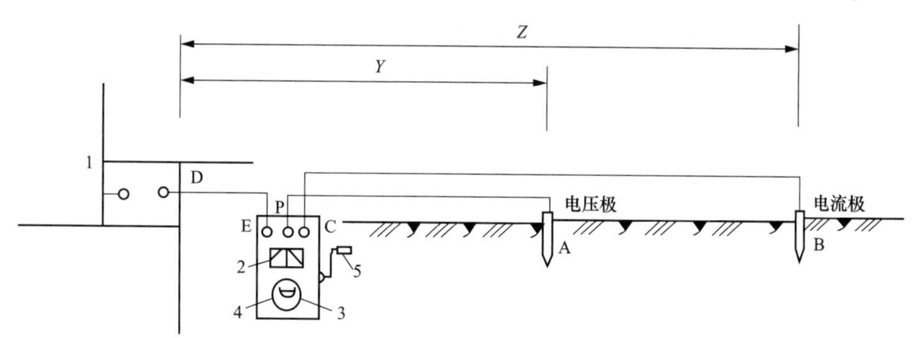

图3-10　使用ZC-8型接地电阻表测量接地电阻的接线和布置

1—被测接地装置；2—检流计盘面；3—倍率旋钮；4—电阻值旋钮；5—摇柄

测量时将接线端钮E与接地装置D点连接，距接地装置被测点D为Y处打一钢钎A（电压极），并与接线端钮P连接。再距D为Z处打一钢钎B（电流极），并与接线端钮C连接，电压极和电流极的布置距离应为$Y \geqslant 2.5l$，$Z \geqslant 4.0l$。水田里的集中环型接地体一般取$Y=10\text{m}$，$Z=20\text{m}$。

测量步骤如下：

(1) 按图 3-10 的布置，将 ϕ10 钢钎 A 和 B 分别打入地下 0.5m 左右。

(2) 将连接线按图示连接好后，检查检流计指针是否指在零位。指针偏离零位，要用调零旋钮将指针调到零位。

(3) 将电阻倍率（1×0.1，1×10，1×100）旋钮放在最大倍率位置处，这时慢慢摇动手柄，同时旋转电阻值旋钮，以便检流计指针指在零位。

(4) 当检流计指针接近平稳时，可加速摇动手柄（120r/min），并转动电阻值旋钮，便指针平稳地指在零位。如电阻读数小于 1.0Ω，则可改变倍率旋钮重新摇测。

(5) 待指针平稳后，将电阻值旋钮上的读数乘以倍率旋钮处的倍数，即为所测的接地电阻值。

(6) 所测量的接地电阻值，应根据当时土壤干燥潮湿情况，乘以表 3-22 中的季节系数，此值即为该杆塔接地装置的接地电阻。

表 3-22　防雷接地的季节系数

埋深（m）	季节系数	
	水平接地体	2～3m 的垂直接地体
0.5 以下	1.4～1.8	1.2～1.4
0.8～1.0	1.25～1.45	1.15～1.3
2.5～3.0	1.0～1.1	1.0～1.1

4. 测量接地电阻注意事项

(1) 使用 ZC-8 型接地电阻表测量接地电阻时，仪表应放平稳。

(2) 所用连接线截面积一般不应小于 1.0～1.5mm^2。

(3) 摇表的电压极引线与电流极引线之间应有足够的距离（一般相隔约 2m），以免自身发生干扰。

(4) 使用 ZC-8 型接地电阻表测量接地电阻时，至少应测量两次，如果两次测量误差不大，则取这两次测量的平均值，如果两次测量结果误差较大，则应分析原因，重新测量。

（二）采用钳形接地电阻表

使用钳形接地电阻测量仪测量接地电阻的注意事项如下：

(1) 应根据被测点土壤电阻率设定临界值，以免误报警。

(2) 测量时，只保留一根接地线，其他接地极和被测杆塔断开。

(3) 当显示“NOISE”时表示被测点干扰电流太大，测值不准。

(4) 当显示“钩”图像时表示接地极夹未好。

(5) 每次测量前后都要与标准电阻进行比对，有误差找明原因再测。

（三）土壤电阻率的测量

土壤电阻率是指单位立方体土壤的对面之间的电阻，其单位为 Ω·cm 或 Ω·m。土壤电阻率是设计接地装置的重要资料，因此对于土壤电阻率的测量工作应该仔细而精密。

土壤电阻率测量方法有单极法和四极法两种。

1. 单极法

这种方法是在具有代表性的土壤中，垂直埋入长度为 l、直径为 d 的电极一处，然后采用测量接地电阻的任何一种方法，测量这一电极的接地电阻值 R_x，据以计算土壤电阻率。由于

$$R_x = \frac{\rho}{2\pi l}\ln\frac{4l}{d} = 0.366\frac{\rho}{l}\lg\frac{4l}{d}\quad(\Omega) \tag{3-7}$$

故可得出

$$\rho = \frac{2\pi l R_x}{\ln\frac{4l}{d}} = \frac{lR_x}{0.366\lg\frac{4l}{d}}\quad(\Omega\cdot\text{cm}) \tag{3-8}$$

式中：l、d 的单位均为 cm；R_x的单位均为 Ω；ρ 的单位均为 Ω・cm。

这种测量方法的缺点只能求出在接地体周围范围内的土壤电阻率，因而有一定的局限性，有时误差较大。但由于能测出土壤深处的土壤电阻率，测得结果用于管形接地极的设计时，可以得到满意的效果。

2. 四极法

将四根形状相同、直径长短一样的铁钎按直线排列成等距离埋置于土壤中，采用 4 个接线端钮的 ZC-8 型接地电阻测量仪进行测量，其测量布置如图 3-11 所示。测量步骤与测量接地电阻步骤相同，边摇动手柄边调节倍率及电阻值旋钮，待指针平稳地处于零位时，阻值旋钮上读取电阻值。据这时所测电阻值，可由下式计算土壤电阻率

$$\rho = 2\pi aR \times 10^{-2} \tag{3-9}$$

式中　ρ——土壤电阻率，Ω・cm；

R——所测的电阻值，Ω；

a——电极间的距离，m，一般应大于接地极埋深 20 倍，为便于计算取整数。

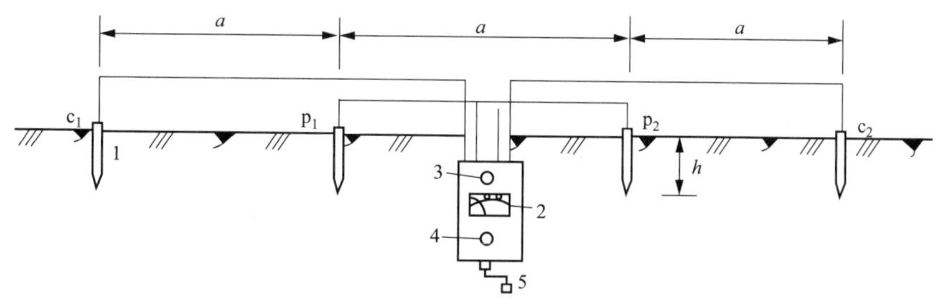

图 3-11　ZC-8 型接地摇表测量接地电阻布置图

1—被测接地装置；2—检流计盘面；3—倍率旋钮；4—电阻值旋钮；5—摇柄

测量电极钢钎插入深度 $h \geqslant \frac{a}{20}$，电极可用 ϕ10mm 圆钢制作。当已知 a 和 R 值时，即可算出土壤电阻率。

四极法所测得的结果与实际情况略有出入，适用于带状接地体的设计。因为它只能测出表面一层土壤的电阻情况，故不适用于管状接地极的设计，测量工作也比较方便。

本 章 小 结

本章主要介绍了架空线路巡视概述、巡视内容、运行管理、检测项目及周期、输电线路检测等内容。

第四章

架空线路停电检修

第一节　停电检修概述

一、输电线路检修依据和目的

输电线路检修，是提高和保持线路设备健康水平，确保线路安全运行与经济运行的重要措施，是搞好安全生产的必要手段。

线路检修是根据线路巡视、检查和测试情况，对线路缺陷进行消除及预防的修理工作。一般说来，送电线路通过检修后，应达到以下目的：

(1) 消除设备缺陷、排除设备存在的隐患，使其能够安全运行。

(2) 保持或恢复设备的原设计能力，延长线路的使用年限。

(3) 保持和完善设备性能，提高线路的可用率。

二、线路检修分类、主要内容

输电线路停电检修一般可分为日常维修、大修、改进工程、事故抢修。

(一) 日常维修

为了维持送电线路及附属设备的安全运行和必要的供电安全可靠性，而进行的工作，称为日常维修，也称为小修。主要内容如下：

(1) 砍伐影响线路安全运行的树木、竹子等。

(2) 杆塔基础培土、开挖排水沟。

(3) 消除杆塔上鸟巢及其他杂物。

(4) 调整拉线。

(5) 督促有关单位清除影响安全运行的建筑物、障碍物等。

(6) 处理个别不合格的接地装置、少量更换绝缘子串或个别零值绝缘子。

(7) 导线、架空地线个别点损伤、断股的缠绕修补工作。

(8) 各种不停电的检测工作，如绝缘子检测、接地电阻测量、交叉跨越垂直距离的测量等。

(9) 涂写悬挂杆塔号、警示牌、标志牌等。

(10) 巡视道路、便桥的修补。

(二) 大修

指对现有运行线路进行修复或使线路保持原有机械性能或电气性能并延长其使用寿命

的检修工程。

（三）改进工程

凡属提高线路安全运行性能、提高线路输送容量、改善系统运行性能而进行的更换导线、升压、增建、改建、部分线段等工作，称为技术改进工程。

线路大修和改进工程经常交叉在一起进行，主要内容如下：

（1）杆塔、金具螺栓复紧，更换防盗螺栓。

（2）更换或补强杆塔及其部件。

（3）更换或修补增设导线避雷线，并调整弛度。

（4）成批更换已经劣化的绝缘子或更换成防污绝缘子、合成绝缘子。

（5）大量处理接地装置。

（6）杆塔基础加固。

（7）成批更换或增装防振装置，跳线并沟线夹或引流板紧固螺栓。

（8）杆塔金属部件防锈刷漆处理。

（9）处理不合格的交叉跨越。

（10）升压改造。

（11）根据反事故措施计划提出的其他项目。

（四）事故抢修

由于自然灾害，如地震、洪水、冰雹、暴风、雷击、严重冰害、外力破坏以及人为事故，如采石放炮崩断导地线，机动车撞断电杆，偷窃线路器材造成倒杆塔，断线、绝缘子金具脱落等造成永久性停电故障而需要尽快恢复供电的抢修工作，称为事故抢修。

有紧急缺陷尚未形成事故，但及时发现后，也要尽快组织修理，以免事故的发生，这种情况也属于抢修性质。如巡线时发现引流并沟过热、发现带拉线的单杆四根拉线或耐张杆拉线金具被窃、拉线被盗等情况也需立即组织抢修。

三、组织措施和技术措施

（一）组织措施

（1）工作票签发人和工作负责人认为有必要现场勘察的施工（检修）作业，施工、检修单位均应根据工作任务组织现场勘察，并做好记录。根据检修要求进行现场勘察。

（2）作业前按要求办理停电申请。

（3）作业班组提前编制作业指导书，并组织全体作业人员进行学习。

（4）按照作业指导书进行工作前的准备，包括安全措施的准备、工具的准备、材料的准备、施工机具的准备等。

（5）办理电力线路第一种工作票，履行签字手续，按照调度命令开始工作。

（二）技术措施

（1）在停电线路工作地段装设接地线前，要先验电，验明线路确无电压。

（2）验电应使用相应电压等级、合格的接触式验电器。

（3）线路验明确无电压后，应立即装设接地线并三相短路。各工作班工作地段两端和有可能送电到停电线路的分支线（包括用户）都要验电、挂接地线。挂拆接地线应在监护下进行。

（4）装设接地线应先接接地端，后接导线端，接地线应接触良好、连接可靠。拆接地线的顺序与此相反。装、拆接地线均应使用绝缘棒或专用的绝缘绳。人体不得触碰接地线或未经接地的导线。

（5）工作地段如有邻近、平行、交叉跨越及同杆架设线路，为防止停电检修线路上感应电压伤人，在需要接触或接近导线工作时，应使用个人保安线。

（6）个人保安线应在杆塔上接触或接近导线的作业开始前挂接，作业结束脱离导线后拆除。装设时，应先接接地端，后接导线端，且接触良好，连接可靠。拆个人保安线的顺序与此相反。

四、环境要求和现场安全措施

（一）环境要求

（1）杆塔上作业应在良好天气下进行，在工作中遇有6级以上大风及雷暴雨、冰雹、大雾、沙尘暴等恶劣天气时，应停止工作。特殊情况下，确需在恶劣天气进行抢修时，应组织人员充分讨论必要的安全措施，经本单位主管生产的领导（总工程师）批准后方可进行。

（2）在气温低于零下10℃时，不宜进行高处作业。确因工作需要进行作业时，作业人员应采取保暖措施，施工场所附近设置临时取暖休息所，并注意防火。高处连续工作时间不宜超过1h。

（3）在冰雪、霜冻、雨雾天气进行高处作业，应采取防滑措施。

（二）现场安全措施

（1）任何人进入生产现场（办公室、控制室、值班室和检修班组室除外），应戴安全帽。

（2）高处作业时，安全带（绳）应挂在牢固的构架上或专为挂安全带用的钢架或钢丝绳上，并不得低挂高用，禁止系挂在移动或不牢固的物件上［如避雷器、断路器（开关）、隔离开关（刀闸）、互感器等支持不牢固的物件］。系安全带后应检查扣环是否扣牢。

（3）上杆塔作业前，应检查根部、基础和拉线是否牢固。新立杆塔在杆基未完全牢固或做好临时拉线前，严禁攀登。遇有冲刷、起土、上拔或导地线、拉线松动的杆塔，应先培土加固，打好临时拉线或支好杆架后，再行登杆。

（4）登杆塔前，应先检查登高工具和设施，如脚扣、升降板、安全带、梯子和脚钉、爬梯、防坠装置等是否完整牢靠。禁止携带器材登杆或在杆塔上移位。严禁利用绳索、拉线上杆塔或顺杆下滑。

（5）上横担进行工作前，应检查横担连接是否牢固和腐蚀情况，检查时安全带（绳）应系在主杆或牢固的构架上。

（6）在杆塔高空作业时，应使用有后备绳的双保险安全带。安全带和保护绳应分别挂在杆塔不同部位的牢固构架上，应防止安全带从杆顶脱出或被锋利物损坏。人员在转位时，手扶的构架应牢固，且不得失去后备绳的保护。220kV及以上线路杆塔宜设置高空作业工作人员上下杆塔的防坠安全保护装置。

第二节　110～220kV停电检修作业项目

运行中的电杆、叉梁、基础、横担、拉线、导线、金具等由于各种原因会表露出不同程度的缺陷。电杆最常见的缺陷有裂纹、连接抱箍锈蚀、水泥剥落钢筋外露、杆身弯曲和倾斜；铁塔方面常见的缺陷有塔材锈蚀、连接螺栓松动、基础水泥保护帽开裂、塔材弯（扭）曲、塔身倾斜等。拉线常见的缺陷有松弛、UT型线夹丢失等。必须针对所发生缺陷的具体情况，采取相应的技术措施及时加以解决。

一、倾斜杆塔的扶正

运行的杆塔因各种原因有时发生倾斜，当其倾斜程度超过运行标准时，须将杆塔扶正，这一工作称为正杆。正杆之前应判明造成杆塔倾斜的原因，最常见的原因有基础下沉、拉线松弛、外力破坏等。对于杆塔倾斜不太严重的情况，一般可采取加固措施。对于倾斜严重的杆塔，应根据具体情况进行加固设计，按设计要求进行施工。

对带拉线的单杆基础，在基础下沉时必然造成拉线松弛。如电杆下沉量不大，导线对地距离尚能满足要求，而电杆又未出现裂纹等其他问题时，则可以只调紧拉线并用拉线将电杆扶正。

带拉线的双杆，基础下沉时也会造成某一根拉线松弛，这时可先拆开叉梁的下抱箍。再调紧拉线并正杆，然后把横找平再装好叉梁抱箍。

如为转角杆，杆向转角合力方向倾斜时，最好打一条临时外角拉线（转角合力方向的相反方向），用该拉线调正电杆。

无拉线电杆倾斜，常由埋深不够或土壤松软所致。若倾斜的电杆基础未埋设卡盘，可待电杆调正后加装卡盘。如电杆已有卡盘，则待电杆扶正后，在横线路方向加装拉线（简称人字拉线）。

对于自立式铁塔的倾斜，应采用经纬仪进行观测并记录（观测铁塔顶中心点的偏移值），然后在塔中心钉一木桩，经过3～6个月后再进行观测，若塔身倾斜无发展，可不进行处理；若倾斜继续增加，应进行加固设计，按设计要求进行加固施工。但在未进行加固之前，可采取加装临时拉线的应急措施。

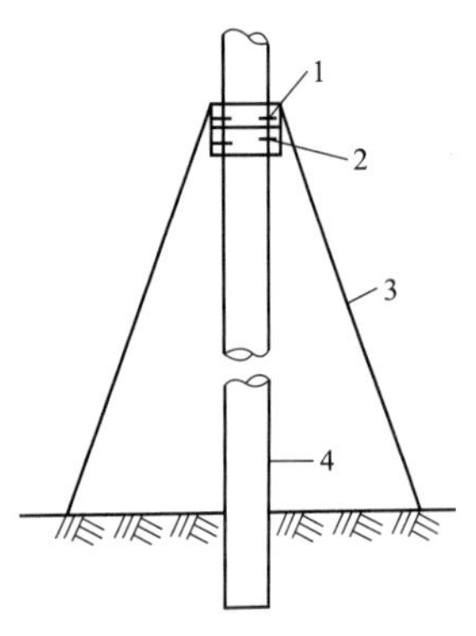

图4-1　拉线抱箍
1—原抱箍；2—增加抱箍；3—拉线；4—电杆

拉线松弛也是引起电杆倾斜的重要原因。由于拉线抱箍螺栓未拧紧而导致拉线抱箍下滑，引起拉线松弛时，可先放松拉线下把的UT型线夹，将抱箍复位后拧紧抱箍螺栓，重新用UT型线夹调紧拉线即可。

有时一个抱箍上安装两条拉线，由于拉线的水平分力等于零，致使抱箍下滑。遇有这种情况时，可在紧贴原抱箍下面装一个承托抱箍，如图4-1所示。

因拉线的马道坡与拉线方向不一致，使拉线棒弯曲，经运行一段时间后，拉线受力将拉线棒勒入土中，从而使拉线松弛，引起电杆倾斜。对这种情况可以重新开挖马道并调直拉线棒后再调紧拉线扶正电杆。

二、拉线的更换

（一）培训目的

（1）熟悉操作过程，提高班组人员操作能力。

（2）拉线常见的缺陷有锈蚀、松弛、散股断股、外力破坏等。

（3）在日常维护工作中，如发现拉线（包括拉棒、拉环、金具）有锈蚀的情况，轻的要进行除锈涂防锈漆，严重的则要进行更换新的拉线。

（二）准备工作

（1）主要工器具。包括滑车、钢丝绳、双钩紧线器、卡线器等。

（2）人员分工。工作负责人（监护人）1 人，杆上操作电工 1 人，地面配合电工 2 人，合计 4 人。

（三）操作步骤

（1）首先用钢丝绳打好临时拉线，用双钩紧线器调紧拉线，但如果不影响线路安全也可以不打临时拉线；

（2）调节 UT 型线夹将拉线松脱，然后登杆将拉线上把楔型线夹拆除，并拆除旧钢绞线；

（3）将裁好的新钢绞线装入楔型线夹中；

（4）再次登杆将拉线上把安装在拉线抱箍上；

（5）根据实际拉线需要长度，安装 UT 型线夹，调节 UT 型线夹将拉线调紧，螺母露出丝扣长度一般以 30～50mm 为宜；

（6）最后将钢绞线尾部与拉线绑在一起，一切工作完毕后，将临时拉线拆除。

（四）安全注意事项

（1）安装临时拉线要牢靠。

（2）现场作业防止掉东西，地面人员不要在作业点正下方逗留。

（3）调节拉线时不得使杆身弯曲，要同时调节杆上的所有拉线。

三、220kV 更换叉梁

（一）培训目的

熟悉操作过程，提高班组人员互相配合的能力。

（二）准备工作

（1）主要工器具。包括滑车、滑车组、钢丝绳等。

（2）人员分工。工作负责人（监护人）1 人，杆上操作电工 2～4 人，地面配合电工 4～5 人。

（三）操作步骤

（1）如图 4-2 所示，首先在杆上安装单滑轮 1 和 4，在地面处安装转向滑轮 2，3 为平衡用的滑轮。

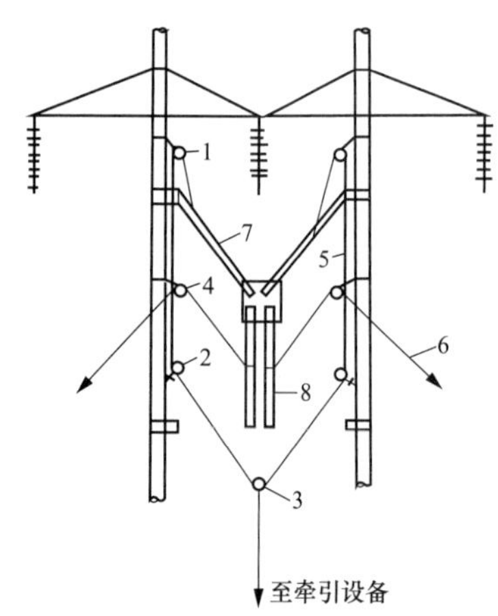

图 4-2　叉梁的更换和安装

1、4—单滑轮；2—转向滑轮；3—平衡滑轮；5、6—钢丝绳；7—上叉梁；8—下叉梁

(2) 拆除旧叉梁时，可用吊绳 5 和牵引绳 6 拉住上、下叉梁，这时可拆除叉梁与叉梁抱箍连接螺栓。

(3) 放松牵引绳 6，使下叉梁 8 靠拢并保持垂直状态。

(4) 放松吊绳 5 使叉梁慢慢落至地面。

(5) 将新叉梁在地面组装好，吊绳 5 绑在上叉梁 7 处，牵引绳 6 绑在下叉梁 8 处，启动牵引设备将叉梁吊上，将上叉梁安装在上叉梁抱箍上。

(6) 拉紧牵引绳 6，将下叉梁安装在下叉梁抱箍上。

(7) 一切安装完毕后拆除所有起吊设备。

(四) 安全注意事项

(1) 更换过程中，滑轮、钢丝绳要安装牢固。

(2) 上下层交叉作业，施工过程中防止掉东西，地面作业人员不要在作业点正下方逗留。

(3) 更换叉梁的施工，可以带电进行作业，但要注意安全并设专人监护。

四、用滑车组更换 110kV 直线悬式绝缘子串

(一) 培训目的

熟悉操作过程，提高班组人员互相配合的能力。

(二) 准备工作

(1) 主要工器具。滑车组一套（见图 4-3），钢丝套一个，起吊单轮滑车 1 套，导线保险绳 1 根，传递绳 1 根。

(2) 人员分工。工作负责人（监护人）1 人，横担操作电工 1 人，导线上操作电工 1 人、地面配合电工 2 人，计 5 人。

(三) 操作步骤

(1) 杆塔上两名操作电工携带传递绳相继登杆（塔）至横担处，横担操作电工在横担上吊装起吊滑车、导线保险绳和钢丝套，导线上操作电工沿绝缘子串下至导线，准备配合操作。

(2) 杆塔上两名操作电工与地面电工配合吊装滑车组，并将定滑轮挂于钢丝套上，动滑轮勾在导线上。

(3) 横担操作电工将起吊绳一端绑在第 2～第 3 片绝缘子上（从横担数），另一端通过起吊滑车放至地面，导线上操作电工取出导线端绝缘子弹簧销。

图 4-3　滑车组

(4) 地面电工收紧滑车组，使导线上升，待绝缘子串松弛后，导线上操作电工将绝缘子串与导线脱离（把绝缘子钢脚从碗头中摘出），地面电工缓缓松滑车组绳，使导线落至导线保险绳略受力的程度为止，然后将绳头缠绑在杆（塔）上稳固。

(5) 地面电工将起吊滑车绳另一端绑在新绝缘子串的上数第 2～第 3 片上，拉紧起吊绳配合横担操作电工取出横担端弹簧销。待横担操作电工将绝缘子与横担挂点脱离后，地面电工松开起吊绳，利用旧绝缘子串的质量吊上新绝缘子串。

(6) 恢复绝缘子串时与上述步骤相反。

（四）安全注意事项

(1) 应根据导线的荷重选择滑车组。

(2) 必须使用导线二道保护绳。滑车组和导线保险绳的上、下端应装设牢固可靠。

(3) 绝缘子串脱离导线之前，必须检查所用工器具的各部受力情况是否正常。

(4) 吊落绝缘子串时，需在绝缘子串上系上控制绳，以防在吊落中相互碰撞。

五、用卡具、拉板更换直线绝缘子串

（一）培训目的

熟悉操作过程，提高班组人员互相配合的能力。

（二）准备工作

(1) 主要工器具。卡具（见图 4-4）包括丝杠紧线器和拉板 1 套，起吊滑车（带绳）1 套，导线保险绳 1 根，传递绳 1 根。

(2) 人员分工。工作负责人（监护人）1 人，横担操作电工 1 人，导线上操作电工 1 人、地面配合电工 2 人，共计 5 人。

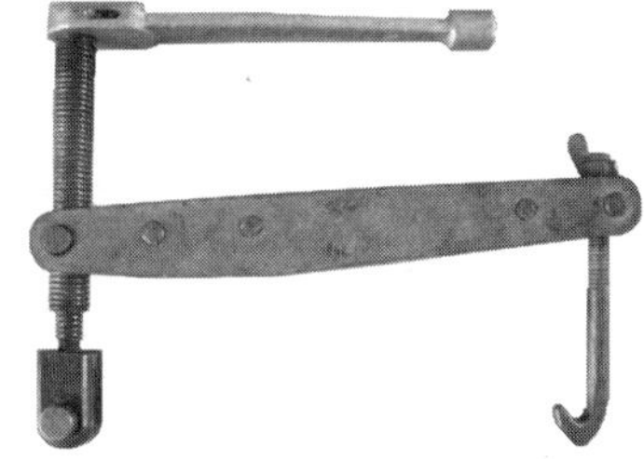

图 4-4　卡具（包括丝杠紧线器）

（三）操作步骤

(1) 杆上两名电工携带传递绳相继登杆（塔）至横担，横担操作电工在横担上吊装起吊滑车和导线保险绳，导线上操作电工沿绝缘子串下至导线，准备配合操作。

(2) 杆上两名电工与地面电工配合，吊装卡具，并分别连在横担和导线上。

(3) 横担操作电工将起吊滑车绳的一端绑在绝缘子串第 2～3 片上，导线上操作电工取出导线端绝缘子的弹簧销。

(4) 横担操作电工收紧卡具的丝杠紧线器，使绝缘子串松弛，然后导线上操作电工将绝缘子串与导线脱离。

(5) 地面电工将吊绳的另一端绑在新绝缘子串的第 2～3 片绝缘子上，同时拉紧吊绳，横担操作电工取出横担端绝缘子的弹簧销，并将绝缘子串与横担挂点脱离，地面电工放松吊绳，利用旧绝缘子串的重量吊上新绝缘子串。

(6) 恢复时与上述步骤相反。

（四）安全注意事项

(1) 卡具安装要可靠，受力后要认真检查各部件受力情况，确认无问题后，方可操作。

(2) 必须使用导线二道保护绳。

(3) 绝缘子串脱离导线之前，检查所用工器具的各部受力情况是否正常。

(4) 吊落绝缘子串时，需在绝缘子串上系上控制绳，以防在吊落中相互碰撞。

六、用联板卡具换 220kV 耐张绝缘子串，适用于双串绝缘子串

（一）培训目的

熟悉操作过程，提高班组人员互相配合的能力。

（二）准备工作

（1）主要工器具。联板卡具（或称大刀卡具）1 套（包括拉板），托瓶架 1 付，起吊滑车（带绳）2 套，传递绳 2 根。

（2）人员分工。工作负责人（监护人）1 人，横担侧电工 1 人，导线侧电工 1 人，地面电工 3～4 人，计 6～7 人。

（三）操作步骤

（1）塔上两名操作电工携带传递绳相继登塔至横担，横担侧电工在横担上吊装起吊滑车，导线侧电工沿绝缘子串进入导线侧，吊装另一套起吊滑车。

（2）塔上两名操作电工和地面电工配合，依次吊装卡具、拉板、托瓶架等，并按图 4-5 方法进行安装。

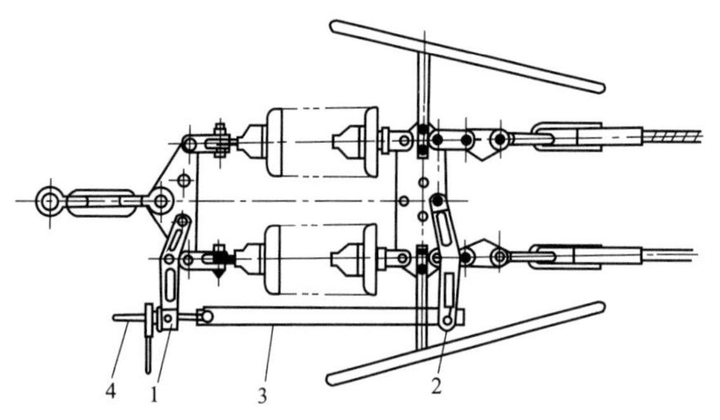

图 4-5　更换耐张绝缘子串示意图

1、2—卡具；3—拉板；4—丝杠

（3）导线侧电工取出导线端绝缘子的弹簧销，横担侧电工收紧卡具丝杠，使绝缘子串松弛后落在托瓶架上。

（4）地面电工拉紧导线侧起吊滑车绳，导线侧电工将绝缘子串靠导线侧第一片绝缘子的球头和碗头脱开，同时将托瓶架的固定点拆开。地面电工缓缓放松起吊滑车绳，直至绝缘子串及托瓶架绕横担挂点旋转呈垂直状态。

（5）横担侧电工将横担侧起吊滑车绳的一端绑在靠横担的第 2～第 3 片绝缘子上，并取出挂点端绝缘子弹簧销。地面电工将横担侧起吊滑车绳的另一端绑在新绝缘子串第 2～第 3 片绝缘子上，拉紧吊绳，待横担侧电工摘开旧绝缘子串后慢松起吊绳，利用旧绝缘子串的重量吊上新绝缘子串。

（6）恢复绝缘子串时与上述步骤相反。

（四）安全注意事项

（1）卡具、托瓶架安装要牢固。受力后，必须认真检查卡具、拉板的受力情况，确认无问题后，方可脱开绝缘子串。

（2）升、降托瓶架时，速度要平稳，以防绝缘子串从托瓶架上翻出。

第三节　500kV 输电线路停电检修项目

一、停电登塔检查

（一）培训目的

掌握停电登塔检查工作要领，熟悉工作安全防范措施。

（二）准备工作

1. 工器具、材料准备

个人工器具、个人保安线、地线接地线、传递滑车、传递绳索、软梯、盒尺、望远镜、绝缘子零值测试仪、绝缘子用 M/R 销、开口销等。

2. 人员分工

工作负责人 1 名、安全监护人 1 名、操作人员 2 名。

（三）停电登杆塔检查的项目

（1）塔上附属设施是否齐全规范，安装牢固醒目。

（2）塔材是否变形、锈蚀、缺失，螺栓是否齐全、紧固、锈蚀，铁件焊接处有无开焊。锈蚀部位要记录详细。

（3）避雷线、接地引下线，接地装置间的连接、固定情况。

（4）导线有无断股、损伤或闪烙烧伤，是否有影响安全运行的异物。

（5）避雷线有无断股、损伤，是否有影响安全运行的异物。放电间隙大小是否适当，是否有烧伤痕迹。

（6）光缆有无断股、损伤，附件是否缺失。光缆接地线有无磨损情况。

（7）金具锈蚀、变形、磨损、裂纹、开口销及弹簧销缺损或脱出，特别要注意检查金具经常活动转动的部位和绝缘子串悬挂点的金具，每组打开 2 组导线线夹、地线线夹进行检查。

（8）防振锤位移、脱落、偏斜、变形、钢丝断股、锈蚀。

（9）绝缘子脏污、裂纹、破碎，绝缘子铁帽及钢脚锈蚀，钢脚弯曲。检查 RTV 涂料憎水性，对检查情况进行拍照、对比。瓷绝缘子零值检测（零值检测仪使用前先进行短路检查是否完好，测试时要在干燥的天气下进行）。合成绝缘子伞群、芯棒等外观情况，是否有破损等异常现象。

（四）操作步骤

（1）工作总负责人接到工作许可人开工令后，通知现场工作人员对线路验电、挂接地线；工作人员经验电并确认无电压后，立即在工作区两端用专用接地线将三相导线接地，挂好后向工作总负责人报告。

（2）工作总负责人通知各作业点负责人开始工作。

（3）按登塔检查卡以及质量检查卡内容进行，登塔检查发现的设备缺陷应及时消除，并填写缺陷记录和消缺记录，不能消除的应及时上报工作总负责人。

（4）工作结束后，各作业点负责人确认检修工具全部拆除，人员全部撤离操作现场后，向工作总负责人汇报。

（5）工作总负责人通知工作人员拆除线路所有接地线，待接地拆除后，向调度交令。

（五）安全注意事项

（1）工作人员接停电令后必须对线路进行验电，验电人员必须穿全套屏蔽服，确认线路无电压后，立即用专用接地线在作业区两端封接地。挂接地线时要注意先挂接地端、后挂导线端。拆除接地线时，要先拆导线端、后拆接地端。挂好后要确认连接可靠，防止因外力作用造成接地线断开。

（2）工作总负责人应每天安排人员检查接地线情况。未经工作总负责人允许，各作业点不得加装接地线。

（3）检查绝缘架空地线前必须用专用接地线将其可靠接地，挂拆顺序与导线挂拆顺序相同。

（4）工作人员下导线工作时，应使用个人保安线。

（5）挂拆接地线、下导线工作，小组负责人应加强监护，认真落实以上各项安全措施。

（6）工作人员的个人防护用品必须在工作前进行检查，存在问题的必须更换。使用前，必须检查各部连接是否正确牢固。

（7）所有人员进入工作现场必须正确佩戴安全帽，地面操作人员不得站在高空作业的垂直下方。必须在下方工作的，作业完成后要及时撤离，严禁在高空作业下方逗留。高空作业人员使用的工具、材料应使用传递绳传递，严禁抛扔，塔下防止行人逗留。

（8）高空作业必须系安全带、穿胶底鞋，下线人员必须使用个人保安线和二道防线，安全带必须拴在牢固的构件上，并且不得低挂高用。高空操作人员应衣着灵便，上下铁塔应沿脚钉攀登，作业过程中注意防滑，转移位置时脚踩手扶的构件必须是牢固的构件。登塔人员不得失去监护，严禁无监护一人登塔作业。

（9）竣工后负责拆除接地线的各组接工作总负责人通知后拆除接地线，小组负责人检查接地线数量和编号，确认无误后报工作总负责人。

二、绝缘子清扫喷涂

（一）培训目的

掌握绝缘子清扫和喷涂防污闪涂料操作要领。

（二）准备工作

1. 工器具、材料

望远镜、温度仪、风速仪、传递滑车、传递绳索、发电机、气泵、喷壶、高压气管、游标卡尺、刀片、防污闪涂料、毛巾、干擦剂等。

2. 人员分工

工作负责人 1 名、安全监护人 1 名、清扫喷涂操作人员 3 名、塔上配合人员 1 名、地面辅助人员 2 名。

（三）操作步骤

（1）喷涂时的空气压力应在 0.4MPa 以上，气带最大长度为 200m，喷嘴规格为 3.5mm×1.5mm。

（2）喷涂温度范围为零下 20℃以上，风力不宜大于四级，雨、雪、雾天气严禁施工。

（3）喷枪距离绝缘子的距离为 300mm±50mm，喷枪角度应垂直于被喷绝缘子表面，喷枪移动速度应缓慢均匀，当喷涂区域出现波纹时，应停止该处的喷涂，避免出现流淌现象造成浪费。

（4）涂料干燥后进行切片实验，要求切片厚度为0.4mm。

（5）喷涂应均匀覆盖整个绝缘子表面，不堆积、不缺损、不流淌，同时喷涂时不得喷到钢帽上。

（6）检查严禁有漏喷、挂丝现象，喷涂厚度应均匀，保证满足喷涂厚度。刷涂应尽量均匀。

（7）工作开始前，向清扫喷涂人员交代安全技术措施、瓷绝缘子擦拭标准以及喷涂质量要求。

（8）对现场环境温度、风速等进行测试。登塔前，对发电机、气泵等机械设备及辅助设施进行安全性检查和设备仪表的外观检查。

（9）操作人员登塔对使用毛巾、干擦剂清扫绝缘子表面污垢，确认绝缘子表面、沟槽内污垢清扫合格后，开始喷涂或刷涂工作。

（10）质量监督人员对绝缘子喷涂工作进行附着涂料切片检查。

（四）安全注意事项

（1）工作人员登塔前应认真核对线路名称、铁塔号是否与停电线路相符，防止误登带电铁塔，登塔人员不得失去监护，严禁无监护一人登塔作业。

（2）工作人员接停电令后必须对线路进行验电，验电人员必须穿全套屏蔽服，确认线路无电压后，立即用专用接地线在作业区两端封接地。挂接地线时要注意先挂接地端、后挂导线端。拆除接地线时，要先拆导线端、后拆接地端。挂好后要确认连接可靠，防止因外力作用造成接地线断开。

（3）工作总负责人应每天安排人员检查接地线情况。未经工作总负责人允许，各作业点不得加装接地线。

（4）工作人员下导线工作时，应使用个人保安线。

（5）挂拆接地线、下导线工作，小组负责人应加强监护，认真落实以上各项安全措施。

（6）工作人员的个人防护用品必须在工作前进行检查，存在问题的必须更换。使用前，必须检查各部连接是否正确牢固。

（7）所有人员进入工作现场必须正确佩戴安全帽，地面操作人员不得站在高空作业的垂直下方。必须在下方工作的，作业完成后要及时撤离，严禁在高空作业下方逗留。高空作业人员使用的工具、材料应使用传递绳传递，严禁抛扔，塔下防止行人逗留。

（8）高空作业必须系安全带、穿胶底鞋，下线人员必须使用个人保安线和二道防线，安全带必须拴在牢固的构件上，并且不得低挂高用。高空操作人员应衣着灵便，上下铁塔应沿脚钉攀登，作业过程中注意防滑，转移位置时脚踩手扶的构件必须是牢固的构件。登塔人员不得失去监护，严禁无监护一人登塔作业。

（9）发电机可靠接地。发电机、气泵以及高压气管等设备应定期进行检测；工作开始前，应对发电机、气泵以及高压气管等设备进行外观检查，主要内容为管道连接是否牢固可靠，仪表显示是否正常，高压气管表面有无损伤、开裂等。

三、停电更换直线悬垂绝缘子

（一）培训目的

掌握停电更换悬垂绝缘子的工作要领，熟悉工作危险点及防范措施。

（二）准备工作

1. 工器具、材料

软梯、钢丝绳套、四分裂提线钩、钢丝绳套（二道保护）、链条葫芦、滑车、尼龙绳、U型环、相应型号绝缘子、M/R销等。

2. 人员分工

工作负责人1名、安全监护人1名、塔上操作人员3名、地面辅助人员2名。

（三）操作步骤

（1）塔上操作人员带尼龙绳登塔，到达需要更换的绝缘子挂点附近后将滑车在适当位置挂好，线上操作人员登塔。

（2）地面人员将个人保安线及软梯传到塔上，塔上人员首先将个人保安线的线端挂在要更换的绝缘子串线夹小号侧1m处，上端固定在横担上平面主材上，并固定牢固。然后将软梯挂在横担靠近挂线点处的横担下平面大号侧主材上。

（3）线上操作人员系好二道防线后沿软梯下到导线上。地面人员将导线保护绳用尼龙绳传到塔上，塔上操作人员将保护绳的一端用U型环在待换绝缘子挂点附近横担主材上固定好，线上操作人员把保护绳的下端将全部子导线拢住后，用5tU型环连接固定好，并将保护绳收紧。地面人员将两根$\phi 13.5\times 3$m钢丝绳套传到塔上，塔上人员将其对折分别挂在导线挂点处的两根主材上（注意：钢丝绳套与铁塔接触处应垫上小麻袋片，防止磨损塔材）。地面人员将两套链条葫芦、提线钩传到塔上，塔上人员将两套链条葫芦分别挂在两根钢丝绳套上，链条葫芦要倒挂，提线钩钩住导线。

（4）线上人员均匀收紧两套链条葫芦，提起导线。检查受力工具受力良好后，将绝缘子与碗头挂板连接处拆开。塔上人员用尼龙绳将绝缘子绑扎牢固后，地面人员用力拉尼龙绳，使绝缘子串松弛，塔上人员拆除绝缘子串与铁塔的连接。地面人员用尼龙绳将需要更换的绝缘子传到塔下，将新合成绝缘子传递到塔上（可以采用尼龙绳一端下损坏的绝缘子，另一端上新合成绝缘子的方法），高空作业人员将绝缘子与金具连接好，按与拆除相反的操作顺序恢复绝缘子串，弹簧销一定要安装到位。

（5）检查导线和金具，并确认导线没有损伤、金具连接可靠、状况良好、螺栓紧固后，放松链条葫芦，拆除所有工具，工作结束。

（四）安全注意事项

（1）严格执行工作票制度以及停电、验电、挂接地线的安全技术措施。验电器、接地线必须经检验合格，验电、挂接地线时设专人监护。

（2）进入现场必须正确佩戴安全帽。高空作业人员要防止掉东西，所使用的工器具、材料等应用绳索传递，不得抛扔，绳扣要绑牢，传递人员应离开重物下方，塔下及作业点下方禁止地面人员逗留，作业区内禁止行人进入。

（3）作业人员登塔前应认真核对线路名称、杆塔号是否与停电线路相符，防止误登带电杆塔。

（4）作业人员接停电令后必须对线路进行验电。验电人员必须穿全套屏蔽服。确认线路无电压后，立即用专用接地线在作业区两端封接地线。挂接地线时要注意先挂接地端、后挂导线端。拆除接地线时要先拆导线端、后拆接地端。挂好地线后要确认连接可靠，防止因外力作用造成接地线断开。

（5）更换悬垂单片绝缘子作业必须在本作业点加装个人保安接地线，以防感应电伤人，完工后立即拆除。

（6）安全防护用品使用前必须进行外观检查。

（7）高空作业人员的安全带必须系在牢固的构件上，并不得低挂高用。下线人员必须使用二道防线或速差保护器，高空操作人员应衣着灵便，上下铁塔应沿脚钉攀登。作业过程中注意防滑，转移位置时脚踩、手扶的构件必须牢固可靠。

（8）在工作前必须对受力工器具进行全面检查，规格型号必须符合规定要求，有问题的提前更换，严禁以小代大。

（9）拆开绝缘子前要检查卡具受力情况，拆除卡具前要检查绝缘子连接情况。

四、更换耐张单片绝缘子

（一）培训目的

掌握停电更换耐张单片瓷（玻璃）绝缘子的工作要领，熟悉工作危险点及防范措施。

（二）准备工作

1. 工器具、材料

$\phi14\times100$m 尼龙传递绳、1t 滑车、绝缘子单片卡具、绳套、接地线、500kV 专用验电器、绝缘手套、A 型屏蔽服、相应型号绝缘子等。

2. 人员分工

工作负责人 1 名、安全监护人 1 名、塔上操作人员 2 名、地面辅助人员 2 名。

（三）操作步骤

（1）塔上作业人员携带传递绳沿脚钉登塔，找适当位置系好安全带，并将滑车及传递绳挂好。

（2）地面人员将验电器及接地线分别传递上塔，塔上作业人员对作业相进行验电，验明线路确无电压后，挂牢接地线。

（3）操作电工系好二道防线后，沿耐张绝缘子出线至被更换绝缘子处，将传递绳挂好。

（4）地面电工将更换绝缘子单片卡具传给操作电工。

（5）操作电工将卡具安装在待更换绝缘子两侧的绝缘子上，然后收紧卡具丝杠。

（6）待绝缘子松弛后认真检查卡具受力，确认卡具没有问题时，再将绝缘子销子退出，拆除要更换的绝缘子，并将新绝缘子安装好。

（7）拆除绝缘子卡具传至地面。

（8）操作电工下塔，整理工具结束工作。

（四）安全注意事项

（1）上塔前先清除鞋底上的泥土，上塔过程中要手抓牢、脚踩实，在塔上移位时不得失去后备保护绳的保护。

（2）作业前认真核对线路双重名称，核对无误后方可攀登杆塔。

（3）作业前，认真检查所使用的工器具是否合格、齐全，规格是否符合要求，连接是否可靠。

（4）严格执行工作票制度以及停电、验电、挂接地线的安全技术措施。验电器、接地线必须经检验合格，验电、挂接地线时设专人监护，验电人员要穿全套屏蔽服，确认确无电压后立即挂接地线。

（5）离开杆塔本体必须使用二道防线，二道防线系在牢固的构件上，安全带和二道防线不得同时使用。

（6）进入现场必须正确佩戴安全帽。高空作业人员要防止掉东西，所使用的工器具、材料等应用绳索传递，不得抛扔，绳扣要绑牢，传递人员应离开重物下方，塔下及作业点下方禁止地面人员逗留，作业区内禁止行人进入。

（7）绝缘子单片卡具必须与绝缘子型号相匹配、拆开绝缘子前必须认真检查各部分受力情况是否良好。

（8）拆除卡具前检查绝缘子安装情况，R（M）销是否安装到位。

五、补修导地线

（一）培训目的

掌握停电补修损伤导线、地线的方法和操作要领。

（二）准备工作

1. 工器具、材料

尼龙绳、滑车、手推绞磨、地锚钻、U型环、传递绳、软梯、链条葫芦、钢丝绳、拉线、撬棍、木杠、锹镐等小工具、对讲机、接地线、验电器、钢丝绳套、地线（光缆）卡线器、滑车支架、预绞式护线条、镀锌铁丝等。

2. 人员分工

工作负责人1名、安全监护人1名、塔上操作人员2名、地面辅助人员2名。

（三）导地线采用缠绕或补修预绞丝修理损伤处理标准及规定

（1）导线损伤符合以下情况时，需要以缠绕或补修预绞丝修理：

1）钢芯铝绞线和钢芯铝合金绞线断股损伤截面积不超过铝股或合金股总面积的7%；

2）铝绞线与铝合金绞线断股损伤截面积不超过总面积的7%；

3）镀锌钢绞线19股断1股。

（2）采用补修预绞丝处理时应符合以下规定：

1）将受伤处线股处理平整；

2）补修预绞丝长度不得小于3个节距，或符合《电力金具手册》预绞丝中的规定；

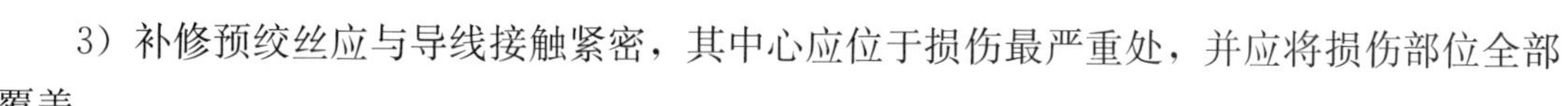

3）补修预绞丝应与导线接触紧密，其中心应位于损伤最严重处，并应将损伤部位全部覆盖。

（四）操作步骤

（1）验电挂接地线：NX－1 和 NX＋2 塔上作业人员携传递绳沿脚钉登塔，地面人员将验电器及接地线分别传递上塔，塔上作业人员逐相验电、验明线路确无电压后、挂牢接地线。如果附近有平行线路，且避雷线为绝缘架空避雷线，则必须由塔上人员用带有绝缘棒的专用接地线将其可靠接地。

（2）安装临锚：NX－1 和 NX＋2 塔地面作业人员将临锚钢丝套及卡线器（线夹）传至塔上，并分别在 NX－1 小号和 NX＋2 大号，按卡线器（线夹）＋卸扣＋钢丝绳（钢丝绳一端固定在地线支架附近）＋卸扣顺序装设临锚。

（3）NX－1 和 NX＋2 塔地面作业 NX－1 大号和 NX＋2 小号人员将临时拉线及滑车钢丝套传至塔上，并分别在 NX－1 大号和 NX＋2 小号顺线路方向各设一地锚钻，按专用卡线器＋卸扣＋临时拉线过滑车（用钢丝绳套挂于地线挂点附近）＋3t 链条葫芦＋地锚的顺序设置避雷线（OPGW）临锚。

（4）放松避雷线（OPGW）准备工作。

1）NX、NX＋1 塔作业人员带传递绳分别登塔，在避雷线（OPGW）挂点上工作孔上安装滑车支架和一个 1t 滑车。用磨绳（ϕ13.5m 钢丝绳）穿过滑车，一端用 3t 卸扣锁在避雷线（OPGW）线夹上，另一端通过滑车至绞磨。两塔的塔脚主角钢上分别固定一台手推绞磨，磨绳上磨 4 圈。

2）在 NX、NX＋1 塔横线路方向处各设一地锚钻，尼龙绳一端绑在避雷线（OPGW）线夹处，一端通过 1 条 3t 链条葫芦与地锚连接。

（5）放松避雷线（OPGW）。

1）NX、NX＋1 两台绞磨慢慢收紧，避雷线（OPGW）金具不受力后将其拆开。

2）两台绞磨慢慢放松。避雷线（OPGW）落至距导线横担上主材 300mm 左右时，侧面的尼龙绳开始收紧，将避雷线（OPGW）拉至导线横担外侧，继续放松绞磨，直至避雷线（OPGW）落到大致与导线等高时停磨。这一过程中，NX、NX＋1 塔上人员要时刻注意监督避雷线（OPGW）与导线、绝缘子串、塔身是否有挂磨现象，及时报告作业负责人指挥调整。

（6）出线导线补修。

1）出线消缺人员在 NX 塔携带补修预绞线用软梯下到导线上。走线至断股避雷线（OPGW）处。

2）核实断股情况，将断股避雷线（OPGW）处理平整，确定预绞丝的安装中心位置，将预绞丝一根一根地安装在补修处。预绞丝中心应位于损伤最严重处，端头应对平、对齐。预绞丝安装后不能变形，并应与导线接触严密，预绞丝应将损伤部位全部覆盖。

（7）为确保修复质量，操作时应有专人监督，操作完成后，要得到作业负责人的质量认可。工作完成后出线人员走线返回 NX 塔上。

1）挂避雷线（OPGW）：慢慢收紧两塔绞磨，侧面控制尼龙绳同步调整，当避雷线（OPGW）升至导线横担以上后，控制尼龙绳逐步放松，避雷线（OPGW）到位后塔上人员装好金具串。这一过程中，NX、NX+1 塔上人员要时刻注意监督避雷线（OPGW）与导线、绝缘子串、塔身是否有挂磨现象，及时报告作业负责人指挥调整。

2）结束工作：塔上人员分别下传工具，并检查设备上确无遗漏的工具材料后，全部下塔至地面。向作业负责人汇报工作完成。

3）NX－1 和 NX+2 塔上作业人员将临锚拆除。经作业负责人许可后，将接地线拆除。检查全部高空人员下塔至地面接地全部拆除无误后，作业负责人向工作许可人汇报工作完成。

（五）安全注意事项

（1）工作前认真核对线路双重名称，确认无误后方可登塔。

（2）严格执行工作票制度以及停电、验电、挂接地线的安全技术措施。

（3）验电器必须经检验合格，验电、挂接地线时设专人监护。

（4）攀登铁塔时，要抓稳踏牢，沿脚钉上下。安全带应系在牢固构件上，系好安全带后必须检查扣环是否扣牢。

（5）现场人员必须按要求正确使用安全工器具。

（6）进入现场必须正确佩戴安全帽。高空作业人员要防止掉东西，所使用的工器具、材料等应用绳索传递，绳扣要绑牢，不得抛扔。

（7）传递人员应离开重物下方，塔下及作业点下方禁止地面人员逗留，作业区内禁止行人进入。

（8）严格执行现场操作规程。牵引绳在绞磨上缠绕不小于 3 圈，临时拉线对地夹角不得大于 20°，地锚埋深不小于 1.5m 等。

六、停电加装耐张塔跳串绝缘子

（一）培训目的

掌握停电加装耐张跳串绝缘子的工作要领，熟悉工作危险点及防范措施。

（二）准备工作

1. 主要工器具、材料

软梯、钢丝绳套、四分裂提线钩、链条葫芦、滑车、尼龙绳、U 型环、钢丝绳、机械绞磨、跳线线夹专用扳手或间隔棒扳手、绝缘子、UB 挂板、球头挂环、碗头挂板、跳线线夹、重锤、穿钉（带螺母、垫片）和开口销、垫片。

2. 人员分工

作业负责人 1 名，操作电工 3 名，地面电工 4 名，负责传递工器具、材料。

（三）操作步骤

（1）塔上操作人员带尼龙绳登塔，到达跳线串挂点附近后将尼龙绳在适当位置挂好，线上操作人员登塔。

（2）地面人员将个人保安线、软梯传到塔上，塔上人员将个人保安线挂在小号侧引流

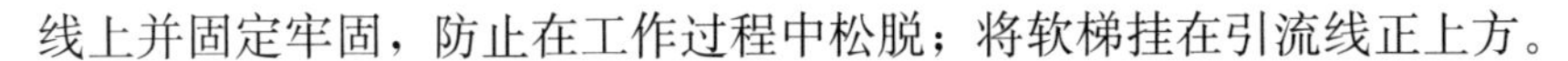

线上并固定牢固，防止在工作过程中松脱；将软梯挂在引流线正上方。

（3）线上操作人员系好二道防线后沿软梯下到导线位置。在拟安装新跳串位置做好标记。

（4）地面人员将UB型挂板与球头连接好传到塔上，塔上人员将UB型挂板安装在横担一侧的跳串挂孔上。

（5）地面人员将钢丝绳套、四分裂提线钩和链条葫芦传至塔上，由塔上电工和线上电工配合将引流线提线系统挂好。

（6）地面人员用尼龙绳将新合成绝缘子传到塔上（绝缘子串应设尾绳，用以控制绝缘子串，防止损伤绝缘子），塔上人员将其与上端金具连接良好。

（7）地面人员将跳线线夹与重锤组装好，将机动绞磨固定塔脚处，将钢丝绳通过塔脚（垫麻袋片，防止磨损塔材）上的转向滑车传到塔上，尾绳上绞磨，另一端固定跳线线夹上，启动绞磨缓慢将线夹和重锤提升到跳线处（线夹用尼龙绳设尾绳，控制线夹，防止钢丝绳磨损导线），线上人员将跳线线夹安装在跳线上标记处，线上电工调整手链葫芦提升跳线线夹和导线直至将绝缘子串与线夹连接，放松绞磨，拆除工具。

（8）操作人员将钢丝绳套、四分裂提线钩和链条葫芦移到原跳串另一侧，提起原跳线线夹，将原跳串移到另一侧的挂点上，同时调整跳线线夹位置，使跳线弧垂美观、符合规范要求，拆除工具。

（9）检查工作过程中所接触到的所有设备，并确认设备连接可靠、状况良好等，检查跳线线夹安装情况（螺栓紧固情况或销钉安装情况、开口销是否开口），拆除个人保安线与软梯，人员下塔，工作结束。

（四）安全注意事项

（1）登塔前必须核对线路双重称号（同塔双回还应核对色标）是否与停电线路相符，防止误登带电铁塔，监护人应监护到位，严禁无监护登塔作业。

（2）安全防护用品使用前必须进行外观检查，存在问题的必须更换。上塔前必须检查各部分连接是否正确牢固；操作人员在工作前必须对受力工器具进行全面检查，规格型号必须符合规定要求，有问题的提前更换，严禁以小代大。

（3）现场工作人员必须正确佩戴安全帽，高空作业人员的安全带必须系在牢固的构件上，并不得低挂高用；转移位置时脚踩手扶的构件必须是牢固的构件；下线人员必须使用二道防线。高空操作人员应衣着灵便，上下铁塔应沿脚钉攀登，上塔前要先将鞋底上的泥土清除干净。

（4）高空作业人员使用的工具、材料应使用尼龙绳传递，严禁抛扔，工器具应装在工具袋内；地面人员不得站在高空作业垂直正下方，必须在下方工作的，工作结束后必须立即撤离。

（5）工作地段正确验电挂地线。加装跳串绝缘子作业必须在本作业点加装个人保安线（保安线必须先挂接地端，后挂导线端），以防感应电伤人。

（6）拆开绝缘子串前要检查受力工具连接情况，拆除受力工具前要检查绝缘子串连接情况。

（7）控制磨尾绳人员不得少于两人，不得站在钢丝绳线圈内，上磨不得少于5圈，拉磨尾绳的人员要控制好钢丝绳入绞盘的方向，钢丝绳始终与绞盘垂直，不得手动松磨。绞磨、地锚和转向滑车应处于一条直线上。

（8）工作完毕后立即拆除个人保安线，小组负责人要及时进行检查、核实，确认保安线确已拆除。

本 章 小 结

本章主要介绍了停电检修概述、110～220kV停电检修作业项目、500kV输电线路停电检修项目等内容。

第五章

架空线路带电作业

第一节 带电作业基础知识

一、带电作业发展历史

1953 年开始，鞍山供电局职工就逐渐研制出不停电水冲洗绝缘子、清扫、更换和拆装配电设备及引线的简单工具。

1954 年，鞍山电业局职工提出不停电更换 3.3kV 线路直线杆、绝缘子和横担配电瓶绑线作业，采用类似桦木的木棒制作的工具，成功地进行了 3.3kV 配电线路的地电位带电作业，成为中国带电作业发展的开端。

1956 年，进一步发展到开展 44～66kV 的木质直线杆带电更换电杆、横担和绝缘子。

1957 年，东北电业局设计了第一套 220kV 高压输电线路带电作业工具，并成功应用于 220kV 高压输电线路的带电作业，同时 3.3～33kV 木杆和铁塔线路的全套检修工具也得到了改进和完善，这就为各级电压线路推进不停电检修奠定了物质和技术基础。

1958 年，沈阳中心实验所开始了人体直接接触导线检修的实验研究。在学习国外经验的基础上，解决了高压电场的屏蔽问题，并在试验场成功地进行了我国第一次人体直接接触 220kV 带电导线的等电位实验，首次在 220kV 线路上完成了等电位作业和修补导线的任务。这次等电位带电作业的实验成功，开创了中国带电作业的新篇章，从此等电位作业技术在中国带电作业中得到了广泛应用。

1959 年前后，鞍山电业局又在 3.3～220kV 户外输配电装置上，研究出了一套不停电检修变电设备的工具和作业方法。至此，中国带电作业技术已发展成 3.3～220kV 包括输电、变电、配电三方面的综合性检修技术。

1960 年 5 月，水利电力出版社出版署名为辽吉电业管理局的《高压架空线路不停电检修安全工作规程》，该书 17 千字，它是在旧的规程基础上修订而成，主要讲述在不停电线路上检修的安全组织措施和技术措施等，共 3 章 7 节和 8 个附录，供全国带电作业执行，它指导全国带电作业 10 余年，该书成为我国第一部具有指导性的带电作业规程，标志着我国带电作业已步入正轨。在此期间，全国范围内的不停电检修工作从单纯的技术推广转入结合本地区具体条件和生产任务创新发展阶段，检修方法除了间接作业和直接等电位作业外，又向水冲洗、爆炸压接等方向迈进。检修工具从最初的支、拉、吊杆等较为笨重的工具转向轻便化、绳索化，具有东方特色的绝缘软梯和绝缘滑车组也得到了广泛的应用。作业项目向更换导线（架空地线）、移动杆塔和改造塔头等复杂项目进军。

1964 年 11 月，在天津举行了带电检修作业表演，对促进全国范围内推广带电作业新技术产生了积极影响。

1966 年，原水利电力部生产司在鞍山召开了全国带电作业现场观摩表演大会，标志着全国带电作业发展到普及阶段，同时也推动带电作业向更新更深的领域发展。

1968 年，鞍山电业局成功实验沿绝缘子串进入 220kV 强电场的新方法。用这种方法在具备一定条件的双联耐张绝缘子串上更换单片绝缘子很方便，因而很快被推广到全国。

1973 年 8 月，原水利电力部在北京召开“全国带电作业现场表演会”。会上 19 个省市 30 个单位表演了 49 个项目，大会技术组提交的《带电作业安全技术专题讨论稿》，为统一制定全国性带电作业安全工作规程奠定了技术基础。

1977 年 12 月 21 日，水利电力部颁发《电业安全工作规程》发电厂和变电所部分、电力线路部分两本规程（简称 77 版），正式将带电作业纳入部颁安全规程。该规程的推广使用，使全国带电作业走上安全管理的正轨。

1978 年，水电部生产司安排山东、四川、山西省编写 77 版《安规》条文说明，其中带电作业一章由东北电管局编写。1979 年 6 月在重庆市召开编写单位参加的审稿会，讨论后上报电力部，从而有了 82 版带条文说明的《电业安规》，但主要内容无改动，等同 77 版。

1979 年，我国开始建设 500kV 电压等级的输变电工程，有关单位相应开展了 500kV 电压等级的带电作业研究工作。此后不久，500kV 带电更换直线绝缘子串、更换耐张绝缘子串、修补导线等工作方法和工具都已研制成功，并进入实施阶段。

在 20 世纪 70～80 年代期间，全国各地出现了“三八女子带电作业班”，带电作业工作出现新的发展高潮。

1984 年，水电部生产司又组织柏克寒、方年安（锦州）、李如虎（云南）、刘德成（沈阳中试所）等对 78 版《安规》带电作业部分进行了条文说明编写。

1990 年，能源部颁布 DL 409—1991《电业安全工作规程电力线路部分》。

2004 年，国家电网有限公司在沈阳举办了带电作业 50 周年庆祝大会，国内新老专家、各省带电作业专责人汇聚一堂，会上原武汉高压研究院、华北电网有限公司、上海电力公司、东北电网公司分别做了带电作业专项科研成果等发言。

2005 年，华北电网有限公司首次研究实现了 220kV 紧凑型线路带电作业。

2007 年，华北电网有限公司又研究实现了 500kV 线路直升机带电作业，这一成果达到了国际领先水平。

2006～2009 年，上海市电力公司、北京市电力公司研究并实施 10kV 配电线路不停电作业法。

2008 年，国家电网有限公司组织举办了 220、500kV 输电线路带电作业比武竞赛。国家电网有限公司下属地市级以上供电单位均参与此次竞赛，带电作业工作得到更广泛的交流和发展，大大推动了专业发展和人才队伍建设。

2014 年 10 月，国家电网有限公司在北京成功举办了第二届输电线路带电作业比赛，国家电网有限公司下属所有省市公司组建队伍参赛，带电作业工作得到更进一步交流和发展。

二、带电作业概述

带电作业就是在带电的电气设备上，应用安全可靠的科学方法，使用特殊的绝缘工具，对送变电设备进行维护检修和更换器件的一种不停电作业，是一种特殊的电气作业方法。

（一）方法分类

1. 按人体与带电体的相对位置来划分

带电作业方式根据作业人员与带电体的位置分为间接作业与直接作业两种方式。

2. 按作业人员的人体电位来划分

按作业人员的人体电位来划分，可分为地电位作业、中间电位作业、等电位作业三种方式。

（1）地电位作业。

地电位作业是指作业人员不直接接触带电体部分，而站在大地或杆塔上用绝缘工具对带电体进行的作业，人体电位与大地相同。

人体与带电体的关系：大地（杆塔）→人→绝缘工具→带电体。

（2）中间电位作业。

中间电位作业是指作业人员通过绝缘工具与大地绝缘，而与带电体保持一定距离的情况下，用绝缘工具对带电体进行作业，作业时人体电位低于带电体，高于地电位。

人体与带电体的关系：大地（杆塔）→绝缘体→人体→绝缘工具→带电体。

（3）等电位作业。

等电位作业是指带电作业人员穿上全套屏蔽服，通过绝缘物对大地绝缘，而与带电体电位相等，即直接接触带电体进行的一种特殊作业。

人体与带电体的关系：带电体（人体）→绝缘体→大地（杆塔）。

三种作业方式示意图如图 5-1 所示。

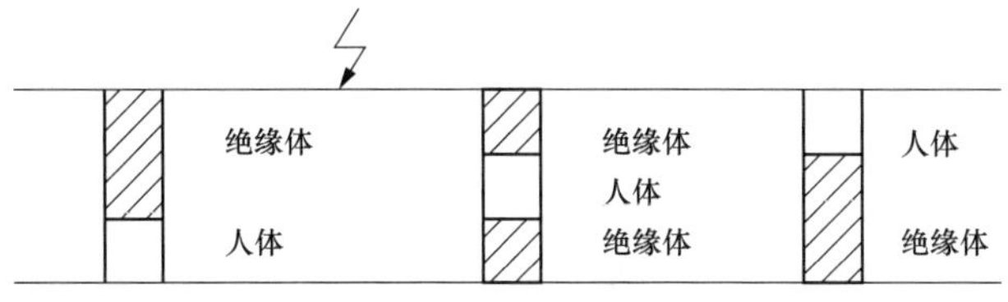

图 5-1　三种作业方式示意图

3. 按采用的绝缘工具来划分

根据作业人员采用的绝缘工具来划分作业方式也是一种常用的表述方法。如绝缘杆作业法、绝缘手套作业法等。

（二）三种作业方法等值电路图

1. 地电位作业等值电路图

地电位作业的位置示意图及等效电路如图 5-2 所示。

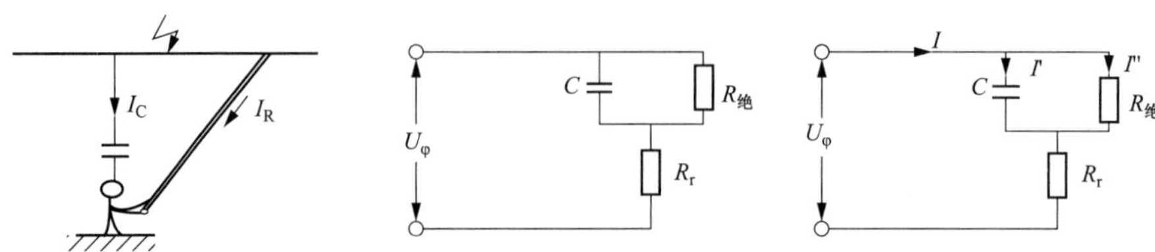

图 5-2　地电位作业的位置示意图及等效电路

2. 中间电位作业等值电路图

中间电位作业的位置示意图及等效电路如图 5-3 所示。

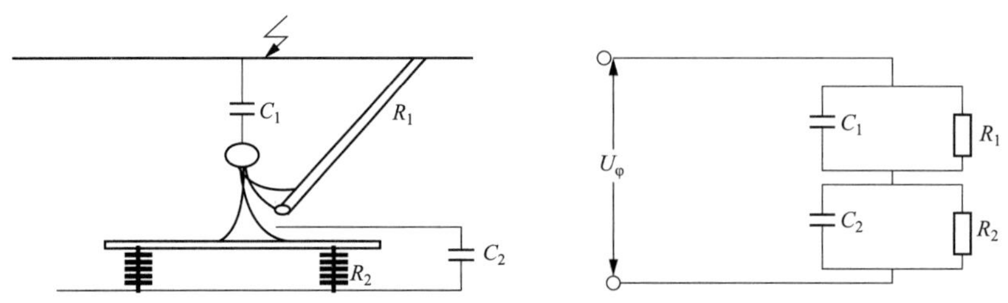

图 5-3　中间电位作业的位置示意图及等效电路

3. 等电位作业等值电路图

在实现人体与带电体等电位的过程中，将发生较大的暂态电容放电电流，其等值电路如图 5-4 所示。

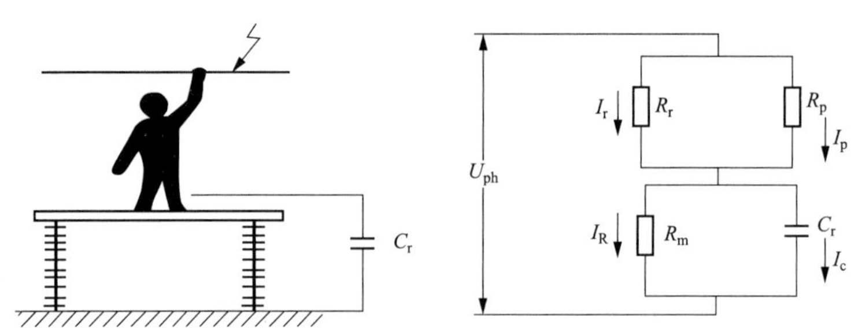

图 5-4　等电位作业位置示意图及等效电路

4. 带电水冲洗

带电水冲洗是利用一股流速很高的水柱对绝缘子进行冲洗，能够实现带电冲洗，主要利用水柱的两个特性，即冲击力和水的绝缘性能。

（1）冲击力。

水柱离开水枪喷口后有足够高的速度，当它射到绝缘子表面时仍具有足够的动能，从而产生一定的冲击力，把沉积在绝缘子表面的污秽物质冲刷掉。

（2）绝缘性能。

在带电水冲洗中应用的水满足一定的电阻率要求，水柱具有一定的绝缘性能，可以作为冲洗系统中的主绝缘或组合绝缘的一部分，保证作业人员的人身安全和设备安全。

（3）带电水冲洗示意图和等效电路如图 5-5 所示。

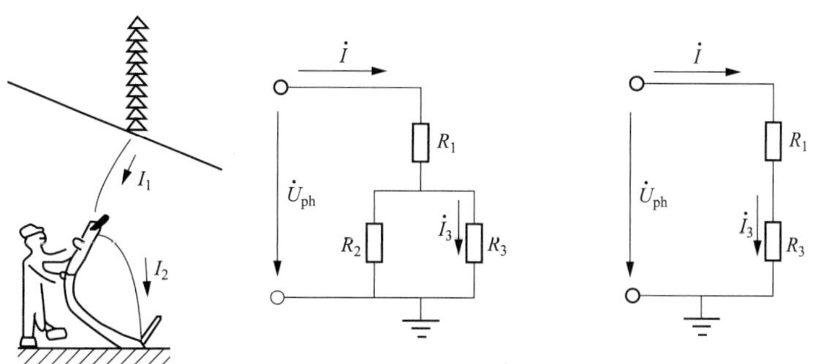

图 5-5　带电水冲洗示意图和等效电路

三、带电作业安全技术

（一）保证带电作业安全的三个基本技术条件

保证带电作业安全的三个基本技术条件如下：

（1）流经人体的电流不超过人体的感知水平（1mA）；

（2）人体体表场强不超过人的感知水平（2.4kV/cm）；

（3）保持足够的安全距离。

（二）过电压防护

1. 过电压概念

电力系统往往由于外部（如雷电放电）和内部（如故障或操作）的原因，常会出现对绝缘有危险而持续时间较短的电压升高，这种电压升高或电位差升高称为过电压。过电压的时间虽然很短，但对电力系统的正常运行和带电作业的安全危害很大。所以设备的绝缘配合、带电作业安全距离的选择、绝缘工具的最短有效绝缘长度以及绝缘工具电气试验标准都必须考虑这一因素。

作用在绝缘工具上的电压有正常运行时的工频电压、工频过电压和谐振过电压、操作过电压、雷电过电压等。

（1）正常运行时的工频电压。

对于任意一个电压等级线路来说，正常运行时的工频电压不是一个定值，而是在额定电压上下变动，但最大不能超过最高工作电压。最高工作电压一般比额定电压高出 10%～15%，且长时间作用在工具上。在设计带电作业工具时，必须考虑长时间工频电压作用下热稳定的影响。

（2）工频过电压和谐振过电压。

工频过电压、谐振过电压与电网结构、容量参数以及运行方式有关。工频过电压一般由线路空载、接地故障和甩负荷等引起。其工频过电压水平不超过下列数值：线路断路器的变电站侧为 1.3 倍最高工作相电压；线路断路器的线路侧为 1.4 倍最高工作相电压。沿用带电作业规程的习惯工频过电压倍数取 1.5。

电力系统的谐振过电压由发电机自励磁、线路非全相运行状态及谐波谐振等引起。工频过电压、谐振过电压一旦发生，其持续时间较长，所以要充分考虑绝缘材料的热稳定问题。

（3）操作过电压。

电力系统的操作过电压在系统操作或故障状态下发生。主要有如下操作过电压：①线路合闸和重合闸操作过电压；②切除空载变压器和并联电抗器操作过电压；③线路非对称故障分闸和振荡解列操作过电压；④空载线路分闸操作过电压。

操作过电压的大小以最高工作相电压峰值的倍数来表示，详见表5-1。

表5-1　　操作过电压倍数

额定电压（kV）	10	35	110	220	330	500
最高工作电压（kV）	11.5	40.5	126	252	363	550
工频过电压倍数	1.3～1.4					
操作过电压倍数	4		3		2.5	2.18

（4）雷电过电压。

雷电过电压又称大气过电压。当空中雷云对电力设备（如杆塔）放电时，频率很高的雷电流通过杆塔的电感、接地电阻入地，对设备形成较高的雷电过电压，称为直击雷电过电压。当电力线路上空有雷云时，架空线路的导线感应出大量与雷云极性相反的感应电荷。当雷云对其他建筑物或雷云间放电时，空中电荷消失，而导线上感应电荷失去束缚，即以光速向导线两侧传播，使线路上出现很高的电压，这种高电压称感应雷电过电压。此高电压以3×10^5km/s速度向导线两侧传播，称高电压进行波。由导线电阻、线间对地电容、导线集肤效应、空气中介质极化、电晕等使传播过程中的雷电波发生衰减，传播到5km左右时，波峰衰减50%以上。因此，在带电作业地点5km以外落雷对带电作业影响不大。安全规程规定雷雨天气禁止带电作业，因此，带电作业的空气间隙、绝缘工具等不考虑雷电过电压的影响。

2. 带电作业安全距离

带电作业的安全距离，是保证带电作业人员人身和设备安全的基本要求。带电作业时可能遇到最大过电压不发生放电，并有足够安全裕度的最小空气间隙，称安全距离。判断某一作业项目是否安全，必须在全部过程中，人与带电体或人与接地体间的距离，都大于安全距离的要求。安全距离的大小决定于设备的电压等级、过电压水平。

（1）带电作业各种安全距离的定义。

1）作业距离。带电作业中操作人员处于某一具体的作业位置上与带电体（或在等电位时与接地体）保持的最小距离，称作业距离。

2）安全距离。安全距离是判断带电作业是否安全可靠的标准。安全距离的数值只取于作业设备的电压等级。由于三相交流系统中线电压是相电压$\sqrt{3}$倍，所以，安全距离分为相对地安全距离和相间安全距离。相间安全距离只在等电位作业中予以考虑。

中间电位法同时存在两个空气间隙，人身安全需要由两个间隙组合体来决定，因此有组合安全距离的概念。

3）有效绝缘长度。绝缘工具在使用中遇到过电压不发生表面放电并有足够安全裕度的最小绝缘长度，为最小有效绝缘长度，简称有效绝缘长度。有效绝缘长度也是用以判别所有绝缘工具绝缘性能是否安全以及操作人员接触绝缘工具的部位是否可靠的标准。有些绝缘工具并非全部用绝缘材料制成，如用数个金属接头把几段绝缘杆连接起来用，计算工具的有效长度时应将金属部件长度扣除。

4）良好绝缘子个数。绝缘子串在过电压下不发生干闪并有足够安全裕度的最少片数，称为良好绝缘子个数。各级电压线路使用绝缘子个数，在干燥气候条件下都有一定裕度。

空气间隙、工具长度和绝缘子串的绝缘水平相适应。

（2）空气、绝缘子串和绝缘工具的绝缘特性。

1）击穿和闪络。

绝缘材料在电场作用下，丧失了绝缘性能而产生贯穿性的导通或破坏，称为绝缘击穿。对于固体绝缘材料来说，破坏是永久性的；对于气体来说，击穿表现为火花放电，外加电场一旦消失，气体绝缘很快恢复。

固体绝缘沿面的空气，在电场作用下所发生的放电现象，称为闪络。在交流系统中，固体绝缘材料发生闪络，往往起到了点火的作用，随之而来的强电弧高温可能烧伤绝缘。

2）空气的绝缘强度。

气体产生放电时的击穿电场强度或放电电压称空气绝缘强度。相同长度的气体间隙的击穿强度与间隙两侧的电极形状、电压波形以及气体的随机状态（气温、气压和湿度）有关。

3）绝缘子串的绝缘强度。

绝缘子串的绝缘强度用其闪络电压表示。通常，绝缘子串闪络特性分为工频、雷电和操作波三种，每种情况的闪络特性又有干闪、湿闪和污闪。与带电作业有关的是绝缘子干燥状态下的工频、雷电和操作波闪络电压。

4）绝缘工具的绝缘强度。

绝缘工具的绝缘性能通常指“电气绝缘”和“抗电强度”。抗电强度是指材料耐受不发生绝缘击穿的最大电位梯度，一般比绝缘材料击穿电压梯度要低。带电作业主要是绝缘工具的闪络电压。由于两种介质（绝缘材料与空气）的交界面上电场分布会发生畸变，所以固体绝缘闪络电压要比空气间隙放电电压低。

3. 安全距离确定

安全距离是指作业人员（施工器具中非绝缘部分）与不同电位、相位之间在系统出现最大内过电压幅值和最大外过电压幅值（考虑 5km 处雷击到达作业点时可能的峰值）时不会引起绝缘和绝缘工具闪络或空气间隙放电的距离。带电作业安全距离主要包含人身与带电体的安全距离、绝缘工具最短有效绝缘长度、等电位作业人员对邻相导线的最小距离、组合间隙最小距离、转移电位时人体裸露部分与带电体的最小距离五种。

安全距离由空气绝缘水平、带电作业时可能出现的过电压水平以及必需的安全裕度三个因素决定。确定的方法有惯用法和统计法两种。

（1）用惯用法确定安全距离。

惯用法是早期绝缘配合的习惯用法。它以作用于绝缘的“最大过电压”和作为绝缘“最低耐压强度”这两种概念为依据来选择绝缘，以便在最大过电压和耐压强度之间的“足够的裕度”。

惯用法往往将一些极端情况同时出现，并留有一定安全裕度，用该裕度来补偿计算“最大过电压”和“设备最低耐压强度”的误差。由于安全裕度取值难以确定，往往使绝缘配合趋于保守。

（2）统计法确定安全距离。

在500kV以上电压等级输电线路考虑绝缘配合都采用统计法。

统计法是将绝缘设备（带电作业空气间隙）在过电压下放电的可能性，按数理统计规律，做定量描绘，把发生放电的概率定义为危险率，用危险率不大于10^{-5}（10^{-5}属微概率，是几乎不可能发生的概率）来判断带电作业安全水平。统计法具有严格的数学精确性和可信性，克服惯用法一系列极端情况同时发生的缺点，避免了对安全的不合理倾向，特别对超高压电压等级、技术指标和经济效果更加明显合理。因此，500kV线路带电作业安全距离水平，通常用统计法来校核。

4. 带电作业安全距离规定

（1）人身与带电体安全距离。

人身与带电体安全距离，是指地电位和等电位作业人员在带电作业中，保证两个不同电位之间的空气绝缘不被击穿。通常我们所指的杆塔上地电位作业人员对带电导体和等电位作业人员对周围接地体之间的安全距离就是“人身与带电体的安全距离”。

在带电作业时，各电压等级人身与带电体之间不得小于表5-2中的安全距离。

表5-2　人身与带电体的最小安全距离

电压等级（kV）	安全距离（m）	电压等级（kV）	安全距离（m）
10及以下	0.4	220	1.6（1.8）
35	0.6	330	2.6
66	0.7	500	3.4（3.2）
110	1.0	500（DC）	3.4

（2）绝缘工具最短有效绝缘长度。

绝缘工具最短有效绝缘长度是指绝缘工具的全长减去手握部分及金属连接部分的长度。绝缘工具主要由支、拉、吊杆、绳索、操作杆和滑轮、滑轮组组成。由于考虑到操作杆使用频繁，手握处移动范围较大，作业时可能发生有效长度缩短的问题，绝缘操作杆的最短有效长度在支、拉、吊杆、绳索最短有效绝缘长度的基础上增加了30cm的活动范围，而支、拉、吊杆、绳索的最短有效绝缘长度即是最小安全距离。在带电作业时，各电压等级下的绝缘操作杆、绝缘承力工具（支、拉、吊杆）和绝缘绳索不得小于表5-3中的最小有效绝缘长度。

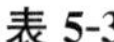

表 5-3　　绝缘工具最小有效绝缘长度

电压等级（kV）		10	35	110	220	330	500
有效绝缘长度（m）	绝缘操作杆	0.7	0.9	1.3	2.1	3.1	4.0
	绝缘工具、绳索	0.4	0.6	1.0	1.8	2.8	3.7

（3）等电位作业人员对邻相导线最小距离。

在带电作业中，等电位作业人员除了要保证与地电位的安全距离外，还必须满足与相邻带电体之间的距离。等电位作业人员进入电场接触导体后，原来导体的相间距离被减小，为了保证等电位作业人员与邻相导体之间的空气绝缘不发生击穿，等电位作业人员与邻相导体的距离不得小于表 5-4 中规定的距离。

表 5-4　　等电位作业人员对邻相导线的最小距离

电压等级（kV）	10	35	110	220	330	500
距离（m）	0.6	0.8	1.4	2.5	3.5	5.0

（4）组合间隙。

组合间隙是等电位作业人员在进入强电场或绝缘梯上作业时，其与接地体和带电体两部分间隙之和的距离。在带电作业时组合间隙不得小于表 5-5 的最小组合间隙。

表 5-5　　最小组合间隙

电压等级（kV）	35	110	220	330	500
距离（m）	0.7	1.2	2.1	3.1	3.9

（5）带电更换绝缘子或在绝缘子上作业时必须具备的良好绝缘子片数。

带电进行绝缘子调换或在绝缘子上作业，作业前必须对绝缘子进行检测（常用的检测方法有火花间隙法测零），良好绝缘子片数不得小于表 5-6 的规定。

表 5-6　　良好绝缘子最少片数

电压等级（kV）	35	110	220	330	500
良好绝缘子片数（片）	2	5	9	16	23

5. 安全距离不足时的补救措施

带电作业时由于杆塔或其他设备条件的限制，不满足安全距离时，必须采取可靠的补救措施才允许作业。

（1）绝缘隔离措施。

在人体和带电体之间，加装有一层绝缘强度较大的挡板、护套等设备来弥补空气间隙绝缘不足的方法，称为绝缘隔离措施。图 5-6 是两种最常见的组合绝缘图。绝缘挡板或绝缘套筒的击穿电压都比空气高，放电时将沿图中的折线路径发生，从而达到提高间隙绝缘水平的目的。但绝缘挡板对提高放电电压的幅度是有限的，一般只在 10kV 设备上应用，10kV 以上只能起限制人体活动范围的作用。

（2）保护间隙。

带电作业时，人身对带电部分的距离不能满足安全距离的要求，可在导线与大地之间并联一个间隙为 S_p 的放电间隙，当 S_p 小于安全距离时，就可以把沿作业线路传来的操作过电压，暂时限制到一个预定的水平上，这种放电间隙可以弥补安全距离的不足，称为保护间隙。

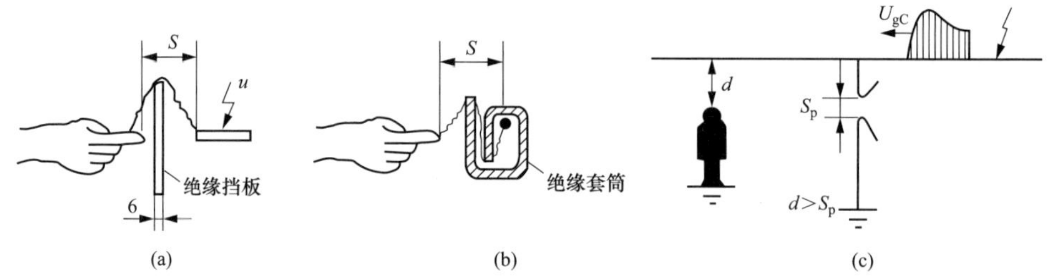

图 5-6　组合绝缘的放电途径示意图和保护间隙的保护原理示意图

（a）绝缘挡板放电示意图；（b）绝缘套筒放电示意图；（c）保护间隙原理示意图

（三）电流的防护

1. 人体对电流的耐受能力

国际公认人体对电流的感知水平为：工频交流为 1mA（男 1mA，女 0.7mA），直流为 5mA（男 5.2mA、女 3.5mA），高频电流为 0.24A。人体如果被串入闭合的电路中，人体就会有电流通过。其大小按 $I=U/R$ 计算，人体电阻 R 一般按 1000Ω 估算。人如果被串入 220V 电压的回路中，通过人体的电流达 200mA 以上，将危及生命安全。

电流对人体的伤害，主要是有以下两种形式：

（1）电击伤是电流对人体内组织的伤害。

（2）电伤主要是灼伤、电烙伤、皮肤金属化等。

2. 绝缘工具的泄漏电流

带电作业中由各种绝缘杆、绳等组成了带电体和接地体之间的各种通道。绝缘材料在内、外因素影响下，会使通道内流过一定电流，此电流称为泄漏电流。绝缘工具上的泄漏电流主要是指沿绝缘材料表面流过的电流。带电作业使用的绝缘材料体积电阻率一般大于 10^{13}Ω·cm 以上，表面电阻系数也高达 10^{13}Ω。因此，绝缘工具在满足安规的长度要求时，流过工具的泄漏电流只有几微安，远远低于人体对工频交流电流的感知水平。绝缘工具因受潮等原因，它的体积电阻率及表面电阻率将可能下降两个数量级，泄漏电流将上升两个数量级，达到毫安水平，会危及人身安全。因此保持工具不受潮是非常重要的。

有些绝缘工具在尾端加泄漏报警器，并与大地相连。当泄漏电流达到一定程度，还未到危及人身安全时即发出警报，此时应停止使用。

3. 绝缘子串的泄漏电流

干燥洁净的绝缘子串其电阻很高，单片绝缘子的绝缘电阻在 500MΩ 以上，其电容很小，单片约为 50pF，故其阻抗值也很高。绝缘子串的泄漏电流不会超过几十微安。但绝缘

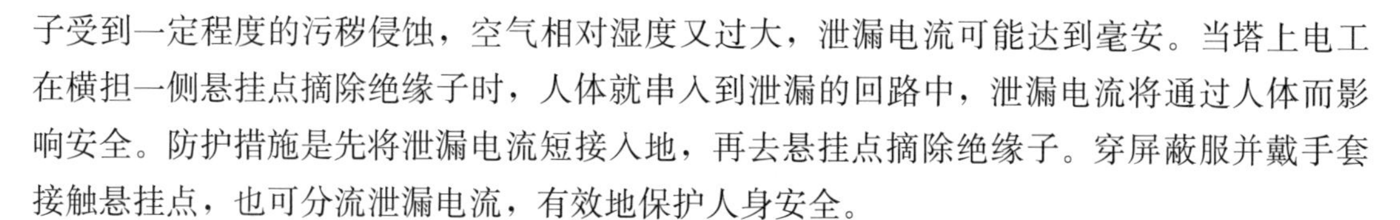

子受到一定程度的污秽侵蚀，空气相对湿度又过大，泄漏电流可能达到毫安。当塔上电工在横担一侧悬挂点摘除绝缘子时，人体就串入到泄漏的回路中，泄漏电流将通过人体而影响安全。防护措施是先将泄漏电流短接入地，再去悬挂点摘除绝缘子。穿屏蔽服并戴手套接触悬挂点，也可分流泄漏电流，有效地保护人身安全。

4. 在载流设备上工作时的旁路电流

等电位作业中等电位电工常接触载流的导体或设备。所谓载流设备是指载有负荷电流的设备，如线路上的各种导体及其连接点、阻波器等。

当导线有较大的负荷电流通过时，因导线有电阻，在某两点（例如人体左、右手接触的两点）就会有电位差，但此电位差较小，如果人穿屏蔽服接触两点，流过屏蔽服的电流很小，一般不需加以防护。这种在载流导体上等电位作业自然产生的电流称为旁路电流。

如在下列情况下则应加以防范：

（1）在高阻抗载流体（如阻波器）附近工作。

（2）使用导流绳断接空载电容电流。

（3）使用短路线短接负荷电流等。

防护的主要措施是使用截面合格、热容量大的导流设备先短接作业设备，使工作区内的阻抗降低，无明显的电位差存在，此时工作就不会发生问题。对断接有较高电位差的电容电流要避开电弧区，或使用密封的消弧设备，免受电弧的伤害。

（四）高压电场的防护

1. 带电作业环境中的高压电场

人体在电场中有许多直接感觉，如吹风感、蛛网感、针刺感等，都说明强电场对人体产生的反应。要保证带电作业人员安全作业，必须对人体进行强电场的防护。

工频交变电场属于缓变电场。缓变电场中场强和电压分布按静电场考虑。

（1）单根架空导线下的电场强度。

导线和地面之间，电场强度的分布是不均匀的。导线与地面之间电场分布按对数函数规律分布，高电位区集中在导线对地空间靠近导线一侧3％～9％的范围内，如图5-7所示。导线表面电场强度是场强最高点。

（2）带电作业时人体的体表场强。

按带电作业三种方式，带电作业时人体的体表场强相差较大。

1）人体在地面时体表场强。人站在地面时对场强影响如图5-8所示。地电位带电作业时，人体沿电场纵向的突出部位体表场强最高。

2）人体在中间电位作业时体表场强。中间电位法作业时，沿着电场的纵向的人体突出部位，体表场强较高，其他部位体表场强度低。

3）人体在电位转移前后的体表场强。转移电位前瞬间，间隙就会击穿。放电前的手指尖端体表场强达到最高值，放电后手不断接近导线，放电持续不断，直到握住导线后，放电停止。人身附近的电力线图形将从图5-9（a）变化到图5-9（b）。

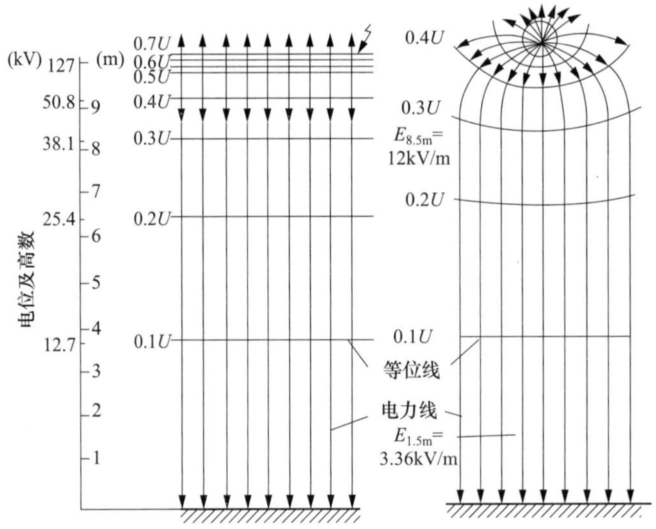

图 5-7　单根架空导线下的场强

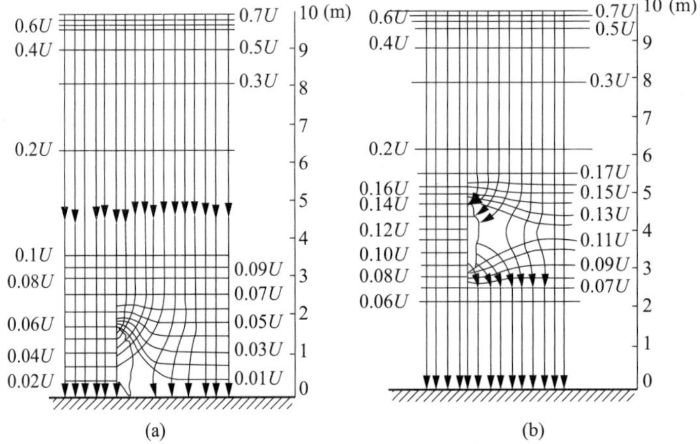

图 5-8　人身离开地面后对场强的影响

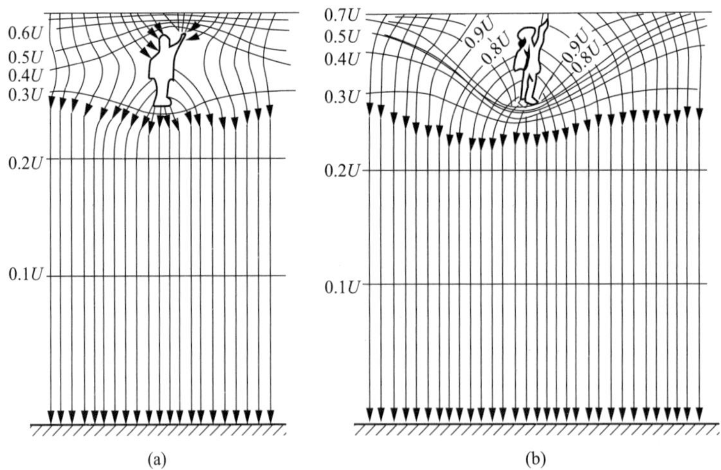

图 5-9　电位转移前后电场的变化

(a) 电位转移前；(b) 电位转移后

4）等电位作业时，不论电压高低，都必须采取防护措施。

2. 高压电场的防护

高压电场的防护主要是穿屏蔽服和保证人体裸露部分在电位转移前对导线必须保持足够距离。

（1）屏蔽服的作用。

1）屏蔽作用。人体表面电场的感受能力有一定限度。屏蔽服的作用就是减弱人体表面的电场强度，减少指标用屏蔽效率来表示，国家标准规定屏蔽效率为40dB。

2）均压作用。如果作业人员不穿屏蔽服去接触带电体，由于人体存在一定的电阻，人体与带电体的接触点（如手指）与未接触点（如脚板）之间有电位差而导致放电刺激皮肤，使作业人员有电击感。穿上屏蔽服后，由于衣服电阻很小（可视为导体），上述现象可消除，从而起到了均压作用。

3）分流作用。当人体处于等电位状态时，由于人体对邻相和地之间有电容，将有一个与电压成正比的电容电流通过人体。屏蔽服是由导电材质（如铜丝、蒙代尔合金丝、不锈钢纤维）与纺织纤维混纺交织而成，又有相互连通的加筋线（铜线），因此，电阻小并有一定的载流能力，当其与人体并联时，屏蔽服便能起到分流暂态电流和稳态电流的作用。

（2）等电位作业中电场防护的有关距离。

1）电位转移中高频电流是最危险的电击电流，如图5-10所示。因此，规程上除了规定必须采用屏蔽良好的手或脚进行电位转移工作外，还规定了人体裸露部分在电位转移前对导线必须保证足够距离。

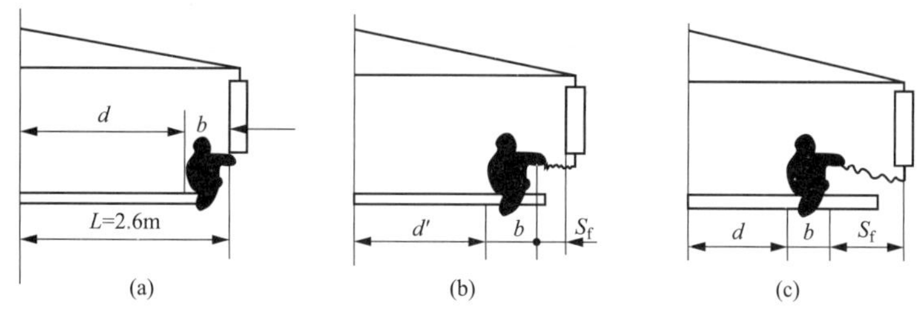

图5-10　火花放电对作业距离的影响

（a）等电位；（b）转移电位中；（c）即将脱离电位

d'—人体与地电位的距离；b—人体短接的绝缘距离；S_f—火花放电距离

2）火花放电距离对安全距离的影响，为了防止火花放电发生在等电位电工的裸露部分（如面部）与导线间，《安规》规定，等电位作业人员在电位转移前，应得到工作负责人许可，并系好安全带。转移电位时人体裸露部分与带电体的距离不应小于表5-7的规定。

3. 屏蔽服

（1）屏蔽服的原理。

一个空心的金属盒，放入电场中，不论盒外的电场如何，盒内没有电场，如图5-11所示，此屏蔽电场现象是1936年法拉第发现的，故称法拉第原理。屏蔽服是法拉第原理的具体应用。

表 5-7　等电位作业杆塔最小净空距离和转移电位时人体裸露部分与带电体的距离

电压等级（kV）	《安规》要求的等电位作业时杆塔最小净空距离（m）	《安规》规定人体裸露部分对带电体的最小距离（m）
35～66	0.7	0.2
110	1.0	0.3
220	1.8	
330	2.6	
500	3.6	0.4

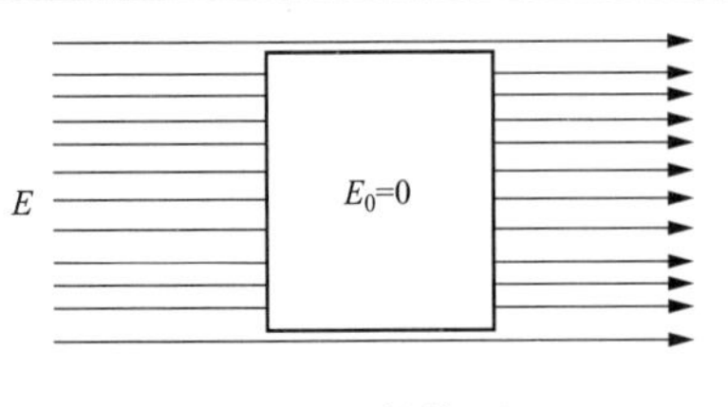

图 5-11　法拉第原理

（2）屏蔽服的类型。

1）目前各地使用的屏蔽服分为两大类，一类是用各种纤维与单股、双股或多股金属丝拼捻织成的均压布缝制的，称金属丝屏蔽服，其纤维有防火和不防火之分。另一类是棉衣服经化学镀银的镀银屏蔽服。

2）屏蔽效率，是屏蔽服的主要技术指标。屏蔽效率（S. E.）是无屏蔽时场强 E_1 与屏蔽服内的场强 E_2 比值的分贝值表示，即 S. E. $=20E_1/E_2$(dB)，屏蔽效率分贝数值越大，屏蔽效果越好，具有 40dB 屏蔽效率的屏蔽服，相当于 99％被屏蔽，即穿透率仅为 1％。如果屏蔽服效率为 60dB，则穿透率仅为 1/1000。

3）我国规定屏蔽服分Ⅰ、Ⅱ两类屏蔽服。从屏蔽效率看，均为 40dB，熔断电流分别为 5A 和 30A。前者用于以屏蔽为主的高压和超高压的带电作业，后者用于 35kV 及以下电压等级的带电作业。

（3）屏蔽服使用注意事项。

1）屏蔽服必须指定专人保管。

2）屏蔽服各部（手套与衣袖、帽与衣、衣与裤、裤与袜）之间的连接必须牢固可靠，接触良好。

3）屏蔽服作业中不允许造成对地和相间短路。

（4）静电防护服（巡视服）。

静电防护服是采用镍纤维或不锈钢与纤维混纺织布后缝制而成，用于 500kV 及以下变电站内及输电线路巡视防静电感应。

四、带电作业安全的其他技术问题

（一）感应电防护

1. 静电感应防护

（1）带电作业中的静电感应。

输电线路通过电流时，周围产生电场，当导体接近带电体时，靠近带电体的一面会感应出与带电体极性相反的电荷，而背离的一面则感应出与带电体极性相同的电荷，使导体的电荷重新分布，这种现象称为“静电感应”。在进行带电作业时作业人员主要会有下列静电感应现象：

1）带电作业人员在杆塔上工作时，在进入电场后，由于静电感应使人体带电，因带电作业人员脚穿绝缘鞋使作业人员对地产生一个电位差（感应电压），当手触杆塔的瞬间，就会出现麻电现象。

2）在电场中，由于静电感应，绝缘的金属物体产生感应电压，当与人体接触的瞬间就会有放电现象出现。例如，当杆塔上作业人员接拿绝缘绳上吊着的金属工具瞬间会产生麻电。

根据试验和实际线路测量表明，作业人员在不穿屏蔽服而对杆塔绝缘的情况下，在500kV线路铁塔上感应电压最高可达10kV左右。在输电线路铁塔上静电感应最大的地方是在铁塔横档端部。人体触及500kV线路铁塔横档端部，可产生感应电流490μA（接近铁塔作业时约800μA）。因为小于人体的安全电流（工频）1mA，所以尚无危险。但是感应电冲击而可能造成高空作业人员突然麻电，可能发生高空坠落事故，如图5-12所示。

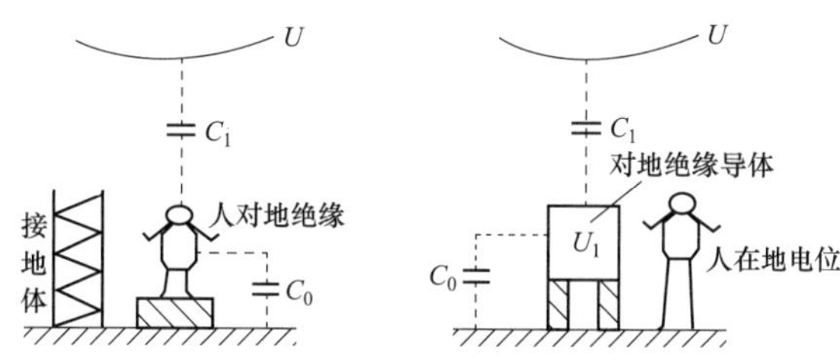

图5-12　静电感应示意图

（2）静电感应防护措施。

为预防静电感应，可采取以下防护措施：

1）防止作业人员受到静电感应，应穿屏蔽服，限制流过人体电流，以保证作业安全。

2）在接触吊起的金属物体前先行采取接地措施，保持等电位。塔上作业时，被绝缘的金属物体与塔体等电位，即可防止静电感应。

（3）具体防护措施。

1）在500kV线路塔上作业应穿屏蔽服和导电鞋，离导线10m以内作业，必须穿屏蔽服和导电鞋。在两条以上平行运行的500kV线路上，即使在一条停电的线路上工作，也应穿屏蔽服和导电鞋，至少必须穿导电鞋。

2）在220kV线路塔上作业，如接近导线作业时，也应穿屏蔽服。

3）退出运行的电气设备，只要附近有强电场，所有绝缘体上的金属部件，不论其体积大小，在没有采取接地措施前，处于地电位上的人员禁止用手直接接触该金属部件。

4）已经断开电源的空载相线，不论其长短，在相邻导线接入电源（或尚未脱离电源）时，空载相线有感应电压，作业人员不准触碰，并应保持足够的距离。只有当作业人员使用绝缘工具将其良好接地后，才能触及空载相线。

5）在强电场下，塔上工作人员接触传递绳上较长的金属物体前，应先使其接地。

6）绝缘架空地线应当作带电体看待。塔上工作人员要对其保持足够的距离。采取接地措施后，才能触及。

7）随着季节、天气的变化，屏蔽服可外套雨衣、防寒衣，对静电感应的屏蔽率没有任何影响。夏季出汗、下雨等，由于人体表皮电阻下降，流过人体的电流增加，屏蔽率降低，所以要考虑作业条件，采取相应的措施。

（4）应注意的问题如下：

1）在输电线路带电作业时，应做好接地或穿屏蔽服，否则不可接触绝缘地线，并注意分相断接引时，带电相对断电（未送电）相产生静电感应。

2）防护对策必须注意方法与步骤的正确性。特别要注意屏蔽服的各个连接点接触是否良好，否则人体的静电感应值可能比普通工作服还要大。

2. 其他感应电压防护

（1）绝缘架空地线的感应电压。

无负荷的导线（体）在工频交流电场中能感应一定电位，称为静电感应。在交流电磁场中能产生电动势，称电磁感应。如果人体站在零电位处接触上述导线（体）就会发生电击，造成伤害甚至死亡。运行中输电线路上的架空地线由于静电感应和电磁感应的作用会产生电动势，当架空地线在每基塔上直接接地，此时地线会长期流过感应电流，造成大量的电能损失。为减少线损并利用地线进行高频载波通信，有些220～500kV的线路地线采用带间隙与大地绝缘方式，绝缘地线上有较高的电磁感应电动势，感应电动势大小与线路电压等级、线路传送负荷以及线路长度有关。绝缘地线上的电压等级往往在千伏以上，甚至达到几万伏。为了降低此感应电动势，采取了导线换位和地线换位的措施，但也不能完全消除。多年来已发生多次因误接触绝缘地线上的感应电压而发生人身伤害的事故。因此，《安规》规定，绝缘架空地线应视为带电体，作业人员与绝缘架空地线之间的距离不应小于0.4m，如需在绝缘架空地线上作业，应用接地线将其可靠接地或采用等电位方式进行。

（2）空载线路的感应电压。

在带电断接空载线路的作业中，无论是在断开或接入的过程，只要有一相导线仍接通电源，尽管该线有无负荷电流，其他两相都会产生静电感应电压。作业人员如果直接接触这两相未接入的导线，就会发生严重的电击感，其危险度取决于电压等级和线路的长度。此类事故已发生过多起。因此必须用导体将线路可靠地接地，接地工序必须使用带绝缘握手的地线夹间接接通或断开。

（3）采用绝缘间隔棒的分裂导线应注意的问题。

有的220kV双分裂导线采用了绝缘的间隔棒，形成线内的闭合回路，以开展导线内的载波通信。许多双分裂线是垂直排列的，两根导线对地高度不同，因此两根线对地的分布电容不一样，使两根导线的电位有一定的电位差。尽管两根线的两端通过阻波器短接，但沿整条线路均有电位差，数量可达几百伏，甚至千伏以上。在这种线路上等电位作业时，必须先在作业点可靠短接两根导线，人体方可进入作业点，否则将对作业人员带来危险。

（4）同塔双回线路的感应电压防护。

我国各电压等级电力线路存在许多同塔双回线，其中包括500kV等级的超高压线路。当一回带电，另一回停电时，若在停电线路上进行作业必须采取必要的安全保护措施。

（二）气象条件与安全的关系

对带电作业安全有影响的因素是气温、风、雨、雪、雾和雷电等。

1. 气温影响

气温影响人的体力及操作的灵活性和准确性。

2. 风力的影响

风力大了除了对作业时正确性和信息传递造成困难外，还会引起荷重的增加和杆塔净空尺寸的变化，过大的风还会增加操作难度。

风力还对水冲洗效果和安全有影响，影响电弧延伸范围。带电塔头加高、整体加高及移位作业对风力影响更大。因此，一般作业的风速限制在五级风以下，有些项目还提出对风速、风向的特殊要求。

3. 雨、雪、雾的影响

（1）绝缘工具受潮之后泄漏电流大大增加，很容易发生绝缘闪络和烧损（如尼龙绳熔断），造成严重的人身、设备事故，故带电作业不允许在雨天进行，还要预测工作中途是否会下雨。一旦作业途中降雨，工作负责人应果断采取措施，首先命令从设备上撤出绝缘工具；如果已无法有序地停止作业，则应命令作业人员撤离工作地点。

（2）雾天应和雨天同样对待，禁止带电作业。

（3）雪天也禁止带电作业，但雪对绝缘工具影响较小，可以从容撤出绝缘工具。如果下的是粘雪，它的影响比下雨还要严重，应立即撤离作业人员。

4. 雷电的影响

现场有雷电时当然不能进行带电作业。如隐约可闻雷声或可见闪电，说明远处有落雷，还有可能传来雷电波，要果断采取措施停止作业。

5. 湿度的影响

绝缘绳索受潮绝缘性能变差，而环氧层压制品或塑料吸湿性能差，故作业时的湿度不作规定，各地可因地制宜。如能使用泄漏电流警报器，则不必再考虑空气的湿度。雨天作业的特殊工具必须配备这种警报器随时监视工具的泄漏情况。

6. 特殊情况

在特殊情况下，必须在恶劣天气进行带电抢修时，应组织有关人员充分讨论并编制必要的安全措施，经本单位批准后方可进行。

（三）停用重合合闸问题

停用重合闸的技术措施是一种后备保护措施。停用重合闸主要考虑到万一带电作业时发生了事故、引起了开关跳闸，停用重合闸，可以保证事故不再扩大，甚至认为可以保护作业人员免遭第二次电压伤害，即是以防万一的后备措施。

五、带电作业工具安全要求

（一）带电作业常用绝缘材料

1. 对带电作业绝缘材料的要求

绝缘材料的好坏直接关系到带电作业的安全，因此制作带电作业工具的绝缘材料必须具备电气性能优良、机械强度高、质量轻、吸水性低、耐老化等特点，且易于加工。

（1）绝缘材料的电气性能。绝缘材料的电气性能主要指绝缘电阻、介质损耗和绝缘强度。

1）绝缘电阻。

绝缘材料在恒定电压作用下应没有任何电流通过，但实际上总会有一些泄漏电流通过。为使泄漏电流最小，绝缘材料应具有大的绝缘电阻。

绝缘电阻由体积电阻和表面电阻两部分并联构成。体积电阻是对通过绝缘体内部的泄漏电流的电阻。良好的绝缘材料体积电阻率和表面电阻率很大。

潮湿会使绝缘材料的绝缘电阻降低，因此在使用和保管时应特别注意不使其受潮。

2）介质损耗。

在交流电压作用下的绝缘体，要消耗一些电能，这些电能转换成了热能。单位时间内所消耗的电能（即功率）称为介质损耗。

介质损耗的大小通常用 $\tan\delta$ 来表示，$\tan\delta$ 越大，则介质内功率损耗也越大，即介质的质量较差。此外，$\tan\delta$ 的大小还与温度和受潮程度有关。当温度升高，在大多数情况下，$\tan\delta$ 将随之增大。当绝缘体受潮的时候，$\tan\delta$ 也要增大。

带电作业绝缘工具耐压试验，规定以不发热为检验合格。这个试验可粗略地检验 $\tan\delta$ 值的大小。

3）绝缘强度。

当电压逐渐增大作用于绝缘体的电压至某一值时，绝缘体就会被击穿，绝缘电阻立即降到很小的数值，造成短路。使绝缘体发生击穿的电压称为绝缘击穿电压，它是绝缘体特别是带电作业所用绝缘材料的重要参数之一。固体介质被击穿后，击穿处发生电弧，使绝缘体炭化和烧坏。如果击穿以后重新对绝缘体施加电压，则原击穿处很容易重新发生击穿，且这时的击穿电压比第一次击穿时小得多。因此，固体绝缘的击穿造成了永久性的损坏，故带电作业使用的绝缘工具，在耐压试验时如被击穿则不能再用。

绝缘材料击穿电压数值叫绝缘强度，也叫击穿强度，即击穿电压与其平均厚度之比，单位以 kV/mm 表示。在一定电压作用下，在规定时间内，绝缘层没有发生击穿现象的电压叫耐受电压。在预防性试验中，规定对带电绝缘工具应做 1min 工频耐压试验。该试验用于检验绝缘工具能否在规定时间内耐受一定的工频电压，以判断其绝缘性能。

（2）绝缘材料的机械性能。

固体绝缘材料在承受机械负荷的作用时所表现出的抵抗能力，总称机械性能。

带电作业使用的各种绝缘工具工作时会受到各种力的作用，如受拉、受压、弯曲、扭转、剪切等。各种外力都能使绝缘工具发生变形、磨损、断裂。因此，用于带电作业工具的各种绝缘材料，必须具有足够的抗拉、抗压、抗弯、抗剪、抗冲击的强度和一定的硬度和塑性，特别是抗拉和抗弯，在带电作业工具中要求很高。

（3）绝缘材料的密度和吸水性。

1）密度，表示在相同强度、相同体积的条件下，某种材料与水质量之比叫密度，单位为 g/cm^3。

对带电作业使用的材料，要求有较小的密度，以便尽可能减轻工具的质量，做到安全、可靠、轻巧灵活、便于携带。

2）吸水性。吸水性表示材料放在温度为（20±5）℃的蒸馏水中，经若干时间（一般为24h）后材料质量增加的百分数。材料在吸收水分后绝缘电阻降低，介质损耗增大，绝缘强度降低。因此，带电作业使用的绝缘材料，吸水性要求越低越好。

3）绝缘材料的工艺性能。绝缘材料的工艺性能主要指机械加工性能，如锯割、钻孔、车丝、刨光等。带电作业使用的固体绝缘材料必须具有良好的加工性能，才能制作出符合要求的各种绝缘工具。

2. 绝缘材料分类

国际电工委员会按电气设备正常运行所允许的最高工作温度，将绝缘材料分为 Y、A、E、B、F、H、C 七个等级，其允许工作温度分别为 90、105、120、130、155℃和 180℃以上。

绝缘材料可分为漆、树脂和胶，浸渍纤维和薄膜，层压制品，压塑料，云母制品五大类。由于带电作业的特殊要求，其采用的绝缘材料除有选择地使用上述五大类的部分品种外，还使用了工程塑料和绝缘绳索。

我国目前带电作业使用的绝缘材料，大致有下列几种：

（1）绝缘板，包括硬板和软板。其材质有层压制品类，如 3240 环氧酚醛玻璃层压布板和工程塑料中的聚氯乙烯板、聚乙烯板等。

（2）绝缘管，包括硬管和软管，其材质有层压制品类，如 3640 环氧酚醛玻璃层压布管和工程塑料中的聚氯乙烯、聚苯乙烯、聚碳酸酯管等。

（3）薄膜，如聚丙烯、聚乙烯、聚氯乙烯、聚酯等塑料薄膜。

（4）绳索，如尼龙绳、蚕丝绳（分生蚕丝绳和熟蚕丝绳两种）。

（5）绝缘油和绝缘漆。

（二）带电作业工具的使用要求

1. 检测零值绝缘子的安全要求

（1）在铁塔上用检测杆检测绝缘子时，身体移动、手臂动作范围不得过大，以免手臂碰触导线。

（2）准确地判断零值绝缘子，以便掌握良好绝缘子数量，确定是否继续检测，避免绝缘子串发生闪络造成接地故障。

（3）检测导线垂直排列的绝缘子串时，身体站立时应注意头部距导线或跳线的安全距离。

（4）在耐张塔上检测绝缘子时，应注意身体与跳线的距离。

（5）检测绝缘子所用的绝缘操作杆最好采用能够伸缩的结构，以免在塔上改变作业点时，绝缘操作杆的另一端接触导线引起绝缘距离过小，发生闪络放电故障。

（6）检测绝缘子时，当发现同一绝缘子串的零值绝缘子片数达到规定时，应立即停止检测。各绝缘子串的总片数超过规定数量时，零值绝缘子片数可相应增加。

2. 使用绝缘梯的安全要求

绝缘梯是等电位作业人员进入电场的常用工具，绝缘梯分为绝缘软梯和绝缘硬梯两种。绝缘软梯用绝缘管和绝缘绳索连接制成，使用时挂在导线上，操作人员攀登软梯进入带电工作区，与带电体接触后进行作业。绝缘硬梯由绝缘杆组成。

使用绝缘梯时应注意下列安全事项：

（1）攀登软梯时容易摆动，所以悬挂软梯后需要人工将软梯下端固定，以便攀登，但下压力不应过大，防止将软梯头架损坏。

（2）绝缘梯本身的连接以及导线、塔身等的连接必须牢固可靠，经检查无误后方可攀登。

（3）在运输、使用过程中防止绝缘梯各部分受潮、磨损或绝缘绳断股、绝缘管裂纹等现象，使用后的绝缘梯应放在隔潮、干净的苫布上。

（4）悬挂绝缘梯的导线、横担、塔身构件或者其他杆件部位，必须满足机械强度要求，在导线或者地线上悬挂软梯时，其截面积不得小于规定值，且应验算导线、地线以及交叉跨越之间的安全距离是否满足要求。

（5）当操作人员与带电体接触后，不得在绝缘梯上任意移动，以免减少绝缘梯的绝缘距离，引起放电故障。

（6）利用绝缘硬梯进入电场时，绝缘硬梯的悬臂端必须用两条绝缘绳固定，不得使用一条绝缘绳固定。

3. 使用绝缘操作杆的安全要求

绝缘操作杆是间接带电作业使用的主要工具，应注意以下安全技术要求：

（1）在使用操作杆之前，应详细检查是否有损坏、裂纹等缺陷，并用清洁干燥的毛巾擦干净，以避免使用时引起泄漏电流。对操作杆可以用摇表测量其绝缘电阻，其值不得低于允许值。

（2）手握操作杆进行操作时，不得超出手握范围，避免因减少绝缘杆有效长度而引起闪络放电故障。

（3）操作者应戴干净清洁的手套，以防出汗降低绝缘操作杆的表面电阻，使泄漏电流增加，危及人身安全。

4. 穿着屏蔽服安全要求

（1）当进行等电位带电作业时，电场效应使空气中的离子游离，因此没有屏蔽的脸部就会感到像风吹一样的感觉。所以带电作业人员必须头戴屏蔽帽，帽舌外露部分可以避免脸部产生不舒服的感觉。

（2）屏蔽服各个连接部分必须连接良好，以保证良好的屏蔽效果，如果手套与上衣连接不良，当手离开导线时，就会有麻电或者电击的感觉。

（3）屏蔽服断丝严重时可能使电阻增大，屏蔽效果降低，所以在穿用前必须认真检查屏蔽服是否有损坏现象。

（4）冬季穿棉衣时，必须将屏蔽服穿在棉衣外面。

（5）屏蔽服使用完毕后，应叠好（卷成筒形）放入专用箱内，不得挤压，以免断丝。

（6）洗涤屏蔽服时，不得过分褶皱、揉搓，应自然晒干。

（7）穿戴的屏蔽服宜比身体宽松一些，以使人身与屏蔽服之间有一定的裕度，一旦发生故障，可减少流入人体的电流，以免烧伤身体。

（8）有孔洞的屏蔽服不得穿用。

（9）穿戴屏蔽服必须穿内衣，避免发生故障时烧伤身体。

（三）带电作业工具的保管

带电作业是一项操作工艺严格、安全要求很高的工作，而带电作业工器具、特别是绝缘工器具好坏，直接关系到作业人员的人身安全和设备安全，因此，对带电作业工器具的保管，有严格的要求。

（1）带电作业绝缘和金属工器具必须分别存放在专用库房内。

（2）带电作业工具库房要求。

1）库房设排风装置，地面应用木质地板，墙面采用铝塑板或不锈钢材料，防潮、隔热，窗户采用双层玻璃。

2）绝缘工具库房应安装除湿、加热设备，室温与环境温度尽可能相一致，温差不宜大于5℃，相对湿度宜控制在50％～60％。

3）库房内应配置货架，分别存放不同的工器具。

4）库房外按规定配置适当数量的消防设备。

5）库房设监控值班室，配置适当数量的手套、毛巾、拖鞋或鞋套。

6）库房内存放的各种工器具，必须有试验合格的标签，做到账卡物齐全，不得存放不合格的工器具。

7）库房应建立带电作业工器具及库房管理制度，设专人管理，并按制度要求建立相关台账和记录。

（四）带电作业工具的试验

带电作业工具的可靠性对保证带电作业安全尤为重要。因此，带电作业工具必须满足电气性能和机械强度的要求。

为使带电作业工具经常保持良好的电气性能和机械强度，除对新工具做出厂试验及型式试验外，使用中的工具还必须定期进行预防性试验，不合格工具要及时处理，确保人身安全。

1. 电气性能试验

（1）试验要求。

预防性试验每年一次，检查性试验每年一次，两次试验间隔半年。绝缘工具电气性能试验项目及标准见表5-8。

操作冲击耐压试验宜采用250/2500的标准波，以无一次击穿、闪络为合格。工频耐压试验以无击穿、无闪络及无过热为合格。

试验时，高压电极应使用直径不小于30mm的金属管，被试品应垂直悬挂，接地极的对地距离为1.0～1.2m，接地极及接高压的电极处，以50mm宽金属铂缠绕，试品间距不少于500mm，单导线两侧均压球直径不小于200mm，均压球距试品不小于1.5m。

表 5-8　　绝缘工具电气性能试验项目及标准

额定电压（kV）	试验长度（m）	1min 工频耐压（kV）		5min 工频耐压（kV）		15 次操作冲击耐压（kV）	
		出厂试验及型式试验	预防性试验	出厂试验及型式试验	预防性试验	出厂试验及型式试验	预防性试验
10	0.4	100	45	—	—	—	—
35	0.6	150	95	—	—	—	—
66	0.7	175	175	—	—	—	—
110	1.0	250	220	—	—	—	—
220	1.8	450	440	—	—	—	—
330	2.8	—	—	420	380	900	800
500	3.7	—	—	640	580	1175	1050

试品应整根进行试验，不得分段。

（2）绝缘工具的检查性试验条件。

将绝缘工具分成若干段进行工频耐压，每 300mm 耐压 75kV，时间 1min，以无击穿、无闪络及无过热为合格。

2. 带电作业工具的机械强度试验标准

（1）静荷重试验：2.5 倍允许工作负荷下持续 5min，以工具无变形及损伤者为合格。

（2）动荷重试验：1.5 倍允许工作负荷下实际操作 3 次，工具灵活、轻便、无卡住现象。

第二节　110～500kV 带电作业项目

一、采用绝缘工具（间接作业法）更换 110kV 直线串绝缘子

（一）培训目的

线路绝缘子串是输电线路中重要的连接和绝缘部件，是保证导线与杆塔间除正常连接外还要具有足够绝缘强度的部件。在运行过程中，线路绝缘子不仅长期受工作电压的作用，而且还要受到操作和雷电等过电压的作用，加之导线自重、风力、冰雪、环境温度变化的机械荷载的影响以及周围环境污染的影响，绝缘子极易受到机械和绝缘损伤，需要对其进行盐密测试或更换工作。为了不影响线路的正常供电，就需对其进行带电更换。110kV 线路直线串多采用合成绝缘子或用 7～8 片悬式绝缘子，线间及对地距离较小，带电更换绝缘子串时，为了人身与设备的安全，一般采用绝缘工具（间接作业法）更换直线串绝缘子，如图 5-13 所示（该方法可用于更换整串和单片绝缘子）。通过培训使工作人员掌握采用绝缘工具（间接作业法）带电更换 110kV 直线串绝缘子的方法、操作步骤。

图 5-13　采用绝缘工具（间接作业法）更换直线串绝缘子操作图

（二）准备工作

适用范围：110kV 线路直线串绝缘子更换。

作业方法：间接作业法（作业人员用绝缘工具接触带电部位进行间接更换）。

1. 工器具材料准备

工器具材料准备清单 1 见表 5-9。

表 5-9　　工器具材料准备清单 1

名称	单位	数量	备注	名称	单位	数量	备注
操作杆	根	1		导线保护绳	根	1	
拔（给）销器	只	1		绝缘滑轮	只	1	
绝缘绳	条	1		绝缘滑轮组（或绝缘拉杠）	套	1	
绝缘子	串	1		弹簧销	个	若干	

2. 人员分工

作业人员 5 人。其中工作负责（监护）人 1 人，塔上更换电工 1 人，塔上操作杆电工 1 人，地面电工 2 人。

（三）操作步骤

（1）塔上更换电工携带绝缘绳及滑轮登至横担适当位置，与地面电工配合把所需操作工具吊至横担及适当位置，将绝缘滑轮组安装在横担侧。同时塔上操作杆电工登至塔上适当位置（一般为作业人员胸部与更换相导线平齐），用操作杆配合塔上更换电工做好绝缘滑轮组导线侧及导线保护绳的安装。

（2）地面电工操作绝缘滑轮组提起导线松动绝缘子串，塔上操作杆电工用绝缘工具取出碗头弹簧销拔离碗头，导线脱离旧绝缘子串。地面电工操作绝缘滑轮组使导线下落至导线保护绳受力，固定好绝缘滑轮组。

（3）塔上更换电工用绝缘绳拴好旧绝缘子串，与地面电工配合摘下旧绝缘子串放落至地面，同时旧绝缘子串带动新绝缘子串至横担侧适当位置，恢复绝缘子串与杆塔的连接。

（4）塔上操作杆电工用绝缘工具在地面电工操作绝缘滑轮组的配合下恢复导线与绝缘子串的连接。

（5）拆除作业工具，作业结束。

（四）安全注意事项

（1）工作前应检查所带工具、材料是否齐备完善。

（2）工作前工作负责人应与调度联系，停用该线路重合闸，并得到许可工作的命令，工作结束后向调度汇报。

（3）塔上作业人员应系好安全带。地面作业人员戴好安全帽，严禁在传递工具、材料的下方停留。

（4）更换前作业人员应对新旧绝缘子串的各连接部位进行检查。

(5) 地电位电工、塔上电工在作业过程中的各种安全距离和所用绝缘工具的最小有效绝缘长度，以及导线在脱离绝缘子串的过程中与邻近带电部分和接地部分的安全距离，均应满足 Q/GDW 1799.2—2013《国家电网公司电力安全工作规程　线路部分》的相关规定。

(6) 作业人员在取出弹簧销前应检查绝缘滑轮组及导线保护绳是否挂牢。

(7) 导线未脱离绝缘子串以前，横担上电工不得用手直接触及第二片绝缘子的铁帽，以防触电。

(8) 在导线脱离绝缘子串后，应使导线下落一段距离（根据塔型及作业人员情况而定），以便作业人员接触绝缘子串时有足够的安全距离。

(9) 新绝缘子串在换上前应擦拭干净。合成绝缘子从箱子中取出后保持清洁。

二、采用绝缘工具（间接作业法）更换 220kV 直线串绝缘子

（一）培训目的

采用绝缘工具更换 220kV 直线串绝缘子，主要是用绝缘承力工具提升导线，将原绝缘子串承受的导线垂直荷重和电压转移到绝缘承力工具上，使绝缘子退出运行后进行更换。目前常用的绝缘承力工具有横担卡具、紧线丝杠（有的与横担卡具配套）、绝缘拉板（杆）。通过培训使工作人员掌握采用绝缘工具（间接作业法）带电更换 220kV 直线串绝缘子的方法、操作步骤。

（二）准备工作

适用范围：更换 220kV 直线串绝缘子。

作业方法：间接作业法。采用绝缘拉板更换 220kV 线路直线整串绝缘子，如图 5-14、图 5-15 所示。

图 5-14　采用绝缘拉板（间接作业法）更换 220kV 线路直线整串绝缘子操作图

图 5-15　横担卡具（带紧线丝杠，适用于混凝土电杆角铁横担）

1. 工器具材料准备

工器具材料准备清单 2 见表 5-10。

表 5-10　　工器具材料准备清单 2

名称	单位	数量	备注	名称	单位	数量	备注
横担卡具	套	2		取销钳	把	1	
紧线丝杠	套	2		组合绝缘杆	套	1	
绝缘拉板（杠）	套	2		导线保护绳	根	1	
托瓶架	副	1		绝缘绳	条	2	
绝缘滑轮	个	2		万用表	块	1	
绝缘子	串	1		火花间隙检测器	个	1	
绝缘电阻表	块	1		屏蔽服	套	2	
风速仪	台	1		弹簧销	个	若干	

2. 人员分工

作业人员共需 6～7 人，其中工作负责人（监护人）1 名，塔上更换电工 1 名，塔上操作杆电工 1 名，地面电工 3～4 名。

（三）操作步骤

（1）塔上更换电工带绝缘绳及滑轮登塔至作业相横担处。

（2）塔上电工在地面电工的配合下，吊上横担卡具、紧线丝杠、绝缘拉板（杆）、后备保护绳等工具，塔上两名电工相互配合将其安装好。

（3）导线保护绳尾部系于横担主材上，塔上电工相互配合在导线上装好保护绳。

（4）塔上更换电工适当收紧丝杠，使其刚好受力，塔上操作杆电工取出绝缘子串导线侧碗头的弹簧销。塔上更换电工收紧丝杠，将绝缘子串承受的荷载力转移至绝缘承力工具上。检查承力工具各点受力无误后，塔上操作杆电工将绝缘子串与导线脱离连接。

（5）塔上更换电工在绝缘子串上系好吊瓶绳，拆除横担侧绝缘子弹簧销，与地面电工配合利用旧绝缘子串拉至横担上，进行更换。

（6）塔上两名电工相互配合，安装好新绝缘子串，装好弹簧销。

（7）塔上电工与地面电工配合，拆除横担卡具、紧线丝杠、绝缘拉杆等工具，作业结束。

（四）安全注意事项

（1）工作前检查所需工具、材料是否齐备完善。对绝缘工具应仔细检查是否损坏、变形、失灵，并使用 2500V 绝缘电阻表或绝缘检测仪、声光绝缘检测仪进行分段绝缘检测（电极宽 2cm，极间宽 2cm），阻值应不低于 700MΩ。

（2）工作前应与调度联系，停用该线路重合闸，并取得工作许可命令，工作结束后向调度汇报。

（3）地面电工、塔上电工、等电位电工在作业过程中的各种安全距离和所用绝缘工具的最小有效绝缘长度应满足 Q/GDW 1799.2—2013 的相关规定。

（4）传递工具及材料时，必须使用绝缘绳。

（5）绝缘子串与导线脱离前，应加挂导线保护绳。

（6）收紧或松动紧线丝杠时须步调一致，使卡具两侧丝杠受力均衡。

（7）绝缘子串与导线脱离连接前，需检查各承力工具的连接以及受力状况是否良好。

三、采用绝缘工具（间接作业法）带电更换耐张杆塔跳线悬垂绝缘子

（一）培训目的

采用绝缘工具更换 220kV 跳线悬垂绝缘子，主要是用绝缘承力工具提升导线，将原绝缘子串承受的导线垂直荷重和电压转移到绝缘承力工具上，使绝缘子退出运行后进行更换。目前常用的绝缘承力工具有横担卡具、紧线丝杠（有的与横担卡具配套）、绝缘拉板（杆）。通过培训使工作人员掌握带电更换耐张杆塔跳线悬垂绝缘子的方法、操作步骤。

（二）准备工作

适用范围：更换 220kV 跳线悬垂绝缘子。

作业方法：采用绝缘拉板（间接作业法）更换 220kV 线路跳线悬垂绝缘子。

1. 工器具材料准备

工器具材料准备清单 3 见表 5-11。

表 5-11　　工器具材料准备清单 3

名称	单位	数量	备注	名称	单位	数量	备注
横担卡具	套	2		取销钳	把	1	
紧线丝杠	套	2		组合绝缘杆	套	1	
绝缘拉板（杠）	套	2		导线保护绳	根	1	
托瓶架	副	1		绝缘绳	条	2	
绝缘滑轮	个	2		万用表	块	1	
绝缘子	串	1		火花间隙检测器	个	1	
绝缘电阻表	块	1		屏蔽服	套	2	
风速仪	台	1		弹簧销	个	若干	

2. 人员分工

作业人员共需 5 人，其中工作负责人（监护人）1 名，塔上更换电工 1 名，塔上操作杆电工 1 名，地面电工 2 名。

（三）操作步骤

（1）塔上更换电工带绝缘绳及滑轮登塔至作业相横担处。

（2）塔上电工在地面电工的配合下，吊上横担卡具、紧线丝杠、绝缘拉板（杆）、后备保护绳等工具，塔上两名电工相互配合将其安装好。

（3）导线保护绳尾部系于横担主材上，塔上电工相互配合在导线上装好保护绳。

（4）塔上更换电工适当收紧丝杠，使其刚好受力，塔上操作杆电工取出跳线悬垂绝缘子串导线侧碗头的弹簧销。塔上更换电工收紧丝杠，将绝缘子串承受的荷载力转移至绝缘承力工具上。检查承力工具各点受力无误后，塔上操作杆电工将绝缘子串与导线脱离连接。

（5）塔上更换电工在绝缘子串上系好绳，拆除横担侧绝缘子弹簧销，与地面电工配合利用旧绝缘子串拉至横担上，进行更换。

（6）塔上两电工相互配合，安装好新绝缘子串，上好弹簧销。

（7）塔上电工与地面电工配合，拆除横担卡具、紧线丝杠、绝缘拉杆等工具，作业结束。

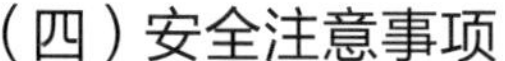

（四）安全注意事项

（1）工作前检查所需工具、材料是否齐备完善。对绝缘工具应仔细检查是否损坏、变形、失灵，并使用2500V绝缘电阻表或绝缘检测仪、声光绝缘检测仪进行分段绝缘检测（电极宽2cm，极间宽2cm），阻值应不低于700MΩ。

（2）工作前应与调度联系，停用该线路重合闸，并取得工作许可命令，工作结束后向调度汇报。

（3）地面电工、塔上电工、等电位电工在作业过程中的各种安全距离和所用绝缘工具的最小有效绝缘长度应满足Q/GDW 1799.2—2013的相关规定。

（4）传递工具及材料时，必须使用绝缘绳。

（5）绝缘子串与导线脱离前，应加挂导线保护绳。

（6）收紧或松动紧线丝杠时须步调一致，使卡具两侧丝杠受力均衡。

（7）绝缘子串与导线脱离连接前，需检查各承力工具的连接以及受力状况是否良好。

四、使用闭式卡具带电更换220kV线路耐张双串单片瓷绝缘子

（一）培训目的

采用闭式卡具更换220kV线路耐张双串绝缘子中间任意单片绝缘子，主要是用闭式卡具卡在三片绝缘子上，收紧丝杠后，取下中间需要更换的绝缘子。通过培训使工作人员掌握使用闭式卡具带电更换220kV输电线路耐张塔双串单片瓷绝缘子的方法、操作步骤。

（二）准备工作

适用范围：更换220kV线路耐张双串单片瓷绝缘子。

作业方法：等电位作业法。采用闭式卡具更换220kV线路耐张双串单片瓷绝缘子。

1. 人员分工

作业人员共需4人，其中工作负责人（监护人）1名，塔上更换电工1名，地面电工2名。

2. 工器具材料准备

工器具材料准备清单4见表5-12。

表5-12　工器具材料准备清单4

名称	单位	数量	备注	名称	单位	数量	备注
闭式卡具	套	1		取销钳	把	1	
绝缘滑轮	个	2		绝缘杆	套	1	
绝缘绳	条	1		火花间隙检测器	个	1	
屏蔽服	套	1		绝缘电阻表	个	1	
绝缘子	片	1		万用表	个	1	
风速仪	个	1		温湿度计	个	1	
W销	个	若干					

（三）操作步骤

（1）接受工作任务，召开班前会，讲解相关安全技术措施及施工方法。

（2）填写工作票，准备好工器具。

（3）申请停用该线路重合闸，得到值班调度员命令后方可工作。

（4）列队宣读工作票。工作负责人向班组成员交代安全、技术及危险点控制。

（5）铺设好防潮苫布，现场检测绝缘工器具及安全用具。

（6）杆上作业人员带绝缘绳上塔，将传递绳挂在适当位置，杆上作业人员与地面作业人员配合，将测零工具传至地电位电工，地电位电工对该相双串绝缘子进行检测，并做好记录；发现一串中非零值绝缘子片数少于 13 片时不得采用此方法作业。

（7）等电位电工穿好全套屏蔽服，系好安全带和人身后备绝缘保护绳，并带上绝缘传递绳登塔，沿绝缘子串进入强电场时系好安全带和人身后备保护绳，且应满足组合间隙大于 2.1m，人体短接绝缘子片数不得超过 4 片，在绝缘子串上移动时应手脚并进，到达要更换的绝缘子附近。

（8）等电位电工到达位置后系好传递绳，地面电工将闭式卡传递给等电位电工，等电位电工将闭式卡装在零值绝缘子两端短接绝缘子长度不得超过 4 片，收紧丝杠使绝缘子松弛至绝缘子能够取出放至地面，地面电工将新绝缘子传递至等电位电工，装上新绝缘子，装好弹簧销，松动丝杠使绝缘子串受力。

（9）完工后拆除工具，人员下塔。

（10）清点工具装车。

（11）工作负责人向值班调度员汇报，申请投入线路重合闸装置。

（12）做好作业记录。

五、采用绝缘工具（等电位和间接作业法结合法）更换 220kV 耐张串绝缘子

（一）培训目的

带电更换 220kV 耐张绝缘子串时，是用一组卡具卡在绝缘子串前后联板的同一外侧，利用紧线丝杠和绝缘拉板（杆）将被更换串绝缘子承受的拉力转移至绝缘承力工具上，使其松弛后进行更换。

带电更换耐张绝缘子串时，等电位电工进入电场可采取沿绝缘软梯、沿耐张绝缘子串进入等方法。实际工作中，可根据具体情况选用其中一种方法进入电场。

采用绝缘软梯进入电场，它不受导线悬挂高度和场地限制。与沿绝缘子串进入电场相比，不受组合间隙和良好绝缘子片数的限制。采用此种方法，具有一定的灵活性，很适合在杆塔附近的导线上进行作业时，是等电位电工进入电场的常用方式。

通过培训使工作人员掌握采用绝缘工具（等电位和间接作业法结合法）更换 220kV 耐张串绝缘子的方法、工作步骤。

（二）准备工作

适用范围：更换 220kV 线路耐张单串或双单绝缘子。

作业方法：等电位作业。等电位电工沿软梯进入强电场，并以弯板卡更换 220kV 线路耐张整串绝缘子。作业示意图如图 5-16、图 5-17 所示。

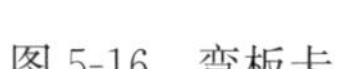

图 5-16　弯板卡

图 5-17　以弯板卡更换 220kV 线路耐张整串绝缘子操作

1. 人员分工

作业人员共需 6 人，其中工作负责人（监护人）1 名，塔上电工 1 名，等电位电工 1 名，地面电工 3 名。

2. 工器具材料准备

工器具材料准备清单 5 见表 5-13。

表 5-13　　　　工器具材料准备清单 5

名称	单位	数量	备注	名称	单位	数量	备注
大刀或弯板卡具	副	1		横担卡具	套	2	
耐张线夹卡具	套	1		托瓶架	副	1	
伸缩绝缘杆	套	1		屏蔽服	套	2	
绝缘滑轮	个	3		绝缘绳	根	4	
绝缘拉板	副	1		绝缘平梯	副	1	
绝缘子	串	1		弹簧销	个	若干	

（三）操作步骤

（1）塔上电工带绝缘绳、绝缘滑轮登杆至横担。

（2）塔上电工配合地面电工吊上绝缘软梯，组装好，并做冲击试验，检查软梯安装情况、等电位电工用的高空安全绳是否牢固。

（3）等电位电工穿好全套屏蔽服，系好安全绳，带绝缘滑轮，沿绝缘软梯进入电场。

（4）地面电工、塔上电工、等电位电工配合，吊上卡具、绝缘承力拉板（杆）、托瓶架等工具并组装好，塔上电工和等电位电工分别取出绝缘子串两端碗头和球头的弹簧销。

（5）塔上电工适当收紧丝杠，并检查各承力部件受力是否良好。无误后，塔上电工收紧丝杠，使绝缘子串松弛，落于托瓶架上，等电位电工将绝缘子串与导线脱离连接，塔上电工将绝缘子串与横担脱离连接。

（6）地面电工、塔上电工相互配合，用交替法将新绝缘子串吊至横担。

（7）复原顺序相反。新绝缘子串就位时，等电位电工可用绝缘绳配合塔上电工牵引或通过滑轮由地面电工牵引。

（8）地面电工、塔上电工、等电位电工互相配合，拆除工具，等电位电工退出电场，作业结束。

（四）安全注意事项

（1）工作前应检查所需工具、材料是否齐备完善。对绝缘工具应仔细检查是否损坏、变形、失灵，并使用2500V绝缘电阻表或绝缘检测仪进行分段绝缘检测（电极宽2cm，极间宽2cm），阻值应不低于700MΩ。

（2）工作前与调度联系，停用该线路重合闸，并取得工作许可命令，工作结束后向调度汇报。

（3）地面电工、塔上电工、等电位电工在作业过程中的各种安全距离和所用绝缘工具的最小有效绝缘长度应满足Q/GDW 1799.2—2013的相关规定。

（4）传递工具材料时，必须使用绝缘绳。

（5）等电位电工电位转移前，应得到工作负责人（监护人）的许可，并系好安全带。

（6）塔上电工不能直接触及没有脱离电位的绝缘子。

（7）收紧或松动丝杠时，应使其受力均衡。丝杠在受力后，应检查各承力部件确无问题后，方可脱开绝缘子与碗头、球头的连接。

（8）等电位电工沿绝缘软梯进入电场，应加挂安全绳。

六、采用绝缘软梯（等电位作业法）修补导线、更换间隔棒或防振锤

（一）培训目的

间隔棒、防振锤是输电线路中的重要附件，在长期运行过程中，会产生锈蚀、松动滑移等情况，或因自身的质量问题而损坏。导线会因外力破坏等因素造成导线断股。因此修补损伤轻微的导线、更换间隔棒或更换防振锤是输电线路检修中比较常见的工作。通过培训使工作人员掌握采用绝缘软梯（等电位作业法）修补导线、更换间隔棒或防振锤的方法、工作步骤。图5-18为软梯安装图，图5-19为软梯等电位法修补导线操作。

图5-18　软梯安装

图5-19　软梯等电位法修补导线操作

（二）准备工作

适用范围：110、220kV线路修补导线、更换间隔棒、更换防振锤。

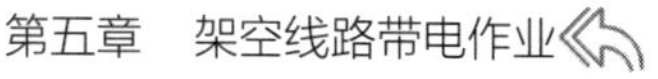

作业方法：等电位作业法。采用软梯等电位法修补导线、更换间隔棒或防振锤。

1. 工器具材料准备

工器具材料准备清单 6 见表 5-14。

表 5-14 工器具材料准备清单 6

名称	单位	数量	备注	名称	单位	数量	备注
屏蔽服	套	1		绝缘绳	条	2	
安全带	套	1		绝缘滑轮	个	1	
绝缘软梯	套	1		跟头滑车	个	1	
保护绳	条	1		防坠落器	套	1	
预绞丝、间隔棒、防振锤等		若干					

2. 人员分工

作业人员共需 4 人，其中工作负责（监护）人 1 名，等电位电工 1 名，地面电工 2 名。

（三）操作步骤

（1）操作人员相互配合，利用跟头滑车，将挂软梯的绝缘绳挂于作业相导线上。

（2）地面电工将绝缘软梯与软梯架组装好，吊至导线挂牢，并做冲击试验、检查等电位电工高空用安全绳是否牢固。

（3）等电位电工携带绝缘滑轮、绝缘绳等工具，登软梯上至导线。

（4）等电位电工拆除需更换的防振锤，将间隔棒移位，或处理需补修的导线。

（5）地面电工配合等电位电工吊上所需更换的防振锤、间隔棒或补修导线用的预绞丝等材料。

（6）等电位电工安装新的防振锤、间隔棒（后拆除旧的间隔棒），补修导线。

（7）等电位电工退出电场，拆除工具，作业结束。

（四）安全注意事项

（1）工作前检查所需工具、材料是否完善。对绝缘工具应仔细检查，是否损坏、变形、失灵，并用绝缘检测仪检测绝缘是否良好。

（2）工作前与调度联系，停用该线路重合闸，并取得工作许可命令，工作结束后向调度汇报。

（3）地面电工、塔上电工、等电位电工在作业过程中的各项安全距离和所用绝缘工具的最小有效绝缘长度以及悬挂软梯的条件均应满足 Q/GDW 1799.2—2013 的规定。

（4）等电位作业人员应系好安全带，所穿屏蔽服各部分连接可靠。

（5）导线损伤后能否悬挂软梯应根据损伤情况进行验算，同时还应验算导线对交叉跨越物之间的安全距离是否满足要求。

（6）等电位电工电位转移前，应得到工作负责人（监护人）的许可，并系好安全带。

（7）等电位电工在登梯前身上应系好安全绳，安全绳悬挂点应检查无误后方可悬挂，在攀登软梯过程中不得失去安全绳的保护。

（8）传递工具及材料时，必须使用绝缘绳。

(9) 软梯挂好后，需做冲击试验，无误后，等电位电工才能攀登。

七、采用绝缘杆（火花间隙法）检测零值绝缘子

（一）培训目的

运行中的输电线路悬式绝缘子，在良好状态时，其两端存在数千伏的电位差。用火花间隙法检测零值绝缘子，是利用火花间隙接触被测绝缘子的钢脚和钢帽，当绝缘子良好时，其存在的电位差将火花间隙击穿而发生火花放电，如果绝缘子为零或低值，则不会发生放电现象或放电较弱。该方法操作简单、轻巧、方便，在实际工作中被普遍采用。通过培训使工作人员掌握采用绝缘杆（火花间隙法）检测零值绝缘子的方法、工作步骤。操作杆与火花间隙如图 5-20 所示。

图 5-20　操作杆与火花间隙

图 5-21　110kV 耐张杆检测零值绝缘子操作图

（二）准备工作

适用范围：110、220kV 线路绝缘子检测。作业方法：间接作业法。如图 5-21 所示。

1. 工器具材料准备

绝缘操作杆 1 根，火花间隙 1 个。

2. 人员分工

作业人员共需 2 人，其中工作负责（监护）人 1 名，塔上操作电工 1 名。

（三）操作步骤

(1) 塔上电工带伸缩式绝缘杆至适当位置，系好安全带。

(2) 逐相从导线侧第一片绝缘子开始，按顺序逐片测量，并将零值绝缘子报告地面负责人做好记录。

(3) 检测完毕，塔上电工下杆，作业结束。

（四）安全注意事项

(1) 工作前检查所需工具是否齐备完善。

(2) 工作前与调度联系，并取得工作许可命令，工作结束后向调度汇报。

(3) 塔上电工在作业过程中的各项安全距离和所需绝缘工具的最小有效绝缘长度均应满足 Q/GDW 1799.2—2013 的规定。

(4) 作业前应校准火花间隙的距离。

(5) 检测中，当发现同一串中的零值绝缘子达到 5 片（110kV）时，应立即停止检测。

八、带电更换500kV输电线路直线悬垂Ⅰ串合成绝缘子

（一）培训目的

通过培训使工作人员掌握带电更换500kV输电线路直线悬垂Ⅰ串合成绝缘子的方法、工作步骤。

（二）准备工作

（1）查阅相关资料，确定需更换的绝缘子型号，计算铁塔垂直档距，量好塔窗尺寸，必要时对作业周围环境进行勘察。

（2）工器具配置。

绝缘吊线杆、收紧丝杠、提线钩、绝缘传递绳、绝缘传递滑车、绝缘保护绳、2×2绝缘滑车组、硬梯、绝缘电阻表、温度计、湿度仪、风速仪、防潮苫布等。

（3）准备材料。

合成绝缘子（根据现场情况确定型号和数量）。

（4）人员组织。

本项作业共8人，其中工作负责人1名，专责监护人1名，等电位电工1名，地电位电工2名，地面电工3名。工作负责人、专责监护人不仅具有操作人员资格，且应符合Q/GDW 1799.2—2013中对带电工作负责人（专责监护人）的各项规定。地电位、等电位人员必须是经过带电专业理论和技能培训并考试合格的人员，且应持有允许本项目操作的合格证书。地面人员必须是经过安规考试合格的人员，且应熟悉本项目作业指导书的各项规定。

（5）针对本项作业进行危险点分析，制定有针对性的安全措施，并对全体工作人员进行交底。

（三）作业程序

1. 工具检测和储运

（1）领用绝缘工具时，必须核对工器具的试验周期，超试验周期的工具应及时调换。

（2）领用绝缘工具时，必须做外观检查，发现工具破损、绝缘工具脏污和受潮、滑车变形或失灵应及时调换。

（3）领用绝缘工具时，必须使用绝缘测试仪或2500V绝缘电阻表进行分段检测，发现阻值低于700MΩ的绝缘工具，应及时调换。

（4）运输时应将绝缘工具存放在专用的工具袋、箱内，发现受损或受潮、脏污的工具应立即停止使用。

2. 现场作业前准备

（1）工作负责人按带电作业工作票内容通知调度值班员。必要时在工作票上填写现场安全补充措施。

（2）进行现场天气观测，如遇风力超过5级（风速8m/s），空气相对湿度大于80%时，应暂停本项作业。

（3）检查新绝缘子串，安装上下端均压环待用。

3. 操作步骤（以一相为例）

（1）塔上电工带传递绳登塔，在导线挂点附近的主材处将传递绳挂好。

（2）地面电工将吊线杆与提线钩连接好，将提升丝杠、吊线杆、保护绳等工具分别传到塔上，塔上电工在导线挂点处装好丝杠、吊线杆等工具，装好导线二道保护绳。

（3）等电位电工上塔，地面电工将硬梯、2-2 绝缘滑车组、绝缘吊绳传到塔上。等电位电工与塔上电工配合，量好吊绳长度（以硬梯底部低于上导线为宜），并将其在横担端部固定好，2-2 滑车组一端由地面电工控制，另一端与硬梯、吊绳连接好。

（4）等电位电工进入硬梯，由地面人员控制，等电位电工在距离导线 0.5～1m 时应报告“等电位”，工作负责人许可后，距离导线 0.4m 时快速出手抓稳导线，自导线侧面子导线间隙处钻入导线，将硬梯挂钩钩在导线上。

（5）等电位电工扶正吊线钩，塔上电工收紧吊杆丝杠，将导线吊起，然后检查工具的各部分受力情况，确认无问题后，等电位电工将绝缘子下端与碗头挂板连接处拆开，并移至导线外侧，然后离开线夹 1m 以外。

（6）塔上电工先用传递绳将合成绝缘子绑好，地面电工将传递绳收紧，塔上电工将绝缘子与球头挂环连接处拆开，地面电工控制传递绳，使绝缘子慢慢落到地面。

（7）地面电工将安装好均压环的新绝缘子利用传递绳传到塔上，按上述相反顺序恢复绝缘子串。

4. 工作结束

工作结束后，等电位电工离开电场，拆除工具，人员下塔。地面电工清理现场工器具及旧绝缘子后撤离现场，由工作负责人向调度值班员汇报。

九、带电更换 500kV 输电线路直线塔悬垂 I 串整串或单片瓷（玻璃）绝缘子

（一）培训目的

通过培训使工作人员掌握带电更换 500kV 输电线路直线塔悬垂 I 串整串或单片瓷（玻璃）绝缘子的方法、操作步骤。等电位人员进出电场示意如图 5-22 所示。带电更换整串绝缘子示意图如图 5-23 所示。

图 5-22　等电位人员进出电场示意图

图 5-23　带电更换整串绝缘子示意图

（二）准备工作

（1）查阅相关资料，确定需更换的绝缘子型号、片数，计算铁塔垂直档距，量好塔窗尺寸，必要时对作业周围环境进行勘察。

（2）工器具配置。

绝缘吊线杆、收紧丝杠、提线钩、绝缘传递绳、绝缘传递滑车、绝缘保护绳、2×2 绝缘滑车组、硬梯、绞磨、绝缘牵引绳、分布电压测试仪、操作杆、绝缘牵引滑车、绝缘电阻表、温度计、湿度仪、风速仪、防潮苫布等。

（3）准备材料。

瓷（玻璃）绝缘子（根据现场情况确定型号和数量）。

（4）人员组织。

本项作业共 10 人，其中工作负责人 1 名，专责监护人 1 名，等电位电工 1 名，地电位电工 2 名，地面电工 5 名。工作负责人、专责监护人不仅具有操作人员资格，且应符合 Q/GDW 1799.2—2013 中对带电工作负责人（专责监护人）的各项规定。地电位、等电位人员必须是经过带电专业理论和技能培训并考试合格的人员，且应持有允许本项目操作的合格证书。地面人员必须是经过安规考试合格的人员，且应熟悉本项目作业指导书的各项规定。

（5）针对本项作业进行危险点分析，制定有针对性的安全措施，并对全体工作人员进行交底。

（三）作业程序

1. 工具检测和储运

（1）领用绝缘工具时，必须核对工器具的试验周期，超试验周期的工具应及时调换。

（2）领用绝缘工具时，必须做外观检查，发现工具破损、绝缘工具脏污和受潮、滑车变形或失灵应及时调换。

（3）领用绝缘工具时，必须使用绝缘测试仪或 2500V 绝缘电阻表进行分段检测，发现阻值低于 700MΩ 的绝缘工具，应及时调换。

（4）运输时应将绝缘工具存放在专用的工具袋、箱内，发现受损或受潮、脏污的工具应立即停止使用。

2. 现场作业前准备

（1）工作负责人按带电作业工作票内容通知调度值班员。必要时在工作票上填写现场安全补充措施。

（2）进行现场天气观测，如遇风力超过 5 级（风速 8m/s），空气相对湿度大于 80%时，应暂停本项作业。

（3）进行新绝缘子串的检查、组装和清洁，并进行绝缘检测，发现零值应及时进行更换。

3. 操作步骤

（1）塔上电工带传递绳登塔，在导线挂点附近的主材处将传递绳挂好。

（2）如为瓷绝缘子，地面电工将绑有分布电压测试仪的绝缘检测杆传至塔上，塔上电工用操作杆对被更换的绝缘子整串进行认真检测，在确保良好绝缘子片数满足规程规定的要求时方可进入电场进行绝缘子更换（玻璃绝缘子串不需要进行检测）。

（3）地面电工将吊线杆与提线钩连接好，将提升丝杠、吊线杆、保护绳等工具分别传到塔上，塔上电工在导线挂点处装好丝杠、吊线杆等工具，装好导线二道保护绳。

（4）等电位电工上塔，地面电工将硬梯、2-2 绝缘滑车组、绝缘吊绳传到塔上，等电位电工与塔上电工配合，量好吊绳长度（以硬梯底部低于上导线为宜），并将其在横担端部固定好，2-2 滑车组一端由地面电工控制，另一端与硬梯、吊绳连接好。

（5）等电位电工进入硬梯，由地面人员控制，等电位电工在距离导线 0.5～1m 时应报告“等电位”，工作负责人许可后，距离导线 0.4m 时快速出手抓稳导线，自导线侧面子导线间隙处钻入导线，将硬梯挂钩钩在导线上。

（6）等电位电工扶正吊线钩，塔上电工收紧丝杠，将导线吊起，然后检查工具的各部分受力情况，确认无问题后，等电位电工将绝缘子下端与碗头挂板连接处拆开，并移至导线外侧，然后离开线夹 1m 以外。

（7）地面电工将绝缘牵引绳一端和一个 1t 绝缘滑车传到塔上，塔上电工将滑车挂在导线挂点旁的施工孔上，牵引绳穿过滑车与挂瓶器连好，挂瓶器装在第三片绝缘子钢帽上。牵引绳另一端缠在塔腿底部主材上的手摇绞磨上。

（8）等电位电工扶正提线钩，塔上电工收紧吊杆丝杠，将导线吊起，然后检查工具的各部受力情况，确认无问题后，等电位电工将绝缘子下端与碗头挂板连接处拆开。

（9）塔上电工拔出第一片绝缘子的弹簧销，地面电工收紧牵引绳，塔上电工将绝缘子串与球头挂环连接处拆开，地面电工慢慢放松牵引绳，在等电位电工的配合下，使绝缘子串由四分裂导线中间落到地面，地面电工将绝缘子串更换为新绝缘子串（如需更换单片，可直接更换相应片数）。

（10）按与上述操作相反的顺序恢复绝缘子串与金具的连接。

4. 工作结束

工作结束后，等电位电工离开电场，拆除工具，人员下塔。地面电工清理现场工器具及旧绝缘子后撤离现场，由工作负责人向调度值班员返汇报。

十、带电更换 500kV 输电线路直线塔 V 串瓷（玻璃）绝缘子

（一）培训目的

通过培训使工作人员掌握带电更换 500kV 输电线路直线塔 V 串整串或单片瓷（玻璃）绝缘子的方法、操作步骤。

更换 V 串绝缘子示意图如图 5-24 所示。

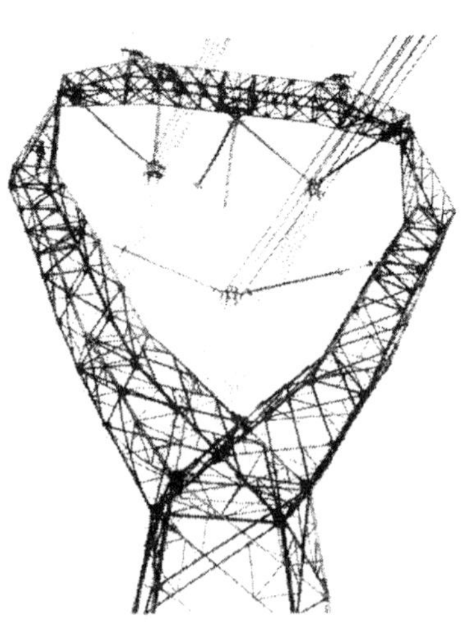

图 5-24　更换 V 串绝缘子示意图

（二）准备工作

（1）查阅相关资料，确定需更换的绝缘子型号、片数，计算铁塔垂直档距，量好塔窗尺寸，必要时对作业点周围环境进行勘察。

（2）工器具配置。

绝缘吊线杆、收紧丝杠、前后端卡具、绝缘传递绳、绝缘传递滑车、绝缘保护绳、跟头滑车、软梯、软梯头架、消弧绳、绞磨、绝缘牵引绳、分布电压测试仪、操作杆、绝缘牵引滑车、托瓶架、绝缘分叉吊绳、绝缘电阻表、温度计、湿度仪、风速仪、防潮苫布等。

（3）准备材料。

瓷（玻璃）绝缘子（根据现场情况确定型号和数量）。

（4）人员组织。

本项作业共10人，其中工作负责人1名，专责监护人1名，等电位电工1名，地电位电工2名，地面电工5名。工作负责人、专责监护人不仅具有操作人员资格，且应符合Q/GDW 1799.2—2013中对带电工作负责人（专责监护人）的各项规定。地电位、等电位人员必须是经过带电专业理论和技能培训并考试合格的人员，且应持有允许本项目操作的合格证书。地面人员必须是经过安规考试合格的人员，且应熟悉本项目作业指导书的各项规定。

（5）针对本项作业进行危险点分析，制定有针对性的安全措施，并对全体工作人员进行交底。

（三）作业程序

1. 工具检测和储运

（1）领用绝缘工具时，必须核对工器具的试验周期，超试验周期的工具应及时调换。

（2）领用绝缘工具时，必须做外观检查，发现工具破损、绝缘工具脏污和受潮、滑车变形或失灵应及时调换。

（3）领用绝缘工具时，必须使用绝缘测试仪或2500V绝缘电阻表进行分段检测，发现阻值低于700MΩ的绝缘工具，应及时调换。

（4）运输时应将绝缘工具存放在专用的工具袋、箱内，发现受损或受潮、脏污的工具应立即停止使用。

2. 现场作业前准备

（1）工作负责人按带电作业工作票内容通知调度值班员。必要时在工作票上填写现场安全补充措施。

（2）进行现场天气观测，如遇风力超过5级（风速8m/s），空气相对湿度大于80%时，应暂停本项作业。

（3）进行新绝缘子串的检查、组装和清洁，并进行绝缘检测，发现零值应及时进行更换。

3. 操作步骤

（1）两名塔上电工分别带传递绳登塔，在导线挂点、垂直于导线方向横担附近的主材处将传递绳分别挂好。

（2）如为瓷绝缘子，地面电工将绑有分布电压测试仪的绝缘检测杆传至塔上，塔上电工用操作杆对被更换的绝缘子整串进行检测，在确保良好绝缘子片数满足规程规定的要求时方可进入电场进行绝缘子更换（玻璃绝缘子串不需要进行检测）。

（3）地面电工利用导线上方传递绳将跟头滑车传到塔上，塔上电工将其挂到导线上，地面电工将其拉开离悬垂线夹 5m 以上的距离，利用跟头滑车上的传递绳将软梯及消弧绳提升至导线位置并挂好。

（4）等电位电工在消弧绳的保护下攀登软梯上到导线上，进入等电位，将消弧绳系在导线上，然后走线至线夹处。消弧绳的金属部分必须超过等电位作业人员头部 400～500mm。

（5）地面电工利用绝缘子挂线点处传递绳将后端卡具传到塔上，塔上电工将其安装在金具上；利用导线上方传递绳将前端卡具传到等电位电工处，将卡具安装于 LXV-16（21、30）联板上并分别检查安装情况。

（6）地面电工将丝杠与吊线杆连接，并将丝杠放松一定距离，利用两条传递绳分别将其传到高空，塔上和等电位电工配合将其与前端、后端卡具连接，塔上电工收紧两条丝杠，检查受力情况。地面电工利用中间传递绳将导线保护绳、托瓶架、绝缘分叉吊绳传到塔上，做好导线二道保护，将托瓶架、分叉吊绳滑车挂在垂直于绝缘子方向的横担上。

（7）地面电工利用挂线点处传递绳将绝缘牵引绳传到塔上，选择合适位置挂好（牵引滑车应挂在第一片绝缘子正上方的横担上），牵引绳的上端绑在第三片绝缘子下端，下端缠在绞磨上。

（8）地面电工利用挂线点处传递绳和托瓶架绝缘吊绳 V 套的一个挂钩将托瓶架传到塔上，塔端将其安装于后端卡具上，前端在吊绳的控制下与绝缘子同方向，等电位电工将吊绳 V 套的另一挂钩钩在另一个挂孔上。检查各部分连接良好后，塔上电工收紧两条丝杠，使绝缘子松弛，地面电工收紧托瓶架绝缘 V 型吊绳，等电位电工将碗头挂板内 R 销退出，拆除绝缘子串与金具的连接。

（9）地面电工放松绝缘吊绳，使绝缘子垂直，收紧绞磨，塔上电工退出塔端第一片绝缘子碗口内 R 销，拆除与金具的连接，地面电工放松绞磨，将绝缘子送至地面。

（10）地面电工将新绝缘子串组装好，按上述相反的顺序将新绝缘子串安装好（如需更换单片，可直接更换相应片数）。

4. 工作结束

工作结束后，等电位电工离开电场，拆除工具，人员下塔。地面电工清理现场工器具及旧绝缘子后撤离现场，由工作负责人向调度值班员汇报。

十一、带电更换 500kV 输电线路耐张塔整串绝缘子

（一）培训目的

通过培训使工作人员掌握带电更换 500kV 输电线路耐张塔整串瓷（玻璃）绝缘子的方法、操作步骤。

（二）准备工作

（1）查阅相关资料，确定需更换的绝缘子型号、片数，必要时对作业点周围环境进行勘察。带电更换耐张绝缘子串示意如图 5-25 所示。

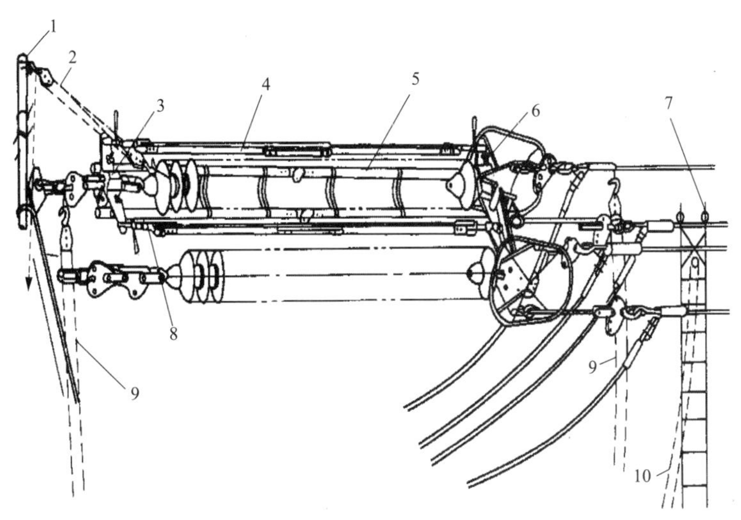

图 5-25　带电更换耐张绝缘子串示意图

1—直角抱杆；2—滑车组；3—后端卡具；4—绝缘拉杆；5—托架瓶；6—前端卡具；7—绝缘软梯；8—收紧丝杠；9—传递绳；10—绝缘保护绳

（2）工器具配置。

绝缘拉杆、收紧丝杠、前后端卡具、绝缘传递绳、绝缘传递滑车、绝缘保护绳、转向滑车、绞磨、绝缘牵引绳、分布电压测试仪、朝天滑车、直角抱杆、操作杆、绝缘牵引滑车、托瓶架、绝缘分叉吊绳、绝缘电阻表、温度计、湿度仪、风速仪、防潮苫布等。

（3）准备材料。

瓷（玻璃）绝缘子（根据现场情况确定型号和数量）。

（4）人员组织。

本项作业共 14 人，其中工作负责人 1 名，专责监护人 1 名，等电位电工 2 名，地电位电工 2 名，地面电工 8 名。工作负责人、专责监护人不仅具有操作人员资格，且应符合 Q/GDW 1799.2—2013 中对带电工作负责人（专责监护人）的各项规定。地电位、等电位人员必须是经过带电专业理论和技能培训并考试合格的人员，且应持有允许本项目操作的合格证书。地面人员必须是经过安规考试合格的人员，且应熟悉本项目作业指导书的各项规定。

（5）针对本项作业进行危险点分析，制定有针对性的安全措施，并对全体工作人员进行交底。

（三）作业程序

1. 工具检测和储运

（1）领用绝缘工具时，必须核对工器具的试验周期，超试验周期的工具应及时调换。

(2) 领用绝缘工具时，必须做外观检查，发现工具破损、绝缘工具脏污和受潮、滑车变形或失灵应及时调换。

(3) 领用绝缘工具时，必须使用绝缘测试仪或 2500V 绝缘电阻表进行分段检测，发现阻值低于 700MΩ 的绝缘工具，应及时调换。

(4) 运输时应将绝缘工具存放在专用的工具袋、箱内，发现受损或受潮、脏污的工具应立即停止使用。

2. 现场作业前准备

(1) 工作负责人按带电作业工作票内容通知调度值班员。必要时在工作票上填写现场安全补充措施。

(2) 进行现场天气观测，如遇风力超过 5 级（风速 8m/s），空气相对湿度大于 80%时，应暂停本项作业。

(3) 进行新绝缘子串的检查、组装和清洁，并进行绝缘检测，发现零值应及时进行更换。

3. 操作步骤

(1) 塔上电工携带传递绳登塔，将传递绳悬挂在横担适当的位置。将分布电压测试仪传至塔上，对所要更换的绝缘子串进行零值检测。测试完成后通知工作负责人（如为玻璃绝缘子串可省略测零步骤）。

(2) 在检测绝缘子串满足带电作业的要求后，塔上电工配合地面挂好绝缘软梯，等电位电工携带传递绳攀登软梯进入电场。

(3) 地面电工分为两组，分别配合塔上电工、等电位电工将后端卡具、直角抱杆、前端卡具、朝天滑车传至高空。等电位电工将前端卡具安装在导线侧的联板处、朝天滑车安装在前端卡具和联板处；塔上电工将后端卡具安装在牵引板处、直角抱杆安装在挂线点的工作孔处。

(4) 利用塔端和线端两套传递绳，地面电工将拉杆与丝杠连接好并水平传至高空，塔上电工、等电位电工相互配合将拉杆连接到前后端卡具上。同样地面电工将托瓶架连接好，调整下杆，使上杆弓起（有利于摘除绝缘子串导线侧金具），绑在两根传递绳上，传到高空，塔上电工将托瓶架与后端卡具连接好；然后等电位电工再将托瓶架与前端卡具上的固定装置连接，将托瓶架装好。

(5) 地面电工分别配合等电位电工、地电位电工将牵引绳传到高空并连接好。等电位电工将传递绳通过朝天滑车与托瓶架连接，并将传递滑车移至导线耐张管处，等电位电工将牵引绳通过牵引滑车、朝天滑车与导线侧的第二片绝缘子连接好。地电位电工将牵引绳通过横担处抱杆滑车与横担侧第三片绝缘子连接好。

(6) 塔上电工收紧两根拉杆的丝杠，使绝缘子串的张力转移到两根拉杆上，同时绝缘子串松弛塌落在托瓶架上，等电位电工退出绝缘子与双联碗头之间的销子，将绝缘子串与双联碗头脱离，然后等电位电工拆除托瓶架和前端卡具的连接。

(7) 等电位电工配合地面电工将两根绝缘绳索缓慢松动，使托瓶架和绝缘子串下降并与地面成垂直状态。

(8) 地面电工收紧牵引绳，塔上电工拆除绝缘子串与球头的销子，使绝缘子串与球头脱离，缓慢松牵引绳落至地面。将新绝缘子串组装好，两端绑扎牢固，先收紧塔侧的牵引绳，塔上电工将绝缘子串与球头连接好。

(9) 地面电工同时收紧等电位侧牵引绳和与托瓶架连接的传递绳，恢复托瓶架和前端卡具的连接。等电位电工配合恢复绝缘子串与双联碗头的连接。

(10) 检查无问题后，塔上电工松开收紧丝杠恢复初始状态，检查连接良好后，等电位与塔上电工相互配合拆除托瓶架、拉杆等塔上工具。

4. 工作结束

工作结束后，等电位电工离开电场，人员下塔。地面电工清理现场工器具及旧绝缘子后撤离现场，由工作负责人向调度值班员汇报。

十二、带电更换 500kV 输电线路耐张塔单片瓷（玻璃）绝缘子

（一）培训目的

通过培训使工作人员掌握带电更换 500kV 输电线路耐张塔单片瓷（玻璃）绝缘子的方法、操作步骤。

（二）准备工作

(1) 查阅有关资料，确定需更换的绝缘子型号及绝缘子串长，必要时对作业周围环境进行勘察。带电更换耐张单片绝缘子示意图如图 5-26 所示。

(2) 工器具配置。

绝缘传递绳、绝缘传递滑车、前后端卡具、分布电压测试仪、操作杆、绝缘电阻表、温度计、湿度仪、风速仪、防潮苫布等。

(3) 准备材料。

瓷（玻璃）绝缘子（根据现场情况确定型号和数量）。

(4) 人员组织。

图 5-26 带电更换耐张单片绝缘子示意图

本项作业共 4 人，其中工作负责人（监护人）1 名，中间电位电工 1 名，塔上电工 1 名，地面电工 1 名。工作负责人（监护人）不仅具有操作人员资格，且应符合 Q/GDW 1799.2—2013 中对带电工作负责人（监护人）的各项规定。塔上、中间电位人员必须是经过带电专业理论和技能培训并考试合格的人员，且应持有允许本项目操作的合格证书。地面人员必须是经过安规考试合格的人员，且应熟悉本项目作业指导书的各项规定。

(5) 针对本项作业进行危险点分析，制定有针对性的安全措施，并对全体工作人员进行交底。

（三）作业程序

1. 工具检测和储运

(1) 领用绝缘工具时，必须核对工器具的试验周期，超试验周期的工具应及时调换。

（2）领用绝缘工具时，必须做外观检查，发现工具破损、绝缘工具脏污和受潮、滑车变形或失灵应及时调换。

（3）领用绝缘工具时，必须使用绝缘测试仪或 2500V 绝缘电阻表进行分段检测，发现阻值低于 700MΩ 的绝缘工具，应及时调换。

（4）运输时应将绝缘工具存放在专用的工具袋、箱内，发现受损或受潮、脏污的工具应立即停止使用。

2. 现场作业前准备

（1）工作负责人按带电作业工作票内容通知调度值班员。必要时在工作票上填写现场安全补充措施。

（2）进行现场天气观测，如遇风力超过 5 级（风速 8m/s），空气相对湿度大于 80%时，应暂停本项作业。

3. 操作步骤

（1）地面电工将分布电压测试仪与操作杆绑好，装好电池，塔上电工带操作杆登塔，到达需更换绝缘子的绝缘子串挂线点后，挂好安全带，逐片检测绝缘子，确认绝缘子片数满足要求后，通知工作负责人（如为玻璃绝缘子可省略此步骤）。

（2）中间电位电工带传递绳登塔，挂好二道保护绳后采用跨二短三方式沿绝缘子到达需更换绝缘子处，将绝缘传递绳挂好。

（3）地面电工将卡具连接好，并将其传到需更换绝缘子处，中间电位电工将前、后端卡具装在需更换绝缘子前、后端绝缘子的钢帽上，保证前后端卡具中间有两片绝缘子的空间。更换塔端和导线端第 1、第 2 片绝缘子应用端部卡具。卡具上的螺栓一定要锁紧，并防止丝杠脱落。

（4）中间电位电工首先拔下需更换绝缘子两端碗口内的 R 销，然后收紧丝杠，将需更换绝缘子取出，地面电工将新绝缘子利用传递绳传到相应位置，中间电位电工将其安装到位，检查连接良好后，放松丝杠，恢复 R 销，拆除工具。

4. 工作结束

中间电位电工沿绝缘子串用跨二短三的方式退出中间电位，人员下塔。地面电工清理现场工器具及旧绝缘子后撤离现场，由工作负责人向调度值班员汇报。

十三、带电修补 500kV 输电线路导线

（一）培训目的

通过培训使工作人员掌握带电修补 500kV 输电线路导线的方法、操作步骤。

（二）准备工作

（1）查阅有关资料，确定导线规格，必要时对作业周围环境进行勘察，了解铁塔周围环境、缺陷部位和严重程度、地形状况等。

（2）工器具配置。

绝缘传递绳、绝缘传递滑车、2×2 绝缘滑车组、硬梯、分布电压测试仪、操作杆、绝缘电阻表、温度计、湿度仪、风速仪、防潮苫布等。

(3) 准备材料。

补修预绞丝(根据导线型号选择预绞丝型号)。

(4) 人员组织。

本项作业共 5 人,其中工作负责人(监护人)1 名,等电位电工 1 名,地电位电工 1 名,地面电工 2 名。工作负责人(监护人)不仅具有操作人员资格,且应符合 Q/GDW 1799.2—2013 中对带电工作负责人(监护人)的各项规定。地电位、等电位人员必须是经过带电专业理论和技能培训并考试合格的人员,且应持有允许本项目操作的合格证书。地面人员必须是经过安规考试合格的人员,且应熟悉本项目作业指导书的各项规定。

(5) 针对本项作业进行危险点分析,制定有针对性的安全措施,并对全体工作人员进行交底。

(三)作业程序

1. 工具检测和储运

(1) 领用绝缘工具时,必须核对工器具的试验周期,超试验周期的工具应及时调换。

(2) 领用绝缘工具时,必须做外观检查,发现工具破损、绝缘工具脏污和受潮、滑车变形或失灵应及时调换。

(3) 领用绝缘工具时,必须使用绝缘测试仪或 2500V 绝缘电阻表进行分段检测,发现阻值低于 700MΩ 的绝缘工具,应及时调换。

(4) 运输时应将绝缘工具存放在专用的工具袋、箱内,发现受损或受潮、脏污的工具应立即停止使用。

2. 现场作业前准备

(1) 工作负责人按带电作业工作票内容通知调度值班员。必要时在工作票上填写现场安全补充措施。

(2) 进行现场天气观测,如遇风力超过 5 级(风速 8m/s),空气相对湿度大于 80%时,应暂停本项作业。

3. 操作步骤

(1) 等电位电工上塔,地面电工将硬梯、2-2 绝缘滑车组、绝缘吊绳传到塔上。如果绝缘子串为瓷绝缘子,应首先进行零值检测,如断股点距离耐张塔较近,可采用跨二短三方式沿绝缘子串进入电场。

(2) 等电位电工与塔上电工配合,量好吊绳长度(以硬梯底部低于上导线为宜),并将其在横担端部固定好,2-2 滑车组一端由地面电工控制,另一端与硬梯、吊绳连接好。

(3) 等电位电工进入硬梯,由地面人员控制,等电位电工在距离导线 0.5~1m 时应报告"等电位",工作负责人许可后,距离导线 0.4m 时快速出手抓稳导线,自导线侧面子导线间隙处钻入导线,将硬梯挂钩钩在导线上。走线至需缠绕子导线处。

(4) 地面人员将补修预绞丝传到需缠绕导线处,等电位人员首先将断股导线缠好,再将预绞丝缠绕在导线上,注意预绞丝的中心应缠在断股断口处。

(5) 检查缠绕符合要求后,按相反顺序退出电场。

4. 工作结束

工作结束后，拆除所有工具，人员下塔。地面电工清理现场工器具后撤离现场，由工作负责人向调度值班员汇报。

十四、带电修补 500kV 输电线路避雷线（光缆）

（一）培训目的

通过培训使工作人员掌握带电修补 500kV 输电线路避雷线（光缆）的方法、操作步骤。带电修补 500kV 输电线路避雷线如图 5-27 所示。

（二）准备工作

（1）查阅有关资料，确定避雷线规格，验算断股避雷线的承载能力是否可以上人检修，人体对导线的安全距离是否允许带电作业。必要时对作业周围环境进行勘察，了解铁塔周围环境、缺陷部位、严重程度和地形状况等。

图 5-27　带电修补 500kV 输电线路避雷线

（2）工器具配置。

绝缘传递绳、绝缘传递滑车、地线飞车、地线接地线、绝缘电阻表、温度计、湿度仪、风速仪、防潮苫布等。

（3）准备材料。

补修预绞丝（根据地线型号选择预绞丝型号）。

（4）人员组织。

本项作业共 4 人，其中工作负责人（监护人）1 名，出线电工 1 名，塔上电工 1 名，地面电工 1 名。工作负责人（监护人）不仅具有操作人员资格，且应符合 Q/GDW 1799.2—2013 中对带电工作负责人（监护人）的各项规定。出线、塔上人员必须是经过带电专业理论和技能培训并考试合格的人员，且应持有允许本项目操作的合格证书。地面人员必须是经过安规考试合格的人员，且应熟悉本项目作业指导书的各项规定。

（5）针对本项作业进行危险点分析，制定有针对性的安全措施，并对全体工作人员进行交底。

（三）作业程序

1. 工具检测和储运

（1）领用绝缘工具时，必须核对工器具的试验周期，超试验周期的工具应及时调换。

（2）领用绝缘工具时，必须做外观检查，发现工具破损、绝缘工具脏污和受潮、滑车变形或失灵应及时调换。

（3）领用绝缘工具时，必须使用绝缘测试仪或 2500V 绝缘电阻表进行分段检测，发现阻值低于 700MΩ 的绝缘工具，应及时调换。

（4）运输时应将绝缘工具存放在专用的工具袋、箱内，发现受损或受潮、脏污的工具应立即停止使用。

2. 现场作业前准备

工作负责人按第二种工作票内容通知调度值班员。必要时在工作票上填写现场安全补充措施。

3. 操作步骤

（1）塔上电工带传递绳登塔，在避雷线（光缆）挂线点主材处挂好，首先将绝缘地线接地（直接接地可省略此步骤），再进行避雷线（光缆）防振锤拆除工作。

（2）地面电工将地线飞车传到塔上，出线电工登塔，与塔上电工配合将地线飞车安装到地线上，出线电工携带传递绳坐到飞车上，安全带系在地线上。

（3）地面人员控制传递绳将出线电工拉至断股处，出线电工将传递绳挂在避雷线（光缆）上。

（4）地面人员将补修预绞丝传到需缠绕避雷线（光缆）处，出线电工首先将断股避雷线（光缆）缠好，再将预绞丝缠绕避雷线（光缆）上，注意预绞丝的中心应缠在断股断口处。

（5）检查缠绕符合要求后，在地面人员帮助下按相反顺序返回铁塔，塔上电工安装好防振锤。

4. 工作结束

工作结束后，拆除所有工具，人员下塔。地面电工清理现场工器具后撤离现场，由工作负责人向调度值班员汇报。

十五、带电清除500kV输电线路铁塔、导地线异物

（一）培训目的

通过培训使工作人员掌握带电清除500kV输电线路铁塔、导地线异物的方法、操作步骤。

（二）准备工作

（1）对作业周围环境进行勘察，了解铁塔周围环境、缺陷部位、严重程度、异物性质和地形状况等。

（2）工器具配置。

绝缘传递绳、绝缘传递滑车、地线飞车、地线接地线、2×2绝缘滑车组、硬梯、分布电压测试仪、操作杆、绝缘电阻表、温度计、湿度仪、风速仪、防潮苫布等。

（3）人员组织。

本项作业共4人，其中工作负责人（监护人）1名，出线电工1名，塔上电工1名，地面电工1名。工作负责人（监护人）不仅具有操作人员资格，且应符合Q/GDW 1799.2—2013中对带电工作负责人（监护人）的各项规定。出线、塔上人员必须是经过带电专业理论和技能培训并考试合格的人员，且应持有允许本项目操作的合格证书。地面人员必须是经过安规考试合格的人员，且应熟悉本项目作业指导书的各项规定。

（4）针对本项作业进行危险点分析，制定有针对性的安全措施，并对全体工作人员进行交底。

（三）作业程序

1. 工具检测和储运

（1）领用绝缘工具时，必须核对工器具的试验周期，超试验周期的工具应及时调换。

（2）领用绝缘工具时，必须做外观检查，发现工具破损、绝缘工具脏污和受潮、滑车变形或失灵应及时调换。

（3）领用绝缘工具时，必须使用绝缘测试仪或2500V绝缘电阻表进行分段检测，发现阻值低于700MΩ的绝缘工具，应及时调换。

图5-28　带电清除导线异物

（4）运输时应将绝缘工具存放在专用的工具袋、箱内，发现受损或受潮、脏污的工具应立即停止使用。

带电清除导线异物如图5-28所示。

2. 现场作业前准备

（1）工作负责人按第二种工作票或带电作业票内容通知调度值班员。必要时在工作票上填写现场安全补充措施。

（2）根据现场情况确定异物处理方法。

3. 操作步骤

（1）处理导线上的异物。

1）等电位电工上塔，地面电工将硬梯、2-2绝缘滑车组、绝缘吊绳传到塔上（如果绝缘子串为瓷绝缘子，应首先进行零值检测，如断股点距离耐张塔较近，可采用跨二短三方式沿绝缘子串进入电场）。

2）等电位电工与塔上电工配合，量好吊绳长度（以硬梯底部低于上导线为宜），并将其在横担端部固定好，2-2滑车组一端由地面电工控制，另一端与硬梯、吊绳连接好。

3）等电位电工进入硬梯，由地面人员控制，等电位电工在距离导线0.5～1m时应报告“等电位”，工作负责人许可后，距离导线0.4m时快速出手抓稳导线，自导线侧面子导线间隙处钻入导线，将硬梯挂钩钩在导线上。走线至悬挂异物处。

4）等电位电工将异物摘除，根据异物性质采取抛扔或装在工具包内等方式带到地面。等电位电工按相反顺序退出电场。

（2）处理塔上异物。

1）塔上人员携带工具登塔。

2）到达作业位置后，系好安全带，检查异物的特点，做好因金属或潮湿异物坠落造成与带电部位安全距离不够而短路的措施。

3）在保证安全距离的前提下，将异物直接清除（或使用操作杆）。必要时异物应放入工具袋内带下。

（3）处理避雷线（光缆）上异物。

1）塔上电工带传递绳登塔，到达地线挂点位置将传递绳挂好，地面电工将地线接地

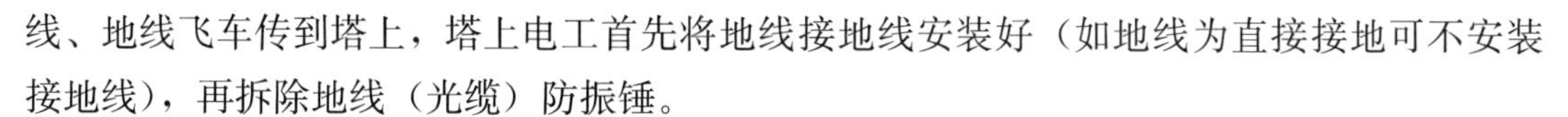

线、地线飞车传到塔上，塔上电工首先将地线接地线安装好（如地线为直接接地可不安装接地线），再拆除地线（光缆）防振锤。

2）出线电工登塔，与塔上电工配合将地线飞车安装在地线（光缆）上，出线电工携带绝缘绳坐到飞车上，安全带系在地线上。

3）地面人员通过绝缘绳控制飞车将出线电工拉到异物悬挂处，在保证安全距离的前提下，将异物直接清除，必要时异物应放入工具袋内带下。

4）清理完毕后，线上作业人员返回铁塔，恢复防振锤。

（4）如异物同时和地线与铁塔、铁塔与导线、导线与地线连接，可综合考虑以上步骤，进行处理。

4．工作结束

工作结束后，拆除所有工具，人员下塔。地面电工清理现场工器具后撤离现场，由工作负责人向调度值班员汇报。

本 章 小 结

本章主要介绍了带电作业基础知识、110～500kV带电作业项目等内容。

第六章

线路状态巡视及检修

第一节　线路状态巡视运行、检修基础知识

一、架空输电线路状态的基本概念

开展输电线路状态巡视应贯彻“安全第一、预防为主、综合治理”的原则，可结合故障巡视、特殊巡视，合理开展状态巡视，做到有计划、有实施、有检查、有考核、有记录闭环管理。输电线路运行环境比较恶劣、复杂，常年受到大自然环境的影响，同时还要受到人类生产、生活的影响，随着社会的不断发展，这些因素对输电线路的影响越来越大，比如城市的建设、农村的大棚区域、道路、管道施工、线路周围放风筝、生活垃圾场、低压线路，与此同时还要受到塔材、导地线被盗等情形，这些都危及了线路的安全可靠运行，因此按 DL/T 741—2019《架空输电线路运行规程》的周期巡视和定期检修，会造成大部分线路设备过度维护和检修，会造成不必要的浪费，少量特殊区域的线路设备则会出现明显的巡视、检修不足、设备控制不到位，这样就会造成巡视和检修的不均衡，所以实施状态巡视和检修迫在眉睫。

（一）输电线路的状态巡视

输电线路状态巡视是线路科学巡视的一种方式方法，是根据架空输电线路的设备情况和通道特点，结合状态评价和运行经验确定线路区段的巡视周期并动态调整的巡视方式，线路设备实际状况包括线路设计条件、设备具体的健康情况，通道运行情况、地质、地貌、周围环境、气象条件以及设备本体存在的缺陷、隐患等情况。根据以上因素确定状态巡视周期，这样可以使巡视过程做到可控、能控、在控。

（二）输电线路状态检测

输电线路的状态检测是指线路运行维护人员对线路设备、通道状况用仪器仪表测量方法按照预先确定的采样周期进行的状态量采样过程。常见的线路状态检测有瓷绝缘子零值检测、接地电阻测量、交叉跨越测量、红外测温、运行绝缘子累积盐密测量、合成绝缘子憎水性测试和拉棒锈蚀检测等。

（三）输电线路状态检修

输电线路可靠性及运行情况直接决定电力系统的稳定和安全。检修是保证输电设备健康运行的必要手段。长期以来输电线路采取定期检修的方式，该方式是根据记录、线路事

故情况及检测数据按照预定时间或检修周期进行检修，这种检修方式能使电网运行方式较早、较充分地安排。但定期检修坚持到期必修，有失科学性，会发生检修过剩的情况，造成不必要的人、财、物的浪费；同时，如果检修质量得不到保证，反而会带来更多的缺陷、故障和隐患，因此，定期检修的缺陷日益突出，需要根据线路的特点开展新的检修方式。

输电线路状态检修是对巡视、检测发现的状态量超过状态控制值的部位或区段进行检修维护的过程，可以根据实际情况采取停电或带电方式进行，同时输电线路的状态检修还可以结合线路的大修、技术改造和日常维修进行。简单地说，就是根据设备的运行状态确定检修策略的检修方式，具体来说，就是以设备诊断技术为基础，结合设备的历史和现状，参考同类设备的运行情况，应用系统工程的方法进行综合分析判断，从而查明设备具体健康状况，根据各种检测结果、参数的变化，预测隐患的发展趋势，并提出防范措施和治理对策。输电线路状态检修是一种先进的检修管理模式，能有效地克服定期检修造成设备过修或失修问题，是一种比较理想的检修方式，也是今后检修的发展趋势。

状态检修给电力系统和设备带来巨大的经济效益，应稳步推进状态检修工作。状态检修对安全生产和经济效益产生的效果还有：①具有很强的针对性并能改善电网的安全，提高供电可靠率；②可以使检修具有时效性，能及时、准确地解决问题；③延长设备的使用寿命，改善设备的安全状况；④减少生产用人、用车和工作时间，间接提高经济效益。

1. 输电线路状态检修系统的建立

输电线路状态检修系统的建立主要包括状态数据的采集和状态信息库的建立。

（1）状态信息的采集。线路状态信息数据可以通过带电检测或在线监测技术和装置进行采集，比较方便、简单。带电检测是在线路不停电的状态下进行的，能够提供一些真实的线路状态数据。在线监测系统能够提供十分充分的状态数据。现在的在线监测手段、装置处于刚刚起步、探索、积累经验的状态，未大面积的使用，因此，随着线路状态检修工作的深入和发展，在线监测技术和装置需要不断地推广和应用。

（2）状态信息库的建立。输电线路状态信息库的建立是进行状态检修的基础，所以采集的线路状态信息必须要进入信息库进行管理，并且保证线路状态信息的准确。

综上所述，状态检修是应用先进的诊断技术对设备进行诊断后，根据设备的技术状态和存在的缺陷安排检修项目和检修时间，从发展来看，状态检修不仅能更好地贯彻“安全第一、预防为主”的方针，而且还能避免目前定期检修中的一些盲目性，实现减员增效，可进一步提高企业的经济效益和社会效益，这就充分说明，状态检修在电力系统中的重要性。

2. 状态检修分类及检修项目

根据线路特点，按工作性质内容与工作涉及范围，对线路检修工作进行分类。线路状态检修共分 A 类检修、B 类检修、C 类检修、D 类检修、E 类检修五类。其中 A、B、C 类是停电检修，D、E 类是不停电检修，线路的检修分类及检修项目见表 6-1。

（1）A 类检修，需要线路停电进行的技改工作，主要包括对线路主要单元（如杆塔和导地线等）进行更换、改造等。

（2）B 类检修，需要线路停电进行的检修工作，主要包括对线路主要单元进行少量更换或加装，绝缘子涂刷防污闪涂料，需要停电进行的重大及以上缺陷消除工作等。

（3）C类检修，需要线路停电进行的试验工作，需要停电进行的一般缺陷消除工作。

（4）D类检修，在地面或地电位上进行的不停电检查、检测、试验、维护或更换。

（5）E类检修，等电位检修、维护或更换。

表 6-1　　线路的检修分类及检修项目

检修分类	检修项目	检修分类	检修项目
A类检修	（1）全线整体改造或更换一个耐张段及以上。 （2）部分线路改电缆。 （3）部分线路路径改造。 （4）全线导地线更换、OPGW更换（一个耐张段以上）	C类检修	（1）清除鸟窝。 （2）引流金具拧紧。 （3）打开线夹、间隔棒检查导地线断股锈蚀。 （4）金具锈蚀、磨损、变形检查。 （5）线路避雷器检测。 （6）瓷与玻璃绝缘子清扫。 （7）瓷绝缘子的绝缘测试。 （8）绝缘子金属附件检查。 （9）铁塔螺丝紧固。 （10）杆塔地下金属构件锈蚀检查（金属基础、拉线装置、接地装置）。 （11）盐、碱、低洼地水泥杆根部检查。 （12）杆塔倾斜、挠度及基础沉降测量。 （13）劣质绝缘子（包括爆裂）更换。 （14）杆塔接地电阻测量。 （15）基础加固、扶正杆塔。 （16）更换拉线
B类检修	（1）部分杆塔更换。 （2）线路更换绝缘子。 （3）防污闪涂料复涂。 （4）更换锈蚀导地线、调整导地线驰度。 （5）更换横担、主材。 （6）加装线路避雷器		
D类检修	（1）混凝土构件缺陷检查（杆身、叉梁）。 （2）检查基础及护坡、排水沟。 （3）对地距离、交叉跨越距离检测。 （4）清除杆塔积土。 （5）导线连接金具检查。 （6）线路正常巡视。 （7）线路特殊巡视。 （8）线路红外测温。 （9）补加塔材。 （10）杆塔防腐处理。 （11）调整拉线。 （12）安装或修复线路附属设施。 （13）通道清障。 （14）加装在线监测装置	E类检修	（1）带电更换金具。 （2）带电处理接点发热。 （3）带电修补导、地线、OPGW。 （4）带电更换绝缘子。 （5）带电处理防振器跑位等缺陷。 （6）带电更换横担。 （7）带电清除导地线异物

3. 状态检修策略

线路整体状态检修策略包括检修时限和检修方法，检修可以采取停电或不停电策略。其中停电检修包括综合检修、缺陷处理、检测试验；不停电检修包括等电位带电作业、地电位带电作业或者地面维修等。检修策略应根据线路状态评价的结果动态调整。

状态检修时限包括以下方面：

（1）立即开展。从发现问题到采取措施处理时间不超过24h。

（2）尽快开展。从发现问题到采取措施处理时间不超过一周。

（3）适时开展。从发现问题到采取措施处理时间不超过一个检修周期。

（4）基准周期开展。线路整体检修的基准周期包括检测试验基准周期和检修维护基准周期。检测试验基准周期为 DL/T 393—2010《输变电设备状态检修试验规程》规定的线路设备试验周期；检修维护正常周期为 DL/T 741—2019《架空输电线路运行规程》规定的线路设备检修维护周期。

根据线路评价结果，制定相应的检修策略，线路整体状态检修策略见表 6-2。

表 6-2　　线路整体状态检修策略

线路状态	推荐			
	正常状态	注意状态	异常状态	严重状态
检修策略	“正常状态”检修策略	“注意状态”检修策略	“异常状态”检修策略	“严重状态”检修策略
推荐策略	基准周期或延长一年	不大于基准周期开展	适时开展	尽快开展

1. 正常状态的检修策略

被评价为“正常状态”的线路，执行 C 类检修。根据线路实际情况，C 类检修可按照 DL/T 393—2010《输变电设备状态检修试验规程》规定基准周期或延长 1 年执行。在 C 类检修前，可根据实际需要适当安排 E 类检修。

2. 注意状态的检修策略

被评价为“注意状态”的线路，若用 D 类或 E 类检修可将线路恢复到正常状态，则可适时安排 D 类或 E 类检修，否则应适时开展 C 类检修。如果单项状态量扣分导致评价结果为“注意状态”时，应根据实际情况提前安排 C 类检修。如果仅由线路单元所有状态量合计扣分或总体评价导致评价结果为“注意状态”时，可按基准周期执行，并根据线路的实际状况，增加必要的检修或试验内容。

3. 异常状态的检修策略

被评价为“异常状态”的线路，根据评价结果确定检修类型，并适时安排检修。

4. 严重状态的检修策略

被评价为“严重状态”的线路，根据评价结果确定检修类型，并适时安排检修。

二、开展状态运行、检修的基本要求

随着输电线路的快速发展以及用户对供电可靠性要求的逐步提高，输电线路运行、检修基于传统周期的模式已经不能适应电网快速发展的要求，迫切需要在充分考虑电网安全、环境、效益等多方面因素情况下，研究探索提高线路运行可靠性和检修针对性的、新的运行、检修管理方式。开展线路状态运行、检修是解决当前线路巡视检修工作面临问题的重要手段。

状态检修是企业以安全、环境、成本为基础，通过设备状态评价、风险评估、检修决策等手段开展的设备检修工作，达到设备运行可靠、检修成本合理的一种检修策略。从传统周期运行、检修模式转换到按设备状态开展运行、检修模式不是一蹴而就，输电线路状态运行、检修必须符合以下几项基本要求：

（1）制定方案，并按输电线路状态开展运行、检修的基本原则严格执行。

（2）积极做好新设备的前期管理，即新建和改（扩）建线路的前期控制、建设过程中的控制、施工验收控制等。

（3）落实设备责任制，按管辖线路的实际情况，建立以设备危险点和特殊区域管理为主体的运行模式。

（4）建立输电线路全面有效且具有可操作性的设备状态检测体系，开展设备状态的评价工作，按评估结果进行输电线路的巡视和检修作业。

（5）建立健全以带电作业为关键技术的技术保证体系，全面采用带电检修和带电消缺作业，提高输电线路可用率。

（一）开展输电线路状态运行、检修的基本原则

（1）“安全第一”原则。状态检修工作必须在保证安全的前提下，综合考虑设备状态、运行工况、环境影响以及风险等因素，确保工作中的人身和设备安全。

（2）“标准先行”原则。状态检修工作应以健全的制度标准为保障，工作全过程要做到“有章可循，有法可依”。

（3）“应修必修”原则。状态检修工作的核心是确定设备状态，并依据设备状态开展必要的试验、维护和检修工作，真正做到“应修必修，修必修好”，避免出现设备失修或过修情况。

（4）“过程管控”原则。开展状态检修工作应落实资产全寿命周期管理要求，从规划设计、采购建设、运行检修、技改报废等方面强化设备全过程技术监督和全寿命周期成本管理，提高设备寿命周期内的使用效率和效益。

（5）“持续完善”原则。开展状态检修工作应制订切实可行的工作目标和总体规划，适应电网发展和技术进步的要求，不断健全制度及标准，加强装备配置，提高人员素质和信息化水平，以适应公司管理发展和电网技术进步要求。

（二）新建输电线路的前期技术管理

按线路状态巡视、检修要求对新建和改（扩）建线路进行前期控制。架空线路要开展按设备、通道状态进行巡视，必须要求线路设备完好和符合其运行条件，GB 50545—2010《110kV～750kV 架空输电线路设计规范》对其外绝缘配置，仍然延续节约型设计理念，即空气击穿放电电压与绝缘子串沿面闪络电压的配合比为 0.6～0.85，致使 110、220kV 电压等级线路的最小空气间隙与绝缘子串长度基本等长，从而引发架空线路故障跳闸频繁，若线路外绝缘配合比修正为 0.2～0.4，带电导线对塔身的空气间隙仍按 110kV 为 1m、220kV 为 1.9m、330kV 为 2.3m、500kV 为 3.3m 的外过电压值控制，同时采用在导线与塔身间安装放电电极或在绝缘子上安装招弧角，采用改进后的绝缘配置，线路增加了绝缘子片数，提高了线路耐绕击水平，同时又提高了线路的泄漏比距。

要减少输电线路运行、检修工作量，线路设计必须按输电线路全寿命周期设计理念架设线路，即将传统的输电线路管理范围从目前单纯的运行、检修、抢修环节扩大到从设计、基建开始直至设备退役的全过程管理，运行单位特别需要突出输电线路的前期管理，以确保新投运线路健康、可靠。因此必须改变和突破原节约型设计理念，按已实践多年且成熟的运行经验设计新建线路。

（三）输电线路危险点的确定、预控措施制定及特殊区域的技术管理

要实现输电线路按状态巡视，最重要的是建立设备、通道危险点预控和特殊区域管理，改变过去长期存在的老旧的管理方式（有病少治、小病大治、无病乱治），所以要着重做好以下几个方面：

（1）明确分界点管理责任制，确保线路管理不存在死角。为明确不同运行单位之间的责任和权力，每条线路应有明确的维护界限。运行单位应与相邻维护单位签订线路设备运行分界协议书，跨省（市）线路的设备运行分界点协议应报网、省（市）公司备案，已明确维护界限的线路不应出现设备维护的空白点。

（2）全面实施线路设备、通道危险点和特殊区域预控管理，及时滚动修订。运行单位应按照各输电设备途径的地理环境及特殊地段划分为树木生长区、易受外力破坏区、鸟害易发区、重污秽区、洪水冲刷区等特殊区域。同时线路管理部门应积极争取地方政府的支持，积极稳妥地推进“政企合作”的输电设备保护模式，从根本上提高输电设备隐患治理力度。

（3）全面整合线路状态运行的各项巡视检查流程，建立以危险点为主体的状态巡视流程。巡视输电线路工作历来是单兵作战、点多面广，对于设备和通道隐患、巡视质量等个人有时难以判定及掌控。应明确运行、检修、管理、决策人员的三方责任和控制要求。

（4）坚持开展输电线路群众护线工作。运行单位应建立输电线路沿线的群众义务护线员队伍，每年进行宣传，利用护线员熟悉线路附近地理环境的优势，可以随时对线路设备进行监控，并按规定奖赏，充分发挥义务护线员对输电线路巡视、报警的积极性，及时弥补野外线路设备大部分时间无人看管的现状，提高线路设备安全健康运行。对输电线路通道内后建的违章建筑，按照电力法规的要求，对责任人下发隐患告知书并结合有关政府部门，对违章建筑进行治理。

（四）线路设备状态检测和状态评价管理

1. 线路设备状态检测

输电设备状态检测主要包括绝缘子附盐密度检测、瓷质绝缘子（复合绝缘子）劣化检测、导线跳线连接金具预防性检查紧固和接地电阻检测等。

（1）绝缘子附盐密度检测。

电力公司设备管理部门应划分设备外绝缘的污秽等级，绘制本地区污区分布图，根据运行情况核对各污秽点、段的外绝缘配置是否有一定裕度，在每年雾季前采用带电方式或结合停电计划落实各附盐密度值监测点的“运行绝缘子串累积盐密”检测，以连续运行累积附盐密值和灰密及污秽液导电离子成分分析结果指导本单位线路的防污闪工作。

（2）瓷质绝缘子（复合绝缘子）劣化检测。

为避免绝缘子串劣化钢帽炸裂或硅橡胶电蚀穿孔、芯棒脆断等损坏掉串事故，加强瓷绝缘子的低值、零值的检测工作，按瓷绝缘子的劣化趋势，合理安排检测周期。对复合绝缘子金具、芯棒连接处、密封处的损坏以及高压端硅橡胶电蚀及硅橡胶伞裙、护套老化、龟裂、粉状和憎水性丧失等，坚持按 DL/T 1000.3—2015《标称电压高于 1000V 架空线路用绝缘子使用导则　第 3 部分：交流系统用棒形悬式复合绝缘子》的要求开展 2～3 年登塔

检查、检测复合绝缘子外表状况和憎水性状况的工作。

(3) 导线跳线连接金具预防性检查紧固和接地电阻检测。

为避免导线耐张跳线连接金具因接触电阻大而发热烧断导线事故和隐患，对每基耐张杆塔的每相跳线连接金具落实专人使用扭矩扳手检查引流板是否光面接触，接触面是否清洁并涂有导电脂和紧固连接螺栓的扭矩值。要求其紧固扭矩符合本身螺栓的标准扭矩值。同时也可以采用红外热成像仪在规定的气候、时间、有效检测距离等条件下进行耐张跳线连接金具发热的判定。

接地电阻的预防性检测是提高线路耐雷水平、降低线路反击雷跳闸的重要手段。运行单位必须按照规程要求，有针对性、有计划性地组织接地电阻的检测，对于接地电阻超标或接地装置存在严重缺陷的，应在雷季来临前安排接地大修。

2. 输电设备状态评价

为全面掌握输电设备状态，各线路运行单位应成立输电设备状态评价专家组，建立起从班组、工区（车间）、公司的三级输电设备状态评价机制，由设备主人和班组根据巡视设备情况进行状态初评。按照输电设备状态评价标准，将输电设备状态评价划分为正常、注意、异常、严重四个等级，形成班组初评意见，运行工区根据班组初评意见结合现场实际勘察情况组织技术骨干进行分析再评价，形成工区评价报告，再由公司设备状态评价专家组根据工区评价报告，采取现场勘察、数据分析、专题讨论、查阅资料等方式，形成最终的设备评价报告，提交进行检修决策。

根据 Q/GDW 173—2008《架空输电线路状态评价导则》的要求、线路状态评价分为线路单元和整体评价两部分。线路单元主要包括基础、杆塔、导地线、绝缘子串、金具、接地装置、附属设施和通道环境等八个类别。在进行线路评价时，当任一线路单元状态评价为注意状态、严重状态或危急状态时，架空线路总体状态评价应为其中最严重的状态。

（五）输电线路状态巡视和检修的技术保证体系

针对输电线路受户外环境影响大、缺陷种类多、通道处理过程复杂、关键技术要求高的特点，线路运行、检修单位应坚持“以科技促进生产、以技术保证安全、以创新完善管理”的方针，不断加大科技投入力度，通过成立防雷害、防鸟害、防污闪、防冰闪（舞动）、外力破坏、带电作业和危险点监控等技术攻关组，为开展输电线路状态检修管理提供有力的技术保证。

(1) 积极开展超高压带电作业技术，为状态检修提供核心层技术支撑。

要提高线路设备的可用率，全面进行带电作业技术培训，增强带电作业技术力量，是实现输电线路状态检修的重要组成部分，当线路发生缺陷时应优先采用带电处理、检修。尤其是同塔多回线路或紧凑型等线路的核心带电作业技术，建立完善 110～750kV 各个电压等级、各类塔型的带电作业技术、工具管理体系，为公司全面实现线路状态检修提供强有力的技术、设备和管理支撑。

(2) 提升状态检测技术的应用时效，为状态检修提供基础类技术保证。

输电线路全面实行按设备状态进行检修，绝缘子盐密（灰密）测试、导线跳线连接金具扭矩值检测、红外测温检测、复合绝缘子憎水性检测及芯棒脆断检查试验、瓷绝缘子劣

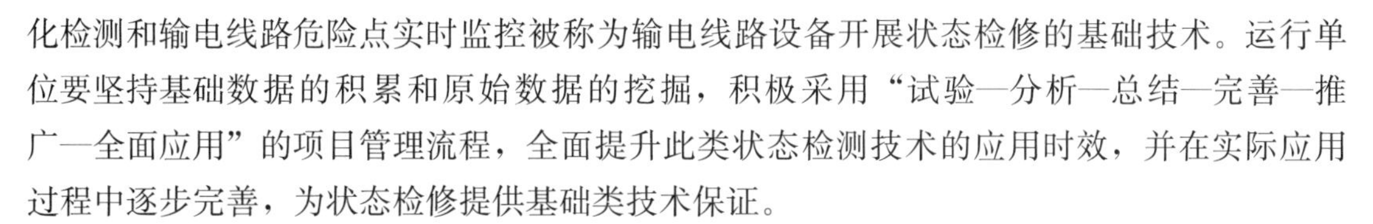

化检测和输电线路危险点实时监控被称为输电线路设备开展状态检修的基础技术。运行单位要坚持基础数据的积累和原始数据的挖掘，积极采用“试验—分析—总结—完善—推广—全面应用”的项目管理流程，全面提升此类状态检测技术的应用时效，并在实际应用过程中逐步完善，为状态检修提供基础类技术保证。

(3) 建立按状态量化的状态评价技术，确保设备状态评价的科学性。

运行单位必须根据 Q/GDW 173—2008《架空输电线路状态评价导则》的要求建立输电线路设备评价体系和设备标准缺陷库，确定输电线路各子单元元件的判定检修标准，为设备缺陷量化奠定基础；根据巡视、检测到的设备运行状态量，对照设备状态评估四级标准，按设备实际运行状况量化得分，配合相应的运行经验，全面评价线路设备状态；同时，应加强相应的制度建设，从制度上确保评价体系的有效运转，为全面、动态掌握输电线路的状态趋势提供了坚强后盾。

输电线路状态检修离不开设备状态评价，状态评价与线路各单元状态量息息相关。设备状态评价主要依据国家电网有限公司《输变电设备状态检修试验规程》《输电线路状态评价导则》等技术标准，依据收集到的各类设备信息，通过持续、规范的设备跟踪管理，综合离线、在线等各种分析结果，准确掌握设备运行状态和健康水平，为开展状态检修下一阶段工作创造条件。

状态评价作为状态检修的基础，必须确保状态量信息收集准确无误，从而客观、真实地反映现场设备的运行状态，为制订检修计划提供科学的依据。状态评价改变了以往不考虑输电线路的实际运行状态，定期安排检修或者盲目延长检修周期的不当做法，变线检修为点、段检修，确保线路运行安全、可靠、经济。

第二节　状　态　巡　视

一、线路巡视的一般项目及注意内容

（一）输电线路开展状态巡视应具备的条件

输电线路状态巡视工作坚持“安全高效、科学划分、动态调整”的原则，在确保安全前提下着力提高工作效率，依据线路的特点和运行经验科学划分并适时调整特殊区段及巡视周期。状态检修是以运行设备当前的实际工作状态为依据，尽可能通过高科技状态检测手段并结合丰富的线路运行、检修经验，识别设备可能存在的隐患或故障的早期征兆，对故障部位、故障严重程度及发展趋势做出判断，从而基本确定各设备器件的最佳检修时机。这是一种耗费低、技术先进的检修制度，由于决定输电线路状态检修需要监测的内容很多，需对多种单元设备的状况进行科学的评价，存在一定的风险，部分带电设备以现行的技术规程又很难以突破，因此全面深入开展输电设备状态运检需进行长时间的准备、通道清查、经验积累和环境配合，制订详细又具有可操作性的设备评价标准。

随着输电线路设备的不断升级、材质科技含量不断提高，设计标准、要求不断更新，监测设备、诊断手段不断完善，线路运行、检修单位应根据“实事求是”的工作作风，针

对每条运行线路实际的设备运行状态、通道状况和缺陷隐患等，根据《架空输电线路设备评级办法》《输电网安全性评价》的规定，建立每条线路的危险点及预控防范措施，每半年按巡视、检查结果进行滚动修订调整、每年进行设备定级和安全风险评估。

架空输电线路按设备状态巡视方式，根据架空输电线路的实际状况和运行经验动态确定线路（段、点）巡视周期。线路实际状况包括线路设计条件、运行年限、设备健康状况、杆塔地处的地质、地貌、气候、设备危险点（包括线路通道内的建房、修路、施工、树木生长等）。开展状态巡视，可以使有限的人力在巡视过程中做到有的放矢，真正做到输电设备“该巡必巡，巡必巡好”。

线路状态巡视工作主要包括状态信息收集、区段划分、巡视周期制定、巡视计划编制和动态调整等内容。

（二）线路巡视的一般项目

线路巡视时地面观测不清的项目，必要时可组织登杆塔检查、走导线检查以及利用无人机进行检查巡视，表 6-3 给出了架空输电线路按状态巡视的一般项目和主要内容。

表 6-3　　架空输电线路按状态巡视的一般项目和主要内容

项目		主要内容
线路走廊保护区	建筑物	民房、厂房、猪（鸭）棚、易随风飘起的宣传带（球）、塑料薄膜、广告牌等原建、新建、扩（升）建、所处位置等情况
	各类施工作业	岩、土、沙等开挖、航道、公路、铁路、桥梁、水利设施、市政工程施工、机械挖掘、起吊等情况
	可能直接威胁线路安全的情况	山体崩塌、采石放炮、射击、易燃（爆）场所、塔位处围塘水产养殖、钓鱼、污染源的分布、威胁等情况
	树（竹）木、蔓藤类植物附生等	植物类别和生长增速。与带电体净空距离、植物造林情况
	各类线路、高架管道、索道	新（改、升）建、穿越位置及交叉净空距离等情况
杆塔、拉线和接地装置	杆塔、拉线基础	沉陷、开裂、冲刷移位、低洼积水等情况
	杆塔、横担	水平度、垂直度、歪曲变形，缺损件、锈蚀、（混凝土杆）横（纵）向裂纹、接头腐蚀、钢筋外露等情况
	塔材、金具、紧固件	锈蚀、松动、缺损、受力不均、被盗等情况
	拉线及相关部件	锈蚀、腐蚀、磨损、断股、破股、松动、受力不均、失稳失衡等情况
	接地装置和引下线	腐蚀、锈蚀、冲刷、外露、断裂、破损、接触不良、被盗等情况
	相位牌、警告牌、杆号牌、分相色标导向牌等	褪色、锈蚀、丢失、缺损、不正确、不规范等情况
导、地线和相关部件	导线、避雷线（包括耦合地线、屏蔽线、复合光纤通信线等）	锈蚀断股、损伤、电弧灼伤情况；弧度松弛、相分裂导线间距变化等情况；导、地线上扬、舞动、振动，融冰时跳跃，相分裂导线鞭击，扭伤情况；绝缘架空地线接地、放电间隙尺寸、复合光纤接线盒等情况
	连接器、悬垂、耐张线夹、跳线线夹、防振设施、防舞动装置、跳线连接并沟线夹（导流板）接续条、间隔棒、均压环、均压屏蔽环、重锤、防结冰设施、通信附属设施及其他在线检测装置	锈蚀、氧化腐蚀，松动、磨损、缺损、断裂、移位、放电发热、电晕、放电声及与有关装置要求不符的情况

续表

项目		主要内容
绝缘支持件	绝缘子、瓷横担	脏污、爬电、电晕放电、过电压闪络、燃弧情况、灼伤痕迹、裂纹、破损、偏移、金属件锈蚀、连接固定件松动、缺损、脱落情况。复合绝缘子各连接部位的脱胶、裂缝、滑移等现象；伞套材料硬（脆）化，粉化、破裂等现象；伞套材料的起痕、树枝状通道、蚀损等情况；伞套材料的憎水性变化（如表面是否形成水膜）等情况
	金具、固定连接件	锈蚀、松脱、缺损、不合规范情况
防雷设施	避雷器、避雷针、消雷设施、线路外沿的防雷辅助设施	连接规范情况、间隙移位、金具锈蚀、松动、缺损、避雷器指示动作、老化、密封、避雷器引下线电缆的损坏情况；外串连间隙灼伤、烧蚀；合成外套伞裙破损、伞套滑落等情况；倾斜、锈蚀、拉线松动等情况
附属设施	视频图像监视仪、雷害故障指示器、巡检系统相关设备、防鸟装置	松动、脱落、缺损、动作等情况

（三）状态巡视信息资料的收集

（1）线路基本台账及状态评价信息。

（2）线路故障、缺陷、检测、在线监测、检修、家族性缺陷等信息。

（3）线路通道的地理环境、地质灾害、采动影响、树竹生长、建筑物、施工作业以及跨越铁路、公路、河流、电力线路、管道设施等信息。

（4）雷害、污闪、鸟害、舞动、覆冰、风害、山火、外力破坏等易发区段的信息。

（5）对电网安全和可靠性有重要影响的线路信息。

（6）重要保电、电网特殊运行方式等特殊时段信息。

线路的状态信息应准确、完整地反映线路运行状况及通道环境状况，并及时补充完善。

（四）状态区段的划分及特征

线路运维单位应根据线路状态信息划分特殊区段，包括外破易发区、树竹速长区、偷盗多发区、采动影响区、山火高发区、地质灾害区、鸟害多发区、多雷区、风害区、微风振动区、重污区、重冰区、易舞区、季冻区、水淹区、无人区、重要跨越及大跨越等。

（1）外破易发区：存在施工作业，杆塔、拉线基础周围取土、挖沙、堆土、漂浮物集中，以及线路通道附近放风筝、钓鱼、射击、爆破采石等现象，可能造成线路故障或受损的区段。

（2）树竹速长区：跨越树木或竹木，且处于树竹快速生长期，当季自然生长高度可能不满足交跨距离的区段。

（3）偷盗多发区：社会治安环境较差，经常性发生盗窃、破坏线路本体及附属设施的区域。

（4）采动影响区：因地下开采作业引起或可能引起地表移动变形的区域。

（5）山火高发区：线路通道或周围树木、茅草等易燃性植被茂盛，且存在不安全用火、燃烧秸秆、放火烧荒、上坟祭祀等火灾隐患，易引发大面积火灾的区域。

（6）地质灾害区：存在坍塌、滑坡、泥石流、地面塌陷、地裂缝或地面沉降等地质灾害风险的区域。

（7）鸟害多发区：处于草原、候鸟迁徙通道、临近河流、湖泊、大型水库、湿地等水域的鸟类活动明显的区域，以及杆塔上鸟窝较多或发生过多次鸟害故障的区域。

（8）多雷区：根据地闪密度分布图，雷电活动强度处于 C1 级及以上的区域。

（9）风害区：依据风区分布图，对应风速标准超过线路基本设计风速的区域，以及历史发生过强风天气造成线路倒塔、杆塔倾斜等故障的区域。

（10）微风振动区：在风载荷作用下，造成导线高频微幅振动较强的区域。

（11）重污区：根据污区分布图，污区等级在 d 级以上的区域。

（12）重冰区：设计覆冰厚度为 20mm 及以上区段或根据运行经验出现过超过 20mm 覆冰的区段。

（13）易舞区：根据舞动分布图，舞动等级在 2 级及以上的区域。

（14）季冻区：存在季节性土层结冻及融化，对杆塔基础造成影响的区域。

（15）水淹区：存在杆塔基础在水中浸泡、冰挤，可能影响基础安全的区域。

（16）无人区：车辆、作业机械难以抵达、常年无人居住、补给困难的区域，主要集中在高原、沙漠、戈壁等地区。

（17）重要跨越：跨越高速公路、电气化铁路和高铁的线路耐张段。

（18）大跨越：线路跨越通航江河、湖泊或海峡等，因档距较大（1000m 以上）或杆塔较高（100m 以上），导线选型或杆塔设计需特殊考虑，且发生故障时严重影响航运或修复特别困难的耐张段。

（五）状态巡视周期的确定

线路巡视周期一般分为三类，分类标准及相应的巡视周期按以下原则确定，并依据设备状况及外部环境进行动态调整。

（1）Ⅰ类线路巡视周期一般为 1 个月。主要包括：

1）状态评价结果为“注意”“异常”“严重”状态的线路区段。

2）外破易发区、偷盗多发区、采动影响区、大跨越、重要跨越、水淹区等特殊区段。

3）城市（城镇）及附近郊区的线路区段。

（2）Ⅱ类线路巡视周期一般为 2 个月。主要包括：

1）远郊、平原、山地丘陵等一般区域的线路区段。

2）状态评价为“正常”状态的线路区段。

（3）Ⅱ类线路巡视周期一般为 3～6 个月。主要包括：

1）高大山岭、沿海滩涂地区一般为 3 个月，在大雪封山等特殊情况下。可适当延长巡视周期但不应超过 6 个月。

2）戈壁沙漠、无人区等车辆人员难以到达区域一般为 3 个月，在每年空中巡视一次的基础上可延长为 6 个月。

3）退运。退役线路一般为 3 个月。

4）特殊时段的状态巡视周期。

a. 树竹速长区在春、夏季节巡视周期一般为半个月。

b. 地质灾害区在雨季、洪涝多发期，巡视周期一般为半个月。

c. 山火高发区在山火高发时段巡视周期一般为 10 天。

d. 鸟害多发区、多雷区、重污区、重冰区、易舞区、季冻区、风害区、微风振动区等特殊区段在相应季节巡视周期一般为 1 个月。

e. 对线路通道内固定施工作业点，每月应至少巡视两次并视情况缩短巡视周期，必要时应安排人员现场值守。

f. 重大保电、电网特殊方式等特殊时段，应定制专项运维保障措施，缩短巡视周期。

（4）跨区输电线路、重要电源送出线路、单电源线路、重要联络线路、电铁牵引站线路、重要负荷供电线路巡视周期不应超过 1 个月；新建线路和切改区段在投运 3 个月内，应每月进行一次全面巡视，之后按线路状态巡视周期执行。

在开展输电线路状态巡视过程中，要想延长线路各区段（点）的巡视周期，必须按照线路的实际状况出发，先提出各段（点）线路的巡视周期，进行现场勘察或抽查后确定巡视周期，计划周期应根据本地区季节性特点综合考虑。使线路开展状态巡视和危险点预控工作有据可依。

线路开展状态巡视工作，不论线路巡视周期长短，运行单位应落实措施，确保状态巡视到位率和巡视质量，真正做到状态巡视工作计划的有效实施。

（六）状态巡视计划的编制

运维单位应根据设备状况、巡视结果、季节和天气影响以及电网运行要求等，每月对巡视计划进行动态调整。

二、线路巡视及处理

（一）按输电线路本体、通道的实际制定危险点及特殊区域的预控措施

线路运行、检修单位应根据线路沿线地形、地貌、环境、气象条件、人员活动等特点，结合运行经验，逐步摸清和划定如鸟害区、雷击区、洪水冲刷区、重冰区、导线舞动区、滑坡沉陷区、重污区、树障区、易受外力破坏区等特殊区域，将输电线路全部杆塔及通道运行具体情况和设备情况的资料搜集齐全后，按照线路状态巡视的具体要求，制定各种危险点及预控措施，并将其纳入危险点及预控措施管理体系中去。在线路巡视过程中若发现新的危险点或隐患等，运行单位应及时滚动修正危险点和特殊区域。

架空输电线路的危险点和特殊区域形式多样，为了便于运行维护，给出了常见的危险点或特殊区域的运行维护的预控措施，见表 6-4。

表 6-4　　危险点或特殊区域运行维护的预控措施

情况	危险点或特殊区域运行维护的预控措施
易建房区	每月落实专人对该区重点巡视，巡视中加强对附近村民的电力法规宣传、教育，多了解村镇发展规划及村镇外扩趋向，加强与土管、规划、开发区等政府部门的联系，宣传国家电力法规禁止在电力设施保护区内建房的规定，防止在电力设施保护区内违章批复用地，违章规划和违章开发等事情的发生；巡视中重点注意打桩划线、砖石堆放等情况，发现隐患应当面向违章者进行口头阻止并宣传有关电力法律、法规的规定，阐明可能造成的严重后果，并以隐患通知书等书面形式告知其停止并拆除违章建筑，同时抄送土管、规划、村委、各级政府等职能部门；加强与该区义务护线员的沟通，要求护线员发现有动工现场及时报告

续表

情况	危险点或特殊区域运行维护的预控措施
易受外力破坏区	加强对该区域的巡视，每月至少巡视一次；巡视中重点注意爆破采石、爆破施工、农田改造、地基平整、杆塔、拉线基础周围取土、挖沙、堆土、围塘水产养殖、线路通道附近放风筝、射击、通道内钓鱼等情况。发现隐患应当向违章者进行口头阻止并宣传电力有关法律法规的规定及可能造成的严重后果，并应以法定隐患通知书、函件等书面形式告知其停止违章爆破、施工、取土、围塘等违章、违法行为，并要求赔偿损失或恢复原状，必要时应将该隐患通知书、函件报送到当地土管局、公安局、村委会、乡镇政府、开发区管委会等政府职能部门，以控制炸药的审批；在各类施工作业现场做好“严禁爆破”“严禁取土”“钓鱼危险”“高压危险”等安全警告标示牌；加强与该区域义务护线员的沟通，要求护线员发现有此类违章及时报告，有条件时可以采用在杆塔上安装图像监控装置，落实专人每天查看传回图片，将隐患消灭在萌芽阶段
鸟害区	确定候鸟活动范围，在确定的鸟害区杆塔上安装防鸟装置和人工鸟巢。每年 4～6 月，每月巡视次数不应少于 1 次，对巡视中发现的鸟窝及时移位保护处理，在绝缘子串挂点处安装防鸟装置
树（竹）速长区	每年春季 4～6 月应组织班组对竹林区的特殊巡视和及时处理，同时通知户主及时清理树障（竹木），加强该区域群众护线员的联系，请他在树障（竹木）速长期多注意其生长情况和线路护线宣传，安排资金采用升高或增立铁塔的措施，以消除树（竹木）隐患。在树木速长季节，准确估计各种树种的自然生长速率，对本年度可能威胁线路安全运行的地段必须巡视到位，发现隐患应及时处理
雷击频发区	雷击频繁区的线路应该用综合防雷措施。雷季前，应做好防雷设施的检测和维修，落实各项防雷措施；雷季期间应加强防雷设施各部件连接状况、防雷设备和观测装置动作情况的检查；对雷害损坏的设备应及时修补、更换。对雷害故障杆塔的金具和导线、避雷线夹必须打开检查，必要时还必须检查相邻档线夹。故障杆塔必须采用标准的 0.618 布线方式测试该杆塔接地电阻是否符合设计要求；组织好对雷击事故的分析调查，总结现有防雷设施的效果，研究更有效的防雷措施，按反击或绕击的结果进行不同的雷害防范措施
洪水冲刷区	（1）汛期到来前，班组必须组织到现场巡视 1 次，重点检查杆塔、拉线基础的稳定性、是否容易受到冲刷等情况上报上级管理部门，根据现场情况确定应该采取的防范措施。 （2）汛期时，根据洪水情况，及时组织特巡和处理。 （3）加强该区域群众护线员的沟通，要求护线员发现洪水冲刷及时报告
滑坡沉陷区	汛期、雨季、严寒季节每月要巡视一次，巡视时要重点检查杆塔基础上、下边坡的稳定情况，发现隐患及时汇报处理。加强该区域群众护线员的沟通，要求护线员发现有此类沉陷现场及时报告
重冰区、导线舞动区	（1）经实践证明不能满足重冰区要求的杆塔型号、导线排列方式应有计划地逐步进行改造或更换，新建线路设计审查时应强调直线塔定位，避免档距严重不均。 （2）覆冰季节前应对线路做全面检查，消除设备隐患，落实除冰、融冰和防止导线、避雷线跳跃、舞动的措施。同时制定抢修方案，准备好抢修的工器具、通信设备及车辆，并进行事故预想演练。 （3）覆冰季节中，应有专门观测维护组织，加强巡视、观测，做好覆冰和气象观测的记录及分析，研究覆冰和舞动的规律。随时了解冰情，适时采取相应措施。 （4）覆冰消除后，应对线路进行全面检查、测试和维护。 （5）对覆冰段线路严重不均匀档距的直线塔，采用改造成耐张或悬垂串改造为释放线夹，以消除此类直线塔因不均匀脱冰引起的塔颈部折弯倒塔或架空地线悬垂线夹处断股现象
重污区	（1）雾季巡视检查绝缘子脏污情况，发现特别脏或附近污染源增加较快的线路区段，巡视班组及时汇报，工区及时进行带电检测等值盐密或进行污秽液导电元素的理化分析，准确掌握污秽程度，以便于采取绝缘子防污闪技术措施。 （2）雾毛细雨季按季节特性重点进行巡视，查看绝缘子串有无爬电现象、放电声、电晕等或检测在线监视泄漏电流数值、脉冲电流数值等情况。 （3）污秽特别严重的杆塔，采用复合绝缘子，以 8～10 年更换新绝缘子方式。 （4）对重粉尘区，如水泥厂内采用瓷绝缘子串配合金属招弧角，以解决玻璃自爆和复合绝缘子贯穿性击穿事故

（二）线路故障的正确判断和巡查

输电线路发生故障跳闸后，地市电网调度在通知运行单位时，巡视人员首先要记录清楚继电保护动作的情况，并根据故障跳闸时的天气、环境、相位、时间等综合判断可能是哪一类故障（雷击、风偏、外力破坏、交跨不足），可能发生的位置、地点，并根据对故障的初步判断情况，组织地面巡查或登杆塔故障巡视。

例如，如何判断是雷击闪络或还是污闪，雷击闪络或污闪在绝缘子上留下的闪络痕迹并没有十分明显的区别，污闪的电弧总是从绝缘子局部沿面放电开始，在最终阶段才使绝缘子附近空气隙击穿，在一般情况下，污闪是在工频电压下发生的，污闪只在绝缘子串两端各 1～2 片绝缘子上留下明显的闪络痕迹。

只有重复污闪才会造成整个绝缘子串均有闪络痕迹，甚至造成绝缘子破碎或钢脚、钢帽烧伤。雷击时由于雷电流大，一般沿绝缘子表面爬闪，而污闪多为跳闪（沿绝缘子串两端或每隔几片绝缘子闪络），将雷击与污闪在导线上留下的烧伤痕迹相比较，污闪留下的痕迹比较集中，甚至仅在线夹上或靠近线夹的导线上留下痕迹，但污闪形成和作用时间长，烧伤导线虽小但严重；雷击闪络往往在线夹到防振锤之间导线留下痕迹，雷电流大但作用时间短，导线烧伤面积大但烧伤程度相对较轻。

（三）按电力设施保护条例要求发放的各种类型的隐患通知书

输电线路架设在野外，设备分散，面积广，随时都有可能给企业带来法律上的纠纷，运行单位应按照《电力法》《电力设施保护条例》《电力设施保护条例实施细则》等法律法规的要求，撰写起草好针对各种类型的违章现象、情况的隐患通知书，并及时送达给违章责任人（业主）、产权单位、自然人，同时保存好隐患通知书的回执，并留存影响资料，以便将来发生法律纠纷时作为法庭依据。

线路杆塔应安装齐全杆号牌和警示标示牌。输电线路杆塔高空作业和高压作业属于危险行业，运行单位应经常核对、检查杆号牌、警示牌等是否丢失、损坏，安装是否正确，以阻止非线路运行、检修人员擅自攀登杆塔，免除因外来人员攀登杆塔后发生高空坠落、触电等事故的法律责任，同时也可以防止作业人员在同塔架设多回线路中作业时误登杆塔的危险。

第三节　设备状态检测的项目、周期及绝缘子状态监测

一、设备状态检测的项目、周期

（一）输电线路关键检测项目

DL/T 741—2019《架空输电线路运行规程》中需要定期开展检测的项目很多，基本属于普查式检测，工作量繁重，输电线路开展状态检修，必须有的放矢解决带电部分和不带电部分。若不符合规定要求容易引起线路停电或需停电后处理的设备隐患，涉及的相关检测、检查项目主要如下：

（1）绝缘子检查、检测。主要包括瓷绝缘子瓷件破损、瓷釉烧伤和绝缘电阻低值零值

检测；玻璃绝缘子伞裙自爆检查；复合绝缘子伞裙、护套表面有无蚀损、漏电起痕，树枝状放电或电弧烧伤痕迹，是否出现硬化、脆化、粉化、开裂等现象，伞裙是否变形，伞裙之间黏结部位是否脱胶等现象，端部金具连接部位是否有明显的滑移，密封是否有破坏，硅橡胶伞裙的憎水性是否下降等；绝缘子是否钢脚锈蚀、弯曲、电弧烧损和锁紧销缺少；绝缘子附盐密检测等。

(2) 绝缘子附盐密检测。主要是在设定的盐密监测点测量累积运行现场污秽度，既要检测累积附盐密值，又要检测出灰密量，对现场污秽严重或超标的杆塔应将污秽液送试验室进行导电离子和成分分析。

(3) 复合绝缘子憎水性丧失及机械强度下降检测。主要是对运行若干年的复合绝缘子硅橡胶伞裙憎水性是否丧失进行检测，其次是对运行 8～10 年的复合绝缘子每个批次抽 3 支送试验室进行耐污水平和机械强度的试验。

(4) 引流板、并沟线夹等电气连接部位的检查、检测。主要包括引流板、并沟线夹螺栓是否紧固、电气连接处和导电脂是否完好，是否存在发热现象。

(5) 导地线损伤检查。

(6) 接地电阻检测。主要包括接地电阻是否合格，接地引下线是否完好，接地射线是否完好。

(7) 交叉跨越或风偏距离测量。主要检测导线与树木（竹）的最小距离是否符合要求，其次是检测导线在设计风速下对线路通道内后建造的建筑物校核风偏距离是否满足要求。

（二）瓷绝缘子低零值检测

根据 DL/T 626—2005《劣化盘形悬式绝缘子检测规程》的要求，对瓷绝缘子采用绝缘电阻或分布电压法检测低零值，按规程中瓷绝缘子检测周期中的年劣化率对应的检测周期进行，因目前有较为精确的带电、停电方式用绝缘电阻检测仪和带电方式用分布电压检测仪，运行单位应淘汰早期的火花间隙检测瓷绝缘子方式。

Q/GDW 168—2008《输变电设备状态检修试验规程》规定例行试验项目：瓷绝缘子零值检测周期为 330kV 及以上 6 年；220kV 及以下为 10 年。

盘形瓷绝缘子零值检测：采用轮试的方式，即每年检测一部分，一个周期内完成全部普测。如某批次盘形瓷绝缘子的零值检出率明显高于运行经验值，则对于该批次绝缘子应酌情缩短零值检测周期。

应用绝缘电阻检测零值时，宜用 5000V 绝缘电阻表，绝缘电阻应不低于 500MΩ，达不到 500MΩ 时，在绝缘子表面加屏蔽环并接绝缘电阻表屏蔽端子后重新测量，若仍小于 500MΩ 时，可判定为零值绝缘子。从上次检测以来又发生了新的闪络或有新的闪络痕迹的，也应列入最新的检测计划。

（三）运行绝缘子累积盐密值的检测

Q/GDW 168—2008《输变电设备状态检修试验规程》规定例行试验项目：现场污秽度评估每 3 年一次。

现场污秽度评估：每 3 年或有下列情况之一进行一次现场污秽度的评估：

（1）附近 10km 范围内发生了污闪事故。

（2）附近 10km 范围内增加了新的污染源（同时也需要关注远方大、中城市的工业污染）。

（3）降雨量显著减少的年份。

（4）出现大气污染和恶劣天气相互作用带来的湿沉降（城市和工业区及周边地区尤其要注意）。现场污秽度测量内容和周期按 Q/GDW 152—2006《电力系统污区分级与外绝缘选择标准》的规定，测量等值盐密/灰密或等值盐密度；检测周期至少为 3 年，根据积污的饱和趋势可延长至 5 年或更长。

带电运行线路的绝缘子串要发生污闪跳闸，必须要达到以下两个条件：

一是绝缘子表面上必须聚积了一定量的污秽物。二是该绝缘子串必须处在 90%以上湿度的潮湿天气中，即绝缘子表面上的污秽物必须充分受潮。两者缺一就不会发生污闪。无论绝缘子串黏附有多大的污秽量，若是处在 80%以下空气湿度天气下，线路绝缘子是不会发生污秽闪络跳闸的。

运行单位应按绝缘子串污秽状况来指导线路是否清扫绝缘子，而要确定绝缘子串污秽状况，必须要检测污秽监控点的绝缘子串盐密值。线路污闪跳闸是从运行的绝缘子串上发生的，所以污秽盐密值从运行串上清洗检测更具有现实意义，多数单位的绝缘子串盐密检测都从杆塔上悬挂的不带电样品串上清洗检测，虽然不带电悬挂串也处在电场中，但绝缘子串上没有分布电压，电场也远比运行串小，按规定不带电的盐密值要以 1.25～1.4 的系数换算成带电绝缘子串的盐密值，但强电场能吸引许多导电离子积聚在绝缘子表面，因此从运行串清洗的盐密值，与现实污秽跳闸环境下的附盐密值更接近。

（四）复合绝缘子憎水性能检测

成立硅橡胶憎水性能检测小组，按输电线路复合绝缘子产品寿命和批次，按照检测周期和杆号进行检测，对污源点周围应缩短检测周期，对运行 4～5 年后的复合绝缘子，应尽量采取在连续几天阴天后进行憎水性能检测，登塔采用喷水壶在硅橡胶伞裙上喷洒水雾，以检测喷在伞裙上的水是否为连片或成水珠、水珠的倾角等，正确检测复合绝缘子的憎水性能。

（五）复合绝缘子的运行巡查和污秽性能和机械强度检测

DL/T 741—2019《架空输电线路运行规程》规定：每 2～3 年登杆检查硅橡胶伞套表面有无蚀损、漏电起痕、树枝状放电或电弧烧伤痕迹，是否出现硬化、脆化、粉化、开裂等现象，伞裙是否变形、伞裙之间粘接部位有无脱胶等现象，端部金具连接部位有无明显的滑移，检查密封有无破坏，钢脚或钢帽锈蚀、钢脚弯曲、电弧烧损、锁紧销缺少。

按照 DL/T 1000.3　2015《标称电压高于 1000V 架空线路用绝缘子使用导则　第 3 部分：交流系统用棒形悬式复合绝缘子》规定：每 3～5 年一次，检测憎水性和机械性能。投运 8～10 年内的每批次绝缘子应随机抽样 3 只试品进行机械拉伸破坏负荷试验，根据运行绝缘子憎水性检测周期，依据检测出的憎水性级别 HC 不等执行不同的检测周期；同样根据机械特性检测周期，检测出的机械破坏负荷值 SML 的不同执行不同时检测周期。

（六）导线耐张跳线并沟线夹或引流板检查和检测

Q/GDW 168—2008《输变电设备状态检修试验规程》规定例行试验项目：导线接点温度测量周期为330kV及以上1年；220kV及以下为3年。导线接点温度测量：500kV及以上导线接续管、耐张引流夹每年测量1次，其他3年1次。接点温度可略高于导线温度，但不得超过10℃，且不高于导线允许运行温度。在分析时，要综合考虑当时及前1h的负荷变化及大气环境条件。该规定采用红外测温仪器检测，但因仪器的有效检测距离、检测时天气情况、检测时间和设备后的辅助光源等有所区别，检测结果与实际运行情况存在误差。

目前线路检修工检测紧固导线耐张跳线连接螺栓一般都采用10寸活动扳手，由于无拧紧数值控制，导线跳线金具连接易发生因扭矩偏松而致使接触电阻值变大，当线路大负荷输送中容易造成连接金具发热——电阻增大——发热加剧——烧断跳线或连接金具而跳闸。由于运行单位有严格的可靠性指标要求，输电线路不可能长时间停电检查紧固导线跳线连接点，按照输电线路运行实际和企业现状及状态检测要求，运行单位可安排检修员工在新建线路竣工验收和停电检修时，采用扭矩扳手按相应规格螺栓的扭矩值检查、紧固跳线连接金具的扭矩值，使跳线连接完好可靠；同时根据红外检测有关检测规定，运行单位在符合仪器检测气候、无附加光源影响条件下，部分采用登塔方式（如500kV）在横担上采用远红外成像仪定期检测耐张跳线连接处的发热隐患。

（七）按照导地线不同钢比情况判定损伤截面积或强度损失

架空线路运行中的钢芯铝绞线有承受拉力（张力）和输送电能荷载两项功能，DL/T 741—2019《架空输电线路运行规程》中只按导电铝截面受损百分比进行修复明显不合理，部分修复易降低线路可用率和增加导线连接点而增加巡查检测工作量。钢芯铝绞线有不同的横钢截面积与横铝截面积之比，不同钢比导线的钢芯、铝截面的计算破断力是不等的，仅仅按钢芯铝绞线、钢绞线损伤、断股的截面积百分比来判定处理方式，有时会造成部分型号受损伤、断股后的导、地线的应力（安全系数）下降，按照DL/T 1069—2016《架空输电线路导地线补修导则》的规定，检修修复是线路状态检修的好方法，根据钢芯铝绞线的铝截面积损伤、断股或强度损失的不同，可分别采用缠绕、补修管、护线条、接续条或开断重接等修理方式，特别是导电铝截面超标的损伤导线，不再需要停电将导线落地进行开断重接处理。

（八）杆塔工频接地电阻的检测

Q/GDW 168—2008《输变电设备状态检修试验规程》规定例行试验项目：杆塔接地电阻测量周期为大跨越和变电站2km进线保护段：500kV及以上1年；其他为2年。其他线路首次运行3年；后续检测周期500kV及以上4年；其他8年。

杆塔接地阻抗检测：测量周期按上述规定，测量方法采用2km出线保护地段每基杆塔测量；500kV以上一般采用每隔3基，其他每隔7基检测1基的轮换方式。对于地形复杂、难以达到的区段，轮换方式可酌情自行掌握。如某基杆塔的测量值超过设计值时，补测与此相邻的2基杆塔。如果连续两次检测的结果低于设计值（或要求值）的50％，则轮试周期可延长50％～100％。检测宜在雷暴季节之前进行。

Q/GDW 168—2008《输变电设备状态检修试验规程》是按线路重要性来延长杆塔接地电阻的检测周期，没有从杆塔的耐雷水平和输电线路实际雷害跳闸的类别确定检测周期和测量方式，且雷电击中架空地线时，雷电流是向两侧快速分流至杆塔下泄入地，若该杆塔接地电阻大，则塔顶电位迅速升高而反击跳闸，因此隔基轮测杆塔接地电阻不符合防范雷击跳闸的技术原理。

目前线路杆塔人工敷设接地线为 $\phi10$～$\phi12$mm 热镀锌接地线，一般可腐蚀 10 多年。输电线路的雷击跳闸多数是绕击雷，特别是 330kV 及以上电压等级线路的雷害事故几乎均为绕击雷，而杆塔接地电阻大小对防止绕击雷关系不大，因此新建线路或接地大修后，运行单位应全线正确按杆塔设计敷设的接地射线长度的 0.618 布置测量射线检测接地电阻并按土壤季节系数换算，以符合接地电阻设计值，对遭雷击故障的杆塔必须在故障后用接地电阻仪按三线法的 0.618 布置测量射线正确检测杆塔接地电阻，同时按雷击跳闸类别采取防范措施。

二、绝缘子状态检测

架空线路外绝缘是确保线路安全运行的关键设备，目前常用的有盘形瓷绝缘子、盘形玻璃绝缘子和硅橡胶长棒复合绝缘子。瓷、玻璃虽属无机物材料，但我国架空线路外绝缘设计是以“考虑带电作业需要和尽量节约绝缘子串片数”为设计原则的，因此对盘形绝缘子不采用在串两端安装金属招弧角来保护绝缘子的方式，而是允许故障电流从绝缘子串本体通过。因瓷质材料较脆，施工、运行中易造成瓷件隐性裂纹而劣化，若瓷绝缘子存在低零值时，短路电流从绝缘子头部（钢帽、钢脚间）通过，从而引发低零值绝缘子钢帽炸裂、导线掉串的恶性事故。因此我国规定瓷绝缘子必须两年 1 次进行低零值劣化绝缘子检测。钢化玻璃绝缘子抗击打能力强，运行中不受常年荷载系数的控制，但若玻璃件因钢化工艺不好或存在瑕疵，则玻璃件有自爆功能，短路电流从绝缘子串外引发电弧闪络跳闸。硅橡胶复合绝缘子系有机材料，在大自然紫外线下会逐渐老化，因此硅橡胶复合绝缘子的产品寿命只能达 8～10 年。因属长棒式全阻性产品，电压分布极不均匀，且导线端有机材料长期处在强电场中，易发生树枝状贯通、电蚀穿孔和外露芯棒电化学产生脆断事故。因此，检查、检测线路绝缘子是运行的重要工作。

（一）瓷绝缘子测试周期和实例

瓷绝缘子虽属无机物，因瓷件材料脆，在电气机械等作用下会产生隐裂纹，随着运行年限的增加，瓷件劣化率会逐渐增加，因此新投运线路在运行一年后，瓷绝缘子因搬运、安装和过牵引紧线等，会有个别瓷绝缘子受损，必须进行一次低零值劣化的检测。在检测之后，可按照“年平均劣化率小于 0.005 时每 6 年检测 1 次、位于 0.005～0.01 之间时每 4 年检测 1 次、大于 0.01 时每 2 年检测 1 次”周期进行检测。

瓷质绝缘子检测主要有以下几种方法：

1. 电压分布检测法

由于瓷绝缘子每片含有一定的电容值，导线侧第一片承受的电压（U_1）最大（最高），串中间电压（U_2）最低，横担侧电压（U_3）次高，其电压值大小顺序为 $U_1 > U_3 > U_2$，呈斜型不对称的“马蹄形”。串中最低片的分布电压值约为导线侧的1/6～1/4，因此瓷绝缘子串的分布电压是不均匀的，无论串中是否存在低零值绝缘子，该串每片绝缘子的分布电压累加后等于该电压等级的相电压值。

采用分布电压检测仪带电检测瓷绝缘子低零值是一种有效正确反映有无劣化的手段。缺点是检测工作需两人进行。一人手持绝缘操作杆逐片检测，即将两探针短接绝缘子的钢帽、钢脚后，检测仪器语音报出该测量片绝缘子的分布电压值，另一人记录该串总片数和每片的分布电压值（总片数不同，每片的电压值也不同），与绝缘子串标准电压分布值核对。现有自动记忆的分布电压检测仪，每测1片自动记录测量值，被测片绝缘子的分布电压低于标准电压定值50%时，判为劣化绝缘子；被测片绝缘子的分布电压高于标准电压定值50%但明显低于相邻两侧合格的电压值，则判为低值劣化绝缘子，瓷劣化绝缘子应及时更换，以防故障时劣化绝缘子发生钢帽炸裂掉串事故。瓷绝缘子串各电压等级每片标准分布电压值见表6-5和表6-6。

表6-5　35～220kV交流送电线路绝缘子串的分布电压标准值

绝缘子序号（自导线侧数）	绝缘子串分布电压值 U_i(kV)								
	35kV线路			110kV线路			220kV线路		
	2片/串	3片/串	4片/串	6片/串	7片/串	8片/串	12片/串	13片/串	14片/串
1	10.0	9.0	8.0	19.0	18.5	17.0	18.0	22.5	31.0
2	10.0	5.0	4.0	11.0	10.0	10.0	16.0	18.2	16.0
3		6.0	3.5	9.0	8.5	8.0	15.0	12.1	12.0
4			4.0	8.0	7.0	6.5	13.0	12.1	9.0
5				7.0	5.0	4.0	11.0	9.0	7.0
6				10.0	6.0	5.0	10.0	7.5	6.5
7					9.0	5.0	9.0	7.1	6.0
8						8.0	8.0	6.9	5.0
9							7.0	6.0	5.0
10							7.0	6.0	5.0
11							7.0	6.0	5.0
12							6.0	6.5	6.5
13								7.5	6.0
14									8.0
总计	20	20	20.3	64	64	63.5	127	127.4	128

表6-6　330～500kV交流送电线路绝缘子串的分布电压标准值

绝缘子序号（自导线侧数）	绝缘子串分布电压值 U_i(kV)								
	330kV线路				500kV线路				
	19片/串	20片/串	21片/串	22片/串	25片/串	26片/串	28片/串	29片/串	30片/串
1	19.0	18.5	18.5	18.0	21.5	21.5	21.0	21.0	21.0
2	17.0	16.5	16.5	16.0	19.5	19.5	19.0	19.0	19.0
3	15.5	15.0	15.0	14.5	18.0	18.0	17.5	17.5	17.5
4	14.0	13.5	13.5	13.0	16.5	16.5	16.0	16.0	16.0

续表

绝缘子序号（自导线侧数）	绝缘子串分布电压值U_i(kV)								
	330kV 线路				500kV 线路				
	19 片/串	20 片/串	21 片/串	22 片/串	25 片/串	26 片/串	28 片/串	29 片/串	30 片/串
5	12.5	12.0	12.0	11.5	15.5	15.5	15.0	15.0	14.5
6	11.5	11.0	10.5	10.5	14.5	14.5	14.0	14.0	13.5
7	10.5	10.0	9.5	9.5	13.5	13.5	13.0	13.0	12.5
8	9.5	9.0	8.5	8.5	12.5	12.5	12.0	12.0	11.5
9	8.5	8.0	8.0	8.0	11.5	11.5	11.0	11.0	10.5
10	7.5	7.5	7.5	7.5	10.5	10.5	10.0	10.0	9.5
11	7.0	7.0	7.0	7.0	10.0	9.5	9.0	9.0	9.0
12	6.5	6.5	6.5	6.5	9.5	9.0	8.5	8.5	8.5
13	6.5	6.0	6.0	6.0	9.0	8.5	8.0	8.0	8.0
14	6.5	6.0	5.5	5.5	8.5	8.0	7.5	7.5	7.5
15	6.5	6.0	5.5	5.0	8.0	7.5	7.0	7.0	7.0
16	7.0	6.5	5.5	5.0	7.5	7.0	6.5	6.5	6.5
17	7.5	7.0	6.0	5.0	7.5	7.0	6.5	6.0	6.0
18	8.0	7.5	6.5	5.5	7.5	7.0	6.5	6.0	6.0
19	9.5	8.0	7.0	6.0	7.5	7.0	6.5	6.0	6.0
20		9.0	7.5	6.5	8.0	7.0	6.5	6.0	6.0
21			8.5	7.0	8.5	7.5	6.5	6.0	6.0
22				8.0	9.0	8.0	7.0	6.0	6.0
23					10.0	9.0	7.5	6.5	6.0
24					11.5	10.0	8.0	7.0	6.0
25					13.5	11.0	8.5	7.5	6.5
26						12.5	9.0	8.0	7.0
27							10.0	8.5	7.5
28							11.5	9.5	8.0
29								11.0	9.0
30									10.5
总计	190.5	190.5	191.0	190.0	289	289	289	289	288.5

注　本表推荐的绝缘子分布电压标准为拉V塔与酒杯塔边相悬垂绝缘子单串各片绝缘子的分布电压，中相串、耐张串及V形绝缘子串的分布电压可参照本表，但对于中相靠导线侧第一片绝缘子上的分布电压乘以相别系数1.1，对于上扛式金具的绝缘子串，靠导线侧第一、第二片绝缘子上的分布电压值可分别参照本表导线侧第二、第一片的标准值，其他元件上的分布电压可对应参照本表推荐的标准值。

2. 绝缘电阻检测法

盘形玻璃绝缘子伞盘自爆后，应判为劣化绝缘子。由于该绝缘子串中含有自爆绝缘子，减少了该绝缘子串的泄漏比距，但若此类有自爆片数的绝缘子串处在远离集镇、厂矿等一般污秽区或丘陵、山区清洁区时，可继续运行至该线路的周期停电检修时更换。原因是玻璃绝缘子的残余强度大于额定机械荷载的80%。对瓷绝缘子可在线路停电时，采用5000V的绝缘电阻表测量绝缘子的绝缘电阻值，在干燥情况下，500kV线路绝缘电阻值应大于500MΩ，500kV以下线路绝缘电阻值应大于300MΩ，该检测方法需要的停电时间长。另外，也可采用绝缘电阻检测仪带电检测绝缘子的绝缘电阻，原理与测量分布电压法相同，也靠两探针短接绝缘子的钢帽、钢脚后，绝缘电阻检测仪表计上显示出该片绝缘子的绝缘电阻值。同样需两人检测，一人手持绝缘操作杆逐片检测，一人记录该串总片数和每片的绝缘电阻值。现有自动记忆的绝缘电阻检测仪，每测一片，自动记录测量值，可节省作业人员。检测结果根据运行线路500kV等级盘形悬式绝缘子绝缘电阻值低于500MΩ时应判为劣化绝缘子；330kV等级及以下盘形悬式绝缘子绝缘电阻值低于300MΩ时应判为劣化绝缘子，并及时更换处理。

3. 火花间隙短接放电法

带电线路采用火花间隙装置检测盘形瓷绝缘子的电阻是否合格，其检测方法是采用间隙击穿放电发生的声音有无或轻重来判定是否零值，DL/T 415—2009《带电作业用火花间隙检测装置》的检测原理是按电压等级的不同，采用不同间隙距离的火花间隙放电装置，为保证瓷绝缘子串中分布电压最低一片在检测时能听到空气击穿放电声，其放电间隙一般按绝缘子串中的最低分布电压值的50%（为3～4kV）试验得出其间隙距离，见表6-7。检测工作是一人手持绝缘操作杆逐片检测，将两探针短接被测量绝缘子的钢脚、钢帽，听间隙空气击穿放电声音较响时，判定该片绝缘子良好，放电声轻或无放电声时，判定该片绝缘子为低值或零低值。

表6-7　　不同系统标称电压对应的火花电极间隙距离

系统标称电压（kV）	63	110	220	330	500
火花电极间隙距离（mm）	0.4	0.5	0.6	0.6	0.6

注　火花间隙的两根探针的间距为110mm。

运行中的盘形绝缘子串分布电压是不均匀的，如110kV电压等级7片/串的导线侧第一片绝缘子其分布电压为18.5kV，串中第5片为5kV，两者差3.7倍；220kV电压等级14片/串的导线侧第一片绝缘子分布电压为31kV，串中第7、第8、第9片均为5kV，两者差6.2倍；500kV电压等级28片/串的导线侧第一片绝缘子分布电压为21.5kV，串中第16片为6.5kV，最大分布电压与最小分布电压相差3.3倍左右。

DL/T 415—2009《带电作业用火花间隙检测装置》规定，在绝缘子检测前，应用专用的“塞尺”测量校核该电压等级要求的“放电间隙”（火花间隙厂家均不提供专用“塞尺”），由于火花间隙放电检测方法采用同一间隙距离去短接放电相差3～6倍的分布电压值绝缘子，靠听放电声的有无或轻重来判定该片绝缘子的绝缘电阻是否零、低值是不合理的，往往会将串中间分布电压低的良好绝缘子误判为低、零值，而将高压侧低值绝缘子因放电声响误判为良好绝缘子，因此火花间隙装置带电检测瓷绝缘子是否零值的方法已逐渐退出运行单位。

（二）玻璃绝缘子的检查（检测）

每片玻璃绝缘子自身的电容值比瓷绝缘子大，致使玻璃绝缘子串的电压分布比瓷绝缘子串均匀，同时钢化玻璃绝缘子属无机物材料，产品运行寿命达50年以上（劣化自爆除外）。玻璃绝缘子劣化后有伞盘自爆功能，自爆后的残锤荷载是其额定荷载的80%以上，能继续安全运行，因此玻璃绝缘子不需检测绝缘电阻（会自爆），只需进行目测是否有自爆绝缘子，存在的自爆绝缘子串在故障电流下也不会引发钢帽炸裂掉串。玻璃件是熔融体，质地均匀，当玻璃件表面遭故障电流局部电弧烧伤后只发生表面脱皮或掉渣，脱皮或掉渣后的新表面仍是光滑的玻璃体，其玻璃伞裙能自行恢复绝缘，运行单位不需更换闪络烧伤后的玻璃绝缘子。

（三）绝缘子钢脚检测

绝缘子串导线侧的绝缘子分布电压值最大、场强最大，同时钢脚处直径小，该界面易电晕放电。因此，在钢脚处积污最多，最易发生电化学腐蚀。对于直流绝缘子，各生产厂家特别要在钢脚外套上一锌套作为牺牲电极，以保护绝缘子钢脚不致电化学腐蚀而掉串。所以 DL/T 626—2005《劣化盘形悬式绝缘子检测规程》增加了钢脚检测要求和标准，对直流线路还需检查钢脚处牺牲电极（锌套）的腐蚀情况。

由于绝缘子钢脚处电场强度大，其钢脚长期处在放电状态下，日积月累，钢脚镀锌层破坏后锈蚀、腐烂，或钢脚因放电逐渐熔细。另外，绝缘子串导线侧、横担侧的绝缘子分布电压高、电场强，绝缘子钢脚长期处在电磁场中，其电晕放电烧伤锌层、腐蚀等可导致钢脚机械强度下降，严重的会拉断引起掉串。因此在线路停电检修时，应安排员工进行专项检查绝缘避雷线、导线悬挂绝缘子的钢脚，特别对重污染区域的点或段，应重点检查，在检查过程中，也可采用数码相机照回来，对照表 6-8 钢脚锈蚀判据来判断钢脚腐蚀的绝缘子是否能继续运行。

表 6-8　　钢脚锈蚀判据表

序号	现象	说明	判据
1		仅水泥界面锌层腐蚀	继续运行
2	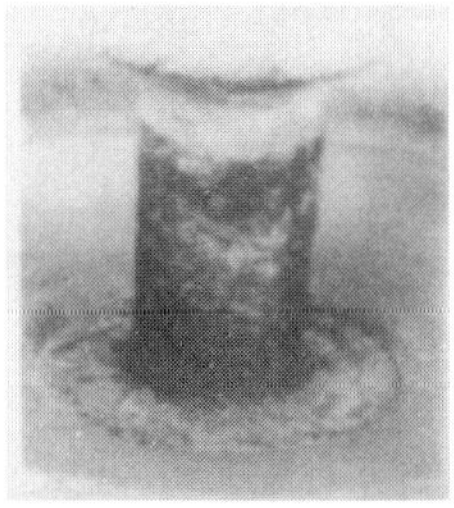	锌层损失，钢脚颈部开始腐蚀	一有适当的机会更换
3		钢脚腐蚀进展很快，颈部出现腐蚀物沉淀	立即更换

（四）复合绝缘子憎水性、污秽性能和机械强度检测

硅橡胶复合绝缘子为有机材料，它在臭氧、紫外光、潮湿、高低温、电应力和高场强等外界因素作用下，护套伞裙会硬化、龟裂、粉化、电蚀穿孔等，运行若干年后，会出现不同程度的憎水性下降。

同时因钢脚、芯棒属不同材质，各厂家技术力量、压接工艺等不同，金具芯棒压接处是个薄弱环节，特别是导线端有机材料处在高场强内，长时间运行会出现硅橡胶材料树枝状贯通、电蚀穿孔或端部密封受损等，水分进入芯棒在电化学作用下发生芯棒脆断。

复合绝缘子耐污性能主要取决于硅橡胶材料的憎水性能，憎水性是固体材料的一种表面性能，即水在憎水性的固体表面形成的一种互相分离的水滴或水珠状态，而不是连续的水膜或水片状态（瓷绝缘子釉面浸水后形成的是一层薄薄水膜，呈亲水性）。憎水性分级就是将材料表面的憎水性状态分为 7 级，分别表示为 HC1～HC7，HC1 级对应憎水性很强的表面，HC7 级则对应已形成连续水膜的表面。试品表面水滴状态与憎水性分级标准见表 6-9 及如图 3-8 所示。

表 6-9　　试品表面水滴状态与憎水性分级标准表

HC 值	试品表面水滴状态描述
HC1	只有分离的水珠，大部分水珠的后退角 $\theta_r \geqslant 80°$
HC2	只有分离的水珠，大部分水珠的后退角 $50° \leqslant \theta_r < 80°$
HC3	只有分离的水珠，水珠一般不再是圆的，大部分水珠的后退角 $20° \leqslant \theta_r < 50°$
HC4	同时存在着分离的水珠与水带，完全湿润的水带面积小于 $2cm^2$，总面积小区域面积小于被测区域面积的 90％
HC5	一些完全湿润的水带面积大于 $2cm^2$，总面积小于被测区域面积的 90％
HC6	完全湿润总面积大于 90％，仍存在少量干燥区域（点或带）
HC7	整个被试区域形成连续的水膜

上述憎水性能的描述基本针对新材料，对于运行若干年的复合绝缘子，现场实测憎水性均在 HC4～HC5 级，在长时间潮湿天气下，甚至会出现憎水性丧失，导致复合绝缘子线路发生故障跳闸。

第四节　污区等级的划分及附盐密测量

输变电污闪事故严重威胁电网运行安全，是电力系统重点防范的主要事故之一，危害性极大，随着社会的发展、空气污染程度越来越严重，线路污闪事故也在增多，所以科学地确定电网污区等级，合理选择设备的外绝缘配置水平是防止发生电网污闪事故的有效措施。

各种污秽物质的性质不同，对架空输电线路的影响也不同，普通的灰尘容易被雨水冲刷掉，所以对绝缘性能影响不大，可是一些工业粉尘附着在绝缘子表面上形成一层薄膜，就不容易被雨水冲刷掉，所以对绝缘子的绝缘性能影响比较大。

多数线路运行单位设置的盐密监测点绝缘子串采用不带电悬挂，清洗检测的附盐密值

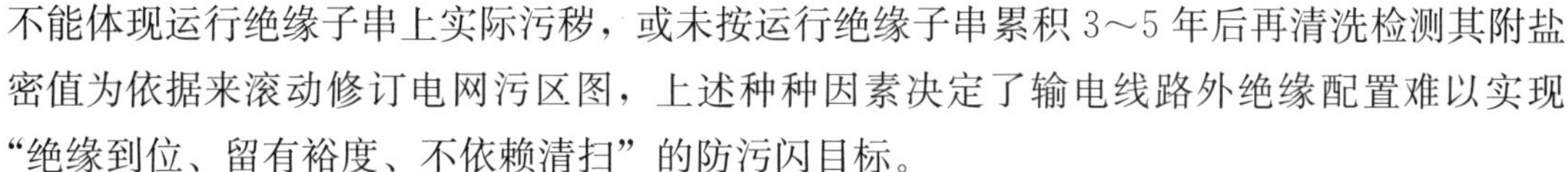

不能体现运行绝缘子串上实际污秽，或未按运行绝缘子串累积3～5年后再清洗检测其附盐密值为依据来滚动修订电网污区图，上述种种因素决定了输电线路外绝缘配置难以实现“绝缘到位、留有裕度、不依赖清扫”的防污闪目标。

一、污区等级划分的基本要求

电网污秽等级图也叫电网污区图，它是一个区域电网电力设备外绝缘配置的指导图，基本以地级市所管辖的地、市供电区域为单位。国家防污闪专业对污区图的制作划分是依据“运行经验、污湿特征、外绝缘表面污秽物质的等值附盐密值（即盐密）”三个因素综合考虑的。污湿特征是对运行环境污秽程度的定性划分参量；盐密（灰密）是对运行环境污秽程度的定量划分参量；运行经验是各种实际条件综合作用的结果，以上三个因素都说明了污秽状况对线路绝缘的影响和作用，当按这三个因素作出的污秽判定有差异时，应认真分析原因，如污染源的种类是多种多样的，各地区收集的盐密中污秽成分也不相同，气候环境条件也有很大差异，所以用盐密值来划分污秽等级时，应结合当地的具体情况，总结出污秽特征的规律，并以运行经验作为确定电网污秽等级的主要依据。

污区图的绘制可以为在运行设备外绝缘的改造和新建、扩建输变电工程外绝缘的设计提供科学的依据，是实施电力生产全过程管理，防止电网大面积污闪事故的基本特征，对保障电网的安全运行可起到很好的指导作用。对线路污秽等级进行划分的目的是便于核实绝缘设备的爬电比距是否能够满足防污闪的要求，以便有计划地采取针对性的技术措施，消除薄弱环节，提高维护工作效率。

我国主要分为以下几种污秽种类：

1. 沙漠型环境

广阔的沙土和长期干旱的地区，风是绝缘子污染的主要因素。

2. 沿海型环境

海岸激起飞沫、海雾、台风带来的海水微粒，可远至海岸数十公里。盐碱在风力作用下对绝缘子表面的污染。

3. 工业型环境

工业烟尘、废气、粉尘排放，绝缘子表面污秽层或含有较多的导电微粒。

4. 农业型环境

农业耕作区土壤扬尘及喷洒农药物为主要污源。

5. 生活污染

部分地区曾因在设计、基建阶段确定外绝缘配置时，由于对环境污秽的发展估计不足，致使外绝缘水平配置偏低。不少地区由于缺乏全面环境污染和气候数据，一旦遇上恶劣气候和环境污染高峰等多种不利因素的综合作用，就明显暴露出污区等级划分偏低，输变电设备外绝缘配置水平不足，电网抗污闪能力弱的问题。因此即使修订污区图是防污闪工作的迫切需要。但也应遵循以下原则：

（1）原则上新版污区分布图的绘制应以数字化地图方式进行。

（2）绘制电网污区分布图时，以各地市供电公司为基本绘制单位，根据现场污秽程度等级绘制本地区污区分布图。各省电力公司的污区分布图应在所辖各地市供电公司污区分布图的基础上综合绘制。各区域电网公司污区分布图应在所辖各省电力公司污区分布图的基础上综合绘制。

（3）各网省公司应每年对污区分布图进行一次局部修订，每 3 年对污区分布图进行一次全面修订。同时各单位根据污秽重大变化情况对污区分布图进行及时修订。

若污区图没有随污染环境的变化而及时调整，将会导致线路绝缘水平与大气污染环境不相适。

二、污秽等级的划分

输电线路的污秽严重程度在技术上分为五个等级管理，对每一级提出不同的要求。高压架空输电线路的污秽分级标准见表 6-10。根据污湿特征、运行经验并结合外绝缘表面污秽物质的等值附盐密度三个因素综合考虑决定。运行经验主要根据现有线路污闪跳闸故障和事故记录、绝缘子型式、片数爬电比距和老化率、地理和气候特点、采取的防污闪措施等情况并结合其重要性综合考虑。

表 6-10　　　　高压架空输电线路的污秽分级标准

适用标准		送电线路原标准和配电线路运行标准			送电线路标准		
污秽等级	污湿特性	污秽条件	泄漏比距（cm/kV）		污秽条件	线路绝缘子爬电比距（cm/kV）	
		盐密（mg/cm^2）	中性点直接接地	中性点非直接接地	盐密（mg/cm^2）	220kV及以下	330kV及以上
0	大气清洁地区及离海岸 50km 以上地区	0～0.03（强电介质）0～0.06（弱电介质）	1.6	1.9	≤0.03	1.39（1.60）	1.45（1.60）
1	大气轻度污染地区或大气中度污染地区；盐碱地区，离海10～50km，在污闪季节中干燥少雾（含毛毛雨）或雨量较多时	0.03～0.10	1.6～2.0	1.9～2.4	＞0.03～0.06	1.39～1.74（1.6～2.0）	1.45～1.82（1.6～2.0）
2	大气污染中度污染地区，盐碱地区，炉烟污秽地区，离海 3～10km 地区，在污闪季节中潮湿多雾（含毛毛雨）、雨量较少时	0.05～0.10	2.0～2.5	2.4～3.00	＞0.06～0.10	1.74～2.17（2.0～2.5）	1.82～2.27（2.0～2.5）
3	大气严重污染地区，大气污秽而又有重雾的地区，离海 1～3km 地区及盐场附近、重盐碱地区	0.10～0.25	2.5～3.2	3～3.8	＞0.10～0.25	2.17～2.78（2.5～3.2）	2.27～2.91（2.5～3.2）
4	大气特别严重污秽地区，严重盐雾侵蚀地区，离海 1km 以内地区	＞0.25	3.2～3.8	3.8～4.5	＞0.25～0.35	2.78～3.30（3.20～3.80）	2.91～3.45（3.20～3.80）

爬电比距是指外绝缘的泄漏距离对系统额定线电压之比。

绝缘子爬电距离是指正常承受运行电压的二电极间沿绝缘件外表面轮廓的最短距离。

现场污秽度的确定原则如下：

（1）现场污秽等级由现场等值盐密和灰密两参数（兼顾污秽不均匀分布影响）、运行经验和污湿特征确定。

（2）对绝缘子现场污秽度的测量一般应在绝缘子连续积污 3～5 年（未经人工清扫），绝缘子表面积污秽度达到或接近饱和情况下进行。

（3）现场污秽度测试应包括现场等值盐密、灰密的测试和绝缘子上下表面污秽不均匀度（即上表面对下表面等值盐密之比）的测试。

（4）对于仅获得少量现场污秽度数据的地区，应对现场等值盐密与年度等值盐密的比值进行比对校验，提出修正值。

（5）尚未开展现场污秽度测试研究与工作的地区，对于普通型绝缘子和双伞型绝缘子，推荐其现场等值盐密分别采用年度等值盐密的 1.8 倍和 1.6 倍。

（6）在不带电绝缘子串上获得的现场污秽度数据，换算为带电绝缘子串的现场污秽度时，带电修正系数可暂取 1.1～1.5。

三、输电线路绝缘子盐密及灰密的测量方法

绝缘子表面的污秽包含溶性成分和不溶性成分，其中可溶性成分的含量用盐密（等值盐密度 ESDD）表示，灰密（非可溶沉淀密度 NSDD）是指附着绝缘子表面不能溶解于水的物质除以表面积的结果，用于定量表示绝缘子表面非可溶残渣含量。由于 NSDD 的影响，在相同盐密度下，绝缘子的污闪电压随灰密度的增加呈下降趋势。当绝缘子表面灰密过小时，污秽物的吸水量小，保水性差，易受潮的上表面很快吸潮饱和，并开始随水流失，而下表面的污秽物尚未充分受潮，因此绝缘子的表面电导率并非最大，污闪电压较高；在灰密为 1～2mg/cm^2 范围内，污秽物的吸水量和保水性均较好，上表面充分受潮且水分尚未流失，下表面受潮亦接近饱和，此时绝缘子表面电导率最大，当灰密过大时，污层变厚，会出现下表面污层尚未来得及受潮，而上表面污层已吸水过多开始流失的现象，导致了耐污电压曲线又有上升趋势。可见不同灰密对相同盐密下的绝缘子的耐受电压有着重要的影响。对灰密的监测也是防污闪工作的重要内容之一。根据线路绝缘子的等值盐密、灰密测量的结果，确定本地区输电线路的污秽季节和污秽等级，绘制本地区的污区分布图，提前做好防污工作。

（一）附盐密测量点的选择

（1）线路运行、检修单位结合架空线路实际运行地段的污秽等级、污染源分布情况和污染源有效附盐密成分、各无机导电离子数值、各类绝缘子年度最大附盐密值、饱和（累积）附盐密值、绝缘子有效爬电距离或耐污电压曲线和积污规律、速率等情况，按照电瓷防污闪有关规定进行科学、合理地选择附盐密监测点。

（2）架空线路在城市、郊区等污秽较严重的地区，一般以每 5～10km 选择一个附盐密监测点，在远离城镇的农田、山丘、高山地区，一般可根据线路的实际情况在每 10～40km 范围内选择一个附盐密监测点。附盐密监测点的选择要能够反映该地区段的污染源状况，要具有一定代表性。

（3）污秽成分复杂的地段或严重污秽点的附近，应适当增加监测点。

（4）根据线路绝缘子监测点的附盐密测量结果，线路运行、检修单位可对附盐密监测点进行适当的调整，但整体上应保持附盐密监测点的稳定。

（二）操作步骤

1. 测量污秽度

（1）测量等值盐密和灰密的设备包括蒸馏水或去离子水、量筒、医用手套、胶带、电导率仪器、温度探头、滤纸、漏斗、带标签的储存污水容器、干燥箱或干燥器、洗涤容器、天平及脱脂棉、刷子、海绵。

（2）选取绝缘子。带电绝缘子串应取上、中、下各一片绝缘子，非带电绝缘子串应取任意位置的三片绝缘子。

（3）测量等值盐密和灰密的污秽收集方法。为了避免污秽损失，拆卸和搬运绝缘子时不应接触绝缘子的绝缘表面；表面污秽取样之前，容器、量筒等应清洗干净，确保无任何污秽；取样时，尽可能戴清洁的医用手套。

（4）污秽取样擦拭方法，其程序如下：

单片普通型盘式绝缘子，建议用水量按 300mL 取。其他绝缘子与普通盘型绝缘子表面积不同时，可根据面积的大小按比例适当增减水量，具体用水量见表 6-11，上下表面分开擦洗污秽物时，用水量按表面积比例适当分配。

表 6-11　　绝缘子表面积与盐密测量用水量的关系

表面积（cm^2）	≤1500	＞1500～2000	＞2000～2500	＞2500～3000
用水量（mL）	300	400	500	600

（5）将定量蒸馏水倒入有标签的容器中，并将海绵浸入水中，浸有海绵的水的电导率应小于 10μS/cm。

（6）分别从绝缘子的上下表面用海绵擦洗污秽物，如图 6-1 所示。

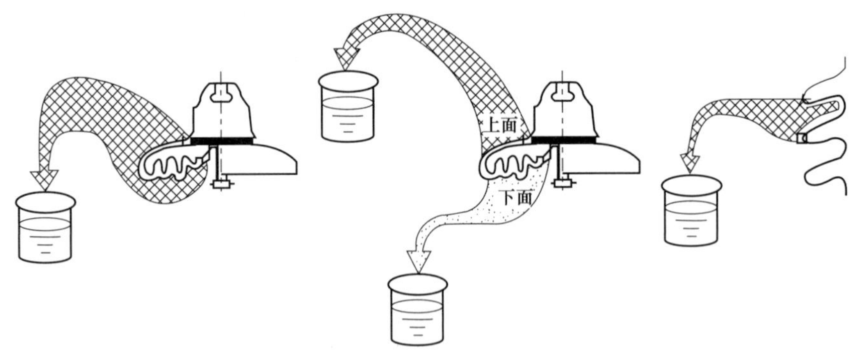

图 6-1　绝缘子的上下表面污秽的擦拭

（7）带有污秽物的海绵应放回容器，通过摇摆和挤压使污秽物溶于水中。

（8）重复擦洗，直至绝缘子表面无残余污秽物。

（9）应注意不要损失擦拭用水，即污秽物取样前后，水量无大变化。

（10）应注意除了钢脚及不易清扫的最里面一圈瓷裙以外的全部瓷表面。

2. 等值盐密的计算

测量污水的电导率和温度，测量应在充分搅拌污水后进行。对于高溶解度的污秽物，搅拌时间可短些，如几分钟；对于低溶解度的污秽物，一般需要较长时间的搅拌，如 30～40min。

按公式进行电导率的校正：

$$\sigma_{20} = \sigma_{\theta}[1 - b(\theta - 20)]$$

式中　θ——溶液温度，℃；

σ_{θ}——在温度 θ 下的体积电导率，S/m；

σ_{20}——在温度 20℃下的体积电导率，S/m；

b——取决于温度 θ 的因数，可按 $b = -3.2\times10^{-8}\theta^3 + 1.032\times10^{-5}\theta^2 - 8.272\times10^{-4}\theta + 3.544\times10^{-2}$ 计算。

绝缘子表面等值盐密（ESDD）按下列公式计算：

$$S_a = (5.7\sigma_{20})^{1.03}$$

$$\text{ESDD} = S_a \times V/A$$

式中　σ_{20}——在温度 20℃下的体积电导率，S/m；

ESDD——等值盐密，mg/cm^2；

V——蒸馏水的体积，cm^3；

A——绝缘子的绝缘体表面积，cm^2。

如果分开测量绝缘子上下表面的等值盐密，其平均值可按下列公式计算：

$$\text{ESDD}_V = (\text{ESDD}_t \times S_t + \text{ESDD}_b \times S_b)/S$$

式中　ESDD_t——绝缘子上表面的 ESDD，mg/cm^2；

ESDD_b——绝缘子下表面的 ESDD，mg/cm^2；

S_t——绝缘子上表面的面积，cm^2；

S_b——绝缘子下表面的面积，cm^2；

S——绝缘子上下表面总表面积，cm^2。

3. 灰密测量操作步骤

灰密测量操作步骤大概分为溶解、过滤、干燥、称重和计算五步，如图 6-2 所示。

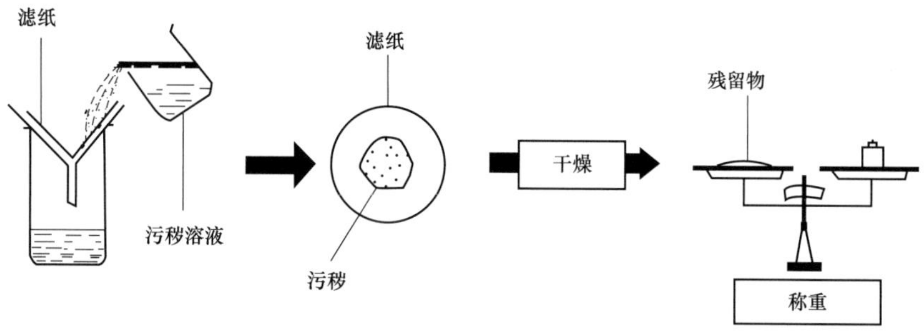

图 6-2　测量过程

第一步：溶解。将沾有绝缘子污秽的取样巾放入准备好的去离子水中，充分搅拌，使污秽充分溶解在去离子水中，得到污秽液。

第二步：过滤。

准备的器材有实验架子、漏斗、烧杯、玻璃棒、滤纸。

给滤纸进行编号，其序列号与盐密样品编号纪录表相对应，不得颠倒顺序。

在过滤过程当中为加快过滤速度，可以不断在试验样品中加入干净的蒸馏水，以溶解污秽度，直至容器内污秽冲洗干净为止。

待污秽溶液过滤干净后，取下过滤的滤纸。

污液可分若干次，分别顺玻璃棒倒入过滤纸内。

第三步：干燥。使用烘干箱进行烘干。

第四步：称重。将干燥后的滤纸同灰一同称重。

(1) 天平开机前，应先观察天平后部水平仪的水泡是否位于中央位置，否则应通过调整地角螺栓调节，必须使水平仪保持在水平状态。

(2) 调整天平至零，对烘干后的滤纸称重，并记录。

第五步：计算

$$\mathrm{NSDD}=1000(M_{\mathrm{s}}-M_{\mathrm{f}})/S$$

式中 NSDD——非溶性沉积物密度，$\mathrm{mg/cm^2}$；

M_{s}——滤纸和污秽物一起称重的质量，g；

M_{f}——过滤前的滤纸质量，g；

S——绝缘子的表面积，$\mathrm{cm^2}$。

本 章 小 结

本章主要介绍了线路状态巡视运行、检修基础知识、状态巡视、设备状态检测的项目、周期及绝缘子状态监测、污区等级的划分及附盐密测量等内容。

第七章

特高压输电线路运行与检修

第一节　特高压输电线路概述

特高压输电指的是正在开发的1000kV交流电压和±800kV直流电压输电技术。特高压电网指的是以1000kV输电网为骨干网架，超高压输电网和高压输电网以及特高压直流输电、高压直流输电和配电网构成的分层、分区、结构清晰的现代化大电网。

一、特高压输电技术的特点

特高压输电技术包括特高压交流输电技术和特高压直流输电技术，是当前世界电网技术的制高点。特高压输电技术是指交流电压等级为1000kV及以上的输电技术和直流电压等级为±800kV及以上的输电技术。

交流输电工程中间可以落点，具有网络功能，可以根据电源分布、负荷布点、输送电力、电力交换等实际需要构成电网。特高压交流输电具有输电容量大、覆盖范围广的特点，为国家级电力市场运行提供平台，能灵活适应电力市场运营的要求，且输电走廊明显减少占地面积，变压器有功功率损耗与输送功率的比值较小。

直流输电工程主要以中间不落点的两端工程为主，可点对点、大功率、远距离直接将电力送往负荷中心。直流输电可以减少或避免大量过网潮流，按照送、受端运行方式变化而改变潮流，潮流方向及大小均能方便地进行控制。研究结果表明，从经济和环境等角度考虑，特高压直流输电是超远距离、大容量输电的优选方式，但高压直流输电必须依附于坚强的交流电网才能发挥作用。

交流与直流都是电网的组成部分，在电网中的应用各有特点，两者相辅相成。电网的发展不能单纯依靠直流输电，需构建交流、直流相互支撑的坚强电网。直流输电适用于超过交直流经济等价距离的远距离点对点、大容量输电。“背靠背”直流输电技术主要适用于不同频率的系统间的联网。交流输电主要定位于构建坚强的各级输电网络和电网互联的联络通道，同时在满足交直流输电的经济等价距离条件下，广泛应用于电源的送出。

未来全球能源互联网将以特高压电网为骨干网架，实现全球清洁能源的大规模、大范围配置。

二、特高压输电的优点

与超高压输电相比，特高压输电具有如下优点：

（1）线路输送容量大。输电线路的功率输送能力与电压的平方成正比，与输电线路的阻抗成反比。对于输电线路的近似功率输送能力，可以估计电压升高1倍，功率输送能力提高4倍。一般情况下，单回1000kV特高压输电线路的自然功率接近5000MW，为500kV输电线路的5倍左右。±800kV直流特高压输电能力可达到6400MW，是±500kV高压直流的2.1倍，是±620kV高压直流的1.7倍。

（2）电气距离短。1000kV输电线路的电气距离相当于同长度500kV输电线路的1/5～1/4。换句话说，在输送相同功率的情况下，1000kV输电线路的最远送电距离约为500kV输电线路的4倍。采用±800kV直流输电技术使超远距离的送电成为可能，经济输电距离可以达到2500km及以上。

（3）功率损耗低。特高压输电线路均需采用多根分裂导线，每根分裂导线的截面积大都在600mm^{2}以上，这样可以减少电晕放电所引起的损耗以及无线电干扰、电磁干扰、可听噪声干扰等不良影响。输电线路的有功损耗与输送的有功功率和无功功率的平方成正比，与电压平方成反比，因此，在输送相同功率的情况下，提高输电线路电压能显著减少线路有功损耗；减少线路的无功传输，可大大减少线路有功和无功损耗，提高线路运行的经济性，减少受端并联无功补偿投资。通常情况下，1000kV交流线路的电阻损耗仅为500kV交流线路的30%，±800kV直流线路的电阻损耗是±500kV直流线路的39%，是±620kV直流线路的60%。

（4）工程投资省。采用特高压输电技术，可以节省大量导线和铁塔材料，从而降低建设成本。根据有关设计部门的计算，1000kV交流输电方案的单位输送容量综合造价约为500kV输电方案的3/4，±800kV直流输电方案的单位输送容量综合造价也约为±500kV直流输电方案的3/4。

（5）提高单位走廊输电能力，节省走廊面积。对于1000kV特高压交流输电线路，同塔双回和猫头塔单回线路的走廊宽度分别为75m和81m，单位走廊输送能力分别为133MW/m和62MW/m，约为同类型500kV线路的3倍；±800kV、6400MW直流输电方案的线路走廊约为76m，单位走廊宽度输送容量为84MW/m，是±500kV、3000MW方案的1.29倍，±620kV、3800MW方案的1.37倍。

（6）改善电网结构，降低系统短路电流。通过特高压实现长距离送电，可以减少在负荷中心地区装设机组的需求，从而降低短路电流幅值。长距离输入10000MW电力相当于减少本地装机17台600MW机组。每台600MW机组对其附近区域500kV系统的短路电流约增加1.8kA，如果这些机组均装设在负荷中心地区，则对当地电网的短路电流水平有较大的影响。

三、河北省电力公司特高压工程实践情况

（一）特高压交流输电工程

特高压交流输电工程建设是构建坚强主网架的基础，用于实现跨区联网输电，形成坚强的受端电网，为特高压直流大容量、多回路输电提供网架支撑。河北省电力公司所辖特高压交流输电线路明细见表7-1。

表 7-1　　河北省电力公司所辖特高压交流输电线路明细

序号	线路名称	电压等级（kV）	投运时间	备注
1	河泉Ⅰ线	1000	2016 年 10 月 28 日	
2	河泉Ⅱ线	1000	2016 年 10 月 28 日	
3	岳定Ⅰ线	1000	2016 年 11 月 26 日	
4	岳定Ⅱ线	1000	2016 年 11 月 26 日	
5	洪台Ⅰ线	1000	2017 年 8 月 14 日	
6	洪台Ⅱ线	1000	2017 年 8 月 14 日	
7	台泉Ⅰ线	1000	2017 年 5 月 26 日	
8	台泉Ⅱ线	1000	2017 年 5 月 26 日	
9	定台Ⅰ线	1000	2019 年 6 月 1 日	
10	定台Ⅱ线	1000	2019 年 6 月 1 日	
11	台曹Ⅰ线	1000	2020 年 1 月 4 日	
12	台曹Ⅱ线	1000	2020 年 1 月 4 日	
13	定河Ⅰ线	1000	2016 年 11 月 24 日	
14	定河Ⅱ线	1000	2016 年 11 月 24 日	

（二）特高压直流输电工程

特高压直流输电工程的作用是将大型能源基地的电能进行远距离、大容量的外送，点对点地直接送往负荷中心。国家电网有限公司已建成投运的 4 条特高压直流输电线路，有效地将西部、北部、西南的煤电、水电、风电、太阳能发电基地的电能输送至负荷中心，支撑了东中部地区的经济社会发展。另外，南方电网公司建成的两条特高压直流线路，也将大大提高云南水电外送的能力。河北省电力公司所辖特高压直流输电线路明细见表 7-2。

表 7-2　　河北省电力公司所辖特高压直流输电线路明细

序号	线路名称	电压等级（kV）	投运时间	备注
1	雁淮线	±800	2017 年 6 月 30 日	
2	锡泰线	±800	2017 年 9 月 30 日	
3	鲁固线	±800	2017 年 12 月 31 日	
4	昭沂线	±800	2019 年 1 月 12 日	

第二节　特高压输电线路运行与检修

一、特高压输电线路运行

（一）基本要求

（1）特高压输电线路的运行工作必须贯彻“安全第一，预防为主，综合治理”的方针，严格执行 Q/GDW 1799.2—2013《国家电网公司电力安全工作规程　线路部分》，落实保证安全的组织措施和技术措施，确保线路安全运行。

（2）运行单位必须建立健全岗位责任，运行、管理人员应掌握设备状况和维修技术，熟知有关规程制度，经常分析线路运行情况，提出并实施预防事故、提高安全运行水平的措施，如发生事故，应按《国家电网公司电力生产事故调查规程》的有关规定进行调查处理。

（3）运行单位必须以科学的态度管理特高压输电线路，根据设备状况、线路状态开展运行维护工作，制定巡视和状态检修管理制度，在长周期不停电情况下开展巡视、检查、小修、大修等工作，确保特高压输电线路的健康水平和安全运行。

（4）运行单位应根据线路沿线地形、地貌、环境、气象条件等特点，结合运行经验，逐步摸清并划定特殊区域（区段），如大跨越段、重污区、重冰区、多雷区、不良地质区、微气象区等，并将其纳入危险点及预控措施管理体系。

（5）特高压输电线路必须有明确的维护界限，应与发电厂、变电站和相邻的运行管理单位明确划分分界点，不得出现空白点。

（6）特高压输电线路必须装设准确的线路故障测距、定位装置及分析系统，线路的杆塔上必须有齐全、完整的线路标志（线路名称及塔号牌、相位牌）以及必要的安全警告牌，同塔双回线路必须以鲜艳的异色标志加以区别，以确保作业人员正确识别，所有标志和警示要符合国家电网有限公司的有关规定。飞行器巡线区段要有符合航空规定的导航标志。

（7）运行单位应积极开展检修和带电工器具的研制和开发工作，提高运行检修效率和运行管理水平。

（8）运行单位应充分利用高科技手段对线路进行在线监测，逐步建立并完善数字化电网。

（9）运行单位应通过设置现场污秽度监测点，开展特高压输电线路的现场污秽度测量，为污区分级和绝缘配置提供依据。

（10）严格执行《中华人民共和国电力法》《电力设施保护条例》《电力设施保护条例实施细则》，防止外力破坏，做好线路保护及群众护线工作。

（二）运行标准

设备运行状况超过以下各条标准或出现下列情况时，应进行处理。

1. 基础

（1）基础表面水泥脱落、疏松、钢筋外露，基础周围环境发生不良变化，周围土壤有明显突起、下沉或显著变化，出现水洞、塌方、沉陷等不良情况。

（2）塔脚与保护帽接触处有积水现象，保护帽或基础面无散水坡度，无法保证自然散水。

（3）铁塔基础上方或周围有取土现象或水土流失情况，影响基础稳定。

2. 铁塔

（1）直线塔的倾斜、横担的高差和水平位移不允许超过表 7-3 的规定。

表 7-3　铁塔倾斜、横担高差及水平位移最大允许值

类别	铁塔倾斜度	横担高差	水平位移	猫头塔 K 点位移
一般铁塔	3‰	1%	1%	75mm
100m 以上铁塔	1.5‰	1%	1%	75mm

（2）耐张塔受力后向内角倾斜，终端塔受力后向受力方向倾斜或者塔身未向受力方向倾斜而塔头超过铅垂线偏向受力侧者。

（3）塔材丢失或中度锈蚀，铁塔螺栓松动或缺损，脚钉丢失。

（4）铁塔主材相邻节点间弯曲度超过2%。

3. 导线、地线及光缆

（1）导线、地线及光缆由于断股、损伤减少截面的处理标准按表7-4的规定。

表7-4　导地线损伤处理一览表

导地线损伤状况分类		修补方法	具体情况
损伤类型	损伤程度		
Ⅰ类	占总截面积的7%及以下 镀锌钢绞线19股断1股	采用A型补修材料补修 （金属单丝、预绞式补修条）	一般导线凡未伤及钢芯的损伤；可选择A、B、C三类补修材料进行修补，凡伤及钢芯的损伤，则可选择接续管或接续条进行修补；一般地线损伤为Ⅰ、Ⅱ、Ⅲ类损伤，可选择A、B、C三类补修材料进行修补，而为Ⅳ类损伤，应切断重接；金钩、破股使钢芯或内层铝股形成无法修复的永久变形，则应将导线切断重接
Ⅱ类	占总截面积的7%～25% 镀锌钢绞线19股断2股	采用B型补修材料补修 （预绞式护线条、普通补修管）	
Ⅲ类	占总截面积的25%～60% 镀锌钢绞线19股断3股	采用C型补修材料补修 （加强型补修管、预绞式接续条）	
Ⅳ类	占总截面积的60%及以上 镀锌钢绞线19股断3股以上	采用D型补修材料补修 （接续管、预绞式接续条、接续管补强接续条）	
光纤复合地线（OPGW）		光纤复合地线外层发生断股而确认光纤单元未受损需进行修补时，应采用补修管、护线条或接续条进行修补，不得采用修补管进行修补	

（2）导线、地线表面腐蚀、外层脱落或呈疲劳状态，应取样进行强度试验。若试验值小于原破坏值的80%，应换线。

（3）导线、地线及光缆出现绞股、扭伤现象；导线、地线及光缆上挂有异物等。

4. 绝缘子

（1）瓷质绝缘子瓷件破损，瓷质有裂纹，瓷轴烧坏。

（2）玻璃绝缘子自爆或表面有裂纹、闪络痕迹。

（3）复合绝缘子伞裙、护套损坏或龟裂，黏结剂老化，均压环损坏，连接金具与护套发生位移。

（4）瓷或玻璃绝缘子钢帽、绝缘件、钢脚不在同一轴线上，钢脚、钢帽、浇装水泥有裂纹、歪斜、变形或严重锈蚀，钢脚与钢帽槽口间隙超标。

（5）绝缘子表面有油漆时。

（6）特高压输电路盘型绝缘子的绝缘电阻小于500MΩ。

（7）绝缘子的锁紧销不符合锁紧试验的规范要求。

（8）除设计考虑的预偏外，直线塔绝缘子串顺线路方向的偏移大于3°，且其最大偏移值大于600mm。

（9）特高压输电线路最小空气间隙不符合规定。

（10）特高压输电线路环境污秽等级应符合 GB 50545—2010《110kV～750kV 架空输电线路设计规范》与 GB 50665—2011《1000kV 架空输电线路设计规范》规定。污秽等级可根据审定的污秽分区图并结合运行经验、污湿特征、瓷外绝缘表面污秽物的性质及其现场污秽度等因素综合确定。

5. 金具和附件

（1）金具发生变形、锈蚀、烧伤、裂纹，金具连接处转动不灵活，磨损后的安全系数小于 2.0（即低于原值的 80％）。

（2）防振锤、阻尼线、间隔棒等防振金具发生位移。

（3）屏蔽环、均压环出现倾斜与松动。

（4）接续金具出现下列任一情况：

1）外观鼓包、裂纹、烧伤、滑移、端部颈缩或出口处断股、松股，弯曲度大于 2％。

2）接续金具测试温度高于导线温度 10℃，跳线联板温度高于导线温度 10℃。

3）接续金具的电压降比同样长度导线的电压降的比值大于 1.2。

4）接续金具过热变色或连接螺栓松动，有相互位移时。

5）接续金具探伤发现金具内严重烧伤、断股或压接不实（有抽头或位移）。

（5）防振锤移位、扭转、脱落。

（6）间隔棒松动、裂纹、折断、锈蚀。

6. 接地装置

接地装置出现下列任一情况：

（1）接地电阻大于设计规定值。

（2）接地引下线断开或与接地体接触不良。

（3）接地装置外露或腐蚀严重，被腐蚀后其导体截面积低于原值的 80％。

7. 导地线弧垂

（1）一般情况下设计弧垂允许偏差：特高压输电线路为＋3.0％、－2.5％，而导线、地线弧垂超过允许偏差最大值。

（2）一般情况下各相间弧垂允许偏差最大值，1000kV 交流架空输电线路为 300mm，而导线相间弧垂超过允许偏差最大值。

（3）相分裂导线同相子导线的弧垂允许偏差值，1000kV 交流架空输电线路为 50mm，而相分裂导线同相子导线弧垂超过允许偏差最大值。

（4）导线的对地距离及交叉距离不符合的要求。

8. 线路防护设施

（1）挡土墙或护坡出现裂缝、沉陷或变形。

（2）排水沟堵塞、填埋或淤积。

（3）高低腿基础接地体保护措施失效。

（4）跨越高塔航空灯故障、航空标志漆褪色。

（5）必要的相位、警示等标记缺损、丢失，失去安全警告作用的。

（6）线路名称、杆塔编号、航巡标示字迹不清的，色标模糊不清，标识不规范的。

（三）运行管理

1. 巡视

巡视是线路运行维护工作的主要内容，是为了掌握线路的运行状况，及时发现设备缺陷和沿线情况，并为线路维修提供资料。

（1）巡视种类。

1）定期巡视。

a. 地面巡视。为了掌握线路各部件运行情况及沿线情况，及时发现设备缺陷和威胁线路安全运行的情况。地面巡视一月一次，巡视区段为全线。

b. 登塔巡视。为了弥补地面巡视的不足，巡视人员带电登塔检查塔身和电气部分的缺陷。巡视人员必须做好各项安全措施，可采用高倍望远镜等辅助手段，登塔巡视每年一次。

c. 飞行器巡视。飞行器巡视可以利用直升机进行载人巡视，也可使用其他诸如无人机、遥控航模等飞行器，按适当的周期进行，巡视区段为全线或重点区段。

d. 监察性巡视。公司领导干部和技术人员了解线路运行情况，检查指导巡线人员的工作。监察巡视每年至少一次，一般巡视全线或某线段。

2）不定期巡视。

a. 故障巡视。查找线路的故障点，查明故障原因及故障情况，故障巡视应在发生故障后立即进行，巡视区段为发生故障的区段或全线。

b. 特殊巡视。在气候剧烈变化、自然灾害、外力影响、异常运行和其他特殊情况时及时发现线路的异常现象及部件的变形损坏情况。特殊巡视根据需要及时进行，根据其他巡视掌握的设备情况，确定巡视范围和重点。

c. 夜间、交叉和诊断性巡视。根据运行季节特点、线路的健康情况和环境特点确定重点。巡视根据运行情况及时进行，一般巡视全线、某线段或某部件。

（2）巡视要求。

1）运行单位坚持做好巡视工作，并根据实际需要调整或进行故障巡视、特殊巡视、夜间、交叉和诊断性巡视、监察性巡视等。必须对每个巡线责任人明确巡视范围、内容和要求，不得出现遗漏段（点）。巡视到位率通过有效手段进行考核。巡视不能走过场，有问题必须查清查实，必要时可请求停电，采取登塔或走线的方式进行补查。

2）特高压输电线路的巡视工作应按照巡视区段分组进行，每组成员不得少于两人，并配备相应的巡视装备（巡视设备、通信工具及防护用品），确保巡视质量和巡线安全。飞行器巡视遵循相关规定。

3）线路发生故障时，不论重合是否成功，均应及时组织故障巡视，必要时需登杆塔检查。巡视中，巡线员应将所分担的巡线区段全部巡视完。发现故障点后应及时报告，重大事故应设法保护现场。对发现的可能情况应进行详细记录，引发故障的物证（物件）应取回（包括现场拍摄的录像或照片），以便进一步分析原因。

（3）巡视的主要内容。

1）检查沿线环境有无影响线路安全的下列情况：

a. 向线路设施射击、抛掷物体。

b. 攀登杆塔或在杆塔上架设电力线、通信线，以及安装广播喇叭。

c. 在线路保护区内修建道路、油气管道、架空线路或房屋等设施。

d. 在线路保护区内进行农田水利基本建设及打桩、钻探、开挖、地下采掘等活动，在杆塔基础周围取土或倾倒酸、碱、盐及其他有害化学物品。

e. 在线路保护区内兴建建筑物、烧窑、烧荒或堆放谷物、草料、垃圾、矿渣、易爆物及其他影响供电安全的物品。

f. 在杆塔上筑有鸟巢以及有蔓藤类植物附生。

g. 在线路保护区种植树木、竹子。

h. 在线路保护区内有进入或穿越保护区的超高机械。

i. 在线路附近危及线路安全及线路导线风偏摆动时，可能引起放电的树木或其他设施。

j. 线路边线外300m区域内，严禁施工爆破、开山采石、放风筝。

k. 线路附近河道、冲沟的变化，巡视、维修时使用道路、桥梁是否损坏。

2）检查铁塔和基础有无下列缺陷和运行情况的变化：

a. 铁塔倾斜、横担歪扭及铁塔部件锈蚀变形、缺损。

b. 铁塔部件固定螺栓松动、缺螺栓或螺帽，焊处裂纹、开焊。

c. 铁塔基础变异，周围土壤突起或沉陷，基础裂纹、损坏、下沉或上拔，护基沉塌或被冲刷。

d. 基础保护帽上部塔材被埋入土中或废弃物堆中，塔材锈蚀。

e. 防洪设施崩塌或损坏。

3）检查导线、地线、光缆有无下列缺陷和运行情况的变化：

a. 导线、地线、光缆锈蚀、断股、损伤或闪络烧伤。

b. 导线、地线、光缆弧垂变化、相分裂导线间距变化。

c. 导线、地线、光缆上扬、振动、舞动、脱冰跳跃，分裂导线鞭击、扭绞、粘连。

d. 导线、地线接续金具过热、变色、变形、滑移。

e. 导线在线夹内滑动，释放线夹船体部分自挂架中脱出。

f. 导线对地、对交叉跨越设施及对其他物体距离变化。

g. 导线、地线、光缆上悬挂有异物。

h. 预绞丝滑动、断股或烧伤。

i. 防振锤移位、脱落、偏斜、钢丝断股，阻尼线变形、烧伤。

j. 相分裂导线的间隔棒松动、位移、折断、线夹脱落、连接处磨损和放电烧伤。

k. 光缆引下线、接续盒等设备有无损坏和异常。

4）刚性跳线及金具有无下列缺陷和运行情况的变化：

a. 铝管、重锤片连接、固定以及锈蚀情况。

b. 跳线摆动过大，跳线断股、歪扭变形、移位。

c. 跳线与杆塔空气间隙变化。

d. 金具锈蚀、变形、磨损、裂纹。

5）检查绝缘子及金具有无下列缺陷和运行情况的变化：

a. 绝缘子脏污，资质裂纹、破碎，钢化玻璃绝缘子爆裂，绝缘子钢帽及钢脚锈蚀，钢脚弯曲。

b. 复合绝缘子伞裙破裂、烧伤，金具、均压环松动、变形、扭曲、锈蚀等异常情况。

c. 绝缘子有闪络痕迹和局部火花放电留下的痕迹。

d. 金具锈蚀、变形、磨损、裂纹，锁紧销缺损或脱出，特别要注意检查金具经常活动、转动的部位和绝缘子串悬挂点的金具。

e. 绝缘子串偏斜。

f. 绝缘子槽口、钢脚、锁紧销不配合，锁紧销子退出等。

g. 均压环、屏蔽环锈蚀及螺栓松动、偏斜。

h. 绝缘子 RTV 涂料破损、脱落。

6）检查防雷设施和接地装置有无下列缺陷和运行情况的变化：

a. 地线放电间隙变动、烧损。

b. 加装在线路上的雷电防护及监测设施的连接、固定情况。

c. 地线、接地引下线、接地装置、连续接地线间连接、固定以及锈蚀情况。

7）检查附件及其他设施有无下列缺陷和运行情况的变化：

a. 防鸟设施损坏、变形或缺损。

b. 附属通信设施损坏。

c. 各种监测装置缺损。

d. 相位、警告、指示及防护等标志缺损、丢失，线路名称、杆塔编号字迹不清。

e. 导线防舞动设施运行变化情况，有无位移、锈蚀。

f. 跨越架攀爬机损坏，不能正常工作。

g. 铁塔防坠落装置导轨、固定件锈蚀以及螺栓松动。

h. 铁塔防坠落装置换向器损坏或变形。

2. 检测

检测工作是为了发现日常巡视工作中不易发现的隐患，以便及时消除，也是为检修提供依据，是开展状态检修的重要手段。

检测方法应积极采用和推广新技术、新方法，检测数据可靠、准确、完整，检测结果做好记录和统计分析，检测计划应符合季节性要求，要有针对性。

3. 在线监测

（1）线路运行单位应做好在线监测工作，掌握线路重要设备的运行情况和参数，以便及时发现线路存在的隐患。

（2）在线监视提出的缺陷应纳入设备缺陷管理制度的范围。

(3) 应妥善保管在线监测的数据资料，立案归档。

(4) 监视记录应有专用的表格。

(5) 在线监测技术人员应及时提出在线监测报告。

4. 缺陷

运行单位应加强对设备缺陷的管理，做好缺陷记录，定期进行统计分析，及时安排处理。

(1) 线路缺陷分为线路本体、附属设施缺陷和外部隐患三大类。

1) 本体缺陷指组成线路本体的全部构件、附件及零部件，包括基础、杆塔、导地线、OPGW 光缆、绝缘子、金具、接地装置等发生的缺陷。

2) 附属设施缺陷指附加在线路本体上的线路标识、警示牌及各种技术监测及具有特殊用途的设备（在线监测设备、外加防雷、防鸟装置等）发生的缺陷。

3) 外部隐患指外部环境变化对线路的安全运行已构成某种潜在性威胁的情况，如在保护区内违章建房、种植树（竹）、堆物、取土以及各种施工作业等。

(2) 线路的各类缺陷按其严重程度，分为危急缺陷、严重缺陷和一般缺陷三个级别。

1) 危急缺陷指缺陷情况已危及线路安全运行，随时可能导致线路发生事故，必须尽快消除或临时采取确保线路安全的技术措施进行处理，随后消除。

2) 严重缺陷指缺陷情况对线路安全运行已构成严重威胁，短期内线路尚可维持安全运行。此类缺陷应在短时间内消除，消除前须加强监视。

3) 一般缺陷指缺陷情况对线路的安全运行威胁较小，在一定期间内不影响线路安全运行的一类缺陷。此类缺陷应列入年、季检修计划中加以消除。

(3) 特高压输电线路对不同级别缺陷的处理时限，应符合以下要求：

1) 一般缺陷一经查到，如能立即消除，可不作为缺陷对待，如发现个别螺栓松动，当即用扳手拧紧。如不能立即消除，应作为缺陷将其记录下来，并填入“缺陷单”和缺陷记录中履行正常缺陷管理程序。

2) 严重缺陷一经发现，应于当天报告线路工区和特高压线路主管部门，线路工区应立即组织技术人员到现场进行鉴定，并报上级生产主管部门。

3) 危急缺陷一经发现，应立即报特高压线路生产主管部门和上级生产管理部门，经分析、鉴定确认是危急缺陷，应确定处理方案或采取临时安全技术措施，线路工区应立即实施并进行处理。

(4) 运行单位应建立完整的线路缺陷管理程序，形成责任分明的闭环管理体系，并利用计算机管理，使线路缺陷的处理、统计、分析、上报实现规范化、自动化、网络化。

5. 检修

对线路检修项目应根据设备状况，巡视、检测及在线监测的结果和反事故措施的要求确定。

(1) 检修工作应根据设备状况和电网要求安排，要及时落实各项反事故措施。

(2) 检修时，除处理缺陷外，应对线路各部件进行检查，并及时做好现场检查记录。

（3）检修工作应遵守有关检修工艺要求及质量标准。更换部件（如更换铁塔、横担、导线、地线、绝缘子等）时，更换后新部件应符合设计要求。

（4）抢修与备品备件：

1）运行维护单位必须建立健全抢修机制。

2）运行维护单位必须配备抢修工器具，根据不同的抢修方式分类保管。

3）运行维护单位要根据1000kV交流架空输电线路的运行特点研究制订不同方式的抢修预案，抢修预案要经过运行维护单位总工程师审定、批准。

4）运行维护单位应根据事故备品备件管理规定，配备充足的事故备品备件、抢修工具、照明设备及必要的通信工具，不许挪作他用。抢修后，应及时清点补充。事故备品备件应按有关规定及线路特点、运行条件确定种类和数量。事故备品备件应单独保管，定期检查测试，并确定各类备品备件更新周期及使用办法。

（5）线路检测及检修工作应在管理、技术等各项条件均已具备，可确保万无一失的前提下，积极稳妥开展带电作业，以提高线路运行的可用率。

（6）特高压线路投运三年内，每年进行一次红外测温，并建立测温档案，开展测温分析。

（7）运行单位宜结合设备运行状况、监视手段和人员素质等综合情况，逐步开展状态检修。开展状态检修工作，必须成立状态检修工作组织机构，制定行之有效的状态检修管理制度或实施办法，确保检修及时和检修的质量，提高设备检修的针对性和有效性，提高设备完好率和利用率。

（四）特殊区段的运行要求

特殊区段是指线路设计及运行中不同于其他常规区段或运行中环境有重大变化的线路区段，维护检修必须有不同于其他线路的手段。运行单位应根据线路沿线地形、地貌、环境、气象条件及气候变化等情况划分出特殊区段，并应根据不同区域（区段）的特点、运行经验，制定出相应的管理办法和防止事故的措施。特殊区段如大跨越，中、重冰区，微气象区应设立微气象自动监测站。

1. 大跨越

（1）应根据运行环境、设备特点和运行经验对大跨越段制订专用现场管理制度，维护检修的周期应根据实际运行条件确定，宜设专门维护班组。

（2）大跨越段应定期对导线、地线进行振动测量。

（3）大跨越塔的升降设备、航空指示灯、照明和通信等附属设施应加强维修保养，保持在良好状态。

2. 多雷区

（1）多雷区的线路应做好综合防雷措施。雷季前，应做好防雷设施的检测和维修，落实各项防雷措施。

（2）雷雨季期间，应加强对防雷设施各部件连接状况、防雷设备和观测装置动作情况的检测，并做好雷电活动观测记录。

（3）做好被雷击线路的检查，对损坏的设备应及时更换、修补，对发生闪络的绝缘子串的导线、地线线夹停电检修时打开检查，必要时还须检查相邻档线夹及接地装置。

（4）组织好对雷击跳闸的调查分析，总结现有防雷设施效果，提出有效的防雷措施，并加以实施。

（5）特高压线路沿线区域应采用雷电监测系统开展雷电跟踪监测。

3. 重污区

（1）应选点定期测量盐密、灰密，且要求检测点比一般地区多，必要时收集该地区污源物分析，以掌握污秽程度、污秽性质、绝缘子表面积污速度及气象变化。

（2）污闪季节前，应检查防污闪措施的落实情况，污秽等级与爬电比距不相适应时，应及时调整绝缘子串的爬电比距、调整绝缘子类型或采取其他有效的防污闪措施，线路上的零（低）值绝缘子应及时更换。

（3）防污清扫工作应根据等值盐密、灰密值、积污速度、气象变化等因素确定周期及时安排清扫、保证清扫质量，污闪季节中，可根据巡视及检测情况，临时增加清扫。

（4）在恶劣天气时进行现场特巡，发现异常及时分析并采取措施。

（5）做好测试分析，掌握规律，总结经验，针对不同性质的污秽物选择相应有效的防污闪措施。

（6）积极研究、应用新的污秽监测手段。

4. 中、重冰区

（1）处于中、重冰区的线路要在冬季加强巡视，随时了解冰情，加强运行分析，适时采取相应措施。

（2）覆冰季节前应对线路做全面检查，消除设备缺陷。

（3）在覆冰季节中，应加强观测，做好覆冰和气象记录及分析，重点观测覆冰形状、厚度，测量覆冰比重、电导率等，研究覆冰和舞动的规律。

5. 不良地质区

（1）处于不良地质区的线路，应根据线路所处的环境及季节性灾害发生的规律和特点，因地制宜地采取相应的防范措施，避免发生倒塔、断线事故。

（2）对处于采动影响区（采空区、计划开采区）的线路，应向矿主单位了解矿藏分布及采掘计划、规划，并获得建设方签订的有关协议，及时进行铁塔基础处理。

（3）要定期对沉陷区铁塔的结构倾斜和基础沉降情况进行测量，有条件时安装在线监测系统，以便及时发现问题采取相应措施。

（4）对处于山坡上可能受到水土流失、山体滑坡、危石、泥石流冲击危害的铁塔与基础，应提前设防，如采取加固基础、修筑挡土墙、排水沟等措施。

6. 微气象区

（1）深入了解线路经过地区的气候情况，做好现场微地形及微气象的调查工作，准确划分微气象区。

（2）对于微气象区做好气象观测工作，收集气象数据进行分析，根据微气象区的气象特点因地制宜地制定防范措施，有条件的地方应设立微气象观测站，建立微气象档案。

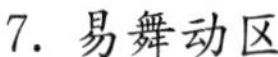
7. 易舞动区

（1）跟踪气候变化，做好舞动观测和记录，开展舞动调查研究工作。

（2）加强与研究单位的合作，不断积累经验，总结形成效果良好的防舞措施并实施。

（五）线路走廊保护区维护要求

线路走廊保护区为导线边线向外侧水平延伸 30m 并垂直于地面所形成的两平行面内的区域。在厂矿、城镇等人口密集地区，特高压线路保护区的区域可略小于上述规定。但导线边线延伸的距离，不应小于导线在最大计算风偏后的水平距离和风偏后距构筑物的安全距离之和。

（1）运行单位应遵照国家法律法规、电力行业标准以及地方政府部门制定的有关保护电力设施文件，制定《1000kV 交流架空输电线路保护实施细则》，做好特高压线路保护区内设备的保护工作，防止线路遭受外力破坏。

（2）对保护区内使用吊车等大型施工机械，可能危及线路安全运行的作业，运行单位应及时予以制止或令其采取确保线路安全运行的措施，同时加强线路巡视和看护。

（3）对保护区内发生的一般性外部隐患，巡视人员应结合巡视情况向造成隐患的单位或个人进行《电力法》和《电力设施保护条例》的宣传，发放相关的宣传材料并令其整改，同时做好记录。

（4）对在防护区进行作业的施工单位，运行单位应主动向其宣传《电力法》和《电力设施保护条例》的有关规定，并与之签订保证线路安全运行责任书，加强线路作业区段巡视和看护。

（5）对恶意破坏电力设施的单位或个人，运行单位应保护现场并及时报案，追究其刑事责任和经济责任。

（6）在易发生外部隐患的线路杆塔上或线路附近，应悬挂禁止、警告类标志牌或树立宣传告示。

（7）在线路保护区内严禁种植超高或影响线路安全的植物，线路防护区外的超高树木也应及时处理。

（8）在形成线路保护区后不能在保护区内建房，对于违章建筑线路运行单位要及时下发违章通知书。

（9）电力线路与跨越或临近的房屋、电力线路、通信线路、公路铁路等之间的距离要满足规定的交叉限距。

（10）电力线路杆塔基础周围土壤板块因挖坑、采矿等原因出现裂纹或下沉时，应及时监控。

（六）技术管理

（1）运行单位应积极使用生产管理信息系统，使技术管理工作规范化、标准化、网络化，加速运行信息的现代化。

（2）运行单位应做好运行人员的技术培训工作。

（3）运行单位应建立线路单基杆塔、通道、运行状态的运行档案，档案每年修订一次，保证运行资料的准确性，提高运行管理水平。

（4）运行单位必须保存有关资料，并保持完整、连续和准确。

（5）运行单位应有下列法规、标准、规程和规定：

1）《中华人民共和国电力法》；

2）《电力设施保护条例》；

3）《电力设施保护条例实施细则》；

4）《当地政府制定的电力线路设施保护规定》；

5）DL/T 307—2010《1000kV 交流架空输电线路运行规程》；

6）Q/GDW 1799.2—2013《国家电网公司电力安全工作规程　线路部分》；

7）《国家电网有限公司电力生产事故调查规程》；

8）《国家电网有限公司十八项电网重大反事故措施》；

9）《国家电网有限公司特高压人员培训管理制度》；

10）Q/GDW 10178—2017《1000kV 交流架空输电线路设计技术规定》；

11）Q/GDW 1153—2012《1000kV 架空输电线路施工及验收规范》；

12）GB 50233—2014《110kV～750kV 架空输电线路施工及验收规范》；

13）DL/T 782—2001《110kV 及以上送变电工程启动及竣工验收规程》；

14）GB/T 50064—2014《交流电气装置的过电压保护和绝缘配合设计规范》；

15）《国家电网有限公司架空输电线路管理规范》；

16）《国家电网有限公司带电作业管理规定》；

17）DL/T 966—2005《送电线路带电作业技术导则》；

18）《国家电网有限公司架空输电线路检修管理规定》；

19）《电网调度管理规程》；

20）《电网调度管理条例》；

21）《电网调度管理条例实施办法》。

（6）运行单位应有下列图表：

1）地区电力系统线路地理平面图；

2）相位图；

3）特殊区段图；

4）污区分布图；

5）设备一览表；

6）设备评级图表；

7）安全记录图表；

8）年定期检测计划进度表；

9）抢修组织机构表；

10）反事故措施计划表；

11）交叉跨越图。

（7）运行单位应有下列生产技术资料：

1）线路设计、施工技术资料。

a. 批准的设计文件和图纸。

b. 路径批准文件和沿线征用土地协议。

c. 与沿线有关单位及个人订立的协议、合同（包括青苗、树木、竹林赔偿，交叉跨越、房屋拆迁等协议）。

d. 施工单位移交的资料和施工记录。

a）工程施工质量记录；

b）竣工图（包括杆塔明细表及施工图）；

c）设计变更通知单及工程联系单；

d）原材料和器材出厂质量的合格证明和试验记录；

e）代用材料清单；

f）备品备件移交清单；

g）工程试验报告或记录；

h）未按原设计施工的各项明细表及附图；

i）施工缺陷处理明细表及附图；

j）隐蔽工程检查验收记录；

k）铁塔偏移及挠度记录；

l）架线弧垂记录；

m）导线、避雷线的连接器和补修管位置及数量记录；

n）跳线弧垂及对杆塔各部的电气间隙记录；

o）线路对跨越物的距离及对建筑物的接近距离记录；

p）接地电阻测量记录；

q）绝缘子参数及安装位置记录（每基铁塔对应的绝缘子型号等）；

r）相关协议书及赔偿证明；

s）相关音像电子档案资料。

2）设备台账。

3）预防性检查测试记录。

a. 铁塔倾斜测量记录；

b. 绝缘子检测记录；

c. 导线连接器测试记录；

d. 导线、地线振动测试和断股检查记录；

e. 导线弧垂、限距和交叉跨越测量记录；

f. 钢绞线及地理金属部件锈蚀检查记录；

g. 接地电阻检测记录；

h. 铁塔经纬度数据记录；

i. 雷电观测记录；

j. 绝缘子污秽度测量记录；

k. 导线、地线覆冰、舞动观测记录；

l. 防洪点检查记录；

m. 缺陷记录；

n. 维修记录。

4）线路跳闸、事故及异常运行记录。

5）备品备件清册。

6）对外联系记录及协议文件。

7）线路运行工作分析总结资料。

a. 设备运行状况及缺陷处理情况；

b. 事故、异常情况分析及反事故措施落实效果分析报告；

c. 运行专题分析总结；

d. 年度运行工作总结。

8）线路运行图表及资料应保持与现场实际相符。

9）线路设备评级每年不少于一次。

二、特高压输电线路检修

（一）基本要求

1. 一般要求

(1) 设备检修，是架空输电线路生产管理的重要内容之一。生产管理部门和运行维护、检修单位必须加强设备检修的管理，认真做好设备检修工作，使输电设备处于健康状态。

(2) 设备检修，包括“检查、修理”两项内容。检修应坚持“应修必修，修必修好”的原则。

(3) 设备检修，应积极采用带电作业的方式，利用在线监测、带电检测等手段，以减少设备停电检修的次数和时间。

(4) 检修作业必须按照《国家电网公司电力安全工作规程　线路部分》的规定，做好组织、技术、安全措施。

(5) 设备检修，应积极采用先进的材料、工艺、方法和检修工器具，努力提高检修质量，缩短检修工期，确保检修工作安全。

(6) 检修工器具必须采用合格产品并在校检有效期内使用，工器具的使用、保管、检查和试验应符合《国家电网公司电力安全工作规程　线路部分》的规定要求。

(7) 设备检修、事故抢修后，设备的型号、数量及其他技术参数发生变化时，应及时变更相应设备的技术档案，其技术资料管理工作应符合运行规程中的相应管理规定。

(8) 对于线路特殊区段的检修，应根据线路所处区段的特点，在检修材料、工具和工艺方面因地制宜，采取相应措施。

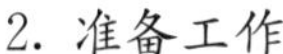

2. 准备工作

(1) 运行单位应根据线路设备的健康状况、检修周期和反事故措施的要求，确定检修项目，并根据上级下达的年度检修计划，编制月度检修计划。检修单位根据检修计划认真做好各项检修准备工作，严格按计划执行。

(2) 设备的各项检修均应按标准化管理规定，结合各检修项目，编制符合现场实际、操作性强的检修方案和作业指导书，并组织检修人员进行学习和贯彻执行。

(3) 对较复杂的检修项目，应根据检修工作内容组织工作票签发人和工作负责人进行现场勘察。现场勘察后，应检查检修作业现场的设备状况、作业环境、危险点、危险源及交叉跨越情况等，并做好现场勘察记录。

(4) 对大型、复杂和难度较大的检修作业项目，应编制专项检修方案，并经本单位主管领导批准。

3. 其他规定

(1) 检修作业前，工作负责人必须了解全体工作人员的身体健康状况和精神状态。从事检修的作业人员，必须身体健康、精神状态良好，以确保检修项目的安全、顺利完成。

(2) 在停电线路上检修前必须先验电，确认线路停电后，在工作区段两端的杆塔导地线上挂设专用接地线。架空绝缘地线上有作业项目时，必须加挂防感应电的个人保安线后方可进行作业。

(3) 停电检修工作中，在 6 级及以上大风以及暴雨、雷雨、冰碰、大雾、沙尘暴等恶劣天气下，应停止露天高处作业。特殊情况下，确需在恶劣天气下进行抢修时，应组织人员充分讨论必要的安全措施，经检修单位分管生产的领导（总工程师）批准后方可进行。

(4) 在带电杆塔上进行地电位作业，作业人员必须穿着相应电压等级的合格静电防护服（或屏蔽服）。在带电导线上进行等电位作业，作业人员必须穿着相应电压等级的全套合格屏蔽服。

(5) 带电作业应按照《安规》的要求，在良好天气下进行。作业中如遇雷电（听见雷声、看见闪电）、雪、冰雹、雨、雾等，不准进行带电作业，风力大于 5 级，或空气湿度大于 80%时，一般不宜进行带电作业。

4. 质量要求

相关检修项目完成后，必须按 Q/GDW 225—2008《±800kV 架空送电线路施工及验收规范》及 GB/T 28813—2012《±800kV 直流架空输电线路运行规程》规定进行质量检查，合格后方可恢复运行。

（二）导线、地线（含 OPGW）

1. 一般要求

(1) 不同材质、不同规格、不同绞制方向的架空导线、地线严禁在一个耐张段内连接。

(2) 各类导地线应根据损伤程度选择不同的补修材料进行补修，补修方法及工艺应参照 DL/T 1069—2016《架空输电线路导地线补修导则》进行，各类导地线经补修后应达到电气和机械特性的相关要求。

（3）单股铝或钢绞线的损伤程度达到直径的 1/2 及以上，则视为断股。

（4）在一个档距内每根导线、地线上只允许有一个接续管和两个补修管，当张力放线和导线、地线修补时应满足下列规定：

1）接续管或补修管与耐张线夹间的距离不应小于 15m；

2）接续管或补修管与悬垂线夹间的距离不应小于 5m；

3）接续管或不锈管与间隔棒的距离不宜小于 0.5m。

（5）进行导地线更换或调整弧垂时，应按原设计进行应力校核，并根据导地线型号牵引张力正确选用工器具和设备。导线、地线弧垂调整后，应满足 Q/GDW 1296—2015《±800kV 架空输电线路设计技术规程》和 Q/GDW 225—2008《±800kV 架空送电线路施工及验收规范》的要求。

2. 导线、地线（含 OPGW）检修项目

（1）打开线夹检查。

1）线路发生雷害、污闪、导地线覆冰、导地线舞动等异常情况后，应及时对异常区段内的导线、地线线夹（悬垂线夹、间隔棒等）进行重点检查。

2）视运行情况结合停电检修进行抽查，对于高差（荷载）较大者，应重点检查。

（2）打磨处理。

外层导线铝股有轻微擦伤，同一处的损伤深度小于单股直径的 1/4，且截面积损伤不超过导电部分截面积的 2%，可不做补修，只将损伤处棱角与毛刺用 0 号砂纸磨光。

（3）单丝缠绕、预绞式补修条处理。

1）导地线断股损伤减少截面积出现下列情况时：

a. 钢芯铝绞线断股损伤截面积不超过铝股总面积 7%；

b. 铝包钢绞线 19 股断 1 股应按 2）、3）程序处理。

2）将受伤处线股处理平整。

3）导地线缠绕材料应与被修理导地线的材质相适应，缠绕紧密，并将受伤部分全部覆盖，距损伤部位边缘单侧长度不得小于 50mm。

（4）预绞式护线条处理。

1）导地线断股损伤减少截面积出现下列情况时：

a. 钢芯铝绞线断股损伤截面积不超过铝股总面积 7%～25%；

b. 铝包钢绞线 7 股断 1 股、19 股断 2 股，应按 2）、3）、4）程序处理。

2）将受伤处线股处理平整，打磨光滑。

3）预绞式护线条长度不得小于 3 个节距，并符合 DL/T 763—2013《架空线路用预绞式金具技术条件》的规定。

4）预绞式护线条应与导线接触紧密，其中心应位于损伤最严重处，并应将损伤部位全部覆盖。

（5）补修管处理。

1）导地线断股损伤减少截面出现下列情况时：

a. 钢芯铝绞线断股损伤截面积不超过铝股总面积 7%～25%；

b. 铝包钢绞线 7 股断 1 股、19 股断 2 股应按 2)、3)、4）程序处理。

2）将损伤处的线股恢复原绞制状态。

3）补修管应完全覆盖损伤部位，其中心位于损伤最严重处，两端应超出损伤部位边缘 20mm 以上。

4）补修管应采用液压。其操作必须符合 DL/T 5285—2013《输变电工程架空导线及地线液压压接工艺规程》的规定。

（6）预绞式接续条（加长型补修管）处理。

1）导地线断股损伤减少截面积出现下列情况时：

a. 钢芯铝绞线断股损伤截面积不超过铝股或合金股总面积 25%～60%；

b. 铝包钢绞线 7 股断 2 股、19 股断 3 股应按 2)、3）程序处理。

2）将损伤处的线股恢复原绞制状态；

3）补修工艺应符合 DL/T 1069—2016《架空输电线路导地线补修导则》的相关规定。

（7）导线在同一处损伤出现下述情况时，必须切断重接。

1）钢芯铝绞线断股损伤截面积超过铝股或合金股总面积 60%及以上，镀锌钢绞线 7 股断 2 股以上、19 股断 3 股以上。金钩、破股使钢芯或内层铝股形成无法修复的永久变形。

2）采用接续管补修操作前，应对液压设备及材料进行认真检查，其规格与待补修的导地线一致。

3）导地线切断重接，液压操作及质量检查应严格按 DL/T 5285—2013《输变电工程架空导线及地线液压压接工艺规程》的规定进行。

（三）杆塔

1. 一般要求

（1）更换、补加的杆塔部件性能不得低于设计值。

（2）螺栓紧固扭矩应符合 Q/GDW 225—2008《±800kV 架空送电线路施工及验收规范》的要求。

（3）检修后杆塔的防御、防松措施不得低于原设计标准。

2. 杆塔检修项目

（1）杆塔防腐处理：应严格按照铁塔防腐工程技术和工艺要求进行。

（2）杆塔防御、防松处理：应检修铁塔防盗、防松措施，防御、防松螺栓加装应符合设计要求。

3. 补加、更换塔材

（1）因杆塔受力运行后杆塔构件存在一定程度的变形，经受力分析计算后，采取相应的措施。需现场实测缺失构件眼距及孔眼布置，塔材规格可查取设计图纸，加工后按图纸要求配相应规格型号螺栓补装。待更换构件需经热镀锌处理方可使用。

（2）新更换或补装的铁塔零部件，其螺栓紧固应达到规定的扭矩。

（3）铁塔构件变形未超过规定限度时，可采取冷矫正方法矫正。

（四）基础

1. 一般要求

基础改造、修补后，其标准不得低于原设计值。

2. 基础检修项目

（1）基础表面水泥脱落、基础裂纹、钢筋外露，基础周围环境发生不良变化引起基础下沉或上拔及洪水冲刷严重的基础需要加固处理（或防腐）。

（2）改造基础前应按设计规定的混凝土强度做配比实验，实验结果满足规定要求后方可用于施工，改造基础时，混凝土严禁掺入氯盐，不同品种的水泥严禁在同一个基础腿中同时使用。

（五）绝缘子

1. 一般要求

（1）更换绝缘子片（串）时应复核导线荷载，并据此选用专用工器具。

（2）应按 DL/T 626—2015《劣化悬式绝缘子检测规程》对瓷质绝缘子开展测零工作，线路盘型绝缘子的电阻值不小于 500MΩ。

（3）绝缘子附盐密度的测量按绝缘子污秽测量方法要求进行，用以指导绝缘子清扫工作。

（4）采用短接方式带电进行瓷质绝缘子零值检测时，发现劣化绝缘子片数超过《安规》规定时，应立即停止带电检测。

（5）直线杆塔的绝缘子串顺线路方向偏移的处理，应参照 Q/GDW 225—2008《±800kV 架空送电线路施工及验收规范》的要求执行。

2. 绝缘子检修项目

（1）检查。

1）各连接金属销有无脱落、锈蚀，钢帽、钢脚有无偏斜、裂纹、变形或锈蚀现象；

2）瓷质和玻璃绝缘子有无闪络、裂纹、灼伤、破损、自爆等痕迹；

3）复合绝缘子有无伞裙粉化、裂纹、电蚀、闪络、树枝状痕迹，伞套材质变硬、裂纹，端部密封不良、金具连接滑移，憎水性消失等情况。

（2）清扫。

1）绝缘子清扫一般采用停电清扫和带电清扫两种方式；

2）瓷质（玻璃）绝缘子停电清扫应逐片进行；

3）杆塔上清扫困难的绝缘子，可采用落地清扫的方式或更换绝缘子。

（3）更换。

1）新更换的绝缘子应完好无损、表面清洁；

2）绝缘子串钢帽、绝缘体、钢脚应在同一轴线上，销子齐全完好、开口方向与原线路一致；

3）整串（单片）绝缘子的更换可以采用不同的作业方法进行，工器具的选择必须合理；

4）复合绝缘子更换时，应用软质绳索吊装，严禁踩踏、挤压，均压环的安装必须符合要求；

5）更换绝缘子片（串）前，应做好防止导地线脱落的保护措施。

（六）金具

1. 一般要求

（1）更换后的金具应符合原设计要求，连接可靠，要求配套。

（2）更换导地线的连接金具前，应采取防止导地线脱落的保护措施。

（3）线路检修时，应防止金具表面产生毛刺或凸起，以及镀锌层被破坏。

2. 金具检修项目

（1）检查。

1）检查地线金具是否有锈蚀、磨损、裂纹、松动、开焊、变形，连接处是否转动灵活；各部螺栓销钉是否有松动、脱落、磨损；地线防振锤是否异常。

2）检查绝缘地线放电间隙值是否发生变化，其安装偏差不应大于±2mm。

3）沿绝缘子串逐一检查导线金具及绝缘子连接情况，是否有连接不到位、缺销钉；部件是否有损坏；是否有锈蚀、磨损、裂纹、变形等。

4）检查导线防振锤是否松动、移位、疲劳、脱落，若松动须查看是否磨伤导线。

5）引流板的接触面应平整、光洁，接触面之间应涂导电脂；查看引流板（线）是否有烧伤、断股；耐张液压线夹螺栓是否松动，弹簧垫是否压平。

6）走线检查导线及其间隔棒等金具是否有损伤、烧伤、振动断股、锈蚀等异常情况，间隔棒螺栓是否松动、掉爪等。

（2）更换。

1）球头、碗头及弹簧销子更换后，应检查并确认其相互配合可靠、完好。

2）检修后的悬垂绝缘子串应垂直地面。特殊情况下沿顺线路方向的最大偏移值不超过300mm，连续上山档的悬垂线夹的偏移值应符合设计要求。

3）闭口销的直径应与孔径配合，且弹力适中。各种金具的螺栓、穿钉及弹簧销子等穿向应符合规范要求。

4）各种类型的铝质绞线，在与金具的线夹夹紧时，除并沟线夹、预绞丝护线条及铝质夹具外，应在铝股外缠绕铝包带。

（七）接地装置

1. 一般要求

（1）接地装置改造前，结合地质、地形和运行经验等确定改造方案。

（2）接地装置改造后应以回填土自然沉降后所测量的接地电阻为准。

（3）垂直接地体的顶端距地面应不小于0.6m，两水平接地体间的平行距离不宜小于5m。

（4）接地体之间的连接，应采用焊接方式，其焊接尺寸应符合Q/GDW 225—2008《±800kV架空送电线路施工及验收规范》的要求，并在焊接处采取防腐措施。

2. 接地装置检修项目

（1）检查。

1）检查接地引下线与杆塔的连接情况。

2）定期测量接地体的电阻值。

3）定期开挖检查接地引下线和接地体的腐蚀程度和连接情况。

（2）改造。

1）水平接地体一般采用圆钢或扁钢。垂直接地体一般采用角钢或钢管。

2）新敷设接地体和接地引下线的规格：圆钢直径不小于 12mm，扁钢截面积不小于 40mm×4mm。接地引下线表面应采取有效的防腐处理。

3）若杆塔加装接地模块，改造后的接地电阻不得低于原设计标准。

（八）附属设施

1. 一般要求

（1）附属设施一般包括杆塔防坠落装置、拦江线、标志牌、警示牌、航空巡视牌、防雷、防鸟、防洪、防外力破坏、在线监测等设施。

（2）杆塔上的附属设施安装后不应影响杆塔结构强度、线路的安全运行及检修人员安全。

（3）线路检修还应注重对附属设施的检查维护，检查附属设施是否完好、齐全，发现异常及时进行修补。

（4）同塔多回线路应安装醒目的色标（极性）牌以示回路区别。

2. 附属设施检修项目

（1）各类标志丢失、脱落、损坏、变更时，应按原标准或相关要求进行更换、补充。

（2）各类防雷、防鸟、防坠落、在线监测装置等设施是否完好，发现问题及时处理。

（3）对损坏的防洪、防外力破坏设施应及时进行修补，并不得低于原标准。

（九）检修周期

主要检修项目及周期见表 7-5，根据巡视结果和实际情况需维修的项目见表 7-6。

表 7-5　　主要检修项目及周期

序号	项目	周期	备注
1	铁塔螺栓紧固	必要时	根据检查或巡视结果进行
2	绝缘子清扫	1～3 年	根据污秽情况、盐密测试、运行经验调整周期，结合停电进行
3	防舞动装置维修调整	必要时	根据巡视或观测情况适时进行
4	砍伐修剪树木	必要时	根据巡视结果情况确定，发现危急情况随时进行
5	修补防汛设施	必要时	根据巡视结果随时进行
6	修补巡视道桥	必要时	根据现场需要随时进行
7	修补防鸟设施和拆巢	必要时	根据需要随时进行
8	各种在线监测设备维修调试	必要时	根据监测设备监测结果进行
9	绝缘子 RTV-2 喷涂	必要时	根据憎水性测试结果进行

表 7-6　根据巡视结果和实际情况需维修的项目

序号	项目	备注
1	更换或补装铁塔构件	根据巡视结果进行
2	杆塔铁件防腐	根据铁件表面锈蚀情况决定
3	铁塔倾斜扶正	根据测量、巡视结果进行
4	更换绝缘子	根据巡视、测试结果进行
5	更换导线、地线及金具	根据巡视、测试结果进行
6	导线、地线损伤修补	根据巡视结果进行
7	调整导线、地线弧垂	根据巡视、测试结果进行
8	处理不合格交叉跨越	根据测量结果
9	并沟线夹、跳线联板检修紧固	根据巡视、测试结果进行
10	间隔棒更换、检修	根据检查、巡视结果进行
11	接地装置和防雷设施维修	根据检查、巡视结果进行
12	补齐线路名称、杆号、相位等各种标志及警告指示、防护标志、色标	根据巡视结果进行

（十）事故抢修

(1) 输电线路运行中发生断线、掉线、倒杆塔等事故，应立即组织事故现场勘察，了解设备损坏情况和现场环境，确定抢修方案，按预先制定的应急预案（抢修机制）实施抢修。

(2) 必须按照抢修应急预案配置充足的通信工具、照明设施，确保事故抢修顺利进行。

(3) 事故抢修必须按照《安规》《国家电网公司电力生产事故调查规程》的有关规定，做好抢修方案的会审、安全注意事项的交底和安全措施的落实；运行单位应派专人进行现场协调配合。

第三节　特高压输电线路带电作业

本节从特高压带电作业的发展概况、特高压线路带电作业技术原理及特点，特高压输电线路常规带电作业项目及方法进行介绍。

一、我国特高压带电作业的发展概况

为配合国家西电东送、在大范围内实现能源优化配置的战略方针，我国特高压、大容量、远距离交流 1000kV、直流±800kV 输电线路相继投运，带电作业作为服务于电网发展的技术也在这个时期取得了快速发展，特高压输电带电作业技术走在了世界的前列。

（一）特高压交流输电线路带电作业技术实践

2008 年 4 月 21 日，在国家电网有限公司特高压交流试验基地单回 12 号试验塔上，湖北省电力公司在武汉高压研究院的指导下，成功完成我国首次 1000kV 特高压人体由理论进入实践操作阶段，开创了全球 1000kV 特高压带电作业的先河。

2008 年 8 月 5 日，国家电网有限公司湖北省电力公司 1000kV 特高压带电作业课题组对国家电网有限公司电科院研究成果进行了认真仔细的了解和讨论，依据特高压线路杆塔

及线路参数，确定带电作业进电位的方式、带电作业的危险点及控制措施、操作方法。研究适用于1000kV特高压带电作业工器具。在1000kV特高压试验基地单回2号塔进行带电作业，两名作业人员通过吊篮法进入等电位。利用提线器、绝缘杆、液压提升器等工器具更换了整串绝缘子，同时进行走线检查导线、更换间隔棒等作业，首次成功进行1000kV特高压输电线路带电作业，这标志着我国特高压带电作业工具进入了实用阶段。

2009年6月26日，国家电网有限公司湖北省电力公司首次在带电运行的1000kV特高压输电线路，利用等电位方式成功进行了导线间隔棒更换工作，标志着我国特高压带电作业技术全面迈入实用化阶段。

2013～2014年，中国电力科学研究院在国家电网有限公司特高压交流试验基地开展了1000kV电压等级下平台法直升机带电作业方式的最小安全间隙试验、等电位试验测试等工作。2014年12月，基于试验测试成果及相关工器具的研制，国家电网有限公司湖北省电力公司在武汉江夏区凤凰山国家电网有限公司特高压交流试验基地成功完成世界首次1000kV特高压直升机带电作业，顺利完成了带电检修导线间隔棒、补修导线等作业，标志着我国在输电线路直升机带电作业运维技术领域取得了国际先进水平。

2019年11月19日，国家电网有限公司河北省电力公司在1000kV河泉Ⅱ线通过等电位作业方式对导线间隔棒缺陷进行了消除，填补了河北南网特高压带电作业的技术空白。

（二）特高压直流输电线路带电作业技术实践

2009年6月10日，国家电网有限公司湖北省电力公司在国家电网有限公司特高压直流试验基地成功完成了世界首次特高压直流输电带电作业，7名工作人员身着特高压带电作业屏蔽服成功进入±800kV特高压直流等电位，先后完成了±800kV特高压直流线路等电位人员电场测试、导线补修、间隔棒更换等项目。此次作业为±800kV特高压输电线路带电作业的实际应用奠定了坚实基础。

2009年12月16日至17日，在±800kV特高压直流复泰线1708、1716号杆塔上，国家电网有限公司湖北省电力公司成功完成了带电更换耐张单片绝缘子作业项目，这是国家电网有限公司湖北省电力公司在特高压直流线路带电作业技术上取得的又一次重大突破。

2014年5月29日，国家电网有限公司湖北省电力公司在±800kV复奉线2125号杆塔上带电更换破损复合绝缘子串，在全国首次完成了大型特高压直流线路带电作业。2014年9月，国家电网有限公司湖北省电力公司首次利用等电位作业方式在±800kV宾金线0585号杆塔上完成了导线引流板温升消缺。特高压直流输电线路带电作业的成功实践标志着我国已在该技术领域取得了国际领先地位。

二、特高压线路带电作业技术原理及特点

带电作业是指在带电的情况下，对电气设备进行测试、维护和更换部件的作业，电对人体的危害作用有两种：一种是人体的不同部位同时接触有电位差的带电体，电流通过人体时发生的；另一种是在带电设备附近工作时，尽管人体并未接触带电体，但却有风吹针刺等不适之感。这是由空间电场引起的。为什么带电作业人员可以在运行的电气设备上安全工作，甚至直接接触数十万伏电压的带电体而不遭受触电伤害，这就需要了解并掌握带

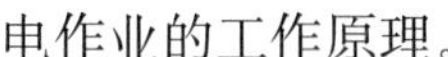

电作业的工作原理。

（一）电对人体的影响

1. 电流对人体的影响

如果人体被串接于闭合电路中，人体中就会流过电流，其大小按 $I_r=U/Z_r$ 计算。Z_r 为人体的阻抗，人体阻抗包括人体内阻抗和皮肤阻抗两部分，可以认为人体内阻抗基本上是电阻，仅有一小部分的电容分量。皮肤阻抗可看作是一个阻容变量，随电压、频率、电流持续时间、接触面积、接触压力、皮肤湿度和温度的变化而变化。

表 7-7 给的是在干燥条件下，接触面积为 50～100cm^2，电流路径为手—手或手—脚的人体阻抗值。

从表 7-7 数据可看出，人体阻抗因人而异，在接触电压为 220V 时，有 5%的人阻抗小于 1000Ω，50%的人阻抗小于 1350Ω，95%的人阻抗均小于 2125Ω，从安全出发，人体阻抗一般可按 1000Ω 进行估算。

表 7-7　　人体阻抗 Z_r

接触电压（V）	人体阻抗（Ω）低于下列数值的人数百分比		
	总人数 5%	总人数 50%	总人数 95%
25	1750	3250	6100
50	1450	2625	4275
75	1250	2200	3500
100	1200	1875	3200
125	1125	1625	2875
220	1000	1350	2125
700	750	1100	1550
1000	700	1050	1500

电击对人体造成损伤的主要因素是流经人体的电流大小，电击一般分为暂态电击和稳态电击。

人体对工频稳态电流的生理反应可以分为感知、震惊、摆脱、呼吸痉挛和心室纤维性颤动，其相应电流阈值见表 7-8。

表 7-8　　人体对稳态电击产生生理反应的电流阈值　　(mA)

生理反应	感知	震惊	摆脱	呼吸痉挛	心室纤维性颤动
男性	1.1	3.2	16.0	23.0	100
女性	0.8	2.2	10.5	15.0	100

心室纤维性颤动被认为是电击引起死亡的主要原因，但超过摆脱电流阈值的电流，也可以是致命的，因为此时人手已不能松开，使得电流继续流过人体，引起呼吸痉挛甚至窒息而导致死亡。

国际电工委员会（IEC）对交流电流下人体生理效应有表 7-9 的推荐值。其中，感知电流阈值与接触面积、接触条件（湿度、压力、温度）和每个人的生理特征有关，心室纤维性颤动电流阈值与电流的持续时间有密切关系。

表 7-9　　IEC 对交流电流下人体生理效应的推荐意见

人体生理效应		15～100Hz 交流电流（mA）
感知电流阈值		0.5
摆脱电流阈值		10
心室纤维性颤动电流阈值	持续时间为 3s	40
	持续时间为 1s	50
	持续时间为 0.1s	400～500

暂态电击是作业人员接触不同电位导体的瞬间，积累在导体上的电荷以火花放电的形式通过人体突然放电。这时，流过人体的电流是一个频率很高的电流，由于这种放电电流变化复杂，所以，通常都以火花放电的能量来衡量其对人体产生危害性的程度。表 7-10 是人体对暂态电击产生生理反应的能量阈值。

表 7-10　　人体对暂态电击产生生理反应的能量阈值

生理效应	感知	烦恼	损伤或死亡
能量阈值（mJ）	0.1	0.5～1.5	25000

2. 电场对人体的影响

作业人员在带电作业过程中，构成了各种各样的电极结构。其中，主要的电极结构有导线—人与构架、导线—人与横担、导线与人—构架、导线与人—横担、导线与人—导线等。由于带电作业的现场环境和带电设备布局的不同、带电作业工具和作业方式的多样性、人在作业过程中有较大的流动性等因素，使带电作业中遇到的高压电场变化多端，这就需要了解电场的基本特征和分类。

自然界存在着正、负两种电荷，电荷的周围存在着电场，相对于观察者是静止的，且其电量不随时间而变化的电场为静电场。例如，在直流电压下，两电极之间的电场就是静电场。在工频电压下，两电极上的电量将随时间变化，因而两极性之间的电场也随时间而变化。但由于其变化的速度相对于电子运动的速度而言是相对缓慢的，并且电极间的距离也远小于相应的电磁波波长。因此，对于任何一个瞬间的工频电场可以近似地按静电场考虑。

将一个静止电荷引入电场中，该电荷就会受到电场力的作用。电场的强弱常用电场强度来描述，电场强度是电荷在电场中所受到的作用力与该电荷所具有的电量之比，当导体接近一个带电体时，靠近带电体的一面会感应出与带电体极性相反的电荷，而背离的一面则感应出与带电体极性相同的电荷，这种现象称为静电感应。在带电作业中，静电感应会对作业人员产生不利的影响，特别是在超/特高压带电作业中，甚至可能危及作业人员的安全。

按电场的均匀程度可将静电场分为均匀电场、稍不均匀电场和极不均匀电场三类。

在均匀电场中，各点的场强大小与方向都完全相同，例如，一对平行平板电极，在极间距离比电极尺寸小得多的情况下，电极之间的电场就是均匀电场，均匀电场中各点的电

场强度 E 为

$$E = U/d \tag{7-1}$$

式中　U——施加在两电极间的电压，kV；

　　d——平板电极间的距离，m。

在不均匀电场中，各点场强的大小或方向是不同的，根掘电场分布的对称性，不均匀电场又可分为对称型分布和不对称型分布两类。在极不均匀电场中，一般以（棒—极）电极作为典型的不对称分布电场，以（棒—棒）电极作为典型的对称分布电场。

由于不均匀电场中各点场强随电极形状与所在位置的变化而变化，所以通常采用平均场强 E_{av} 和电场不均匀系数 f 予以描述，电场不均匀系数 f 是最大场强与平均场强的比值，即

$$f = E_{max}/E_{av} \tag{7-2}$$

稍不均匀电场与极不均匀电场之间没有十分明显的划分，对于空气介质通常以 $f=2$ 为分界线。当 $f<2$ 时，可以认为是稍不均匀电场；当 $f>2$ 时，逐渐向极不均匀电场过渡；当 $f>4$ 时，则认为是极不均匀电场。

电场的不均匀程度与电极形状与极间距离有关。在相同电极形状的条件下，当极间距离增大时，电场的不均匀程度将随之增加，如两个金属圆球间的电场。当极间的距离相对球的直径而言较小时，是稍不均匀电场。但当极间距离增大时，电场的不均匀程度逐渐增大，最后成为极不均匀电场。

对于空气介质，判断电场的不均匀程度可由间隙击穿前在高压电极周围是否发生电晕为依据。击穿前没有电晕现象为稍不均匀电场，击穿前发生电晕现象则为极不均匀电场。

在带电作业中，当外界电场达到一定强度时，人体裸露的皮肤上就有“微风吹拂”的感觉发生，此时测量到的体表场强为 240kV/m，相当于人体体表有 0.08μA/cm^2 的电流流入肌体。感觉风吹的原因是电场中导体的尖端，因强场引起气体游离和移动的现象，在等电位作业电工的颜面常会有一种沾上蜘蛛网样的感觉，这是强电场引起电荷在汗毛上集聚，使之竖起牵动皮肤形成的一种感觉。

人体皮肤对表面局部场强的“电场感知水平”为 240kV/m，据试验研究，人站在地面时头顶部的局部最高场强为周围场强的 13.5 倍。一个中等身材的人站在地面场强为 10kV/m 的均匀电场中，头顶最高处体表场强为 135kV/m，小于人体皮肤的“电场感知水平”，所以，国际大电网会议认为高压输电线路下地面场强为 10kV/m 时是安全的。我国《带电作业用屏蔽服及试验方法》标准中规定，人体面部裸露处的局部场强允许值为 240kV/m。

要做到带电作业时不仅保证人体没有触电受伤的危险，而且也能使作业人员没有任何不舒服的感觉，就必须满足以下要求：

（1）流经人体的电流不超过人体的感知水平 1mA（1000μA）。

（2）人体体表局部场强不超过人体的感知水平 240kV/m。

（3）与带电体保持规定的安全距离。

（二）带电作业方式的划分

1. 按人与带电体的相对位置来划分

带电作业方式根据作业人员与带电体的位置分为间接作业与直接作业两种方式。

间接作业是作业人员不直接接触带电体，保持一定的安全距离，利用绝缘工具操作高压带电部件的作业，从操作方法来看，地电位作业、中间电位作业、带电水冲洗和带电气吹清扫绝缘子等都属于间接作业，间接作业也称为距离作业。

直接作业是作业人员直接接触带电体进行的作业，在输电线路带电作业中，直接作业也称为等电位作业，人体与带电设备处于同一电位的作业。

2. 按作业人员的人体电位来划分

按作业人员的自身电位来划分，可分为地电位作业、中间电位作业、等电位作业三种方式。

地电位作业是作业人员保持人体与大地（或杆塔）同一电位，通过绝缘工具接触带电体的作业。这时人体与带电体的关系是大地（杆塔）→人体→绝缘工具→带电体。

中间电位作业是在地电位法和等电位法不便采用的情况下，介于两者之间的一种作业方法。此时，人体的电位是介于地电位和带电体电位之间的某一悬浮电位，它要求作业人员既要保持对带电体有一定的距离，又要保持对地有一定的距离，这时，人体与带电体的关系是大地（杆塔）→绝缘体→人体→绝缘工具→带电体。

等电位作业是作业人员保持与带电体（导线）同一电位的作业，此时，人体与带电体的关系是带电体（人体）→绝缘体→大地（杆塔）。三种作业方式的区别及特点如图 7-1 所示。

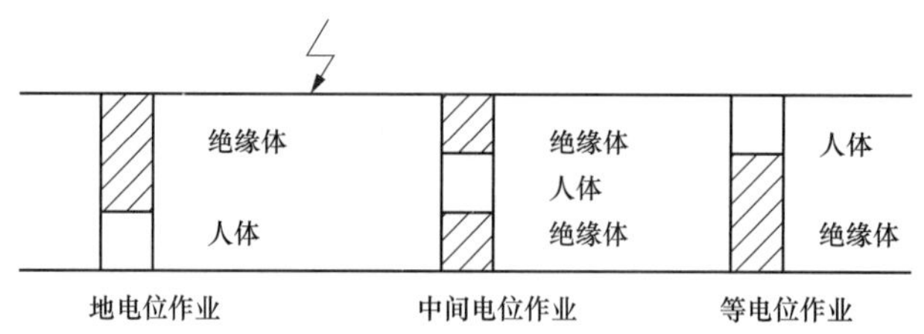

图 7-1　三种作业方式的区别及特点

（三）特高压输电线路的特点及其对带电作业提出的新要求

特高压输电线路在整个电网中具有重要作用，其运行的可靠性要求比一般高压线路更高，需要根据线路的特点，结合积累的线路运行维护经验，研究提出特高压输电线路带电作业的技术方法与措施，以保证线路的安全稳定运行。

与一般线路相比，特高压输电线路具有以下特点：

（1）线路的结构参数高。特高压输电线路的杆塔高、塔头尺寸大、导线分裂数多、绝缘子串长、绝缘子片数多、吨位大。

（2）线路的运行参数高。线路的额定运行电压高，使带电体周围的电场强度较高。

（3）线路长、沿线地理环境复杂，超/特高压输电线路多途经山区、丘陵、采空区、江河等多种地形，沿线地貌复杂，所经地区还会遇上重污、覆冰、强风、雷暴等极端气象条件。

（4）安全运行的可靠性要求高。由于超/特高压输电线路的输送容量较大，在电网中的地位重要，因此必须确保其安全运行的高度可靠性。

特高压输电线路的这些特点给线路的带电作业提出了新的要求，主要表现如下：

（1）安全距离等关键技术参数要求更高。由于特高压线路的电压等级更高，带电作业时可能出现的过电压也将更高，因此，为满足带电作业时的安全要求，带电作业时的安全距离、组合间隙、绝缘工具的有效绝缘长度等关键技术参数要求将更高。

（2）作业工器具要求更高。由于特高压线路的结构参数高，对作业工器具提出了更高的要求。例如，塔头尺寸大就要求作业工器具的长度更长，导线分裂数多就要求提线工具、绝缘子更换工具等的荷载能力更大，绝缘子吨位大也要求相应的卡具与之配套。

（3）人员安全防护要求更高。由于特高压线路的电压等级更高，使得带电体周围的电场强度更高，常规高压线路带电作业屏蔽服装已不能满足特高压输电线路带电作业人员安全防护的要求，需要研制专用的屏蔽服；电压等级的提高还会使电位转移脉冲电流增强，这也对安全防护提出了更高的要求。

（4）对新工具新方法的研究和应用提出了要求。例如，硬质绝缘工具在常规高压线路带电作业中应用较多，而特高压线路中的硬质工具长度更长、荷重更大、自身重量也更大，从而给运输和使用带来了一定的困难，需要研究轻型的软质工具以便于运输和使用；又如高压线路杆塔高，塔头尺寸、相地及相间的间隙更大，所以提出了将直升机应用于特高压线路带电作业的要求。

三、特高压输电线路常规带电作业项目及方法

（一）特高压输电线路带电作业的要求

1. 一般要求

（1）人员要求。

1）带电作业人员应身体健康，无妨碍作业的生理障碍和心理障碍。应具有电工原理和线路的基本知识，掌握带电作业的基本原理和操作方法，熟悉作业工器具的适用范围和使用方法。熟悉对应电压等级的带电作业技术导则，应会紧急救护法，特别是触电急救，通过有资质（1000、±800kV）培训机构的理论、操作培训，考试合格并持有上岗证。

2）工作负责人（或安全监护人）应具有3年以上的500kV及以上电压等级输电线路带电作业实际工作经验，熟悉设备状况，具有一定组织能力和事故处理能力，经专门（1000、±800kV）培训，考试合格并持有上岗证。

（2）制度要求。

应按《带电作业技术管理制度》《带电作业操作导则》《国家电网公司电力安全工作规程　线路部分》执行。

（3）气象条件要求。

1）带电作业应在良好的天气下进行。如遇雷电（听见雷声，看见闪电）、雨、雪、雹

大雾，禁止进行带电作业，风力大于10m/s（5级）以上时，不宜进行带电作业。

2）相对湿度大于80%的天气，若需进行带电作业，应采用具有防潮性能的绝缘工具。

3）在特殊或紧急条件下，必须在恶劣气候下进行带电抢修时，应针对现场气候和工作条件，组织有关技术人员和全体作业人员充分讨论，制订可靠的安全措施，经本单位总工程师或主管生产的领导批准后方可进行。

4）带电作业过程中，若遇天气突然变化，有可能危及人身或设备安全时，应立即停止工作；在保证人身安全的情况下，尽快恢复设备正常工况或采取其他措施。

（4）工作程序要求。

1）对于比较复杂、难度较大的带电作业新项目、研制的新工具，应进行科学试验，确认安全可靠，编制安全措施和操作方案，并经本单位总工程师或主管生产的领导批准后方可应用。

2）带电作业工作负责人应在工作开始前与调度联系，经调度许可后方可开展工作，需要停用重合闸装置时，应履行许可手续。工作结束后应及时向调度汇报，严禁约时停用或恢复重合闸。

3）在带电作业过程中，如设备突然停电，作业人员应视设备仍然带电，工作负责人应尽快与调控人员联系，值班调控人员未与工作负责人联系前不准强送电。

4）带电作业应设专责监护人，监护人不准直接操作，监护的范围不准超过一个作业点。复杂或高杆塔作业，必要时应增设（塔上）监护人。

5）带电作业工作票签发人或工作负责人认为有必要时，应组织有经验的人员到现场勘察，根据勘察结果做出能否进行带电作业的判断，并确定作业方法和所需工器具以及应采取安全技术的措施。

2. 技术要求

（1）地电位作业。

1）地电位作业时，塔上地电位作业人员与带电体间的最小安全距离应满足表7-11的规定。

表7-11　塔上地电位作业人员与带电体最小安全距离

电压等级（kV）	海拔 H（m）	最小安全距离（m）
±800	$H\leqslant1000$	6.3
	$1000<H\leqslant2000$	6.8
1000单回	$H\leqslant1000$	6.0 (6.8)①
	$1000<H\leqslant2000$	6.6 (7.4)②
1000同塔双回	$H\leqslant1000$	6.0
	$1000<H\leqslant2000$	6.6

注　表中数值不包括人体占位间隙，作业中需考虑人体占位间隙不得小于0.5m。

① 括号中数据6.8为中相值，6.0为边相值。

② 括号中数据7.4为中相值，6.6为边相值。

2）绝缘工器具的最小有效绝缘长度应满足表 7-12 的规定。

表 7-12　绝缘工器具的最小有效绝缘长度

电压等级（kV）	海拔 *H*（m）	最小有效绝缘长度（m）
±800	*H*≤1000	6.8
	1000<*H*≤2000	7.3
1000	*H*≤1000	6.8
	1000<*H*≤2000	7.2

（2）等电位作业。

1）作业人员通过绝缘工具进出等电位时，作业人员与带电体之间的最小组合间隙应满足表 7-13 的规定。

表 7-13　最小组合间隙

电压等级（kV）	海拔 *H*（m）	最小组合间隙（m）
±800	*H*≤1000	6.1
	1000<*H*≤2000	6.7
1000 单回路	*H*≤1000	6.7（6.9）①
	1000<*H*≤2000	7.3（7.6）②
1000 同塔双回	*H*≤1000	6.1（6.3）③
	1000<*H*≤2000	6.7（6.9）④

注　表中数值不包括人体占位间隙，作业中需考虑人体占位间隙不得小于 0.5m。
① 此为单回输电线路数值，括号中数据 6.9 为中相值，6.7 为边相值。
② 此为单回输电线路数值，括号中数据 7.6 为中相值，7.3 为边相值。
③ 此为双回输电线路数值，括号中数据 6.3 为至下横担值，6.1 为至塔身值。
④ 此为双回输电线路数值，括号中数据 6.9 为至下横担值，6.7 为至塔身值。

2）等电位作业人员与接地架构之间的最小安全距离应满足表 7-11 规定，绝缘工器具最小有效绝缘长度应满足表 7-12 的规定。

3）等电位作业人员与杆塔构架上传递物品应采用绝缘绳索。绝缘绳索的最小有效绝缘长度应满足表 7-13 的规定。

4）等电位作业人员沿耐张绝缘子串进出等电位时，人体短接绝缘子片数不得多于 4 片。耐张绝缘子串中扣除人体短接和不良绝缘子片数后，良好绝缘子最少片数应满足表 7-14 的规定。

表 7-14　最小组合间隙和良好绝缘子的最少片数

电压等级（kV）	海拔 *H*（m）	单片绝缘子结构高度（mm）	最小组合间隙（m）	良好绝缘子片数（片）
±800	*H*≤1000	170	6.2	37
		195		32
		205		31
		240		26
	1000<*H*≤2000	170	7.1	42
		195		37
		205		35
		240		30

续表

电压等级（kV）	海拔 H（m）	单片绝缘子结构高度（mm）	最小组合间隙（m）	良好绝缘子片数（片）
1000	$H\leqslant1000$	170	7.2 (6.7)①	43 (40)③
		195		37 (35)④
		205		36 (33)⑤
	$1000<H\leqslant2000$	170	8.0 (7.4)②	47 (44)⑥
		195		41 (38)⑦
		205		39 (39)⑧

注 表中数值不包括人体占位间隙，作业中需考虑人体占位间隙不得小于 0.5m。
① 括号中数据 6.7 为双回路值，7.2 为单回路值。
② 括号中数据 7.4 为双回路值，8.0 为单回路值。
③ 括号中数据 40 为双回路值，43 为单回路值。
④ 括号中数据 35 为双回路值，37 为单回路值。
⑤ 括号中数据 33 为双回路值，36 为单回路值。
⑥ 括号中数据 44 为双回路值，47 为单回路值。
⑦ 括号中数据 38 为双回路值，41 为单回路值。
⑧ 括号中数据 37 为双回路值，39 为单回路值。

（3）同塔双回一侧带电、另一侧停电线路上的作业。

1）作业人员在杆塔上进行工作时，不得进入带电侧的横担或在该横担上放置任何物件。

2）当调度许可的停电回路已改为检修状态（即变电站接地开关已合上），但线路上首、末端未接地或仅一端接地时，该停电检修回路仍应视作带电线路，采用带电作业方式进行作业。

3）采用停电检修方式检修上述停电回路时，导线上作业人员穿戴全套屏蔽服装、导电鞋后，直接进出检修线路的绝缘子串或导线等，塔上作业人员与导线上作业人员可直接配合作业，但塔上作业人员必须穿戴全套屏蔽服装或静电防护服、导电鞋。

4）停电回路上放线或撤线、紧线时，应采取措施防止导线由于摆（跳）动或其他原因而与邻侧的带电导线接近至危险距离以内。

5）停电回路上采用停电检修方式检修更换绝缘子串等工作，在装设提升绝缘子串的工具前，检修人员应先挂设好个人保安线后，才可装设提升绝缘子串的工具，个人保安线的挂、拆方法与检修接地线挂、拆程序相同。

6）一回带电、一回停电线路，在停电线路上方架空地线或绝缘架空地线、一点接地架空地线上作业的要求和安全注意事项与两回都带电时相同。

（4）加装保护间隙的作业。

1）当安全距离不满足要求时，应采用加装保护间隙的作业方式。当安全距离满足要求，而组合间隙不满足要求时，可采用加装保护间隙的作业方式；或者按常规作业方式，采用组合间隙满足要求的其他方法进入等电位。

2）采用加装保护间隙作业时，带电作业安全距离、组合间隙、绝缘工具最小有效长度、良好绝缘子最少片数的取值与保护间隙设定值的绝缘配合应符合 DL/T 876—2004《带电作业绝缘配合导则》的要求。

3）装拆保护间隙的作业人员应穿全套屏蔽服装。

4）安装保护间隙前，应与调度联系停用重合闸。

5）保护间隙应安装在工作点的相邻杆塔上，先将保护间隙接地线与杆塔金属构件可靠连接，再将另一端挂在检修相的导线上，并使其接触良好，拆除时程序相反。

6）保护间隙的参考设定值见表 7-15。使用保护间隙前，可根据工程实际塔头尺寸对保护间隙的取值进行验算和修正。

表 7-15　　保护间隙设定值

海拔 H（m）	单回线路保护间隙设定值（m）	同塔双回保护间隙设定值（m）
$H \leqslant 1000$	3.6	3.4
$1000 < H \leqslant 2000$	4.5	4.3

7）安装时，保护间隙距离应先调至最大值，安装就位后再用绝缘工具将距离调至保护间隙设定值。拆除前先将保护间隙距离调回最大值，再按拆除程序拆除。

8）保护间隙宜垂直安装，在单回线路中相进行带电作业时，保护间隙宜安装在相邻杆塔中相 V 形绝缘子串的两悬挂点中间的构架与导线之间；在单回线路边相和双回线路进行带电作业时，保护间隙宜安装在相邻杆塔相同相横担与导线之间，保护间隙与绝缘子串边缘之间应有 0.5m 以上的距离。

（5）作业中的具体要求。

1）等电位作业人员进入强电场时，速度应均匀且应避免行进过程中身体动作幅度过大，作业人员与带电体和接地体的组合间隙应满足表 7-13 的要求。

2）等电位作业人员与杆塔构架上作业人员之间传递物品时应采用绝缘工具，绝缘工具的有效长度应满足表 7-12 的规定。

3）绝缘工具在使用前，应用绝缘电阻表（2500～5000V）进行分段检测，每 2cm 测量电极间的绝缘电阻值不低于 700MΩ。使用时，应避免绝缘工具受潮和表面损伤、脏污，未处于使用状态的绝缘工具应放置在清洁、干燥的垫子上。发现绝缘工具受潮或表面损伤、脏污时，应及时处理并经试验合格后方可使用，不合格的带电作业工器具不得继续使用，应及时检修或报废。

4）带电作业使用的金属丝杠、卡具及连接工具在作业前应经试组装确认各部件操作灵活、性能可靠，并按现场操作规程或作业指导书正确使用。操作不灵活的工具应及时检修或报废，不得继续使用。

5）绝缘操作杆不得当承力工具使用，其前端的加长金属件（即各种小工具），不得短接有效的绝缘间隙；其中间接头，在承受冲击、推拉和扭转等各种荷重时，不得脱离和松动。在杆塔上暂停作业时，绝缘操作杆应垂直吊挂或平放在水平塔材上，不得在塔材上拖动，以免损坏操作杆；使用较长绝缘操作杆时，应在前端杆身适当位置加装绝缘吊绳，以防杆身过度弯曲，并减轻劳动者的强度。

6）绝缘支、拉、吊杆使用中，必须使用专门的固定器固定在杆塔上，严禁以人体为依托使用支拉杆移动导线。

7）导线卡具的夹嘴直径应与导线外径相适应，严禁代用，防止压伤导线或出现导线滑移。闭式绝缘子卡具两半圆的弧度与绝缘子钢帽外形应吻合，以免在受力过程中出现较大的应力集中。所有双翼式卡具应与相应的连接金具规格一致，且应配有后备保护装置（如封闭螺栓或插销），以防脱落。横担卡具与塔材规格必须相适应，且组装应牢固，紧线器规格应根据荷载和紧线方式确定。

8）在更换直线绝缘子串或移动导线的作业中，当采用单吊线装置时，应有防止导线脱落的后备保护措施；当采用双吊杆装置时，每一吊杆均能承受全部荷重，并具有足够的安全裕度。

9）承力工具应固定可靠，并应有后备保护用具。

10）上下循环交换传递较重的工器具时，应系好控制绳，防止被传递物品相互碰撞及误碰处于工作状态的承力工器具。

11）传递绳索和控制绳索长度不够，可临时接长，但绳索接续应符合要求。绝缘绳索使用时，应保持清洁干燥，严防与塔材摩擦，不得在地面上拖放。受潮的绝缘绳索严禁在带电作业中使用。

12）带电检测绝缘子时，测量顺序应从地电位到高电位。如发现零值和低值绝缘子应复测 2～3 次，以免误判。如发现绝缘子串中良好绝缘子数少于规定片数，不得继续检测。

（二）特高压带电作业安全防护要求

1. 屏蔽要求

（1）特高压输电线路带电作业使用的屏蔽服须采用屏蔽效率不小于 60dB，其他参数符合 GB/T 6568—2008《带电作业用屏蔽服装》规定的布料制作，应做成上衣、裤子与帽子连成一体，帽檐加大的式样，并配有屏蔽效率不小于 20dB 的网状屏蔽面罩。

（2）屏蔽服须配套完整，包括连衣裤帽、面罩、手套、袜和鞋，接头须连接可靠，屏蔽服衣裤最远端点之间的电阻值均不大于 20Ω。

（3）等电位和中间电位作业人员均须穿戴特高压带电作业用屏蔽服（包括连衣裤帽、面罩、手套、导电袜和导电鞋），屏蔽服内还应穿阻燃内衣。

（4）塔上地电位作业人员须穿全套屏蔽服装或静电防护服装和导电鞋后才能登塔作业。严禁穿屏蔽服装或静电防护服后再穿着其他服装。

（5）绝缘架空地线或分段绝缘、一点接地架设的地线应视为带电体，作业人员应对其保持 0.6m 以上的距离。如需在此类架空地线上作业，应先通过专用接地线将架空地线良好接地，挂、拆接地线时，作业人员穿着全套屏蔽服装或静电防护服、导电鞋后可直接进行检修作业。

（6）对于逐基接地的光纤复合架空地线（OPGW）或其他直接接地的架空地线，作业人员穿着全套屏蔽服或静电防护服和导电鞋后可直接进入进行检修作业。

（7）作业人员若到档距中间对架空地线进行检修，作业前应校核架空地线作业点承载作业人员及工具等集中荷载后，作业人员与下方带电导线的垂直距离是否满足最小安全距高求，校核架空地线机械强度是否满足要求，以保证作业人员的安全。

(8) 停电检修时，作业线路与其他高压带电线路交叉或邻近，由于停电线路上可能产较高的感应电压，作业人员应穿戴屏蔽服装，并按带电作业方式进行检修作业。

(9) 用绝缘传递绳索传递大件金属物品（包括工具、材料）时，杆塔或地面上作业人员应将金属物品接地后才能触及。

(10) 更换的绝缘子串未脱离导线前，拆、装靠近横担的第一片绝缘子时，必须采用专用短接线后，方可直接进行操作。

2. 电位转移

(1) 在特高压输电线路上进行带电作业时，应使用电位转移棒进行电位转移，电位转移棒长度为0.4m。

(2) 等电位作业人员在电位转移前，应得到工作负责人的许可，并不得失去安全带的保护。

(3) 进行电位转移时，人体面部与带电体距离不得小于0.5m。

(4) 等电位作业人员进行电位转移时，电位转移棒与屏蔽服装的电气连接应良好。

(5) 进行电位转移时，动作应平稳、准确。

（三）特高压输电线路带电作业常见进出电场方法

输电线路常用进出电场方式主要有“吊篮法”“软梯法”“跨二短三法”三种。交、直流特高压线路直线塔主要介绍“吊篮法”和“软梯法”，交流特高压线路耐张塔主要介绍“跨二短三法”，直流特高压线路耐张塔主要介绍“软梯法”。

1. “吊篮法”进出强电场

(1) 适用范围。

适用于±800、1000kV特高压输电线路直线塔。

(2) 作业原理。

“吊篮法”进电场通常由一根绝缘吊拉绳和一个绝缘滑车组控制，绝缘吊拉绳固定在绝缘子串挂点的横担处，绝缘吊拉绳的长度应经过准确地计算或实际测量，保证等电位电工进入电场后头部不超过导线侧第一片绝缘子，如图7-2所示。作业时，绝缘滑车组由地面电工负责控制处于收紧状态，等电位电工在吊篮上坐稳并绑好安全带后，绝缘子滑车组再缓慢松出，等电位电工采用吊篮法沿着吊拉绳摆动的轨迹进入直线塔电场。此方法要充分考虑等电位过程中的组合间隙满足规程要求。

(3) 操作实例。

1) 作业方式。

“吊篮法”进电场。

2) 人员组成。

工作负责人1人、专责监护1人、塔上地电位电工3人、等电位电工各1人、地面电工4人。

3) “吊篮法”进出强电场所需工器具，见表7-16。

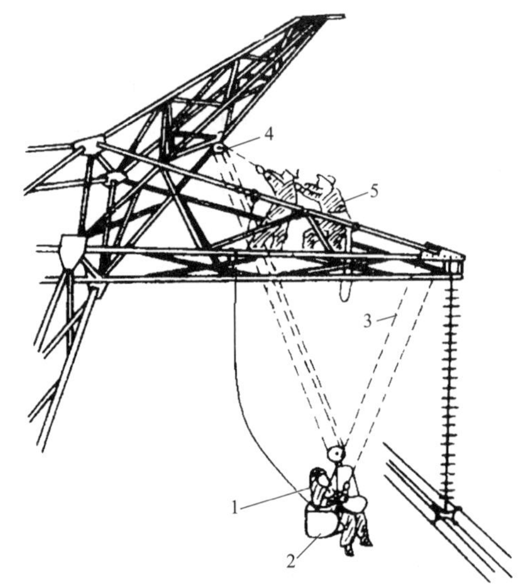

图 7-2 “吊篮法”进出强电场

1—等电位电工；2—座椅（吊篮）；3—吊绳；4—滑车组；5—塔上电工

表 7-16 **“吊篮法”进出强电场所需工器具**

序号	工器具名称		规格型号	数量	备注
1	绝缘工具	绝缘传递绳	ϕ12mm	1	
2		绝缘传递绳	ϕ14mm	1	
3		绝缘后备保护绳	ϕ14mm	1	
4		绝缘滑车	1T	1	
5		绝缘绳套	0.5m	2	
6		2-2 绝缘滑车组		1	
7		吊篮		1	
8	个人防护用品	全套屏蔽服	屏蔽效率不小于 60dB	4	
9		安全帽		10	
10		安全带		5	
11		二道防线		1	
12		电位转移棒		1	
13	辅助安全用具	绝缘电阻表	5000V	1	
14		温湿度仪		1	
15		风速仪		1	
16		对讲机		1	
17		万用表		1	
18		防潮苫布		2	
19		工具袋		3	

4）作业步骤。

a. 根据带电作业现场标准化作业流程开展准备工作。确认线路名称和塔号，勘察现场作业环境。宣读工作票，布置工作任务，绝缘工具、屏蔽服检查、检测。

b. 塔上电工携带绝缘传递绳登塔至作业相横担处，系好安全带，检查杆塔端绝缘子金具的连接情况，在适当位置挂好滑车及绝缘传递绳。等电位电工随之登塔至作业相横担处。

c. 地面电工使用绝缘传递绳将 2-2 滑轮组、吊篮、绝缘吊拉绳及绝缘人身后备保护绳传递至横担，塔上电工将 2-2 滑轮组固定在适当位置，各部连接牢固可靠。等电位电工固定好绝缘吊拉绳及绝缘人身后备保护绳；塔上电工将绝缘吊拉绳与吊篮可靠连接。

d. 地面电工收紧 2-2 滑轮组绝缘拉绳。等电位电工系好绝缘后备保护绳，对吊篮进行冲击试验合格后，进入吊篮。

e. 地面电工匀速释放绝缘拉绳，待等电位电工距导线 0.5m 时，向工作负责人申请电位转移，经同意后迅速伸出电位转移棒，将其钩在最近的子导线上完成电位转移。

f. 等电位电工系好安全带后，即可开展相应的工作，作业完成，将电位转移棒的金属端钩在子导线上，进入吊篮，一只手握紧绝缘手柄，使吊篮距子导线 0.5m。向工作负责人申请退出强电场，得到同意后，地面塔上电工配合拉动绝缘拉绳，等电位电工迅速脱开电位转移棒与子导线的连接，退出强电场。

g. 塔上作业人员下塔，整理工器具，按调度要求回复作业完成，塔上无遗留工器具。

5）安全注意事项。

a. 在带电杆塔上作业，必须穿全套合格屏蔽服和阻燃内衣，正确使用个人安全防护用品。在杆塔上作业转位时，不得失去安全保护。

b. 绝缘滑车组在使用前应检查滑轮是否转动灵活，其固定应牢固可靠。

c. 在特高压交、直流架空输电线路上进行带电作业使用的电位转移棒的手柄应使用符合 GB 13398—2008《带电作业用空心绝缘管、泡沫填充绝缘管和实心绝缘棒》要求的空心绝缘管制成，直径宜大于 30mm，连接线应由有透明护套的多股软铜线组成，其截面积不得小于 $16mm^2$。

d. 吊篮应用绝缘吊篮绳稳固悬吊，由塔上作业人员检查确认其安全性、绝缘吊篮绳的长度，应准确计算或实际丈量，使等电位作业人员头部不超过导线侧均压环。

e. 吊篮的移动速度应用绝缘滑车组严格控制，做到均匀、平稳。

f. 其他要求请遵守特高压输电线路带电作业的相关要求。

2. 沿耐张绝缘子串“跨二短三”进出强电场

（1）适用范围。

适用于 1000kV 特高压交流输电线路耐张塔。

（2）作业原理。

对于特高压直流输电线路，Q/GDW 1799.2—2013《国家电网公司电力安全工作规程　线路部分》13.9 中规定“直流线路不采用带电检测绝缘子的检测方法”，故特高压直流输电线路耐张绝缘子串为瓷绝缘子时，不建议采用沿耐张绝缘子串进入强电场的作业方式，但耐张绝缘子串为玻璃绝缘子（不需要检零）时，可采用此方法。作业时，等电位电工身体与绝缘子串垂直，脚踩其中一串绝缘子，手扶另一串绝缘子，手脚在绝缘子串上的位置必须保持对应一致，通常采用“跨二短三”的方法，如图 7-3 所示。短接的绝缘子一般不超过 3 片，当扣除被短接片数后良好绝缘子片数满足 Q/GDW 1799.2—2013《国家电网公

图 7-3　沿耐张绝缘子串“跨二短三”进电场

司电力安全工作规程　线路部分》中表 14 的要求时，短接片数可适当增加。

（3）操作实例。

1）作业方式。

沿耐张绝缘子串“跨二短三”进出强电场。

2）人员组成。

工作负责人 1 名、专责监护人 1 名、等电位电工 1 名、地电位电工 1 名、地面电工 3 人。

3）作业工器具。

沿耐张绝缘子串“跨二短三”进出强电场所需工器具见表 7-17。

表 7-17　　沿耐张绝缘子串“跨二短三”进出强电场所需工器具

序号	工器具名称	规格型号	数量	备注
1	绝缘传递绳	ϕ12mm	1	
2	绝缘后备保护绳	ϕ14mm	1	
3	全套屏蔽服	屏蔽效率不小于 60dB	2	
4	安全帽		7	
5	安全带		2	
6	防坠器		2	
7	电位转移棒	1000kV 专用	1	
8	绝缘电阻表	5000V	1	
9	温湿度仪		1	
10	风速仪		1	
11	对讲机		2	
12	万用表		1	
13	防潮苫布		2	
14	绝缘子零值检测仪		1	

4）作业步骤。

a. 根据带电作业现场标准化作业流程精细工作准备。核对线路双重名称编号，现场作业环境勘察，宣读工作票，布置工作任务。检查、检测绝缘工具、屏蔽服等。

b. 塔上电工携带绝缘传递绳登塔至作业相横担处，系好安全带，检查杆塔端绝缘子金具的连接情况，在适当位置挂好滑车及绝缘传递绳。等电位电工随之登塔至作业相横担处。

c. 地面电工使用绝缘传递绳将零值绝缘子检测仪传递至横担，塔上电工与等电位电工配合使用检测仪检测绝缘子，将检测结果汇报工作负责人，经分析满足规程要求后，方可允许等电位电工进入绝缘子串。

d. 塔上电工协助等电位电工系好绝缘人身后备保护绳、电位转移棒、面罩等，检查屏蔽服连接良好，经工作负责人同意后，进入绝缘子串。

e. 等电位电工身体与绝缘子串垂直，脚踩其中一串绝缘子，手扶另一串绝缘子，手脚在绝缘子串上的位置必须保持对应一致，手脚并进，在绝缘子串上均匀移动，短接的绝缘子一般不超过 3 片。

f. 等电位电工在移动至距离带电体第 3 片绝缘子时，向工作负责人申请电位转移，经同意后迅速伸出电位转移棒，将其钩在最近的带电体上完成电位转移。

g. 等电位电工系好安全带后，即可开展检修工作。作业完成，检查屏蔽服连接完好后，将电位转移棒的金属端钩在带电体上，进入绝缘子串移动至距离带电体第 3 片绝缘子时，一只手握紧绝缘手柄，向工作负责人申请退出强电场，得到同意后，等电位电工迅速脱开电位转移棒与带电体的连接，并将电位转移棒收回，退出强电场。采用进电场的方式沿绝缘子串退出强电场。

h. 按照带电作业现场标准化作业流程终结工作。

5）安全注意事项。

a. 沿绝缘子串进入电场前，必须对耐张瓷质绝缘子进行检测，检测要求执行 DL/T 626—2005《劣化悬式绝缘子检测规程》；良好绝缘子片数应满足 Q/GDW 1799.2—2013《国家电网公司电力安全工作规程　线路部分》中表 7 的要求。

b. 在特高压交、直流架空输电线路上进行带电作业使用的电位转移棒的手柄应符合 GB 13398—2008《带电作业用空心绝缘管、泡沫填充绝缘管和实心绝缘棒》要求的空心绝缘管制成，直径宜大于 30mm，连接线应由有透明护套的多股软铜线组成，其截面积不得小于 $16mm^2$。

c. 在带电杆、塔上工作，必须使用正确劳动防护用品。在杆塔上作业转位时，不得失去安全保护。登塔时手应抓牢，脚应踏实，安全带系在牢固部件上。

3. “软梯法”进入耐张塔强电场

（1）适用范围。

适用于±800kV 特高压直流输电线路耐张塔。

（2）作业原理。

Q/GDW 1799.2—2013《国家电网公司电力安全工作规程　线路部分》13.9 中规定“直流线路不采用带电检测绝缘子的检测方法”，因此，对于直流线路耐张塔瓷质绝缘子因无法确定其良好绝缘子片数，所以不能采用沿绝缘子串进入电场方式。

绝缘软梯法进电场是以导、地线为依托悬挂，使用前应按 Q/GDW 1799.2—2013《国家电网公司电力安全工作规程　线路部分》要求核对导线、地线截面积，必要时还应验算其强度。同时考虑挂梯作业过程中导线、地线增加集中荷载后，对导线地面及交叉跨越物的安全距离是否满足要求。如图 7-4 所示绝缘软梯进出耐张塔强电场的方法。

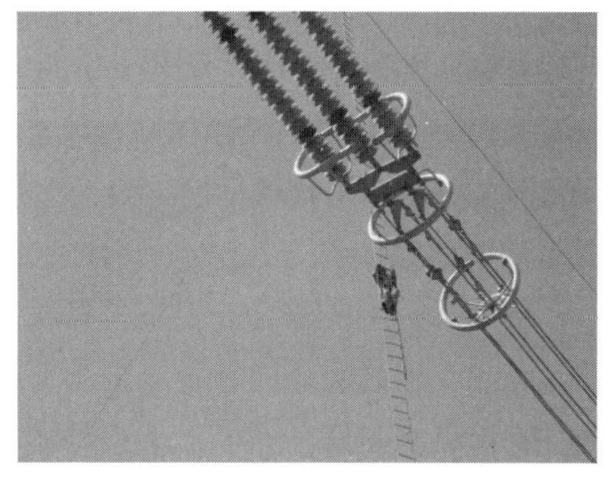

图 7-4　软梯法进出耐张塔强电场

（3）操作实例。

1）作业方式。

“软梯法”进出耐张塔强电场。

2）人员组成。

工作负责人 1 名、专责监护人 1 名、塔上地电位电工 2 名、等电位电工 1 名、地面电工 3 名。

3）作业工器具。

软梯法进出耐张塔强电场所需工器具见表 7-18。

表 7-18　　软梯法进出耐张塔强电场所需工器具

序号	工器具名称	规格型号	数量	备注
1	绝缘传递绳	ϕ12mm	1	
2	绝缘后备保护绳	ϕ14mm	1	
3	绝缘滑车	1T	1	
4	绝缘绳套	0.5m	1	
5	绝缘软梯	30m	1	
6	全套屏蔽服	屏蔽效率不小于 60dB	2	
7	安全帽		7	
8	安全带		2	
9	防坠器		2	
10	电位转移棒	1000kV 专用	1	
11	绝缘电阻表	5000V	1	
12	温湿度仪		1	
13	风速仪		1	
14	对讲机		2	
15	万用表		1	
16	防潮苫布		2	
17	绝缘子零值检测仪		1	

4）作业步骤。

a. 根据带电作业现场标准化作业流程开展准备工作，确认线路双重名称和编号，对现场作业环境进行勘察，宣读工作票，布置工作任务，检查、检测绝缘工具、屏蔽服等。

b. 塔上电工携带绝缘传递绳登塔至作业相上方的地线支架处，系好安全带，检查杆塔端地线绝缘子金具的连接情况，在适当位置挂好滑车及绝缘传递绳，等电位电工随之登塔至作业相横担处。

c. 地面电工将铝合金软梯头架与软梯连接良好，并将等电位电工的后备保护绳固定在软梯头架上，通过绝缘传递绳传至地线支架处，塔上电工将铝合金梯头挂在地线上，并将软梯头保险装置封好。

d. 塔上电工协助等电位电工系好绝缘人身后备保护绳、电位转移棒、面罩等，检查屏蔽服连接良好，经工作负责人同意后，在横担位置攀登上软梯。

e. 地面电工缓慢牵引控制绳，软梯沿地线向耐张绝缘子串导线端缓缓滑动，待软梯滑过导线屏蔽环 1～1.5m 时停止牵引，地面电工控制软梯垂直，等电位电工沿软梯下至与导线水平位置，将电位转移棒置于手中面向带电导线，同时向工作负责人申请电位转移，得到同意后，地面电工控制软梯向导线移动，等电位电工待软梯距导线 0.5m 时迅速伸出电位转移棒，将电位转移棒钩在最近的子导线上完成电位转移。

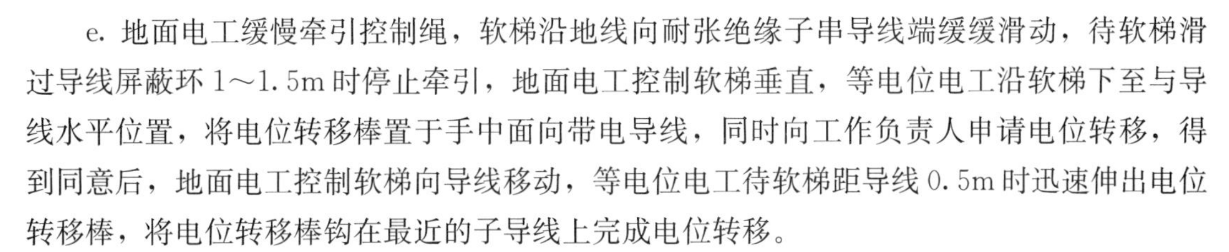

f. 等电位电工系好安全带后，即可开展相应的工作。作业完成，检查屏蔽服连接完好后，将电位转移棒的金属端钩在子导线上，登上软梯，一只手握紧绝缘手柄，然后保持手臂伸直状态使软梯距子导线 0.5m。向工作负责人申请退出强电场，得到同意后，等电位电工迅速脱开电位转移棒与子导线的连接，退出强电场。地面电工控制绝缘软梯垂直地面，等电位电工沿软梯攀登至横担高度。地面电工缓慢牵引控制绳将等电位电工拉至横担处。

g. 按照带电作业现场标准化作业流程终结工作。

5）安全注意事项。

a. 作业前应认真检查软梯及梯头架的完好情况，登软梯前做冲击试验，作业前检查杆塔端地线金具的连接情况。

b. 在特高压交、直流架空输电线路上使用的电位转移棒的手柄应使用符合 GB 13398—2008《带电作业用空心绝缘管、泡沫填充绝缘管和实心绝缘棒》要求的空心绝缘管，直径宜大于 30mm，连接线应由有透明护套的多股软铜线组成，其截面积不得小于 $16mm^2$。

c. 等电位电工攀登软梯时要抓牢踩稳，登梯、出梯时要检查安全带是否扣牢，注意动作不宜过大，防止高空坠落。

d. 地面电工配合等电位电工进入电场控制尾绳时，应时刻关注等电位电工的位置，防止尾绳控制不足或过大时导致等电位电工无法顺利进入电场。

e. 在带电杆、塔上工作，必须使用安全带和戴安全帽。在杆塔上作业转位时，不得失去安全保护。登塔时手应抓牢，安全带应系在牢固部件。

f. 其他要求应遵守《特高压输电线路带电作业一般要求》的规定。

软梯法进出直线塔强电场对±800、1000kV 均适用，作业时只需根据检修位置满足带电作业安全距离和组合间隙的要求，作业步骤和安全注意事项参照软梯法进出±800kV 特高压直流输电线路耐张塔。

四、特高压输电线路典型带电作业项目介绍

（一）等电位更换直线塔Ⅰ串、双Ⅰ串合成绝缘子

1. 作业方法

等电位人员与地电位电工配合作业，进电场方式为“吊篮法”。

2. 适用范围

适用于带电更换 1000、±800kV 输电线路直线塔Ⅰ型、双Ⅰ型整串复合绝缘子。

3. 人员组成

本作业项目工作人员不少于 11 名。其中，工作负责人 1 名、专责监护人 1 名、等电位电工 2 名（1、2 号电工），塔上地电位电工 2 名（3、4 号电工），地面电工 5 名（5～9 号电工）。

4．工器具配备

等电位更换 1000kV 输电线路直线塔 I 型、双 I 型复合绝缘子工器具、材料见表 7-19。

表 7-19　等电位更换 1000kV 输电线路直线塔 I 型、双 I 型复合绝缘子工器具、材料

序号	工器具名称	型号规格	数量	备注
1	绝缘传递绳	ϕ14mm	3	
2	绝缘传递绳	ϕ16mm	1	
3	2-2 滑车组		1	
4	绝缘滑车		6	
5	绝缘吊杆	适用现场	2	
6	绝缘绳套	1T	4	
7	电位转移棒		1	
8	吊篮		1	
9	八分裂提线钩		2	
10	液压提线器		2	
11	全套屏蔽服	屏蔽效率不小于 60dB	4	
12	静电防护服	屏蔽效率不小于 60dB	4	
13	阻燃内衣		4	
14	二道防线		2	
15	安全带		4	
16	安全帽		11	
17	防坠器		4	
18	绝缘电阻表		1	
19	温湿度仪		1	
20	风速仪		1	
21	万用表		1	
22	对讲机		3	
23	防潮苫布		2	
24	工具带		3	
25	合成绝缘子		1（2）	与现场匹配

5．作业步骤

（1）工作负责人向调度部门申请开工。

内容为：本人为工作负责人，××年×月×日×时至×时在××kV××线路上更换绝缘子作业，需停用线路自动重合闸装置或直流再启动保护，若遇线路跳闸或闭锁，未经联系，不得强送。得到调度许可，核对线路双重名称和塔号。

（2）工作负责人现场宣读工作票，交代工作任务、安全和技术措施，检查工器具是否完好齐全，确认危险点和预防措施，明确作业分工以及安全注意事项。

（3）地面电工布置工作现场，工器具组装，检测绝缘工具的电阻、液压紧线系统、八分裂提线器（六分裂提线器）等工具是否完好灵活。

（4）3、4 号电工应穿着全套静电防护服，1、2 号电工应穿着全套屏蔽服（屏蔽服内还

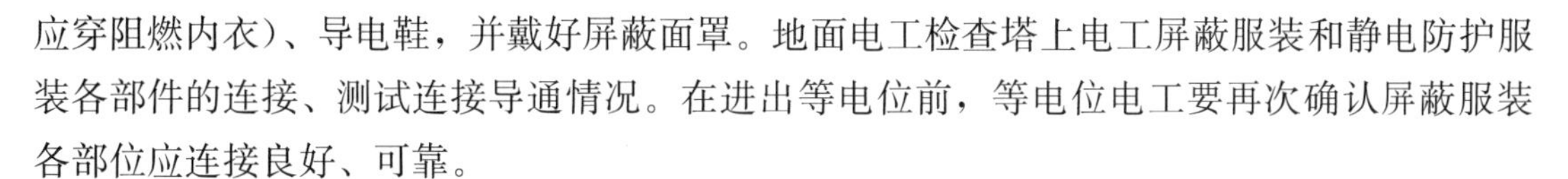

应穿阻燃内衣)、导电鞋，并戴好屏蔽面罩。地面电工检查塔上电工屏蔽服装和静电防护服装各部件的连接、测试连接导通情况。在进出等电位前，等电位电工要再次确认屏蔽服装各部位应连接良好、可靠。

(5) 核对线路双重名称无误后，1～4 号电工携带绝缘传递绳登塔至横担作业点，将绝缘滑车和绝缘传递绳安装在横担合适位置。

(6) 地面电工利用绝缘传递绳将吊篮、绝缘吊篮绳、绝缘保护绳及 2-2 绝缘滑车组传至横担，3、4 号电工将 2-2 绝缘滑车组及吊篮可靠安装在横担适当位置。

(7) 1 号电工系好绝缘保护绳进入吊篮，地面电工缓慢松出 2-2 绝缘滑车组控制绳，待吊篮距带电导线约 1m 处放缓速度。

(8) 在得到工作负责人的同意后，1 号电工利用电位转移棒进行电位转移，然后地面电工再放松 2-2 滑车组控制绳配合 1 号电工登上导线进入电场。

(9) 地面电工收紧 2-2 绝缘滑车组控制绳，将吊篮向上传至横担部位。2 号电工系好绝缘保护绳进入吊篮，用同样的方法进入电场。1、2 号电工进入等电位后，不得将安全带系在子导线上，应在绝缘保护绳的保护下进行作业。

(10) 3、4 号电工将绝缘传递绳转移至导线正上方，地面电工将绝缘吊杆、八分裂提线器（六分裂提线器)、液压紧线系统等传递至工作位置，由 3、4 号电工和 1、2 号电工配合安装收紧装置（导线上方垂直安装、液压紧线系统安装在导线侧)。

(11) 检查承力工具各部件安装可靠，得到工作负责人同意后，1、2 号电工收紧起吊装置，使绝缘子串松弛。

(12) 地面电工将复合绝缘子串控制绳传递给 1 号电工，1 号电工将其安装在复合绝缘子串尾部。地面电工收紧复合绝缘子串控制绳。

(13) 检查承力工具受力正常，得到工作负责人同意后，1 号电工拆开导线侧碗头挂板螺栓，然后地面电工缓慢放松复合绝缘子串控制绳，使之自然垂直。

(14) 3 号电工将绝缘传递绳系在复合绝缘子上端，然后取出复合绝缘子串与球头挂环连接的锁紧销。地面电工与 3 号电工配合脱开复合绝缘子串与球头挂环的连接。

(15) 地面电工控制好复合绝缘子串控制绳，将复合绝缘子串放至地面。注意控制好复合绝缘子串的控制绳，不得碰撞承力工具、导线及杆塔。

(16) 地面电工将新复合绝缘子串传递至塔上工作位置，3 号电工恢复新复合绝缘子串与球头挂环的连接，并复位锁紧销。

(17) 地电位电工与等电位电工配合恢复碗头挂板与金属连板的连接并装好开口销。

(18) 检查合成绝缘子是否连接可靠，待工作负责人同意后，1、2 号电工松开紧线系统。

(19) 经检查绝缘子串受力正常，得到工作负责人同意后，1、2 号电工与 3、4 号电工配合拆除绝缘吊杆、八分裂提线器（六分裂提线器)、液压紧线系统等，并传至地面。

(20) 1 号电工将绝缘传递绳在吊篮上系牢，然后进入吊篮。在得到工作负责人的同意后，1 号电工迅速脱开电位转移棒与子导线的连接。

(21) 地面电工同时迅速收紧 2-2 绝缘滑车组控制绳，将吊篮向上拉至横担部位。

（22）地面电工利用绝缘传递绳将吊篮传至2号电工处，2号电工检查导线上无遗留物后进入吊篮，用同样的方法退出电位。

（23）塔上电工配合拆除绝缘吊篮绳、绝缘保护绳、2-2绝缘滑车组及吊篮，并传至地面。1～4号电工检查塔上无遗留物后，向工作负责人汇报，作业人员下塔。

（24）工作负责人检查现场、清点工器具。向调度汇报：塔上带电更换绝缘子工作已结束，设备恢复原状，塔上作业人员已全部撤离，塔上及导线上无遗留物。

6. 安全措施及注意事项

（1）若在海拔1000m以上线路上带电作业，应根据作业区的实际海拔，修正各类空气间隙与固体绝缘的安全距离和长度、绝缘子片数等，经本单位主管生产领导（总工程师）批准后执行。

（2）经现场勘察并编制现场作业指导书，经本单位技术负责人或主管生产负责人批准后执行。

（3）在带电杆塔上工作，必须正确使用个人防护用品，在杆塔上作业转位时，不得失去保护，安全带应系在牢固的构件上。

（4）作业中应严格执行工作票制度，向调度申请停用直流再启动保护，在带电作业过程中，如设备突然停电，应视设备仍然带电。

（5）登塔前，作业人员应核对线路双重名称和编号，并对安全防护用品和防坠器进行试冲击检查，对安全带进行外观检查。

（6）在特高压交、直流架空输电线路上进行带电作业时，使用的电位转移棒直径宜大于30mm，连接线应由有透明护套的多股软铜线组成，其截面积不得小于16mm^2。

（7）吊篮法进电场时，吊篮应安装牢固，应准确计算或实际丈量绝缘吊篮绳的长度，使等电位作业人员头部不超过导线侧均压环。

（8）吊篮的移动速度应用绝缘滑车组进行控制，速度均匀。

（9）绝缘滑车组在使用前应检查滑轮是否转动灵活、可靠。

（10）在收紧液压紧线系统时，应时刻注意工具的连接情况，更换绝缘子时应绑扎牢固，绝缘子安装完毕，在确保连接可靠、销子恢复后方可拆除承力工具。

（11）绝缘子串更换前，必须详细检查绝缘吊杆、专用连接器等受力部件是否正常良好。

（12）绝缘子连接或安装后，应详细检查球头、碗头、锁紧销安装正确、可靠。

（13）现场所有工器具均应为试验周期内的合格品，严禁使用不合格的和超出试验周期的工具。

（二）等电位更换耐张塔导线侧第1～3片盘形绝缘子

1. 作业方法

特高压交流线路耐张塔任何形式盘形绝缘子在带电零值检测且良好绝缘子片数满足要求后均可以使用“跨二短三法”进电场；对特高压直流线路，“跨二短三”仅适用于玻璃绝缘子；Q/GDW 1799.2—2013《国家电网公司电力安全工作规程　线路部分》13.9d）中“直流线路不采用带电检测绝缘子的检测方法”，因此，对于特高压直流线路耐张串中的瓷质绝缘子，无法采用带电检测确定其良好绝缘子片数，不得采用“跨二短三法”，可采用“软梯法”进电场。

2. 适用范围

适用于带电更换±800kV 或 1000kV 输电线路耐张塔导线侧第 1～第 3 片盘形绝缘子。

3. 人员组成

本作业项目工作负责人 1 名、专责监护人 1 名、等电位电工 2 名（1、2 号电工），地面电工 2 名（3、4 号电工）。

4. 工器具明细

等电位更换耐张塔导线侧第 1～第 3 片盘形绝缘子工器具、材料见表 7-20。

表 7-20　等电位更换耐张塔导线第 1～第 3 片盘形绝缘子工器具、材料

序号	工器具名称	型号规格	数量	备注
1	绝缘传递绳	ϕ14mm	1	
2	绝缘滑车		1	
3	电位转移棒		1	
4	耐张端卡		1	
5	收紧系统		1	
6	闭式卡		1	
7	专用接头		2	
8	零值绝缘子检测仪		1	
9	全套屏蔽服	屏蔽效率不小于 60dB	4	
10	静电防护服	屏蔽效率不小于 60dB	4	
11	阻燃内衣		4	
12	二道防线		2	
13	安全带		4	
14	安全帽		11	
15	防坠器		4	
16	绝缘电阻表		1	
17	温湿度仪		1	
18	风速仪		1	
19	万用表		1	
20	对讲机		3	
21	防潮苫布		2	
22	工具带		3	
23	绝缘子		1	与现场匹配

5. 作业步骤

（1）工作负责人问调度部门申请开工，内容为：工作负责人××，×年×月×日×时至×时在××kV××线路更换绝缘子作业，需停用线路自动重合闸装置或直流再启动保护，若遇线路跳闸或闭锁，未经联系不得强送电，作业前应核对线路双重名称和杆塔。

（2）工作负责人宣读工作票，交代工作任务、安全措施和技术措施，明确作业分工以及安全注意事项。

(3) 地面电工用绝缘电阻表检测绝缘工具的绝缘电阻，检查液压紧线系统、闭式卡等工具是否完好灵活。

(4) 1、2号电工应穿着全套屏蔽服（屏蔽服内还应穿阻燃内衣）、导电鞋，并戴好屏蔽面罩。地面电工检查塔上电工屏蔽服装各部件的连接情况，测试连接导通情况。在杆塔上进出等电位前，1、2号电工要确认屏蔽服装各部位连接可靠后方能进行下一步操作。

(5) 核对线路双重名称无误后，塔上电工检查安全带、防坠器的可靠。1、2号电工携带绝缘传递绳登塔至横担处，系好安全带、绝缘保护绳进入横担侧金具连接处，安全带应系在手扶的绝缘子串上，并与等电位电工同步移动。

(6) 1、2号电工相互配合，利用零值绝缘子检测仪对整串绝缘子进行检测，良好绝缘子片数符合规程要求后，1号电工携带传递绳及电位转移棒进入绝缘子串（需有双保护，安全带和保护绳）。进入电位时，双手扶住一串，采用“跨二短三”方法平行移动至距导线侧均压环0.5m处停止移动。

(7) 得到工作负责人同意后，1号电工利用电位转移棒进行电位转移，进入电场后，将绝缘滑车和绝缘传递绳安装在合适位置，2号电工用同样方式进行电位转移。

(8) 地面电工传递导线端部卡、液压紧线系统、闭式卡（后卡）至1号电工位置。

(9) 1、2号电工相互配合，先安装导线端部卡，后将闭式卡（后卡）安装在导线侧合适相邻绝缘子上，并连接好液压收紧系统。

(10) 检查承力工具各部分安装可靠，得到工作负责人同意后，1号电工先预收紧丝杠，待丝杠受力后，再收紧液压紧线系统，使需更换的绝缘子松弛。

(11) 检查承力工具受力正常，得到工作负责人同意后，1、2号电工相互配合取出需更换绝缘子的上、下锁紧销，用绝缘传递绳系好旧绝缘子，继续收紧液压紧线系统，取出旧绝缘子。

(12) 1、2号电工相互配合更换新绝缘子，检查绝缘子各部位连接可靠，得到工作负责人同意后，1号电工松出液压紧线系统。

(13) 1、2号电工检查新绝缘子受力正常，得到工作负责人同意后拆除前后端卡具传至地面。

(14) 1号电工检查导线上无遗留物，得到工作负责人同意后，利用电位转移棒脱离电位，携带绝缘传递绳沿绝缘子串退出强电场。

(15) 塔上电工检查塔上无遗留物后，向工作负责人汇报，得到工作负责人同意后携带绝缘传递绳下塔。

(16) 工作负责人检查现场、清点工器具，工作负责人向调度汇报：更换绝缘子工作已结束，线路设备已恢复原状，塔上作业人员已全部撤离，塔上及导线上无遗留物。

6. 安全措施及注意事项

(1) 若在海拔1000m以上线路上带电作业，应根据作业区的实际海拔，计算修正各类空气间隙与固体绝缘的安全距离和长度、绝缘子片数等，经本单位主管生产领导（总工程师）批准后执行。

（2）应经现场勘察并编制现场作业指导书，经本单位技术负责人或主管生产负责人批准后执行。

（3）在带电杆塔上工作，必须使用个人劳动防护用品，安全带应系在牢固的构件上。

（4）在带电作业过程中，如遇设备突然停电，应视设备仍然带电。

（5）登塔前作业人员应核对线路双重名称，并对安全防护用品和防坠器进行试冲击和外观检查。

（6）闭式卡、端部卡安装完毕后，在预紧阶段应时刻注意工具的连接情况，确保连接可靠，绝缘子安装完毕，在确保连接可靠、销子恢复后再拆除承力工具。

（7）现场所有工器具均应试验合格，严禁使用不合格的和超出试验周期的工具。

（8）在特高压交、直流架空输电线路上进行带电作业时，使用的电位转移棒的手柄应符合 GB 13398—2008《带电作业用空心绝缘管、泡沫填充绝缘管和实心绝缘棒》要求的空心绝缘管制成、直径宜大于 30mm，连接线应由有透明护套的多股软铜线组成，其截面积不得小于 16mm^2。

（9）绝缘子更换前，应仔细检查闭式卡、液压丝杆等受力部件是否正常良好。

（三）地电位更换架空地线金具

1. 作业方法

地电位作业法。

2. 适用范围

适用于带电更换±800kV 或 1000kV 输电线路架空地线金具。

3. 人员组合

本作业项目工作负责人 1 名、专责监护人 1 名、地电位位电工 2 名（1、2 号电工）、地面电工 1 名（3、4 号电工）。

4. 工器具配备

地电位更换架空地线金具工器具配备见表 7-21。

表 7-21　地电位更换架空地线金具工器具配备

序号	工器具名称	型号规格	数量	备注
1	绝缘传递绳	ϕ14mm	2	
2	绝缘传递绳	ϕ16mm	1	
3	绝缘滑车		1	
4	地线专用接地线		1	
5	地线后备保护		1	
6	地线专用提线器		1	
7	全套屏蔽服	屏蔽效率不小于 60dB	2	
8	静电防护服	屏蔽效率不小于 60dB	2	
9	阻燃内衣		2	
10	安全帽		6	

续表

序号	工器具名称	型号规格	数量	备注
11	安全带		4	
12	防坠器		2	
13	绝缘电阻表		1	电极宽 2cm，极间宽 2cm
14	温湿度仪		1	
15	风速仪		1	
16	对讲机		2	
17	万用表	5000V	1	
18	防潮苫布		1	
19	工具袋		2	
20	金具			与现场匹配

5. 作业步骤

(1) 工作负责人向调度部门申请开工，内容为：本人为工作负责人××，×年×月×日×时至×时在×××kV××线路上更换架空地线金具作业，需停用线路自动重合闸装置或直流再启动保护，若遇线路跳闸或闭锁，未经联系不得强送。得到调度许可，核对线路双重名称和杆塔号。

(2) 工作负责人现场宣读工作票，交代工作任务、安全措施和技术措施。确认工器具是否完好齐全，明确作业分工以及安全注意事项。

(3) 地面电工用绝缘电阻表检测绝缘工具的绝缘电阻，检查地线提线器等工具是否完好灵活。

(4) 2 号电工应穿着全套静电防护服，1 号电工应穿着全套屏蔽服（屏蔽服内还应穿阻燃内衣）、导电鞋，地面电工检查塔上电工屏蔽服和静电防护服各部件的连接情况，测试连接导通情况。1 号电工进出地线前要检查确认屏蔽服各部位连接可靠后方能进行下一步操作。

(5) 核对线路双重名称无误后，塔上电工检查安全带、防坠器的安全性。1、2 号电工携带绝缘传递绳登塔至地线支架处，系好安全带，将绝缘滑车和绝缘传递绳安装在作业地线支架合适位置。

(6) 地面电工传递地线接地线至地线支架处，1 号电工在 2 号电工的监护下，在非工作侧将架空地线可靠接地［对于直接接地架空地线，步骤（6）可省略，进行下一步骤的操作］。

(7) 地面电工传递地线提线器，地线后备保护至地线支架处，1、2 号电工正确地安装地线提线器和地线后备保护。

(8) 检查承力工具安装可靠得到工作负责人同意后，1 号电工适当收紧地线提线器。

(9) 检查承力工具受力正常得到工作负责人同意后，1 号电工继续收紧地线提线器，将地线金具上的垂直荷载转移到地线提线器上，然后拆除需更换的地线金具（地线线夹、直角挂板、地线间隙等）。

(10) 1 号电工与地面电工配合，用绝缘传递绳将旧地线金具传递至地面。

(11) 地面电工将待更换地线金具传递至塔上，1 号电工将金具复位并安装牢固。

（12）检查地线金具连接可靠、受力正常，得到工作负责人同意后，1号电工拆出地线提线器并传递至地面。

（13）1号电工在2号电工的监护下，拆除地线接地线并传至地面。

（14）塔上电工检查塔上无遗留物后，向工作负责人汇报，得到工作负责人同意后携带绝缘传递绳下塔，工作结束。

（15）工作负责人检查现场，清点工器具，向调度汇报：更换地线金具工作已结束，线路设备已恢复原状，塔上作业人员已全部撤离，塔上及导线上无遗留物。线路设备已恢复，可恢复重合闸或再启动保护装置。

6. 安全措施及注意事项

（1）若在海拔1000m以上地区线路上带电作业，应根据作业区域不同海拔，修正各类空气间隙、绝缘工具的安全距离和长度、绝缘子片数等，经本单位主管生产领导（总工程师）批准后执行。

（2）应经现场勘察并编制现场作业指导书，经本单位技术负责人或主管生产负责人批准后执行。

（3）严禁裸手直接接触绝缘架空地线，防止感应电伤害。

（4）塔上电工挂、拆绝缘地线专用接地线时，应向工作负责人报告，得到同意后在塔上另一电工的严格监护下方可挂、拆。

（5）挂设在绝缘架空地线专用接地线有感应电流，作业人员应严格按挂、拆接地线的规定进行，且裸手不得碰触铜接地线。

（6）金具更换后，应检查并确认其相互配合可靠、完好，满足规范要求。

（7）作业人员登杆塔前，应对登高工具和安全带进行检查和冲击试验，现场作业人员应正确使用个人防护用品。

（8）严禁在作业点垂直下方有人员逗留，塔上电工应防止高空落物，使用的工具材料应用绳索传递，严禁抛扔。

（9）作业期间，工作监护人不得失去对作业人员监护。

本 章 小 结

本章主要介绍了特高压输电线路概述、特高压输电线路运行与检修、特高输电线路带电作业等内容。

第八章

输电线路新技术

第一节　输电线路在线监测技术

一、背景介绍

随着输电线路电压等级不断提高，电网的分布也越来越广，目前 220kV 及以上输电线路已达数十万公里。线路沿线环境日趋复杂，外力破坏、线路覆冰等事故不断发生，输电线路的巡视维护工作量越来越大，应用输电线路在线监测技术是提高线路运行水平的必然趋势。

二、技术原理

输电线路在线监测技术是指直接安装在线路设备上可实时记录表征设备运行状态特征量的测量系统及技术，是实现状态监测、状态检修的重要手段，状态检修的实现与否，很大程度取决于在线监测技术水平。在线监测技术基本原理可简述如下：污秽积累、缺陷发展、自然灾害等对输电线路的破坏大多具有各种前期征兆和一定的发展过程，表现为设备的电气、物理、化学等特性方面的变化，通过不同形式的传感器采集相关运行参数进行设备状态评估，及早发现潜在故障，必要时可提供预警或报警信息。

电力设备大多数故障一般不会在瞬间发生，并且在功能退化到潜在故障 P 点以后才逐步发展成能够探测到的故障（参见图 8-1）。之后将会加速退化的进程，直到达到功能故障的 F 点而发生事故。这种从潜在故障发展到功能故障之间的时间间隔，被称为 P—F 间隔。如果想在功能故障前检测到故障，必须在 P—F 之间的时间间隔内完成。由于各种设备、各种故障类型、各种故障特点对应于 P—F 间隔的时间是不定值，可能是几个小时，也可

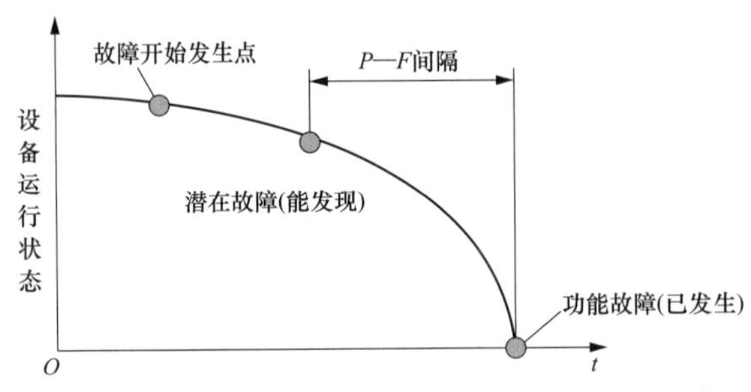

图 8-1　电力设备功能退化的 P—F 曲线

能是几个月或几年不等，因此定期维修一般情况下不可能都满足 P—F 间隔的时间要求，从而无法避免设备功能故障。而有效的在线监测技术就可能捕捉到 P—F 间隔的潜在故障并给出预警信息，及时采取措施进行维修处理。

三、技术发展

美国、加拿大、日本等发达国家较早开展输电线路在线监测技术研究，并进行了大量的试验和理论研究，取得了丰硕的成果，如澳大利亚红相公司开发的绝缘子泄漏电流在线监测系统等。国内输电线路在线监测技术起步较晚，自 1990 年开始，大体可以分为以下三个阶段。

第一阶段（1990～2000 年），国内清华大学、西安交通大学、中国电力科学研究院（简称中国电科院）、原武汉高压研究所（简称武高所）等科研单位陆续开展在线监测技术方面的理论研究工作，进行了绝缘子泄漏电流在线监测技术的探索与研究。但此阶段由于对在线监测的作用认识不足，且受制于电源技术、通信技术和传感器技术等，输电线路在线监测技术多处于实验研究阶段，尚没有大范围应用的商业化产品。

第二阶段（2001～2009 年），随着国家输电线路运行维护的需求以及通信技术、传感器技术的快速发展，国内科研院所和专业厂家陆续开发了部分在线监测产品。如武高所和中国电科院等单位研发了雷击定位系统；西安金源、西安同步、珠海泰坦等公司陆续开发了输电线路覆冰、导线舞动、线路防盗、图像监控、导线测温等在线监测装置，并逐步在电力系统推广应用，取得了较理想的应用效果。2008 年，南方电网冰灾事故使人们越发认识到了在线监测技术在线路状态检修中的巨大作用，此后，南方电网公司成立了专门的线路覆冰研究中心，并积极推广应用覆冰监测与融冰装置。2011 年贵州电网再次发生大面积覆冰事件，基于上述装置实施 300 余次线路融冰避免了线路倒塔等事故，保证了贵州电网的正常运行。在这九年里，在线监测技术发展迅速，但在实际运行中也存在一些问题，如厂家之间缺乏交流、系统架构不规范、装置接入不统一、相关标准不健全、装置运行不稳定、孤岛运行等问题。

第三阶段（2010 年至今），2010 年国家智能电网建设全面实施，依据线路运行实现“状态化、标准化和安全化”的总体要求，国家电网有限公司积极致力于建立并不断完善状态监测标准体系，颁布了《输电线路在线监测装置通用技术规范》等 14 项标准，并委托中国电科院建设了输变电设备状态监测装置入网检测实验室。2010 年 8 月，国家电网有限公司基于生产管理信息系统（PMS）完成了输变电设备状态监测主站程序开发，实现输变电设备状态监测信息汇总、展示、统计分析等功能，为状态检修辅助决策提供监测数据。从 2011 年 10 月开始，国家电网有限公司启动了状态监测系统与空间信息服务平台（GIS）、电网视频统一平台、安全接入平台等的集成工作。

截至 2012 年 10 月，27 家省公司和国家电网有限公司运行分公司已完成主站系统部署工作，其中 17 家单位已切换至正式服务器，初步具备开展监测数据分析、设备状态预警的条件，已在电网迎峰度夏和应急抢险中逐步发挥作用。各在线监测生产厂家依据行业标准，不断加大研发力度，努力提高产品质量，在线监测技术得到了快速发展。

四、技术分类

输电线路在线监测技术监测对象涵盖了线路运行的主要方面，包括导线、绝缘子、避雷器、杆塔等设备自身故障，自然灾害对输电线路造成的破坏，人为因素对输电线路的破坏等。现阶段国内较为成熟或实际运行的在线监测技术如下：

（一）输电线路微气象在线监测

输电线路微气象在线监测装置主要对影响线路覆冰舞动、微风振动等现象的气象因素进行监测，包括温湿度、风速、风向、雨量、大气压力、光辐射等。微气象监测功能可作为一个辅助功能与线路覆冰监测、舞动监测等集成在一个监测装置中。

（二）输电线路现场污秽度在线监测

输电线路现场污秽度在线监测大多通过监测绝缘子泄漏电流、局部放电脉冲和杆塔外部环境条件（温度、湿度、雨量、风速）等反映绝缘子污秽程度，但需要建立基于模糊神经网络、灰关联等理论的专家诊断模型，此类模型诊断结果往往分散且精度较差。近年来，通过光传感器直接进行现场等值附盐密和等值灰密的监测技术发展迅速。

（三）输电线路图像/视频监控

输电线路图像/视频监控通过获得现场的图像和视频信息直观反映线路的运行状况，主要应用在导线覆冰、导线舞动、不良地质、洪水冲刷、火灾、通道树木长高、导线悬挂异物、线路周围建筑施工、塔材被盗等。此外，相关研究者将图像处理技术应用到线路图像视频监控系统中，自动识别出线路覆冰、舞动和防盗等信息。

（四）输电线路覆冰雪在线监测

输电线路覆冰雪在线监测装置主要有两类：①通过监测线路导线覆冰后的重量变化以及绝缘子的倾斜/风偏角，结合力学模型得到导线等值覆冰厚度，将其与线路设计参数比较分析给出预警或报警信息；②采用现场图像对线路覆冰雪进行定性观测和分析。在实际运行过程中，一般将覆冰载荷计算和图像监控结合起来实现覆冰雪的定量和定性监测。此外，相关人员进行了线路覆冰与气象之间关系、覆冰预测模型等方面的研究，期望实现基于气象条件的覆冰预测。

（五）输电导线舞动在线监测

前期的输电导线舞动在线监测装置主要是通过加速度传感器、倾角传感器等获得导线舞动时的加速度、速度等信息，但舞动监测单元的空间坐标随时变化，造成传感器输出数据不在同一个参考系下，由此计算得出的位移和实际运动偏差很大。最近，相关人员采用微惯性测量组合传感器对导线舞动实施监测，通过陀螺仪可以实时掌握监测单元的空间姿态变化，避免单独使用加速度传感器带来的扭转误差，进而可准确实现导线舞动轨迹的还原。

（六）输电线路风偏在线监测

输电线路风偏在线监测通过采集绝缘子串/导线的风偏角、偏斜角等参数，根据风偏模型计算出导线的电气间隙距离，并给出预警信息。

五、输电线路微气象在线监测

近地面大气层中，某些地区因受天气、地形、地貌等因素的影响，其气象条件可能超过线路冰、风载荷设计标准，引发输电线路覆冰、舞动、微风振动等事故。特高压和超高压线路常建设在走廊风口、峡谷、分水岭等地形异常复杂，气候多变，具有明显的立体气候特征的高海拔山区，因而导致高压线路设计时冰、风载荷有较大偏差，从而容易在恶劣气象条件下引发冰灾、污闪、舞动等各类事故。

尽管先前大部分输电线路设计较为科学，但近年来各地气候规律发生很大变化（例如，2008 年南方冰灾事故后，贵州电力公司部分线路连年严重覆冰），恶劣气象条件（如冰雪、大风、雷电、污秽等）频频发生，严重影响了输电线路的运行安全。输电线路覆冰、舞动、微风振动等现象与气象参数密切相关，如适当提高线路最大设计风速、冰厚标准，可以增强输电线路运行可靠性，但如此一来，塔头尺寸、杆塔及基础等都要加强或加大，由此势必会带来设计成本的剧增。据测算，单回 220kV 线路，若将最大设计风速由 25m/s 提高为 28m/s，线路本体的投资增加 10%。

鉴于此，国家电网有限公司较早提出了输电线路微气象在线监测方案，并制定了详细的技术规范。应用输电线路微气象在线监测装置实现对线路的实时监控，完成对线路走廊微地形区温度、湿度、风速、风向、气压、雨量和日照强度等参数的采集，获得线路微气候和微地形的详细信息，结合输电线路覆冰、舞动、污闪等理论模型，预测输电线路事故的发生种类和可能性，有利于运行部门及早采取措施，保证输电线路的安全运行，同时为线路的改造和新建提供基础数据和设计依据。

（一）微气象基本概念

局部区域存在地形、位置、坡向等特殊性，温湿度等气象条件有别于宏观区域，对线路运行造成很大影响，此类区域称为微气象区。微气象区的出现与地形地貌特征密切相关，一般将大地形中具有典型地理特征的一个狭小的范围称为微地形区域。微气象区对线路运行的影响很大，例如云南昭通凌子口就是典型的“两微”（微地形、微气象）地区，凌子口是典型的高山分水岭地形，该地区以其冬季道路冰多路滑、拥堵、事故多发而闻名，在 2008 年特大冰灾时，凌子口是云南覆冰最为严重的地区之一，部分线路的覆冰厚度达到了 25mm 以上，造成了重大电力事故。湖北电力勘测设计院相关文献中也有类似的记载：2004 年 12 月，220kV 荆双Ⅰ回 1 号塔附近线路出现了严重覆冰，覆冰厚度达 15~20mm，1 号塔导线发生舞动，此段路线走向为西南—东北，处于迎风坡上；与此同时，500kV 龙斗Ⅰ回 145～173 号，500kV 龙斗Ⅱ回 169～190 号，500V 龙斗Ⅲ回 153～183 号覆冰厚度达 20mm 并发生导线舞动，最大振幅达到 3.5m，该三段线路为东西走向，线路以北 2km 为凤凰水库，线路跨经凤凰水库泄洪通道，此次覆冰、舞动事故与风速、风向、山坡迎风面地形以及靠近大型江湖水体等微气象、微地形有密切关系。

（二）微气象条件对线路运行的影响

目前国内电力系统及各高校、研究院等部门也开展了大量关于基于微气象条件的覆冰生长理论、导线舞动机理、微风振动机理、杆塔强度等方面的研究工作，并建立了观冰站、气象站进行现场观察和数据收集，也取得了一定的成果。尤其近年来研发，并应用的各类微气象在线监测装置，获得了大量微地形、微气象信息，为该地区线路的运行与维护提供了大量基础数据。

1. 绝缘子污秽闪络和微气象条件的关系

绝缘子污秽闪络是一个涉及电化学、环境条件的复杂的变化过程。暴露在大气环境中的绝缘子受到工业排放物以及自然扬尘等因素的影响，矿物质、金属氧化物、盐类在其表面沉积而逐渐形成一层污秽物，当遇到毛毛雨、雾、融雪、融冰等潮湿气象条件时，绝缘子上的污秽物溶解于水中，导电性增加，电气强度降低，引发绝缘子闪络；覆冰本身也是一种特殊的污秽物，可以引发闪络。

2. 覆冰和微气象条件的关系

一般来讲影响导线覆冰的因素有微气象、微地形和导线特性。微气象包括环境温度、相对湿度、风速、风向等；微地形包括山脉走向、山体部位、海拔、江湖水体等；导线特性包括导线温度、挂高、线径、分裂数、线路走向、档距等。

3. 舞动和微气象条件的关系

舞动经常发生在寒冬季节的覆冰导线上，在覆冰的作用下，导线的结构变为非圆截面结构。除覆冰因素外，舞动的发生还需要有稳定的风激励，在风的作用下导线发生谐振，舞动多发生在 4～20m/s 的风速范围内，并且当线路走向与主导风向的夹角越接近 90°，发生舞动的可能性越大，因此在江河湖泊、平地等开阔地带或山谷风口，风以较大夹角持续吹向导线时容易发生舞动。

4. 微风振动和微气象条件的关系

导线受到 1～3 级的微风吹拂而发生的周期性振动被称为微风振动，导线、地线的微风振动属于卡门涡振动（vortex shedding），具有振幅小、振动频率高、持续时间长等特点。长时间的微风振动会造成输电线路导线断股、金具损伤，特别是在河流、山谷的大跨越地区，微风振动的破坏尤为严重。

5. 倒塔和微气象条件的关系

在飓风、覆冰、洪水、地震等自然因素作用下，处在高山、河流等野外环境下的输电线路倒塔事故频繁发生。

（三）现场应用

与其他类型的输电线路在线监测技术相比，输电线路微气象在线监测装置结构简单、现场安装方便、整机功耗低、产品稳定性高，是输电线路在线监测技术中开展最早，也是最为成熟的产品之一。微气象 CMD 宜安装在大跨越、易覆冰区和强风区等特殊区域，比如高海拔地区的迎风山坡、垭口、风道、水面附近、积雪或覆冰时间较长的地区，以及传统气象监测的盲区，其安装必须考虑安全、准确、方便的原则，避免对导线、地线、绝缘子造成影响。装置箱体一般安装在杆塔顶部或横担端部；温度、湿度、风向、风速、雨量、日照强度及气压传感器可安装在横担上的监测装置内或相邻的位置，温湿度传感器应避免阳光及其他辐射，风速、风向传感器应安装在牢固的高杆或塔架上，雨量传感器必须保证器口水平，安装在横担的固定支架上。日照传感器应牢固安装在横担上，并保证杆塔在受到严重冲击振动（如大风等）时，传感器仍能保持水平状态。

总之，输电线路微气象在线监测装置可以对微气象事故进行预报警，有效防范高压输电线路受气象影响而发生事故，把微气象对输电线路造成的危害降到最低。同时，通过对某个区域的常年监测，可以掌握该微气象区的详细气象条件，以及在某一特定时刻的气象状况，为线路巡视、检修及规划提供可靠的气象依据，为输电线路的科学安全运行提供基础数据。

六、输电线路现场污秽度在线监测

输电线路的绝缘子要求在大气过电压、内部过电压和长期运行电压下均能可靠运行。但沉积在绝缘子表面的固体、液体和气体微粒与雨、露、冰、雪等恶劣气象条件同时作用，使绝缘子的电气强度大大降低，从而导致输电线路和变电站的绝缘子不仅可能在过电压作用下发生闪络，更频繁的是在长期运行电压下发生污秽闪络，造成停电事故。当然覆冰、鸟粪也可以认为是特殊的污秽，其对绝缘子的绝缘性能同样影响很大。由于大气环境恶化、空气污染加剧、污闪事故有所增加，常常波及多条线路和多个变电站，造成大面积、长时间停电。全国六大电网几乎都发生过大面积污闪，经济损失巨大。

前期电力系统采用的防污措施，对防止污闪事故的发生都起到了积极作用，但均为被动防污措施，造成人力、物力的浪费，且具有盲目性。在特殊情况下不能及时发现绝缘问题，无法从根本上杜绝污闪事故的发生。为了解决这一问题，人们提出对绝缘子污秽度进行在线监测。

（一）污闪的危害

沉积在绝缘子表面的污秽层因受潮使设备绝缘性能下降，经常引起污秽闪络事故。据统计，污秽闪络事故次数在电网中仅次于雷击事故次数，但污闪事故所造成的损失却是雷击事故的 10 倍。

2001 年，辽宁、华北和河南电网发生了大面积污闪事故。由于南方的暖湿气流与从北方南下的冷空气在黄河以北多次相遇，华北大部分地区和辽宁相继多次出现了雨夹雪。污闪首先由河南西部和中部电网开始，逐渐发展到河北南部和中部，随后遍及京津唐广大地区直至辽宁南部和中部，2001 年 2 月 21～22 日污闪达到最高峰。据不完全统计，此次电网大面积污闪事故中，66～500kV 线路总计 238 条、变电站 34 座，污闪跳闸 972 次。其中 500kV 线路污闪塔 30 基，污闪绝缘子 35 串（组），500kV 变电站 3 座，污闪设备 18 台；220kV 线路污闪塔 293 基，污闪绝缘子 332 串（组），220kV 变电站 15 座，污闪设备 37 台；110kV 变电站 16 座，污闪设备 26 台；66～110kV 线路污闪塔 110 基，污闪绝缘子 137 串（组）。2003 年 4 月，大雾造成华东电网 10 余条 220V 线路跳闸；2004 年 2 月 19～20 日，华东地区出现持续大雾天气，华东电网长三角地区的 6 条 500kV 线路发生多次污闪跳闸；2005 年夏天，恶劣天气造成华中电网 110kV 以上电压等级线路跳闸 30 多起；2006 年初，河南省北部发生两次大面积污闪，波及该省十多个市级区域，共造成 10kV 及以上线路跳闸 150 余次并导致濮阳市台前县除夕夜全县停电；2007 年 3 月，暴雪造成东北电网 50

余条高压线路断路器跳闸；2008 年 1 月中、下旬发生极端恶劣的暴风雪天气，对我国南方电网、华中电网和华东（部分）电网安全运行构成严重威胁，高压线路跳闸，电网局部瓦解。由此，输电线路的防污闪工作已成为当前电力系统安全防御的重要任务之一，对线路绝缘子污秽（现场污秽度）进行在线监测，实现状态清扫也已成为亟待解决的问题。

（二）污闪机理

大气环境中的绝缘子在线运行时，会受到工业排放物以及自然扬尘等环境因素的影响，表面逐渐沉积了一层污秽物。在天气干燥的情况下，这些表面带有污秽物的绝缘子仍能保持较高的绝缘水平，其放电电压和洁净、干燥状态时相近。然而，当遇到潮湿天气时，绝缘子表面会形成水膜，污层中的可溶盐类溶于水中，从而形成导电的水膜，这样就有泄漏电流沿绝缘子的表面流过。

污闪放电是一个涉及电、热、化学现象和大气环境的错综复杂的变化过程。宏观上可分为以下 4 个阶段：①绝缘子表面的积污；②绝缘子表面的湿润；③局部放电的产生；④局部电弧发展，形成闪络。

对于一串绝缘子而言，污闪过程基本如上所述，但有以下特点：单个绝缘子表面的电压分布取决于整串绝缘子的状态，当其中某个绝缘子首先形成环状干区，跨越干区的电压将是整串绝缘子总电压中的一部分，所以较易发生跨越干区的局部电弧；只有当多个绝缘子均已形成环状干区，分在一个干区上的电压才会减小下来。流过某个绝缘子的泄漏电流，不仅取决于该绝缘子，而且也取决于整串绝缘子在此时外绝缘变化的状态，它们互相关联，互相影响。当某个绝缘子的干区被局部电弧桥络时，原来加在该绝缘子上的较高的电压将转移到其他绝缘子上，电压分配的突变，犹如一个触发脉冲，会促使其他绝缘子产生跨越干区的电弧，甚至会迫使整串绝缘子一起串联放电。一旦所有绝缘子的干区都被电弧桥络，泄漏电流将取决于绝缘子串的剩余湿污层电阻，此时泄漏电流大增，强烈的放电有可能导致整串绝缘子的闪络。

在污闪形成的过程中，污秽的沉积、受潮以及干区的形成无疑都是构成闪络的必要条件。然而，局部电弧的产生并沿污秽表面的发展是造成最终闪络的根本原因。

（三）污秽度表示方法

从对影响污闪的角度考虑，外绝缘污秽状态实际上包含表面污层的积聚情况和污层受潮润湿的程度两方面，可靠的绝缘子污秽状态评价方法必须能够综合反应这两点。从这个标准出发，判断污秽绝缘状态最直接的参量就是污闪电压，但实际运行中直接测量污闪电压是不易实现的，因此需要寻求其他的途径和方法。国际大电网会议（CIGRE）第 33 届学术委员会推荐了等值盐密（ESDD）法、等值灰密（NSDD）法、污层电导率（SPLC）法、脉冲计数法、最大泄漏电流法（即Ⅰ法）和绝缘子污闪梯度法六种表示污秽度的方法。

绝缘子表面的污秽包含可溶性成分和不溶性成分，其中可溶性成分的含量用等值盐密表示，非可溶沉淀物的含量用等值灰密表示。等值盐密法是把绝缘子表面的污物转化为相当于每平方厘米含多少毫克的 NaCl 的表示方法，相当于 NaCl 盐密的污物密度。其测量简单易实现，直观易懂，对人和设备的要求不高，在电力生产运行中被广泛采用。IEEE 和

IEC都推荐用等值盐密法，我国已使用此法几十年，取得了不少经验和成绩。但等值盐密也存在一定缺陷，它是一个静态参数，仅指污秽中能导电部分，忽略了非导电的部分。在某些情况下它所反映的污秽度与真实污秽度有较大差异，而且不能反映污层的受潮状况，不能体现不均匀污秽对污闪电压的影响，它不适用于合成绝缘子和涂有憎水涂料的绝缘子。等值灰密是从绝缘子表面获得的非水溶性物质总量与绝缘子表面面积之比。浸润理论认为：当水分和导电性物质结合并溶解导电性物质后，其局部电导上升；当水分和非导电性物质结合时，其局部电导则不变；由上可知灰密和盐密对泄漏电流和闪络电压的影响在性质上有差异。闪络电压随灰密增加而减小，其原因是不溶物的增加导致绝缘子表面吸收的水分增多，形成了更厚的水膜，从而导致泄漏电流增大。可见，等值灰密中的不溶污秽物对绝缘子交流闪络电压和表面泄漏电流的影响也是不容忽视的，因此国家电网有限公司最新绝缘子污秽度认定标准中增加了对等值灰密的考虑。

污层电导率法是把绝缘子表面的污层看作具有电阻或电导率的导电薄膜。测定时，先使污层湿润，再在绝缘子两极上施加工频电压U，同时测定流过的泄漏电流I，于是绝缘子的电导$G=I/U$。污层电导率法分为整体和局部表面电导率法。整体表面电导率法的测量需要施加较高电压，对测量仪器设备和操作技术均要求较高，在现场对大试品进行湿润也较困难，测量结果受形状影响较大，一般只能在实验室进行，不适合在生产现场使用。局部表面电导率法则克服了整体表面电导率法的这些不足，测量所加电压不高，方法简单；一般的局部表面电导率测量仪都很小巧轻便，便于现场推广使用。

脉冲计数法和最大泄漏电流法是基于泄漏电流特征量的方法。泄漏电流相对容易测量，适于在线监测，其是运行电压、气候、污秽、绝缘子型号以及爬电比距等多个要素的综合反映。脉冲计数是在给定的时间内，记录承受工作电压下的污秽绝缘子超出一定幅值的泄漏电流脉冲数，它可在某种程度上代表此处的污秽度最大泄漏电流，表征了该绝缘子接近闪络的程度，可把它作为表征污秽绝缘子运行状态的特征值。

绝缘子污闪梯度法是抽取若干绝缘子样本在人工雾室和高压电源的条件下进行的，其值等于污闪电压除以绝缘子串长。此法直接以绝缘子的最短耐受串长或最大污闪电压梯度来表征当地的污秽度，其结果可以直接用于污秽绝缘子的选择。电压梯度法的优点是：能在运行情况下测定绝缘子串的真实耐污性能和它们之间的优劣顺序，直接给出绝缘水平。缺点是：试验费用高、测试周期长，要得出结论可能需要数年或更长时间，而且受地区限制，维护不方便。

特别值得注意的是，污层电导率法和污闪梯度法有一个共同的特点，即无法实现在线连续测量。也就是说，用这些方法只能对绝缘子的染污状态进行事后的评价和分析，这就很难满足防污闪工作对时效性的要求。而泄漏电流则可以进行在线、连续测量，测量所需设备并不复杂，它涵盖了污闪发生的3个必备条件（积污、受潮和电压）的影响，并且能实时反映，是真正的动态参量。把泄漏电流用于绝缘子污秽状态的评价及污闪报警，如果建立准确的泄漏电流与污秽度之间的模型，则可及时准确地反映绝缘子的污秽状态。早期开发的在线监测装置实现了绝缘子电弧脉冲、稳态泄漏电流和环境气象等信息的监测，但问题是建立的泄漏电流与污秽度模型结果分散性大，难以准确反映污秽程度，当前国内清华大学关志成等有关人员正在继续深入研究。同时，原武汉高压研究所等进行基于光纤的等值盐密和等值灰密传感器的设计，经过多年的现场运行与模型修正，基本上可以反映线路绝缘子的积污过程，该监测技术逐步得到广泛应用。通过现场污秽度的实时监测及时采取清污手段，确保线路安全运行，且能避免对绝缘子不必要的清扫和维护，从而节省大量的人力、物力。

（四）防污措施

目前电力系统采用的防污措施主要有 5 种：①通过增加绝缘子串的数目以增加绝缘子的爬电距离；②采用新型材质构成的绝缘子（如有机合成绝缘子）；③在绝缘子表面涂憎水涂料或有机材料；④采取人工定期或不定期清扫的方法；⑤改变绝缘子形状。另外，还有其他一些防污闪措施，如带电水冲洗、恶劣天气条件下降压运行等。

采用上述措施的有效性或实施周期，均需要根据现场污秽度监视情况来确定，但限于绝缘子污秽程度的监测方法不够完善，电力维护人员无法准确掌握现场污秽程度。为了解决这一问题，改善传统方法的不足，人们提出对绝缘子污秽度进行在线监测。通过监测表征污秽绝缘子运行的状态量，来反映绝缘子的积污程度，及时预警实现绝缘子表面污秽的状态清扫，大大减少传统方法的盲目性和各种人力、物力浪费，重要的是能够有效降低污闪发生的概率。

（五）基于泄漏电流的现场污秽度在线监测方法

由于绝缘子承受了较高的运行电压且表面积累了导电性的污秽，当环境湿润时，绝缘子表面的电解质发生电离，导电能力增强，绝缘电阻下降。在工作电压的作用下，泄漏电流上升，电流的焦耳热效应使绝缘子表面局部烘干，干燥区表面电阻增大，绝缘子表面的电压分布随之改变，干燥区所承担的电压剧增。当电压超过击穿电压时，该处发生局部沿面放电，形成泄漏电流的脉冲。若环境湿度较大，绝缘子的污秽较重，就会形成湿润烘干击穿湿润的循环过程，局部放电区扩大，直至发生闪络，在这个过程中，泄漏电流增大，脉冲频次增多；若绝缘子污秽程度较小，则电流较小，脉冲个数较少。

目前方法主要有脉冲计数法、脉冲电流法、最大泄漏电流法。

七、输电线路图像/视频监控

（一）图像/视频监控基本概念

图像/视频监控技术在电力系统方面，最早应用于电厂、变电站，随着太阳能电源、通信网络和视频等技术的发展，图像/视频装置逐步在输电线路上得到应用，实现了对高压线路现场和环境参数的全天候监测。管理人员可及时了解现场信息，将事故消灭在萌芽状态，从而有效减少由导线覆冰、洪水冲刷、不良地质、火灾、导线舞动、通道树木长高、线路大跨越、导线悬挂异物、线路周围建筑施工、塔材被盗等因素引起的电力事故。目前，输电线路图像/视频监控装置主要应用于以下方面：

（1）线路危险点周围环境监控。常见的输电线路危险点主要有线下大型机械施工、塔吊撞线、树木碰线、异物绕线等，因此有选择地对一些危险点安装视频监控设备，可以大幅度减少巡视人员的工作量，及时发现诸如树木生长过快、工地吊机活动等不安全因素并及时纠正，有效避免外力破坏事故。

（2）防线路偷盗。输电线路大多数杆塔为金属构件，常使其成为被偷盗的目标。人为偷盗拉线、爬梯、抱箍、接续金具等破坏杆塔设施的事件频繁发生。将输电线路视频监控和防盗报警装置结合，可实时对输电线路或备用线路的杆塔进行不间断监测，对正在进行的破坏行为一方面通过声光报警进行警告，另一方面将报警信息、现场视频等发送至监控中心，为事后侦查分析提供证据。

（3）线路覆冰监测。输电线路覆冰会导致输电线路机械电气性能急剧下降，造成线路事故。通过图像/视频监控装置，线路运行人员可直观地观测线路覆冰过程，实时掌握线路覆冰形成和发展状况。同时，图像/视频监控装置还能对线路融冰进行实时监测。

（4）导线舞动监测。通过图像/视频监控装置，采集输电线路导线舞动视频，直观观测导线舞动场景，粗略估算导线舞动的振幅、频率和波数等信息。

此外，还可利用图像处理技术对上述事件的图像/视频进行自动识别和分析，实现图像/视频的智能化分析与预警。

（二）图像/视频监控的关键技术

CCD与CMOS图像传感器是当前被普遍采用的两种图像传感器，两者都是利用感光二极管进行光电转换，将图像转换为数字数据，而其主要差异是数字数据传送的方式不同。CCD传感器中每一行每一个像素的电荷数据都会依次传送到下一个像素中，最底端部分输出，再经由传感器边缘的放大器进行放大输出；而在CMOS图像传感器中，每个像素都会邻接一个放大器及A/D转换电路，用类似内存电路的方式将数据输出。造成这种差异的原因在于：CCD的特殊工艺可保证数据在传送时不会失真，因此各个像素的数据可汇聚至边缘再进行放大处理；而CMOS工艺的数据在传送距离较长时会产生噪声，因此，必须先放大，再整合各个像素的数据。

CCD图像传感器在灵敏度、分辨率、噪声控制等方面都优于CMOS图像传感器，而CMOS图像传感器则具有低成本、低功耗及高整合度的特点。不过，随着CCD与CMOS图像传感器技术的进步，两者的差异有逐渐缩小的态势，如CCD图像传感器一直在优化降低其功耗；CMOS图像传感器则一直在改善其分辨率与灵敏度方面的不足，以便应用于更高端的图像产品。

对于远程可视监控系统终端的图像采集部分，现介绍两套远程可视监控系统终端的系统设计方案。第一种方法是采用高速视频A/D转换器结合专用的同步信号提取芯片采集，例如可以采用A/D转换器TLC5510和专用同步信号提取芯片LM1881，这种方法的电路设计较为复杂。第二种方法使用专用的视频处理芯片，如Philips公司的SAA71x系列、TI公司的TVP系列等。专用芯片可实现模拟视频信号的数字化以及行、场同步信号的提取。这种方法的特点是处理器只需对专用芯片进行配置，而不参与采集过程。专用芯片实现了抗混叠滤波、模数转换、时钟产生、多制式解码等多种功能，结构简单、便于开发。图像压缩部分由DSP控制读取图像数据，然后利用标准JPEG算法进行图像压缩。

为了实现输电线路的夜间拍摄则需要采用红外摄像技术。红外摄像仪主要通过红外线滤光片实现日夜转换，即在白天时打开滤光片，以阻挡红外线进入 CCD，让 CCD 只能感应到可见光；夜视或光照条件不好的状态下，滤光片停止工作，不再阻挡红外线进入 CCD，红外线经物体反射后进入镜头进行成像。

（三）输电线路图像/视频差异化分析算法

输电线路图像/视频差异化分析算法是图像/视频自动识别的核心技术，通过将场景中背景和目标分离，进而分析并追踪在摄像机场景内出现的目标，得到线路覆冰、导线舞动、杆塔偷盗等信息，自动给出预警信息，保障输电线路的正常安全运行。目前差异化分析算法主要应用于输电线路覆冰状态（如导线覆冰厚度测量、绝缘子覆冰等）、输电线路上的异物检测（如绝缘子上的鸟类粪便等）、输电线路附近的危险物检测（如线路附近树木长高、有人或车辆靠近塔基、导线附近有山火等）、输电导线弧垂测量、输电线路绝缘子完整性检测（如绝缘子串是否有被击穿的痕迹等）、输电导线舞动、导线风偏测量等。下面通过具体实例来介绍差异化算法在线路图像/视频检测中的应用。

1. 线路覆冰状态检测

杆塔上安装图像/视频监控装置可直观获得输电线路导线覆冰情况，可利用图像处理技术包括摄像机标定、图像灰度化、图像增强、图像分割等，自动获取输电线路覆冰前后的边界进而定量计算导线及绝缘子的真实覆冰厚度。

对导线/绝缘子覆冰前后图像进行图像处理，分别提取出覆冰前后导线和绝缘子的边界轮廓，通过比较边界距离变化进而判断输电线路的覆冰情况。然而输电线路所处的环境相对复杂，对算法的稳定性和可靠性提出了很高要求。针对不同的天气情况和环境条件，需要建立一个健壮性图像处理算法，例如白天和夜晚、晴朗天气和大雾天气等均应得到良好处理结果。

首先将采集来的输电线路 RGB 图像转换成灰度图像，为了消除各种可能在图像采集、量化等过程中或图像传送过程中产生的干扰和噪声，还需要对图像进行滤波，在消除图像噪声的同时，最大程度避免图像边缘的模糊。

为了计算输电线路的覆冰厚度，必须先将输电线路从图像中提取出来。由于输电线路覆冰前后图像的背景有很大差异，可采用纹理分析与阈值分割相结合的方法实现覆冰图像输电线路的分割。

最后，需要计算覆冰前后图像提取到的边缘之间的近似距离从而得到覆冰厚度。目前大都利用图像信息之间的特定比例来估计图像中的距离与真实世界坐标系中距离的映射关系，从而得到输电线路覆冰情况。但这些方法存在较大的系统误差，不能满足系统鲁棒性要求。由于线路覆冰体现在图像中最大的特点就是导线和绝缘子区域所占的像素数变大，基于这个特点可通过计算导线和绝缘子区域的像素数变化来初步判断线路是否有覆冰，可通过计算边界之间的距离来得到线路覆冰厚度。为了得到世界坐标系下覆冰的米制单位，可采用基于摄像机标定的输电线路覆冰厚度测量的方法。

2. 线路附近危险物体检测

（1）输电线路附近树木检测。

对于树木检测，根据树木具有的特殊纹理特征，可以采用纹理分析法，纹理表达了图像区域的表面性质和表面结构组织及其与周围环境的关系，描述了图像的统计特性和全局特征，具有旋转不变性和较强的抗噪能力。首先对所采集的现场图像进行中值滤波，采用直方图均衡化等算法进行预处理，然后通过霍夫变换检测到导线所在区域，通过导线定位感兴趣区域，然后在感兴趣区域内进行树木检测。一旦检测到该特定区域内有树木出现，则发出警报，将告警详情通过系统软件逐级上传，最终可以通过手持终端直接将告警信息及详情发送到线路维护人员的手机上，提醒维护人员对出现在安全距离内的树木进行修剪。

（2）输电线路附近山火检测。

对于线路下农田烧火的行为，常用的方法是基于隐马尔可夫模型图像分割的火灾检测原理，主要依据图像中烟雾和运动火区颜色变化，总共包含 4 个部分：①运动区域的检测；②运动区域的颜色分析；③运动区无树区域形态学去噪域的烟雾、火焰形态分析；④运动区域的普通运动物体检测。利用区域增长和腐蚀的方法，对检测的结果进行改进。在图像处理中，目标物体的面积可用其所包含的像素点的数量来表示。根据火焰燃烧的动态特性，从图像中可以分离出可疑的火焰区域，即进行图像分割。通过图像分割提取物体轮廓，并定位图像中的目标物体。

（3）输电线路附近大型机械和塔下行人检测。

对于入侵检测、异物检测和安全距离检测可以归结为对输电线路周围的外界事物进行识别跟踪，并测量与线路之间的距离。若进入安全距离范围就报警，工作人员即可采取有效的措施防止人为事故发生。

对于输电线路附近的大型机械和塔下行人的监测，首先从现场视频/图像序列中将感兴趣的区域（大型机械、人体目标）从背景图像序列中抽取出来，结合颜色特征以及运动目标区域面积大小，实现大型机械与人体目标的分类、检测。然后，对目标检测进行连续跟踪以确定其运动轨迹，实现大型机械、人体目标的跟踪。当大型机械驶入线路保护区内并停留超过一定时间，现场进行声光报警，提醒大型机械不能停留在警戒区域内。如果该机械车辆不仅停留在高压线下，并且有进一步动作，比如吊车臂伸展，则对吊车臂进行检测与运动跟踪，估算吊车臂的伸展角度，并提高预警级别，警报信息将逐级上传。当有人体目标进入保护区内并停留超过一定时间利用声光告警对其进行警示，并将警报信息逐级上传。

运动目标检测是整个视觉监视系统的最底层，是各种后续高级处理如目标识别、目标跟踪、行为理解等的基础。运动目标检测是指从视频流中实时提取目标。在目标检测前，先应对视频/图像进行预处理。主要是对输入的视频/图像进行时域或频域滤波，包括图像的平滑、增强、复原等，目的在于抑制不需要的变形、噪声或者增强某些有利于后续处理的图像特征，改善图像质量，为后续目标识别与跟踪提供方便。

八、输电线路覆冰雪在线监测

世界各地架空线路由于积雪严重影响了输电线路的可靠性，例如，1932 年在美国首次出现有记录的架空电线覆冰事故；1998年1月加拿大魁北克省、安大略省等遭受史无前例的暴冰事故；此外，俄罗斯、法国、冰岛和日本等都曾发生严重冰雪事故。我国受大气候和微地形、微气象条件的影响，冰灾事故频繁发生，许多地区因冻雨覆冰而使输电线路的荷重增加，造成断线、倒杆（塔）、闪络等事故，给社会造成了巨大的经济损失。尤其在2008年1月我国大面积的降雪带来了十分严重的经济损失，2008年2月1日国务院新闻办举行的新闻发布会上指出，截至2008年1月31日18时，2008年1月10日以来的低温雨雪冰冻灾害造成浙江、江苏、安徽、江西、河南、湖北、湖南、广东、广西、重庆、四川、贵州、云南、陕西、甘肃、青海、宁夏、新疆和新疆生产建设兵团等19个省（区、市、兵团）不同程度受灾，民政部统计雨雪冰冻灾害造成经济损失已达537亿元。其中，贵州电网受到冰害破坏的电力线路有3895条，累计停运变电站472座，有12座电气化铁路牵引变电站受到影响，电网500kV网架已基本瘫痪，全省电网已分解成五片孤立运行，同时恢复供电地区也不断出现反复断电，尤其贵阳电网220kV线路不断出现断线、倒塔事故，已严重危及贵阳电网安全运行和贵阳城区可靠供电；重庆电网有7基杆塔严重受损，16条35kV以上输电导线断线，71条35kV以上导线严重覆冰，有些线路的覆冰厚度甚至超过了设计值的两倍。此次降温降雪累计造成105起倒杆、120起断线、186起覆冰事故和793起变电设备事故。其中，酉阳、秀山、城口、彭水等地线路损坏严重，受损线路占了总数的90%左右。此外，覆冰导线舞动由于振幅很大，导致相间闪络、金具损坏、跳闸停电、杆塔拉倒、导线折断等严重事故。自2012年12月下旬以来，南方电网受强冷空气影响，部分输电线路出现覆冰，截至2013年1月4日南方电网所辖输电线路覆冰114条，覆冰比值达0.3及以上的输电线路共16条，其中500kV桂山甲、乙线为重度覆冰，南方电网于当日晚挂起低温冰冻灾害蓝色预警。国外俄、加、美、日、英、芬兰和冰岛等国的科研人员对上述导线覆冰现象进行了大量的研究，我国各设计、科研及运行单位也进行了大量的研究工作，取得了许多成果。国内外大多进行覆冰理论、冰闪机理和杆塔强度设计等方面的研究工作，建立了大量的观冰站、气象站进行现场观察和数据收集，研究了大量覆冰预警、导地线除冰等技术，2013年南方电网又对500kV桂山甲、乙线及500kV桂山甲线地线进行了直流融冰。

（一）覆冰雪危害

1. 过负载事故

过负载事故是导线覆冰超过设计抗冰厚度，即导线覆冰后质量、风压面积增加而导致的机械和电气方面的事故。这类事故可造成金具损坏、导线断股、杆塔损折、绝缘子串翻转、撞裂等机械事故；也可能使弧垂增大，造成闪络、烧伤、烧断导线的电气事故。例如，2005年年初，湖南电网处于海拔180～350m的电网设施出现严重覆冰现象，500kV电网先后有岗云线、复沙线和五民线3条线路出现倒塔事故，共倒塔24基，变形3基。

2. 不均匀覆冰或不同期脱冰事故

相邻档的不均匀覆冰或线路不同期脱冰会产生张力差，导致导线缩颈和断裂、绝缘子损伤和破裂、杆塔横担扭转和变形、导线和绝缘子及导线间电气间隙减少发生闪络。

3. 覆冰导线舞动事故

导线有覆冰且为非对称覆冰（迎风侧厚、背风侧薄）时，导线易发生舞动；大截面导线比小截面导线易于舞动，分裂导线比单导线易于舞动；0℃时导线张力低至 20～80N/mm² 时易发生舞动。导线舞动的运动轨迹顺线路方向看，近似椭圆形。由于舞动的幅度很大，持续时间长，易酿成很大危害，轻则相间闪络，损坏地线和导线、金具及部件，重则发生线路跳闸停电、断线倒塔等严重事故。

4. 绝缘子冰闪事故

绝缘子覆冰可以看成一种特殊的污秽，覆冰的存在明显改变了绝缘子的电场分布，冰中含有污秽等导电杂质更易造成冰闪。1963 年 11 月，美国西海岸一条 345kV 线路发生绝缘子串覆冰闪络，在恢复送电 3～4min 内，覆冰绝缘子由微弱放电迅速发展到全面闪络；1988 年加拿大魁北克省的安那迪变电站连续发生 6 次绝缘子闪络事故，造成魁北克省大部分地区停电；据统计 2003 年在我国 500kV 线路非计划停运原因中，冰闪造成的停运占 23.0%，其位于外力破坏之后第二位；2004 年 10 月至 2005 年 1 月华中地区连续发生了恶性覆冰闪络事故。

（二）输电线路除冰/抗冰技术

防覆冰方法是在覆冰物体（导线、绝缘子）覆冰前采取各种有效技术措施使各种形式的冰在覆冰物体上无法积覆，或者即使积覆，其总覆冰荷载也能控制在物体可承受的范围内。目前，主要的除冰技术大约 40 余种，按照除冰原理可分为热力除冰方法、机械除冰方法、被动除冰方法以及电子冻结、电晕放电等其他除冰方法，其中只有 7 种方法通过防冰或除冰检验（4 种为热力法，3 种为机械法）。

机械法（震冰）直接使用刮刀、棍子、滚筒、切割机、远距离使用抛射物、自动化机器人、冲击波机械法、采用爆炸、弯曲、拧绞进行除冰，在试验室采用机械法可在 2～3min 完成，但热力法效率较低，除冰过程却需要 2h。机械方法破碎一块给定大小的冰所需要的能量只是融化这块冰所需能量的 1/100000～1/2000000，实际上各种机械除冰技术的能量效率范围为 3%～4%，总体来看，机械方法只需热力方法所需能量的 1/200 左右。自然被动除冰法是在导线上安装阻雪环、平衡锤、线夹、除冰环、阻雪环、风力裙等装置可使导线上的覆冰积累到一定程度时，利用风、地球引力、随机散射能和温度变化等来自大自然的外力进行脱冰的方法称为被动除冰法。此类方法简单易行、成本低。在所有的被动方法中，应用憎水性和憎冰性涂料的方法备受研究者的广泛关注，现已进行各种憎冰性涂料的研究，已有有机氟、有机硅、烷烃及烯烃等类化合物，如丙烯酸烘漆、聚四氟乙烯及有机硅漆等。被动除冰法虽然不能保证可靠除冰，但无须附加能量。但采取人力为绝缘子串、导线除冰的方法效率低下，操作人员安全无法保证。2008 年某送变电公司在执行变电站 500kV 线路人工除冰任务时，因线路覆冰太厚，铁塔不堪重负发生坍塌，导致三名抢修作业人员死亡。热力法是处理严重冰灾线路最有效的解决方法，2006 年加拿大维斯变电站安装的直流除冰装置首次实现了对五条线路除冰过程中的操作和控制，有效保证了除冰过程中的系统安全，国内湖北电力试验研究院也在开展这方面的研究，但尚无实际运行的基于热力法的除冰装置，今后需加强这方面的研究工作。热力法是世界公认的最有效的除冰技术，采用焦耳效应融冰的原理，利用电流加热覆冰导线进行除冰。IREQ 研究人员建立了用于估算不同电流、温度、风速时的融冰时间的数学模型（热力法原理）。

下面介绍较为有效的热力法除冰技术。

1. 转移负载法

这种方法不需要在电网中增加任何设备，通过改变系统的结构（配置）、利用负载电流的热效应来防止导线结冰或将冰从导线除掉。然而高电压线路只带有有限的电流，并且通常不产生足够的热量来防止结冰或将冰溶化，因此必须改变正常运行方式，在同样两个变电站间从别的连接线给特定线路传输或转移负载。但从负荷考虑，由于用户的负荷需求（决定电流的大小）难以控制，因此融冰失败的风险非常高。该方法最适合单分裂导线，对于多分裂导线或者 735kV 线路，由于所需融冰电流大（高达 7200A）以及对电网稳定性可能造成影响，该方法不适用。加拿大魁北克水电局采用该法进行融冰。

2. 短路法

短路法是指由一端供电而另一端短路，国内外许多电力公司都有一些短路加热经验。采用这种融冰方法需要在原有电网中增加一些设备，在短路侧需要加装开关（常开）以实现三相短路；在电源侧，需要加装隔离开关和架空线路或电缆（如是电缆还需加装一组避雷器以实现电源和融冰线路的连接）。例如，在 20 世纪 70 年代初期，马尼托巴水电局就开始进行三相短路融冰的试验步骤，目前已具有数千公里线路的融冰能力。焦耳效应除冰法不能轻易用于 315kV 及 735kV 额定电压的分裂导线束，为了抗击严重冰负载，人们利用输电线路在额定电压下造成短路电流，从而产生电磁力，来使导线互相撞击达到除冰目的。

3. 交直流电流

交流电及直流电均可用来使导线加热。使用交流电不需要高额附加费用，因其直接使用现有网络进行融冰。为了获得必要的融冰电流，必须有足够高的融冰电压和相应的融冰功率，特别是对长距离输电线路。如果融冰线路的长度以及所需融冰电流和电压较小，则可成功使用交流电。苏联大规模用于 500kV 分裂导线束的长距离线路融冰。但由于 735kV 线路长度很长，导线为 4 分裂导线，采用交流短路法融冰时需要的电源功率和电压将超过 1000MVA、1000kV，无法采用交流短路法。此时，对于上述线路应采用直流短路法，其所需电源功率仅为 285MVA。但这取决于线路的特点，三相导线的融冰需要经过隔离线路保护交流和直流系统、投入除冰换流器、将线路转换回交流系统等过程才能完成。

4. 潮流除冰

潮流除冰主要依靠科学调度，提前改变电网潮流分配，使线路电流高于临界融冰电流防止导线覆冰，这是工程中针对输电线路最方便的除冰方法。

5. 其他方法

隔离发电融冰法与转移负载法相似，但其将一台或几台发电机与线路隔离，利用其输出电流作为融冰电流，该线路除负载电流大以外，与正常运行没有很大差别；磁力融冰法是让多分裂导线之间相互碰撞促使冰脱落，通过向导线中施加短时大电流（与短路法相似）

使导线之间产生吸引力；接触点负荷转移融冰法，适用于多分裂导线，在分裂导线的间隔棒上装上接触器以控制流过各分裂导线的电流，融冰时只流过一根分裂导线，该方法可用于光纤地线的融冰；电脉冲除冰法是采用电容组向线圈放电，由线圈产生强磁场，在置于线圈附近的导线板上产生一个幅值高、持续时间短的机械力，使冰破裂而脱落。

（三）输电线路覆冰雪在线监测方法

早期的输电线路覆冰雪观测主要依靠观冰站和人工巡线，观冰站的建设、运行费用高且使用率低，人工巡线受地形环境、人员素质、天气状况等因素的影响比较大，同样存在效率低、复巡周期长等缺点。随着我国500kV以上超高压输电线路的建设，尤其是2008年南方雪灾之后，输电线路覆冰在线监测技术得到普遍重视和广泛应用。但总的来说，目前国内外研究的技术比较多，主要有以下几种：

（1）图像/视频法。图像/视频法是在杆塔上安装视频装置采集覆冰线路实时图像，通过人工分析得出现场覆冰情况，当然也利用图像差异化算法，自动识别导线覆冰程度。采用图像/视频观测导线覆冰，直观方便，但只能作为一种辅助监测手段，因受以下条件限制：线路覆冰时气温较低，摄像机镜头容易覆冰导致拍照模糊甚至无法辨认，需要解决摄像机低温运行能力和镜头防冰等问题；监测空间有限，当档距较大或有雾时无法监测远距离导线覆冰和覆冰不均匀情况。

（2）称重法。称重法是通过力传感器替代绝缘子的球头挂环利用角度传感器和拉力传感器分别测量悬垂绝缘子串的倾角、风偏角和覆冰导线载荷，根据风速、风向等气象数据，对悬挂点在垂直方向进行静力分析，计算垂直档距内由于线路覆冰而增加的垂直载荷，进而得到导线、地线等值覆冰厚度。目前成功研发的输电线路导线覆冰在线监测系统是国内首套基于称重法的覆冰在线监测系统，其综合考虑了覆冰导线的重力变化、杆塔绝缘子的倾斜角、风偏角、导线舞动频率以及线路现场的温度、湿度、风速、风向雨量等气象信息，利用专家软件来计算得出输电线路覆冰状态，目前已在山西、宁夏、贵州、浙江等地安装运行。由于称重法采用的是电阻应变片式力传感器，其存在非线性、零点漂移、蠕变等特性，因此装置长期运行的稳定性、可靠性和高精度等问题还需进一步研究，而基于光纤传感技术的拉力传感器目前尚处于研究阶段。

（3）模拟导线法。模拟导线法通常是在重覆冰区建立覆冰观测站或者综合气象观测站，利用模拟试验线段的覆冰厚度来估算实际运行输电线路的覆冰厚度。该方法根据模拟试验线段的架设标准不同可分为普通测试架和覆冰模拟测试线段两类。普通测试架高度为2m，其顶端有四根标准的长度均为1m的覆冰量测试杆，同时测试架直径应与要求模拟的各类标准导线一致；覆冰测试模拟线段的架设高度不低于7m，档距长度不小于30m，同时其架设导线应采用标准导线，可架设不同直径导线同时进行测量和比较。上述模拟导线法虽然比较简单、易于操作，无须改变线路原有结构，但是建立覆冰观测站或者综合气象观测站的成本依然很高，而且从模拟导线上测得的覆冰厚度通常与实际运行导线上的覆冰厚度有所差别，这是因为影响线路覆冰厚度的因素过于复杂，除了与导线直径气温、空气湿度、地形环境、海拔等有关外，还受导线温度、实际风速大小、导线扭转与否以及线路电场强弱等因素的影响，因此该方法只能粗略反映输电线路的覆冰状况。

（4）倾角弧垂法。倾角弧垂法是在悬垂线夹附近的导线上安装角度传感器，监测导线倾角和弧垂的变化，根据设计参数和实时微气象参数，计算覆冰导线重量和等值覆冰厚度等参数。这种方法原理比较简单，但角度传感器易受外界干扰影响，其安装位置受导线刚度影响，在导线覆冰发生扭转时参考基准面变化会使得监测数据无效，因此现场应用效果不佳。尤其500kV及以上等级输电线路导线的刚度较大，在计算时将导线视作柔索会导致较大的误差。

（5）导线应力测量法。导线应力测量法是利用光纤光栅传感器测量输电导线上一点或多点的应力变化，根据力学方程得到覆冰载荷值，再转换成等值覆冰厚度。基于光纤光栅应力传感器OPPC导线应力监测系统，其将应力传感器串接入耐张金具串，将应力传感器与金属铠装光缆连接，并通过杆塔固定引至“绝缘式四通接头盒”，与两端OPPC光缆中的光纤光栅连接，实现与其他应力传感器的串联。此方法充分利用了光纤光栅传感器无源、抗强电磁干扰、耐恶劣环境、稳定性好等特点。通过扩展功能，还可测量导线舞动、杆塔倾斜、导线弧垂等状态量，目前大多处于实验室研究阶段，具有良好的应用前景。

（6）其他监测方法。加拿大魁北克水电局覆冰报警系统SYGIVRE采用覆冰速率计法，间接地估计附近线路的覆冰状况。其原理是将测量用Rosemount探头安装在架空线路附近，当探头上覆有一定重量的冰雪时其振动频率会降低，且覆冰量改变与频率改变呈线性关系，通过采集探头的振动频率，可间接估计覆冰速率，了解附近线路的覆冰状况。

长沙理工大学提出一种行波传输时差的覆冰监测方法，采用行波定位系统精确地记录行波到达线路两个端点的时间，通过输电线路在正常运行与线路覆冰期间的行波时间差以及架空线路状态方程来计算线路的比载，利用长度与比载和冰厚的计算关系式求得覆冰情况下线路的平均覆冰厚度。由于线路各段的覆冰厚度不相同，行波传输时差的测量方法只能从全局上掌握覆冰的情况，局部地区的严重覆冰还要用其他方法进行具体的监测来弥补。

九、输电导线舞动在线监测

导线舞动是危害输电线路安全稳定运行的一种严重灾害，它是偏心覆冰的导线在风激励下产生的一种低频、大振幅的自激振动，往往造成闪络跳闸、金具及绝缘子损坏、导线断股断线、杆塔螺栓松动脱落、塔材损伤、基础受损，甚至倒塔等严重事故。在引发电力系统的自然灾害中，风灾是最为严重的一种。统计表明，电力系统70%的故障都是由强风作用下输电杆塔的倒塌、导地线的覆冰舞动产生的。导线舞动研究涉及空气动力、悬索振动、气固耦合、气象研究等学科，是一门多学科的综合课题。我国是世界上导线舞动多发区之一，根据有关资料，在我国9个典型气象区中，有8个气象区有覆冰条件，且覆冰厚度可达3mm以上，因而都有可能发生舞动。近年来随着我国电网规模的扩大和大范围极端恶劣气象的频发，输电线路舞动事故发生的概率明显增加，湖南电网、湖北电网、山西电网以及东北电网先后发生了大面积输电导线舞动事故，造成了巨大的经济损失，也严重危害了输电线路的安全运行。2009～2010年冬季，受多次大范围大风降温、雨雪冰冻等恶劣天气过程影响，河南、辽宁、河北、山东、湖北等14个网省公司发生了多次大面积输电线路舞动事故。2010年1月20日8时18分起至21日6时，13条500kV线路跳闸36条次，电网结构遭受严重破坏，其中500kV潍阳线跳闸次数多达8次。最严重时，烟威电网仅通过500kV崂阳线相连。2010年2月28日14时32分起至3月1日8时，7条500kV线路跳闸26条次，山东与华北联网的500kV辛聊Ⅰ、Ⅱ线和黄滨Ⅰ、Ⅱ线相继跳闸，造成山东电网与华北电网两次解列。为提高电网抵御自然灾害的能力，保证主网能够在严重自然灾害条件下安全稳定运行和可靠供电，全面开展输电线路舞动机理、监测方法与防舞措施等方面研究显得极为重要。

（一）导线舞动基本概念

导线舞动是指风对非圆截面导线产生的一种低频（为0.1～3Hz）、大振幅的导线自激振动，最大振幅可以达到导线直径的5～300倍。此外在分裂导线中，由于迎风侧导线的尾流效应作用于背风侧导线，可以产生尾流诱发的振动，因此发生的舞动远比单导线的严重，其特点是整个档距或次档距发生“刚体”式运动，幅值约为导线直径的20～80倍。

舞动的形成取决于覆冰、风激励以及导线结构参数三方面因素。覆冰状况由气温、降雨、线路走向、地理环境决定，导线舞动是由流体诱发的随机的非线性振动，是流体与固体的耦合振动。

（二）导线舞动危害

1. 线路跳闸和停电

迄至1992年初，我国因导线舞动引起的线路跳闸达119次，此统计是偏低的，因为来自运行报告多数较简单，有些未提及是否跳闸，有些虽提及但未说明跳闸次数。根据导线舞动特点：1次舞动长达数小时至数十小时，若线路间距较小会发生多次碰线，而电网调度人员对此特点不够了解，在遇到舞动引起跳闸又重合成功后，往往仍按常规保持送电，结果就会出现在一次舞动中出现连续跳闸多次、多次被迫退出运行等情况。

2. 导线、地线伤断

因舞动而造成导线、地线伤断，90%是220kV以下线路短路烧伤，10%是500kV大跨越线路因使用滑轮线夹在舞动时导线船拖滑出滑轮外，导线来回窜动与滑轮直接摩擦、碾压而伤断，这种情况虽很少，但大跨越线路属电网主干线，又多居于交通要道，一旦发生后果极其严重。据悉我国尚有不少大跨越采用这类滑轮线夹，若处于雨凇区应多加防范。我国输电线路伤线比较严重，主要是不注意舞动特点，跳闸重合后仍保持送电以致多次闪络而造成，今后舞动地区电网调度人员应多加注意。

3. 金具及部件受损

导线舞动引起金具和杆塔部件受损的不多，较典型的是间隔棒棒爪松动或脱落，最严重的一次是某500kV交流线路某档舞动24h，某号塔两相跳线8组间隔棒3组脱落和4组握线端头掉下，某号也有一组跳线间隔棒落地。其他有挂环磨断或断裂致使导线落地，较多的是线夹、螺栓松动或脱落，只有个别横担扭曲变形及陶瓷横段折断。

（三）输电导线舞动在线监测方法

输电导线舞动在风洞试验中的研究、输电导线舞动在试验线路上的研究均是针对输电导线舞动的理论研究，主要是通过风洞试验、试验线路上的基础研究，完善导线舞动机理和舞动模型等有关理论，同时也可以进行防舞装置效果、空气动力参数等的测试。例如原华中理工大学曾在风洞中做过新月形覆冰导线的空气动力测试，为输电导线在覆冰条件下发生舞动的有关空气动力系数、空气动力载荷的确定提供了第一手的资料，但其无法在实际输电线路上应用；输电导线舞动的计算机仿真技术可以根据实验数据或者现场监测的相关参量，结合计算机强大的数据处理能力进行导线舞动的计算机仿真，实现输电导线舞动的低成本、高效率研究，但该方法也仅限于导线舞动的理论研究而无法在工程实践中应用；采用摄像技术实现输电导线舞动的监测技术在实践中得到了一些应用。在输电线路舞动及防治工作研究中，除了在实践中不断完善舞动防治方法，同时需加强输电线路舞动观测和实时监测，对各地区发生的舞动及时跟踪，加强对舞动观测的影像记录和舞动在线监测数据的收集，为舞动的机理研究和防治措施积累资料。

输电导线舞动在线监测技术要实时获得导线舞动幅值、频率、波数等信息，并分析其对杆塔、导线、金具的破坏影响，为舞动研究提供科学依据和基本数据。导线舞动在线监测包含两部分内容：一是舞动气象资料，包括风速、风向、覆冰形状、覆冰厚度、气温、湿度等；二是舞动特征参数，包括舞动半波数、频率幅值等。目前有应用前景的输电线路导线舞动在线监测方法分为以下几类：

（1）基于视频的导线舞动在线监测。通过视频可以直观获得现场舞动信息，事后可真实再现舞动现场供相关人员分析研究，其在舞动监测中占据重要地位。目前可以通过视频差异化算法从视频流中自动获得导线舞动幅值、频率等信息。

（2）基于振动传感器的导线舞动在线监测。基于振动传感器的输电线路舞动在线监测系统主要实现对舞动频率的监测，以及根据建立的导线舞动的三自由度模型仿真计算其舞动幅值等舞动信息。整个系统主要由省公司监测中心主机、地市局监测中心主机、线路监测分机、专家软件组成，监测分机定时/实时完成环境温度、湿度、风速、风向、雨量以及该杆塔绝缘子振动频率、倾斜角、风偏角、覆冰导线的重力变化、导线舞动频率等信息的采集，将其打包为GSM/SMS，通过GSM通信模块发送至监测中心，由监测中心软件判断该线路导线的舞动情况。

（3）基于高频脉冲注入的舞动在线监测。输电线路相与相之间和相与地之间存在着分布电容，尤其在电压等级高、线路较长的超高压、特高压线路上分布电容较大。分布电容的大小不仅与电压等级和线路长度有关，而且与导线的线间距离和导线对地距离密切相关。当输电导线发生舞动时，线间距离和导线对地距离发生变化，引起导线的分布电容大小变化，导线波阻抗随之变化，与此同时，电磁波在线路传输的充放电时间改变，从而舞动处电磁波波形发生变化。

（4）基于线路张力的导线舞动在线监测。导线舞动时线路张力变化很大，其最大张力值远大于线路静态时张力值，且根据建立的导线舞动力学方程可以得到舞动与线路张力之间的关系，因此可以通过监测线路张力的方法实现对导线舞动的监测，其中线路张力可以通过基于应变片的力传感器测量，也可以通过光纤传感器进行测量。

（5）基于加速度和陀螺仪的导线舞动在线监测。导线舞动监测传感器多采用三自由度加速度传感器实现对导线加速度、速度和位移的监测，但在实际应用中发现，由于安装方式导致加速度传感器会随着导线扭转而扭转，其空间坐标随之变化，造成测得的加速度值不在同一个参考系下，不考虑其坐标变化，积分得到的速度和位移与实际情况偏差很大。为此，采用加速度和陀螺仪进行导线舞动传感器的设计，利用陀螺仪输出的角速度建立起舞动坐标系，并根据加速度计输出的比力解算出导线的速度和位置。在实际设计中，采用了加速度和陀螺仪组合芯片即惯性组合传感器完成加速度和空间坐标系的转换。

十、输电线路风偏在线监测

输电线路风偏闪络一直是影响线路安全运行的因素之一，与雷击等其他原因引起的跳闸相比，风偏跳闸的重合成功率较低，一旦发生风偏跳闸，造成线路停运的概率较大。特别是500kV及以上电压等级的线路，一旦发生风偏闪络事故，将对电力系统的安全运行造成很大影响，严重影响供电可靠性。加拿大、美国、日本、苏联、中国等都先后发生了大量的风偏事故。随着我国超高压运行线路的建设，输电线路大多会经过强风、覆冰、骤冷骤热等天气变化的气象区，容易引发各类风偏事故。据相关部门统计，1999～2003年5年间，国家电网有限公司110kV以上的输电线路共发生风偏放电260多起；2004年全国500kV输电线路发生风偏闪络21起；2005年国家电网有限公司500kV线路发生跳闸162起，风偏跳闸7起；同期，南方电网公司500kV线路也发生多次风偏闪络事故；2010年6月16日13时，内蒙古地区500kV输电线路汗旗N线44号塔A相由于风偏致使导线对杆塔放电造成故障跳闸；2011年安徽省电网合肥、芜湖等地区输电线路发生风偏跳闸9次，其中500kV线路跳闸6次，220kV线路跳闸3次。导线风偏的产生与发展过程十分复杂，不仅涉及许多外界的作用参数，而且还包括许多随机因素。而风偏闪络原因主要是塔头间隙偏小、杆塔水平档距偏小、线路防污调爬实际风偏量比计算风偏大等，加之局部受龙卷风、飑线风等恶劣气象的影响。要减小风偏闪络事故发生的概率，一方面需要适当增加杆塔计算风偏角，保证杆塔在恶劣情况下风偏小于计算值；另一方面需要研发输电线路风偏在线监测技术，实现对绝缘子和导线风偏角、风速、风向等信息的实时监测，为确定输电线路杆塔最大瞬时风速、风压不均匀系数、强风下导线运行轨迹提供最直接的资料，为设计有效防护措施提供依据。

（一）线路风偏危害、形成机理及防护措施

绝缘子串及其悬挂的输电导线在风载荷作用下将产生风偏摇摆，在摇摆过程中，如果导线与杆塔或导线与导线之间的空气间隙距离减小并且此间隙距离的电气强度不能耐受系统最高运行电压时将发生放电现象，即发生风偏闪络事故。其中某些线路采用复合绝缘子串来替代瓷绝缘子串，这样会使绝缘子重量减小，从而导致风偏角过大，超过摇摆角临界曲线，加上单点悬挂跳线托架的方式，使其稳定性较差。遇到斜向风力或施工安装中跳线尺寸有偏差时，就会影响跳线风偏时对塔身的电气间隙，若间隙不能满足耐受电压，就会发生击穿；一般地线绝缘子上的放电痕迹是由单相接地电流分流造成的。此外，输电导线

长时间、大范围的风偏很容易对绝缘子串、金具、杆塔造成破坏。风偏事故发生的直接原因是悬垂绝缘子串的风偏角过大，风偏角是指在一定风速作用下所引起的悬垂绝缘子串和导线与竖直方向所成的夹角。

1. 危害

导线风偏时，风偏档的相导线间、相地线间、耐张塔的跳线和塔身间距离减小，引起空气间隙减小、闪络或者碰线，烧伤线股，造成停电事故。风偏闪络区域均有强风且大多数情况下伴有大暴雨或冰雹；直线塔发生风偏跳闸居多，耐张塔相对较少；杆塔放电导线点均有明显的电弧烧痕，放电路径清晰；绝大多数风偏闪络是在运行电压下发生的，一般重合闸不成功。此外，长时间的风偏会使横担损坏、杆塔连接螺栓松动或脱落、绝缘子串（尤其是 V 型串）因承受压缩负荷造成脚球和球窝磨损、锁紧销碾碎、脚球折断，使球窝连接脱开掉串、悬垂线夹处的导线断脱、铰链式连接金具严重磨损及疲劳断裂、开口销及闭口销被挤出、球头挂环折断、U 型磨损、间隔棒和防振锤损坏等。

风偏闪络的放电路径主要有导线对杆塔构件放电、导地线间放电和导线对周边物体放电三种形式，其共同特点是导线或导线侧金具上烧伤痕迹明显。导线对杆塔构件放电，无论是直线塔还是耐张塔，一般在间隙间对应的杆塔构件上均有明显的放电痕迹，且主放电点多在脚钉、角钢端部等突出位置。导线地线间放电多发生在地形特殊且档距较大（一般大于 500m）的情况下，此时导线放电痕迹较长。导线对周边物体放电时，导线上放电痕迹可超过 1m，对应的周边物体上可能会有明显的黑色烧焦放电痕迹。

2. 风偏机理

线路风偏的产生与发展过程十分复杂，其中不仅涉及许多外界的作用因素，而且还包括许多随机因素，概括起来主要有外载作用、线路原因及地形影响。

外载作用：风载、覆冰、电晕、地震、爆破等对运行线路施加除重力载荷以外载荷的力的作用或者几种力的复合作用，是导线风偏和振动的能量来源。外载的作用主要表现在：在某些微地形区，高空冷空气移动缓慢，与低空高热空气在局部小范围内不断交汇，易于形成中小尺度局部强对流，从而导致强风的形成。这种强风发生区域范围从几平方公里至十几平方公里，瞬时风速可达 30m/s 以上，持续时间数十分钟以上，且常伴有雷雨或冰雹出现。这样，一方面在强风作用下，导线向塔身出现一定的位移和偏转，使得放电间隙减小；另一方面降雨或冰雹降低了导线—杆塔间隙的工频放电电压，二者共同作用导致线路发生风偏闪络。值得注意的是，在强风作用下，暴雨会沿着风向形成定向性的间断型水线，当水线方向与放电路径方向相同时，导线—杆塔空气间隙的工频闪络电压进一步降低，增加风偏闪络的概率。

线路原因：导线、绝缘子串属于挠性构件，杆塔属于细长杆件，都是易激振的对象，稍有外载就会发生振动，线路档距、弧垂、跳线塔高、一个耐张段内相邻直线段间谐振等原因也是激振及振荡放大的原因。

地形影响：线路走向、易产生外载地形是导线风偏的高发区，例如平原、风口、大面积水面、高山等易形成凝结冰和大风的区域。

（二）加强输电线路防风偏闪络针对性研究

首先与各地气象监测部门密切配合，开展不同地形特征下不同高度的风况观测，确定风速高度换算系数、风速保证频率、风速次时换算时间段等设计参数；其次根据地域特征、不同地域选择不同的风偏设计参数及模型，修改现有风偏角模型，考虑风向与水平面不平行和导线摆动时张力变化对风偏角及最小空气间隙距离的影响，通过开展暴雨和定向强风下空气间隙的工频放电试验得出数据曲线，为风偏计算模型修正提供依据；最后研究输电线路导线风偏在线监测技术（含微气象监测），实时监测导线风偏变化以及周围气象条件变化，监测装置长期运行采集风偏及环境气象信息数据，为确定线路杆塔上最大瞬时风速、风压不均匀系数、强风下的导线运动轨迹等技术参数提供基础数据。

第二节　输电线路机巡技术（直升机、无人机）

一、背景

架空输电线路作为电力系统中十分重要的环节，其稳定运行直接关系到整个电力系统的安全运行。因此，架空输电线路的运行与维护作为保证供电系统的安全稳定运行的基础，需要不断加强。无人机应用到架空输电线路巡检作业中，已有近十年时间，配合人工巡检与有人机巡检协同工作并取得了很好的效果。无人机巡检作业技术有严格的作业流程规范与安全规章要求，为了确保巡检工作的安全高效运行，在执行巡检工作时，应严格按照规程开展工作。

二、无人机作业流程

（一）空域的申报

目前，我国民用遥控驾驶航空器系统使用的空域分为融合空域和隔离空域。融合空域是指有其他载人航空器同时运行的空域。隔离空域是指专门分配给遥控驾驶航空器运行的空域，通过限制其他载人航空器的进入以规避碰撞风险。无人机巡检涉及空域的使用，要在飞行前进行空域使用的申报，申报内容主要包括飞行空域的申报和飞行计划的申报两个方面。

1. 申报飞行空域

申报飞行空域原则上与其他空域水平间隔不小于 20km，垂直间隔不小于 2km。一般需提前 7 日提交申请并提交下列文件：①国籍标志和登记标志；②驾驶员相应的资质证书；③飞行器性能数据和三视图；④可靠的通信保障方案；⑤特殊情况处置预案。

2. 申报飞行计划

无论是在融合空域还是在隔离空域实施飞行都要预先申请，经过相应部门批准后方能执行。飞行计划申报应于北京时间前一日 15 时前向所使用空域的管制单位提交飞行计划申请。

（二）飞行巡检工作流程

飞行巡检工作必须严格按照流程进行，在输电线路无人机智能巡检系统工程化应用过程中，研发人员逐步探索和形成了一套相对完备的巡检模式，包括任务规划、任务准备、任务执行、巡检报告生成等四个步骤。

1. 任务规划

任务规划指的是利用飞行控制地面站系统的飞行任务规划功能，对输电线路无人机智能巡检系统飞行的线路、返航线路和返航点等信息进行设计；包括定塔定线任务和线路临时普查两种任务的规划。

（1）定塔定线任务。定塔定线任务即对固定线路的固定杆塔进行周期性巡检。定塔定线任务需要进行一次性的精确任务规划，这要求工作人员在进行任务规划前能够到工作现场利用测距仪等设备准确测量杆塔 GPS 值、呼高、档距和悬停巡检点的任务规划功能进行任务规划。

（2）线路临时普查。无人机具有机动灵活的特点适用于线路的临时普查工作，特别是灾后的受灾情况评估。这种工作方式没有足够的时间去规划精确的飞行线路，可以采用输电线路无人机智能巡检系统的速度飞行模式，操控人员利用地面站实时图像显示，全程控制无人机的飞行。

2. 任务准备

任务准备时，要严格按照无人机操作规范进行飞行的各项准备工作，力争使飞行前准备好各种飞行设备、巡检设备和工具。

（1）起飞前飞行器检查。由于无人机系统的不同，部分检查需要由机务或专业地检人员执行，此处不作专门介绍。以下检查根据系统不同不分先后：①飞行器外观及对称性检查；②飞行器称重及重心检查；③舵面结构及连接检查；④起飞（发射）、降落（回收）装置检查；⑤螺旋桨正反向及紧固检查。

（2）起飞前控制站检查包括：①控制站电源天线等的连接检查；②控制站电源检查；③控制站软件检查；④卫星定位系统检查；⑤预规划航线及航点检查。

（3）起飞前通信链路检查包括：①链路拉距及场强检查；②飞行摇杆舵面及设备的巡检节风门反馈检查；③外部控制盒舵面及节风门反馈检查。

（4）动力装置检查与启动包括：①发动机油量检查；②发动机油料管路检查；③发动机外部松动检查；④发动机起动后怠速转速、振动、稳定性检查；⑤发动机大车转速、振动检查；⑥发动机节风门、大小油针、控制缆（杆）检查；⑦发动机节风门跟随性检查；⑧微型无人机进行不同姿态发动机稳定性检查；⑨电动飞行控制机进行正反转检查；⑩动力装置起动后与其他系统的干扰检查。

3. 任务执行

任务执行是指执行飞行巡检任务时，外控手、内控手和任务操作人员严格按照 DL/T 1482—2015《架空输电线路无人机巡检作业技术导则》、DL/T 1578—2016《架空输电线路无人直升机巡检技术》及 Q/GDW 11386—2015《架空输电线路固定翼无人机巡检技术规程》等来进行规范化操作。

4. 出具巡检报告

巡检报告是输电线路无人机智能巡检系统对线路巡检情况的汇总，可以为线路维护提供重要的参考信息。

（三）无人直升机作业技术

无人直升机具有体积小、便于运输、飞行距离短的特点，适合短距离间的架空输电线路巡检。无人直升机容易操控而且有较好的稳定性，适合于针对小型部件的巡检工作。

1. 巡检内容

（1）常规巡检。

常规巡检主要对输电线路导线、地线和杆塔上部的塔材、金具、绝缘子、附属设施、线路走廊等进行常规性检查，例如发现导线断股、间隔棒变形、绝缘子串爆裂等。巡检时根据实际线路运行情况和检查要求，选择搭载相应的检测进行可见光巡检、红外巡检项目。巡检实施过程中，根据架空输电线路的情况和天气情况选择单独进行，或者红外巡检与可见光巡检的组合进行。

可见光巡检主要检查内容包括导线、地线（光缆）、绝缘子、金具、杆塔、基础、附属设施、通道走廊等外部可见异常情况和缺陷。

（2）故障巡检。

线路出现故障后，根据检测到的故障信息，确定架空输电线路的重点巡检区段和部位，查找故障点。通过获取具体部位的图像信息进一步分析查看线路是否存在其他异常情况。

根据故障测距情况，无人直升机故障巡检首先检测测距杆段内设备情况，如未发现故障点，再行扩大巡检范围。

（3）特殊巡检。

1）鸟害巡检。线路周围没有较高的树木，鸟类喜欢将巢穴设在杆塔上。根据鸟类筑巢习性，在筑巢期后进行针对鸟巢类特殊情况的巡检，获取可能存在鸟巢地段的杆塔安全运行状况。

2）树竹巡检。每年 4～6 月份，在树木、毛竹生长旺盛季节，存在威胁到输电线路安全的可能性。在该期间应加强线路树竹林区段巡检，及时发现超高树、竹，记录下具体的杆塔位置信息，反馈给相关部门进行后期的树木砍伐处理。

3）防火烧山巡检。根据森林火险等级，加强特殊区段巡检，及时发现火烧山隐患。

4）外破巡检。在山区、平原地区，经常存在开山炸石、挖方取土区的情况，可能出现损坏杆塔地基、破坏地线等情况，严重影响到输电线路的安全运行，对此要进行防外破特殊巡检。

5）红外巡检。过负荷或设备发热时，应对重载线路的连接点采用红外热成像仪进行巡检，防止因温度过高导致的危险。

6）灾后巡检。线路途经区段发生灾害后在现场条件允许时，使用机载检测设备对受灾线路进行全程录像，搜集输电设备受损及环境变化信息。

2. 巡检方式

（1）大、中型无人直升机巡检。

根据被巡检线路电压等级和线路架设结构，大、中型无人直升机飞行巡检分单侧巡检和双侧巡检两种作业方式，具体如下：

1）500kV 以下电压等级的单回路输电线路采取单侧巡检方式。

2）500kV 以下多回同杆架设和 500kV 及以上电压等线输电线路采取双侧巡检方式。

某些杆段现场地形条件不满足双侧巡检时可只采用单侧巡检方式，条件不满足地段宜采用升高无人机在满足安全距离的情况下绕过障碍物。

在检查导线、地线时，如发现可疑问题，暂停程控飞行转至增稳飞行模式悬停检查，确认缺陷情况后再继续程控按设定航线飞行巡检。为确保飞行作业安全，悬停检查期间，作业人员不宜手动调整飞机位置，可通过调整吊舱角度来进行更好的观察巡检。

在检查杆塔本体及连接金具时，应进行悬停检查。大、中型无人机距杆塔水平距离在 50～60m 范围内，位置与地线横担水平或稍高于地线横担，悬停时间一般在 1～5min 为宜。

（2）小型无人直升机巡检。

大、中型无人直升机在对大型部件巡检时可以有效地完成任务，但是由于其自身体积及操控稳定性的原因，无法完成较近距离的、小部件的巡检任务。这就需要体积更好、灵活度更高的小型无人直升机来完成。在进行近距离单基杆塔巡检时（100m 范围内，操作人员可通过观察无人机姿态判断飞行情况）采用增稳飞行模式，由操作人员手动控制无人机靠近输电设备开展巡检工作，实现线路小部件的拍照。较远距离设备巡检时（大于 10m，在小型无人直升机测控范围及续航时间内）采用程控飞行模式，按照规划好的航线开展飞行巡检工作。

小型无人直升机在手动干预下可控制在 10～20m 范围内较近距离检查杆塔设备，在程控飞行模式时，当无人机到达杆塔位置时可暂停程控飞行转为增稳飞行模式悬停检查，为达到更好的巡检效果可进行小范围调整无人机位置。

3. 巡检前准备

（1）航线规划。

设定航线时要查勘现场，熟悉飞行场地，了解线路走向、特殊地形、地貌及航线规划、气象情况等工作，确保飞行区域的安全。

1）熟悉飞行场地，需了解以下内容：

a. 飞行场区地形特征及需用空域。根据巡检区域内的地形情况确定空域的范围。

b. 场地海拔。根据测量范围内的杆塔的海拔信息，确定无人机航线的相对高度，以保证巡检时无人机与输电线路的安全。

c. 沙尘环境。测量飞行场区内的沙尘强度，确定飞行航线及飞行任务是否满足执行条件，以保证无人机及相关设备的安全。

d. 飞行场区电磁环境。测量飞行场区内的电磁干扰强度，确保无人机与地面站的安全控制通信和数据链路的畅通。

e. 场区保障。场区内可以给无人机提供基本的救援和维修条件，保证巡检工作的正常进行。

2）了解气象情况需了解以下内容：

a. 大气温度、压强和密度。大气温度、压强和密度的不同，会对无人机性能产生影响，在执行任务前，根据相应条件确定适宜的机型。

b. 风速和风向。由于小型旋翼机的机型较小，受风速的影响较大，在执行巡检任务时要根据当时的风速和风向确定是否满足巡检条件。

c. 能见度。为了实现安全巡检工作，应尽量选在能见度较高的天气完成巡检任务。

d. 云底高度。根据云底高度信息，推测可能会发生的天气变化，给巡检应急措施提供准备依据。

e. 降雨率。根据降雨率信息，制定巡检时间段及巡检航线。

f. 周围光线。根据光照方向调整航迹方向，避免因光照引起的图像采集模糊或者图像曝光过度的情况出现。

航线的规划由以下几个方面确定：

1）根据现场地形条件选定无人直升机起飞点及降落点，起降点四周应空旷无树木、山石等障碍物，航线范围内无超高物体（建筑物、高山等）起降点大小要求如下：

a. 大型无人直升机：5m×5m 左右大小平整的地面。

b. 中型无人直升机：3m×3m 左右大小平整的地面。

c. 小型无人直升机：1m×1m 左右大小平整的地面。

2）一般情况下，根据杆塔坐标、高程、杆塔高度、飞行巡检时无人直升机与设备的安全距离（包括水平距离、垂直距离）及巡检模式（单侧、双侧）在输电线路斜上方绘制航线。

3）如所绘制的航线上遇有超高物体（建筑物、高山等）阻挡或与超高物体安全距离不足时，绘制航线时应根据实际情况绕开或拔高跳过。

4）某些地段不满足双侧飞行条件时，应调整为单侧飞行。

5）规划的航线应避开包括空管规定的禁飞区、密集人口居住区等受限区域。

建立输电线路飞行巡检航线库，规划好的航线应在航线库中存档备份，并备注特殊区段信息（线路施工、工程建设及其他等易引起飞行条件不满足的区段），作为历史航线，为后期巡检时的航线的设定提供参考信息。对航线的设定要遵循以下原则：

1）不同时期执行相同的巡检任务，可调用历史航线。

2）间隔时间较长的相同的巡检任务（间隔 6 个月以上），应重新核实历史航线中的起降点、特殊区段是否满足飞行条件，如不满足应进行航线修改。

3）每次飞行巡检作业结束后应及时更新航线信息。为了保证巡检的安全顺利进行，要建立如下风险预控及安全保证机制：

a. 无人直升机巡检作业应办理工作票手续。大、中型机巡检作业应办理《无人直升机巡检作业第一种工作票》，小型机巡检作业应办理《无人直升机巡检作业第二种工作票》。

b. 每次巡检作业前，应根据相应机型巡查项目编制《无人直升机巡检作业指导书》，其内容主要包括适用范围、编制依据、工作准备、操作流程、操作步骤、安全措施、所需工器具。

c. 无人直升机巡检作业应有本单位相应的《无人直升机巡检作业应急处置预案》，预案内容应包含无人机巡检作业危险点、风险预控措施、发生应急事件后的处置流程等。

（2）作业申请。完成了航线规划及安全保证措施后，为了确保巡检任务的顺利完成，在巡检作业开始时要进行如下一系列的报批手续：

1）巡检作业前3个工作日，工作负责人应向线路途经区域的空管部门履行航线报批手续。

2）巡检作业前3个工作日，工作负责人应向调度、安监部门履行报备手续。

3）巡检作业前1个工作日，工作负责人应提前了解作业现场当天的气象情况，决定是否能够进行飞行巡检作业，并再次向当地空管部门申请放飞许可。

（3）巡检设备准备。出库前根据《无人直升机巡检作业指导书》所列的有关项目，做好设备检查，以防遗漏设备、工器具及备品。

任务载荷是完成巡检任务的一个重要组成部分，维护人员应定期对其挂载的照相机、摄像机等电池进行充电，确保所有电池处于满电状态。大、中型无人直升机应常备有两次正常任务飞行所需的油料，小型无人直升机应有5组及以上备用电池，并应定期充满电。

（4）人员准备。无人机操控作业人员是整个巡检任务顺利完成的重要保障，在执行巡检任务时对操控作业人员有明确的要求：

1）作业人员应身体健康，无妨碍作业的生理和心理障碍。

2）作业人员应进行无人直升机培训学习，参加该机型无人机理论及技能培训。

3）作业人应具有两年及以上高压输电线路运行维护工作经验，熟悉航空、考试并合格。

4）作业人应掌握气象、地理等相关专业知识，掌握DL/T 741—2019《架空输电线路运行规程》有关专业知识，并经过专业培训，考试合格且持有上岗证。

4. 巡检作业

（1）巡检作业安全要求。

在开展无人机巡检工作时，要将工作过程中的安全问题放在首位，在巡检作业时要严格遵守巡检作业安全要求，确保巡检工作的安全有效进行。

作业应在良好天气下进行。遇到雷、雨、雪、大雾、霾及大风等恶劣天气时禁止飞行。在特殊或紧急条件下，若必须在恶劣气候下进行巡检作业时，应针对现场气候和工作条件，制定安全措施，经本单位主管领导批准后方可进行针对无人机与地面测控系统的无线通信频道，每次巡检作业前应使用测频仪对起降区域内进行频谱测量，确保无相同频率无线通信相干扰。

巡检作业时，若需无人直升机转到线路另一侧，应在线路上方飞过，并保持足够的安全距离（大型无人直升机为50m，中型无人直升机为30m，小型无人直升机为10m）。严禁无人机在变电站（所）、电厂上空穿越。相邻两回线路边线之间的距离小于100m（山区为150m）时无人机严禁在两回线路之间上空飞行。

巡检作业时，无人直升机应远离爆破、射击、打靶、飞行物、烟雾、火焰、无线电干扰等活动区域。

巡检作业时，严禁无人直升机在线路正上方飞行。无人直升机飞行巡检时与杆塔及边导线的距离应不小于规定的安全距离；同时为保证巡检效果无人机与最近一侧的线路、铁塔净空距离不宜大于100m。

（2）大、中型无人直升机巡检作业。

在无人机开始巡检工作时，要做好充足的准备工作。各操作人员按照职责分工对无人直升机各部件进行起飞前准备和检查工作，确保无人机处于适航状态。主要的检查和准备工作如下：

1）燃油加注。确保所有机上电器开关处于关闭状态，根据航线规划注入足够的油量，加油后应目视检查所有的燃油管路、接头和部件，确保没有漏油迹象。如使用加油机加油，加油机应做好防静电接地。

2）布置测控地面站。安置测控地面站发电机离测控车大于10m处（注意应选择在下风口），并打入接地桩接地；测控车也要进行接地操作，然后才能连接测控地面站。

3）架设遥控、遥测天线，并检查确保设备的正常供电工作。

4）检查发电机、车上电源系统、UPS等无异常后按顺序打开测控设备，启动地面站。

5）起飞前再次确认气象情况，确保大气温度、风速等环境条件不超过各类型旋翼无人机的飞行限制值。如果有以下天气情况，不得进行飞行作业：

a. 下暴雨、下雪或闪电打雷等天气。

b. 风速有可能超过该机型抗风限值。

6）确认可见光设备、红外线热像仪、紫外仪等具备充足的电源供应。

7）无人机启动未升空前应在测控地面站上对任务吊舱进行操控检查，确保各功能使用正常。

在无人机起飞时，要对无人机起飞环境和机体进行全面详细的检查：

1）无人机启动过程应确保机体周围（大型机15m、中型机10m范围内）无人员。

2）内、外操纵手确认机体无异常，遥控界面的上行、下行数据无异常后方可启动无人机，启动后无人机在地面预热1～2min。

3）无人机起飞可选择全自主起飞或增稳模式起飞。如在增稳模式下起飞无人机，在无人机离地面4～5m的高度时应悬停10～20s，观察发动机的转速、无人直升机的振动和整机的响声是否正常，确认正常后，方可继续升空至20m左右悬停，待转入程控飞行执行巡检任务。

完成了巡检相关的设备准备工作和无人机的准备工作后，进行飞行巡检，在巡检时要严格遵守以下操作规定：

1）无人机飞行过程中需严格注意，不得使无人机进行任何超过其飞行限制的飞行。

2）无人机起飞后地面站操作人员应密切关注无人机各项参数，如转速、高度、油量，同时密切关注监控画面，发现异常应立即汇报并进行相关处理的飞行。

3）无人机进入设定的航线后，任务操作手通过任务窗口进行巡检作业时，还应根据所观察到的图像判断无人机所处环境、飞行姿态、航线飞行是否正常，存在非正常状态或突发状况时应立即报告内控操作人员，以便完成设定的架空输电线路巡检任务后，进行无人机的回收操作，在无人机返航控制降落时根据相关的安全操作规范进行回收，具体内容如下：

1）巡检任务结束后无人机返航，返回至在降落点上方并悬停。

2）降低无人机高度至 25m 左右，确认降落地面平整后方可进行降落操作。

3）无人直升机降落采取增稳模式手动降落。

4）降落时应注意观察垂直下降率，确保无人机下降率不超过 1.5m/s。

5）在无人机桨叶还未完全停止下来前，严禁任何人接近无人机。

巡检工作结束后，为了准备下一次飞行，需要对无人直升机进行检查，以确保所有部件的正常，并同时填写无人直升机运行日志，并完成各种履历表记载。飞行后的检查项目同飞行前的检查项目。

设备检查完毕，做好相关记录后，进行设备撤收，按规定存放各种设备。

（3）小型无人直升机巡检作业。小型旋翼的巡检作业操作与大、中型无人直升机类似，都要按操作规程进行相应的检查操作：

1）操作人员应对小型无人直升机系统各部件进行起飞前检查，确保无人机处于适航状态。

2）检查机载电池、相机电池电量是否满电，以足够满足整个航程及任务巡检的电量需要。

3）任务操作手通过任务窗口进行巡检作业时，同时还应根据所观察到的图像判断无人机所处环境、飞行姿态、航线飞行是否正常，存在非正常状态或突发状况时应立即报告内控操作人员以便进行飞行控制。

在巡检完成后，根据大、中型无人直升机回收步骤进行飞行器的回收，安全回收后对无人机进行全面的检查，完成飞行日志和各种履历表的下载，并对机体进行检查和维护，为下次使用做好准备。

（4）巡检资料的整理。

巡检结束后，应及时将任务设备的巡检数据导出，巡检中发现的相关异常情况应及时整理，作业人员应及时将巡检记录单、巡航照片、录像递交运检单位，分析判定以确立后续措施。整理巡检数据后需经工作负责人签字确认，经过确认的缺陷及外部隐患按照既定流程及时上报。

无人直升机巡检中如发现可疑缺陷但无法明确的判定，应另委派人员进行人工巡查，现场判定。巡检结果判定要在规定时限内完成，以确保整个输电线路的安全有效运行。时限要求：常规巡检为 3 个工作日；特殊巡检为 1 个工作日；应用小型无人直升机巡检为 1 个工作日。

巡检数据要进行最后的备份、归档操作，而且档案至少保留两年，以备后期的检查监督。

5. 巡检数据处理

巡检结束后，将任务设备的巡检数据及时导出，并对巡检中发现的异常情况进行整理，形成巡检记录。根据最终的巡检记录，作业人员通过人工判读的方式初步筛选出疑似缺陷，并递交设备运维单位分析判定。在发现重大或者不确定缺陷时，组织人员去现场进行查看并根据实际情况进行判定。最后，应将巡检中发现的缺陷及时移交属地管理单位检修处理，由检修人员负责进一步筛查后组织检修作业。

6. 应急措施

（1）安全策略。

为了保证巡检任务的安全顺利完成，在无人直升机巡检前应设置失控保护、半油返航、自动返航等必要的安全策略。如遇天气突变或无人机出现特殊情况时应进行紧急返航或迫降处理。当无人直升机发生故障或遇到紧急的意外情况时，除按照机体自身设定应急程序迅速处理外，需尽快操作无人机迅速避开高压输电线路、村镇和人群，确保人民群众生命和电网的安全。

（2）应急处置。

无人直升机发生故障坠落时，工作负责人应立即组织机组人员追踪定位无人机的准确位置，及时找回无人机。因意外或失控无人机撞向杆塔、导线和地线等造成线路设备损坏时，工作负责人应立即将故障现场情况报告分管领导及调控中心，同时，为防止事态扩大，应加派应急处置人员开展故障巡查，确认设备受损情况，并进行紧急抢修工作。因意外或失控坠落引起次生灾害造成火灾，工作负责人应立即将飞机发生故障的原因及大致地点报告并联系森林火警，按照《输电线路走廊火烧山事件现场处置方案》部署开展进一步工作。

发生故障后现场负责人应对现场情况进行拍照和记录，确认损失情况，初步分析事故原因，填写事故总结并上报有关部门。同时，运维单位应做好舆情监督和处理工作。

（四）固定翼无人机作业技术

固定翼无人机体积较大，巡航能力较无人直升机有了很大的提升，而且搭载负荷的能力也优于无人直升机。固定翼无人机可以搭载大型设备，完成在多个输电线路杆塔间执行长航时的巡检任务。

1. 巡检内容

（1）常规巡检。

主要对线路通道、周边环境、施工作业、沿线交叉跨越等情况进行巡检，及时发现和掌握线路通道环境的动态变化情况，重点监督线路通道内有无机械施工新植树木，兼顾对线路本体、辅助设施进行宏观监督。第一时间发现通道内建筑物、构筑物、线下施工、新增树障等外部隐患以及铁塔基础、接地装置和线路设备的明显缺陷。根据线路运维现状合理安排巡检周期，巡检周期一般为 1 个月，重载线路建议每月开展两次巡检。外部隐患多发区宜增至每周 1 次，对于线下施工作业频繁的线路可适当增加巡检频次。

（2）特殊巡检。

在自然灾害、危急缺陷等紧急情况发生后，为避免事故发生或减轻事故后果对该区段的线路进行巡检，检查设备运行状态及通道环境变化情况。灾情发生后无人机应第一时间对设备开展巡检，及时了解交通不便、人力不易到达的地区人员和设备受损情况，为抢修提供依据，可视情况安排合理巡检频次。

2. 巡检前准备

（1）人员准备。

巡检人员应熟悉无人机巡检作业方法和技术手段，通过专业资格培训，考试合格后持证上岗。

无人机巡检需工作负责人 1 名，作业人员至少 2 名，其中程控手 1 人，负责无人机飞行姿态保持，数传信息监测，操控手 1 人，负责任务载荷操作、现场环境和图传信息监测等工作。

巡检前应进行现场勘查，确定作业内容和无人机起、降点位置，核实 GPS 坐标，了解作业现场海拔、地形地貌、气象环境、植被分布、所需空域等。应提前向有关空管部门申请航线报批，并在巡检前一天和作业结束当天通报飞行情况。巡检前应填写无人机巡检作业工作票，经工作许可人的许可后，方可开始作业。

当天工作负责人应提前了解作业现场情况，决定是否能够进行巡检作业。作业前工作负责人应对全体巡检人员进行安全、技术交底，使所有人员明确工作内容、方法、流程及安全要求。

巡检人员应在作业前一个工作日准备好现场作业工器具以及备品备件等物资，完成无人机巡检系统检查，确保各部件工作正常。程控手应在巡检作业前一个工作日完成航线规划，编辑生成飞行航线和安全策略，并交工作负责人检查无误。

出发前，巡检人员应仔细核对无人机各零部件、工器具及保障设备携带齐全，填写出库单后方可前往作业现场。

（2）航线规划。

巡检人员应详细收集线路坐标、杆塔高度、塔形、通道长度等技术参数，结合现场勘查所采集的资料，针对巡检内容合理制定飞行计划，确定巡检区域、起降位置及方式。

巡检前应下载、更新巡检区域地图，并对飞行作业中需规避的区域进行标注。无人机应在杆塔、导线正上方以盘旋、直飞的方式开展巡检作业。无人机航线距离线路包络线的垂直距离应不少于 100m。巡检速度应在 60～120km/h 范围内，不得急速升降。

无人机起、降点应与输电线路和其他设施设备保持足够的安全距离，进场条件应较好，场地平坦坚硬、视野开阔、风向有利。无人机作业区域应远离爆破、射击、烟雾、火焰、机场、人群密集、高大建筑、其他飞行物、无线电干扰、军事管辖区和其他可能影响无人机飞行的区域，严禁无人机从变电站（所）、电厂上空穿越。同时应注意观察云层，避免无人机起飞后进入积雨云。

起飞时，无人机应盘旋至足够高度后方可飞往被巡检线路上空。线路转角角度较小时，无人机可沿线路方向飞行巡检；线路转角角度较大、地形陡峭或相邻铁塔高程相差较大时，应根据无人机飞行速度、转弯半径等技术参数正确规划巡检航线，宜由低入高逐渐爬升或盘旋爬升方式飞行；对于起伏较大的线路可采取为保证巡检作业尽可能覆盖全部线路，无人机实际飞行宜内切预设航线，即以多次盘旋的方式开展巡检。

（3）设备准备。

作业前，巡检人员应逐项开展设备、系统自检，确保无人机处于适航状态。检查无误工作负责人签字后方可开始作业。

（4）飞行控制系统准备。

在无人机开始巡检工作前，根据杆塔的位置设定巡检航线并将航线上传到无人机控制系统中并进行航线的再次检查确认。同时还要根据杆塔的类型对无人机设置相应的安全策略，确保在飞行巡检时无人机与输电线路处于相对安全距离的状态。

地面站自检正常，各项回传数据如发动机/电机状态、GPS坐标、卫星数量、电池电压、无人机姿态等参数满足飞行要求。无人机各接头、零部件、油箱油量、螺旋桨运行正常。如果无人机中任一部件（模块）出现故障或报警的情况，则不得放飞。

（5）任务载荷准备。

将机载的照相机、摄像机电源打开，摘下镜头盖，查看镜头是否清洁并进行相应的清洗处理。通过地面站观察传回的图像信息，依据图像显示情况对照相机或摄像机的焦距和镜头方向进行校准。同时也对地面站、遥控器与任务载荷通信链路进行了检查，确保了链路的正常通信和采集的数字图像的质量。

（6）能源动力系统准备。

1）检查无人机动力电池、飞控系统电池、任务荷载电池、遥控器电池、地面站电池等所有电池是否处于满电状态。

2）每架次作业时间应根据无人机最大作业续航时间合理安排。油动固定翼无人机续航时间以燃油续航时间与飞控电池续航时间中较小者为准。

（7）通信系统准备（含地面站和任务载荷）。

1）作业现场电磁场无干扰。

2）通信链路畅通。数传信息完整准确，图传清晰连贯，无明显抖动、波纹或雪花。

3. 巡检作业

（1）作业条件。

作业所用无人机巡检系统应通过本单位入网检测，各设备、系统应运行良好。巡检人员应确保身体健康，精神状态良好，作业前8h及作业过程中严禁饮用任何酒精类饮品。

作业宜在良好天气下进行。如果遇雪、雾、霾、大雨、冰雹、大风等恶劣天气或出现强磁电干扰信号等不利于巡检作业的情况时，无人机不得起飞。山区作业地面风速不宜大于7m/s；平原作业地面风速不宜大于10m/s。巡检区域处于狭长地带或大档距、大落差、微气象等特殊区域时，巡检人员应根据无人机的性能及气象情况判断是否继续飞行。特殊或紧急情况下，如需在恶劣气候或环境开展巡检作业时，应针对现场情况和工作条件制定安全措施，经批准后方可执行。

起飞前应核实所巡检线路名称和杆塔号无误，并再次确认现场天气、地形和无人机状态适合开展巡检作业。如遇现场环境、天气恶化或发生其他威胁到无人机飞行安全的情况时，工作负责人可停止本次巡检作业；若无人机已经起飞，应立即采取措施，控制无人机返航、就近降落或采取其他安全策略保证无人机安全。

（2）起飞。

起飞质量达5kg以上的无人机不建议采用手抛起飞方式，20kg以上的无人机不建议采用弹射起飞方式。高海拔地区作业时应适当增加弹射架长度或滑跑距离，以保证起飞初速度。

起飞时，应确认逆风，自检无误后工作负责人签署放飞单，下达放飞指令。根据无人机型号确定起飞方式。主要的起飞方式如下：

1）采用滑跑起飞时，应确认跑道平坦无障碍物。程控手控制起飞，监控并及时通报无人机状态；操控手协助观察图传信息并做好紧急情况下手动接管无人机准备。

2）采用手抛起飞时，应有防误触发装置。操控手负责抛掷无人机，抛掷后应立即离开起飞点，密切关注无人机飞行姿态，协助观察图传信息并做好紧急情况下手动接管无人机准备。程控手应监控并及时通报无人机状态。

3）采用弹射起飞时，弹射架应置于水平地面上，并做好防滑措施。操控手负责操作弹射架，解锁防误触发装置，触发弹射器前应通知全体人员。弹射完成后应立即离开起飞点，密切关注无人机飞行姿态，协助观察图传信息并做好紧急情况下手动接管无人机准备。程控手应监控并及时通报无人机状态。

起飞时，若无人机姿态不稳或无法自主进入航线，程控手或操控手应马上进行飞行模式切换，待其安全进入航线且飞行正常后方可切入自主飞行模式，并密切观察无人机飞行状况。

（3）巡检飞行。

原则上巡检作业全程采用无人机自主飞行模式。如有异常，程控手和操控手应按照故障处理程序进行处置，时刻准备进行人工干预，保障无人机顺利完成飞行作业。

工作负责人应时刻观察现场环境和无人机作业情况，合理做出决策。程控手应始终注意监控地面站，观察无人机发动机或电机转速、电池电压、航向、飞行姿态等遥测参数。操控手应注意观察无人机实际飞行状态，及时进行手动干预，并协助观察图传信息、记录观测数据。

当无人机出现姿态不稳、航迹偏移大、链路不畅等故障时，应及时修正舵向，调节速度、高度，恢复通信链路，若长时间无法恢复正常，应视无人机状态由工作负责人决定是否终止巡检作业。

当无人机飞行轨迹偏离预设航线且无法恢复时，程控手应立即采取措施控制无人机返航降落，操控手应配合程控手完成降落，必要时可通过遥控手柄接管控制无人机。待查明原因，排除故障并确认安全后，方可重新放飞执行巡检作业，否则应终止本次巡检作业。

（4）返航降落。

巡检人员应提前做好降落场地清障工作，确保其满足安全降落条件。采用机腹擦地和滑跑降落方式时，降落场地应满足其安全距离；采用伞降方式时，应根据无人机状态设定适宜的开伞时间并确保附近无安全隐患；采用撞网降落方式时，不得由巡检人员撑网。

降落期间，程控手应时刻监控回传数据，及时通报无人机飞行高度、速度和电压等技术参数；操控手应密切关注无人机飞行姿态，随时准备人工干预，发现问题应第一时间通知工作负责人和程控手，必要时切换手动降落。

如需再次开展巡检作业，应及时为无人机加油、更换电池，并做好起飞前检查工作。

（5）设备回收。

设备回收时，应将油门熄火，设备断电，检查各部件状态，对无人机巡检系统进行清洁紧固，确认无人机巡检系统完好。如有损坏，应及时维修无人机、地面站。设备拆卸装箱、装车。电动无人机应将动力电池拆卸，储存于专用电池箱中；油动无人机宜将油箱内剩余油量抽出，并单独存放。核对设备和工具清单，确认现场无遗漏。入库前应再次检查核对。

4. 巡检数据处理

应设置专（兼）职巡检数据处理员对巡检数据进行分析、整理。巡检数据需经至少两名数据处理员汇总、整理形成《固定翼无人机巡检缺陷单》，并签字确认上传。经过确认的缺陷及外部隐患按照既定流程及时上报。如有疑似但无法判定的缺陷，运维单位应及时组织人工核实。巡检数据应保留两年，并做好保密措施。

5. 作业注意事项

（1）巡检过程中，巡检人员之间应保持信息联络畅通，确保每项操作均通知全体人员，禁止擅自违规操作。作业现场应注意疏散周围人群，外来人员闯入作业区域时应耐心劝其离开，必要时终止巡检任务。

（2）作业现场应做好灭火等安全防护措施，严禁吸烟和出现明火。带至现场的油料，应单独存放。引发起火后，巡检人员应马上采取措施灭火；火势无法控制时，应优先保障人员安全，迅速撤离现场并及时上报。

（3）在确保安全有效的前提下，在设定巡检航线时尽量沿用已经实际飞行过的航线。如果要对历史航线进行修正，不得进行任何超过无人机安全限制的飞行路线，确保机体的安全。

（4）巡检前，无人机应预先设置紧急情况盘旋、返航、失速保护、紧急开伞等安全策略。当无人机姿态不稳、航线严重偏移时，应立即采取措施进行干预，必要时选择合适位置降落。

无人机在空中飞行时出现失去动力等机械故障时，应尽可能控制其在安全区域紧急降落。降落地点应远离周边军事禁区、军事管理区、人员活动密集区、重要建筑和设施、森林防火区等。

无人机起飞和降落时，巡检人员应与其始终保持足够的安全距离，不要站于其起飞和降落的方向前，同时要远离无人机巡检航线的正下方。在遇到紧急情况要转为手动操作时，操控手手动接管无人机应事先征得程控手和工作负责人同意。

无人机飞行时，若通信链路长时间中断，且在预计时间内仍未返航，应及时上报并根据掌握的无人机最后地理坐标位置或机载追踪器发送的报文等信息组织寻找。

发生事故后，应在保证安全的前提下切断无人机所有电源并拆卸油箱。应妥善处理次生灾害并立即上报，及时进行民事协调，做好舆情监控。工作负责人应对现场情况进行拍照记录，确认损失情况，初步分析事故原因，撰写事故总结并上报有关部门。

巡检人员应将新发现的军事管理区、空中危险区、空中限制区、人员活动密集区、重要建筑和设施、无线电干扰区、通信阻隔区、不利气象多发区、森林防火区和无人区等信息进行记录更新。

第三节　输电线路遥感遥测技术

一、三维量测技术介绍

输电线路量测技术主要有激光扫描测绘技术、摄影测量技术和卫星遥感测绘技术三个方面。

（一）激光扫描测绘技术

激光是20世纪人类最重要的发明之一，具有单色性、方向性、相干性和亮度高等特性。激光扫描使用激光作为发射源，是后期逐渐发展起来的主动遥感探测手段，具有很高的测量精度，应用领域广泛。

随着激光技术和电子信息技术的快速发展，激光量测已从静态的点测量发展到动态的三维量测领域，20世纪70年代美国已在阿波罗登月计划中使用该激光扫描测量技术，20世纪80年代中期，美国航空航天局（NASA）分别研制了海洋激光扫描技术和机载地形测量系统。随着硬件技术的进步，直到20世纪90年代末，机载激光扫描技术取得了重大突破，出现了相应的商用系统，欧美等发达国家研制出多种小型化、商业化的机载激光扫描系统，其中包括TopScan、Optech、TopEye、TopSys、HawkEye等商业化应用。在20世纪初，机载激光扫描系统的发展和使用已逐步深入到测量、三维城市、林业等领域。目前全球发展较好的激光扫描厂商有Riegl、Optech和Leica等，其主流产品已覆盖了地面激光扫描、机载激光扫描、车载激光扫描，近几年无人机激光扫描技术发展迅速，凭借其低成本、灵活等特点快速占领了市场。

传统的测量方式是单点测量，获取单点的距离、角度或者三维空间坐标，如皮尺、测距仪、水准仪、经纬仪和全站仪等，而激光扫描技术是自动、连续、快速地获取目标测量物表面的密集测量点的数据，即点云，实现了传统的单点测量到面测量的维度变化，获取的信息量也从空间位置信息扩张到目标物的位置信息和属性信息融合。

（二）摄影测量技术

摄影测量是指运用摄影机和胶片组合测量目标物的形状、大小和空间位置的技术，泛指通过摄影设备（如数码相机、航摄仪、传感器等）拍摄测量对象的影像，通过控制测量成果结合空三加密算法得到目标的三维还原（如构筑物的三维立体模型或者地形的DEM、DTM等）。从1839年尼普斯和达意尔发明摄影术起，摄影测量已有近180年的历史。摄影测量技术主要用于测制各种比例尺的地形图，建立地形数据库，为各种地理信息系统、土地信息系统以及各种工程应用提供空间基础数据，同时服务于非地形领域，如工业、建筑、生物、医学、考古等领域。

传统的摄影测量技术是利用光学摄影机摄取像片，通过像片来研究和确定被摄物体的形状、大小、位置和相互关系的一门科学技术。它包括的内容有：获取被摄物体的影像；研究单张像片或多张像片影像的处理方法，如理论、设备和技术以及将所测得的结果以图解的形式或数字形式输出的方法和设备。其主要任务为地理信息系统、各种工程应用提供基础测绘数据。近10年来，近景摄影技术和倾斜摄影技术在各行业应用较为广泛。

倾斜摄影技术是国际摄影测量领域近十几年发展起来的一项高新技术，该技术通过从1个垂直、4个倾斜、5个不同的视角同步采集影像，获取到丰富的建筑物顶面及侧视的高分辨率纹理。它不仅能够真实地反映地物情况，高精度地获取物方纹理信息，还可通过先进的定位、融合、建模等技术，生成真实的三维城市模型。该技术已经广泛应用于应急指挥、国土安全、城市管理、房产税收和电力等领域。

（三）卫星遥感测绘技术

卫星遥感技术是从地面到空间各种对地球、天体观测的综合性技术系统的总称。可从遥感技术平台获取卫星数据，并通过遥感仪器进行信息接收、处理与分析。遥感技术是正在飞速发展的高新技术，它已经形成的信息网络，正时时刻刻、源源不断地向人们提供大量的科学数据和动态信息。遥感平台是遥感过程中乘载遥感器的运载工具，它如同在地面摄影时安放照相机的三脚架，是在空中或空间安放遥感传感器的装置，主要的遥感平台有无人机、高空气球、有人机、火箭、人造卫星、载人宇宙飞船等。遥感传感器是远距离感测地物环境辐射或反射电磁波的仪器，除可见光摄影机、红外摄影机、紫外摄影机外，还有红外扫描仪、多光谱扫描仪、微波辐射和散射计、侧视雷达、专题成像仪、成像光谱仪等，遥感传感器正在向多光谱、多极化、微型化和高分辨率的方向发展。遥感传感器接收到的数字和图像信息，通常采用胶片、图像和数字磁带三种记录方式。其信息通过校正、变换、分解、组合等光学处理或图像数字处理过程，提供给用户分析、判读，或在地理信息系统和专家系统的支持下，制成专题地图或统计图表，为资源勘察、环境监测、国土测绘、军事侦察提供信息服务。我国已成功发射并回收了10多颗遥感卫星和气象卫星，如资源一号、资源三号、高风二号、高风四号等，获得了全色相片和红外彩色图像，并建立了卫星遥感地面站和卫星气象中心，开发了图像处理系统和计算机辅助制图系统。

二、输电通道三维量测技术应用现状

目前从电力行业应用情况来看，三维量测技术已不仅仅是一项基础测绘工具，而且是一项涉及电网工程规划、设计、基建和运行等电网工程全寿命周期的技术，将三维量测技术应用于电力行业有极其重要的意义，解决了输电线路辅助优化选线三维大场景问题、传统人工巡视方式受地形限制、人员无法到达的地区巡视、通道巡视精度低和输电通道三维建模等方面的问题，通过引入三维量测技术到输电线路应用领域，既可以提高工作效率，减少人员劳动强度，又可以形成三维量测技术体系，促进行业进步和发展。目前，国内电力公司正在推进电网运检智能化分析管控系统，实现了设备状态全景化、数据分析智能化、生产指挥集约化、运检管理精细化。该系统的基础数据主要来源于激光扫描、摄影测量。

三、激光扫描技术在输电线路中的应用

（一）激光扫描技术介绍

激光扫描测距技术是近年来发展起来的第三代前沿测绘技术，是一种主动式对地观测技术，可以快速获取地形表面模型，实现空间立体数据实时获取的革命性飞跃，快速、智能化呈现客观事物三维实时、变化、真实形态特性，目前已在测绘、电力、林业、水利、考古等行业得到广泛应用。

激光的主要原理是进行测距和测角，利用激光脉冲发射器，向目标物体发射激光脉冲，通过信号接收器接收发射回来的激光脉冲，记录每个激光脉冲从发射到目标物体的传播时间，从而计算目标到扫描中心的距离，同时记录每一束激光脉冲的水平扫描角和竖直扫描角，经过软件计算后得出目标物体的相对三维坐标（X，Y，Z），即激光点云，经过转换后得到所用的三维空间位置坐标或者模型，同时还具备记录扫描点反射强度等多种属性信息功能。

传统测量设备是通过单点测量获取目标的三维坐标信息，而激光扫描技术作为现代测绘新技术之一，可快速、大规模、连续获取目标物的三维数据信息，将数据导入到计算机中，从而为快速构建目标物的三维模型，并为获得三维空间的线、面、体等各种制图数据提供了极大便利，而且激光扫描测距技术具有自动化程度高、测点精度高、测点密度大、信息量丰富、产品生产周期短、全天候作业和受天气影响小等优点。

国内相关学者按照搭载平台将激光扫描系统分为机载激光扫描系统、车载激光扫描系统、地面激光扫描系统、手持激光扫描系统和车、船载激光扫描系统，尤以机载激光扫描系统应用最为广泛，其中机载激光扫描系统搭载飞行平台可分为有人直升机、固定翼、无人机等，空中测量平台由动态差分 GNSS 接收机、惯性导航系统（inertial navigation system，INS）激光扫描测距系统、CCD 相机、计算机以及激光点云数据处理软件等组成。

（二）技术现状

20 世纪 60 年代，欧美等发达国家开始研发三维激光扫描技术，20 世纪 90 年代加拿大卡尔加里大学和 GEOFIT 公司为高速公路测量而设计开发了 VISAT 系统，该系统为机载激光扫描系统；1998 年，美国斯坦福大学进行了地面固定激光扫描系统的集成实验并取得了良好的效果，至今仍在开展相关研究工作；1996 年，中国科学院将激光测距仪与多光谱扫描成像仪共用一套光学系统，完成了机载激光扫描测距-成像系统原理样机的研制；随后，武汉大学开发研制了地面激光扫描测量系统，广州中海达卫星导航技术股份有限公司开发了国内第一台完全自主知识产权的高精度地面三维激光扫描仪 LS-300 三维激光扫描仪。随着相关技术的成熟，国际上许多测量设备公司先后研制出多种商业三维激光扫描仪，如奥地利 Riegl 公司、加拿大 Optech 公司、瑞士 Leica 公司、美国 Trimble 公司、日本的 Topcon 公司和澳大利亚的 I-SITE 公司等，它们的产品在测距精度、测距范围、数据采样率、最小点间距、模型化点定位精度、激光光斑大小、扫描视场、扫描频率等技术指标各

有侧重。

经过几十年的发展，三维激光扫描技术不断进步并已成熟应用于各行各业，激光扫描技术具有扫描速度快、实时性强、精度高等优势，已逐渐取代一些传统测绘手段，为工程应用提供了更精确、更高效的数据。其扫描速度从最初的每秒几千点，发展到目前每秒百万点，视场角从原来的几十度发展到目前的 360°，有效扫描距离从几十米到最长 6000m，目前最高测量精度可达到 2mm。

激光扫描的硬件技术在国内外的迅速发展，不仅解决了激光器体积大、质量大、能量和重复频率之间矛盾等问题，同时提高了有效信号的提取，也研究了可见光、近红外和短波红外三种波段的高光谱测量，提高了激光扫描系统的探测目标光谱信息的能力和应用范围，比如多光谱激光雷达、单光子激光雷达、测深激光雷达等。

多光谱激光雷达是从激光光源本身出发，利用多个波长探测目标特性，解决单波长激光雷达光谱信息不足的问题。其结合了多光谱与激光雷达的优点，既保证了空间分辨能力，又可以获得丰富的光谱信息。与被动式技术不同，多光谱激光雷达可以不受太阳照射变化的影响，因为接收的是反向散射信号，可以消除被动式遥感必须考虑的多次散射效应。

单光子激光扫描的探测方式一般分为相干探测和直接探测两种。利用从探测目标返回的信号与激光发射时的主波信号，在光电探测器上进行混频，从而产生两者的相干性，并对信号测量，就完成了激光回波的探测，此为相干探测。相干探测主要应用于目标测速和较低精度的测距。直接探测是激光发射器发射激光，激光探测到目标信号后发生反射和散射，激光接收器收集反射回来和散射回来的回波信号，在光电探测器中发生光电信号的转换，形成电流信号，随后测量主波信号与回波信号的时间间隔，再根据传输速度计算出距离信息或者高程信息。单光子激光雷达技术，虽然降低了对空间激光器单脉冲能量的要求，但要求空间激光器有更高的脉冲重复频率、更窄的激光脉冲、更好的光束质量及稳定性等，因此高重频、窄脉宽、高光束质量与稳定激光光源将是下一步研究的重点。

机载蓝绿激光扫描测深是一种主动测量技术，可以快速、直接获取浅海、岛礁暗礁和船只等无法顺利到达的浅海水域的水深，被认为是海洋测绘领域极具潜力的对地观测新技术。对于陆上地物测量，机载激光扫描数据处理已有很多算法，但在海洋测深方面受各种背景和地球物理环境因素的影响，机载激光测深数据的处理算法和软件都相对滞后。其原因在于测深激光脉冲在大气与水界面以及水体中传播路径复杂，影响回波信号的因素多。

四、直升机激光扫描技术在输电线路中的应用

输电线路分布点多、面广，且绝大部分远离城镇，所处地形复杂，自然环境恶劣等，人工巡视难度大、效率低，难以发现线路塔身横担以上的缺陷。由于直升机灵活便利、效率高、安全性好，近年来，直升机搭载可见光、红外热像仪、激光扫描系统等巡检设备对输电线路进行巡视检查逐渐成为我国超高压、特高压输电线路运维的主要方式。

传统的地面人工线路测距需要花费大量人力、物力，同时受地面手持设备精度和人为误差等因素影响，如存在视野盲区，无法还原通道现场，获取导线下净空距离、导线弧垂等数据难度高、工作量大，在极端恶劣天气下人员难以到达现场巡检，无法对线路复杂工

况进行预测。激光扫描技术可快速获取输电线路通道三维数据，精度可达厘米级，能更精准地测量树木离导线的距离，有效避免了传统目测估量的不准确性，大大提高了直升机巡视数据采集的种类和效率。机载激光扫描测量技术在电网中的广泛应用，主要包括电网资产管理、电力巡线（危险点线间距检查）、输电线路勘测设计、输电线路基建验收等。

（一）电网资产管理

通过巡线采集的高精度激光点云和高分辨率数码影像数据，处理成标准的 DOM、DEM，结合分类后的点云，可以实现电力线路三维建模，恢复线路走廊地形地貌、地表附着物（树木建筑等）、线路杆塔三维位置和模型等，可以精确、直观地表达线路本体情况，还可以真实表达线路通道各类地物，在通道可视化管理中有不可比拟的优势，可用于三维数字化管理系统建设，辅以线路设施设备参数录入，可实现线路资产可视化管理。输电线路激光扫描三维数字化管理系统通过加载巡检可见光和红外视频，融合激光扫描、多光谱、全景和倾斜摄影等技术，依据台账信息和直升机输电线路激光扫描高精度三维点云数据，可形成电网资产的数字化档案，作为历史数据可用于历年线路资料的管理和更新，接入在线监控装置，可助运维人员实现室内监控线路的运行状况，为线路的运行管理提供科学、直观的信息平台，提高输电线路资产精细化管控水平。

（二）输电线路勘测设计

与传统的航测手段相比，机载激光扫描具有明显的优势，其主要特点如下：

（1）机载激光航测系统航飞高度较传统全数字影像航摄低，数字高程模型（DEM）的精度不依赖影像质量，对天气条件要求不如传统航测严格，航飞数据获取相对灵活。

（2）机载激光航测系统所获取的 DEM 高程精度好，可穿透植被，能直接获得高精度的地面高程数据；全数字航测在植被茂密的山地、航摄分区接边处高程精度往往受空三加密精度、地表植被等影响，高程精度较差。

由于激光能够穿透植被，从所获取的点云数据得到高精度的数字表面模型（DSM），通过激光点云分类处理可以得到地面林木高度等在设计排位中需重点关注的要素，而传统航测无法做到。

在南方山区，由于地表植被茂密，传统航摄所获取的影像中往往出现类似“落水”的现象，即整幅相片缺少纹理信息的植被覆盖，这给后续像控及数据处理带来极大的困难，也直接影响数字表面模型成果精度，使用机载激光航测即能很好地克服此困难。

（三）路径优化

机载激光航测在路径优化设计勘测中的优势如下：

（1）获得高精度 DEM 高程信息，在此基础上量测的山地地区断面保证了设计人员进行设计排位更合理，有效降低了千米铁塔指标。

（2）高分辨率和高时效性正射影像用于精细化判读与室内量测，使设计人员能够实现室内的宏观规划与细部微调。

（3）通过机载激光点云数据对已建线路的铁塔塔高、线高等进行量测，使交叉跨越设计更加优化。

(4) 面对突发的路径变更，传统的线状测量数据，无法满足路径变更需要，而基于面状的激光航测数据，可立即开展路径的优化设计，从而为终勘的顺利完成提供重要保障。

(5) 因为获取了高精度的地表信息，可有效降低野外勘测强度，提高终勘效率，有效控制终勘成本。

(6) 通过三维优化设计，合理优化线路路径，降低线路曲折度，使线路路径设计参数达到最佳，优化工程投资。

(7) 设计人员通过三维优化设计进行精细化塔型、塔高设计，进行施工招标工程量及材料统计计算以及实际工程的整体分析，使工程投资估算更准确、精细。

(8) 通过线路三维路径优化设计，有效避让建（构）筑物及林区控制拆迁及青苗赔偿费用，同时有效估算工程建设所必需的房屋拆迁及林木砍伐量，使工程赔偿预算准确、合理。

（四）输电线路基建验收中的应用

为确保输电线路正常运行，在输电线路施工过程中及施工完成后对工程质量进行必要的验收检查。根据 GB 50233—2014《架空输电线路施工及验收规范》的要求，输电线路运维管理单位在验收时，需要对线路杆塔基础、接地装置、杆塔本体、绝缘子串及金具、导地线（含光缆）、走廊保护区及风偏距离、交叉跨越等项目进行验收。

验收测量是基建工程验收中的重要手段，对于输电线路而言，杆塔的定位、结构倾斜、横担高差、导线弧垂、对交叉跨越物及对地距离，均需要实地进行测绘。传统的验收测量，验收人员需要在项目现场往返于各塔基和关键点之间，借助传统测绘设备，如 GPS、测距仪、全站仪、皮尺、照相机、弧垂板等，通过多人配合才能完成，效率较低。在复杂地形条件下还存在较大的安全风险，获得的验收成果数据也较离散，形式单一，不能全面反映工程建设的质量状况，容易遗漏质量隐患点。

在输电线路工程基建验收中，机载激光扫描测量可获取通道的密集点云数据和高分辨率正射影像，基于密集点云数据，通过点云滤波和分类，并借助正射影像，可分离出线路本体、地面、植被以及交叉跨越等，从而为输电线路杆塔和导线的建模提供基础数据，最终基于建模成果和通道点云成果，即可完成验收测量，大大提高了输电线路工程验收测量的工作效率和成果精度。

1. 杆塔基本数据

通过获取线路本体激光点云三维数据，经处理分析可用于转角、水平档距、经纬度、塔基高程、塔高、呼高、杆塔倾斜距离、杆塔倾斜度、悬垂绝缘子倾斜等计算，用于判断是否符合验收要求。

2. 导线数据

基于激光扫描点云数据对导线进行矢量化，可获取导线长度、引流线长度、导线弧垂和导线相间距等数据，形成导线验收基础数据。

3. 通道检测

为保证输电线路的安全运营，输电线路相互水平接近时的最小净距、输电线路交叉时电力线间的最小距离、输电线路表面与地面距离、输电线路表面与树木的最小距离、输电线路与建筑物的最小距离等都应在安全距离内。输电线路运行期间，需对输电线路间、输电线路与其他物体间的距离进行量测计算，并参考输电线路运行的技术要求和 DL/T 741—2019《架空输电线路运行规程》，对量测结果进行分析与预警。

基于点云的输电线路间距检测，包括输电线路相互水平接近时的最小净距检测、输电线路交叉情况下最小净距离检测、输电线路与地表地物最小距离分析以及输电线路与地面最小距离分析。根据 GB 50233—2014《架空输电线路施工及验收规范》要求，基于激光点云数据，自动进行输电导线之间以及导线与地面、建筑物、树木、线路交叉跨越、交通设施等其他线路间距的自动量测，形成通道隐患检测报告，用于辅助基建验收。基于激光扫描技术三维成像技术的特点，在基建验收领域还可应用于验收平断图存档、设计参数与施工数据对比等方面。

（五）直升机激光扫描电力巡线应用

1. 直升机激光扫描电力巡线技术

（1）激光扫描设备。传感器吊舱系统主要包括激光器、光学数码相机、POS 系统和气象传感器等，其中气象传感器主要采集温度、湿度和风速风向等传感器。

1）激光器。

a. 精度要求。根据国外激光数据在输电网中的应用经验，利用激光点云开展输电线路的工程分析时，点云数据相对精度要大于 0.07m，即激光扫描器的相对精度必须达到 0.07m。

b. 体积要求。根据民航一般飞行器管理规定，直升机外挂设备必须通过国际适航认证，激光扫描器的体积必须适合相应具有适航认证的外挂吊舱要求。一般质量体积要求：质量要求小于 30kg；体积要求小于 30cm×30cm×60cm。

c. 安全要求。激光扫描器发出的不同波长激光束在不同的飞行高度可能会对人群、海洋动物和陆地动物造成伤害。直升机激光扫描作业属于低空作业，在选择激光扫描器时必须考虑适合低空飞行、使用激光波长不会对人畜造成伤害的激光扫描器型号。

2）高分辨率相机。高清相机主要用来获取影像数据标识线路走廊内物体的类型，其精度在系统集成中是辅助的，要足以精确地解释被测物体的种类，通过影像数据进一步精确地说明物体类型，从而对不同类型物体的点云数据做出判断。

3）气象传感器。气象传感器主要用于获取采集数据时的外部环境资料。档距是分析系统用于校准输电线路模型的最小单元，因此气象数据最小测量频率要求是实现每一跨距的测量。但在实际应用中 2、3 档距内的气象条件一般很少变动，因此可以减少气象传感器测量频率，对于温度测量精度达到 1℃即可。

4）惯性导航仪。直升机飞行姿态由惯性导航仪记录，惯性导航仪是飞行控制管理系统的核心设备。

（2）直升机平台。

用于激光扫描电力巡线吊舱载荷质量为 20～60kg，需要考虑在恶劣气象条件和山区、高原地形下作业，对飞行平台的机动性、载荷和可靠性要求很高，因此直升机在性能方面应满足电力巡检的需要。目前国内使用较多的直升机有Bella206-4、H125和Bell407等机型，特殊作业情况，可选择双发直升机，如Bell407等。

2. 激光扫描电力巡线技术方法

（1）直升机激光扫描电力巡线作业要求。直升机激光扫描电力巡线是一项涉及飞行、航务、航检（测绘）等多部门协调配合的工作，具有电力和测绘行业特点，机载激光扫描系统是一项高度集成化的设备，现场作业时对人员、设备和飞行要严格按照相关规定执行。

1）人员。

a. 航空器驾驶员。应持有有效的中国民航总局颁发的任务机型商用飞行驾照，驾驶直升机总飞行时间不少于600h，同时已接受电力巡线专业飞行培训100h以上。机长应熟悉气象信息，能在数据采集过程中进行悬停、盘旋、低空飞行等操作，并具备在未清理区域紧急降落的能力。

b. 系统工程师。具备系统维护、安装、调试能力，应熟悉直升机内部系统，了解机载激光扫描系统结构部件的知识，保证安装的部件满足直升机的安全要求，能完成机载系统的安装与调试。

c. 设备操作员。设备操作员主要负责空中数据采集，应掌握激光扫描系统的工作原理，熟悉激光扫描采集系统的各种操作，具备在直升机上完成激光扫描数据采集工作的能力。

d. 数据处理人员。飞行数据质量检查、数据处理及分析，应熟悉激光扫描系统的工作原理，掌握数据处理流程，具备对激光扫描获取的数据正确判断输电线路设备是否存在隐患的能力。

2）设备。用于激光扫描作业的直升机和吊舱应已取得民航局颁发的适航证且各项性能指标良好，处于适航状态。用于激光扫描输电线路作业的机载POS应满足以下要求：

a. 机载GNSS信号接收机应为高精度动态双频测量航空型接收机，有稳定的相位中心，能在高空、高速的环境下正常工作，数据采样率应不小于2Hz。

b. 机载IMU的测量频率应不低于128Hz，侧滚角和俯仰角的中误差应不大于0.01°，航偏角的中误差应不大于0.02°。

c. 用于激光扫描输电线路作业的GNSS接收机应满足以下要求：

a）机载GNSS设备、地面GNSS设备、存储器、激光扫描等电子元件设备对环境的要求应满足以下规定：工作温度为0、40℃，存储温度为10、50℃。

b）地面GNSS接收机应选择高精度实时静态双频接收机，接收机的数据采样率应不低于机载GNSS接收机的数据采样率。

c）地面GNSS参考站应派专人看守，并实时监测GNSS接收机的工作状态，应采取防雨、防雷的准备措施。

3）现场及飞行要求。直升机激光扫描作业时气象条件除应满足DL/T 288—2012《架空输电线路直升机巡检技术导则》及其相关要求外，还应满足以下条件：水平能见度大于3km，垂直能见度大于500m，无雷闪。

a. 临时起降点场地应平坦坚硬、无砂石，且其直径不小于直升机总长的1.5倍，周围至少一面无飞行障碍物。

b. 明确线路作业区后，机长应提前和系统操作员沟通飞行计划，熟悉作业区内的地形、高差、气候环境，并根据作业区的环境特点提前做好飞行应急预案。

c. 数据采集过程中，直升机激光扫描输电线路作业时应始终保持沿着输电线路的方向飞行，且沿单一方向飞行时间不宜超过30min。如单一方向线路飞行时间超过30min，直升机可沿线路外侧飞出航线后重新进入航线。

d. 外部条件不符合直升机飞行最低要求时应禁止飞行。

4）通信要求。

a. 激光扫描采集作业时应保证现场通信畅通。

b. 通信频率的设定应确保机组人员与军民航管制人员、现场空管调度员之间建立有效沟通。

c. 不得使用干扰直升机飞行、通信导航系统的便携式电子设备。

5）航线设计。直升机电力线路巡检的航迹布设时一般按以下思路进行：首先，根据任务要求和所使用的传感器参数计算航迹布设的相关参数；其次根据电力线模型数据和地形数据，计算以电力线杆塔分隔的电力线分段巡检航迹；最后在此基础上结合电力线走向计算分段航迹连接点生成连续航迹。

6）其他注意事项。

a. 进行直升机激光输电线路作业的单位在飞行时应严格遵守航空器运行手册的相关要求。

b. 作业人员在飞行前应保证身体状态良好，符合飞行作业的状态要求。

c. 数据采集作业所涉及电子设备的操作都应遵守设备使用手册。

d. 驾驶直升机的机长应始终能目视待扫描输电线路，并清楚线路的走向。

e. 直升机激光扫描输电线路作业应参照Q/GDW 1799.2—2013《国家电网公司电力安全工作规程　线路部分》的相关规定。

（2）直升机激光扫描电力巡线数据采集。利用直升机激光扫描技术开展输电线路导线距离分析的前提是输电线路导线的点云数据包含足够多的点，以便精确定义导线垂曲线，输电线路通道内物体点云必须足够多，以便定义和输电线路周围有关的物体形状和位置，点云数量需满足必要的分析精度要求，平均点云一般要求30～50个/m^2，在进行直升机激光数据采集作业时，由于激光扫描器的发射频率和扫描角是固定的，点云的密度值和直升机的飞行高度和飞行速度密切相关。

自然界中，由于风和温度随着高度变化较大，因此气象传感器在采集超过输电线路以上200m的数据时，很难真实地反映输电线路所处高度的具体气象数据，因此，气象数据采集时要求低空飞行，以获得真实的输电线路周围的气象数据。根据国内输电线路通道的运维需求，一般选取线路中心线各45m作为数据采集范围，要求相对应的飞行高度大概为125m。

综合考虑点云数据、影像数据、气象数据以及采集航带宽度的采集要求，在直升机飞行安全要求的基础上，最终确定直升机激光扫描的作业方式：直升机在数据采集时以线路中心线附近作为采集数据位置，飞行速度为60～80km/h，为了保证点云数据的高准确度，应一直保持匀速飞行，飞行高度为125～150m。

3. 直升机激光扫描电力巡线应用

当前，开展激光点云分类处理的软件主要是基于MicroStation平台的TerraSolid系列软件，软件主要包括TerraScan TerraPhoto，TerraModeler，TerraMatch等模块。

经过数据处理后生成的激光点云数据，具有精确空间坐标及其他属性信息，可以直接作为产品进行简单应用。为了充分发挥激光点云数据的价值，还需按照地面激光点和非地面的激光点对点云进行分类，制作生成地表地形数字高程模型等，数据处理的最重要功能是激光点云分类，电力巡线用激光扫描点云通常可划分为24类。

通过对原始影像的预处理，得到每幅原始影像的外方位元素，激光扫描测量系统中影像的内方位元素已知，由此便可以完成影像的相对定向和绝对定向，进一步生成正射影像。

4. 直升机激光扫描技术展望

目前激光扫描技术在输电线路通道电力巡线方面应用发展迅速，国家电网有限公司和南方电网公司在输电线路运维中均大规模开展了激光扫描技术应用，取得了显著的成效，规范了数据采集作业要求以及数据采集、数据处理等输电线路激光扫描作业技术的完整流程和标准化规范。激光扫描技术具有穿透性强、自动化程度高、测点精度高、信息量大等优势，在基建验收、勘测设计方面均有典型工程应用案例，应用前景广阔。机载激光扫描的高精度高程信息和对树木的穿透能力能提供精确的树木三维模型，可开展单株树的识别、树高和胸径等关键信息提取；同时结合研究多光谱树种识别，建立不同树种的生长模型，实现树木高度对线路安全威胁的风险预警，同时可对输电线路运维树种砍伐提供决策依据：建立大范围、高精度的数字地面模型，用于构建电力通道的三维可视化建模，有利于电力巡线的直观管理；开发和应用机载激光扫描技术；对紧急灾害事件的快速响应非常有利，也可快速勘测和构建灾害地区的地形信息，还有利于第一时间掌握灾害地区的实际状况。

直升机激光扫描电力巡线在输电线路运维中应用可以提高输电线路安全性。需将激光扫描电力巡线纳入输电线路常规巡线手段，形成常态化扫描监测机制；同时将激光扫描电力巡线检测的通道缺陷纳入运维单位的生产管理系统，实现缺陷闭环管理。充分利用激光扫描数据和成果，高效地进行线路资产管理、植被管理和交叉跨越管理；充分挖掘激光扫描数据的价值，开展输电线路热评估、动态增容、通道预警分析等，为构建坚强智能电网作出更大贡献。

五、发展无人机激光扫描电力巡检技术

无人机巡检电力线路具有设备投资小、巡检成本低、自动化、智能化的特点，具有明显的技术、经济优势，能够较大程度上解决有人机巡检和复杂地理条件下人工巡检的安全系数低、技术要求高、劳动强度大等问题。随着可自组网的中继链技术、激光器吊舱小型化和无人机自动充电技术的发展，将多种传感器集成开展线路巡检，可弥补单一传感器信

息不全的缺陷，全方位诊断线路状态，获取电力线路走廊海量信息，是一种高效的电力线路资产数据获取与建模手段。

基于输电线路的三维激光扫描数据可构建高精度三维导航地图，将三维导航地图与无人机飞行航线结合，可实现完全自主的无人机飞行，为无人机在输电通道场景精准飞行、远距离操控避障预警提供支持，实现无人机自动智能巡检。

当前，激光扫描设备普遍存在重量大、对飞机平台稳定性和承载能力要求较高等问题。随着轻小型激光扫描系统的出现和逐渐成熟，无人机激光扫描开展电力巡线作业成为可能。无人机激光扫描可有效增加巡线作业的灵活性，拓展激光扫描在电力行业的应用领域。

（一）无人机激光扫描应用及典型案例

1. 输电线路运维

无人机激光扫描技术可以获取输电线路走廊的高密度、高精度激光点云数据，实现输电线路本体及周围环境的三维建模、线路瞬时工况、安全距离量测、线路不同工况安全距离分析以及平断面图输出，进而进行高精度三维空间量测、模拟分析及通道可视化管理。

（1）杆塔信息。利用无人机激光扫描技术获取的点云数据，经过后期的数据处理，可以获取线路杆塔基本数据，如杆塔位置、杆塔高度、线路弧垂、杆塔倾斜角、相间距、杆塔位移、地线保护角等基本信息。

（2）电力线信息。通过对点云数据的三维量测，可以实现对电力线距离信息的点对点直接测量，如电力线相间距、电力线对地距离等。

（3）输电线路本体及走廊三维地形地貌还原。通过对电力通道走廊的点云滤波，实现对通道内 DEM 的快速提取。

（4）最大工况安全距离分析报告。可以根据不同的导线参数、环境参数、运行参数模拟不同工况的导线弧垂，并进行安全距离分析。

（5）瞬时工况安全距离检测报告。依据运行规范 DL/T 741—2019《架空输电线路运行规程》或 DL/T 288—2012《架空输电线路直升机巡检技术导则》等，对瞬时工况下的线路走廊进行安全距离评估。自动对电力设备与其他信息（如地面、植被、道路、河流等）的距离进行安全距离检测。

无人机激光扫描技术在输电线路运维中的数据成果主要包括精确台账、平断面图、交叉跨越检测报告、实时工况安全距离检测报告、模拟工况（高温、大风和覆冰）、安全距离检测报告、数据三维展示系统等。

（二）无人机激光扫描技术在输电线路勘测设计中的应用

输电线路勘测优化设计是输变电工程中最基础的工作，优化设计输电线路路径需综合考虑行政规划、运行安全、经济合理、施工难度、检修运维等因素。传统线路优化设计主要采用的测量方法是工程测量方法或者工程测量与航测相结合的方法，存在外业劳动力强大、数据精度低且无法获取植被以下地形及交叉跨越的高度以及工期较长等缺点。

将无人机激光扫描技术应用于电力线路优化设计中能降低选线难度，提高设计效率。机载激光扫描技术获取的点云数据丰富、精度高，能够获取植被以下的地形，并且能够测得交叉跨越高度且自动化程度高，能够保证线路走向合理，大大降低外业工作量。

通过对原始点云数据的处理，经过点云去噪、滤波及精细分类，可快速、自动分离出精细的地面点云及分类后的电力线点云数据，快速提取交叉跨越高度。

利用点云数据能够生成线路走廊的高精度数字高程模型 DEM、高精度数字表面模型 DSM 及精细分类后的电力线点云数据 LAS 等数据成果。应用高精度激光扫描数据成果，可以在基于激光扫描数据输电线路三维优化选线软件中进行设计，高效、快速地对该区线路进行优化设计。

利用机载激光扫描系统的多种数据成果可进行室内可视化电力线路选线优化设计，为线路设计提供多种辅助信息，如房高树高、面积坡度量测、线路交叉跨越高度测量、快速平断面/塔基断面/塔基地形图等；对已有电力线路交叉跨越高度进行量测；在线路设计过程中基于精细 DEM 快速获取不同方向、不同深度的断面数据；通过 DSM 数据及精细分类点云数据可以从中精确量取待拆迁房屋面积及待砍伐植被面积，同时能够实现线路的优化，减少线路与房屋、植被的跨越，同时对重要地物（高速路、铁路等）跨越角度进行评估；根据优化选线结果及 DEM，可以快速、自动地获取线路平断面图、塔基断面图及塔基地形图。

（三）无人机激光扫描技术在输电线路基建验收中的应用

输变电工程验收是保证输电线路长期安全运行的关键，利用无人机激光扫描技术对输电线路的关键设施进行建设后的验收是及时发现问题、改正问题的有效手段。

（1）地形地貌获取。利用无人机激光扫描技术能够快速获取输电线路在建设前后地形地貌的状态，科学分析输变电工程建设对周边地形改变造成的影响，通过对后期地形的研究，科学分析基建设施的基本环境因素。

（2）杆塔点云数据获取。利用无人机激光扫描技术能够快速获取单个杆塔的点云数据，通过对点云数据的处理和分析，得到杆塔高度、倾斜度、坐标等关键因素，进而分析杆塔设计及施工是否符合相关规范。

（3）周边环境扫描。对建设完成后的周边环境的扫描测量，如周边土石方量的测算以及周边滑坡、崩塌、沉陷、采动等地质条件的因素，分析周边环境是否对工程后期运行产生影响。

（4）灾害模拟仿真。对杆塔塔基与周边地形高程的联合扫描，模拟在洪水淹没后的水位状态以及导线对水面的安全距离等，从而进一步分析自然灾害对输电线路运行的影响。

（四）无人机激光扫描电力巡线技术及相关设备

1. 激光扫描设备

激光扫描系统是集激光测距、全球定位系统（GPS）、惯性导航系统（IMU）于一体的综合性系统。它可利用高精度的激光扫描测距技术获取测距信息，利用惯性导航单元系统获取飞行平台姿态信息，利用机载 GPS 获取飞行平台的空间三维位置信息。通过测距信息和姿态等信息进一步进行解算，获得地面目标的三维点云信息。

轻小型激光扫描系统具有体积小、质量轻且精度高，选择的飞行平台较为灵活，快速响应测绘作业任务且数据采集周期短。评价激光扫描的主要技术指标有最大测量距离、线扫描频率、脉冲重复频率、扫描角范围以及光斑发散角等。其中，最大测量距离确定了激光扫描的最远测程，超过该距离范围将无法接收到激光回波信号。无人机可搭载的激光扫描设备测距为100～1000m，设备采样频率和其他参数也因设备不同而差别很大。

2. 无人机平台

无人机作为一种轻便快捷的飞行平台，从设计结构和起飞方式来说无人机可分为固定翼无人机、无人直升机和多旋翼无人机三种类型。其中，固定翼飞机具有续航时间长、飞行效率高等优点，但其负载能力相对较低；无人直升机具有垂直起降续航能力和负载能力强等优点，但其结构复杂，操作难度和成本较高；多旋翼无人机具有方便携带、操作简单和垂直起降的优点，但通常负载能力较低，续航时间较短。需要根据巡线任务选择合适的无人机平台。

从整体来看，通过搭载小型激光扫描设备可以实现无人机机载激光扫描系统的组合，对于承担小型区域内的输电线路扫描任务具有得天独厚的优势。

（1）无人机起降要求低。由于其升降灵活，对野外环境要求很低，可不必使用专门的机场或跑道，在空旷的场地即可实现起降。

（2）无人机飞行高度相对较低。受环境影响小，可在云层飞行，获得的数据点云密度更高。

（3）无人机飞行速度相对慢，稳定性更好。飞行轨迹相对稳定并且信号强度高。惯性导航系统可以获得更加准确的定位及姿态信息，结合差分GPS获得的坐标数据更加精确。

（4）无人机地域适应性强。对于丘陵及山地，无人直升机具有相当大的优势，受云雾干扰影响较小。飞行方便灵活，可以随气候变化及时调整飞行方案，避免因气候变化带来的不必要损失。

（5）无人机成本低。相比动辄上千万元的设备，无人机的本机成本更加低廉，相比于载人飞机，无人机在运营、维护和操作等各方面的成本都有明显优势，具有低投入、高回报的优势。

3. 激光扫描电力巡线技术方法

无人机搭载激光扫描技术应用于输电线路电力线巡线，主要包括原始数据获取、数据处理和通道内检测三大作业内容。

（1）原始数据获取。主要根据无人机和激光扫描设备，获取原始激光数据、POS数据。通过对原始回波数据和POS数据的联合解算，获得点云数据。

（2）数据处理。点云数据的处理主要分为预处理和后处理两大部分。预处理将点云数据中存在的噪声点等进行剔除，保留正确地物的点云数据。后期数据处理集中在对点云数据的精确分类，对分类后的点云数据进行进一步的数据处理，如DEM生成、DSM的生成等。

（3）通道内检测。根据已经处理后的点云数据在科学依据和相关规范的要求下，利用电力通道内的地物信息进行通道内的安全检测，实现对通道内危险点的检测（植被危险点、建筑物危险点、交叉跨越等）。

（五）无人机激光扫描技术展望

无人机搭载激光扫描系统结合了无人机和激光扫描设备两者的优势，克服了载人机或飞行三角翼的飞行成本高、飞行周期长、受影响因素多等缺点，具备快速、灵活地获取高精度数据的优势，同时数据属性丰富，能够很好地描述地形地貌相关细节。在输变电工程设计及建设阶段，可辅助统计林木砍伐和房屋拆迁，优化线路走廊，评估工程对周边环境的影响；在输电线路运维阶段，可缩短线路运维周期，减少人力和物力投入，有利于业主实现数字电网管理，提高电网设计管理的先进性，在我国电力行业中必将有很广泛的应用前景。

六、卫星遥感技术在输电线路的应用

（一）卫星遥感技术概念

卫星遥感是指运用人造卫星平台上的传感器/遥感器，获取地球表层（包括陆圈、水圈、生物圈、大气圈）特征的反射或发射电磁辐射能量数据通过数据处理和分析，定性、定量地研究地球表层的物理过程、化学过程、生物过程、地学过程，为资源调查、土地利用、环境监测等服务。可以说卫星遥感是以卫星平台上的传感器为接收（发射）源，以电磁波与地球表面物质相互作用为基础，探测、分析和研究地球资源与环境，揭示地球表面要素的空间分布特征与时空变化规律的一门科学技术。

（二）卫星遥感技术的分类

卫星遥感技术不仅包括卫星遥感数据采集与获取，而且包括数据处理、数据信息提取、数据分析与应用，是集卫星遥感数据采集至最终信息产品服务于一体的科学技术体系。因此，卫星遥感技术的分类可以从数据获取、处理、分析解译等多个维度进行展开。

（三）卫星遥感技术在输电线路中的应用技术

由于卫星遥感技术具有大范围、高分辨率、更新快等特点，在输电线路的勘测设计、巡检等过程中已经得到越来越广泛的应用。

输电线路路径的勘测设计是电力工程建设中的一项主要环节，路径选择的优劣直接影响输电的安全性、便捷性和经济性。针对输电线路路径选择现已广泛使用卫星、航拍、全数字摄影测量等新技术，特别是遥感技术可实时、快速、动态地提取输电线沿线地区的地质、地貌、地形等特征，为线路的选择和确立提供依据。目前的研究多数基于 30m 空间分辨率的 Thematic Mapper（专题测绘）数据通过目视解译的方法，人工解译输电线沿线地区的不良地质现象、地质构造等信息。实质上，随着遥感技术的发展，卫星遥感不仅可获取更高分辨率的遥感图像，并且高分辨率卫星遥感影像还可提供立体图像，高分辨率遥感数据具有丰富的光谱特征和纹理特征。通过分析这些特征，结合遥感图像自动分类的方法，可快速得到区域土地覆盖/土地利用类型图，从而提取输电线路路径选择的影响因素，如居民区、道路、水体等。此外，基于数字摄影测量方法，卫星立体图像可用于建立 DEM 数据、制作正射影像图和三维地面模型等。因此，综合高分辨率多光谱数据及卫星立体图像数据，自动提取输电线路沿线地区的地物要素、地形等特征，构建 GIS 数据库，通过 GIS

空间分析方法实现输电线路路径优选，这是加快数字电力工作现代化进程、提高设计效率及输电线路设计、线路巡视的自动化、信息化水平的重要途径之一。

第四节　雷电定位系统在输电线路中的应用

雷害是引起输电线路事故的一个重要原因，其放电过程释放的能量非常大，电压高达数百万伏，瞬间电流达到数千安，会导致绝缘子闪络甚至烧毁，严重影响电力系统的正常供电。2004 年国家电网有限公司 220kV 及以上架空输电线路共发生跳闸 1189 次，其中雷击跳闸 419 次，占各类线路跳闸原因中的第一位；2008 年南方电网 110kV 及以上输电线路共计跳闸 2599 次，其中雷击跳闸 1588 次，占总跳闸数的 61.1%，其中广东电网 110kV 及以上线路 1～8 月雷击跳闸 465 次，跳闸率 1.24 次/百公里，110kV 及以上线路雷击事故 6 次，事故率 0.016 次/百公里。近年来国家电网有限公司 110～500kV 设备事故中，雷击跳闸次数占输电设备跳闸总次数的第一位，在造成输电设备非计划停运比例中（仅次于外力破坏）占第二位。

电力系统输电线路距离长、跨度大，受雷击的概率高，故障点不易确定，这些特点给故障设备的及时修复带来了很大困难。20 世纪出现的输电线路雷电定位系统实现了雷击发生时间、位置、雷电流幅值、雷电极性和回击次数等信息的采集与定位。随着智能电网建设，雷电信息已经接入生产管理系统（PMS）实现信息共享。

雷电定位系统主要实现一定范围内落雷密度和强度的监测，但其存在两方面缺点：①无法准确反映雷击对某杆塔的破坏，仍然需要在一个较小范围内进行排查；②无法反映雷击线路时杆塔、绝缘子流过的雷击电流的精确大小，因此电力用户提出研发输电线路雷击电流在线监测装置来监测线路遭受雷击时绝缘子流过电流的波形、幅值和频率等信息并及时报警。当然该方法同样存在诸多缺点：理论上需要在雷击区每基杆塔上安装监测装置，导致投资巨大，否则有可能出现安装装置的杆塔没有遭受雷击，而遭受雷击的杆塔没有安装装置，装置的实用性较差。

一、雷电的危害与防护措施

（一）危害

雷电的破坏作用主要是由高电位和大电流造成的，雷击输电线路会引起线路开关跳闸、线路元件及电气设备损坏、供电中断、甚至系统瓦解等恶性事故，其具体危害形式如下：

（1）雷电流电动力。如果雷击瞬间两根平行架设的导线电流都等于 100kA，且两导线的间距为 50cm，那么由计算可知，这两根导线每米要受到 408kN 的电动力，该电动力完全有可能将导线折断。

（2）直击雷过电压。雷云直接击中电力装置时，形成强大的雷电流，雷电流在电力装置上产生较高的电压，雷电流通过物体时，将产生有破坏作用的热效应和机械效应。

（3）感应过电压。雷云在架空导线上方时，由于静电感应作用而使其带上大量异性电

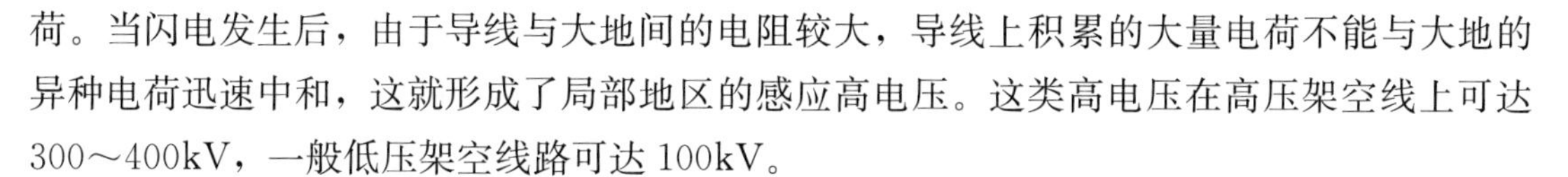

荷。当闪电发生后，由于导线与大地间的电阻较大，导线上积累的大量电荷不能与大地的异种电荷迅速中和，这就形成了局部地区的感应高电压。这类高电压在高压架空线上可达300～400kV，一般低压架空线路可达100kV。

(4) 雷电冲击波。闪电时，由于空气受热急剧膨胀，产生一种叫“激波波前”的冲击波；又由于庞大体积的雷云迅速放电而突然收缩，电应力突然解除，会产生一种次声波。这两种冲击波都会对输电线路造成破坏。

(5) 雷电波入侵。架空线路的直击雷过电压和感应雷过电压形成的雷电波沿线路入侵变电站，是导致变电站雷害的主要原因。

（二）防护措施

雷电是造成输电线路跳闸的主要原因，线路实际运行中可以采取有效的防雷措施，提高线路的耐雷水平。常用的防雷措施有加强线路绝缘水平、降低杆塔接地电阻、安装避雷针、消弧线圈接地、架设耦合地线、架设避雷线、安装线路避雷器、加装并联放电间隙、采用差绝缘或不平衡绝缘方式和采用自动重合闸技术等。

二、雷电定位方法

尽管电力系统采取加强线路绝缘水平、降低杆塔接地电阻、安装避雷针等线路防雷方法，线路雷击仍然频繁发生，一旦输电线路遭受雷击，大多数情况下将导致供电中断，如何快速准确定位雷击故障，采取措施减小停电损失成为一个亟待解决的问题。输电线路作为电网的重要组成部分，地域分布广泛，运行条件复杂，通过人工巡线方式查找故障点费时费力，可能导致供电中断时间加大。

20世纪70年代美国首先研制成功雷电定位系统（lightning location system，LLS），提高了雷击故障点定位、分析和统计等水平。经过多年发展，雷击定位系统的定位方法有定向定位法、时差定位法、“定向十时差”综合定位法、故障测距法以及最新试验的逐级杆塔故障定位法等。

（一）定向定位法

雷电时辐射电磁波，可通过定点布置的探测站（TDF）接收雷电电磁信号，当有两个及以上的探测站接收到雷电电磁信号并确定方位角后，可根据三角定位原理计算出雷击点的空间位置。

该技术原理清晰简单，在多探测站系统中几乎不存在探测死区，但其探测精度受电磁波传播途径及探测站周围环境的影响较大，定位误差相对较大。

（二）时差定位法

时差定位法采用GPS高精度同步时钟，测定雷电电磁信号到达各探测站的时刻，最后根据电磁信号到达各探测站的时间差来计算雷击位置，其定位精度比定向定位高约5倍以上，甚至高一个数量级。

（三）综合定位法

综合定位法基于定向定位和时差定位两种技术，它既探测雷击发生的方位角，又探测雷击辐射出的电磁波到达的精确时间，该方法充分利用探测到的全部有效数据，剔除方位误差和无效时间数据，其定位精度基本满足雷击故障定位的要求。但受定位模型、雷电判据、雷电波波形传播延时误差、场地引起的波形传播延时误差、GPS时钟误差、探测站距离、地形地貌、气象条件等复杂因素的影响，其定位精度还有待提高。

（四）故障测距法

雷击定位系统尽管实现了雷击点的定位，但无法确认线路是否遭受雷击。因此，有学者提出利用输电线路的故障测距算法进行雷击定位，当线路某处遭受雷击时，通过实测线路电流、电压等参数来计算出雷击故障点的位置，按其原理可分为故障分析法和行波法。

1. 故障分析法

故障分析法是利用故障后的工频分量直接计算故障阻抗或其百分比的方法，其原理是在系统运行方式和线路参数已知的条件下，线路两端的电流和电压均为故障距离的函数，可利用线路故障时测量的工频电压、电流信号，通过计算分析求出故障点的距离。

2. 行波法

行波法测距是利用高频故障暂态电流、电压行波信号来间接判定故障点位置的方法。输电线路发生故障后，将产生由故障点向线路两端母线传递的暂态行波，包括电压和电流行波，其中包含着丰富的故障信息。行波的传播速度接近于光速，当安装在两侧的行波测距装置捕获到行波信号后，通过包含速度与时间的表达式可以将故障位置求出。雷击也会产生行波，所以利用行波法对线路雷击实施定位是可行的。

（五）逐级杆塔故障定位法

逐级杆塔故障定位法通过安装杆塔雷击电流监测装置来实现故障诊断与准确定位。

本　章　小　结

本章主要介绍了输电线路在线监测技术、输电线路机巡技术、输电线路遥感遥测技术、雷电定位系统在输电线路中的应用等内容。

附录 A　电力线路第一种工作票格式

电力线路第一种工作票

单位________________　　　　　　　　　　**编号**________________

1. 工作负责人（监护人）________　　　　　　　班组______________

2. 工作班人员（不包括工作负责人）：____

____共_____人。

3. 工作的线路或设备双重名称（多回路应注明双重称号）：

____

4. 工作任务：

工作地点或地段（注明分、支线路名称、线路的起止杆号）	工作内容

5. 计划工作时间：自____年__月__日__时__分

至____年__月__日__时__分

6. 安全措施（必要时可附页绘图说明）：

6.1 应改为检修状态的线路间隔名称和应拉开的断路器（开关）、隔离开关（刀闸）、熔断器（保险）（包括分支线、用户线路和配合停电线路）：______________________________

____

____

6.2 保留或邻近的带电线路、设备：

____

____

6.3 其他安全措施和注意事项：____

____

____

____

6.4 应挂的接地线：

挂设位置（线路名称及杆号）	接地线编号	挂设时间	拆除时间

工作票签发人签名__________ ____年____月____日

工作负责人签名__________ ____年____月____日____时____分收到工作票

7. 确认本工作票1～6项，许可工作开始：

许可方式	许可人	工作负责人签名	许可工作的时间
			年 月 日 时 分
			年 月 日 时 分
			年 月 日 时 分

8. 确认工作负责人布置的任务和本施工项目安全措施。

工作班组人员签名：

____

____

____

9. 工作负责人变动情况：

原工作负责人__________离去，变更__________为工作负责人

工作票签发人__________ ____年____月____日____时____分

10. 工作人员变动情况（增添人员姓名、变动日期及时间）：

____

____

____

____

工作负责人签名__________

11. 工作票延期：

有效期延长到____年____月____日____时____分

工作负责人签名__________ ____年____月____日____时____分

工作许可人签名__________ ____年____月____日____时____分

12. 工作票终结：

12.1 现场所挂的接地线编号______________________________共

组，已全部拆除、带回。

12.2 工作终结报告：

终结报告的方式	许可人	工作负责人签名	终结报告时间
			年　月　日　时　分
			年　月　日　时　分
			年　月　日　时　分

13. 备注：

（1）指定专责监护人__________负责监护______________________________

____（地点及具体工作）

（2）其他事项：____

____

____

附录B　电力电缆第一种工作票格式

电力电缆第一种工作票

单位________________　　编号________________

1. 工作负责人（监护人）________　　班组______________

2. 工作班人员（不包括工作负责人）：

____

____

____共______人。

3. 电力电缆名称：____

4. 工作任务：

工作地点或地段	工作内容

5. 计划工作时间：自______年____月____日____时____分

至______年____月____日____时____分

6. 安全措施（必要时可附页绘图说明）：

（1）应拉开的设备名称、应装设绝缘挡板：

变配电站或线路名称	应拉开的断路器（开关）、隔离开关（刀闸）、熔断器（保险）以及应装设的绝缘挡板（注明设备双重名称）	执行人	已执行

（2）应合接地开关或应装接地线：

接地开关双重名称和接地线装设地点	接地线编号	执行人

续表

(3) 应设遮栏，应挂标示牌	

(4) 工作地点保留带电部分或注意事项（由工作票签发人填写）：	(5) 补充工作地点保留带电部分和安全措施（由工作许可人填写）：

工作票签发人签名________ 签发日期_____年___月___日___时___分

7. 确认本工作票1～5项。

工作负责人签名______________

8. 补充安全措施：

____

____

____

工作负责人签名________

9. 工作许可：

(1) 在线路上的电缆工作： 工作许可人________用________方式许可自____年____月____日____时____分起开始工作。 工作负责人签名_______

(2) 在变电站或发电厂内的电缆工作：

安全措施项所列措施中________（变配电站/发电厂）部分已执行完毕。

工作许可时间 ____年____月____日____时____分

工作许可人签名__________ 工作负责人签名__________

10. 确认工作负责人布置的任务和本施工项目安全措施。

工作班组人员签名：

____

____

____

11. 每日开工和收工时间（使用一天的工作票不必填写）

收工时间				工作负责人	工作许可人	开工时间				工作许可人	工作负责人
月	日	时	分			月	日	时	分		

12. 工作票延期：有效期延长到______年____月____日____时____分

工作负责人签名______________ ______年____月____日____时____分

工作许可人签名______________ ______年____月____日____时____分

13. 工作负责人变动：

原工作负责人__________离去，变更________________为工作负责人。

工作票签发人______________ ____年____月____日____时____分

14. 工作人员变动情况（变动人员姓名、日期及时间）：

____

____

____

工作负责人签名__________

15. 工作终结：

（1）在线路上的电缆工作：

工作人员已全部撤离，材料工具已清理完毕，工作终结；所装的工作接地线共__副已全部拆除，于____年____月____日____时____分工作负责人向工作许可人__________用方式汇报。

工作负责人签名__________

（2）在变配电站或发电厂内的电缆工作：

在__________（变配电站/发电厂）工作于____年____月____日____时____分结束，设备及安全措施已恢复至开工前状态，工作人员已全部撤离，材料工具已清理完毕。

工作许可人签名__________ 工作负责人签名__________

16. 工作票终结：

临时遮栏、标示牌已拆除，常设遮栏已恢复；未拆除或拉开的接地线编号____________
______________________________等共____组、接地开关共____副（台），已汇报调度。

工作许可人签名__________

17. 备注：

（1）指定专责监护人__________负责监护____（地点及具体工作）。

（2）其他事项：

____

____

____

附录C　电力线路第二种工作票格式

电力线路第二种工作票

单位________________　　　　　　　　**编号**________________

1. 工作负责人（监护人）________　　　　　　班组______________

2. 工作班人员（不包括工作负责人）：____

____

____共_____人。

3. 工作任务：

线路或设备名称	工作地点、范围	工作内容

4. 计划工作时间：自_____年____月____日____时____分

　　　　　　　　至_____年____月____日____时____分

5. 注意事项（安全措施）：____

____

____

____

工作票签发人签名______________　____年____月____日____时____分

工作负责人签名____________　____年____月____日____时____分

6. 确认工作负责人布置的工作任务和安全措施。

工作班组人员签名：

____

____

____

7. 工作开始时间：_____年____月____日____时____分　工作负责人签名__________

工作完工时间：_____年____月____日____时____分　工作负责人签名__________

8. 工作票延期

有效期延长到_____年____月____日____时____分

9. 备注：

____

____

____

____

附录 D 电力电缆第二种工作票格式

电力电缆第二种工作票

单位________________ **编号**________________

1. 工作负责人（监护人）________ 班组________________

2. 工作班人员（不包括工作负责人）：____

____

____共______人。

3. 工作任务：

电力电缆双重名称	工作地点或地段	工作内容

4. 计划工作时间：自______年____月____日____时____分

至______年____月____日____时____分

5. 工作条件和安全措施：

____

____

____

工作票签发人签名________________ 签发日期______年____月____日____时____分

6. 确认本工作票 1～5 项。 工作负责人签名__________

7. 补充安全措施（工作许可人填写）：

____

____

____

8. 工作许可：

（1）在线路上的电缆工作：工作开始时间______年____月____日____时____分。

工作负责人签名__________

（2）在变电站或发电厂内的电缆工作：

安全措施项所列措施中__________（变配电站/发电厂）部分，已执行完毕。

许可自______年____月____日____时____分起开始工作。

工作许可人签名__________ 工作负责人签名__________

9. 确认工作负责人布置的工作任务和安全措施。

工作班人员签名：

____

____

____

10. 工作票延期：有效期延长到______年____月____日____时____分

工作负责人签名__________　______年____月____日____时____分

工作许可人签名__________　______年____月____日____时____分

11. 工作票终结：

（1）在线路上的电缆工作：

工作结束时间______年____月____日____时____分

工作负责人签名________________

（2）在变配电站或发电厂内的电缆工作：

在__________（变配电站/发电厂）工作于______年____月____日____时____分结束，工作人员已全部退出，材料工具已清理完毕。

工作许可人签名__________　　　　　　工作负责人签名__________

12. 备注：

____

____

____

____

附录 E　电力线路带电作业工作票格式

电力线路带电作业工作票

单位________________　　　　　　　　　　编号________________

1. 工作负责人（监护人）________　　　　　　班组______________

2. 工作班人员（不包括工作负责人）：____

____共_____人。

3. 工作任务：

线路或设备名称	工作地点、范围	工作内容

4. 计划工作时间：自______年____月____日____时____分

　　　　　　　　至______年____月____日____时____分

5. 停用重合闸线路（应写双重名称）：____

____

____

6. 工作条件（等电位、中间电位或地电位作业，或邻近带电设备名称）：________________

____

____

____

7. 注意事项（安全措施）：____

____

____

____

　　工作票签发人签名________________　签发日期______年____月____日____时____分

8. 确认本工作票 1～7 项。　　　工作负责人签名__________

9. 工作许可：

　　调度许可人（联系人）__________　　工作负责人签名__________

10. 指定__________为专责监护人

　　专责监护人签名__________

11. 补充安全措施（工作许可人填写）

____

____

____

12. 确认工作负责人布置的任务和本施工项目安全措施。

工作班人员签名：

____

____

____

13. 工作终结汇报调度许可人（联系人）__________

工作负责人签名__________ ______年____月____日____时____分

14. 备注：

____

____

____

____

附录F　电力线路事故应急抢修单格式

电力线路事故应急抢修单

单位________________　　　　　　　　**编号**________________

1. 抢修工作负责人（监护人）______________　　　　班组________________

2. 抢修班人员（不包括抢修工作负责人）

____

____共_____人。

3. 抢修任务（抢修地点和抢修内容）：____

____

____

4. 安全措施：

____

____

____

5. 抢修地点保留带电部分或注意事项：____

____

____

6. 以上1～5项由抢修工作负责人__________根据抢修任务布置人__________的布置填写。

7. 经现场勘察需补充下列安全措施：____

____

____

经许可人（调度/运行人员）__________同意（____月____日____时____分）后，已执行。

8. 许可抢修时间：____年____月____日____时____分　许可人（调度/运行人员）________

9. 抢修结束汇报：本抢修工作于____年____月____日____时____分结束。

现场设备状况及保留安全措施：____

____

____

抢修班人员已全部撤离，材料工具已清理完毕，事故应急抢修单已终结。

抢修工作负责人__________　许可人（调度/运行人员）__________

填写时间____年____月____日____时____分

参 考 文 献

[1] 王清奎. 输配电线路运行与检修 [M]. 北京：中国电力出版社，2007.

[2] 吕万辉. 输电线路运检 [M]. 北京：中国电力出版社，2015.

[3] 金龙哲. 输电线路运行 [M]. 北京：中国电力出版社，2010.

[4] 张红乐. 输电线路检修 [M]. 北京：中国电力出版社，2010.

[5] 冯振波. 输电线路带电作业 [M]. 北京：中国电力出版社，2010.

[6] 胡毅. 输电线路运行故障分析与防治 [M]. 北京：中国电力出版社，2007.

[7] 陈蕾. 架空电力线路运行管理与检修 [M]. 北京：中国电力出版社，2017.

[8] 王剑. 架空输电线路运维管理规定 [M]. 北京：中国电力出版社，2016.

[9] 王清葵. 送电线路运行和检修 [M]. 北京：中国电力出版社，2003.

[10] 马雨涛. 输电线路运行与检修 [M]. 北京：中国电力出版社，2012.

[11] 国家电网公司运维检修部. 输电线路"六防"工作手册 防雷害分册 [M]. 北京：中国电力出版社，2015.

[12] 国家电网公司运维检修部. 输电线路"六防"工作手册 防鸟害分册 [M]. 北京：中国电力出版社，2015.

[13] 国家电网公司运维检修部. 输电线路"六防"工作手册 防外破分册 [M]. 北京：中国电力出版社，2015.

[14] 国家电网公司运维检修部. 输电线路"六防"工作手册 防污闪分册 [M]. 北京：中国电力出版社，2015.

[15] 国家电网公司运维检修部. 输电线路"六防"工作手册 防冰害分册 [M]. 北京：中国电力出版社，2015.

[16] 蒋兴良，易辉. 输电线路覆冰及防护 [M]. 北京：中国电力出版社，2002.

[17] 关志成. 绝缘子及输变电设备外绝缘 [M]. 北京：清华大学出版社，2006.

[18] 胡毅，刘凯. 超特高压交直流输电线路带电作业 [M]. 北京：中国电力出版社，2011.

[19] 国家电网公司运维检修部 标准化作业交流分册 [M]. 北京：中国电力出版社，2016.

[20] 国家电网公司运维检修部 标准化作业直流分册 [M]. 北京：中国电力出版社，2016.

[21] 北京中电方大科技股份有限公司. 漫画安全--电力生产人身事故案例集 [M]. 北京：中国电力出版社，2016.

[22] 白泽光. 电力人身事故防控及案例警示教材 触电 [M]. 北京：中国电力出版社，2016.

[23] 电力行业输配电技术协作网. 输电线路三维量测技术及应用 [M]. 北京：中国水利水电出版社，2019.

[24] 黄新波. 输电线路在线监测与故障诊断 [M]. 北京：中国电力出版社，2014.

[25] 张祥全，苏建军. 架空输电线路无人机巡检技术 [M]. 北京：中国电力出版社，2016.

[26] 国家电网公司运维检修部. 架空输电线路运维管理规定 [M]. 北京：中国电力出版社，2016.